Os elementos

FUNDAÇÃO EDITORA DA UNESP

Presidente do Conselho Curador
Mário Sérgio Vasconcelos

Diretor-Presidente
Jézio Hernani Bomfim Gutierre

Superintendente Administrativo e Financeiro
William de Souza Agostinho

Conselho Editorial Acadêmico
Danilo Rothberg
Luis Fernando Ayerbe
Marcelo Takeshi Yamashita
Maria Cristina Pereira Lima
Milton Terumitsu Sogabe
Newton La Scala Júnior
Pedro Angelo Pagni
Renata Junqueira de Souza
Sandra Aparecida Ferreira
Valéria dos Santos Guimarães

Editores-Adjuntos
Anderson Nobara
Leandro Rodrigues

EUCLIDES

Os elementos

Tradução e Introdução

Irineu Bicudo

editora
unesp

Título original em grego: ᾱιεχιοτΣ
© 2009 da tradução brasileira

Direitos de publicação reservados à: Fundação
Editora da UNESP (FEU)
Praça da Sé, 108
01001-900 – São Paulo – SP
Tel.: (0xx11) 3242-7171
Fax: (0xx11) 3242-7172
www.editoraunesp.com.br
www.livrariaunesp.com.br
atendimento.editora@unesp.br

CIP – Brasil. Catalogação na fonte Sindicato
Nacional dos Editores de Livros, RJ

E86e

Euclides
  Os elementos/Euclides; tradução e introdução de Irineu Bicudo. – São Paulo: Editora UNESP, 2009.
  600p.: il.

  Tradução de: Στοιχεῖα
  Inclui bibliografia
  ISBN 978-85-7139-935-8

  1. Matemática – História. 2. Matemática grega. 3. Geometria – Obras anteriores a 1800. I. Bicudo, Irineu. II. Título.

09-2821.   CDD: 510.9
                                                 CDU: 51(09)

Editora afiliada:

Para a Beth:

Sol de Verão
Na Tarde do meu Outono

Irineu Bicudo

Na Ciranda dos Anos

*Ao passado: as memórias dos meus pais,
Adélia e Pedro Bicudo Filho, e do meu
cunhado, Edmundo Lopes Simões.*

*Ao presente: as minhas filhas,
Érica e Tatiana V. Bicudo, e a
minha irmã Neyde B. Simões.*

*Ao futuro: os meus netos
Catarina e Ian V. B. Minczuk*

Irineu Bicudo

Sumário

Prefácio . *11*

Introdução . *15*

Livro I . *97*

Livro II . *135*

Livro III . *151*

Livro IV . *187*

Livro V . *205*

Livro VI . *231*

Livro VII . *269*

Livro VIII . *299*

Livro IX . *325*

Livro X . *353*

Livro XI . *481*

Livro XII . *527*

Livro XIII . *563*

Prefácio

É-me forte a impressão de, desde sempre, eu ter querido estudar o grego clássico. Lembro com que sentimento de encanto folheava o caderno que um vizinho me emprestara, contendo as lições de um quase nada daquela língua que ele aprendera quando seminarista. Cursava eu, então, a antiga escola primária. Essa vontade cresceu com as aulas de latim nas quatro séries ginasiais. Em várias épocas, cheguei a comprar gramáticas e livros com textos em grego. Mas a oportunidade (καιρός: "Quando pousa / o pássaro // quando acorda / o espelho // quando amadurece / a hora")[1] só surgiu, de fato, arrebatadora, no segundo semestre de 1988, na disciplina de Língua Grega, ministrada pelo Professor Dr. Henrique Graciano Murachco, no Programa de Extensão Universitária da Faculdade de Filosofia, Letras e Ciências Humanas da Universidade de São Paulo. Então, por dez anos, sempre que minhas atividades como professor, vice-diretor e depois diretor do Instituto de Geociências e Exatas da UNESP de Rio Claro e algumas viagens ao exterior me permitiram, participei com dedicação e entusiasmo, nas tardes das sextas-feiras, com um grupo de pessoas de várias procedências profissionais, do que o Professor Henrique chamava de "Oficina de Tradução". Ali vertemos para o português longas passagens de Homero, Heródoto, Píndaro, Sófocles, Platão, Xenofonte, Aristóteles. O meu envolvimento com as letras aumentava com o tempo, e a consequência disso foram os múltiplos e honrosos convites, sempre aceitos, para participar de bancas examinadoras de concurso para ingresso de professor, de teses

---

1 FONTELA, O. *Poesia Reunida*. São Paulo: 7 Letras/CosacNaify, 2006 [1969/1996].

de doutoramento, de concurso de livre-docência e de dois concursos de professor titular, todos do Departamento de Letras Clássicas e Vernáculas da velha universidade.

O livro que ora dou a público é o fruto amadurecido, desde então, pelos longos anos de aprendizagem. Com ele viso, evidentemente, aos estudantes de Matemática e aos professores dessa ciência. Incluo no público-alvo também as pessoas cultas em geral que se interessem pelas conquistas gregas na Antiguidade, os estudantes de Filosofia e os de Letras Clássicas (grego), cujo curso, do meu ponto de vista, deixa aberta uma imensa lacuna no conhecimento da cultura grega ao não estudar obras matemáticas e hipocráticas, grandiosos monumentos daquela civilização.

Proclus, para mostrar a excelência do trabalho de Euclides, descreve algumas qualidades que um trabalho desse tipo deva ter, e que o de Euclides, de fato, tem.

Assim, diz:

> É preciso a obra que tal desembaraçar-se de todo o supérfluo – pois isso é um obstáculo à instrução;[2]
>
> muita preocupação (deve) ter sido efetivada relativa a clarezas e, ao mesmo tempo, a concisões – pois os contrários dessas turvam a nossa inteligência.[3]

De fato, a prática de Euclides frequentemente contempla a concisão – por exemplo, em lugar de "o quadrado sobre a AB (isto é, de lado AB)" diz, na maioria das vezes, "o sobre a AB"; e, "o pelas AB, CD", em lugar de "o retângulo contido pelas AB, CD (ou seja, de lados AB, CD)"; "cortar em duas" sempre significa "cortar em duas partes iguais (isto é, bissectar)" etc. Mas se, por um lado, a concisão leva, entre outras coisas, a esse encurtamento das expressões, que mantive na tradução em respeito ao estilo euclidiano, ao contrário do que faz a recente versão francesa que se farta de palavras ausentes no grego, por outro lado, a clareza não abandona o leitor atencioso que logo se habituará com essas particularidades.

---

2 δεῖ δὲ τὴν τοιαύτην πραγματείαν πᾶν μὲν ἀπεσκευάσθαι τὸ περιττόν ἐμπόδιον γὰρ τοῦτο πρὸς τὴν μάθησιν

3 σαφανείας δ'ἅμα καὶ συντομίας πολλὴν πεποιῆσθαι πρόνοιαν τὰ γὰρ ἐναντία τούτων ἐπιθολοῖ τὴν διάνοιαν ἡμῶν.

Os elementos

Chamo a atenção para o fato de, em grego, o termo "lado" (πλευρά) ser feminino e assim só esse gênero aparecer ao referir-se o texto a "o lado AB do triângulo..." ou a "a reta (ou seja, segmento) AB do triângulo...". Então, a tradução usa, nesses casos, indiferentemente, os artigos masculino ou feminino.

Previno, por fim, a quem possa interessar, que é preciso fôlego para acompanhar muitíssimas das demonstrações que aqui se encontram, e determinação. Garanto, no entanto, que, vencida a inércia, ultrapassado o obstáculo, alcançado o objetivo com a compreensão do resultado, cabe a recompensa de ter mergulhado no próprio processo do que denominamos "pensar" e de haver podido apreendê-lo em toda a sua abrangência. Mais: brotará disso a convicção de que, se com Homero a língua grega alcançou a *perfeição*, atinge com Euclides a *precisão*. E o *método formular*, que consiste em usar um conjunto de frases fixas que cobrem muitas ideias e situações comuns, poderoso auxílio à memória em um tempo de cultura e de ensino eminentemente orais, serve para aproximar o geômetra do poeta e então mostrar que perfeição e precisão podem ser faces da mesma medalha.

Agradeço à minha esposa, Elizabeth Christina Plombon, que digitou com carinho e cuidado todo o trabalho, confeccionando-lhe as, muitas vezes, complicadas figuras, e sendo de importante ajuda nas revisões; ao Prof. Dr. Henrique Murachco, pelo ensino e a amizade, e ao Prof. Dr. José Rodrigues Seabra Filho, docente de latim da USP, e companheiro daquelas sextas-feiras, por ter conferido comigo a tradução que fiz do Prefácio Latino de Stamatis.

Sou o único responsável por todas as traduções do grego e do latim, e por quase todas as do inglês, francês, alemão e italiano.

> Pois, tendo aprendido algo, jamais neguei, fazendo o conhecimento ser como uma descoberta minha; mas louvo como sábio o que me instruiu, tornando públicas as coisas que aprendi com ele.
>
> Platão, *Hippias Menor*, 372 c5-8[4]

---

[4] οὐ γὰρ πώποτε ἔξαρνος ἐγενόμην μαθών τι, ἐμαυτοῦ ποιούμενος τὸ μάθημα εἶναι ὡς εὕρημα· ἀλλ'ἐγκωμιάζω τὸν διδάξαντά με ὡς σοφὸν ὄντα, ἀποφαίνων ἃ ἔμαθον παρ'αὐτου.

P.S.: (i) Conforme salienta Kirk (*The Songs of Homer*:[5] "Finally that perennial problem, the spelling of Greek names."[6]), a solução que adotei, nem sempre com sucesso, foi a de preservar as formas usuais em português dos mais conhecidos, e prover para os outros a latinizada, como, de hábito, praticam-na os de língua inglesa.

(ii) O uso de colchetes na tradução reproduz o que se encontra no texto grego e, ali, indica o que Heiberg julga ter sido inserido por terceiros no escrito de Euclides.

(iii) Ensina Said Ali na sua Gramática (p.171-2):

> Nos enunciados de caráter condicional, em que a hipótese é um fato inexistente cuja realização não se espera ou não parece provável, emprega-se o imperfeito do conjuntivo para esta hipótese condicionante, e o futuro do pretérito para a oração principal.
>
> Na linguagem familiar costuma-se substituir o futuro do pretérito pela forma do imperfeito do indicativo. *É substituição permitida em linguagem literária* (grifo meu):
>
> "Se Deus nos deixara tentar mais do que podem as nossas forças, então tínhamos justa causa de recusar as tentações." (Vieira)

Por isso, apoiado na autoridade de um Vieira, vali-me dessa forma na tradução, por exemplo, das Proposições I.19, I.25 etc., ficando assim rente ao original.

Irineu Bicudo

---

5 *Os poemas de Homero*, Prefácio.
6 ["Finalmente, aquele problema constante, a grafia dos nomes gregos"].

Introdução

> Sinto-me compelido ao trabalho literário: (...) pelo meu não reconhecimento da fronteira realidade-irrealidade; (...) pelo meu amor platônico às matemáticas; (...) porque através do lirismo propendo à geometria.
>
> Murilo Mendes

Sinopse

No prefácio do seu livro *Euclid. The Creation of Mathematics*,[1] o matemático alemão Benno Artmann escreve:

> Este livro é para todos os amantes da matemática. É uma tentativa de entender a natureza da matemática do ponto de vista da sua fonte antiga mais importante.
>
> Mesmo que o material coberto por Euclides possa ser considerado elementar na sua maior parte, o modo como ele o apresenta estabeleceu o padrão por mais de dois mil anos. Conhecer os *Elementos* de Euclides pode ser da mesma importância para o matemático hoje que o conhecimento da arquitetura grega para um arquiteto.
>
> É claro que nenhum arquiteto contemporâneo construirá um templo dórico, muito menos organizará um local de construção como os antigos o faziam. Mas, para o treino do julgamento estético de um arquiteto, um conhecimento da herança grega é indispensável. Concordo com Peter Hilton quando diz que a matemática genuína constitui uma das mais finas expressões do espírito hu-

---

[1] [Euclides. A criação da matemática].

mano, e posso acrescentar que aqui, como em tantos outros casos, aprendemos dos gregos aquela linguagem de expressão.

Enquanto apresenta a geometria e a aritmética, Euclides ensina-nos aspectos essenciais da matemática em um sentido muito mais geral. Exibe o fundamento axiomático de uma teoria matemática e o seu desenvolvimento consciente rumo à solução de um problema específico. Vemos como a abstração trabalha e impõe a apresentação estritamente dedutiva de uma teoria.

Aprendemos o que são definições criativas e como uma compreensão conceitual leva à classificação dos objetos relevantes. Euclides criou o famoso algoritmo que leva o seu nome para a solução de problemas específicos na aritmética e mostrou-nos como dominar o infinito nas suas várias manifestações.

Um dos poderes maiores do pensamento científico é a habilidade de desvelar verdades que são visíveis somente "aos olhos da mente", como diz Platão, e de desenvolver modos e meios de lidar com elas. É isso que Euclides faz no caso das magnitudes irracionais ou incomensuráveis. E, finalmente, nos *Elementos* encontramos tantas amostras de *bela* matemática que são facilmente acessíveis e que podem ser minuciosamente estudadas por qualquer um que possua um treino mínimo em matemática.

Vendo tais fenômenos gerais do pensamento matemático que são tão válidos hoje quanto o foram no tempo dos antigos gregos, não podemos deixar de concordar com o filósofo Immanuel Kant, que escreveu em 1783, na introdução à sua filosofia sob o título "Afinal, é a metafísica possível?": "Não há absolutamente livro na metafísica como temos na matemática. Se quiserdes conhecer o que é a matemática, basta olhardes os *Elementos* de Euclides."

Benno Artmann ofereceu-nos, na passagem que acabamos de enunciar, um voo panorâmico da famosa obra do geômetra grego. Mas, do alto, os montes pouco se destacam, fios de água parecem os rios, a vegetação é apenas uma cobertura verde. Há mister de viajar por terra.

A citação de Kant faz eco ao fato de, até o final do século XIX, ser Euclides sinônimo de geometria, daquela geometria de régua e compasso. Assim, a história dos *Elementos* confunde-se, em larga escala, com a história da matemática grega. Mas a história de um domínio tão relevante do pensamento humano dificilmente se desvincularia da história mesma do homem. Hajamos, pois, por bem começar a nossa história, a nossa expedição terrestre, pelo *era uma vez* na antiga Grécia.

Os elementos

Era uma vez

Estranho animal é este bicho homem (...)

José Saramago

Certamente, é um assunto admiravelmente vão, variado e inconstante o homem. É difícil fundar nele julgamento firme e uniforme.

Michel de Montaigne

Sustentam muitos pensadores ser o homem uma estranha criatura. De fato oscila, constantemente, entre o passado, que deseja conhecer, e o imperscrutável futuro, incapaz de aceitar que a vida de todos os dias retoma, invariavelmente, a cada dia, o seu dia.

A memória prende-o ao que foi; o desejo, ao que será.

Como antecipar o que ainda não é equivale a chorar antes do tempo, e como o que há de ser virá, claro, na madrugada, com os seus raios, deixemos de lado o porvir, que a si próprio se basta, pois os invisíveis dedos das coisas e dos atos idos, próximos e longínquos, tecem, no tear do Fado, o manto que nos vestirá para sempre.

Somos o que os séculos nos fizeram!

O que somos de razão e vontade, o que somos de pensamento e ação, o que somos de sensibilidade e frieza, de trabalho e lazer, de descrença e esperança, o que somos de bílis e coração é terem existido outros, é terem traçado rumos, e terem aberto estradas, é terem apontado caminhos!

Eis nossos predecessores!

Para entendermos a nós próprios é preciso entendê-los. E os predecessores dos predecessores; e assim por diante, continuando essa busca, pois é sem fundo o poço do passado da espécie humana, essa essência enigmática, cujo mistério "inclui o nosso próprio mistério e é o alfa e o ômega de todas as nossas questões, emprestando um imediatismo candente a tudo o que dizemos e um significado a todo o nosso esforço".[2]

---

2 MANN, T. "José e seus irmãos". *As histórias de Jacó. O jovem José.* v.1. Rio de Janeiro: Nova Fronteira,1983.

Consultemos, pois, os velhos registros, leiamos as obras de antanho que chegaram até nós, procuremos em alfarrábios o que pareça haver de nós nos que vieram antes, e, assim, começaremos a compreender o que pensávamos saber: quem somos, o que nos é possível conhecer, que estrelas e que sóis poderemos acrescentar ao universo herdado.

Em nosso caso de povo ocidental e no que tange à ciência da nossa predileção, a busca conduz-nos ao *era uma vez*.

Era uma vez, acima de todas, em que "os atributos da juventude humana tornam-se os atributos de um povo, as características de uma civilização" e em que

> um sopro de encantadora adolescência passou roçando pelo rosto de uma raça. Quando a Grécia nasceu, os deuses presentearam-na com o segredo da sua imorredoura juventude. A Grécia é a alma jovem. "Aquele que, em Delfos, contempla a densa multidão de jônios", diz um dos hinos homéricos, "imagina que eles jamais haverão de envelhecer".[3]

Michelet comparou a atividade da alma helênica a um jogo festivo, em torno de que se reúnem e sorriem todas as nações do mundo. Mas, desse jogo de crianças, nas praias do arquipélago e à sombra das oliveiras da Jônia, nasceram a Arte, a Filosofia, a livre reflexão, "a curiosidade da investigação, a consciência da dignidade humana, todos esses estímulos que ainda são a nossa inspiração e orgulho", e a Matemática.

Era uma vez a origem do pensamento ocidental. A Filosofia e a Matemática, no período mais pujante daquele distante passado, falam o *grego clássico*.

O grego clássico

A língua grega é um dos ramos mais importantes do grupo linguístico chamado indo-europeu. A sua origem remonta ao "indo-europeu primitivo". O que possui em palavras e formas de flexão é herança, na sua maior parte, de um tempo que precede a sua existência separada.

Os traços característicos, no entanto, que dão ao grego a sua peculiaridade frente às outras línguas suas irmãs, surgiram, manifestadamente, só depois do desmembramento da primitiva comunidade de povos, e é provável que esse ajuste tenha tido lugar já em solo grego.

---

3 RODO, J. E. *Ariel*. Campinas: Editora da Unicamp, 1991.

A ideia de um "grego primitivo" homogêneo, isto é, com uma verdadeira unidade, é problemática.

O que podemos dizer é que, no momento em que a encontramos nos documentos autênticos, a língua grega está dividida em certo número de dialetos falados, classificáveis comodamente em quatro grupos: o *jônio*, o *árcade-cipriota*, o *eólio* e os diferentes *falares* chamados comumente *dórios*.

E. Ragon ensina-nos que, à exceção do árcade-cipriota, cada um desses grupos desenvolveu uma língua literária, cuja tonalidade morfológica varia com a data dos autores e com o gênero literário adotado.

O primeiro daqueles dialetos, o jônio, falado na Ásia Menor, tem por marca evitar as contrações e foi empregado pelos prosadores Heródoto e Hipócrates. Mas, misturado a elementos eólios, serve ao ápice da perfeição, sendo o pano de fundo dos poemas homéricos que influenciaram a língua de todos os poetas da Grécia.

O pouco que resta do eólio é o que conhecemos das odes de Alceu e da grande Safo.

O dialeto dório, de sons graves e musicais, está gravado no bronze eterno dos poemas de Píndaro e de Teócrito.

Por fim, o *grego clássico* ou o dialeto *ático*, um ramo privilegiado do jônio. É o falado na áurea época de Atenas, os séculos V e IV a.C. Torna-se com Ésquilo, Sófocles e Eurípides a linguagem dos deuses e dos heróis; com Aristófanes é o idioma da sabedoria que zomba da sapiência; é história com Tucídides; defesa pública e exortação, com Isócrates, Ésquines e Demóstenes; memória e ensinamento com Xenofonte; e, acima de tudo, Verdade e Beleza, com Platão.

Para ter acesso a toda essa cultura grega, da qual a matemática é uma das importantes partes, o vestíbulo do conhecimento autêntico, há mister de aprender-lhe a língua. Como substituto dessa insubstituível necessidade, a *tradução*.

Princípios de fé desta tradução

Há, por certo, imensa gama de concepções a respeito do que deva ser o traduzir. No que tange à versão de uma obra científica, parece haver acordo em que a precisão não deva ser sacrificada no altar da sutileza. Parodiando Novalis, *quanto mais precisa, mais verdadeira*.

De um modo grosseiro, poderíamos classificar os tipos de tradução como *traduções à francesa* e *traduções à alemã*.

O ideal das primeiras encontra expressão na passagem: "Se há algum mérito em traduzir, só pode ser o de aperfeiçoar, se possível, o seu original, de embelezá-lo, de apropriar-se dele, dar-lhe um ar nacional e naturalizar, de certa maneira, essa planta estrangeira".

A meta das segundas está refletida nas seguintes críticas de *Schlegel* e de *Goethe* àquelas do primeiro grupo. Schlegel: "(...) é como se eles desejassem que cada estrangeiro, no país deles, se comportasse e se vestisse segundo os seus costumes, o que os leva a nunca conhecerem realmente um estrangeiro". Goethe: "O francês, assim como adapta à sua garganta as palavras estrangeiras, faz o mesmo com os sentimentos, os pensamentos e até os objetos; exige a qualquer preço, para cada fruto estrangeiro, um equivalente que tenha crescido no seu próprio território".

Evidentemente, esse modo de agrupar nada tem a ver com a nacionalidade do tradutor, mas com a sua maneira de trabalhar. *Freud*, por exemplo, traduzia "à francesa", pois, segundo *Jones*, na sua biografia do pai da psicanálise, este "em vez de transcrever laboriosamente, a partir da língua estrangeira, idiotismos e todo o resto, lia um trecho, fechava o livro e perguntava-se como um escritor alemão teria vestido os mesmos pensamentos".

Chateaubriand, o célebre escritor francês, mantém, sem reservas, o ponto de vista contrário, na sua tradução de *Milton*:

> Se eu quisesse ter feito apenas uma tradução elegante do *Paraíso perdido*, talvez se considere que tenho suficiente conhecimento da arte para que não me fosse impossível atingir a altura de uma tradução dessa natureza; mas o que empreendi foi uma tradução literal, em toda força do termo, uma tradução que uma criança e um poeta poderão acompanhar no texto, linha por linha, palavra por palavra, como um dicionário aberto sob os seus olhos.

Por entendermos que a tradução de um texto antigo, de uma tradição com pensamentos próprios e próprios modos de expressão é um ato de reverência e entrega, adotamos, como Chateaubriand, uma *versão literal*, "em toda a força do termo", esperando acordar no leitor a curiosidade que o conduza a acompanhar a tradução contra o original, "linha por linha, palavra por palavra". Sendo o grego uma língua sintética e o português, uma analítica, é fácil dar-se conta do grau de afastamento das suas sintaxes. Por isso, por permanecermos o mais possível ligado ao original, prevenimos poder o leitor estranhar algumas vezes o resultado alcançado.

Usamos como texto grego a edição de Heiberg-Stamatis, da Editora Teubner, de Leipzig, 1969-1977.

O texto grego e a Ecdótica

O que significa falar do texto grego dos *Elementos* de Euclides? Qual o sentido de se mencionar a *edição de Heiberg-Stamatis*?

Tendo essa obra sido escrita por volta do final do século IV a.C., é difícil que se possa imaginar ter chegado até nós o manuscrito do seu autor, o chamado manuscrito autógrafo. De fato, não possuímos tais manuscritos dos autores clássicos – gregos e latinos. O tempo, esse "deus atroz que os próprios filhos devora sempre",[4] é a correnteza que leva os dias, os homens, os saberes. Mas a obra de valor a tudo afronta e na placa da memória "grava seu ser / durante nela".[5] Se não temos os originais, possuímos cópias. Infelizmente, o que nelas reluz é só imitação do ouro. De fato, "os deuses vendem quando dão",[6] pois quem diz cópia, diz erro. Para agravar a situação, relativamente aos *Elementos*, os manuscritos mais antigos sobreviventes distam séculos de Euclides.

Como o arqueólogo tenta, a partir de pequenas peças de evidência, reconstruir a vida e a cultura de povos antigos, o filólogo, voltado à Ecdótica, trata de, com apoio nos manuscritos, trazer à luz, por reconstituição, aquele original, o texto autógrafo, o arquétipo de que os que temos são cópias. O assim idealmente produzido, com todo o aparato da crítica textual ou

---

4 PESSOA, F. *Obra poética*. Volume único. Rio de Janeiro: Companhia Nova Aguilar, 1965.
5 Idem, ibidem.
6 Idem, ibidem.

Ecdótica (do verbo grego ἐκδίδωμι "publicar"), é referido como o texto crítico da obra em questão.

Como é produzido o texto crítico?

É preciso lembrar, primeiramente, que muitos autores clássicos chegaram até os dias de hoje em manuscritos em pergaminho ou em papel, que raramente são anteriores ao século IX, e frequentemente são até do século XVI. Alguns trabalhos foram preservados em um único manuscrito, outros, em centenas. Muitos manuscritos clássicos estão agora em bibliotecas europeias ou em coleções de museus, alguns também em monastérios, particularmente da Grécia, e alguns pertencendo a particulares; há-os ainda em lugares como Istambul ou Jerusalém, ou em bibliotecas americanas. Entre as maiores coleções, é lídimo mencionar aquelas da Biblioteca do Vaticano, de especial importância no nosso caso – em virtude do manuscrito Gr. 190 –, da Ambrosiana em Milão, da Marciana em Veneza, da Österreichische Nationalbibliothek em Viena, da Bibliothèque Nationale em Paris e do British Museum em Londres.

De volta, então, à edição crítica de um texto da Antiguidade. Para levá-la a termo, há duas etapas a cumprir:

(i) A da *fixação do texto*, isto é, o seu preparo segundo as normas da crítica textual;

(ii) A da *apresentação do texto*, a sua organização técnica, contemplando, em geral, os seguintes elementos elucidativos: história dos manuscritos usados, informações sobre os critérios adotados, aparato crítico (certamente o elemento mais importante) etc., tendo em vista a sua publicação.

Quanto a autores gregos e romanos, existem editoras que se notabilizam pela publicação das suas edições críticas, como a Editora Teubner (Teubner Verlag) de Leipzig, com a sua *Bibliotheca Scriptorum Graecorum et Romanorum Teubneriana*, por certo a mais importante e abrangente, a Editora da Universidade de Oxford, com a sua *Scriptorum Classicorum Oxoniensis*, a Société D'Édition "Les Belles Lettres", Paris, e a sua *Collection des Universités de France*, sob os auspícios da Association Guillaume Budé e a Harvard University Press com a Loeb Classical Library.

Os elementos

No que segue, visamos a dar uma pálida ideia da complexidade envolvida nos dois passos acima mencionados.

A fixação do texto

Observada a doutrina de Karl Lachmann, o fundador da moderna crítica textual, a fixação do texto passa por uma série de operações agrupadas em três fases, a saber, *recensio* (do verbo latino *recensere*: "fazer uma revisão"), *estemática* (de *stemma codicum*: "a árvore genealógica dos códices" — essa fase é referida por Lachmann como *originem detegere*: "descobrir a origem, revelar a ascendência") e *emendatio* (de *emendere*: "emendar, corrigir").

A *recensio* consiste na pesquisa e coleta de todo o material existente de uma obra. Isso constitui a sua tradição, que pode ser direta — formada pelos seus manuscritos — ou indireta, compreendendo as fontes, as traduções, as citações, os comentários, as glosas e as paráfrases, as alusões e as imitações, vale dizer, tudo o que circula à volta da obra, que é dela sem ser ela própria.

Reconhecidos os testemunhos obtidos, passa-se à *collatio codicum*, a "comparação dos manuscritos". Faz-se o cotejo de tudo o que se possua da tradição direta contra um manuscrito mais completo ou que pareça bom, denominado o *exemplar de colação*. Dessa operação resultará o expurgo dos testemunhos inúteis, a *eliminatio codicum descriptorum*, rejeição das cópias coincidentes, de acordo com a máxima filológica *frustra fit per plura quod fieri potest per pauciora* ("é feito inutilmente por meio de muitos o que pode ser feito por meio de poucos"). Existindo o modelo, rejeita-se a sua cópia. Com essa eliminação termina a primeira fase.

A análise acurada dos manuscritos — principalmente o confronto dos chamados *lugares* ou *pontos críticos* e o exame sistemático dos chamados *erros comuns* — possibilita estabelecer tanto a dependência entre os manuscritos quanto a afinidade ou parentesco entre eles. Aqui a hipótese tomada é "pouco, simples e razoável". Se o mesmo erro ocorrer em dois manuscritos, é razoável considerar não terem surgido independentemente, a menos que esteja envolvido um engano muito simples e natural. Depois, supõe-se que o copista não corrija o trabalho do seu predecessor. Uma consequência disso, em conjunção com a propensão dos seres humanos de cometerem erros – "os deuses vendem quando dão"[7] – é que os textos se tornem mais e mais corrompidos com as sucessivas cópias. O que resulta dessas hipóteses de trabalho é o estabelecimento da árvore genealógica dos códices, *stemma codicum*, depois de arrolados os elementos da tradição em famílias, cada uma formada segundo os pontos críticos comuns, e de construídos, caso necessário, os cabíveis *subarquétipos* (os "pais das famílias") e o *arquétipo* ou *codex interpositus* ("o pai de todos"), aquele que se interpõe entre o original e as cópias da tradição, e que tomará o papel do original perdido "em negro vaso / de água do esquecimento". O sistema assinala a dependência e também a contaminação que pode existir entre exemplares de famílias distintas. Assim a *estemática* é feita.

A reconstituição de uma obra clássica finda com a *emendatio*, a parada mais importante nessa verdadeira *via crucis*, pois, de novo, vale o postulado da tradição manuscrita: "quem diz cópia, diz erro". O exame de qualquer cópia (manuscrito *apógrafo*) revela o seu caráter contingente: passagens mal transcritas, obscuras, com interpolações, discrepâncias gramaticais e estilísticas com o que se conhece do autor, e muitos outros problemas. Grande desafio ao filólogo-editor no seu afã de restabelecer, ou ao menos aproximar-se o mais possível do que fora um dia a obra original.

Diante do erro, o editor procede segundo as condições da tradição manuscrita, empregando a bateria do seu conhecimento geral, daquele da obra e da época em que floresceu o seu autor e também da sua intuição divinatória, e isso é, a mais das vezes, um trabalho de gigante. Prezemos, pois, e muito, os filólogos-editores dos textos da Antiguidade.

Se a correção dos erros for possibilitada pelos próprios manuscritos e pelo que os demais testemunhos coletados oferecem, tem-se a denominada *emendatio ope codicum*, "correção com a ajuda dos manuscritos". Caso tal auxílio não seja suficiente à consecução da tarefa, há o editor de recorrer à sua intuição e aos seus saberes, e ter-se-á a dita *emendatio ope ingenii* ou *emendatio ope conjecturae* ou ainda *divinatio* ou *crítica conjectural*.

Está, pois, dada conta da (i) *fixação do texto*.

---

7 PESSOA, F., ibidem.

Os elementos

A apresentação do texto

Na (ii) *apresentação do texto* reconstituído, o arquétipo do qual todos os manuscritos são cópias, vale ressaltar o *aparato crítico*, isto é, as variantes encontradas, dispostas no pé de cada página, com a indicação dos manuscritos em que figuram. Com isso, o editor oferece a oportunidade de o leitor fazer a sua própria escolha da expressão que deva estar em determinado ponto do texto, com um possível significado novo para a passagem que a contenha.

A fim de que se avalie a importância da edição crítica com o seu respectivo aparato para quem se interessa pela Antiguidade e tencione estudar as próprias obras em grego (ou em latim), transcrevemos um trecho do início do livro *Textual Criticism and Editorial Technique*, de M. L.West,[8] helenista e editor de clássicos:

> Edward Fraenkel, na sua introdução aos *Ausgewählte Kleine Schriften*,[9] de [Friedrich] Leo conta a seguinte experiência traumática que teve quando jovem estudante:
>
> "Eu tinha, por aquele tempo, lido a maior parte de Aristófanes e comecei a falar com demasiado entusiasmo sobre isso a Leo e a crescer em eloquência sobre a magia dessa poesia, a beleza das odes corais, e assim por diante. Leo deixou-me falar, talvez por dez minutos, sem mostrar qualquer sinal de desaprovação ou impaciência. Quando terminei, perguntou: 'Em que edição você leu Aristófanes?' Pensei: ele não estava ouvindo? O que a sua questão tinha a ver com o que eu lhe dissera? Depois de uma agitada hesitação de momento, respondi: 'A Teubner.' Leo: 'Oh, você leu Aristófanes sem um aparato crítico.' Disse-o bem calmamente, sem qualquer aspereza, sem nem um traço de sarcasmo, apenas sinceramente surpreso que fosse possível a um jovem tolerantemente inteligente fazer tal coisa. Olhei para o gramado próximo e tive uma única, irresistível sensação: νῦν μοι χάνοι εὐρεῖα χθών ('agora que a terra se entreabra para mim', *Ilíada* 4,182). Posteriormente, pareceu-me que naquele momento entendi o significado real da sabedoria."
>
> (...)
>
> Segue que qualquer um que queira fazer sério uso de textos antigos deve prestar atenção às incertezas da transmissão; mesmo a beleza das odes corais

---

8 Crítica textual e técnica editorial. Stuttgart: B. G. Teubner, 1973.
9 [Pequenos escritos escolhidos].

que ele admira tanto pode confirmar-se haver nelas uma mistura de conjecturas editoriais, e se ele não estiver interessado na autenticidade e confiança de pormenores, poderá ser um amante verdadeiro da beleza, porém não um sério estudante da Antiguidade.

A edição crítica dos *Elementos*

Théon de Alexandria, pai de Hypatia – a primeira mulher a ter o nome preservado pela história da matemática –, foi um eminente e influente estudioso do século IV. No seu *Comentário* ao tratado astronômico de Cláudio Ptolomeu de Alexandria, conhecido como *Almageste* (do árabe *almajistí*, adaptação de *al*, o artigo definido árabe, e do adjetivo superlativo grego μεγίστη (entenda-se μεγίστη σύνταξις), isto é, "a maior composição", "o maior tratado sistemático"), escreve a certa altura: "Mas que setores em círculos iguais estão entre si como os ângulos sobre que se apoiam foi provado por mim na minha edição dos *Elementos*, no final do sexto livro".

Sabemos então, da própria pena do comentarista, ter ele editado a obra de Euclides, com a adicional informação de ser da sua lavra a segunda parte da "Proposição XXXIII" do Livro VI, como encontrada em quase todos os manuscritos remanescentes. Daí provirem tais manuscritos daquela edição de Théon. Aliás, a maior parte deles traz no seu título ou a frase ἐκ τῆς Θέωνος ἐκδόσεως ("da edição de Théon") ou ἀπὸ συνουσιῶν τοῦ Θέωνος ("das aulas de Théon" ou "dos ensinamentos de Théon").

Desse modo, qualquer edição dos *Elementos* feita anteriormente a 1814 era baseada numa família de manuscritos cujo arquétipo era o texto dado à luz por Théon.

Para conta do que então ocorreu, fazendo toda a diferença, mudando o rumo da história das edições dos *Elementos*, citamos, por extenso, um trecho do prefácio de François Peyrard ao seu trabalho *Les œuvres D'Euclide, traduites littéralement, d'après un manuscript grec très-ancien, resté inconu jusqu'a nos jours*,[10] Paris, 1819:

---

10 [As obras de Euclides, traduzidas literalmente, com base em um manuscrito grego antiquíssimo, desconhecido até nossos dias].

Os elementos

No prefácio da minha tradução dos Livros I, II, III, IV, V, VI, XI e XII dos *Elementos* de Euclides, que apareceu em 1804, e que eu fizera segundo a edição de Oxford, propus-me o compromisso de publicar as traduções completas de Euclides, de Arquimedes e de Apolônio. A minha tradução das Obras de Arquimedes apareceu em 1808. Antes de dar à impressão a minha tradução das Obras de Euclides, quis consultar os manuscritos da Biblioteca do Rei. Esses manuscritos, vinte e três em número, foram-me confiados, e não tardei a me aperceber que esses manuscritos preenchiam lacunas, restabeleciam passagens alteradas que se encontram na edição da Basileia e naquela de Oxford, cujo texto grego é apenas uma cópia frequentemente infiel, como provei na sequência do prefácio do terceiro volume do meu Euclides em três línguas. A maior parte desses manuscritos rejeita uma multidão de superficialidades que mãos ignaras tinham introduzido no texto, e que se encontra em grande parte nos textos das edições da Basileia e de Oxford.

Todos esses manuscritos, exceto o n.190, são, com pequena diferença, conformes uns aos outros, salvo os erros dos copistas e as superficialidades de que acabo de falar.

O manuscrito 190 traz todos os caracteres do nono século, ou pelo menos do começo do décimo, enquanto que os outros são-lhe posteriores de quatro, de cinco, e mesmo de seis séculos.

Esse manuscrito, cujos caracteres são da maior beleza, e sem ligaduras, restabelece lacunas e passagens alteradas, o que teria sido impossível de restabelecer com a ajuda dos outros manuscritos. Encontra-se nele uma multidão de lições que merecem, quase sem exceção, a preferência às lições dos outros manuscritos.

O manuscrito 190, que permanecera desconhecido até os nossos dias, pertencia à Biblioteca do Vaticano. Foi enviado de Roma a Paris por Monge e Bertholet, quando o exército francês tornou-se senhor daquela cidade.

Na segunda invasão dos exércitos coligados, a França viu-se obrigada a restituir todos os objetos de arte que haviam sido recolhidos aos povos vencidos. Por solicitação do Governo Francês, o Santo Padre houve por bem ter a bondade de deixar-me às mãos esse precioso manuscrito até a completa publicação do meu Euclides.

Tendo, então, à minha disposição esse manuscrito, como todos aqueles da Biblioteca do Rei, determinei-me a dar uma edição grega, latina e francesa das Obras de Euclides. O primeiro volume apareceu em 1814, o segundo em 1816, e o terceiro em 1818.

O manuscrito Gr. 190 da Biblioteca do Vaticano, denominado P por Heiberg, em homenagem ao padre Peyrard, o seu descobridor, não pertence, pois, à família theonina, e serviu como *exemplar de colação* para a edição crítica do filólogo dinamarquês, aquela que permanece aceita até hoje. A história das edições críticas dos Elementos assinala a seguinte sequência:

— A *editio princips*, "primeira edição", Basileia, 1533, a cargo de Simon Grynaeus, baseada em dois manuscritos — Venetus Marcianus 301 e Paris Gr. 2343 — do século XVI, que estão entre os piores existentes. Essa edição servia de fundamento para;

— A de Oxford, *Euclidis quae supersunt omnia*. Ex recensione Davidis Gregorii M. D. Astronomiae Professoris Saviliani et R. S. S. Oxoniae, et Theatro Sheldiano. An. Dom. MDCCIII. Para levar a cabo o seu trabalho, Gregory consultou somente os manuscritos legados à Universidade por Sir Henry Savile, nos lugares em que o texto da Basileia diferia da excelente tradução latina de Commandinus (1572). Essa célebre edição das obras de Euclides é a única completa antes da de Heiberg e Menge;

— A de Peyrard, na trilíngue acima citada, na qual usou P somente para corrigir a da Basileia;

— A de E. F. August (1826-9), que segue P mais de perto, tendo também usado o manuscrito Vienense Gr. 103.

De Morgan recomenda vivamente o alcançado por August: "Ao estudioso que queira uma edição dos *Elementos*, devemos decididamente recomendar esta, por unir tudo o que foi feito para o texto do maior trabalho de Euclides".

Tendo assim alcançado a sua hora fugaz de celebridade, esta edição acaba por cumprir o vaticínio do célebre historiador francês da matemática, Paul Tannery, em uma carta a Heiberg: "todos os trabalhos de erudição são em grande parte destinados a perecer para serem substituídos por outros". Pois, coube precisamente a este sancionar aquela predição;

— A edição de Heiberg, baseada em P e nos melhores manuscritos theoninos, e considerando também outras fontes como Herão e Proclus, tornou-se o novo e definitivo texto grego dos *Elementos*;

— Por fim, a edição elaborada por E. S. Stamatis não lança no limbo das coisas ultrapassadas aquela do sábio dinamarquês, um trabalho de erudição que insiste em não perecer. Para dar fé do que dizemos, traduzimos do latim boa parte da adição ao prefácio (additamentum praefationis) de Heiberg, escrito por Stamatis ao texto crítico por ele dado a público.

Os elementos

Nenhum dentre os homens versados em geometria antiga existe que não julgue ser necessária agora uma nova edição dos *Elementos,* de Euclides. De fato, os exemplares da notável edição Heiberguiana há muito foram vendidos, além disso os estudos referentes aos *Elementos* em nossos dias desenvolveram-se grandemente. Por esse motivo, tendo sido convidado por um estimadíssimo livreiro, por exortação do Instituto de Ciência da Antiguidade Greco-Romana, que foi fundado por decisão da Academia Alemã de Ciências de Berlim, para que eu cuidasse de nova edição dos *Elementos* de Euclides acolhi essa ocupação com o coração gratíssimo. Realmente, sei que muitos admiradores da ciência matemática, que sabem grego, desejam conhecer o texto euclidiano.

Agradou-me muito o plano do estimadíssimo livreiro que me persuadiu a que eu omitisse a tradução latina que Heiberg preparara para a sua edição pelo que a nova edição saísse à luz mais curta. De fato, é evidente os versados na língua grega não terem muita necessidade da tradução latina. Pois que assim seja, o plano da nova edição foi organizado assim como é indicado abaixo:[11]

Para o texto do primeiro volume, considerei as coisas que deviam ser antecipadas, que foram ensinadas sobre os *Elementos* e sobre a vida de Euclides e sobre os princípios e os primórdios da geometria (Textui primo voluminis praemittenda, quae de Elementis et de vita Euclidis et de principiis primordiisque geometriae tradita sunt, existimavi).

[Realmente, no HOC VOLVMINE CONTINENTVR, lê-se o seguinte:
Testimonia:
De Euclides elementorum et vitae memoria
De principiorum geometriae memoria]

Acrescentei imediatamente três índices (annexui continuo tres indices).

---

11 Nemo ex viris antiquæ geometriae peritis est quin putet nova editione Euclidis Elementorum in praesenti opus esse. Exemplaria enim praeclarae editionis Heibergianae iamdudum divendita sunt, studia autem ad Elementa pertinentia nostra aetate admodum increverunt. Qua de re cum a bibliopola honestissimo, hortatu Instituti scientiae antiquitatis Graecoromanae, quod auctoritate Academiae Scientiarum Germanicae Berlinensis constitutum est, invitatus essem, ut novam Euclidis Elementorum editionem curarem, gratissimo animo hoc negotium suscepi. Nam multos studiosos scientiae mathematicae, qui Graece sciunt, Euclidianum textum desiderare cognovi.

Valde autem mihi consilium bibliopolae honestissimi placuit, qui mihi suasit, ut translationem Latinam qua Heiberg editionem suam instruxerat omitterem, quo nova editio brevior in lucem prodiret. Patet enim linguae Graecae peritos Latina translatione non nimis egere. Quae cum ita sint, ratio novae editionis, ita ut infra indicatur, ordenata est.

Em terceiro lugar, ajuntei uma sinopse, em que as notabilíssimas edições dos *Elementos* de Euclides são recordadas (tertio loco conspectum, in quo praestantissimae Euclidis Elementorum editiones, adiunxi).

(De fato, Stamatis adicionou o seguinte:

CONSPECTVS EDITIONVM

Recensio antiquior quam editio Theonis Alexandrini
Theon Alexandrinus Alexandriae circa 370 p.Chr.
Simon Grynaeus Basileae 1530 (editio 2: 1533 apud Ioan.
Hervagium ("Hervagiana"), ed.3: 1537,
ed.4: 1539, ed.5: 1546, ed.6: 1558
Angelus Caianus Romae 1545 (sine demonstr.)
I.Camerarius Lipsiae 1549
I. Scheybl Basileae 1550 (1-6)
S.T. Gracilis Lutetiae 1558, 1573, 1598
C. Dasypodius Argentorati 1564
I. Sthen Vitebergae 1564
M. Steinmetz Lipsiae 1577 (cum demonstr.)
Dav. Gregorius Oxonii 1703
Fr. Peyrard Parisii 1814-18
I.G. Camerer et C.Fr. Hauber Berolini 1824-25 (1-6)
G.C. Neide Halis Saxonum 1825 (1-6, 11,12)
E.F. August Berolini 1826-29
I.L. Heiberg Lipsiae 1883-88
E.S. Stamatis Athenis 1952-57.

Stamatis indica no pé da página as obras consultadas para a confecção da lista acima. Revive com ela o gosto antigo pelas listas ou catálogo, como o "Catálogo dos navios", no Segundo Canto da *Ilíada*, ou o "Catálogo dos geômetras", do desaparecido livro de *História da geometria,* de Eudemo, discípulo de Aristóteles, mas preservado por Proclus no seu *Comentário ao livro I dos elementos de Euclides.*

Chamamos ainda a atenção para o fato de que, ao tecer anteriormente considerações concernentes às edições dos *Elementos*, consideramos apenas, dentre "as notabilíssimas", as principais.)

Decidi abordar o que, para o texto, diz respeito aos vestígios da edição de Heiberg. Com efeito, é certo entre todos os homens instruídos ser muito bom o serviço prestado por Heiberg aos *Elementos* de Euclides. Nem, de fato, depois da sua morte, códices novos, além do que ele examinara, foram comparados nem a nossa colheita de papiros forneceu novas lições. Ora, justamente, terminando a minha edição dos *Elementos* de Euclides, que foi impressa em Atenas, nos anos 1952-1957, eu próprio reconheci a perfeição e a exatidão da edição Heiberguiana.[12]

Fechemos logo, no entanto, as portas do templo em que acabamos de acender as velas no altar da adoração, para que o vento da discordância não as apague todas. Há, no entanto, uma voz que clama na ágora e seria prudente ouvi-la.

O historiador da matemática Wilbur R. Knorr, prematuramente falecido, publicou na revista *Centaurus*, 38 (1996) um longo trabalho – 69 páginas – com o título "The Wrong Text of Euclid: on Heiberg's Text and its Alternatives".[13] Eis o seu resumo:

Em dois artigos publicados em 1881 e 1884, dois jovens acadêmicos, Martin Klamroth e Johan L. Heiberg, engajaram-se em um breve debate sobre as escolhas textuais que deveriam governar a publicação de uma nova edição crítica dos *Elementos* de Euclides. Esse curto debate parece ter assentado o problema a favor de Heiberg sobre o que deveria ser tomado como o texto definitivo dos *Elementos* de Euclides. Mas a questão deve ser considerada de novo porque há boas razões para a reivindicação de que Klamroth estava certo, e Heiberg, errado. Se assim for, temos consultado e continuamos a consultar o texto errado para interpretar a tradição euclidiana. A fim de dar substância a essa afirmação, a questão textual debatida por Klamroth e Heiberg é ensaiada de novo, e as razões principais trazidas por Heiberg contra a posição de Klamroth são reconstruídas. Espécimes

---

12 Quod ad textum attinet Heibergianae editionis vestigia ingredi statui. Nam inter omnes viros doctos Heiberg optime de Euclidis Elementis meritum esse constat. Neque enim post obitum eius codices novi, praeter quos ille inspexerat, collati sunt, neque seges papyrorum nobis novas lectiones praebuit. Ipse autem editionis Heibergianae perfectionem absolutionemque perspexi, cum meam Euclidis Elementorum editionem, quae annis 1952-1957 Athenis impressa est, absolverem.

13 [O texto errado de Euclides: sobre o texto de Heiberg e suas alternativas].

de três amplas áreas de evidência – estrutural, linguística e técnica – serão considerados. Eles revelam como a tradição medieval do texto advogado por Klamroth exibe superioridade em relação à tradição grega promovida por Heiberg. Uma tal reconstituição dos textos tem o potencial de mudar significantemente nossa compreensão da matemática antiga.

Se Knorr tem ou não razão é difícil de decidir. O peso da tradição é esmagador e o tempo passado entre aquele debate mencionado e hoje ajuda a sedimentar a opinião favorável à escolha de Heiberg.

De um modo ou de outro, a existência de divergência socorre-nos quando nos preparamos para responder às perguntas iniciais: "O que significa falar do texto grego dos *Elementos*?" e "Qual o sentido de mencionar-se a *edição de Heiberg–Stamatis*?"; e, com isso, completar o círculo das considerações.

A *edição de Heiberg–Stamatis* do texto grego dos *Elementos* é o que Heiberg diz, com a confirmação de Stamatis, ser a coisa mais próxima do texto original de Euclides.

A História

> (...) é impossível para um historiador ressuscitar integralmente o passado (...)
>
> Jacque Le Goff

> As Sereias: consta que elas cantavam, mas de uma maneira que não satisfazia, que apenas dava a entender em que direção se abriam as verdadeiras fontes e a verdadeira felicidade do canto. Entretanto, pelos seus cantos imperfeitos, que não passavam de um canto ainda por vir, conduziam o navegante em direção àquele espaço onde o cantar começava de fato. Elas não o enganavam, levavam-no realmente ao objetivo.
>
> Maurice Blanchot

Em geral, a natureza não propõe problemas fáceis, dado quase sempre o elevado número das variáveis neles envolvidas. Pela impossibilidade, consequência das dificuldades técnicas, de abrangê-las todas, o homem de ciência, ao abordar uma determinada questão, seleciona aquelas que julga mais significativas ao tratamento do caso considerado. Faz-se, assim, uma modelagem da realidade (o que quer que isso possa significar). Mas, então, a solução oferecida é sempre uma redução, apenas uma aproximação daquilo que a natureza sugerira. Há, pois, soluções mais ou menos compreensivas, dependendo da capacidade de cada cientista de lidar com um número conveniente das variáveis e da sua perspicácia (ou devemos chamá-la intuição) no escolhê-las importantes.

O mesmo se dá quando se procura escrever a história de um acontecimento, de uma cultura, de uma época. Apenas aproximações estão no domínio do historiador: boas ou más. Tudo o que ele pode almejar é que o seu relato seja "o canto da Sereia" que não engane, mas leve realmente ao objetivo. E isso, principalmente, ao dispormos de documentos para a consulta, na existência de fontes primárias. Falto delas, fica cheio de obstáculos o caminho para uma boa aproximação dos fatos ocorridos e dos feitos alcançados.

Tudo isso é avaliado pelo seguinte trecho de uma entrevista de um historiador brasileiro a um jornal de São Paulo:[14]

> Julguei importante colocar a controvérsia historiográfica para ajudar o leitor a entender que não há possibilidade de reconstruir o passado como tal. A história é sempre uma construção, ainda que não seja arbitrária, pois procura a objetividade através do controle das fontes. Dependendo da maneira como tais fontes são interpretadas, surgem visões distintas, trazendo a marca da concepção do historiador e também do tempo.

Talvez, com uma boa dose de audácia, pudéssemos tomar por mote: "O Passado jaz morto e enterrado".

Nesse caso, o que nos caberia fazer?

Cada historiador da Matemática – fixemo-nos no que nos diz respeito – age a partir de pequenas evidências, como o legista tenta, a partir de algum osso, reconstituir o verdadeiro rosto do morto, que não mais se mostra na

---

14 BORIS, Fausto. *Folha de S. Paulo*.

polida superfície dos espelhos. Assim escreve G. R. Dherbey no prefácio à tradução francesa de *Os sofistas*, do italiano Mario Untersteiner:

> Objetar-se-nos-á, talvez, que o conhecimento, no que concerne ao *corpus* sofístico, é bem mais difícil: os textos são extremamente fragmentários e mesmo, exceção feita a Górgias, pobres e raros. Mas não nos achamos aqui, como para toda a literatura pré-socrática aliás, em caso semelhante àquele da paleontologia? Cuvier empenhava-se, a partir de simples vestígios de animais pré-históricos, em reconstruir o esqueleto inteiro: o dente carnívoro e o dente moedor não impõem a mesma forma de mandíbula que, por sua vez, implica uma morfologia geral seja de predador, seja de ruminante. Cada elemento anatômico dá, de modo rigoroso, o todo, e dever-se-ia fazer ao pensamento a bondade de crê-lo tão coerente quanto a carcaça animal.

Mas essa convicção na coerência que pudesse fazer divisar o "esqueleto inteiro" com base em um "elemento anatômico" não se deve esperar do historiador, pois em geral um "elemento" será comum a vários "esqueletos". É o que é razoável concluir do que observa Paul Tannery em *La géométrie grecque*:[15]

> Separemos da história da Matemática a parte propriamente bibliográfica, quero dizer, a constatação material dos fatos: tal frase encontra-se em tal página, seja de tal edição de tal obra, seja de tal manuscrito arrolado sob o número tal em tal biblioteca; separemos ainda o que pode, como no *Aperçu historique* [Resumo histórico] de Michel Chasles, formar um dos principais atrativos do livro, mas que pertence, de fato, à Ciência mesma, bem longe de constituir uma parte integrante da sua história; quero dizer, os desenvolvimentos dados a tal método, as relações estabelecidas entre eles e outros mais recentes, enfim as demonstrações de teoremas ou soluções de problemas, quer concebidas no espírito dos procedimentos de outrora quer somente sugeridas pelo seu estudo.
>
> Feita essa separação, o que resta na realidade? Um tecido de conjecturas que estão, aliás, em todos os graus de probabilidade, desde aquela que tem quase o valor de certeza, até a que mal difere da dúvida, para não falar de hipóteses ainda menos favorecidas; e ainda esse tecido assemelha-se à mortalha de Penélope porque, se é verdade que se pode considerar como indo sempre aumentando a probabilidade média dos resultados obtidos pela crítica, não é, de modo

---

15 [A geometria grega].

algum, o mesmo para a probabilidade especial de cada asserção particular; essa probabilidade é sujeita a variações contínuas, e raramente existe ponto pelo qual a opinião hoje dominante ache-se garantida contra uma exclusão momentânea, ou definitiva, após ou na vinda à luz de algum fato novo ou da aparição de alguma nova hipótese.

Ainda, para só ficarmos entre os grandes da história da matemática, reproduzimos as palavras de Otto Neugebauer:[16]

> Das abóbadas do Museu Metropolitano de Nova York pende uma magnífica tapeçaria que conta a fábula do Unicórnio. No final, vemos o miraculoso animal capturado, graciosamente resignado ao seu destino em um recinto limitado por uma pequena e bem feita cerca. Essa imagem pode servir como símile para o que tentamos aqui. Erigimos engenhosamente, a partir de pequenos pedaços de evidência, a cerca dentro da qual esperamos ter prendido o que pode parecer uma criatura possível, vivente. A realidade, no entanto, pode ser amplamente diferente do produto da nossa imaginação; talvez seja vão esperar algo mais do que uma imagem agradável à mente construtora quando tentamos restaurar o passado.

Como um erudito alemão, ao escrever a última frase acima, Neugebauer deveria ter em mente a mesma cena do *Fausto* a que se refere E. Cassirer, a respeito do mito:

> No *Fausto* de Goethe, há uma cena em que vemos o Doutor Fausto na cozinha da bruxa, esperando que esta lhe dê a beberagem mágica que o devolverá à juventude. Diante de um espelho encantado, tem subitamente uma visão maravilhosa. Aparece no espelho a imagem de uma mulher de beleza sobrenatural. Fausto sente-se arrebatado e atraído; mas Mefistófeles, que está ao seu lado, zomba de tanto entusiasmo. Ele é quem sabe das coisas; sabe que o que Fausto viu no espelho não era a forma de uma mulher real: *era tão só uma criatura da sua própria imaginação* (grifo nosso).

São múltiplos os perigos quando pretendemos trilhar o passado. Há terrenos alagadiços, falsas pontes, tenebrosos abismos. Estará o pote de

---

16 NEUGEBAUER, O. *The Exact Sciences in Antiquity*. Nova York: Dover Publications, Inc.,1969.

ouro no final do arco-íris? Há o cedermos aos antigos os nossos olhos e nossas ideias. Prevenia-nos Levy-Bruhl, guardadas as proporções:

> Em vez de nos substituirmos em imaginação aos primitivos que estudamos, e de fazê-los pensar como nós pensaríamos se estivéssemos no seu lugar, o que só pode conduzir a hipóteses quando muito verossímeis e quase sempre falsas, esforcemo-nos, pelo contrário, por nos pôr em guarda contra os nossos próprios hábitos mentais e tratemos de descobrir os dos primitivos através da análise das suas representações coletivas e das ligações entre essas representações.

Completemos Levy-Bruhl com o que tão enfaticamente afirma Lucien Febvre:

> A esses antepassados, emprestar candidamente conhecimentos de fato – e, portanto, materiais de ideias – que todos possuímos, mas que para os mais sábios dentre eles era impossível obter; imitar tantos bons missionários que, em tempos, regressavam maravilhados das "ilhas", pois todos os selvagens que tinham encontrado acreditavam em Deus (mais um pequeno passo e tornar-se-iam autênticos cristãos); dotarmos os contemporâneos do papa Leão, com uma generosidade imensa, das concepções do universo e da vida que a nossa ciência para nós forjou e cujo teor é tal que nenhum dos seus elementos, ou quase, habitou alguma vez o espírito de um homem da Renascença – porém, contam-se pelos dedos os historiadores, e refiro-me aos de maior envergadura, que recuam perante tal deformação do passado, tal mutilação da pessoa humana na sua evolução.

Pronto! Estamos junto ao templo sagrado da Matemática, esse "jogo de jovens" ("Nenhum matemático deveria jamais se permitir esquecer que a Matemática, mais do que qualquer outra arte ou ciência, é um jogo de jovens" – G. H. Hardy), criado por um povo de juventude eterna; "aquele que, em Delfos, contempla a densa multidão dos jônios, imagina que eles jamais haverão de envelhecer".

Mostramos armadilhas, apontamos enganosos caminhos que se oferecem, sedutores, aos que se atrevem a desvelar o passado. Seja, pois, tudo aceito *cum grano salis.*

As portas do templo neste momento se abrem. Convidamo-lo, caro leitor, entremos.

Os elementos

Euclides e a tradição sobre ele

> Tudo já foi dito uma vez, mas, como ninguém escuta, é preciso dizer de novo.
>
> André Gide

Para testemunhos de como se constituiu e como se desenvolveu a *geometria grega*, ficamos estritamente dependentes de escassas notícias espalhadas em escritores antigos, muito do que foi extraído do trabalho desaparecido, já mencionado, *História da Geometria*, de Eudemo, um dos principais discípulos e colaboradores de Aristóteles.

Uma passagem dessa obra, conhecida como o *Sumário de Eudemo* ou o *Catálogo dos geômetras*, foi, no entanto, preservada por Proclus, que a retirou, bem provavelmente, dela própria. Traduzimos todo o passo, começando um pouco antes:

> Por um lado, de fato, muitos dos mais velhos descreveram essas coisas, tendo-se proposto a fazer o elogio da matemática, e por isso apresentamos poucas das muitas nessas coisas, exibindo completamente o conhecimento e a utilidade da geometria. Por outro lado, depois dessas coisas, deve-se dizer da produção dela nesse período. Pois o divino Aristóteles dizendo: as mesmas opiniões frequentemente retornar aos homens segundo períodos determinados do todo, e não tomar as ciências uma organização durante o nosso tempo primeiramente ou o dos nossos conhecidos, mas também nem dizer em quantas outras circunvoluções, tanto tornadas quanto havendo de ser, aparecerem elas e também de novo desaparecerem.
>
> Depois de que, dizemos, é preciso examinar as origens das artes e das ciências no período presente.
>
> Visto que seja conhecido por muitos a geometria ter sido descoberta entre os egípcios primeiramente, tendo tomado a origem da ação de medir com cuidado as áreas.
>
> Pois esta era necessária para aqueles pela ação de se elevar do Nilo, fazendo desaparecer os limites concernentes a cada um.
>
> E nada é surpreendente começar a descoberta tanto dessa quanto das outras ciências pela necessidade, porque tudo o que é produzido na geração avança do imperfeito ao perfeito.
>
> Possa, justamente, a mudança vir a acontecer, de fato, da sensação para o cálculo e desse para o pensamento.

Como, de fato, entre os fenícios, pelo comércio e as relações de negócio, o conhecimento dos números tomou o princípio exato, assim também entre os egípcios a geometria foi descoberta pela causa dita.

E Tales, primeiramente tendo ido ao Egito, transportou para a Grécia essa teoria e, por um lado, descobriu muitas coisas, e, por outro lado, mostrou os princípios de muitas para os depois dele, aplicando-se a umas de modo mais geral, a outras, de modo mais sensível.

E depois desse, Mamerco [?], o irmão do poeta Stesichorus, o qual é mencionado como tendo tido uma ligação de zelo em relação à geometria, e Hippias de Elis relatou-o como tendo adquirido uma reputação na geometria.[17]

E depois desses, Pitágoras mudou a filosofia sobre ela em uma forma de educação livre, examinando do alto os princípios dela, explorando os teoremas tanto de um modo imaterial quanto intelectual, o qual então também descobriu a disciplina dos irracionais e a construção das figuras cósmicas. E depois desse, Anaxágoras de Clazomene ligou-se a muitas coisas das relativas à geometria, e Oinopedes de Quios, sendo por pouco mais jovem do que Anaxágoras, os quais também Platão mencionou nos *Rivais* como tendo adquirido uma reputação nas matemáticas.

Depois dos quais, Hipócrates de Quios, o que descobriu a quadratura da lúnula, e Teodoro de Cirene tornaram-se ilustres com relação à geometria.

Pois Hipócrates também compôs *Elementos*, o primeiro dos que são mencionados.

E Platão, tendo nascido depois desses, fez tomar muito grande progresso tanto as outras coisas matemáticas quanto a geometria, pelo zelo relativo a elas, o qual, é evidente, tanto de algum modo tendo tornado frequente as composições com os discursos matemáticos quanto despertado por toda parte a admiração relativa a elas dos que se ligam à filosofia.

E nesse tempo eram tanto Leodamas de Thasos quanto Árquitas de Taranto quanto Teeteto de Atenas, pelos quais os teoremas foram aumentados e avançaram para uma organização mais científica. E Neocleides, mais jovem do que Leodamas, e o discípulo desse, Léon, os quais resolveram muitas coisas em adição às dos antes deles, de modo a Léon compor também os *Elementos* de maneira mais cuidada tanto pela quantidade quanto pela utilidade das coisas demonstradas, e descobrir *distinções,* quando o problema procurado é possível e quando é impossível.

---

17 καὶ ῾Ιππίας ὁ ῾Ηλεῖος ἱστόρησεν ὡς ἐπὶ γεωμετρίᾳ δόξαν αὐτοῦ λαβόντος.

Os elementos

E Eudoxo de Cnido, por um lado, por pouco mais jovem que Léon, e, por outro lado, tendo-se tornado companheiro dos à volta de Platão, primeiro aumentou a quantidade dos chamados teoremas gerais, e às três proporções ajuntou outras três, e fez avançar em quantidade coisas tomadas a respeito da *seção*, com origem em Platão, servindo-se das análises sobre elas. E Amyclas de Heracleia, um dos discípulos de Platão e Menaechmus, que é discípulo de Eudoxo, tendo também frequentado Platão, e o seu irmão Deinostratus fizeram ainda mais perfeita a geometria toda. E Theudius de Magnésia pareceu ser o que excede tanto nas matemáticas quanto em relação à outra filosofia. Pois também arranjou convenientemente os *Elementos* e fez mais gerais muitas coisas das particulares. E, naturalmente, também Athenaeus de Cyzicus, tendo nascido durante os mesmos tempos, também se tornou ilustre, por um lado, nas outras matemáticas, e, por outro lado, principalmente na geometria. De fato, esses viveram com outros na Academia, fazendo as pesquisas em comum. E Hermotimus de Colofon fez avançar as coisas investigadas antes por Eudoxo e Teeteto, tanto descobriu mais muitas coisas dos *Elementos* quanto redigiu alguns dos *Lugares*. E Felipe de Mende, sendo discípulo de Platão e tendo sido exortado por ele para as matemáticas, tanto fazia as pesquisas segundo as indicações de Platão quanto produziu-as por si próprio quantas cria contribuir para a filosofia de Platão. Os que realmente expuseram as histórias promoveram as realizações dessa ciência até esse tempo.[18]

---

18 Ταῦτα μὲν οὖν πολλοὶ τῶν πρεσβυτέρων ἀνέγραψαν, τὴν μαθηματικὴν ἐγκωμιάζειν προθέμενοι, καὶ διὰ ταῦτα ὀλίγα ἀπὸ πολλῶν ἡμεῖς ἐν τούτοις παρεθέμεθα τὴν τῆς γεωμετρίας παντελῶς γνῶσιν καὶ ὠφέλειαν ἐπιδεικνύντες. τὴν δὲ γένεσιν αὐτῆς τὴν ἐν τῇ περιόδῳ ταύτῃ μετὰ ταῦτα λεκτέον.

ὁ μὲν γὰρ δαιμόνιος Ἀριστοτέλης εἰπὼν τὰ αὐτὰ δοξάσματα πολλάκις εἰς ἀνθρώπους ἀφικνεῖσθαι κατά τινας τεταγμένας περιόδους τοῦ παντός, καὶ μὴ καθ' ἡμᾶς πρῶτον ἢ τοὺς ὑφ' ἡμῶν γνωσθέντας τὰς ἐπιστήμας σύστασιν λαβεῖν, ἀλλὰ καὶ ἐν ἄλλαις περιφοραῖς οὐδ' εἰπεῖν ὁπόσαις ταῖς τε γενομέναις καὶ ταῖς αὖθις ἐσομέναις ἐκφανῆναί τε καὶ ἀφανισθῆναι πάλιν αὐτάς.

ἐπεὶ δὲ χρὴ τὰς ἀρχὰς καὶ τῶν τεχνῶν καὶ τῶν ἐπιστημῶν πρὸς τὴν παροῦσαν περίοδον σκοπεῖν, λέγομεν.

ὅτι παρ' Αἰγυπτίοις μὲν εὑρῆσθαι πρῶτον ἡ γεωμετρία παρὰ τῶν πολλῶν ἱστόρηται, ἐκ τῆς τῶν χωρίων ἀναμετρήσεως λαβοῦσα τὴν γένεσιν.

ἀναγκαία γὰρ ἦν ἐκείνοις αὕτη διὰ τὴν ἄνοδον τοῦ Νείλου τοὺς προσήκοντας ὅρους ἑκάστοις ἀφανίζοντος. καὶ θαυμαστὸν οὐδὲν ἀπὸ τῆς χρείας ἄρξασθαι τὴν εὕρεσιν καὶ ταύτης καὶ τῶν ἄλλων ἐπιστημῶν, ἐπειδὴ πᾶν τὸ ἐν γενέσει φερόμενον ἀπὸ τοῦ ἀτελοῦς εἰς τὸ τέλειον πρόεισιν.

ἀπὸ αἰσθήσεως οὖν εἰς λογισμὸν καὶ ἀπὸ τούτου ἐπὶ νοῦν ἡ μετάβασις γένοιτο ἂν εἰκότως.

ὥσπερ οὖν παρὰ τοῖς Φοίνιξιν διὰ τὰς ἐμπορείας καὶ τὰ συναλλάγματα τὴν ἀρχὴν ἔλαβεν ἡ τῶν ἀριθμῶν ἀκριβὴν γνῶσις, οὕτω δὴ καὶ παρ' Αἰγυπτίοις ἡ γεωμετρία διὰ τὴν εἰρημένην αἰτίαν εὕρηται. Θαλῆς δὲ πρῶτον εἰς Αἴγυπτον ἐλθὼν μετήγαγεν εἰς τὴν Ἑλλάδα.

τὴν θεωρίαν ταύτην καὶ πολλὰ μὲν αὐτὸς εὗρειν, πολλῶν δὲ τὰς ἀρχὰς τοῖς μετ᾽αὐτὸν ὑφηγήσατο, τοῖς μὲν καθολικώτερον ἐπιβάλλων, τοῖς δὲ αἰσθητικώτερον.

μετὰ δὲ τοῦτον Μάμερκος [?] ὁ Στησιχόρου τοῦ ποιητοῦ ἀδελφός, ὃς ἐφαψάμενος τὴν περὶ γεωμετρίαν σπουδῆς μνημονεύεται

καὶ ῾Ιππίας ὁ ῾Ηλεῖος ἱστόρησεν ὡς ἐπὶ γεωμετρίᾳ δόξαν αὐτοῦ λαβόντος.

ἐπὶ δὲ τούτοις Πυθαγόρας τὴν περὶ αὐτὴν φιλοσοφίαν εἰς σχῆμα παιδείας ἐλευθέρου μετέστησεν, ἄνωθεν τὰς ἀρχὰς αὐτῆς ἐπισκοπούμενος καὶ ἀύλως καὶ νοερῶς τὰ θεωρήματα διερευνώμενος, ὃς δὴ καὶ τὴν τῶν ἀλόγων πραγματείαν καὶ τὴν τῶν κοσμικῶν σχημάτων σύστασιν ἀνεῦρεν.

μετὰ δὲ τοῦτον ῾Αναξαγόρας ὁ Κλαζομένιος πολλῶν ἐφήψατο τῶν κατὰ γεωμετρίαν.

καὶ Οἰνοπίδης ὁ Χῖος, ὀλίγῳ νεώτερος ὢν Ἀναξαγόρου, ὧν καὶ ὁ Πλάτων ἐν τοῖς ἀντεραστάῖς ἐμνημόνευσεν ὡς ἐπὶ τοῖς μαθήμασι δόξαν λαβόντων.

ἐφ᾽ οἷς ῾Ιπποκράτες ὁ Χῖος ὁ τὸν τοῦ μηνίσκου τετραγωνισμὸν εὑρών, καὶ Θεόδωρος ὁ Κυρηναῖος ἐγένοντο περὶ γεωμετρίαν ἐπιφανεῖς.

πρῶτος γὰρ ὁ ῾Ιπποκράτης τῶν μνημονευμένων καὶ στοιχεῖα συνέγραψεν.

Πλάτων δ᾽ἐπὶ τούτοις γενόμενος μεγίστην ἐποίησεν ἐπίδοσιν τά τε ἄλλα μαθήματα καὶ τὴν γεωμετρίαν λαβεῖν διὰ τὴν περὶ αὐτὰ σπουδήν, ὅς που δῆλός ἐστι καὶ τὰ συγγράμματα τοῖς μαθηματικοῖς λόγοις καταπυκνώσας καὶ πανταχοῦ τὸ περὶ αὐτὰ θαῦμα τῶν φιλοσοφίας ἀντεχομένων ἐπεγείρων.

ἐν δὲ τούτῳ τῷ χρόνῳ καὶ Λεωδάμας ὁ Θάσιος ἦν καὶ ῾Αρχύτας ὁ Ταραντῖνος καὶ Θεαίτητος ὁ ῾Αθηναῖος, παρ᾽ὧν ἐπηυξήθη τὰ θεωρήματα καὶ προῆλθεν εἰς ἐπιστημονικωτέραν σύστασιν.

Δεωδάμαντος δὲ νεώτερος ὁ Νεοκλείδης καὶ ὁ τούτου μαθητὴς Λέων, οἳ πολλὰ προσευπόρησαν τοῖς πρὸ αὐτῶν, ὥστε τὸν Λέοντα καὶ τὰ στοιχεῖα συνθεῖναι τῷ τε πλήθει καὶ τῇ χρείᾳ τῶν δεικνυμένων ἐπιμελέστερον, καὶ διορισμοὺς εὑρεῖν, πότε δυνατόν ἐστι τὸ ζητούμενον πρόβλημα καὶ πότε ἀδύνατον.

Εὔδοξος δὲ ὁ Κνίδιος, Λέοντος μὲν ὀλίγῳ νεώτερος, ἑταῖρος δὲ τῶν περὶ Πλάτωνα γενόμενος, πρῶτος τῶν καθόλου καλουμένων θεωρημάτων τὸ πλῆθος ηὔξησεν καὶ ταῖς τρισὶν ἀναλογίαις ἄλλας τρεῖς προσέθηκεν καὶ τὰ περὶ τὴν τομὴν ἀρχὴν λαβόντα παρὰ Πλάτωνος εἰς πλῆθος προήγαγεν καὶ ταῖς ἀναλύσεσιν ἐπ᾽αὐτῶν χρησάμενος.

῾Αμύκλας δὲ ὁ ῾Ηρακλεώτης, εἷς τῶν Πλάτωνος ἑταίρων καὶ Μέναιχμος ἀκροατὴς ὢν Εὐδόξου καὶ Πλάτωνι δὲ συγγεγονὼς καὶ ὁ ἀδελφὸς αὐτοῦ Δεινόστρατος ἔτι τελεωτέραν ἐποίησαν τὴν ὅλην γεωμετρίαν

Θεύδιος δὲ ὁ Μάγνης ἔν τε τοῖς μαθήμασιν ἔδοκεν εἶναι διαφέρων καὶ κατὰ τὴν ἄλλην φιλοσοφίαν. καὶ γὰρ τὰ στοιχεῖα καλῶς συνέταξεν καὶ πολλὰ τῶν μερικῶν καθολικώτερα ἐποίησεν.

καὶ μέντοι ὁ Κυζικηνὸς ῾Αθήναιος κατὰ τοὺς αὐτοὺς γεγονὼς χρόνους καὶ ἐν τοῖς ἄλλοις μὲν μαθήμασι, μάλιστα δὲ κατὰ γεωμετρίαν ἐπιφανὴς ἐγένετο.

διῆγον οὖν οὗτοι μετ᾽ἀλλήλων ἐν ᾽Ακαδημίᾳ κοινὰς ποιούμενοι τὰς ζητήσεις.

῾Ερμότιμος δὲ ὁ Κολοφώνιος τὰ ὑπ᾽Εὐδόξου προηυπορημένα καὶ Θεαιτήτου προήγαγεν ἐπὶ πλέον καὶ τῶν στοιχείων πολλὰ ἀνεῦρε καὶ τῶν τόπων τινὰ συνέγραψεν.

Φίλιππος δὲ ὁ Μενδαῖος, Πλάτωνος ὢν μαθητὴς καὶ ὑπ᾽ἐκείνου προτραπεὶς εἰς τὰ μαθήματα, καὶ τὰς ζητήσεις ἐποιεῖτο κατὰ τὰς Πλάτωνος ὑφηγήσεις καὶ ταῦτα προύβαλλεν ἑαυτῷ, ὅσα ᾤετο τῇ Πλάτωνος φιλοσοφίᾳ συντελεῖν.

οἱ μὲν οὖν τὰς ἱστορίας ἀναγράψαντες μέχρι τούτου προάγουσι τὴν τῆς ἐπιστήμης ταύτης τελείωσιν.

Os elementos

Aí termina o *Catálogo* elaborado por Eudemo.

Além de fixar os nomes daqueles gregos que mais se distinguiram no esforço de dar à matemática aquela aparência de que seríamos herdeiros, o que mais chama a atenção é o fato de Euclides não ter sido o primeiro a coligir os *Elementos*. Mas, ao lado do que, como veremos, Proclus vai dar a seguir, há o ponto relevante de que apenas, dessas todas, só a obra de Euclides chegou até nós. Eis a marca do seu sucesso: ter dado conta e bem de praticamente tudo o que fizeram os seus predecessores. Ora, quando se tem em mente a dificuldade na confecção de cópias manuscritas, se um tratado trouxesse de forma bem posta e melhorada o que outros continham, passava-se, com vantagens, a copiar aquele em detrimento destes. Desse modo, o tempo fez com os trabalhos dos demais o que não conseguiu com os *Elementos* de Euclides: eliminou-os quase que totalmente da memória dos homens.

Em continuação ao *Catálogo*, com sentido de completamento, Proclus prossegue, agora pelo seu arbítrio e risco.

> E não muito mais jovem do que esses é Euclides, o que reuniu os *Elementos*, tendo também, por um lado, arranjado muitas das coisas de Eudoxo e tendo, por outro lado, aperfeiçoado muitas das coisas de Teeteto, e ainda tendo conduzido as coisas demonstradas frouxamente pelos predecessores a demonstrações irrefutáveis.
>
> E esse homem floresceu no tempo do primeiro Ptolomeu; pois, também Arquimedes, tendo vindo depois do primeiro, menciona Euclides, e, por outro lado, também dizem que Ptolomeu demandou-lhe uma vez se existe algum caminho mais curto que os *Elementos* para a geometria e ele respondeu não existir atalho real na geometria.[19]

Acontece com Euclides o mesmo que com outros grandes matemáticos da Grécia Antiga: restam-nos apenas macérrimas informações sobre a vida e a personalidade do homem. No caso presente, a maior parte do que temos

---

19 οὐ πολὺ δὲ τούτων νεώτερός ἐστιν Εὐκλείδης ὁ τὰ στοιχεῖα συναγαγὼν καὶ πολλὰ μὲν τῶν Εὐδόξου συντάξας, πολλὰ δὲ τῶν Θεαιτήτου τελεωσάμενος, ἔτι δὲ τὰ μαλακώτερον δεικνύμενα τοῖς ἔμπροσθ ἐν εἰς ἀνελέγκτους ἀποδείξεις ἀναγαγών.

γέγονε δὲ οὗτος ὁ ἀνὴρ ἐπὶ τοῦ πρώτου Πτολεμαίου· καὶ γὰρ ὁ Ἀρχιμήδης ἐπιβαλὼν καὶ τῷ πρώτῳ μνημονεύει τοῦ Εὐκλείδου, καὶ μέντοι καὶ φασιν ὅτι Πτολεμαῖος ἤρετό ποτε αὐτόν, εἴ τίς ἐστιν περὶ γεωμετρίαν ὁδὸς συντομωτέρα τῆς στοιχειώσεως· ὁ δὲ ἀπεκρίνατο, μὴ εἶναι βασιλικὴν ἀτραπὸν ἐπὶ γεωμετρίαν.

provém do que está dado acima, no trecho "Não muito mais jovem do que esses (...) não há caminho real para a geometria", isto é, na parte acrescentada por Proclus ao *Sumário de Eudemo*. O próprio autor do acréscimo parece não ter conhecimento direto do lugar de nascimento do geômetra ou das datas em que nasceu e em que morreu. Procede antes por inferência:

(1) Arquimedes viveu imediatamente após o primeiro Ptolomeu;
(2) Arquimedes menciona Euclides;
(3) Há uma história sobre algum Ptolomeu e Euclides;

logo

(I) Euclides viveu no tempo do primeiro Ptolomeu.

(4) Euclides medeia entre os primeiros discípulos de Platão e Arquimedes;
(5) Platão morreu em 347/6 a.C.;
(6) Arquimedes viveu de 287 a 217 a.C.;

logo

(II) Euclides deve ter atingido o seu acúmen por volta de 300 a.C. (o que acorda bem com o fato de que o primeiro Ptolomeu reinara de 306 a 283 a.C.).

(7) Atenas era, à época, o mais importante centro de matemática existente;
(8) Os que escreveram *Elementos* antes de Euclides viveram e ensinaram em Atenas;
(9) O mesmo vale para os outros matemáticos de cujos trabalhos os *Elementos* de Euclides dependiam;

logo

(III) Euclides recebeu o seu treinamento matemático dos discípulos de Platão em Atenas.

Proclus, indo ainda mais longe, garante que Euclides era da escola platônica e que mantinha íntima relação com a filosofia dele[20] ("é platônico pela escolha e familiarizado com essa filosofia") e que, por essa razão, teria se proposto por objetivo dos *Elementos*, como um todo, a construção

---

20 καὶ τῇ προαιρέσει δὲ Πλατωνικός ἐστι καὶ τῇ φιλοσοφίᾳ ταύτῃ οἰκεῖος.

das chamadas *figuras platônicas*[21] ("e donde precisamente propôs-se como objetivo do livro todo dos *Elementos* a construção das chamadas figuras platônicas"). Como os *Elementos* terminam, de fato, com a construção dos poliedros regulares, isto é, dos cinco sólidos ou figuras platônicas, sendo Proclus um neoplatônico, viu nisso a oportunidade para associar Euclides àquela escola. Aliás, parece-nos possível entender a expressão τέλος no papel de advérbio "no fim, em último lugar", podendo-se verter parte da frase citada por "propôs-se no fim do livro todo dos *Elementos* a construção (...)", o que é verdade. Abusaria, assim, Proclus de uma ambiguidade?

Que Euclides ensinara e fundara uma escola em Alexandria, aprendemos de uma observação de Pappus no Livro VII da sua *A coleção matemática*, ao comentar que Apolônio nos transmitiu oito livros sobre as cônicas, tendo completado os quatro livros das *Cônicas* de Euclides e a eles ajuntado outros quatro.

Pappus, 7.35:

> E [Apolônio] pode ajuntar as coisas restantes ao "lugar", tendo antes sido capaz de imaginar pelas coisas já escritas por Euclides sobre o "lugar"
> e, tendo frequentado por muito tempo os discípulos de Euclides em Alexandria, por essa razão adquiriu esse hábito não ignorante de mente.[22]

Há, por fim, um episódio relatado por Stobaeus nos seus *Eclogarum physicarum et ethicaram Libri II*.[23] Ei-lo:

> (...) alguém que começara a estudar geometria com Euclides, tendo aprendido o primeira teorema, perguntou a Euclides: "Mas o que me será acrescido por aprender essas coisas?" E Euclides, tendo chamado o escravo: "Dê-lhe três óbolos, porque para ele é preciso lucrar com o que aprende".[24]

---

21 ὅθεν δὴ καὶ τῆς συμπάσης στοιχειώσεως τέλος προεστήσατο τὴν
   τῶν καλουμένων Πλατωνικῶν σχημάτων

22 προσθεῖναι δὲ τῷ τόπῳ τὰ λειπόμενα δεδύνηται προφαντασιωθεὶς τοῖς ὑπὸ Εὐκλείδου γεγραμμένοις ἤδη περὶ τοῦ τόπῳ καὶ σχολάσας τοῖς ὑπὸ Εὐκλείδου μαθηταῖς ἐν' Ἀλεξανδρίᾳ πλεῖστον χρόνον, ὅθεν ἔσχε καὶ τὴν τοιαύτην ἕξιν οὐκ ἀμαθῆ.

23 [Coletânea de coisas físicas e éticas].

24 Παρ' Εὐκλείδῃ τις ἀρξάμενος γεωμετρεῖν, ὡς τὸ πρῶτον θεώρημα ἔμαθεν, ἤρετο τὸν Εὐκλείδην· τί δε μοι πλέον ἔσται ταῦτα μανθάνοντι; καὶ ὁ Εὐκλείδης τὸν παῖδα καλέσας· δὸς, ἔφη, αὐτῷ τριώβολον, ἐπειδὴ δεῖ αὐτῷ, ἐξ ὧν μανθάνει, κερδαίνειν.

Apenas isso a tradição nos transmite sobre o nosso personagem.

Vale ponderar aqui que a tradição se interessa mais pela verossimilhança do que pela verdade, considerando aquela como uma metáfora desta. Desse modo, o diálogo entre Ptolomeu e Euclides que, diga-se de passagem, também é contado sobre a dupla rei-geômetra Alexandre e Menaechmus, pelo próprio Stobaeus na obra referida, metaforiza o fato de a geometria ter de ser aprendida sistematicamente, passo a passo, seguindo o trajeto exposto nos *Elementos*. A última história, por sua vez, representa, figuradamente, o que é frisado no *Catálogo dos geômetras*, que Pitágoras mudou a filosofia sobre a matemática "em uma forma de educação liberal", ou seja, própria dos homens livres, que não se submetem senão a ganhos intelectuais. Da mesma maneira, quando a tradição nos dá como escrita sobre o pórtico da Academia a famosa frase "ninguém que ignore geometria entre",[25] não quer nos fazer crer estar ela realmente postada à entrada para, como a ígnea espada do arcanjo, que impedisse, aos não iniciados naquela ciência, o acesso a um tal Éden; antes condensa, metaforicamente, de modo admirável, tudo o que Platão dizia sobre a matemática: ser ela o vestíbulo, a via pela qual se chega à filosofia.

O que fica de tudo é o pouco conhecimento, e ainda assim incerto, que resta do homem que foi o nosso geômetra. É como se, daquela distante época, um aedo nos cantasse:

> Diz o Tempo a Euclides:
> Nas muitas dobras que tenho
> No meu manto de negro tecido,
> Escondo para sempre dos pósteros
> A tua vida, as tuas dores,
> As tuas alegrias fugazes,
> O teu dia de cada dia.
> Escondo-te o semblante, o sorriso,
> A lágrima quente que escava
> Profundos sulcos na face.
> Escondo também os amores,
> As tuas noites de insônia

---

25 ἀγεωμέτρητος μηδεὶς εἰσίτω.

Os elementos

> E a dura luta diária
> Rumo à verdade desnuda.
> Escondo tudo o que foste
> De todos os que virão.
> Mas as muitas dobras que tenho
> No meu manto de negro tecido,
> Por mais que eu faça e refaça,
> Não bastam para esconder
> A obra que produziste.
> Proclamo, pois, em alto som:
> Os *Elementos* de Euclides
> Sempiternos brilharão.

Outros trabalhos de Euclides

A importância extraordinária dos *Elementos* torna de somenos monta os demais trabalhos atribuídos ao geômetra, alguns dos quais chegaram até nós. São, na maior parte, pequenos planetas a orbitarem à volta daquela magna estrela. Conhecemo-los todos por menção de autores gregos.

Assim, na sequência do *Sumário de Eudemo*, Proclus faz-nos saber:

> Também existem, de fato, muitas outras obras matemáticas desse homem, cheias de exatidão admirável e de visão científica.
> Pois tais são tanto a *Ótica* quanto a *Catóptrica*, e tais também as a respeito dos *Elementos de música*, e ainda o livro sobre *Divisões*.[26]

E, em continuação, elogiando os *Elementos*, faz referência a um outro trabalho:

> E porque muitas coisas são vistas na aparência como sendo apoiadas na verdade e seguindo os princípios científicos, mas seguem o seu curso para o desvio dos princípios e enganam completamente os mais superficiais, ele tam-

---

26 πολλὰ μὲν οὖν καὶ ἄλλα τοῦ ἀνδρὸς τούτου μαθηματικὰ συγγράμματα θαυμαστῆς ἀκριβείας καὶ ἐπιστημονικῆς θεωρίας μεστά.
τοιαῦτα γὰρ καὶ τὰ ὀπτικὰ καὶ τὰ κατοπτρικά, τοιαῦται δὲ καὶ αἱ κατὰ μουσικὴ στοιχειώσεις, ἔτι δὲ τὸ περὶ διαιρέσεων βιβλίον.

bém legou à posteridade métodos de percepção perspicaz dessas coisas, tendo os quais poderemos treinar os principiantes dessa teoria para a descoberta dos paralogismos, e a permanecer até o fim não enganados.

E assim então, essa obra, pela qual introduz-nos nessa preparação, ele intitulou *Das falácias* (...)[27]

Esse livro *Das falácias* perdeu-se, mas o seu intento é exposto claramente no excerto, e, como aparece num contexto que diz respeito aos *Elementos*, é lídimo supor não ultrapassar o domínio da geometria.

Vejamos os outros títulos citados pelo escoliasta.

Ótica e Catóptrica

Ambos foram editados por Heiberg no mesmo Volume VII (1895) da publicação pela Teubner Verlagsgesellschaft *Euclidis opera omnia*,[28] de Heiberg–Menge. Aí a *Ótica* aparece na sua forma genuína e na recensão de Théon de Alexandria.

A *Catóptrica*, por sua vez, não é genuína e Heiberg tem para si que, no formato sobrevivente, possa ser de Théon. Possivelmente, Proclus teria se enganado ao pô-la na conta de Euclides, que não a produzira.

A *Ótica* é, de fato, um tratado de perspectiva. Parte da hipótese da existência de raios visuais retilíneos e busca determinar a parte que efetivamente vemos de um objeto distante dado.

A palavra *catóptrica* (que ousamos aportuguesar, com a acentuação regida pela analogia com ótica, variante de óptica) é um adjetivo grego derivado do substantivo neutro κατόπτρον "espelho". Por isso, o título τὰ κατοπτρικά significaria "imagens refletidas", ou melhor, *Teoria da reflexão*.

---

27 ἐπειδὴ δὲ πολλὰ φαντάζεται μὲν ὡς τῆς ἀληθείας ἀντεχόμενα καὶ ταῖς ἐπιστημονικαῖς ἀρχαῖς ἀκολουθοῦντα, φέρεται δὲ εἰς τὴν ἀπὸ τῶν ἀρχῶν πλάνην καὶ τοὺς ἐπιπολαιοτέρους ἐξαπατᾷ, μεθόδους παραδέδωκεν καὶ τῆς τούτων διορατικῆς φρονήσεως

ἃς ἔχοντες γυμνάζειν μὲν δυνησόμεθα τοὺς ἀρχομένους τῆς θεωρίας ταύτης πρὸς τὴν εὕρεσιν τῶν παραλογισμῶν, ἀνεξαπάτητοι δὲ διαμένειν.

καὶ τοῦτο δὴ σύγγραμμα, δι'οὗ τὴν παρασκευὴν ἡμῖν ταύτην ἐντίθησι, Ψευδαρίαν ἐπέγραψεν...

28 [Obras completas de Euclides].

Elementos de música

Dois tratados são dados como de Euclides: *Sectio canonis*[29] "a teoria dos intervalos", "Divisão da escala", e εἰσαγωγὴ ἁρμονική "introdução à harmonia", editados no Volume VIII das *Euclidis opera omnia* por Menge. O primeiro, baseado na teoria pitagórica da música, é matemático, concordando em geral, tanto na dicção quanto na forma das proposições, com o que está nos *Elementos*. O segundo é de Cleonides, um discípulo de Aristoxenes.

O livro das divisões (de figuras)

Essa obra, contrariando aparentemente a expectativa dos que conhecem apenas os *Elementos*, ocupa-se com a aplicação da geometria a problemas de cálculo, como os existentes na Babilônia. A diferença característica é o uso feito dos resultados dependentes de proposições daquele trabalho magno em lugar da abordagem numérica dos orientais.

Trata-se, em resumo, da divisão de figuras em outras que lhes sejam *semelhantes ou dessemelhantes pela definição*, isto é, do mesmo tipo ou de tipo diferente. Desse modo, um triângulo pode ser dividido em triângulos, ou seja, em figuras do mesmo tipo ou semelhantes pela definição, ou pode ser dividido em um triângulo e um quadrilátero, figuras dessemelhantes pela definição.

É como nos diz Proclus (144.22-26)

> ... pois tanto o círculo é divisível em dessemelhantes pela definição quanto cada uma das retilíneas, e ele próprio, o autor dos *Elementos*, ocupou-se nas *Divisões*, dividindo as figuras dadas quer em semelhantes quer em dessemelhantes.[30]

O texto grego dessa obra de Euclides perdeu-se, tendo sido redescoberto em árabe. Woepcke encontrou em um manuscrito em Paris um trabalho em árabe sobre a divisão de figuras. Traduziu-o e publicou-o em 1851

---

29 κατατομὴ κανόνος.

30 καὶ γὰρ ὁ κύκλος εἰς ἀνόμοια τῷ λόγῳ καὶ ἕκαστον τῶν εὐθυγράμμων διαιρετόν ἐστιν, ὅ καὶ αὐτὸς ὁ στοιχειωτὴς ἐν ταῖς διαιρέσεσι πραγματεύεται τὸ μὲν εἰς ὅμοια τὰ δοθέντα σχήματα διαιρῶν, τὸ δὲ εἰς ἀνόμοια.

no *Journal Asiatique*. Esse tratado é expressamente atribuído a Euclides no manuscrito e acorda com o que Proclus diz sobre ele.

Além desses trabalhos cujo elenco é dado pelo comentarista, há mais, citados por outros autores.

Os *Data*

Os *Data*[31] foram incluídos por Pappus no *Tesouro da análise*.

Antes de tecer considerações sobre ele, queremos esclarecer alguns pontos relativos a Pappus.

Estamos todos cientes de que a Idade de Ouro da geometria grega findara com Apolônio de Perga. No entanto, a influência dos feitos do trio, Euclides, Arquimedes e Apolônio, não acabou com os seus dias. Tivemos uma sucessão de matemáticos, se não criativos, ao menos competentes, aptos a preservar a tradição. Geminus, por exemplo, escreveu uma obra de caráter quase enciclopédico sobre a classificação e o conteúdo da matemática, incluindo a história do desenvolvimento de cada assunto. Pappus (VIII, 3), falando sobre Arquimedes, abona a sua observação com um "como o declara também Geminus, o Matemático, no seu livro *A ordenação da matemática*".[32] Apesar disso, o título do grande tratado de Geminus não está bem fixado, pois Eutocius de Áscalon, no seu comentário às *Cônicas* de Apolônio, menciona-o como *A ciência matemática*.[33] Já Proclus, no *Comentário ao livro I dos elementos de Euclides*, mune-nos de informações precisas sobre esse trabalho, sem jamais mencionar-lhe o título.

O começo da Era Cristã assiste a um acentuado decréscimo no interesse pelo estudo da geometria avançada. Assim Pappus, no século III, propõe-se a missão de reavivar a curiosidade sobre tal conhecimento.

A sua obra capital chegou-nos sob a designação de *Coleção matemática*. Em verdade, a maior parte dos manuscritos, sobretudo os mais antigos, vem apenas com a denominação *A coleção*,[34] mas cópias menos antigas trazem

---

31 δεδομένα.
32 τῶν μαθημάτων τάξις.
33 περὶ τῆς τῶν μαθημάτων θεωρίας.
34 συναγωγή.

um título mais completo no plural, *As coleções matemáticas*.[35] Consiste ela em uma ampla recolha de proposições extraídas de um número grande de obras de outros matemáticos, quase todas hoje infelizmente desaparecidas. Está longe, porém, de ser uma simples compilação, e excede de muito o quadro de apenas um comentário, uma vez que não se limita a expor proposições notáveis, devidas aos seus predecessores. Fá-las acompanhar de uma multidão de lemas, destinados a esclarecer as passagens mais complexas das suas demonstrações. Mas, há muito mais. Dá-nos frequentemente demonstrações alternativas. Estende-as a casos particulares ou análogos, aplica-os à solução de problemas novos ou à daqueles já resolvidos de outra maneira, e completa o todo com numerosas proposições novas, que indicam pesquisas bem avançadas nesse domínio e o calibre matemático do seu autor.

A obra é composta por oito livros (capítulos, como os chamaríamos hodiernamente), sendo o sétimo sobremodo importante para a história da geometria, por ser a única fonte do que conhecemos sobre um conjunto de trabalhos perdidos relativos à geometria avançada, que os antigos chamavam "lugar resolvido/analisado" ou "*Tesouro da análise*".[36] A denominação *Tesouro da análise*, corrente na língua inglesa, *Treasure of Analysis*, parece ter sido sugerida por James Gow que, em nota na página 211 da sua *A Short History of Greek Mathematics*,[37] faz as seguintes e, a nosso ver, pertinentes considerações filológicas:

> A palavra τόπος aqui não significa *locus* ("lugar"), mas tem o seu significado aristotélico de "*store-house*" ("depósito, ou figuradamente, tesouro"). Então, no começo do Livro VI de Pappus, τόπος ἀστρονομούμενος significa "o tesouro astronômico"... Τόπος ἀναλυόμενος significa "o tesouro da análise", como na retórica de Aristóteles, τόποι ou κοινοὶ τόποι são coleções de "lugares comuns", [isto é] observações e críticas a que os retóricos podem sempre recorrer. A tradução de τόπος ἀναλυόμενος como "locus resolutus", "lieu résolu" ou "aufgelöster Ort" é portanto enganadora e levou, acredito, a alguma concepção errônea.

Pappus indica-lhe de pronto a natureza, afirmando:

---

35 μαθηματικαὶ συναγωγαί.

36 τόπος ἀναλυόμενος.

37 [Uma breve história da matemática grega].

Euclides

O chamado *Tesouro da análise,* Hermodoro meu filho, é uma matéria especial preparada como auxílio, depois da produção dos elementos comuns, para os que querem aprender nas linhas a potência inventiva dos problemas que se lhes estendem à frente e que se constituiu útil para isso somente.[38]

Prossegue, um pouco mais adiante:

E dos preditos livros do *Tesouro da análise,* a ordem é esta:[39] dos *Data* de Euclides, um livro[40]...; dos *Porismata* de Euclides, três;[41] ... dos *Lugares em uma superfície* de Euclides, dois[42]... Existem 32 livros.[43]

Portanto, dentre outros, Pappus arrola três outros trabalhos de Euclides não mencionados por Proclus.

Retornemos, agora, aos *Data,* cujo texto sobreviveu e foi editado, juntamente com o comentário feito por Marinus de Neapolis, discípulo de Proclus, por Menge no Volume VI de *Euclidis opera omnia*.

Os *Data* são um conjunto de 95 proposições (Pappus fala em 90), precedido agora por uma introdução explanatória de Marinus. Este observa que Euclides deveria ter começado com uma definição geral de δεδομένον "dado" e depois passar aos vários casos que inclui, concluindo que, na sua opinião, a melhor definição seria "cognoscível e passível de obtenção".[44]

Eis algumas das definições de Euclides no início da obra:

1. Áreas e também linhas e ângulos são ditos *dados em magnitude*, iguais aos quais podemos obter.[45]

4. Pontos e também linhas e ângulos são ditos ter sido *dados em posição*, aqueles que se mantêm sempre sobre o mesmo lugar.[46]

---

38 ὁ καλούμενος Ἀναλυόμενος, Ἑρμόδωρε τέκνον, κατὰ σύλληψιν ἰδία τίς ἐστιν ὕλη παρασκευασμένη μετὰ τὴν τῶν κοινῶν στοιχείων ποίησιν τοῖς βουλομένοις ἀναλαμβάνειν ἐν γραμμαῖς δύναμιν εὑρετικὴν τῶν προτεινομένων αὐτοῖς προβλημάτων, καὶ εἰς τοῦτο μόνον χρησίμη καθεστῶσα.

39 τῶν δὲ προειρημένων τοῦ Ἀναλυομένου βιβλίων ἡ τάξις ἐστὶν τοιαύτη.

40 Εὐκλείδου Δεδομένων βιβλίον $\bar{α}$.

41 Εὐκλείδου Πορισμάτων τρία.

42 Εὐκλείδου Τόπων πρὸς Ἐπιφανείᾳ δύο.

43 γίνεται βιβλία λ $\bar{β}$.

44 γνώριμον καὶ πόριμον.

45 Δεδομένα τῷ μεγέθει λέγεται χωρία τε καὶ γραμμαὶ καὶ γωνίαι, οἷς δυνάμεθα ἴσα πορίσασθαι.

46 Τῇ θέσει δεδόσθαι λέγονται σημεῖά τε καὶ γραμμαὶ καὶ γωνίαι, ἃ τὸν αὐτὸν ἀεὶ τόπον ἐπέχει.

6. E um círculo é dito ter sido *dado em posição e em magnitude*, aquele do qual, por um lado, o centro foi dado em posição, e, por outro lado, o raio, em magnitude.[47]

As proposições que seguem as definições lidam com magnitudes, linhas, figuras retilíneas e círculos, nessa ordem.

A palavra "dado" é empregada em dois sentidos. Significa, primeiramente, "realmente dado", e, em segundo lugar, "dado por implicação", e as proposições são todas para esse efeito de que certa descrição parcial de uma magnitude ou de uma figura geométrica envolva uma descrição mais completa; assim aquela de um triângulo como equilátero envolve a sua descrição como equiângulo.

Pappus mostra com exemplos como os *Data* prestam serviço à *Análise*. Esta começa com uma construção suposta que satisfaça as condições propostas. Tais condições, sendo convertidas em elementos *dados* da figura, envolvem outros que são *dados por implicação*, e esses, por sua vez, envolvem outros, até que, passo a passo, cada um deles é legitimado, e chega-se a uma construção da qual se obtém uma síntese.

Os *Data* são, de fato, sugestões para as etapas mais usuais na *Análise*.

Os Porismata

Proclus (301.21-302.13) procura elucidar o que se deve entender tecnicamente por *porismata*.[48] Eis a explicação:

O *porisma* [substantivo neutro em grego] é uma das expressões geométricas. E isso significa duas coisas. Pois, denominam-se *porismata* tanto quantos teoremas são ajudados no seu estabelecimento pelas demonstrações de outros, como sendo golpes de sorte e ganhos dos que procuram, como quantas coisas, por um lado, são procuradas, e, por outro lado, têm necessidade de descoberta e não de produção só nem de simples teoria.

---

47 Τῇ θέσει δὲ καὶ τῷ μεγέθει κύκλος δεδόσθαι λέγεται, οὗ δέδονται τὸ μὲν κέντρον τῇ θέσει ἡ δὲ ἐκ τοῦ κέντρου τῷ μεγέθει.

48 πορίσματα.

Euclides

Pois porque, por um lado, é preciso considerar os na base dos isósceles iguais, esse conhecimento é, então, das coisas que são.

Por outro lado, dividir o ângulo em dois ou construir um triângulo ou subtrair ou acrescentar, todas essas coisas demandam uma ação de alguém, mas achar o centro do círculo dado ou achar a maior medida comum de duas magnitudes comensuráveis dadas ou quantas coisas que tais estão, de alguma maneira, entre problemas e teoremas.

Pois, nem são produções nessas coisas das procuradas, mas são descobertas, nem simples teorias.

Pois é preciso conduzir o procurado sob a vista e fazer o procurado diante dos olhos.

Portanto, tais coisas são também quantos *porismata* Euclides escreveu, tendo composto três livros de *porismata*.[49]

Pappus também fala sobre os *porismata* nos seguintes termos:

E todas as espécies deles não são dos teoremas nem dos problemas, mas de algum modo no meio dessas, existindo forma, por poderem os enunciados deles assumir certa forma ou como dos teoremas ou como dos problemas, pelo que também aconteceu dos muitos geômetras, os que consideram apenas a forma do enunciado, uns tomarem-nos por ser, no gênero, teoremas, outros, problemas.[50]

---

49 Ἕν τι τῶν γεωμετρικῶν ἐστιν ὀνομάτων τὸ πόρισμα
τοῦτο δὲ σεμαίνει διττόν
καλοῦσι γὰρ πορίσματα καὶ ὅσα θεωρήματα συγκατασκευάζεται ταῖς ἄλλων ἀποδείξεσιν, οἷον ἑρμαῖα καὶ κέρδη τῶν ζητούντων ὑπάρχοντα, καὶ ὅσα ζητεῖται μὲν, εὑρέσεως δὲ χρῄζει καὶ οὔτε γενέσεως μόνης οὔτε θεωρίας ἁπλῆς.
ὅτι μὲν γὰρ τῶν ἰσοσκελῶν αἱ πρὸς τῇ βάσει ἴσαι θεωρῆσαι δεῖ, καὶ ὄντων δὴ τῶν πραγμάτων ἐστὶν ἡ τοιαύτη γνῶσις.
τὴν δὲ γωνίαν δίχα τεμεῖν ἢ τρίγωνον συστήσασθαι ἢ ἀφελεῖν ἢ θέσθαι, ταῦτα πάντα ποίησίν τινος ἀπαιτεῖ, τοῦ δὲ δοθέντος κύκλου τὸ κέντρον εὑρεῖν, ἢ δύο δοθέντων συμμέτρων μεγεθῶν τὸ μέγιστον καὶ κοινὸν μέτρον εὑρεῖν, ἢ ὅσα τοιάδε, μεταξύ πώς ἐστι προβλημάτων καὶ θεωρημάτων.
οὔτε γὰρ γενέσεις εἰσὶν ἐν τούτοις τῶν ζητουμένων, ἀλλ᾽ εὑρέσεις, οὔτε θεωρία ψιλή.
δεῖ γὰρ ὑπ᾽ ὄψιν ἀγαγεῖν καὶ πρὸ ὀμμάτων ποιήσασθαι τὸ ζητούμενον.
τοιαῦτα ἄρα ἐστὶν καὶ ὅσα Εὐκλείδης πορίσματα γέγραφε, γ̄ βιβλία πορισμάτων συντάξας.

50 ἅπαντα δὲ αὐτῶν τὰ εἴδη οὔτε θεωρημάτων ἐστὶν οὔτε προβλημάτων
ἀλλὰ μέσον πως τούτων ἐχούσης ἰδέας, ὥστε τὰς προτάσεις αὐτῶν δύνασθαι σχηματίζεσθαι ἢ ὡς θεωρημάτων ἢ ὡς προβλημάτων
παρ᾽ ὃ καὶ συμβέβηκε τῶν πολλῶν γεωμετρῶν τοὺς μὲν ὑπολαμβάνειν αὐτὰ εἶναι τῷ γένει θεωρήματα τοὺς δὲ προβλήματα, ἀποβλέποντας τῷ σχήματι μόνον τῆς προτάσεως.

Com toda certeza, Proclus usava as palavras de Pappus. De qualquer modo, pela distinção feita, há os *porismata* que são meros *corolários*, isto é, consequências diretas das demonstrações de outros teoremas, e os há como proposições que, não sendo tecnicamente quer teoremas quer problemas, participam da natureza de uns e dos outros.

O tratado de Euclides jaz escondido nas dobras do negro manto do tempo, mas, porque Pappus o tratou de modo extensivo, acrescentando-lhe tantos lemas, alguns geômetras, e dentre eles o francês do século XIX, Michel Chasles (nos *Les trois livres des porismes d'Euclide réstablis*,[51] Paris, Mallet-Bachelier, 1860), tentaram, com maior ou menor êxito, restaurá-lo.

O objetivo de um *porisma* não é aquele de um teorema, isto é, a descrição de uma nova propriedade, nem o de um problema, ou seja, efetivar uma construção ou alterar uma dada; é antes achar e trazer à vista uma coisa que coexiste necessariamente com certas coisas dadas, como a maior medida comum coexiste com duas magnitudes comensuráveis dadas, ou como o centro coexiste com um círculo dado.

Detenhamo-nos um pouco nas interessantes considerações feitas por Chasles no seu *Aperçu historique des méthodes en géométrie*,[52] p.12-15:

> Segundo o prefácio do *Sétimo livro das coleções matemáticas* de Pappus, parece que esse tratado dos *porismata* distinguia-se por um talento penetrante e profundo e era eminentemente útil para a resolução dos problemas mais complicados (*collectio artificiosissima multarum rerum, quae spectant ad analysin difficiliorum et generalium problematum* ["reunião engenhosíssima de muitas coisas que visam à análise dos problemas difíceis e gerais"]). Trinta e oito lemas, que esse sábio comentarista deixou-nos para a inteligência desses *porismata*, provam-nos que formavam um conjunto de propriedades da linha reta e do círculo, da natureza daquelas que nos fornece, na geometria recente, a teoria das transversais.
>
> Pappus e Proclus são os únicos geômetras da Antiguidade que fizeram menção dos *porismata*; mas, já no tempo do primeiro, a significação dessa palavra estava alterada, e as definições que dela ele nos dá são obscuras. A de Proclus não é apropriada a esclarecer as primeiras. Também foi um grande problema

---

51 [Os três livros dos porismas de Euclides restaurados].
52 [Resumo histórico dos métodos em geometria].

entre os Modernos saber a nuança precisa que os Antigos haviam estabelecido entre os teoremas e os problemas por um lado, e esse terceiro gênero de proposições, chamadas *porismata*, que participava, ao que parece, de uns e dos outros; e saber particularmente o que eram os *Porismata* de Euclides.

Pappus, é verdade, transmitiu-nos os enunciados de trinta proposições pertencentes a esses *porismata*: mas esses enunciados são tão sucintos e tornaram-se tão defeituosos pelas lacunas e a ausência de figuras, que diziam a respeito deles que o célebre Halley, tão profundamente versado na geometria antiga, confessou não compreender nada deles, e que, até cerca da metade do último século, embora geômetras de grande mérito tenham feito dessa matéria o objeto das suas meditações, nenhum enunciado havia ainda sido restabelecido.

Foi R. Simson que teve a glória de descobrir a significação de vários desses enigmas, bem como a forma dos enunciados que era própria desse gênero de proposições. Eis o sentido da definição que o geômetra deu dos *porismata*:

> O *porisma* é uma proposição na qual se anuncia poder determinar, e em que se determinam efetivamente, coisas que têm uma relação indicada com coisas fixas e conhecidas e com outras coisas variáveis ao infinito; estas estando ligadas entre si por uma ou várias relações conhecidas, que estabelecem a lei de variação, à qual estão submetidas.

Exemplo: sendo dados dois eixos fixos, se de cada ponto de uma reta baixam-se perpendiculares p e q sobre esses dois eixos, poder-se-á encontrar um comprimento de linha a e uma razão α tais que se tenha entre essas duas perpendiculares a relação $(p-a)/q = \alpha$. (Ou, segundo o estilo antigo, a primeira perpendicular será maior, relativamente à segunda, por uma dada somente em razão.)

Aqui, as coisas fixas dadas são os dois eixos; as coisas variáveis são as perpendiculares p, q; a lei comum, à qual essas duas coisas variáveis estão sujeitas, é que o ponto variável, de onde essas perpendiculares são baixadas, pertence a uma reta dada; enfim, as coisas a encontrar são a linha a e a razão α, que estabelecerão, entre as coisas fixas e as coisas variáveis da questão, a relação prescrita.

Os elementos

Esse exemplo é suficiente para fazer compreender a natureza dos *porismata*, como a concebeu R. Simson, cuja opinião foi geralmente adotada desde então.

Todavia, devemos acrescentar que nem todos os geômetras reconheceram, na obra de Simson, a verdadeira previsão daquela de Euclides. Por nós, adotando o sentimento do ilustre professor de Glasgow, diremos porém que não encontramos no seu trabalho a previsão completa do grande enigma dos *porismata*. Essa questão, com efeito, era complexa, e as suas diferentes partes exigiam todas uma solução que se procura, em vão, no tratado de Simson.

Assim, dever-se-lhe-ia demandar:

1. Qual era a forma dos enunciados dos *porismata*;
2. Quais eram as proposições que entravam na obra de Euclides; notadamente aquelas cuja indicação, muito imperfeita, foi-nos deixada por Pappus;
3. Quais foram a intenção e o objetivo filosófico de Euclides, compondo essa obra em uma forma inusitada;
4. Sob que pontos de vista merecia a eminente distinção que lhe faz Pappus entre as outras obras da Antiguidade; porque só a forma do enunciado de um teorema não lhe constitui o mérito e a utilidade;
5. Quais são os métodos, ou as operações efetivas que mais se aproximam, sob uma outra forma, dos *porismata* de Euclides, e que os suprem na resolução de problemas; porque não se pode crer que uma doutrina tão bela e tão fecunda desaparecesse completamente da ciência dos geômetras;
5. E, enfim, haveria que dar uma interpretação satisfatória de diferentes passagens de Pappus sobre esses *porismata*; por exemplo, daquela em que diz que os modernos, não podendo tudo achar por eles próprios, ou, por assim dizer, "porismar" completamente, mudaram a significação da palavra; porque, se o *porisma* consistisse apenas na forma do seu enunciado, como parece resultar do tratado de R. Simson, seria sempre fácil "porismar" todas as proposições que fossem suscetíveis disso; e não se vê por que os modernos haveriam encontrado dificuldades que lhes tivessem feito mudar a significação da palavra.

E Chasles conclui o parágrafo relativo aos *porismata* afirmando que, pela importância do assunto, sobretudo pelas suas relações com as teorias que formam o domínio da geometria do seu tempo, dará continuidade ao parágrafo na Nota III, "Sur les porismes d'Euclide",[53] p.274-83, em que "tentaremos mesmo apresentar algumas ideias novas sobre essa grande questão dos *porismata*".

O exposto, cremos, basta, quanto a tal obra de Euclides.

Lugares em uma superfície

Na Nota II que acresce sua obra citada, assim se exprime Chasles sobre os *Lugares em uma superfície*,[54] cujos dois livros, segundo Pappus, também jazem submersos "em negro vaso de água do esquecimento":

> Montucla diz, na página 172 do primeiro volume da sua *Histoire des mathématiques*, que os *Lieux à la surface* de Euclides eram *superfícies*; e, na página 215 do mesmo volume, que eram *linhas de dupla curvatura* sobre superfícies curvas, como a hélice sobre um cilindro circular. É possível que os antigos designassem, em geral, por essa palavra, as superfícies e as curvas que aí eram traçadas. Mas, quais eram verdadeiramente os *Lieux à la surface* de Euclides?
>
> Para responder a essa questão não nos resta outra indicação a não ser quatro lemas de Pappus relativos àquela obra; e como esses lemas tratam somente de seções cônicas, devemos pensar que Euclides considerava somente as superfícies que chamamos, hoje em dia, do *segundo grau*. E somos levados a crer que essas superfícies eram de *revolução*. Porque, por um lado, é certo que as superfícies de revolução do segundo grau tinham sido estudadas anteriormente a Arquimedes, pois após ter enunciado algumas propriedades das suas seções por um plano, ele diz, no final da proposição XII do seu livro *Sobre esferoides e conoides*, "as demonstrações de todas essas proposições são conhecidas". Além disso, observamos que o último lema de Pappus é a propriedade principal do foco e da diretriz de uma cônica; e esse teorema parece-nos ter podido servir para demonstrar que o lugar de um ponto, cujas distâncias a um ponto fixo e a um plano devam estar entre elas em uma relação constante, é um esferoide ou

---

53 [Sobre os porismas de Euclides].
54 τόποι πρὸς ἐπιφανείᾳ.

um conoide, ou então para demonstrar que a seção desse lugar por um plano conduzido pelo ponto fixo é uma cônica tendo o seu foco nesse ponto, e cuja diretriz é a interseção do plano dessa curva pelo ponto fixo.

Desse modo, parece-nos provável que os *Lieux à la surface* de Euclides tratassem de superfícies do segundo grau, de revolução, e de seções feitas por um plano nessas superfícies, como o cone.

Já Gow[55] comenta que o próprio significado do título τόποι πρὸς ἐπιφανείᾳ[56] ocasionou alguma controvérsia. Continuemos com ele:

> O Prof. De Morgan diz francamente que não o entende e é evidente que Eutocius estava na mesma condição, pois fala, após descrever outros *loci* ["lugares"] muito bem, que os τόποι πρὸς ἐπιφανείᾳ derivam o seu nome "da peculiaridade deles"[57] e assim os deixa. O Prof. Chasles supõe que o livro contenha proposições sobre "superfícies do segundo grau, de revolução, e seções ali feitas por um plano": e refere-se ao fato de que Arquimedes, no final da "Proposição XII" do seu *Conoides e Esferoides*, diz que certas proposições sobre seções de conoides φανεραί ἐστι (isto é, "são claras", não "são bem conhecidas" como Chasles entende) e de que os quatro lemas que Pappus dá sobre esse livro de Euclides dizem respeito a seções cônicas. Heiberg, no entanto, por uma bem elaborada análise de todas as passagens nas quais τόποι de vários tipos são descritos, chega à conclusão de que τόποι πρὸς ἐπιφανείᾳ significa simplesmente *"loci* que são superfícies", e que o tratado de Euclides lida sobretudo com as superfícies curvas do cilindro e do cone. Que essas superfícies eram consideradas como *loci* antes do tempo de Euclides é evidente pela solução de Árquitas ao problema da duplicação do cubo.

Como se pode ver pelas passagens acima, e julgamos constituírem elas tudo o que se possa falar sobre esse trabalho de Euclides, estava aberta a temporada das conjecturas. E nada de mal nisso. É mesmo um ampliar de horizontes, um ganho em visão sobre os métodos dos antigos. Afinal, não há quem afiance ser a influente filosofia de Plotino o resultado da sua má compreensão das ideias de Platão? Ou, como quer o poeta, seja a metafísica

---

55 GOW, James. *A Short History of Greek Mathematics*. Nova York: Chelsea, 1968.
56 [Lugares em uma superfície].
57 ἀπὸ τῆς περὶ αὐτοὺς ἰδιότητος.

uma consequência de se estar mal disposto (restando-nos, assim, como à "pequena suja", tirar "o papel de prata, que é de folha de estanho", cuidando para não deitar "tudo para o chão", e comer chocolates)?[58]

As cônicas

Conforme com o já expresso, Pappus, tratando das *Cônicas* de Apolônio, atribuiu a Euclides um tratado sobre *Seções cônicas*[59] em quatro livros que teriam formado o fundamento dos quatro primeiros livros da obra de Apolônio. Infelizmente, talvez até pelo magnífico trabalho deste, o daquele não conseguiu vencer o destino das obras suplantadas por outras na Antiguidade e não sobreviveu.

Aristeu, o velho (cerca de 320 a.C.), escreveu um *Elementos de seções cônicas*, em cinco livros que, segundo Pappus, Euclides tinha em alta conta. Desse modo, não pode haver dúvidas quanto a essa obra de Aristeu ter precedido a de Euclides.

Arquimedes refere-se frequentemente a proposições sobre cônicas como bem conhecidas e não necessitando de demonstrações, adicionando em três casos que elas estavam provadas nos "elementos de cônicas". Porém, não menciona Euclides, como se a mera denominação de "Elementos" bastasse por subentende-lhe o nome.

É razoável supor, como resultado do testemunho de Pappus, que, se Aristeu desenvolvera a teoria de modo original, Euclides teria posto em forma tudo o que fora adquirido à sua época, com mãos de grande sistematizador, e que as suas *Cônicas* eram uma obra de referência e assim permanecera até o aparecimento da de Apolônio.

No endereçamento a Eudemo, que conhecera em Pérgamo, do Livro I do seu tratado, Apolônio frisa que, dos oito livros que o constituem, os quatro primeiros são devotados a uma introdução elementar e passa a descrever-lhes o conteúdo. Sobre o terceiro deles assevera:

---

58 PESSOA, F. *Obra poética* (volume único). Rio de Janeiro: Companhia Nova Aguilar, 1965.

59 κωνικά.

E o terceiro também [contém] muitos e extraordinários teoremas, úteis tanto para a síntese dos lugares sólidos quanto para as determinações, dos quais os mais numerosos e os mais belos são novos,[60] e tendo-os observado, fomos capazes de ver não sendo sintetizado por Euclides o lugar nas três e quatro linhas,[61] mas uma partezinha ao acaso dele e isso não de modo feliz.[62] Pois não era possível sem as coisas achadas por nós ter sido completada a síntese.[63]

Está aí, pois, mencionado um ponto em que o geômetra de Pérgamo melhora o trabalho em questão de Euclides. Este teria tratado apenas analiticamente "o lugar nas três e quatro linhas".[64] O referido lugar é definido por Pappus (VII, 36) nos seguintes termos:

> Se forem dadas três linhas em posição e de um ponto linhas retas forem traçadas para encontrar as três dadas em ângulos dados, e a razão do retângulo sob duas das linhas assim traçadas para o quadrado da terceira for dada, o ponto jazerá em um lugar sólido dado em posição, isto é, em uma das três cônicas. Se quatro linhas forem dadas em posição e quatro linhas retas forem traçadas como antes, e a razão dos retângulos sob dois pares for dada, similarmente o ponto jazerá sobre uma cônica.

É bom lembrar, de passagem, que a cônica como um *locus ad quattuor lineas* foi usado por Newton nos seus *Principia*.

É possível, com base nos primeiros livros das *Cônicas* de Apolônio e nas referências feitas por Arquimedes, propor, com bom grau de acerto, uma lista de proposições que figurariam no trabalho de Euclides. É o que faz Thomas L. Heath em *A History of Greek Mathematics*,[65] II, 121-126.

Para concluir, é preciso lembrar que os nomes *elipse, hipérbole* e *parábola* são devidos não a Euclides ou a Aristeu, mas a Apolônio. Aparecem, respec-

---

60 τὸ δὲ τρίτον πολλὰ καὶ παράδοξα θεωρήματα χρήσιμα πρός τε τὰς συνθέσεις τῶν στερεῶν τόπων καὶ τοὺς διορισμούς
ὧν τὰ πλεῖστα καὶ κάλλιστα ξένα

61 ἃ καὶ κατανοήσαντες συνείδομεν μὴ συντιθέμενον ὑπὸ Εὐκλείδου τὸν ἐπὶ τρεῖς καὶ τέσσαρας γραμμὰς τόπον

62 ἀλλὰ μόριον τὸ τυχὸν αὐτοῦ καὶ τοῦτο οὐκ εὐτυχῶς

63 οὐ γὰρ ἦν δυνατὸν ἄνευ τῶν προσευρημένων ἡμῖν τελειωθῆναι τὴν σύνθεσιν.

64 τόπος ἐπὶ τρεῖς καὶ τέσσαρας γραμμάς.

65 [História da matemática grega].

tivamente, nos complexos enunciados das proposições I.13, I.12 e III.45 das *Cônicas*. Ilustremos tal complexidade com o enunciado da proposição I.13 em que se define *elipse*:

> Caso um cone seja cortado por um plano pelo eixo,[66] e seja cortado também por um outro plano que encontra cada lado do triângulo pelo eixo,[67] ao passo que nem conduzido paralelo à base do cone nem contrariamente,[68] e o plano, no qual está a base do cone e o plano que corta se encontrem segundo uma reta que é em ângulos retos ou com a base do triângulo pelo eixo ou com a mesma sobre uma reta,[69] a que seja conduzida paralela à seção comum dos planos da seção do cone até o diâmetro da seção,[70] será, elevada ao quadrado, uma área posta junto a alguma reta,[71] em relação à qual o diâmetro da seção tem uma razão que o quadrado sobre a conduzida, do vértice do cone paralela ao diâmetro da seção até a base do triângulo, para o contido pelas interceptadas por elas sobre as retas do triângulo,[72] tendo como largura a que é interceptada por ela a partir do diâmetro em relação ao vértice da seção,[73] deficiente por uma figura semelhante e também semelhantemente posta ao contido tanto pelo diâmetro quanto pelo parâmetro,[74] e seja chamada tal seção uma elipse.[75]

Como bem observa Paul Ver Eecke, naquela que foi a primeira tradução francesa do texto grego de Apolônio (p.28, nota 4):

> Esse enunciado, que é tão complicado quanto aquele da proposição anterior [em que se define *hipérbole*], reduz-se a dizer que, na seção cônica considerada,

---

[66] ἐὰν κῶνος ἐπιπέδῳ τμηθῇ διὰ τοῦ ἄξονος

[67] τμηθῇ δὲ καὶ ἑτέρῳ ἐπιπέδῳ συμπίπτοντι μὲν ἑκατέρα πλευρᾷ τοῦ διὰ ἄξονος τριγώνου

[68] μήτε δὲ παρὰ τὴν βάσιν τοῦ κώνου ἠγμένῳ μήτε ὑπεναντίως

[69] τὸ δὲ ἐπίπεδον, ἐν ᾧ ἐστιν ἡ βάσις τοῦ κώνου, καὶ τὸ τέμνον ἐπίπεδον συμπίπτῃ κατ'εὐθεῖαν πρὸς ὃ ῥθὰς οὖσαν ἤτοι τῇ βάσει τοῦ διὰ τοῦ ἄξονος τριγώνου ἢ τῇ ἐπ'εὐθείας αὐτῇ

[70] ἥτις ἂν ἀπὸ τῆς τομῆς τοῦ κώνου παράλληλος ἀχθῇ τῇ κοινῇ τομῇ τῶν ἐπιπέδων ἕως τῆς διαμέτρου τῆς τομῆς

[71] δυνήσεταί τι χωρίον παρακείμενον παρά τινα εὐθεῖαν

[72] πρὸς ἣν λόγος ἔχει ἡ διάμετρος τῆς τομῆς, ὃν τὸ τετράγωνον τὸ ἀπὸ τῆς ἠγμένης ἀπὸ τῆς κορυφῆς το ῦ κώνου παρὰ τὴν διάμετρον τῆς τομῆς ἕως τῆς βάσεως τοῦ τριγώνου πρὸς τὸ περιεχόμενον ὑπὸ τῶν ἀπολαμβανομένων ὑπ'αὐτῆς πρὸς ταῖς τοῦ τριγώνου εὐθείας

[73] πλάτος ἔχον τὴν ἀπολαμβανομένην ὑπ' αὐτῆς ἀπὸ τῆς διαμέτρου πρὸς τῇ κορυφῇ τῆς τομῆς

[74] ἐλλεῖπον εἴδει ὁμοίῳ τε καὶ ὁμοίως κειμένῳ τοῦ περιεχομένου ὑπό τε τῆς διαμέτρου καὶ τῆς παρ'ῇ δύνανται·

[75] καλείσθω δὲ ἡ τοιαύτη τομὴ ἔλλειψις.

o quadrado da ordenada equivale a uma área retangular que, aplicada segundo o parâmetro, isto é, tendo o parâmetro como comprimento, e tendo a abscissa como largura, é diminuída de uma área, semelhante àquela que tem como comprimento o parâmetro e como largura o diâmetro. Por consequência, se designarmos por y a ordenada, por x a abscissa, por a o diâmetro, e por p o parâmetro, o enunciado da proposição traduzir-se-á pela relação

$$y^2 = px - (p/a)\, x^2,$$

que é a equação cartesiana da elipse referida a eixos oblíquos, dos quais um é o diâmetro, o outro, a tangente na sua extremidade.

Presta, ainda, esse tradutor, na nota 5, páginas 28-9, o seguinte esclarecimento a respeito do termo *elipse*:[76]

> Criando a nova denominação ἔλλειψις, que conservamos na palavra "elipse", Apolônio abandonava a perífrase "seção de cone reto acutângulo" dos seus predecessores, aí compreendido Arquimedes, que consideravam a curva em questão como obtida unicamente pela seção plana, perpendicular a uma geratriz, do cone reto acutângulo. A origem da denominação recebeu, aliás, explicações diferentes. Eutocius, no seu comentário (ver ed. Heiberg, v.II, p.174), adota primeiramente para o verbo radical ἐλλείπειν o sentido de "ser deficiente", e observa que a soma do ângulo do cone de origem e do ângulo formado pelo eixo da curva com a geratriz do cone é menor do que dois ângulos retos. Adotando em seguida para o mesmo verbo o sentido de "ser defeituoso por algum lugar", observa que a curva em questão não é senão um "círculo imperfeito". Por outro lado, Heath (*Appolonius of Perga*, Cambridge, 1896, p.12), impelido pelas duas explicações de Eutocius, faz o nome *elipse* derivar da propriedade da curva, como é enunciada na proposição de Apolônio, isto é, do fato de que o quadrado da ordenada equivale a certa área à qual faz falta certa outra área.

Encontra-se no grande dicionário grego-inglês de Leddell–Scott para a Oxford, no verbete ἔλλειψις: ... 2ª *seção cônica elipse* (assim chamada porque o quadrado sobre a ordenada é igual a um retângulo com altura igual à abscissa e aplicado ao parâmetro, mas *deficiente* em relação a ele).

---

76 ἔλλειψις.

Euclides

Os fenômenos

Obra que o famélico olvido não conseguiu devorar, chegou até nós e foi publicada por Menge no Volume VIII, p.2-156, de *Euclidis opera omnia*, edição já várias vezes aludida.

Os *phaenomena* (φαινόμενα, "aparências do céu") são um texto com 18 proposições e um prefácio e a sua autenticidade foi abonada por Pappus (VI, p.594-632), que dá alguns *lemas*, ou proposições explanatórias a respeito.

φαινόμενα é a forma do nominativo neutro plural do particípio presente passivo do verbo φαίνω. O significado desse verbo nas formas transitivas é "mostrar, trazer à luz, fazer conhecer", e nas formas intransitivas, que aqui nos interessa, "tornar-se visível, vir à luz, mostrar-se, aparecer" (aliás, o nosso termo "fantasma", isto é, "aparição", deriva desse verbo); daí, τὰ φαινόμενα (os fenômenos/*phaenomena*) significar, literalmente, "as coisas que são vistas; as aparências", tendo na astronomia o sentido particular de "as aparências do céu; os fenômenos celestes".

O prefácio de Euclides é uma afirmação das considerações que mostram o universo como uma esfera e é seguido por algumas definições de termos técnicos. Entre esses, o uso de ὁρίζων, particípio presente ativo do verbo ὁρίζω ("limitar"), como substantivo, significando "círculo que limita; *horizonte*", e a expressão μεσημβρινὸς κύκλος, "círculo meridiano", que ocorrem aí pela primeira vez.

O trabalho é uma coleção de demonstrações geométricas de proposições estabelecidas pela observação sobre fenômenos celestes – o aparecimento e o pôr-se de estrelas – e baseia-se na obra Περὶ κινουμένης σφαίρας "*Sobre esferas em movimento*" de Autolycus, referida várias vezes pelo alexandrino, porém sem nomeá-lo. Por exemplo, a proposição I de Autolycus é citada na quinta de Euclides, a segunda, nas quarta e sexta, e a décima, na segunda.

Euclides também aproveita um trabalho sobre geometria esférica (*Sphaerica*) de autor desconhecido. Assim, no prefácio, faz alusão ao fato de que, se sobre uma esfera dois círculos se bissectem, são ambos grandes círculos, e, na demonstração, supõe frequentemente que o leitor conheça outros teoremas do tipo. Quando o trabalho de Euclides é comparado com a obra posterior, *Spherica*, de Theodosius, vê-se terem ambos recorrido ao mesmo original ancestral que, conjectura-se, teria sido escrito por Eudoxo.

No estilo de Aristóteles, sobre "os outros trabalhos de Euclides" τοσαῦτα εἰρήσθω "fique dito esse tanto".

Os comentaristas gregos dos *Elementos*

Na Antiguidade e na Idade Média, o modo de abordagem de uma obra e do seu ensino era o *Comentário*. De fato, um comentário ou exposição do pensamento de algum autor era um dos métodos básicos de ensino nas escolas medievais. E o comentário como instrumento pedagógico por excelência foi herdado tanto dos padres da Igreja quanto dos escritores árabes, e essas duas fontes têm a mesma origem: os escritos literários e científicos do último período do pensamento grego. Duas bicas, mas uma só água. Era esse, também, o modo de enriquecer o conhecimento pela confluência de vários saberes.

No Ocidente, o comentário tomou várias formas. A maneira especial, empregada, por exemplo, por Boécio nas suas exposições das *Categorias* e do *De interpretatione* de Aristóteles consiste em proceder sistematicamente por partes, tomando, de cada vez, uma pequena porção do texto original em tradução (latina, no caso) e explicando-lhe o conteúdo de modo mais simples. É, aproximadamente, como o faz Proclus no seu *Comentário ao livro I dos elementos*. Depois de um longo *Prólogo* em duas partes, trata pormenorizada e separadamente das "Definições", dos "Postulados", dos "Axiomas" ("Noções Comuns", como está nos *Elementos*) e das "Proposições", uma a uma. Proclus é o grande escoliasta dessa obra de Euclides. Poder-se-ia dizer que ele está para este como Alexandre de Aphrodisia, para Aristóteles. Alexandre era conhecido como "o Comentarista" entre os escoliastas gregos do estagirita; Proclus bem poderia ter esse epíteto no tocante a Euclides.

Antes dele, no entanto, houve outros tantos. Ele próprio diz (p.84, 11-18) que não procederá no seu texto como muitos deles, dando lemas, casos etc.,

> pois estamos saciados dessas coisas e raramente trataremos delas.
> Mas, quantas têm teorias mais importantes e contribuem para a filosofia como um todo, dessas faremos a menção guiadora, emulando os pitagóricos

para os quais estava à mão também esta alegoria "uma figura e um passo, não uma figura e três óbulos", mostrando, portanto, como é preciso perseguir aquela geometria...[77]

Em um outro lugar (p.200.10):

> Voltemos à explicação das coisas demonstradas pelo autor dos *Elementos*, coletando, por um lado, as mais exatas das escritas sobre elas pelos antigos, cortando-lhes a ilimitada loquacidade, dando, por outro lado, as mais sistemáticas e portadoras dos métodos científicos.[78]

Proclus não nomeia os seus predecessores nessa lida, mas parece certo que os mais importantes tenham sido Herão, Porfírio e Pappus. Posterior a Proclus, aparece também Simplício.

Herão de Alexandria

Proclus faz alusão a esse comentarista em seis passagens. A primeira delas a propósito da *Mechanica* que Herão escrevera, e as cinco restantes por conta dos *Elementos* de Euclides. Ei-las:

41.8-10:
> (...)
> [a arte que faz instrumentos] (...), como então também Arquimedes é dito ter construído instrumentos aptos a repelir ataque dos que se fazem hostis a Siracusa, e arte de fazer prodígios, umas executadas habilmente pelos ventos, como elaboraram tanto Ctesibius quanto Herão, outras, pelos pesos (...)[79]

---

77 τούτων μὲν γὰρ διακορεῖς ἐσμὲν καὶ σπανίως αὐτῶν ἐφαψόμεθα.
ὅσα δὲ πραγματειωδεστέραν ἔχει θεωρίαν καὶ συντελεῖ πρὸς τὴν ὅλην φιλοσοφίαν, τούτων προηγουμένην ποιησόμεθα τὴν ὑπόμνησιν
ζηλοῦντες τοὺς Πυθαγορείους, οἷς πρόχειρον ἦν καὶ τοῦτο σύμβολον "σχᾶμα καὶ βᾶμα, ἀλλ'οὔ σχᾶμα καὶ τριωβολον" ἐνδεικνυμένων ὡς ἄρα δεῖ τὴν γεω- μετρίαν ἐκείνην μεταδιώκειν...

78 ἐπὶ τὴν ἐξήγησιν τραπόμεθα τῶν δεικνυμένων ὑπὸ τοῦ στοιχειωτοῦ
τὰ μὲν γλαφυρώτερα τῶν εἰς αὐτὰ γεγραμμένων τοῖς παλοῖς ἀναλεγόμενοι καὶ τὴν ἀπέραντον αὐτῶν πολυλογίαν συντέμνοντες
τὰ δὲ τεχνικώτερα καὶ μεθόδων ἐπιστημονικῶν ἐχόμενα παραδιδόντες.

79 ...οἷα δὴ καὶ Ἀρχιμήδης λέγεται κατασκευάσαι τῶν πολεμούντων τὴν Συράκουσαν ἀμυντικὰ ὄργανα, καὶ ἡ θαυματοποιϊκὴ τὰ μὲν διὰ πνῶν φιλοτεχνοῦσα, ὥσπερ καὶ Κτησίβιος καὶ Ἥρων πραγματεύονται, τὰ δὲ ῥοπῶν.

Os elementos

196.15-17:

E certamente também nem é preciso reduzir o número deles [isto é, dos axiomas/noções comuns] ao menor, como faz Herão que expõe somente três (...)[80]

305.21-25:

[Falando sobre o enunciado da "Proposição XVI" do Livro I dos *Elementos*.] Os que fabricaram antes, de modo negligente, esse enunciado, sem o "tendo sido prolongado um lado", forneceram ocasião igualmente tanto a alguns outros, mas também a Felipe, diz o mecânico/engenheiro Herão, para acusação.[81]

323.5-9:

Mas é preciso também descrever as outras demonstrações do proposto teorema, quantas os à volta [isto é, os discípulos] de Herão e de Porfírio expuseram da reta não prolongada, a qual fez o autor dos *Elementos*.[82]

346.12-15:

A demonstração que tal é a de Menelau, ao passo que Herão, o mecânico/engenheiro, do mesmo modo prova a mesma coisa não por impossível.[83]

429.9-15:

Mas, sendo a demonstração do autor dos *Elementos* evidente, penso nada supérfluo ser necessário acrescentar, mas serem suficientes as coisas escritas, mesmo porque quantos acrescentarem algo mais, como os discípulos de Herão e de Pappus, foram forçados a tomar além disso alguma coisa das mostradas no sexto [livro], em razão de nada importante.[84]

---

80 Καὶ μὴν καὶ τὸν ἀριθμὸν αὐτῶν οὔτε εἰς ἐλάχιστον δεῖ συναιρεῖν, ὡς ῞Ηρων ποιεῖ τρία μόνον ἐκθέμενος...

81 Ταύτην τὴν πρότασιν οἱ μὲν ἐλλειπῶς προενεγκάμενοι χωρὶς τοῦμιᾶς πλευρᾶς προσεκβληθείσης ἀφορμὴν παρέσχον ἴσως μὲν καὶ ἄλλοις τισίν, αὐτὰρ καὶ Φιλίππῳ, καθάπερ φησὶν ὁ μηχανικὸς ῞Ηρων, διαβολῆς.

82 δεῖ δὲ καὶ τὰς ἄλλας ἀποδείξεις τοῦ προκειμένου θεωρήματος ἱστορῆσαι, ὅσας οἱ περὶ ῞Ηρωνα καὶ Πορφύριον ἀνέγραψαν τῆς εὐθείας μὴ προσεκβαλλομένης, ὅ πεποίηκεν ὁ στοιχειωτής.

83 Τοιαύτη μὲν ἡ ἀπόδειξις ἡ Μενελάου, ῞Ηρων δὲ ὁ μηχανικὸς οὑτωσὶ οὐ δι'ἀδυνάτου τὸ αὐτὸ δείκνυσιν.

84 τῆς δὲ τοῦ στοιχειωτοῦ ἀποδείξεως οὔσης φανερᾶς οὐδὲν ἡγοῦμαι δεῖν προσθεῖναι περιττόν, ἀλλὰ ἀρκεῖσθαι τοῖς γεγραμμένοις, ἐπεὶ καὶ ὅσοι προσέθεσάν τι πλέον, ὡς οἱ περὶ ῞Ηρωνα καὶ Πάππον ἠναγκάσθησαν προσλαβεῖν τι τῶν ἐν τῷ ἕκτῳ δεδειγμένων, οὐδενὸς ἕνεκα πραγματειώδους.

As datas tocantes a Herão são motivo de controvérsia. Indiretamente, tem sido posto no século I.

Que tenha escrito um comentário sobre os *Elementos* pode ser inferido do que aparece nas passagens citadas de Proclus, mas mostra-se bem certo pelas referências a ele feitas por escritores árabes. No *Kitāb al – Fihrist* (*A lista das ciências*) está que "Herão escreveu um comentário sobre esse livro [*Os elementos*], a fim de explicar os pontos obscuros".

O comentário propriamente dito não parece conter muitas coisas que possam ser consideradas de relevância. Há algumas notas gerais, como a que indica o fato de ele não aceitar mais do que três axiomas/noções comuns, já vista acima. Há a exploração de casos particulares de certas proposições euclidianas, motivados por diferentes maneiras de desenhar as figuras. Há demonstrações alternativas, umas dadas sem figura, de modo "puramente algébrico", outras para "sanar" o motivo de uma *objeção* a alguma construção de Euclides, e ainda outras tentando evitar a *redução ao absurdo* usada na prova original. Há o acréscimo de certas recíprocas de proposições dos *Elementos* e igualmente umas adições e algumas extensões de proposições. E não há nada mais.

Eis o que foi Herão como comentarista dos *Elementos*.

Porfírio

O neoplatônico Porfírio, discípulo de Plotino, revisor e editor da obra deste, parece ter escrito um comentário sobre os *Elementos*. Isso é deduzido do que se acha em Proclus, que o dá como fazendo observações a respeito das proposições I.14 e I.16 e sobre demonstrações alternativas às proposições I.18 e I.20.

Aqui, a possibilidade é que o trabalho de Porfírio tenha sido usado por Pappus ao escrever o seu próprio comentário, e deste tenha se valido Proclus para as suas referências.

Seja como for, dada a evidente vocação pedagógica demonstrada por Porfírio – basta ver a sua Εἰσαγωγή (Introdução), epístola dirigida ao seu discípulo Chrisaorius e que, tendo sido traduzida para o latim por Boécio, serviu por toda a Idade Média e na Renascença como a mais importante introdução à Lógica de Aristóteles – pode-se concluir que o seu interesse pelos *Elementos* tinha apoio menos em um desejo de contribuir com novos resultados e mais no de manter a precisão da linguagem matemática, levando os seus leitores a entendê-la.

Pappus

Existem em Proclus poucas alusões a Pappus. Há, no entanto, outra evidência de ter ele escrito um comentário sobre os *Elementos*. Um escoliasta sobre as definições dos *Data* escreve: "como diz Pappus no começo do seu comentário do Livro X de Euclides" (conforme a edição dos *Data* por Menge, p.262).

Assevera-se também no *Fihrist* que Pappus compusera um comentário sobre o Livro X dos *Elementos* em duas partes. De fato, restam-nos fragmentos do seu trabalho em um manuscrito – Paris n.952.2 – descrito por Woepcke nas *Mémoires présentés à L'Academie des Sciences*,[85] 1856, v.XIV, p.658-719.

Ainda Eutocius, na sua nota sobre o Περὶ σφαίρας καὶ κυλίνδρου, I.13, (*Sobre a esfera e o cilindro*), de Arquimedes, afirma:

> Como, de fato, inscrever no círculo dado um polígono semelhante ao inscrito em um outro é evidente, e foi mencionado também por Pappus no comentário dos *Elementos*.[86]

O objeto da observação estaria, provavelmente, no comentário do Livro XII. Passemos aos extratos de Proclus em que Pappus figura:

Sobre o quarto postulado[87] ("e serem todos os ângulos retos iguais entre si") lê-se:

189.12-15:
> Pappus estabeleceu-nos corretamente que a recíproca não mais é verdadeira, o ser, de todo ângulo, o ângulo igual ao reto, reto.[88]

---

85 [Memórias apresentadas à Academia de Ciências].
86 Ὅπως μὲν οὖν ἔστιν εἰς τὸν δοθέντα κύκλον πολύγωνον ἐγγράψαι ὅμοιον τῷ ἐν ἑτέρῳ ἐγγραμμένῳ δῆλον, εἴρηται δὲ καὶ Πάππῳ εἰς τὸ ὑπόμνημα τῶν Στοχείων.
87 καὶ πάσας τὰς ὀρθὰς γωνίας ἴσας ἀλλήλαις εἶναι.
88 ὁ δὲ Πάππος ἐπέστησεν ἡμᾶς ὀρθῶς ὅτι τὸ ἀντίστροφον οὐκέτι ἀληθές, τὸ τὴν ἴσην τῇ ὀρθῇ γωνίαν ἐκ παντὸς εἶναι ὀρθήν.

E ao tratar dos axiomas/noções comuns:

197.6-10:
E, com esses axiomas, Pappus diz registrar ao mesmo tempo que também, se desiguais sejam adicionados a iguais, o excesso entre os totais é igual ao entre os adicionados, e inversamente, caso iguais sejam adicionados a desiguais, o excesso entre os totais é igual ao entre os do princípio.[89]

Mas Proclus prossegue:

198.3-15:
Essas coisas, de fato, seguem dos axiomas mencionados antes e, com razão, são omitidas na maioria das cópias, e quantas outras dessas ele [isto é, Pappus] acrescenta são antecipadas pelas definições e seguem daquelas; por exemplo, que todas as porções do plano e da reta ajustam-se umas às outras – pois as coisas estendidas ao extremo têm uma natureza que tal – e que um ponto divide uma linha, e uma linha, uma superfície, e uma superfície, um sólido – pois todas são divididas por essas, pelas quais são limitadas imediatamente – e que o ilimitado nas magnitudes existe tanto pelo acréscimo quanto pela destruição, mas cada uma em potência; pois toda coisa contínua é divisível e pode crescer ilimitadamente.[90]

249.20-21:
[A propósito da "Proposição I.5"]
E ainda Pappus demonstra de modo curto, tendo necessitado de nenhuma adição, assim: (...)[91]

E a referência em 429.9-15, já posta acima sob a rubrica Herão de Alexandria.

---

89 Τούτοις δὲ τοῖς ἀξιώμασιν ὁ Πάππος συναναγράφεσθαί φησιν ὅτι καὶ ἂν ἴσοις ἄνισα προστεθῇ, ἡ τῶν ὅλων ὑπεροχὴ ἴση ἐστὶν τῇ τῶν προστεθέντων, καὶ ἀνάπαλιν, ἐὰν ἀνίσοις ἴσα προστεθῇ, ἡ τῶν ὅλων ὑπεροχὴ ἴση ἐστὶ τῇ τῶν ἐξ ἀρχῆς.

90 Ταῦτα οὖν ἕπεται τοῖς προειρημένοις ἀξιώμασι καὶ εἰκότως ἐν τοῖς πλείστοις ἀντιγράφοις παραλείπεται, ὅσα δὲ ἄλλα τούτοις προστίθησιν, προείληπται διὰ τῶν ὅρων καὶ ἐκείνοις ἀκόλουθα, οἷον ὅτι πάντα τοῦ ἐπιπέδου τὰ μόρια καὶ τῆς εὐθείας ἀλλήλοις ἐφαρμόττει - τὰ γὰρ εἰς ἄκρον τεταμένα τοιαύτην ἔχει φύσιν· καὶ ὅτι γραμμὴν μὲν διαιρεῖ σημεῖον, ἐπιφάνειαν δὲ γραμμή, στερεὸν δὲ ἐπιφάνεια· ἅπαντα γὰρ διαιρεῖται τούτοις, ὑφ' ὧν καὶ περατοῦται προσεχῶς - καὶ ὅτι ἄπειρον ἐν τοῖς μεγέθεσίν ἐστιν καὶ τῇ προσθέσει καὶ ἐπικαθαιρέσει, δυνάμει δὲ ἑκάτερον· πᾶν γὰρ συνεχὲς ἐπ' ἄπειρον διαιρετόν ἐστι καὶ αὐξητόν.

91 Ἔτι δὲ συντομώτερον ἀποδείκνυσιν ὁ Πάππος μηδεμίας προσθήκης δεηθεὶς οὕτως.

Os elementos

Além dessas menções, Heath propõe ser razoável concordar com Van Pesch (*De Procli fontibus*, p.134 e ss.) que afiança Proclus valer-se, sem mencionar a autoridade, do comentário de Pappus em vários outros passos do seu próprio comentário.

Proclus

Como já foi mencionado, o *Comentário* de Proclus sobre o Livro I dos *Elementos* é uma das duas principais fontes de informação sobre a história da geometria grega que possuímos, a outra sendo a *Coleção* de Pappus. O *Comentário* visa mais à geometria elementar, a da régua e do compasso, ao passo que a *Coleção* volta-se para a geometria avançada. A importância dessas duas obras repousa no fato de não terem sobrevivido os trabalhos originais dos predecessores de Euclides, Arquimedes e Apolônio.

Proclus viveu no século V (410 a 485), tendo assim escoado um tempo suficiente para que a tradição relativa aos geômetras pré-euclidianos se tornasse obscura e falha. Daí fazer muito sentido a investigação, realizada por alguns pioneiros da história da matemática nos últimos cem anos, das fontes utilizadas no seu trabalho; pois são menos confiáveis aquelas que mais se afastam do tempo dos fatos relatados.

Proclus iniciou a sua educação em Alexandria, sendo orientado na filosofia de Aristóteles por Olympiodorus, este também um escoliasta do estagirita, e na matemática por um tal Herão, que não deve ser confundido com o *mechanicus* Herão. Vai depois para Atenas, onde é instruído por Plutarco e por Syrianus na filosofia neoplatônica, à qual se dedicou profundamente, a ponto de, sendo um discípulo de rápida aprendizagem, tornar-se-lhe um dos máximos expoentes e ser alçado, depois da morte do seu mestre Syrianus, a chefe da escola neoplatônica de Atenas. Proeminente no alcance do seu saber, foi chamado por Zeller na sua *Die Philosophie der Griechen*, "Der Gelehrte, dem kein Feld damaligen Wissens verschlossen ist" ("o erudito, para quem nenhum campo de conhecimento daquele tempo está fechado"). Foi matemático e poeta, devoto adorador de divindades gregas e orientais, mente tranquila em um mundo de grandes convulsões.

Na qualidade de neoplatônico, uma das suas doutrinas fundamentais sustentava que um nível mais baixo da realidade é, de algum modo, uma "imagem"[92] do mais alto. Uma aplicação dessa ideia encontra abrigo no *Comentário* e, pode-se dizer, constitui a base da sua filosofia da matemática. Para ele, a matemática reflete a natureza do mundo espiritual, e este pode ser compreendido estudando-se as figuras geométricas. Em poucas palavras, entendia a matemática como via de acesso às mais altas regiões do espírito, representadas pela filosofia; daí, ser inferior a esta. Isso está expresso no seguinte excerto, em que Proclus se refere a Platão:

31.11-22:
E dividindo, por sua vez, essa ciência, que distinguimos das artes, ele quer uma ser não hipotética, a outra partida de hipótese, e a não hipotética estar apta a conhecer a universalidade das coisas, subindo até o Bem e a causa mais alta de todas as coisas, e fazendo do Bem o fim da ascensão, enquanto a que tendo se colocado à frente princípios determinados, valendo-se desses demonstrar as suas consequências, indo não para um princípio mas para um fim. E assim, então, ele diz a matemática, como a que se serve de hipóteses, ser deixada para trás pela ciência não hipotética e acabada [vale dizer, a *dialética platônica*].[93]

Sabemos que na escola neoplatônica, segundo o preceito exposto na *República*, os jovens estudantes deveriam ser instruídos na matemática e era missão do chefe da escola ensiná-la. Eis a origem do seu comentário — o ensino dessa ciência. Além disso, em um ponto da obra torna-se evidente que os seus ouvintes são principiantes, pois mantém que:

272.7-14:
E outros fizeram a mesma coisa com as quadratrizes de Hippias e Nicomedes, também esses servindo-se de linhas mistas, as quadratrizes. E outros, partindo das hélices arquimedianas cortaram o ângulo retilíneo dado na razão

---

92 εἰκών.
93 ταύτην δ'αὖ τὴν ἐπιστήμην, ἣν τῶν τεχνῶν ἀφορίζομεν, διαιρῶν τὴν μὲν ἀνυπόθετον εἶναι βούλεται, τὴν δὲ ἐξ ὑποθέσεως ὡρμημένην, καὶ τὴν μὲν ἀνυπόθετον τῶν ὅλων εἶναι γνωστικὴν μέχρι τοῦ ἀγαθοῦ καὶ τῆς ἀνωτάτω τῶν πάντων αἰτίας ἀναβαίνουσαν καὶ τῆς ἀναγωγῆς τέλος ποιουμένην τὸ ἀγαθόν, τὴν δὲ ὡρισμένας ἀρχὰς προστησαμένην ἀπὸ τούτων δεικνύναι τὰ ἑπόμενα αὐταῖς οὐκ ἐπ'ἀρχὴν ἀλλ'ἐπὶ τελευτὴν ἰοῦσαν. καὶ οὕτως δὴ τὴν μαθηματικὴν ἅτε ὑποθέ-σεσιν χρωμένην τῆς ἀνυποθέτου καὶ τελείας ἐπιστήμης ἀπολείπεσθαί φησιν.

Os elementos

dada; os conceitos das quais coisas sendo difíceis de entender para os iniciantes, deixamo-las presentemente de lado.[94]

Há, por outro lado, passagens sobre hélice cilíndrica (104.26-105.2) e sobre concoides e cissoides (113.3-6).

104.26-105.2:
E alguns disputam a respeito dessa divisão e dizem existir não somente duas linhas simples, mas também uma outra, terceira, a traçada em torno da hélice de um cilindro...[95]

113.3-6:
E deve-se submeter as demonstrações das (afirmações) daquele [Geminus] aos amantes do conhecimento, porque ele dá as gerações tanto das linhas espirais quanto das concoides como das cissoides.[96]

Por essas e outras, somos levados a concluir que Proclus também tinha em mira um público mais amplo, ou, antes, produzir uma obra de referência.

Ao comentar as proposições euclidianas, o escoliasta segue um plano bem estabelecido:

(i) explica as demonstrações dadas pelo geômetra;
(ii) dá alguns casos diferentes, por questões práticas;
(iii) refuta objeções provenientes de detratores de Euclides a certas proposições. Este item encontra a seguinte justificativa:

375.8-12:
Adicionei explicações relativas a essas coisas pelas importunações sofistas e pelo estado de espírito natural da juventude dos ouvintes. A maioria rejubila-se

---

[94] ἕτεροι δὲ ἐκ τῶν Ἱππίου καὶ Νικομήδους τετραγωνιζουσῶν
πεποιήκασι τὸ αὐτό, μικταῖς καὶ οὗτοι χρησάμενοι γραμμαῖς ταῖς τετραγωνιζούσαις. ἄλλοι δὲ ἐκ τῶν Ἀρχιμηδείων ἑλίκων ὁρμηθέντες εἰς τὸν δοθέντα λόγον ἔτεμον τὴν δοθεῖσαν εὐθύγραμμον γωνίαν· ὧν τὰς ἐπινοίας δυσθεωρήτους οὔσας τοῖς εἰσαγομένοις παραλείπομεν ἐν τῷ παρόντι.

[95] Διαμφισβητοῦσι δέ τινες πρὸς τὴν διαίρεσιν ταύτην
καὶ φασι μὴ δύο μόνας εἶναι τὰς ἁπλᾶς γραμμάς, ἀλλὰ καὶ τρίτην ἄλλην, τὴν περὶ τὸν κύλινδρον ἕλικα γραφομένην...

[96] καὶ ληπτέον ἐκ τῶν ἐκείνου τοῖς φιλομαθέσι τὰς ἀποδείξεις, ἐπεὶ καὶ τὰς γενέσεις τῶν σπειρικῶν γραμμῶν καὶ τῶν κογχοειδῶν καὶ τῶν κισσοειδῶν παραδίδωσιν.

encontrando paralogismos que tais e introduzindo dificuldades supérfluas aos possuidores do perfeito conhecimento.[97]

Uma questão tão natural quanto o respirar para viver é a de saber se o *Comentário ao livro I* não se estendeu aos demais livros dos *Elementos*. Alusões ali encontradas mostram que Proclus intentava prosseguir e possuiria notas nesse sentido. No entanto, o último trecho do trabalho parece indicar não ter havido a desejada continuidade:

432.9-19:
E nós, por um lado, caso possamos ir do mesmo modo aos restantes, renderíamos graça aos deuses, caso, por outro lado, outros cuidados nos desviem, demandamos aos amantes da contemplação deste estudo fazer, segundo o mesmo método, também a exegese dos livros seguintes, investigando o absolutamente importante e facilmente divisível, porque ao menos os comentários que agora circulam têm a confusão muita e variada que leva ao mesmo tempo nenhuma explicação às causas nem ao julgamento dialético nem ao estudo filosófico.[98]

Ian Mueller (*Mathematics and Philosophy in Proclus' Commentary on Book I of Euclid's Elements* in *Proclus, lecteur et interprète des anciens*, 310)[99] propõe, o que é evidente, a seguinte divisão do *Comentário* e uma interessante classificação do seu conteúdo:

A *Divisão*:
I. Prólogo:
    A. Parte I (Matemática em geral);
    B. Parte II (Geometria).

---

97 Τούτοις ἀναγκαίως ἐπεσημηνάμεθα διὰ τὰς σοφιστικὰς ἐνοχλήσεις καὶ τὰς νεαροπρεπεῖς τῶν ἀκουόντων ἕξεις. χαίρουσι γὰρ οἱ πολλοὶ τοῖς τοιούτοις παρα λογισμοῖς προστυγχάνοντες καὶ τοῖς ἐπιστήμοσιν ὄχλον περιττὸν ἐπεισάγοντες.

98 ἡμεῖς δέ, εἰ μὲν δυνηθείημεν καὶ τοῖς λοιποῖς τὸν αὐτὸν τρόπον ἐξελθεῖν, τοῖς θεοῖς ἂν χάριν ὁμολογήσαιμεν, εἰ δὲ ἄλλαι φροντίδες ἡμᾶς περισπάσαιεν, τοὺς φιλοθεάμονας τῆς θεωρίας ταύτης ἀξιοῦμεν κατὰ τὴν αὐτὴν μέθοδον καὶ τῶν ἑξῆς ποιήσασθαι βιβλίων τὴν ἐξήγησιν τὸ πραγματειῶδες πανταχοῦ καὶ εὐδιαίρετον μεταδιώκοντας, ὥς τά γε φερόμενα νῦν ὑπομνήματα πολλὴν καὶ πανταδαπὴν ἔχει τὴν σύγχυσιν αἰτίας ἀπόδοσιν οὐδεμίαν συνεισφέροντα οὐδὲ κρίσιν διαλεκτικὴν οὐδὲ θεωρίαν φιλόσοφον.

99 [Matemática e filosofia no comentário de Proclus sobre o Livro I dos elementos de Euclides, in Proclus, leitor e intérprete dos antigos].

II. As definições do Livro I dos *Elementos*.
III. As asserções do Livro I:
   A. Os postulados e axiomas;
   B. As proposições.

A *Classificação*:

(1) *Especulação neoplatônico-neopitagórica*: os principais exemplos disso são interpretações de conceitos e proposições como imagens de coisas mais elevadas [como já apontamos anteriormente]; um outro exemplo seria a tentativa de relacionar a matemática com os princípios Limitado–Ilimitado.

(2) *Discussão menos especulativa, mais analítico-filosófica*: a distinção entre a discussão filosófica e a especulação fica, algumas vezes, obscurecida quando tal discussão é feita por causa da especulação ou no contexto de ideias especulativas.

(3) *Classificações e pontos semânticos, lógicos ou metodológicos*: incluídas nesse item estão explicações de termos ou proposições, aplicações de pontos da lógica, usualmente do trabalho de Aristóteles, análises da estrutura da argumentação euclidiana, definições alternativas, e classificações, usualmente por gênero e espécie, de objetos geométricos.

(4) *Raciocínio mais estritamente matemático*: isso é usualmente encontrado em demonstrações alternativas, demonstrações de casos não considerados por Euclides, ou em respostas a objeções; em geral, o raciocínio é bem elementar.

(5) *Observações históricas*; incluo aqui somente observações que parecem não ter outro propósito exceto o de prover informação histórica, em geral, que Oinopides foi o primeiro a provar certa proposição; outras afirmações com um conteúdo histórico, na maioria, apresentações.

Ian Mueller assevera:

> (...) há um tipo de divisão óbvia entre (1)-(2) e (3)-(4), e particularmente entre (1), que poderia ser chamado de *jambricano* e (3)-(4) que poderiam ser chamados *porfirianos*. Não surpreendentemente, historiadores da filosofia têm se concentrado no material que cai nos itens (1)-(2), ao passo que historiadores da matemática negligenciam-nos amplamente, concentrando-se nas categorias (3)-(4).

Como Simplício em relação à obra de Aristóteles, Proclus também usou, na elaboração do seu *Comentário*, tudo o que de útil encontrara no que escreveram aqueles que o precederam. Mas vale, com certeza, para ele o que alguém já disse: "Nós nada somos sem o trabalho dos nossos predecessores. (...) E, no entanto, somos mais do que isso." O escoliasta fez uma compilação, porém uma "no melhor sentido". Pois achou um enorme bloco de pedra, "tosco, bruto, informe, e depois de desbastar o mais grosso, toma o maço e o cinzel na mão" e começa a dar-lhe vida. Seleciona passos antes desconexos, apara expressões inapropriadas, recorta o que lhe parece bom, e veste-lhes o manto da harmoniosa coerência; "aqui desprega, ali arruga, acolá recama" e, "naquele movimento hierático da clara língua" grega "majestosa, naquele exprimir das ideias nas palavras inevitáveis, correr de água porque há declive", fica pronta a obra que, ao explicar Euclides, preserva-nos muito do que podemos afirmar das conquistas gregas no fecundo campo da matemática.

Simplício

O neoplatônico Simplício (século VI) foi, por longo tempo, considerado importante sobretudo como fonte de fragmentos de outros filósofos. No conjunto das suas obras, de proporção considerável, consistindo exclusivamente em comentários, cita as opiniões de um grande número dos que vieram antes, como anota Michael Chase, na Introdução da sua tradução inglesa do *Comentário* de Simplício às *Categorias* de Aristóteles, p.1-4. E tais menções são, com frequência, as únicas coisas que sobreviveram de muitos desses antepassados. O seu papel de preservador dos fragmentos dos pré-socráticos é inestimável e ele deve ser sempre altissimamente tido pela existência de fragmentos de Parmênides, Empédocles, Anaxágoras e Diógenes Apolônio. O seu valor como fonte de peripatéticos como Eudemo de Rodes, Andrônico e Boécio é inexcedível, sendo igualmente o guardião do que se conhece de certos autores pitagóricos e pseudopitagóricos, como Moderatus de Gades e Árquitas, bem como de membros da Academia Tardia e dos chamados platônicos médios. Muito dos comentários perdidos às

Categorias, escritos por Porfírio e Jâmbrico, pode ser reconstruído somente pelo uso de Simplício como intermediário.

Um Colóquio Internacional, "Simplicius – Sa vie, son œuvre, sa survie",[100] foi organizado em Paris, de 28 de setembro a 1º de outubro de 1985, tendo a sua ata editada por Ilsetraut Hadot.

Sobre a obra do comentarista, I. Hadot, na sua primeira contribuição àquela publicação, faz saber:

> Como o observa H. Gätje no artigo que acabo de citar [H. Gätje, *Simplikios in Der Arabischen Überlieferung*,[101] in Der Islan, 59 (1982)], a literatura árabe guardou os traços da personalidade sábia de Simplício que nos permaneceriam desconhecidos se levássemos em consideração apenas as obras gregas que os acasos da transmissão manuscrita nos conservaram.

Mais uma vez apoiada no trabalho de Gätje, observa (p.36):

> O mesmo Fihrist de Al-Nadīm, do qual já falamos no tangente ao resumo sobre o comentário de Simplício ao *De anima* [de Aristóteles], atesta igualmente a existência do comentário às *Categorias*, como mais tarde Al-Qiftī, que retoma em regra geral o material que se encontra em Al-Nadīm com alguns acréscimos, omissões e variantes. Mas sobre os outros comentários de Simplício sobre Aristóteles, as fontes bibliográficas árabes calam-se. Em compensação [e eis o que nos interessa], nos dois autores árabes, Simplício é nomeado, na qualidade de matemático e astrônomo, como tendo escrito um comentário sobre o primeiro livro dos *Elementos* de Euclides. Al-Qiftī ajunta nesse contexto (...) que Simplício fundara uma escola e que teve alunos que foram chamados segundo o seu nome. A. I. Sabra, no seu artigo "Simplicius' Proof of Euclid's Parallels Postulate [*Journal of the Warburg and Courtauld Institutes*, 32 (1969), p.1-24], reuniu, além dos extratos citados desse comentário por al-Nayrīzī [matemático que viveu no século IX] em árabe, no seu próprio comentário sobre os *Elementos* de Euclides, um extrato contido em uma carta de Alam al-Dīn Qaysar ibn Abi 'L-Qāsim a Nasīr al-Dīn al-Tūsī e, além disso, um texto contido no manuscrito árabe, Bodleianus Thurston 3, fol. 148. O comentário de al--Nayrīzī será conhecido no Ocidente pela tradução de Geraldo de Cremona. Simplício é aí citado sob o nome de Sambelichos. A tradição grega não nos

---

100 [Simplício – Sua vida, sua obra, sua sobrevivência].
101 [Simplício na tradição árabe].

permite, senão indiretamente, concluir sobre as qualidades de matemático de Simplício. (...) Em primeiro lugar, o Fahrist faz indiscutivelmente a ligação entre o filósofo e o matemático, e, por outro lado, sabemos que cada filósofo neoplatônico era matemático ao mesmo tempo que filósofo. (...)

Acrescentemos, nesse contexto, ainda um pormenor interessante. Em um dos fragmentos textuais do comentário de Simplício sobre o primeiro livro dos *Elementos* de Euclides, relatados por al-Nayrīzī, Simplício fala do seu "sāhib", nomeado Aghānīs e cita uma demonstração matemática dele. Qual pode ser o termo grego subjacente? A. I. Sabra traduz por "our associate", o que pode eventualmente fazer pensar em um professor associado na escola que, segundo al-Nadīm, Simplício havia dirigido. Pode tratar-se talvez também de uma tradução árabe do termo grego ἑταῖρος que, no uso que dele fazem os neoplatônicos, designa um companheiro de estudos admitido no estreito círculo dos verdadeiros adeptos da filosofia neoplatônica.

De fato, Simplício dá, *verbatim*, em uma longa passagem colocada por al-Nayrīzī depois da "Proposição XXIX" do Livro I dos *Elementos*, uma tentativa de Aghānīs, que virá erroneamente a ser confundido com Geminus, de demonstrar o postulado das paralelas. Começa, realmente, com uma definição de paralela que concorda com a versão de Geminus sobre elas, como está em Proclus:

177.21-23:
E das [linhas] que se mantêm separadas por distância sempre igual, as retas que nunca tornam menor a entre elas em um plano são paralelas.[102]

E está intimamente conectada com a definição dada por Posidonius em Proclus:

176.6-10:
E Posidonius diz: paralelas são as que nem convergem nem divergem em um plano, mas as que têm iguais todas as perpendiculares traçadas dos pontos de uma até a outra.[103]

---

102 τῶν δὲ ἴσον ἀεὶ ἀπεχουσῶν διάστημα αἵ εἰσιν εὐθεῖαι μηδέποτε ἔλασσον ποιοῦσαι τὸ μεταξὺ αὐτῶν ἐν ἑνὶ ἐπιπέδῳ παράλληλοί εἰσιν.

103 ὁ δὲ Ποσειδώνιος, παράλληλοι, φησίν, εἰσιν αἱ μήτε συνεύουσαι μήτε ἀπονεύουσαι ἐν ἑνὶ ἐπιπέδῳ, ἀλλ᾽ ἴσας ἔχουσαι πάσας τὰς καθέτους τὰς ἀγομένας ἀπὸ τῶν τῆς ἑτέ- ρας σημείων ἐπὶ τὴν λοιπήν.

Fiquemos com as considerações acima, no que tange aos comentaristas, aditando:

Do Comentário

Quando os deuses, do Olimpo, poderosos
Enviam a cristalina chuva
Que caudalosos faz os rios
E viva a terra agradecida,
As gotas dágua suspensas no horizonte
Revelam o mistério da cor branca:
Combinação perfeita, harmoniosa
Das outras sete do arco-íris.
Assim o comentário dos antigos,
Como as gotas da chuva cristalina,
Mostram que os *Elementos* de Euclides,
Obra hercúlea, valorosa,
São a, dos trabalhos de Eudoxo e Teeteto,
De Teodoro e outros grandes gregos,
Com a pitada de sal
Que faz a vida mais gostosa,
Combinação ousada, majestosa.

A Geometria Grega e os *Elementos*

Pode-se dizer, parece que sem qualquer sombra de dúvida, que o conhecimento matemático tanto egípcio quanto o babilônico — este, sabemos hoje graças ao trabalho de Otto Neugebauer, bem mais refinado do que aquele — tinha a experiência como critério de verdade.

Os gregos herdaram, assim nos diz a tradição, tal conhecimento. Mas, o que satisfazia egípcios e babilônios não bastou para contentar a exigência grega. Com os matemáticos da Grécia, a razão suplanta a *empeiria* como critério de verdade e a matemática ganha características de uma ciência dedutiva.

Como sucede com inúmeros fenômenos culturais, as causas dessa transformação por que passou essa área de conhecimento jazem ocultas nas brumas de um passado remoto. Cada tentativa de reencontrá-las tece-se de conjecturas mais ou menos consubstanciadas nos testemunhos, quase sempre duvidosos, de épocas menos recuadas. No que nos interessa, o historiador assemelha-se a um equilibrista a andar em um fio de aço suspenso entre dois distantes pontos, a uma altura estonteante, sem a rede protetora que lhe amorteça uma possível malfadada queda. Porém, com o desafio lançado, a adrenalina agita o sangue, esporeia os rins, enrijece os músculos, faz pulsar acelerado o coração, incitando a audácia humana: é preciso ousar!

É o que faz Szabó quando explica a referida mudança pelo impacto, na matemática, da filosofia eleática, ou, mais precisamente, da dialética de Zenão.

Ora, se a dialética de Zenão, sendo uma técnica retórica, pode ter sido a causa do princípio da axiomatização, não parece ser o bastante para firmar a axiomatização como um programa a ser levado a cabo. Julgamos lídimo afirmar que para tanto foram necessárias a influência de Platão e a extensão que faz da dialética eleática.

Platão elege a dialética,[104] já o vimos, como a mais importante das ciências, a única *não-hipotética*. Enquanto a matemática tem *hipóteses* como pontos de partida, indo dessas, em movimento *descendente* (κάτω), à dedução das suas consequências, a dialética, em movimento *ascendente* (ἄνω) caminha para o alto, ainda mais alto, até alcançar, se possível, o fundamento incondicional (*República*, 510.b6-7: "[a alma] indo da hipótese ao princípio não hipotético." 511.b5:[105] "fazendo as hipóteses não princípios mas realmente hipóteses"[106]).

Na ordenação das realidades, a trajetória (ascendente e depois descendente, isto é, uma espécie de *análise* e *síntese* dos geômetras gregos) não ficaria facilitada, se feita com base em uma axiomatização dessa ciência intermediária entre o *sensível* e o *inteligível*? Isso não imporia tal axiomatização como um projeto da Academia, sob a influente autoridade de Platão?

---

104 ἡ διαλεκτή.
105 τὸ ἐπὶ ἀρχὴν ἀνυπόθετον - ἐξ ὑποθέσεως ἰοῦσα.
106 τὰς ὑποθέσεις ποιούμενος οὐκ ἀρχὰς ἀλλὰ τῷ ὄντι ὑποθέσεις.

Os elementos

Platão, matemático?

Quem pretenda enfrentar as questões acima terá antes que se haver com esta outra: À parte o estudioso da matemática, o entusiasta por essa ciência, Platão foi também um efetivo matemático, como arrolado entre outros no *Sumário de Eudemo*? Descobriu ele resultados matemáticos, resolveu complexos problemas, vislumbrou novas teorias, imprimiu, em suma, a sua pegada no fértil solo dessa disciplina?

Aqui a resposta de duas eminentes autoridades:

G. J. Allman (*Greek Geometry: from Thales to Euclid,*[107] p.124):

> Deve-se recordar que Platão – que em matemática parece ter sido mais diligente que inventivo (...) De fato, temos somente que comparar a solução atribuída a Platão, para o problema de achar duas médias proporcionais (...) com as soluções altamente racionais para o mesmo problema de Arquitas e Menaechmus, para ver o amplo intervalo entre estes e aquele, de um ponto de vista matemático. (...) É, então, provável que Platão, que, tanto quanto sabemos, nunca resolveu uma questão geométrica (...)

N. Bourbaki (*Éléments d'histoire des mathématiques,*[108] p.12): "Pode-se dizer que Platão era quase obcecado pela matemática; sem ser ele mesmo um inventor nesse domínio (...)"

A próxima questão: Pôde Platão, sem ter sido propriamente um matemático, ter dado uma contribuição importante ao estabelecimento e à estruturação da matemática grega?

Isso abre um amplo campo de debate.

A tradição, concretizada no *Sumário de Eudemo*, assim como alguns historiadores modernos consideram decisivo o seu papel para o desenvolvimento dessa ciência, mormente no que respeita ao método, à sistematização e aos fundamentos desta, tanto quanto à sua emancipação da experiência. Outros negam-lhe a influência significativa.

Aos exemplos!

---

107 [Geometria Grega – De Tales a Euclides].
108 [Elementos da história da matemática].

B. L. Van der Waerden (*Science Awakening,*[109] p.148):

O período [século de Platão] começa com a morte de Sócrates (399 a.C.) e encerra-se no momento em que Alexandre, o Grande, espalha a semente da cultura helenista sobre o mundo todo da Antiguidade.

Esse período é de decadência política; mas para a filosofia e para as ciências exatas é uma era de florescimento sem precedente. No centro da vida científica encontra-se a personalidade de Platão. Ele guiou e inspirou o trabalho científico dentro e fora da sua Academia. Os grandes matemáticos Teeteto e Eudoxo, e todos os outros enumerados no Catálogo de Proclus, foram seus amigos, seus mestres em matemática e seus discípulos em filosofia. O seu grande aluno, Aristóteles, o professor de Alexandre, o Grande, passou vinte anos da sua vida no glorioso mundo da Academia.

J. A. Gow (*A Short History of Greek Mathematics,*[110] p.175-6):

... Platão foi mais um forjador de matemáticos do que um matemático distinguido por descobertas originais, e as suas contribuições à geometria estão mais na melhora do seu método do que em adições ao seu conteúdo. Foi ele que transformou a lógica intuitiva dos antigos geômetras em um método a ser considerado conscientemente e sem receio. *Com ele, aparentemente, começaram aquelas definições dos termos geométricos, aquele enunciado distinto de postulado e axiomas que Euclides adotou.* (grifo nosso)

Gino Loria (*Storia delle Matematiche,*[111] p.78): "Mais direta e visível foi a benéfica influência de Platão sobre a Ciência Exata".

Por outro lado,

Otto Neugebauer (*The Exact Sciences in Antiquity,*[112] p.152):

Parece-me igualmente impossível dar qualquer "explicação" conclusiva para a origem da matemática superior nos séculos V e IV, em Atenas e nas colônias gregas. Do lado negativo, entretanto, penso que é evidente que o

---

109 [O despertar da ciência].
110 [Uma breve história da matemática grega].
111 [História da matemática].
112 [As ciências exatas na Antiguidade].

papel de Platão foi amplamente exagerado. A sua contribuição direta para o conhecimento matemático foi obviamente nula. Que por um certo período matemáticos da estatura de Eudoxo tenham pertencido ao seu círculo não é prova da influência de Platão na pesquisa matemática. O caráter excessivamente elementar dos exemplos de procedimentos matemáticos citados por Platão e por Aristóteles não dão suporte à hipótese de que Teeteto ou Eudoxo tenham aprendido qualquer coisa com Platão.

Cabe invocar agora o testemunho de Eudemo, no *Catálogo dos geômetras*, sobre o impulso que o filósofo dera à ciência matemática e, em particular, à geometria, despertando a admiração por esse estudo e orientando discípulos na pesquisa geométrica.

Como Eudemo é um dos observadores mais próximos do tempo de Platão, é razoável darmos-lhe crédito. É possível que ele seja o inspirador das seguintes palavras de J. Cajori, p.26:[113]

> Com Platão como chefe da Escola não nos devemos surpreender que a escola platônica tenha produzido um tão grande número de matemáticos. Platão realizou pouco trabalho realmente original, mas *fez aperfeiçoamentos valiosos na lógica e nos métodos empregados.* (grifo nosso)

Aceitamos, pois, que, mesmo não sendo efetivamente um "working mathematician", o filósofo, até pela sua missão de filósofo, contribuiu para o desenvolvimento da matemática grega, em especial da geometria, como esta aparece nos *Elementos* de Euclides.

Como se organiza a matemática

Comecemos descrevendo, sucintamente, em que consiste, depois de Cauchy, Weierstrass, Bolzano, Dedekind, Cantor, Frege, Hilbert, Bourbaki, e outros grandes do século XIX e XX, uma teoria matemática.

No seu trabalho, o que compete ao matemático é *definir* os *conceitos* de que se servirá e *demonstrar* as *propriedades* desses conceitos.

---

113 CAJORI, F. *A History of Mathematics*. Nova York: Chelsea, 1985.

Ora, definir um conceito significa explicá-lo em termos de outros conceitos já definidos, e demonstrar uma proposição equivale a argumentar pela sua veracidade, usando as regras de inferência válidas fornecidas pela lógica, com base em proposições anteriormente demonstradas. Assim, um certo conceito c_o é definido recorrendo-se aos conceitos $c_1, c_2, ..., c_k$, todos eles já definidos, tendo tais definições dos $c_1, c_2, ..., c_k$ ocorrido em função de outros conceitos, anteriores na estrutura, "e assim por diante". De modo análogo, para provarmos uma proposição, utilizamo-nos de proposições anteriormente provadas e que foram provadas com o auxílio de outras já provadas que as antecedem na ordenação da teoria, "e assim por diante".

Quer na definição de conceitos quer nas demonstrações de propriedades, o problema jaz na frase "e assim por diante". Como não há, dada a nossa finitude, possibilidade de um retrocesso *ad infinitum*, é preciso dar uma solução ao "e assim por diante".

No caso da definição, os dicionários oferecem a solução do "círculo vicioso": um termo é definido em função de um outro e este outro, em função daquele. É evidente que o matemático não pode aceitar essa situação. A sua solução (de conveniência, é verdade) consiste em tomar alguns conceitos sem definição. Como lembra J. M. C. Duhamel (*Des méthodes dans les sciences de raisonnement*,[114] p.16-7): "É por entendê-lo desse modo que diremos que a definição de uma coisa é a expressão das suas relações com coisas conhecidas. E, por consequência, nem todas as coisas podem ser definidas, pois que, para isso, seria necessário conhecer já as outras." Assim procedendo, o matemático assume o compromisso de, valendo-se desses conceitos não definidos, que devem ser escolhidos no menor número possível, definir todos os demais conceitos de que deva lançar mão.

No caso da demonstração de propriedades/proposições, uma conduta similar leva-o a acolher umas tantas proposições, no menor número exequível, sem demonstração e procurar provar todas as outras afirmações que venha a fazer a partir daquelas.

Os conceitos não definidos são chamados *conceitos ou termos primitivos* e todos os outros, *conceitos ou termos derivados*. As proposições admitidas sem

---

114 [Dos métodos nas ciências do raciocínio].

demonstração são ditas *axiomas* (hoje não se faz qualquer distinção entre *postulado* e *axioma*), e as demais, demonstradas, *teoremas*.

Essa estruturação das disciplinas matemáticas em conceitos primitivos e derivados, axiomas e teoremas fornece "a arquitetura" da nossa ciência. E isso é "com pouca corrupção" herança grega. Conforme sustenta Bourbaki (op. cit., p.10): "a noção de demonstração nesses autores [Euclides, Arquimedes, Apolônio] não difere em nada da nossa".

A matemática grega

Um dos capítulos mais importantes da história cultural, embora pouco conhecido, é a transformação do primitivo conhecimento matemático empírico de egípcios e babilônios na ciência matemática grega, dedutiva, sistemática, baseada em definições e axiomas.

Quem se achegue descuidadamente a essa história terá a impressão de a geometria ter nascido inteiramente radiante da cabeça de Euclides, como Atenas da de Zeus. Tal foi o êxito dos seus *Elementos* no resumir, corrigir, dar base sólida e ampliar os resultados até então conhecidos que apagou, quase que completamente, os rastros dos que o precederam.

> "Não há, hoje, qualquer dúvida", salienta Bourbaki (op. cit., p.9), "de que existiu uma matemática pré-helênica bem desenvolvida. Não somente são as noções (já mais abstratas) de número inteiro e de medida de quantidade comumente usadas nos documentos mais antigos que nos chegaram do Egito e da Caldeia, mas a álgebra babilônia, por causa da elegância e segurança dos seus métodos, não deve ser concebida como uma simples coleção de problemas resolvidos por um tatear empírico."

No entanto, não encontramos, seja nos documentos egípcios seja nos babilônios, que nos chegaram aos milhares, qualquer esboço do que se assemelhe a uma "demonstração", no sentido formal do conceito. A noção de ciência dedutiva era desconhecida dos povos orientais da Antiguidade. Os seus textos matemáticos mostram-se, em que pese o afirmado por Bourbaki, como uma coletânea de problemas, mais ou menos interessantes, e as suas soluções, em forma de uma receita prescrita, como as indicações das etapas de um ritual oferecido a uma deidade. Nada de definições, nada de axiomas, nada de teoremas! Sobre tais coisas repousa a sombra!

Agora, a questão fundamental.

Ao herdarem esse conhecimento – Heródoto, Aristóteles e Eudemo afiançam-nos ter a geometria sido importada do Egito – por que os gregos não se contentaram com o seu fundamento empírico? Por que substituíram a coleção existente das receitas matemáticas por uma ciência dedutiva sistemática? O que os levou a confiar mais no que podiam demonstrar do que naquilo que podiam "ver" como correto? Por que a transformação no critério de verdade ali usado, trocando a justificativa baseada na experiência por aquela sustentada por razões teóricas?

É na moldagem dessa nova configuração da matemática, julgamos, que foi decisiva a influência de Platão.

A mudança

Tanto no Egito quanto na Mesopotâmia, era a classe sacerdotal a detentora do conhecimento. Ora, os sacerdotes punham-se de intermediários entre a deidade e o povo. Os desígnios da divindade não carecem de explicações; seus desejos devem ser satisfeitos com os rituais que, aplacando-lhe a ira, lhe atrai o beneplácito. É função dos sacerdotes interpretar a vontade dos deuses, guiando o povo nos passos do rito apaziguador.

Procedem do mesmo modo, enunciando as passadas, sem lhes dar justificação, nos seus documentos matemáticos!

Quando tal conhecimento chega à Grécia, por volta do século VI a.C., não encontra ali uma classe sacerdotal. "Foi provavelmente graças aos aqueus", pondera J. Burnet (*Early Greek Philosophy*, p.4),[115] "que os gregos nunca tiveram uma classe sacerdotal, e isso pode bem ter tido algo a ver com o aparecimento da ciência livre entre eles." Além disso, "a visão tradicional de mundo e as costumeiras regras de vida tinham colapsado" (idem, ibidem, p.1), e os mais antigos filósofos especulavam sobre o mundo à sua volta.

---

115 Edições brasileiras: BURNET, J. *A aurora da filosofia grega*. São Paulo: Contraponto, 2007; e BURNET, J. *O despertar da filosofia grega*. São Paulo: Siciliano, 1994.

Essa pesquisa cosmológica deu origem "à ampla divergência entre ciência e senso comum que era, por si só, um problema que demandava solução, e, além disso, forçava os filósofos ao estudo dos meios de defender os seus paradoxos contra os preconceitos da (visão) não científica" (idem, ibidem, p.1). Há, então, que se acrescentar que "a impressão geral que parece resultar dos textos (muitos fragmentários) que possuímos sobre o pensamento filosófico grego do século V a.C. é ser ele dominado por um esforço mais e mais consciente para estender, a todo o campo do pensamento, os procedimentos de articulação do discurso empregados com tanto sucesso pelas retórica e matemática contemporâneas – em outras palavras, para criar a Lógica, no sentido mais geral dessa palavra. O tom dos escritos filosóficos sofrem, nessa época, uma mudança básica: ao passo que, nos séculos VII e VI, os filósofos afirmam ou vaticinam (ou ao menos esboçam vagos raciocínios, fundados sobre igualmente vagas analogias), a partir de Parmênides e, sobretudo, de Zenão, argumentam e procuram resgatar princípios gerais que possam servir de base à sua dialética" (Bourbaki, op. cit., p.11), cuja invenção Aristóteles atribui a Zenão; "é em Parmênides que se encontra a primeira afirmação do princípio do terceiro excluído, e as demonstrações 'por absurdo' de Zenão de Elea permaneceram famosas" (idem, ibidem, p.11).

Pois bem, a solução proposta por Sazbó para a origem da matemática dedutiva sistemática grega consiste no impacto, sofrido pela ciência, da filosofia eleática ou, mais precisamente, da sua dialética.

A filosofia eleática, falando perfunctoriamente, foi preparada por Xenófanes, estabelecida por Parmênides, seguida e defendida por Zenão e Melisso, e tem como fundamentos:

(i) a unidade, a imutabilidade e a necessidade do ser – em *Teeteto* 181 a 6-7, Platão refere-se aos eleatas como οἱ τοῦ ὅλου στασιῶται "os partidários do todo", e Aristóteles, *Metafísica* 986^b 24, escreve

"[Xenófanes], tendo contemplado o céu todo, disse o um ser deus."[116]

(ii) a acessibilidade do ser somente ao pensamento racional e a condenação do mundo sensível e do conhecimento sensível como aparência.

Claro está que a aceitação do pressuposto (ii) vai ao encontro da nova visão da matemática.

---

116 εἰς τὸν ὅλον οὐρανὸν ἀποβλέψας τὸ ἓν εἶναί φησι τὸν θεόν.

Euclides

A conjectura de Szabó

Euclides abre os *Elementos* arrolando três tipos de *princípios matemáticos*: definições (ὅροι), postulados (αἰτήματα) e noções comuns (κοιναὶ ἔννοιαι) ou axiomas.

Proclus examina os princípios não provados nos seguintes termos:

75.5-18:
 Explicaremos o arranjo todo das proposições nele [o livro dos *Elementos*] por esta maneira. Por essa ciência, a geometria, ser de hipótese, dizemos, e demonstrar as coisas na sequência a partir dos princípios de partida – pois uma única é a não hipotética, e as outras recebem de junto daquela os princípios – é necessário, de algum modo, o organizador dos elementos na geometria transmitir, por um lado, separadamente os princípios da ciência, e, por outro lado, separadamente as conclusões a partir dos princípios, e não dar uma razão para os princípios, mas para as consequências pelos princípios. Pois, nenhuma ciência demonstra os princípios dela própria, nem faz discurso sobre eles, mas tem-nos como autoconfiáveis, e, para ela, são mais evidentes do que os na sequência. E sabe-os por causa deles próprios, ao passo que as coisas depois dessas, por causa daqueles.[117]

As palavras acima são a caixa de ressonância do seguinte trecho da *República* de Platão.

510. c2-d3:
 Penso, pois, saberes que os que se esforçam com a geometria e também com a aritmética e com coisas que tais, tendo suposto tanto o ímpar quanto o par, quanto as figuras e as três espécies de ângulos, e as outras coisas afins a essas, segundo cada pesquisa, como sabedores dessas coisas, tendo-as feito

---

117 Τὴν δὲ σύμπασαν οἰκονομίαν τῶν ἐν αὐτῇ [στοιχειώσει] λόγων ὧδε πως ἀναδιδάξομεν. ἐπειδὴ τὴν ἐπιστήμην ταύτην τὴν γεωμετρίαν ἐξ ὑποθέσεως εἶναί φαμεν καὶ ἀπὸ ἀρχῶν ὡρισμένων τὰ ἐφεξῆς ἀποδεικνύναι - μία γὰρ ἡ ἀνυπόθετος, αἱ δὲ ἄλλαι παρ'ἐκείνης ὑποδέχονται τὰς ἀρχάς - ἀνάγκη δή που τὸν τὴν ἐν γεωμετρίᾳ στοιχείωσιν συντάττοντα χωρὶς μὲν παραδοῦναι τὰς ἀρχὰς τῆς ἐπιστήμης, χωρὶς δὲ τὰ ἀπὸ τῶν ἀρχῶν συμπεράσματα, καὶ τῶν μὲν ἀρχῶν μὴ διδόναι λόγον, τῶν δὲ ἑπομένων ταῖς ἀρχαῖς. οὐδεμία γὰρ ἐπιστήμη τὰς ἑαυτῆς ἀρχὰς ἀποδείκνυσιν, οὐδὲ ποιεῖται λόγον περὶ αὐτῶν, ἀλλ'αὐτοπίστως ἔχει περὶ αὐτάς, καὶ μᾶλλόν εἰσι καταφανεῖς τῶν ἐφεξῆς. καὶ τὰς μὲν οἶδεν δι'αὐτάς, τὰ δὲ μετὰ ταῦτα δι'ἐκείνας.

hipóteses, nenhuma razão nem a si próprios nem a outros julgam, então, conveniente dar sobre elas, como evidentes a todos, e, partindo dessas coisas, passando daí através das restantes, terminam, de modo conforme, nisso, no exame do qual começaram.[118]

Tais considerações mostram que os matemáticos daquela época, dos quais os maiores estavam, de algum modo, associados à Academia, tinham já uma nova concepção da matemática como uma ciência dedutiva e entendiam a não necessidade de demonstrarem os seus princípios. Deixam igualmente claro que os conceitos arrolados – o ímpar e o par, as figuras e os três tipos de ângulos – são *hipóteses* dessa ciência, que, por contê-las, é uma *ciência hipotética*.

Ora, a palavra ὑπόθεσις, "hipótese", deriva do verbo ὑποτίθημι, "pôr embaixo, supor (sub-pôr)", e significa aquilo que os participantes de um debate (retórico) concordam em aceitar por *base* e *ponto de partida* da argumentação de cada um. Assim, ὑπόθεσις, quer na dialética (retórica) quer na matemática, é um fundamento, um princípio, um ponto de partida aceito e sobre cuja veracidade não se cogita.

Então, segundo Szabó, os matemáticos chegaram à conclusão de que não precisavam (e não podiam) demonstrar os princípios da sua ciência pela prática da dialética. Estariam habituados com o fato de que, quando um dos debatedores queria provar algo para os outros, limitava-se a começar a partir do que tinha sido convencionado verdadeiro por todos os participantes.

Ainda Platão

A mudança resultante de paradigma está intimamente associada ao caráter idealista, antiempírico da filosofia eleática, mas sobretudo da filosofia platônica. Como nota Van der Waerden (op. cit., p.148) a respeito desta:

---

118 οἶμαι γὰρ σε εἰδέναι ὅτι οἱ περὶ τὰς γεωμετρίας τε καὶ λογισμοὺς καὶ τὰ τοιαῦτα πραγματευόμενοι, ὑποθέμενοι τό τε περιττὸν καὶ τὸ ἄρτιον καὶ τὰ σχήματα καὶ γωνιῶν τριττὰ εἴδη καὶ ἄλλα τούτων ἀδελφὰ καθ'ἑκάστην μέθοδον, ταῦτα μὲν ὡς εἰδότες, ποιησάμενοι ὑποθέσεις αὐτά, οὐδένα λόγον οὔτε αὑτοῖς οὔτε ἄλλοις ἔτι ἀξιοῦσι περὶ αὐτῶν διδόναι ὡς παντὶ φανερῶν, ἐκ τούτων δ'ἀρχόμενοι τὰ λοιπὰ ἤδη διεξιόντες τελευτῶσιν ὁμολογουμένως ἐπὶ τοῦτο οὗ ἂν ἐπὶ σκέψιν ὁρμήσωσι.

Verdade que significa as ideias. São as ideias que têm Ser verdadeiro, não as coisas que são observadas pelos sentidos. As ideias podem às vezes ser contempladas, em momentos de Graça, através da reminiscência do tempo em que a alma vivia mais perto de Deus, no reino da verdade; mas isso pode acontecer somente depois de os erros dos sentidos terem sido conquistados pelo pensamento concentrado. O caminho que leva a esse estado é aquele da dialética (...)

Platão incentiva a estruturação dedutiva sistemática da ciência que ele considera propedêutica a mais alta ciência, a dialética.

L. Brunschvicg (*Les étapes de la Philosophie Mathématique*,[119] p.56) pondera:

Separando-se, ao mesmo tempo, dos pitagóricos, que mantinham no mesmo plano ciência e filosofia, e de Sócrates, cuja investigação prudente parece ter-se detido na determinação da hipótese, Platão conduz a filosofia matemática a um caminho todo novo. A matemática situada na região da διάνοια é apenas uma ciência intermediária (Aristóteles, *Metafísica* 997b2: "as coisas intermediárias, acerca das quais dizem ser a ciência matemática"[120]). A sua verdade reside em uma ciência superior, que está em relação a ela como ela própria em relação à percepção do concreto. A dialética tem por função retomar as hipóteses das técnicas particulares e conduzi-las até o seu princípio (*República* VII, 533.c6-7: "a investigação dialética só é conduzida por esse modo, eliminando as hipóteses, em direção ao próprio princípio"[121]), toma posse do incondicional; e daí, por uma marcha que é inversa à da análise, forja uma cadeia ininterrupta de ideias (*República* VI, 511.b3-c2: "Dizendo eu: compreende então a outra seção de inteligível, isso a que a própria razão alcança pelo poder da dialética, fazendo das hipóteses não princípios, mas realmente hipóteses, do mesmo modo que degraus e também trampolins, a fim de que, indo até o não-hipotético no princípio de tudo, tendo-o alcançado, de novo, obtendo as coisas que são obtidas daquele, desça assim para um fim, servindo-se absolutamente de nada sensível, mas das próprias ideias/formas, através delas para elas, e acaba em ideias/formas".) que, suspensa no princípio absoluto, constituirá um mundo completamente independente do sensível, o mundo da νόησις. A filosofia da

---

119 [As etapas da filosofia matemática].
120 τὰ μεταξύ, περὶ ἃ τὰς μαθηματικὰς εἶναι φασιν ἐπιστήμας.
121 ἡ διαλεκτικὴ μέθοδος μόνη ταύτῃ πορεύεται, τὰς ὑποθέσεις ἀναιροῦσα, ἐπ'αὐτὴν τὴν ἀρχὴν

matemática de Platão, no seu grau mais alto e sob a sua forma definitiva será então a dialética.[122]

Cotejemos o que acabamos de citar com a seguinte passagem do livro *Introduction to Mathematical Philosophy*, p.1, de Bertrand Russell:[123]

> A matemática é um estudo que, quando começamos a partir das suas porções mais familiares, pode ser perseguido em uma de duas direções opostas. A direção mais familiar é construtiva, para complexidade gradualmente crescente: dos inteiros para as frações, números reais, números complexos; da adição e multiplicação para a diferenciação e a integração e para a matemática superior. A outra direção, que é menos familiar, procede, por análise, para a abstração e a simplicidade lógica cada vez maiores; em vez de perguntar o que pode ser definido e deduzido do que é suposto no princípio, perguntamos que ideias e princípios mais gerais podem ser encontrados, em termos dos quais o nosso ponto de partida possa ser definido ou deduzido. É o fato de perseguir essa direção oposta que caracteriza a filosofia matemática como oposta à matemática usual.

Enquanto Zenão toma uma hipótese como uma suposição que se faz para um presente propósito, Platão no *Fédon* e nos Livros VI e VII da *República*, como aponta J. Lucas (*Plato and the Axiomatic Method*,[124] p.13),

> tenta tornar as suas suposições aquelas que não têm que ser tomadas como certas para o presente caso particular; tenta torná-las aquelas que devem ser aceitas por todos. Essa é a procura do ἀνυπόθετον ἀρχή ("princípio não-hipotético"), o axioma fundamental que não tem que pedir a alguém para aceitá-lo; é algo que deve ser aceito por qualquer um (...) É por essa razão que Platão sugere à consideração o ideal axiomático: que deveríamos tentar e desenvolver o todo da nossa matemática por raciocínio dedutivo, διάνοια, com base em alguns princípios que (erradamente) pensou poderiam ser estabelecidos além de toda questão possível. Platão apresentou o seu programa. Os seus discípulos realizaram-no em grande parte. Temos o resultado final codificado por Euclides.

---

122 τὸ τοίνυν ἕτερον μάνθανε τμῆμα τοῦ νοητοῦ λέγοντά με τοῦτο οὗ αὐτὸς ὁ λόγος ἅπτεται τῇ τοῦ διαλέγεσθαι δυνάμει, τὰς ὑποθέσεις ποιούμενος οὐκ ἀρχὰς ἀλλὰ τῷ ὄντι ὑποθέσεις, οἷον ἐπιβάσεις τε καὶ ὁρμάς, ἵνα μέχρι τοῦ ἀνυποθέτου ἐπὶ τὴν τοῦ παντὸς ἀρχὴν ἰών, ἁψάμενος αὐτῆς, πάλιν αὖ ἐχόμενος τῶν ἐκείνης ἐχομένων, οὕτως ἐπὶ τελευτὴν καταβαίνῃ, αἰσθητῷ παντάπασιν οὐδενὶ προσχρώμενος, ἀλλ'εἴδεσιν αὐτοῖς δι'αὐτῶν εἰς αὐτά, καὶ τελευτᾷ εἰς εἴδη.
123 Edição brasileira: *Introdução à filosofia matemática*. São Paulo: Jorge Zahar, 2007.
124 [Platão e o método axiomático].

Euclides

Desse modo, sob a influência de Platão, o que nos mostram os *Elementos* de Euclides é, na expressão de Wordsworth,

> *An independent world,*
> *Created out of pure intelligence.*[125]

Feitas tais ponderações, damos o trabalho por findo. Não que tenhamos esgotado tudo. Mas o sol se pôs, e esta é, depois do dia todo de labuta, a hora dos cansaços. Recolhemos as ferramentas como os homens se recolhem na tristeza do moribundo dia, como as flores fecham-se nos campos, e as aves voltam céleres ao ninho.

> (Mas quando imergiu a radiante luz do sol
> Os que vão descansar vão, cada um, para a sua casa,
> Onde para cada um u'a mansão o famoso manco
> Hefaístos fez com hábil entendimento.)[126]
>
> (*Ilíada*, I, 605-8)

Há temas que ficaram intratados; é infinita a arqueologia dos dizeres, mas lembremos aqueles que Camões põe na boca de Vasco da Gama dirigindo-se ao Rei de Melinde (*Lusíadas*, III, 3-4):

> Mandas-me, ó Rei, que conte declarando
> De minha gente a grão genealogia;
> Não me mandas contar estranha história
> Mas mandas-me louvar dos meus a glória.
>
> Que outrem possa louvar esforço alheio,
> Coisa é que se costuma e se deseja;
> Mas louvar os próprios, arreceio
> Que louvor tão suspeito mal me esteja;
> *E, para dizer tudo, temo e creio*
> *Que qualquer longo tempo curto seja;*
> *Mas, pois o mandas, tudo se te deve;*
> *Irei contra o que devo, e serei breve.* (grifo nosso)

---

125 [Um mundo independente, criado com base em inteligência pura].
126 Αὐτὰρ ἐπεὶ κατέδυ λαμπρὸν φάος ἠελίοιο,
   οἱ μὲν κακκείοντες ἔβαν οἰκόνδε ἕκαστος,
   ἧχι ἑκάστῳ δῶμα περικλυτὸς ἀμφιγυήεις
   Ἥφαιστος ποίησεν ἰδυίῃσι πραπίδεσσι.

Na brevidade das nossas observações, de modo pessoal, abordamos as dificuldades da rememoração do passado, espiamos por cima do muro da filologia, esboçamos o personagem, comentamos-lhe a obra. Subimos ao pico das certezas, poucas, marchamos pela planície das suposições, muitas, pois, afinal, de certezas e suposições é que se tece a história, *speculum vitae*. É possível que onde viramos à esquerda, outros dobrassem à direita; é possível que gritassem, onde mantivemos obsequioso silêncio; corressem, onde paramos; estacionassem, quem sabe à beira do abismo, quando avançamos; quisessem paz, quando clamamos por guerra; ficassem a pregar, quando saímos a divulgar a boa nova, eles nos paços, nós com os nossos passos – porque pode-se ser tudo isso sem ser nada disso – e, por fim, é possível, diante de tantos contrastes, estarmos falando as mesmas coisas.

Providenciamos mesas, cadeiras, cabides para casacos, recipientes para guarda-chuvas, porcelana, copos, talheres, toalhas de mesa, guardanapos, travessas, réchauds, cafeteiras com torneira. Encomendamos o gelo, colocamos as toalhas e os guardanapos nas mesas, arranjando-os para o jantar. Preparamos o bar, organizamos as bandejas de licores e café, acertamos a disposição dos móveis, dispusemos os descansos para copos onde necessários e arrumamos as flores, tudo conforme *O livro completo de etiqueta*.

Que quantos são os convidados tantos sejam os convivas e que o que passamos a lhes servir agora lhes agrade o paladar e a alma, assim os deuses nos concedam, do Olimpo, poderosos, ao som da lira de Apolo, acompanhando das Musas o harmonioso canto.

Irineu Bicudo

Bibliografia

ALLMAN, G. J. *Greek Geometry – From Thales to Euclid*. Nova York: Arno Press, 1976.
ARTMANN, B. *Euclid. The Creation of Mathematics*. Nova York: Springer, 1999.
APOLÔNIO. *Apollonii Pergaei, quae graece exstant cum commentariis antiquis*. I. L. Heiberg (ed.). Stuttgart: Teubner, 1974.
_____. *Les coniques d'Apollonius de Perge*. Paul Ver Eecke (trad.). Bruges: Desclée de Brouwer et Cie., 1923.

ARISTÓTELES. *Metaphysica*. W. Jaeger (ed.) Oxford: Oxford Classical Texts, 1988.

_____. *Topica et Sophistici Elenchi*. D. Ross (ed.). Oxford: W. Oxford Classical Texts, 1986.

AUJAC, G. Le langage formulaire dans la Géométrie Grecque. *Revue d'Histoire des Sciences*. 1984, XXXVII/2, p.97-109.

BASSETO, B. F. *Elementos de filologia românica*. São Paulo: Edusp, 2001.

BICUDO, I. Peri apodeixeos/De demonstratione. In: *Educação matemática: pesquisa em movimento*. São Paulo: Cortez, 2004, p.58-76.

_____. A filosofia grega antiga e os seus reflexos na educação matemática do mundo ocidental. In: *Pesquisa em educação matemática: concepções e perspectivas*. 3.ed. São Paulo: Unesp, 1999, p.117-128.

_____. Os elementos de Euclides: do grego ao português, vinte e três séculos de espera. Coimbra: Universidade de Coimbra, 2000 (não publicado).

_____. Platão e a matemática. *Revista Letras Clássicas*, n.2, 1998, p.301-315.

BLANCHOT, Maurice. *O livro por vir*. São Paulo: Martins Fontes, 2005.

BOURBAKI, N. *Éléments d'histoire des mathématiques*. Paris: Masson, 1984.

BRUNSCHVICG, L. *Les étapes de la Philosophie Mathématique*. Paris: Albert Blanchard, 1981.

BURNET, J. *Early Greek Philosophy*. Nova York: Meridian Books, 1959.

CAJORI, J. *A History of Mathematics*. Nova York: Chelsea, 1985, p.26.

CASSIRER, E. *Linguagem e mito*. São Paulo: Perspectiva, 2000.

EUCLIDES. *Euclidis elementa*. I. L. Heiberg, E. S. Stamatis (eds.). Leipzig: Teubner, 1969-77.

_____. *Euclid – The Thirteen Books of the Elements*. Sir Thomas L. Heath (trad.). Nova York: Dover, 1956.

_____. *Euclid – Les Éléments*. M. Caveign (intr.); V. Vitrac (trad.). Paris: PUF, 1990-2001.

_____. *Euclid – Gli Elementi*. Attilio Frajese e L. Maccioli (trads.). Torino: Unione Tipografico-Editrice Torinese, 1996.

_____. *Les aeuvres d'Euclide*. F. Peyrard (trad.). Paris: Albert Blanchard, 1993.

FONTELA, O. *Poesia reunida* [1969/1996]. São Paulo: 7 Letras/CosacNaify, 2006.

GOW, James. *A Short History of Greek Mathematics*. Nova York: Chelsea, 1968.

HADOT, Ilsetraut (ed.). *Simplicius: sa vie, son œuvre, sa survie*. Berlim: Walter de Gruyter, 1987.

HARDY, G. H. *A Mathematician's Apology*. C. P. Snow (ed.). Cambrigde: Cambridge University Press, 1976.

HEATH, Sir Thomas L. *A History of Greeks Mathematics*. Nova York: Dover, 1981.

HEIBERG, I. L.; MENGE, H. *Euclidis opera omnia*. Leipzig: Teubner, 1884-1916.
KIRK, G. S. *The Song of Homer*. Cambrigde: Cambridge University Press, 1998.
KNORR, W. R. On Heiberg's Euclid. *Science in Context*, n.14(1/2), 2001, p.133-143.
JONES, E. *A vida e a obra de Sigmund Freud*. v. I, II e III. Rio de Janeiro: Imago, 1989.
LAPLANCHE, J.; PIERRE COTET; André B. *Traduzir Freud*. São Paulo: Martins Fontes, 1992.
LEVY-BRUHN, L. *La mentalité primitive*. Paris: F. Alcan, 1933.
LORIA, G. *Storia delle Mathematiche*. Turim: Sten, 1929-35.
LUCAS, J. Plato and the Axiomatic Method. In: *Problems in the Philosophy of Mathematics*. Imre Lakatos (ed.). Amsterdam: North-Holland, 1967, p.11-14.
MANN, T. *José e seus irmãos. As histórias de Jacó. O Jovem José*. v.1, Rio de Janeiro: Nova Fronteira, 1983.
NEUGEBAUER, O. *The Exact Sciences in Antiquity*. 2.ed. Nova York: Dover Publications, Inc., 1969.
PAPPUS. *Pappi Alexandrini collectionis quæ supersunt*. F. Hultsch (ed.). Berlin: 1876-78.
_____. *Pappus d'Alexandrie – La collection mathématique*. Paul Ver Eecke (trad.). Paris: Albert Blanchard, 1982.
_____. *Pappus of Alexandria – Book VII of the Collection*. Alexander Jones (trad.). Nova York: Springer, 1986.
PASQUALI, G. *Storia della tradizione e critica del texto*. Firenze: Casa Editrice Le Lettere, 1988.
PÉPPIN, J.; SAFFREY, H D. (eds.). *Proclus, lecteur et interprète des anciens*. Paris: CNRS, 1987.
PESSOA, F. *Obra poética*. Volume único. Rio de Janeiro: Companhia Nova Aguilar, 1965.
PLATÃO. *Platonis opera*. J. Burnet (ed.). Oxford Classical Texts, 1985.
PROCLUS. *Procli diadochi – In Primum Euclidis Elementorum Librum Commentarii*. G. Friedlein (ed.). Leipzig: Teubner, 1873.
_____. *Proclus de Lycie – Les commentaires sur le premier livre des Éléments d'Euclide*. Paul Ver Eecke (trad.). Bruges: Desclée de Bouwer et Cie., 1948.
_____. *Proclus. A Commentary on the First Book of Euclid's Elements*. Glenn R. Morrow (trad.). Nova Jersey: Princeton University Press, 1992.
_____. *Proclo – Commento al I libro degli Elementi di Euclide*. Maria Timpanaro Cardini (trad.). Pisa: Giardini Editori e Stampatori, 1978.
RAGON, E. *Grammaire Grecque*. A. Dain, J. A. de Foucault e J. Poulain (revs.). Paris: J. de Gigord, 1961.
RODO, J. E. *Ariel*. Campinas: Editora da Unicamp, 1991.

RUSSELL, Bertrand. *Introduction to Mathematical Philosophy.* Londres: Routledge, 1993.

SAID ALI, M. *Gramática secundária e gramática histórica da Língua Portuguesa.* rev. e atual. Brasília: Editora da UnB, 1964.

SIMPLÍCIO. *On Aristotle Categories.* Londres: Duckworth, 2003.

SPINA, S. *Introdução à edótica.* 2. ed. São Paulo: Ars Poética/Edusp, 1994.

TANNERY, P. *La géométrie grecque.* Paris: Jacques Gabay, 1988.

UNTERSTEINER, M. *Les sophistes.* v. I-II. Paris: J.Vrin, 1993.

VAN DER WAERDEN, B. L. *Science Awakening.* Groningen: P. Noordhoff, 1954.

WEST, M. L. *Textual Criticism and Editorial Technique.* Stuttgart: Teubner, 1973.

ZELLER, E. *Die Philosophie der Griechen.* Hildesheim: Georg Olms, 1963.

Πῶς Πλάτων ἔλεγε τὸν θεόν
ἀεὶ γεωμετρεῖν;

"De que maneira Platão dizia a
divindade sempre geometrizar?"

Plutarco, Quest. Conv. VIII, 2

Livro I

Definições

1. Ponto é aquilo de que nada é parte.
2. E linha é comprimento sem largura.
3. E extremidades de uma linha são pontos.
4. E linha reta é a que está posta por igual com os pontos sobre si mesma.
5. E superfície é aquilo que tem somente comprimento e largura.
6. E extremidades de uma superfície são retas.
7. Superfície plana é a que está posta por igual com as retas sobre si mesma.
8. E ângulo plano é a inclinação, entre elas, de duas linhas no plano, que se tocam e não estão postas sobre uma reta.
9. E quando as linhas que contêm o ângulo sejam retas, o ângulo é chamado retilíneo.
10. E quando uma reta, tendo sido alteada sobre uma reta, faça os ângulos adjacentes iguais, cada um dos ângulos é reto, e a reta que se alteou é chamada uma perpendicular àquela sobre a qual se alteou.
11. Ângulo obtuso é o maior do que um reto.
12. E agudo, o menor do que um reto.
13. E fronteira é aquilo que é extremidade de alguma coisa.
14. Figura é o que é contido por alguma ou algumas fronteiras.
15. Círculo é uma figura plana contida por uma linha [que é chamada circunferência], em relação à qual todas as retas que a encontram [até a circunferência do círculo], a partir de um ponto dos postos no interior da figura, são iguais entre si.

16. E o ponto é chamado centro do círculo.
17. E diâmetro do círculo é alguma reta traçada através do centro, e terminando, em cada um dos lados, pela circunferência do círculo, e que corta o círculo em dois.
18. E semicírculo é a figura contida tanto pelo diâmetro quanto pela circunferência cortada por ele. E centro do semicírculo é o mesmo do círculo.
19. Figuras retilíneas são as contidas por retas, por um lado, triláteras, as por três, e, por outro lado, quadriláteras, as por quatro, enquanto multiláteras, as contidas por mais do que quatro retas.
20. E, das figuras triláteras, por um lado, triângulo equilátero é o que tem os três lados iguais, e, por outro lado, isósceles, o que tem só dois lados iguais, enquanto escaleno, o que tem os três lados desiguais.
21. E, ainda das figuras triláteras, por um lado, triângulo retângulo é o que tem um ângulo reto, e, por outro lado, obtusângulo, o que tem um ângulo obtuso, enquanto acutângulo, o que tem os três ângulos agudos.
22. E das figuras quadriláteras, por um lado, quadrado é aquela que é tanto equilátera quanto retangular, e, por outro lado, oblongo, a que, por um lado, é retangular, e, por outro lado, não é equilátera, enquanto losango, a que, por um lado, é equilátera, e, por outro lado, não é retangular, e romboide, a que tem tanto os lados opostos quanto os ângulos opostos iguais entre si, a qual não é equilátera nem retangular; e as quadriláteras, além dessas, sejam chamadas trapézios.
23. Paralelas são retas que, estando no mesmo plano, e sendo prolongadas ilimitadamente em cada um dos lados, em nenhum se encontram.

Postulados

1. Fique postulado traçar uma reta a partir de todo ponto até todo ponto.
2. Também prolongar uma reta limitada, continuamente, sobre uma reta.
3. E, com todo centro e distância, descrever um círculo.
4. E serem iguais entre si todos os ângulos retos.
5. E, caso uma reta, caindo sobre duas retas, faça os ângulos interiores e do mesmo lado menores do que dois retos, sendo prolongadas as duas retas, ilimitadamente, encontrarem-se no lado no qual estão os menores do que dois retos.

Os elementos

Noções comuns

1. As coisas iguais à mesma coisa são também iguais entre si.
2. E, caso sejam adicionadas coisas iguais a coisas iguais, os todos são iguais.
3. E, caso de iguais sejam subtraídas iguais, as restantes são iguais.
[4. E, caso iguais sejam adicionadas a desiguais, os todos são desiguais.
5. E os dobros da mesma coisa são iguais entre si.
6. E as metades da mesma coisa são iguais entre si.]
7. E as coisas que se ajustam uma à outra são iguais entre si.
8. E o todo [é] maior do que a parte.
9. E duas retas não contêm uma área.

1.

Construir um triângulo equilátero sobre a reta limitada dada.

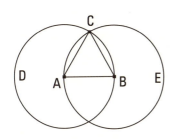

Seja a reta limitada dada AB. É preciso, então, sobre a reta AB construir um triângulo equilátero.

Fique descrito, por um lado, com o centro A, e, por outro lado, com a distância AB, o círculo BCD, e, de novo, fique descrito, por um lado, com o centro B, e, por outro lado, com a distância BA, o círculo ACE, e, a partir do ponto C, no qual os círculos se cortam, até os pontos A, B, fiquem ligadas as retas CA, CB.

E, como o ponto A é centro do círculo CDB, a AC é igual à AB; de novo, como o ponto B é centro do círculo CAE, a BC é igual à BA. Mas a CA foi também provada igual à AB; portanto, cada uma das CA, CB é igual à AB. Mas as coisas iguais à mesma coisa são também iguais entre si; portanto, também a CA é igual à CB, portanto, as três CA, AB, BC são iguais entre si.

Portanto, o triângulo ABC é equilátero, e foi construído sobre a reta limitada dada AB.

[Portanto, sobre a reta limitada dada, foi construído um triângulo equilátero]; o que era preciso fazer.

2.

Pôr, no ponto dado, uma reta igual à reta dada.

Sejam, por um lado, o ponto dado A, e, por outro lado, a reta dada BC; é preciso, então, pôr, no ponto A, uma reta igual à reta dada BC.

Fique, pois, ligada, do ponto A até o ponto B, a reta AB, e fique construído sobre ela o triângulo equilátero DAB, e fiquem prolongadas sobre uma reta com as DA, DB as retas AE, BF, e, por um lado, com o centro B e, por outro lado, com a distância BC, fique descrito o círculo CGH, e, de novo, com o centro D e a distância DG, fique descrito o círculo GKL.

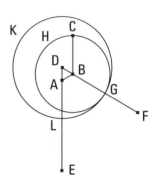

Como, de fato, o ponto B é centro do círculo CGH, a BC é igual à BG. De novo, como o ponto D é centro do círculo KLG, a DL é igual à DG, das quais a DA é igual à DB. Portanto, a restante AL é igual à restante BG. Mas também a BC foi provada igual à BG; portanto, cada uma das AL, BC é igual à BG. Mas as coisas iguais à mesma coisa são iguais entre si; portanto, também a AL é igual à BC.

Portanto, no ponto dado A, foi posta a reta AL igual à reta dada BC; o que era preciso fazer.

3.

Dadas duas retas desiguais, subtrair da maior uma reta igual à menor.

Sejam as duas retas desiguais dadas AB, C, das quais seja maior a AB; é preciso, então, subtrair da maior AB uma reta igual à menor C.

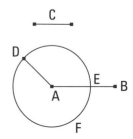

Fique posta no ponto A a AD igual à C; e, por um lado, com o centro A, e, por outro lado, com a distância AD, fique descrito o círculo DEF.

E, como o ponto A é centro do círculo DEF, a AE é igual à AD; mas também a C é igual à AD. Portanto, cada uma das AE, C é igual à AD; desse modo, também a AE é igual à C.

Portanto, dadas as duas retas desiguais AB, C, foi subtraída da maior AB a AE igual à menor C; o que era preciso fazer.

4.

Caso dois triângulos tenham os dois lados iguais [aos] dois lados, cada um a cada um, e tenham o ângulo contido pelas retas iguais igual ao ângulo, também terão a base igual à base, e o triângulo será igual ao triângulo, e os ângulos restantes serão iguais aos ângulos restantes, cada um a cada um, sob os quais se estendem os lados iguais.

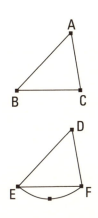

Sejam os dois triângulos ABC, DEF, tendo os dois lados AB, AC iguais aos dois lados DE, DF, cada um a cada um, por um lado, o AB ao DE, e, por outro lado, o AC ao DF, e o ângulo sob BAC igual ao ângulo sob EDF. Digo que também a base BC é igual à base EF, e o triângulo ABC será igual ao triângulo DEF, e os ângulos restantes serão iguais aos ângulos restantes, cada um a cada um, sob os quais se estendem os lados iguais, por um lado, o sob ABC ao sob o DEF e, por outro lado, o sob ACB ao sob DFE.

Pois, o triângulo ABC, sendo ajustado sobre o triângulo DEF, e sendo posto, por um lado, o ponto A sobre o ponto D, e, por outro lado, a reta AB sobre a DE, também o ponto B se ajustará sobre o E, por ser a AB igual à DE; então, tendo se ajustado a AB sobre a DE, também a reta AC se ajustará sobre a DF, por ser o ângulo sob BAC igual ao sob EDF; desse modo, também o ponto C se ajustará sobre o ponto F, por ser, de novo, a AC igual à DF. Mas, por certo, também o B ajustou-se sobre o E; desse modo, a base BC se ajustará sobre a base EF. Pois se a base BC, tendo, por um lado, o B se ajustado sobre o E, e, por outro lado, o C sobre o F, não se ajustar sobre a EF, duas retas conterão uma área; o que é impossível. Portanto, a base BC ajustar-se-á sobre a EF e será igual a ela;

desse modo, também o triângulo ABC todo se ajustará sobre o triângulo DEF todo e será igual a ele, e os ângulos restantes ajustar-se-ão sobre os ângulos restantes e serão iguais a eles, por um lado, o sob ABC ao sob DEF, e, por outro lado, o sob ACB ao sob DFE.

Portanto, caso dois triângulos tenham os dois lados iguais [aos] dois lados, cada um a cada um, e tenham o ângulo contido pelas retas iguais igual ao ângulo, também terão a base igual à base, e o triângulo será igual ao triângulo, e os ângulos restantes serão iguais aos ângulos restantes, cada um a cada um, sob os quais se estendem os lados iguais; o que era preciso provar.

5.

Os ângulos junto à base dos triângulos isósceles são iguais entre si, e, tendo sido prolongadas ainda mais as retas iguais, os ângulos sob a base serão iguais entre si.

Seja o triângulo isósceles ABC, tendo o lado AB igual ao lado AC, e fiquem prolongadas ainda mais as retas BD, CE sobre uma reta com as AB, AC; digo que, por um lado, o ângulo sob ABC é igual ao sob ACB, e, por outro lado, o sob CBD, ao sob BCE.

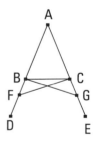

Fique, pois, tomado sobre a BD o ponto F, encontrado ao acaso, e fique subtraída da maior AE a AG igual à menor AF, e fiquem ligadas as retas FC, GB.

Como, de fato, por um lado, a AF é igual à AG, e, por outro lado, a AB, à AC, então, as duas FA, AC são iguais às duas GA, AB, cada uma a cada uma; e contêm o ângulo sob FAG comum; portanto, a base FC é igual à base GB, e o triângulo AFC será igual ao triângulo AGB, e os ângulos restantes serão iguais aos ângulos restantes, cada um a cada um, sob os quais se estendem os lados iguais, por um lado, o sob ACF ao sob ABG, e, por outro lado, o sob AFC ao sob AGB. E, como a AF toda é igual à AG toda, das quais a AB é igual à AC, portanto, a restante BF é igual à restante CG. Mas também a FC foi provada igual à GB; então, as duas BF, FC são iguais às duas CG, GB, cada uma a cada uma; também o ângulo sob BFC é igual ao ângulo sob

CGB, e a base BC deles é comum; portanto, também o triângulo BFC será igual ao triângulo CGB, e os ângulos restantes serão iguais aos ângulos restantes, cada um a cada um, sob os quais se estendem os lados iguais; portanto, por um lado, o sob FBC é igual ao sob GCB, e, por outro lado, o sob BCF ao sob CBG. Como, de fato, o ângulo sob ABG todo foi provado igual ao ângulo sob ACF todo, dos quais o sob CBG é igual ao sob BCF, portanto, o sob ABC restante é igual ao sob ACB restante; e estão junto à base do triângulo ABC. Mas foi provado também o sob FBC igual ao sob GCB; e estão sob a base.

Portanto, os ângulos junto à base dos triângulos isósceles são iguais entre si, e, tendo sido prolongadas ainda mais as retas iguais, os ângulos sob a base serão iguais entre si; o que era preciso provar.

6.

Caso os dois ângulos de um triângulo sejam iguais entre si, também os lados que se estendem sob os ângulos iguais serão iguais entre si.

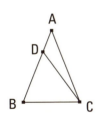

Seja o triângulo ABC, tendo o ângulo sob ABC igual ao ângulo sob ACB; digo que também o lado AB é igual ao lado AC.

Pois, se a AB é desigual à AC, uma delas é maior. Seja maior a AB, e fique subtraída da maior AB a DB igual à menor AC, e fique ligada a DC.

Como, de fato, a DB é igual à AC, e a BC é comum, então, as duas DB, BC são iguais às duas AC, CB, cada uma a cada uma, e o ângulo sob DBC é igual ao ângulo sob ACB; portanto, a base DC é igual à base AB e o triângulo DBC será igual ao triângulo ACB, o menor, ao maior; o que é absurdo; portanto, a AB não é desigual à AC; portanto, é igual.

Portanto, caso os dois ângulos de um triângulo sejam iguais entre si, também os lados que se estendem sob os ângulos iguais serão iguais entre si; o que era preciso provar.

7.

Sobre a mesma reta não serão construídas duas outras retas iguais às duas mesmas retas, cada uma a cada uma, em um e outro ponto, no mesmo lado, tendo as mesmas extremidades que as retas do começo.

Pois, se possível, sobre a mesma reta AB fiquem construídas as duas retas AD, DB, iguais às mesmas retas AC, CB, cada uma a cada uma, sobre um e outro ponto, tanto o C quanto D, no mesmo lado, tendo as mesmas extremidades, de modo a ser, por um lado, a CA igual à DA, tendo a mesma extremidade A com ela, e, por outro lado, a CB, à DB, tendo a mesma extremidade B com ela, e fique ligada a CD.

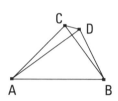

Como, de fato, a AC é igual à AD, também o ângulo sob ACD é igual ao sob ADC; portanto, o sob ADC é maior do que o sob DCB; portanto, o sob CDB é, por muito, maior do que o sob DCB. De novo, como a CB é igual à DB, também o ângulo sob CDB é igual ao ângulo sob DCB. Mas foi também provado maior, por muito, do que ele; o que é impossível.

Portanto, sobre a mesma reta não serão construídas duas outras retas iguais às duas mesmas retas, cada uma a cada uma, em um e outro ponto, no mesmo lado, tendo as mesmas extremidades que as retas do começo; o que era preciso provar.

8.

Caso dois triângulos tenham os dois lados iguais [aos] dois lados, cada um a cada um, e tenham também a base igual à base, terão também o ângulo igual ao ângulo, o contido pelas retas iguais.

Sejam os dois triângulos ABC, DEF, tendo os dois lados AB, AC iguais aos dois lados DE, DF, cada um a cada um, por um lado, o AB, ao DE, e, por outro lado, o AC, ao DF; tenham, também, a base BC igual à base EF; digo que o ângulo sob BAC é igual ao ângulo sob EDF.

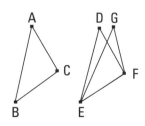

Sendo, pois, ajustado o triângulo ABC sobre o triângulo DEF e, sendo postos, por um lado, o ponto B sobre o ponto E, e, por outro lado, a reta BC sobre a EF, também o ponto C se ajustará sobre o F, por ser a BC igual à EF; então, tendo se ajustado a BC sobre a EF, também se ajustarão as BA, CA sobre as ED, DF. Se, pois, por um lado, a base BC se ajustar sobre a base EF, e, por outro lado, os lados BA, AC não se ajustarem sobre os ED, DF, mas passarem além, como as EG, GF, serão construídas sobre a mesma reta duas retas iguais às duas mesmas retas, cada uma a cada uma, em um e outro ponto, sobre o mesmo lado, tendo as mesmas extremidades. Mas não são construídas; não, portanto, sendo ajustada a base BC sobre a base EF, não se ajustarão também os lados BA, AC sobre os ED, DF. Portanto, ajustar-se-ão; desse modo, também o ângulo sob BAC ajustar-se-á sobre o ângulo sob EDF e será igual a ele.

Portanto, caso dois triângulos tenham os dois lados iguais [aos] dois lados, cada um a cada um, e tenham a base igual à base, terão também o ângulo igual ao ângulo, o contido pelas retas iguais; o que era preciso provar.

9.

Cortar em dois o ângulo retilíneo dado.

Seja o ângulo retilíneo dado o sob BAC; é preciso, então, cortá-lo em dois.

Fique tomado sobre a AB o ponto D, encontrado ao acaso, e fique subtraída da AC a AE igual à AD, e fique ligada a DE, e fique construído sobre a DE o triângulo equilátero DEF, e fique ligada a AF; digo que o ângulo sob BAC foi cortado em dois pela reta AF.

Pois, como a AD é igual à AE, e a AF é comum, então, as duas DA, AF são iguais às duas EA, AF, cada uma a cada uma. Também a base DF é igual à base EF; portanto, o ângulo sob DAF é igual ao ângulo sob EAF.

Portanto, o ângulo retilíneo dado, o sob BAC, foi cortado em dois pela reta AF; o que era preciso fazer.

10.

Cortar em duas a reta limitada dada.

Seja a reta limitada dada AB; é preciso, então, cortar a reta limitada AB em duas.

Fique construído sobre ela o triângulo equilátero ABC, e fique cortado o ângulo sob ACB em dois pela reta CD; digo que a reta AB foi cortada em duas no ponto D.

Pois, como a AC é igual à CB, e a CD é comum, então, as duas AC, CD são iguais às duas BC, CD, cada uma a cada uma; e o ângulo sob ACD é igual ao ângulo sob BCD; portanto, a base AD é igual à base BD.

Portanto, a reta limitada dada AB foi cortada em duas no D; o que era preciso fazer.

11.

Traçar uma linha reta em ângulos retos com a reta dada a partir do ponto dado sobre ela.

Sejam, por um lado, a reta dada AB, e, por outro lado, o ponto dado C sobre ela; é preciso, então, a partir do ponto C, traçar uma linha reta em ângulos retos com a reta AB.

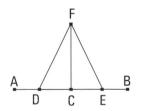

Fique tomado sobre a AC o ponto D, encontrado ao acaso, e fique posta a CE igual à CD, e fique construído sobre a DE o triângulo equilátero FDE, e fique ligada a FC; digo que foi traçada a linha reta FC em ângulos retos com a reta dada AB, a partir do ponto dado C sobre ela.

Pois, como a DC é igual à CE, e a CF é comum, então, as duas DC, CF são iguais às duas EC, CF, cada uma a cada uma; e a base DF é igual à base FE; portanto, o ângulo sob DCF é igual ao ângulo sob ECF; e são adjacentes. Mas quando uma reta, tendo sido alteada sobre uma reta, faça ângulos adjacentes iguais entre si, cada um dos ângulos iguais é reto; portanto, cada um dos sob DCF, FCE é reto.

Portanto, foi traçada a linha reta CF em ângulos retos com a reta dada AB, a partir do ponto dado C sobre ela; o que era preciso fazer.

12.

Traçar uma linha reta perpendicular à reta ilimitada dada, a partir do ponto dado, que não está sobre ela.

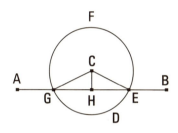

Sejam, por um lado, a reta ilimitada dada AB, e, por outro lado, o ponto dado C, que não está sobre ela; é preciso, então, traçar uma linha reta perpendicular à reta ilimitada dada AB, a partir do ponto dado C, que não está sobre ela.

Fique, pois, tomado, no outro lado da reta AB, o ponto D, encontrado ao acaso, e, por um lado, com o centro C, e, por outro lado, com a distância CD, fique descrito o círculo EFG, e fique cortada a reta EG em duas no H, e fiquem ligadas as retas CG, CH, CE; digo que foi traçada a perpendicular CH à reta ilimitada dada AB, a partir do ponto dado C, que não está sobre ela.

Pois, como a GH é igual à HE, e a HC é comum, então, as duas GH, HC são iguais às duas EH, HC, cada uma a cada uma; também a base CG é igual à base CE; portanto, o ângulo sob CHG é igual ao ângulo sob EHC. E são adjacentes. Mas quando uma reta, tendo sido alteada sobre uma reta, faça os ângulos adjacentes iguais entre si, cada um dos ângulos iguais é reto, e a reta que foi alteada é chamada perpendicular àquela sobre a que se alteou.

Portanto, foi traçada a perpendicular CH à reta ilimitada dada AB, a partir do ponto dado C, que não está sobre ela; o que era preciso fazer.

Euclides

13.

Caso uma reta, tendo sido alteada sobre uma reta, faça ângulos, fará ou dois retos ou iguais a dois retos.

Faça, pois, alguma reta, a AB, tendo sido alteada sobre a reta CD, os ângulos sob CBA, ABD; digo que os ângulos sob CBA, ABD ou são dois retos ou iguais a dois retos.

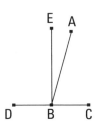

Se, por um lado, de fato, o sob CBA é igual ao sob ABD, são dois retos. Se, por outro lado, não, fique traçada a BE em ângulos retos com a [reta] CD, a partir do ponto B; portanto, os sob CBE, EBD são dois retos; e, como o sob CBE é igual aos dois, os sob CBA, ABE, fique adicionado o sob EBD comum; portanto, os sob CBE, EBD são iguais aos três, os sob CBA, ABE, EBD. De novo, como o sob DBA é igual aos dois, os sob DBE, EBA, fique adicionado o sob ABC comum; portanto, os sob DBA, ABC são iguais aos três, os sob DBE, EBA, ABC. Mas foram provados também os sob CBE, EBD iguais aos mesmos três; e as coisas iguais à mesma coisa são iguais entre si; portanto, também os sob CBE, EBD são iguais aos sob DBA, ABC; mas os sob CBE, EBD são dois retos; portanto, também os sob DBA, ABC são iguais a dois retos.

Portanto, caso uma reta, tendo sido alteada sobre uma reta, faça ângulos, fará ou dois retos ou iguais a dois retos; o que era preciso provar.

14.

Caso, com alguma reta e no ponto sobre ela, duas retas, não postas no mesmo lado, façam os ângulos adjacentes iguais a dois retos, as retas estarão sobre uma reta, uma com a outra.

Façam, pois, com alguma reta, a AB, e no ponto B sobre ela, as duas retas BC, BD, não postas no mesmo lado, os ângulos adjacentes, os sob ABC, ABD, iguais a dois retos; digo que a BD está sobre uma reta com a CB.

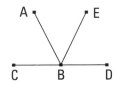

108

Os elementos

Pois, se a BD não está sobre uma reta com a BC, esteja a BE sobre uma reta com a CB.

Como, de fato, a reta AB foi alteada sobre a reta CBE, portanto, os ângulos sob ABC, ABE são iguais a dois retos; mas também os sob ABC, ABD são iguais a dois retos; portanto, os sob CBA, ABE são iguais aos sob CBA, ABD. Fique subtraído o sob CBA comum; portanto, o sob ABE restante é igual ao sob ABD restante, o menor, ao maior; o que é impossível. Portanto, a BE não está sobre uma reta com a CB. Do mesmo modo, então, provaremos que nenhuma está, exceto a BD; portanto, a CB está sobre uma reta com a BD.

Portanto, caso com alguma reta e no ponto sobre ela duas retas, não postas no mesmo lado, façam os ângulos adjacentes iguais a dois retos, as retas estarão sobre uma reta, uma com a outra; o que era preciso provar.

15.

Caso duas retas se cortem, fazem os ângulos no vértice iguais entre si.

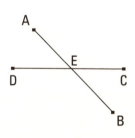

Cortem-se, pois, as retas AB, CD no ponto E; digo que, por um lado, o ângulo sob AEC é igual ao sob DEB, e, por outro lado, o sob CEB, ao sob AED.

Pois, como a reta AE foi alteada sobre a reta CD, fazendo os ângulos sob CEA, AED, portanto, os ângulos sob CEA, AED são iguais a dois retos. De novo, como a reta DE foi alteada sobre a reta AB, fazendo os ângulos sob AED, DEB, portanto, os ângulos sob AED, DEB são iguais a dois retos. Mas foram provados também os sob CEA, AED iguais a dois retos; portanto, os sob CEA, AED são iguais aos sob AED, DEB. Fique subtraído o sob AED comum; portanto, o sob CEA restante é igual ao sob BED restante; do mesmo modo, então, será provado que também os sob CEB, DEA são iguais.

Portanto, caso duas retas se cortem, fazem os ângulos no vértice iguais entre si; o que era preciso provar.

[Corolário

Disso, então, é evidente que, caso duas retas se cortem, farão os ângulos junto à seção iguais a quatro retos.]

16.

Tendo sido prolongado um dos lados de todo triângulo, o ângulo exterior é maior do que cada um dos ângulos interiores e opostos.

Seja o triângulo ABC, e fique prolongado um lado dele, o BC, até o D; digo que o ângulo exterior, o sob ACD, é maior do que cada um dos ângulos sob CBA, BAC, interiores e opostos.

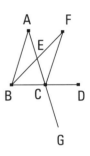

Fique cortada a AC em duas no E, e, tendo sido ligada a BE, fique prolongada sobre uma reta até o F, e fique posta a EF igual à BE, e fique ligada a FC, e fique traçada através a AC até o G.

Como, de fato, por um lado, a AE é igual à EC, e, por outro lado, a BE, à EF, então, as duas AE, EB são iguais às duas CE, EF, cada uma a cada uma; e o ângulo sob AEB é igual ao ângulo sob FEC; pois, estão no vértice; portanto, a base AB é igual à base FC, e o triângulo ABE é igual ao triângulo FEC, e os ângulos restantes são iguais aos ângulos restantes, cada um a cada um, sob os quais se estendem os lados iguais; portanto, o sob BAE é igual ao sob ECF. Mas o sob ECD é maior do que o sob ECF; portanto, o sob ACD é maior do que o sob BAE. Do mesmo modo, então, cortada a BC em duas, será provado também o sob BCG, isto é, também o sob ACD maior do que o sob ABC.

Portanto, tendo sido prolongado um dos lados de todo triângulo, o ângulo exterior é maior do que cada um dos ângulos interiores e opostos; o que era preciso provar.

17.

Os dois ângulos de todo triângulo, sendo tomados juntos de toda maneira, são menores do que dois retos.

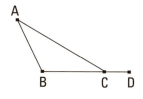

Seja o triângulo ABC; digo que os dois ângulos do triângulo ABC, sendo tomados juntos de toda maneira, são menores do que dois retos.

Fique, pois, prolongada a BC até o D. E, como o ângulo sob ACD é exterior do triângulo ABC, é maior do que o sob ABC, interior e oposto. Fique adicionado o sob ACB comum; portanto, os sob ACD, ACB são maiores do que os sob ABC, BCA. Mas os sob ACD, ACB são iguais a dois retos; portanto, os sob ABC, BCA são menores do que dois retos. Do mesmo modo, então, provaremos que também os sob BAC, ACB, e ainda os sob CAB, ABC são menores do que dois retos.

Portanto, os dois ângulos de todo triângulo, sendo tomados juntos de toda maneira, são menores do que dois retos; o que era preciso provar.

18.

O maior lado de qualquer triângulo subtende o maior ângulo.

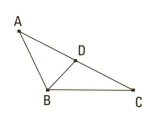

Seja, pois, o triângulo ABC, tendo o lado AC maior do que o AB; digo que também o ângulo sob ABC é maior do que o sob BCA.

Pois, como a AC é maior do que a AB, fique posta a AD igual à AB, e fique ligada a BD.

E, como o ângulo sob ADB é exterior do triângulo BCD, é maior do que o sob DCB, interior e oposto; mas o sob ADB é igual ao sob ABD, visto que também o lado AB é igual ao AD; portanto, também o sob ABD é maior do que o sob ACB; portanto, o sob ABC é, por muito, maior do que o sob ACB.

Portanto, o maior lado de todo triângulo subtende o maior ângulo; o que era preciso provar.

19.

O maior lado de todo triângulo é subtendido pelo maior ângulo.

Seja o triângulo ABC, tendo o ângulo sob ABC maior do que o sob BCA; digo que também o lado AC é maior do que o lado AB.

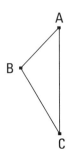

Pois, se não, ou a AC é igual à AB ou menor; por um lado, de fato, a AC não é igual à AB; pois, também o ângulo sob ABC era igual ao sob ACB; e não é; portanto, a AC não é igual à AB. Nem, por certo, a AC é menor do que a AB; pois, também o ângulo sob ABC era menor do que o sob ACB; e não é; portanto, a AC não é menor do que a AB. Mas, foi provado que nem é igual. Portanto, a AC é maior do que a AB.

Portanto, o maior lado de todo triângulo é subtendido pelo maior ângulo; o que era preciso provar.

20.

Os dois lados de todo triângulo, sendo tomados juntos de toda maneira, são maiores do que o restante.

Seja, pois, o triângulo ABC; digo que os dois lados do triângulo ABC, sendo tomados juntos de toda maneira, são maiores do que o restante, por um lado, os BA, AC, do que o BC, e, por outro lado, os AB, BC, do que o AC, enquanto os BC, CA, do que o AB.

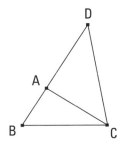

Fique, pois, traçada através a BA até o ponto D, e fique posta a AD igual à CA, e fique ligada a DC.

Como, de fato, a DA é igual à AC, também o ângulo sob ADC é igual ao sob ACD; portanto, o sob BCD é maior do que o sob ADC; e, como o DCB é um triângulo, tendo o ângulo sob BCD maior do que o sob BDC, e o maior lado é subtendido pelo maior ângulo, portanto, a DB é maior do que a BC. Mas a DA é igual à AC; portanto, as BA, AC são

Os elementos

maiores do que a BC. Do mesmo modo, então, provaremos que também, por um lado, as AB, BC são maiores do que a CA, e, por outro lado, as BC, CA, do que a AB.

Portanto, os dois lados de todo triângulo, sendo tomados juntos de toda maneira, são maiores do que o restante; o que era preciso provar.

21.

Caso duas retas sejam construídas interiores sobre um dos lados de um triângulo, a partir das extremidades, as que foram construídas, por um lado, serão menores do que os dois lados restantes do triângulo, e, por outro lado, conterão um ângulo maior.

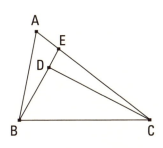

Fiquem, pois, construídas as duas retas interiores BD, DC sobre um dos lados, o BC, do triângulo ABC, a partir das extremidades B, C; digo que as BD, DC, por um lado, são menores do que os dois lados restantes BA, AC do triângulo, e, por outro lado, contêm o ângulo sob BDC maior do que o sob BAC.

Fique, pois, traçada através a BD até o E. E, como os dois lados de todo triângulo são maiores do que o restante, portanto, os dois lados AB, AE do triângulo ABE são maiores do que o BE; fique adicionada a EC comum; portanto, as BA, AC são maiores do que as BE, EC. De novo, como os dois lados CE, ED do triângulo CED são maiores do que a CD, fique adicionada a DB comum; portanto, as CE, EB são maiores do que as CD, DB. Mas, as BA, AC foram provadas maiores do que as BE, EC; portanto, as BA, AC são, por muito, maiores do que as BD, DC.

De novo, como o ângulo exterior de todo triângulo é maior do que o interior e oposto, portanto, o ângulo sob BDC, exterior do triângulo CDE, é maior do que o sob CED. Pelas mesmas coisas, então, também o ângulo sob CEB, exterior do triângulo ABE, é maior do que o sob BAC. Mas foi provado o sob BDC maior do que o sob CEB; portanto, o sob BDC é, por muito, maior do que o sob BAC.

Portanto, caso duas retas sejam construídas interiores sobre um dos lados de um triângulo, a partir das extremidades, as que foram construídas, por um lado, são menores do que os dois lados restantes do triângulo, e, por outro lado, contêm um ângulo maior; o que era preciso provar.

22.

De três retas, que são iguais às três [retas] dadas, construir um triângulo; e é preciso as duas, sendo tomadas juntas de toda maneira, ser maiores do que a restante [pelo ser os dois lados de todo triângulo, sendo tomados juntos de toda maneira, maiores do que o restante].

Sejam as retas dadas A, B, C, das quais sejam as duas, sendo tomadas juntas de toda maneira, maiores do que a restante, por um lado, as A, B, do que a C, e, por outro lado, as A, C, do que a B, e ainda as B, C, do que a A; é preciso, então, das três retas iguais às A, B, C, construir um triângulo.

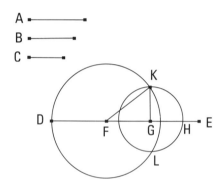

Fique posta alguma reta, a DE, por um lado, limitada no D, e, por outro lado, ilimitada no E, e fiquem postas, por um lado, a DF igual à A, e, por outro lado, a FG igual à B, enquanto a GH igual à C; e, por um lado, com o centro F, e, por outro lado, com a distância FD, fique descrito o círculo DKL; de novo, por um lado, com o centro G, e, por outro lado, com a distância GH, fique descrito o círculo KLH, e fiquem ligadas as KF, KG; digo que, das três retas iguais às A, B, C, foi construído o triângulo KFG.

Pois, como o ponto F é centro do círculo DKL, a FD é igual à FK; mas a FD é igual à A. Portanto, também a KF é igual à A. De novo, como o ponto G é centro do círculo LKH, a GH é igual à GK; mas a GH é igual à C; portanto, também a KG é igual à C. Mas também a FG é igual à B; portanto, as três retas KF, FG, GK são iguais às três A, B, C.

Portanto, das três retas KF, FG, GK, que são iguais às três dadas A, B, C, foi construído o triângulo KFG; o que era preciso fazer.

23.

Sobre a reta dada e no ponto sobre ela, construir um ângulo retilíneo igual ao ângulo retilíneo dado.

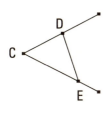

Sejam, por um lado, a reta dada AB, e, por outro lado, o ponto A sobre ela, enquanto o ângulo retilíneo dado o sob DCE; é preciso, então, sobre a reta dada AB e no ponto A sobre ela, construir um ângulo retilíneo igual ao ângulo retilíneo dado, o sob DCE.

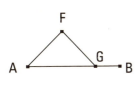

Fiquem tomados, sobre cada uma das CD, CE, os pontos D, E, encontrados ao acaso, e fique ligada a DE; e, de três retas, que são iguais às três CD, DE, CE, fique construído o triângulo AFG, de modo a ser, por um lado, a CD igual à AF, e, por outro lado, a CE, à AG, e ainda a DE, à FG.

Como, de fato, as duas DC, CE são iguais às duas FA, AG, cada uma a cada uma, também a base DE é igual à base FG, portanto, o ângulo sob DCE é igual ao ângulo sob FAG.

Portanto, sobre a reta dada AB e no ponto A sobre ela foi construído o ângulo retilíneo, o sob FAG, igual ao ângulo retilíneo dado, o sob DCE; o que era preciso fazer.

24.

Caso dois triângulos tenham os dois lados iguais [aos] dois lados, cada um a cada um, mas tenham o ângulo maior do que o ângulo, o contido pelas retas iguais, também terão a base maior do que a base.

Sejam os dois triângulos ABC, DEF, tendo os dois lados AB, AC iguais aos dois lados DE, DF, cada um a cada um, por um lado, a AB, à DE, e, por outro lado, a AC, à DF, e o ângulo junto ao A seja maior do que o ângulo junto ao D; digo que também a base BC é maior do que a base EF.

Pois, como o ângulo sob BAC é maior do que o ângulo sob EDF, fique construído sobre a reta DE, e no ponto D sobre ela, o sob EDG igual ao ângulo sob BAC, e fique posta a DG igual a qualquer uma das AC, DF, e fiquem ligadas as EG, FG.

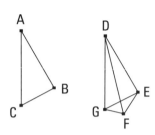

Como, de fato, por um lado, a AB é igual à DE, e, por outro lado, a AC, à DG, então, as duas BA, AC são iguais às duas ED, DG, cada uma a cada uma; e o ângulo sob BAC é igual ao ângulo sob EDG; portanto, a base BC é igual à base EG. De novo, como a DF é igual à DG, também o ângulo sob DGF é igual ao sob DFG; portanto, o sob DFG é maior do que o sob EGF; portanto, o sob EFG é, por muito, maior do que o sob EGF. E, como o EFG é um triângulo, tendo o ângulo sob EFG maior do que o sob EGF, mas o maior lado é subtendido pelo maior ângulo, portanto, também o lado EG é maior do que o EF. Mas a EG é igual à BC; portanto, também a BC é maior do que a EF.

Portanto, caso dois triângulos tenham os dois lados iguais aos dois lados, cada um a cada um, mas tenham o ângulo maior do que o ângulo, o contido pelas retas iguais, também terão a base maior do que a base; o que era preciso provar.

25.

Caso dois triângulos tenham os dois lados iguais aos dois lados, cada um a cada um, mas tenham a base maior do que a base, também terão o ângulo maior do que o ângulo, o contido pelas retas iguais.

Sejam os dois triângulos ABC, DEF, tendo os dois lados AB, AC iguais aos dois lados DE, DF, cada um a cada um, por um lado, a AB, à DE, e, por outro lado, a AC, à DF; e a base BC seja maior do que a base EF; digo que também o ângulo sob BAC é maior do que o ângulo sob EDF.

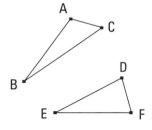

Pois, se não, ou é igual a ele ou menor; por um lado, de fato, o sob BAC não é igual ao sob EDF; pois, também a base BC era igual à base EF; e não é. Portanto, o ângulo sob BAC não é igual ao sob EDF; por outro lado, por certo, o sob BAC não é menor do que o sob EDF; pois, também a base BC era menor do que a base EF; e não é; portanto, o ângulo sob BAC não é menor do que o sob EDF. Mas, foi provado que nem igual; portanto, o sob BAC é maior do que o sob EDF.

Portanto, caso dois triângulos tenham os dois lados iguais aos dois lados, cada um a cada um, mas tenham a base maior do que a base, também terão o ângulo maior do que o ângulo, o contido pelas retas iguais; o que era preciso provar.

26.

Caso dois triângulos tenham os dois ângulos iguais aos dois ângulos, cada um a cada um, e um lado igual a um lado, ou o junto aos ângulos iguais ou o que se estende sob um dos ângulos iguais, também terão os lados restantes iguais aos lados restantes, [cada um a cada um,] e o ângulo restante ao ângulo restante.

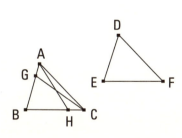

Sejam os dois triângulos ABC, DEF, tendo os dois ângulos sob ABC, BCA iguais aos dois sob DEF, EFD, cada um a cada um, por um lado, o sob ABC, ao sob DEF, e, por outro lado, o sob BCA, ao sob EFD; e tenham também um lado igual a um lado, primeiramente o junto aos ângulos iguais, a BC, à EF; digo que também terão os lados restantes iguais aos lados restantes, cada um a cada um, por um lado, a AB, à DE, e, por outro lado, a AC, à DF, e o ângulo restante, ao ângulo restante, o sob BAC, ao sob EDF.

Pois, se a AB é desigual à DE, uma delas é maior. Seja maior a AB, e fique posta a BG igual à DE, e fique ligada a GC.

Como, de fato, por um lado, a BG é igual à DE, e, por outro lado, a BC, à EF, então, as duas BG, BC são iguais às duas DE, EF, cada uma a cada uma; e o ângulo sob GBC é igual ao ângulo sob DEF; portanto, a base GC é igual à base DF, e o triângulo GBC é igual ao triângulo DEF, e os ângulos restantes serão iguais aos ângulos restantes, sob os quais se estendem os lados iguais; portanto, o ângulo sob GCB é igual ao sob DFE. Mas o sob DFE foi suposto igual ao sob BCA; portanto, também o sob BCG é igual ao sob BCA, o menor, ao maior; o que é impossível.

Portanto, a AB não é desigual à DE. Portanto, é igual. Mas também a BC é igual à EF; então, as duas AB, BC são iguais às duas DE, EF, cada uma a cada uma; e o ângulo sob ABC é igual ao ângulo sob DEF; portanto, a base AC é igual à base DF, e o ângulo sob BAC restante é igual ao ângulo sob EDF restante.

Mas, então, de novo, sejam iguais os lados que se estendem sob os ângulos iguais, como a AB, à DE; digo, de novo, que também os lados restantes serão iguais aos lados restantes, a AC, à DF, enquanto a BC, à EF, e ainda o ângulo sob BAC restante é igual ao ângulo sob EDF restante.

Pois, se a BC é desigual à EF, uma delas é maior. Seja maior, se possível, a BC, e fique posta a BH igual à EF, e fique ligada AH. E, como, por um lado, a BH é igual à EF, e, por outro lado, a AB à DE, então, as duas AB, BH são iguais às duas DE, EF, cada uma a cada uma; e contêm ângulos iguais; portanto, a base AH é igual à base DF, e o triângulo ABH é igual ao triângulo DEF, e os ângulos restantes serão iguais aos ângulos restantes, sob os quais se estendem os lados iguais; portanto, o ângulo sob BHA é igual ao sob EFD. Mas o sob EFD é igual ao sob BCA; então, o ângulo exterior, o sob BHA, do triângulo AHC é igual ao sob BCA, interior e oposto; o que é impossível. Portanto, a BC não é desigual à EF; portanto, é igual. Mas também a AB é igual à DE. Então, as duas AB, BC são iguais às duas DE, EF, cada uma a cada uma; e contêm ângulos iguais; portanto, a base AC é igual à base DF, e o triângulo ABC é igual ao triângulo DEF, e o ângulo sob BAC restante é igual ao ângulo sob EDF restante.

Portanto, caso dois triângulos tenham os dois ângulos iguais aos dois ângulos, cada um a cada um, e um lado igual a um lado, ou o junto aos ângulos iguais ou o que se estende sob um dos ângulos iguais, terão também os lados restantes iguais aos lados restantes e o ângulo restante ao ângulo restante; o que era preciso provar.

27.

Caso uma reta, caindo sobre duas retas, faça os ângulos alternos iguais entre si, as retas serão paralelas entre si.

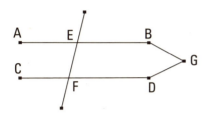

Faça, pois, a reta EF, caindo sobre as duas retas AB, CD, os ângulos sob AEF, EFD, alternos, iguais entre si; digo que a AB é paralela à CD. Pois, se não, sendo prolongadas, as AB, CD encontrar-se-ão ou no lado dos B, D ou no dos A, C. Fiquem prolongadas e encontrem-se no lado dos B, D no G. Então, o ângulo sob AEF, exterior do triângulo GEF, é igual ao sob EFG, interior e oposto; o que é impossível; portanto, as AB, CD, sendo prolongadas, não se encontrarão no lado dos B, D. Do mesmo modo, então, será provado que nem no dos A, C. Mas as que não se encontram em nenhum dos lados são paralelas; portanto, a AB é paralela à CD.

Portanto, caso uma reta, caindo sobre duas retas, faça os ângulos alternos iguais entre si, as retas serão paralelas; o que era preciso provar.

28.

Caso uma reta, caindo sobre duas retas, faça o ângulo exterior igual ao interior e oposto e no mesmo lado, ou os interiores e no mesmo lado iguais a dois retos, as retas serão paralelas entre si.

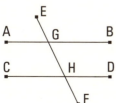

Faça, pois, a reta EF, caindo sobre as retas AB, CD, o ângulo sob EGB, exterior, igual ao ângulo sob GHD, interior e oposto ou os sob BGH, GHD, interiores e no mesmo lado, iguais a dois retos; digo que a AB é paralela à CD.

Pois, como o sob EGB é igual ao sob GHD, mas o sob EGB é igual ao sob AGH, portanto, também o sob AGH é igual ao sob GHD; e são alternos; portanto, a AB é paralela à CD.

De novo, como os sob BGH, GHD são iguais a dois retos, mas também os sob AGH, BGH são iguais a dois retos, portanto, os sob AGH, BGH são iguais aos sob BGH, GHD; fique subtraído o sob BGH comum; portanto, o sob AGH restante é igual ao sob GHD restante; e são alternos; portanto, a AB é paralela à CD.

Portanto, caso uma reta, caindo sobre duas retas, faça o ângulo exterior igual ao interior e oposto e no mesmo lado, ou os interiores e no mesmo lado iguais a dois retos, as retas serão paralelas; o que era preciso provar.

29.

A reta, caindo sobre as retas paralelas, faz tanto os ângulos alternos iguais entre si quanto o exterior igual ao interior e oposto e os interiores e no mesmo lado iguais a dois retos.

Caia, pois, a reta EF sobre as retas paralelas AB, CD; digo que faz os ângulos sob AGH, GHD, alternos, iguais, e o ângulo sob EGB, exterior, igual ao sob GHD, interior e oposto, e os sob BGH, GHD, interiores e no mesmo lado, iguais a dois retos.

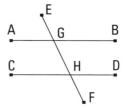

Pois, se o sob AGH é desigual ao sob GHD, um deles é maior. Seja maior o sob AGH; fique adicionado o sob BGH comum; portanto, os sob AGH, BGH são maiores do que os sob BGH, GHD. Mas os sob AGH, BGH são iguais a dois retos. Portanto, [também] os sob BGH, GHD são menores do que dois retos. Mas as que são prolongadas ilimitadamente, a partir dos menores do que dois retos, encontram-se; portanto, as AB, CD, prolongadas indefinidamente, encontrar-se-ão; e não se encontram, pelo supô-las paralelas; portanto, o sob AGH não é desigual ao sob GHD; portanto, é igual. Mas o sob AGH é igual ao sob EGB; portanto, também o sob EGB é igual ao sob GHD. Fique adicionado o sob BGH comum; portanto, os sob EGB, BGH são iguais aos sob BGH, GHD. Mas os sob EGB, BGH são iguais a dois retos; portanto, também os sob BGH, GHD são iguais a dois retos.

Portanto, a reta, caindo sobre as retas paralelas, faz tanto os ângulos alternos iguais entre si quanto o exterior igual ao interior e oposto e os interiores e no mesmo lado iguais a dois retos; o que era preciso provar.

30.

As paralelas à mesma reta são paralelas entre si.

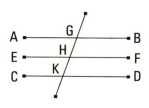

Seja cada uma das AB, CD paralela à EF; digo que também a AB é paralela à CD.

Caia, pois, a reta GK sobre elas. E, como a reta GK caiu sobre as retas paralelas AB, EF, portanto, o sob AGK é igual ao sob GHF. De novo, como a reta GK caiu sobre as paralelas EF, CD, o sob GHF é igual ao sob GKD. Mas foi provado também o sob AGK igual ao sob GHF. Portanto, também o sob AGK é igual ao sob GKD; e são alternos. Portanto, a AB é paralela à CD.

[Portanto, as paralelas à mesma reta são paralelas entre si;] o que era preciso provar.

31.

Pelo ponto dado, traçar uma linha reta paralela à reta dada.

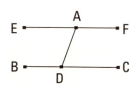

Sejam, por um lado, o ponto dado A, e, por outro lado, a reta dada BC; é preciso, então, pelo ponto A, traçar uma linha reta paralela à reta dada BC.

Fique tomado, sobre a BC, o ponto D, encontrado ao acaso, e fique ligada a AD; e fique construído, sobre a reta DA e no ponto A sobre ela, o sob DAE igual ao ângulo sob ADC; e fique prolongada a reta AF sobre uma reta com a EA.

E, como a reta AD, caindo sobre as duas retas BC, EF, fez os ângulos sob EAD, ADC, alternos, iguais entre si, portanto, a EAF é paralela à BC.

Portanto, pelo ponto dado A, foi traçada a linha reta EAF paralela à reta dada BC; o que era preciso fazer.

Euclides

32.

Tendo sido prolongado um dos lados de todo triângulo, o ângulo exterior é igual aos dois interiores e opostos, e os três ângulos interiores do triângulo são iguais a dois retos.

Seja o triângulo ABC, e fique prolongado um lado dele, o BC, até o D; digo que o ângulo sob ACD, exterior, é igual aos dois sob CAB, ABC, interiores e opostos, e os três ângulos sob ABC, BCA, CAB, interiores do triângulo, são iguais a dois retos.

Fique, pois, traçada, pelo ponto C, a CE paralela à reta AB.

E, como a AB é paralela à CE, e a AC caiu sobre elas, os ângulos sob BAC, ACE, alternos, são iguais entre si. De novo, como a AB é paralela à CE, e a reta BD caiu sobre elas, o ângulo sob ECD, exterior, é igual ao sob ABC, interior e oposto. Mas foi provado também o sob ACE igual ao sob BAC; portanto, o ângulo sob ACD todo é igual aos dois sob BAC, ABC, interiores e opostos.

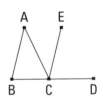

Fique adicionado o sob ACB comum; portanto, os sob ACD, ACB são iguais aos três sob ABC, BCA, CAB. Mas os sob ACD, ACB são iguais a dois retos; portanto, os sob ACB, CBA, CAB são iguais a dois retos.

Portanto, tendo sido prolongado um dos lados de todo triângulo, o ângulo exterior é igual aos dois interiores e opostos, e os três ângulos interiores do triângulo são iguais a dois retos; o que era preciso provar.

33.

As retas que ligam as tanto iguais quanto paralelas, no mesmo lado, também são elas tanto iguais quanto paralelas.

Sejam as AB, CD tanto iguais quanto paralelas, e as retas AC, BD liguem-nas, no mesmo lado; digo que também as AC, BD são tanto iguais quanto paralelas.

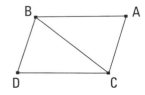

122

Os elementos

Fique ligada a BC. E, como a AB é paralela à CD, e a BC caiu sobre elas, os ângulos sob ABC, BCD, alternos, são iguais entre si. E, como a AB é igual à CD, e a BC é comum, então, as duas AB, BC são iguais às duas BC, CD; e o ângulo sob ABC é igual ao ângulo sob BCD; portanto, a base AC é igual à base BD, e o triângulo ABC é igual ao triângulo BCD, e os ângulos restantes serão iguais aos ângulos restantes, cada um a cada um, sob os quais se estendem os lados iguais; portanto, o ângulo sob ACB é igual ao sob CBD. E, como a reta BC, caindo sobre as duas retas AC, BD, fez os ângulos alternos iguais entre si, portanto, a AC é paralela à BD. Mas foi provada também igual a ela.

Portanto, as retas que ligam as tanto iguais quanto paralelas, no mesmo lado, também são tanto iguais quanto paralelas; o que era preciso provar.

34.

Das áreas paralelogrâmicas, tanto os lados quanto os ângulos opostos são iguais entre si, e a diagonal corta-as em duas.

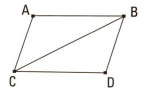

Sejam a área paralelogrâmica ACDB, e a diagonal dela BC; digo que tanto os lados quanto os ângulos opostos do paralelogramo ACDB são iguais entre si, e a diagonal BC corta-o em dois.

Pois, como a AB é paralela à CD, e a reta BC caiu sobre elas, os ângulos sob ABC, BCD, alternos, são iguais entre si. De novo, como a AC é paralela à BD e a BC caiu sobre elas, os ângulos sob ACB, CBD, alternos, são iguais entre si. Então, os ABC, BCD são dois triângulos, tendo os dois ângulos sob ABC, BCA iguais aos dois sob BCD, CBD, cada um a cada um, e um lado igual a um lado, o BC comum deles, junto aos ângulos iguais; portanto, também terão os lados restantes iguais aos restantes, cada um a cada um, e o ângulo restante igual ao ângulo restante; portanto, por um lado, o lado AB é igual ao CD, e, por outro lado, o AC ao BD, e ainda o ângulo sob BAC é igual ao sob CDB. E, como, por um lado, o ângulo sob ABC é igual ao sob BCD, e, por outro lado, o sob CBD ao sob ACB, portanto, o sob ABD todo é igual ao sob ACD todo. Mas foi provado também o sob BAC igual ao sob CDB.

Portanto, das áreas paralelogrâmicas, tanto os lados quanto os ângulos opostos são iguais entre si.

Digo, então, que também a diagonal corta-a em duas. Pois, como a AB é igual à CD, e a BC é comum, então, as duas AB, BC são iguais às duas CD, BC, cada uma a cada uma; e o ângulo sob ABC é igual ao ângulo sob BCD. Portanto, também a base AC é igual à DB. [Portanto,] também o triângulo ABC é igual ao triângulo BCD.

Portanto, a diagonal BC corta o paralelogramo ABCD em dois; o que era preciso provar.

35.

Os paralelogramos que estão sobre a mesma base e nas mesmas paralelas são iguais entre si.

Sejam os paralelogramos ABCD, EBCF, sobre a mesma base BC e nas mesmas paralelas AF, BC; digo que o ABCD é igual ao paralelogramo EBCF.

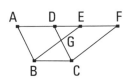

Pois, como o ABCD é um paralelogramo, a AD é igual à BC. Pelas mesmas coisas, então, também a EF é igual à BC; desse modo, também a AD é igual à EF; e a DE é comum; portanto, a AE toda é igual à DF toda. Mas também a AB é igual à DC; então, as duas EA, AB são iguais às duas FD, DC, cada uma a cada uma; e o ângulo sob FDC é igual ao sob EAB, o exterior, ao interior; portanto, a base EB é igual à base FC, e o triângulo EAB será igual ao triângulo DFC; fique subtraído o DGE comum; portanto, o trapézio ABGD restante é igual ao trapézio EGCF restante; fique adicionado o triângulo GBC comum; portanto, o paralelogramo ABCD todo é igual ao paralelogramo EBCF todo.

Portanto, os paralelogramos que estão sobre a mesma base e nas mesmas paralelas são iguais entre si; o que era preciso provar.

36.

Os paralelogramos que estão sobre bases iguais e nas mesmas paralelas são iguais entre si.

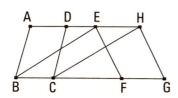

Sejam os paralelogramos ABCD, EFGH, que estão sobre as bases iguais BC, FG e nas mesmas paralelas AH, BG; digo que o paralelogramo ABCD é igual ao paralelogramo EFGH.

Fiquem, pois, ligadas as BE, CH. E, como a BC é igual à FG, mas a FG é igual à EH, portanto, também a BC é igual à EH. Mas também são paralelas. E as EB, HC ligam-nas; mas as que ligam as tanto iguais quanto paralelas, no mesmo lado, são tanto iguais quanto paralelas; [portanto, também as EB, HC são tanto iguais quanto paralelas]. Portanto, o EBCH é um paralelogramo. E é igual ao ABCD; pois, tanto tem a mesma base BC que ele quanto está nas mesmas paralelas BC, AH com ele. Pelas mesmas coisas, então, também o EFGH é igual ao mesmo EBCH; desse modo, também o paralelogramo ABCD é igual ao EFGH.

Portanto, os paralelogramos, que estão sobre bases iguais e nas mesmas paralelas, são iguais entre si; o que era preciso provar.

37.

Os triângulos que estão sobre a mesma base e nas mesmas paralelas são iguais entre si.

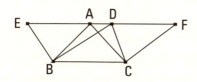

Sejam os triângulos ABC, DBC sobre a mesma base BC e nas mesmas paralelas AD, BC; digo que o triângulo ABC é igual ao triângulo DBC.

Fique prolongada a AD em cada um dos lados até os E, F, e, por um lado, pelo B, fique traçada a BE paralela à CA, e, por outro lado, pelo C, fique traçada a CF paralela à BD. Portanto, cada um dos EBCA, DBCF é um paralelogramo; e são iguais; pois, estão tanto sobre a mesma base BC quanto nas mesmas paralelas BC, EF; e, por um lado, o triângulo ABC é metade do paralelogramo EBCA; pois, a diagonal AB corta-o em dois; e, por outro lado, o triângulo DBC é metade do paralelogramo DBCF; pois, a diagonal DC corta-o em dois [e as metades das coisas iguais são iguais entre si]. Portanto, o triângulo ABC é igual ao triângulo DBC.

Portanto, os triângulos que estão sobre a mesma base e nas mesmas paralelas são iguais entre si; o que era preciso provar.

38.

Os triângulos que estão sobre bases iguais e nas mesmas paralelas são iguais entre si.

Sejam os triângulos ABC, DEF sobre as bases iguais BC, EF e nas mesmas paralelas BF, AD; digo que o triângulo ABC é igual ao triângulo DEF. Fique, pois, prolongada a AD, em cada um dos lados, até os G, H, e, por um lado, pelo B, fique traçada a BG paralela à CA, e,

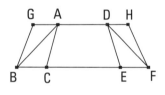

por outro lado, pelo F, fique traçada a FH paralela à DE. Portanto, cada um dos GBCA, DEFH é um paralelogramo; e o GBCA é igual ao DEFH; pois, estão tanto sobre as bases iguais BC, EF quanto nas mesmas paralelas BF, GH; e, por um lado, o triângulo ABC é metade do paralelogramo GBCA. Pois, a diagonal AB corta-o em dois; e, por outro lado, o triângulo FED é metade do paralelogramo DEFH; pois, a diagonal DF corta-o em dois; [mas as metades das coisas iguais são iguais entre si]. Portanto, o triângulo ABC é igual ao triângulo DEF.

Portanto, os triângulos que estão sobre bases iguais e nas mesmas paralelas são iguais entre si; o que era preciso provar.

39.

Os triângulos iguais, que estão sobre a mesma base, e no mesmo lado, também estão nas mesmas paralelas.

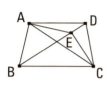

Sejam os triângulos iguais ABC, DBC, que estão sobre a mesma base BC, e no mesmo lado; digo que também estão nas mesmas paralelas.

Fique, pois, ligada a AD; digo que a AD é paralela à BC.

Pois, se não, fique traçada, pelo ponto A, a AE paralela à reta BC, e fique ligada a EC. Portanto, o triângulo ABC é igual ao triângulo EBC; pois, está tanto na mesma base BC que ele quanto nas mesmas paralelas. Mas o ABC é igual ao DBC; portanto, também o DBC é igual ao EBC, o maior, ao menor; o que é impossível; portanto, a AE não é paralela à BC. Do mesmo modo, então, provaremos que nenhuma outra, exceto a AD; portanto, a AD é paralela à BC.

Portanto, os triângulos iguais, que estão sobre a mesma base, e no mesmo lado, também estão nas mesmas paralelas; o que era preciso provar.

40.

Os triângulos iguais, que estão sobre as bases iguais, e no mesmo lado, também estão nas mesmas paralelas.

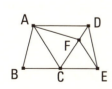

Sejam os triângulos iguais ABC, CDE, sobre as bases iguais BC, CE, e no mesmo lado; digo que também estão nas mesmas paralelas.

Fique, pois, ligada a AD; digo que a AD é paralela à BE.

Pois, se não, fique traçada, pelo A, a AF paralela à BE, e fique ligada a FE. Portanto, o triângulo ABC é igual ao triângulo FCE; pois, estão tanto sobre as bases iguais BC, CE quanto nas mesmas paralelas BE, AF. Mas o triângulo ABC é igual ao [triângulo] DCE; portanto, também o [triângulo] DCE é igual ao triângulo FCE, o maior, ao menor; o que é impossível; portanto, a AF não é paralela à BE. Do mesmo modo, então, provaremos que nenhuma outra, exceto a AD; portanto, a AD é paralela à BE.

Portanto, os triângulos iguais, que estão sobre as bases iguais, e no mesmo lado, também estão nas mesmas paralelas; o que era preciso provar.

41.

Caso um paralelogramo tenha tanto a mesma base que um triângulo quanto esteja nas mesmas paralelas, o paralelogramo é o dobro do triângulo.

Tenha, pois, o paralelogramo ABCD tanto a mesma base BC que o triângulo EBC quanto esteja nas mesmas paralelas BC, AE; digo que o paralelogramo ABCD é o dobro do triângulo BEC.

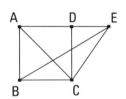

Fique, pois, ligada a AC. Então, o triângulo ABC é igual ao triângulo EBC; pois, está tanto sobre a mesma base BC que ele quanto nas mesmas paralelas BC, AE. Mas o paralelogramo ABCD é o dobro do triângulo ABC; pois, a diagonal AC corta-o em dois; desse modo, o paralelogramo ABCD também é o dobro do triângulo EBC.

Portanto, caso um paralelogramo tenha tanto a mesma base que um triângulo quanto esteja nas mesmas paralelas, o paralelogramo é o dobro do triângulo; o que era preciso provar.

42.

Construir um paralelogramo igual ao triângulo dado, no ângulo retilíneo dado.

Sejam, por um lado, o triângulo dado ABC, e, por outro lado, o ângulo retilíneo dado D; é preciso, então, construir no ângulo retilíneo D, um paralelogramo igual ao triângulo ABC.

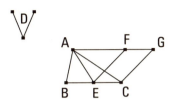

Fique cortada a BC em duas no E, e fique ligada a AE, e fique construído, sobre a reta EC e no ponto E sobre ela, o sob CEF igual ao ângulo D, e, por um lado, pelo A fique traçada a AG paralela à EC, e, por outro lado, pelo C, fique traçada a CG paralela à EF; portanto, o FECG é um paralelogramo. E, como a BE é igual à EC, também o triângulo ABE é igual ao triângulo AEC; pois, estão tanto sobre as bases iguais BE, EC quanto nas mesmas paralelas BC, AG; portanto, o triângulo ABC é o dobro do triângulo AEC. Mas também o paralelogramo FECG é o dobro do triângulo AEC; pois, tanto tem a mesma base que ele quanto está nas mesmas paralelas com ele; portanto, o paralelogramo FECG é igual ao triângulo ABC. E tem o ângulo sob CEF igual ao dado D.

Portanto, foi construído o paralelogramo FECG, no ângulo sob CEF, que é igual ao D, igual ao triângulo ABC; o que era preciso fazer.

43.

Os complementos dos paralelogramos, à volta da diagonal de todo paralelogramo, são iguais entre si.

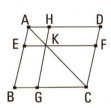

Sejam o paralelogramo ABCD, e a diagonal AC dele, e, por um lado, sejam os paralelogramos EH, FG à volta da AC, e, por outro lado, os ditos complementos BK, KD; digo que o complemento BK é igual ao complemento KD.

Pois, como o ABCD é um paralelogramo, e a AC é uma diagonal dele, o triângulo ABC é igual ao triângulo ACD. De novo, como o EH é um paralelogramo, e a AK é uma diagonal dele, o triângulo AEK é igual ao triângulo AHK. Pelas mesmas coisas, então, também o triângulo KFC é igual ao KGC. Como, de fato, por um lado, o triângulo AEK é igual ao triângulo AHK, e, por outro lado, o KFC, ao KGC, o triângulo AEK, com o KGC, é igual ao triângulo AHK, com o KFC; mas também o triângulo ABC todo é igual ao ADC todo; portanto, o complemento BK restante é igual ao complemento KD restante.

Euclides

Portanto, os complementos dos paralelogramos, à volta da diagonal de toda área paralelogrâmica, são iguais entre si; o que era preciso provar.

44.

Aplicar à reta dada, no ângulo retilíneo dado, um paralelogramo igual ao triângulo dado.

Sejam, por um lado, a reta dada AB, e, por outro lado, o triângulo dado C, e o ângulo retilíneo dado D; é preciso, então, aplicar à reta dada AB, em um igual ao ângulo D, um paralelogramo igual ao triângulo C.

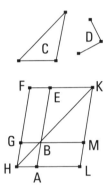

Fique construído, no ângulo sob EBG, que é igual ao D, o paralelogramo BEFG igual ao triângulo C; e fique posto de modo a estar a BE sobre uma reta com a AB, e fique traçada através a FG até o H, e, pelo A, fique traçada a AH paralela a qualquer uma das BG, EF, e fique ligada a HB. E, como a reta HF caiu sobre as paralelas AH, EF, portanto, os ângulos sob AHF, HFE são iguais a dois retos. Portanto, os sob BHG, GFE são menores do que dois retos; mas as que são prolongadas, ilimitadamente, a partir dos menores do que dois retos, encontram-se; portanto, as HB, FE, sendo prolongadas, encontrar-se-ão. Fiquem prolongadas e encontrem-se no K, e, pelo ponto K, fique traçada a KL paralela a qualquer uma das EA, FH, e fiquem prolongadas as HA, GB até os pontos L, M. Portanto, o HLKF é um paralelogramo, e a HK é uma diagonal dele, e, por um lado, os AG, ME são paralelogramos à volta da HK, e, por outro lado, os LB, BF são os ditos complementos; portanto, o LB é igual ao BF. Mas o BF é igual ao triângulo C; portanto, também o LB é igual ao C. E, como o ângulo sob GBE é igual ao sob ABM, mas o sob GBE é igual ao D, portanto, também o sob ABM é igual ao ângulo D.

Portanto, foi aplicado à reta dada AB, no ângulo sob ABM, que é igual ao D, o paralelogramo LB igual ao triângulo dado C; o que era preciso fazer.

45.

Construir, no ângulo retilíneo dado, um paralelogramo igual à retilínea dada.

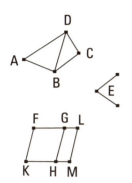

Sejam, por um lado, a retilínea dada ABCD, e, por outro lado, o ângulo retilíneo dado E; é preciso, então, construir, no ângulo dado E, um paralelogramo igual à retilínea ABCD.

Fique ligada a DB, e fique construído, no ângulo sob HKF, que é igual ao E, o paralelogramo FH igual ao triângulo ABD; e fique aplicado à reta GH, no ângulo sob GHM, que é igual ao E, o paralelogramo GM igual ao triângulo DBC. E, como o ângulo E é igual a cada um dos sob HKF, GHM, portanto, também o sob HKF é igual ao sob GHM. Fique adicionado o sob KHG comum; portanto, os sob FKH, KHG são iguais aos sob KHG, GHM. Mas os sob FKH, KHG são iguais a dois retos; portanto, também os sob KHG, GHM são iguais a dois retos. Então, as duas retas KH, HM, não postas do mesmo lado, fazem em relação a alguma reta, a GH, e no mesmo ponto H sobre ela, os ângulos adjacentes iguais a dois retos; portanto, a KH está sobre uma reta com a HM; e, como a reta HG caiu sobre as paralelas KM, FG, os ângulos sob MHG, HGF, alternos, são iguais entre si. Fique adicionado o sob HGL comum; portanto, os sob MHG, HGL são iguais aos sob HGF, HGL. Mas os sob MHG, HGL são iguais a dois retos; portanto, também os sob HGF, HGL são iguais a dois retos; portanto, a FG está sobre uma reta com a GL. E, como a FK é tanto igual quanto paralela à HG, mas também a HG, à ML, portanto, também a KF é tanto igual quanto paralela à ML; e as retas KM, FL ligam-nas; portanto, também as KM, FL são tanto iguais quanto paralelas; portanto, o KFLM é um paralelogramo. E, como, por um lado, o triângulo ABD é igual ao paralelogramo FH, e, por outro lado, o DBC, ao GM, portanto, a retilínea ABCD toda é igual ao paralelogramo KFLM todo.

Portanto, foi construído, no ângulo sob FKM, que é igual ao dado E, o paralelogramo KFLM igual à retilínea dada ABCD; o que era preciso fazer.

46.

Descrever um quadrado sobre a reta dada.

Seja a reta dada AB; é preciso, então, descrever um quadrado sobre a reta AB.

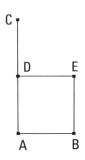

Fique traçada a AC em ângulos retos com a reta AB, a partir do ponto A sobre ela, e fique posta a AD igual à AB; e, por um lado, pelo ponto D, fique traçada a DE paralela à AB, e, por outro lado, pelo ponto B, fique traçada a BE paralela à AD. Portanto, o ADEB é um paralelogramo; portanto, por um lado, a AB é igual à DE, e, por outro lado, a AD, à BE. Mas a AB é igual à AD; portanto, as quatro BA, AD, DE, EB são iguais entre si; portanto, o paralelogramo ADEB é equilátero. Digo, então, que também é retangular. Pois, como a reta AD caiu sobre as paralelas AB, DE, portanto, os ângulos sob BAD, ADE são iguais a dois retos. Mas o sob BAD é reto; portanto, também o sob ADE é reto. Mas, das áreas paralelogrâmicas, tanto os lados quanto os ângulos opostos são iguais entre si; portanto, cada um dos ângulos sob ABE, BED, opostos, é reto; portanto, o ADEB é retangular. E foi provado também equilátero.

Portanto, é um quadrado; e descrito sobre a reta AB; o que era preciso fazer.

47.

Nos triângulos retângulos, o quadrado sobre o lado que se estende sob o ângulo reto é igual aos quadrados sobre os lados que contêm o ângulo reto.

Seja o triângulo retângulo ABC, tendo o ângulo sob BAC reto; digo que o quadrado sobre a BC é igual aos quadrados sobre as BA, AC.

Fiquem, pois, descritos, por um lado, o quadrado BDEC sobre a BC, e, por outro lado, os GB, HC sobre as BA, AC, e, pelo A, fique traçada a AL paralela a qualquer uma das BD, CE; e fiquem ligadas as AD, FC. E, como cada um dos ângulos sob BAC, BAG é reto, então, as duas retas AC, AG,

Os elementos

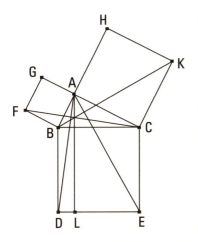

não postas no mesmo lado, fazem relativamente a alguma reta, a BA, e no ponto A sobre ela, os ângulos adjacentes iguais a dois retos; portanto, a CA está sobre uma reta com a AG. Pelas mesmas coisas, então, também a BA está sobre uma reta com a AH. E, como o ângulo sob DBC é igual ao sob FBA; pois, cada um é reto; fique adicionado o sob ABC comum; portanto, o sob DBA todo é igual ao sob FBC todo. E como, por um lado, a DB é igual à BC, e, por outro lado, a FB, à BA, então, as duas DB, BA são iguais às duas FB, BC, cada uma a cada uma; e o ângulo sob DBA é igual ao ângulo sob FBC; portanto, a base AD [é] igual à base FC, e o triângulo ABD é igual ao triângulo FBC; e, por um lado, o paralelogramo BL [é] o dobro do triângulo ABD; pois, tanto têm a mesma base BD quanto estão nas mesmas paralelas BD, AL; e, por outro lado, o quadrado GB é o dobro do triângulo FBC; pois, de novo, tanto têm a mesma base FB quanto estão nas mesmas paralelas FB, GC. [Mas os dobros das coisas iguais são iguais entre si;] portanto, também o paralelogramo BL é igual ao quadrado GB. Do mesmo modo, então, sendo ligadas as AE, BK, será provado também o paralelogramo CL igual ao quadrado HC; portanto, o quadrado BDEC todo é igual aos quadrados GB, HC. E, por um lado, o quadrado BDEC foi descrito sobre a BC, e, por outro lado, os GB, HC, sobre as BA, AC. Portanto, o quadrado sobre o lado BC é igual aos quadrados sobre os lados BA, AC.

Portanto, nos triângulos retângulos, o quadrado sobre o lado que se estende sob o ângulo reto é igual aos quadrados sobre os lados que contêm o [ângulo] reto; o que era preciso provar.

48.

Caso o quadrado sobre um dos lados de um triângulo seja igual aos quadrados sobre os dois lados restantes do triângulo, o ângulo contido pelos dois lados restantes do triângulo é reto.

Seja, pois, o quadrado sobre um lado, o BC, do triângulo ABC igual aos quadrados sobre os lados BA, AC; digo que o ângulo sob BAC é reto.

Fique, pois, traçada, a partir do ponto A, a AD em ângulos retos com a reta AC, e fique posta a AD igual à BA, e fique ligada a DC. Como a DA é igual à AB, também o quadrado sobre a DA é igual ao quadrado sobre a AB. Fique adicionado o quadrado sobre a AC comum; portanto, os quadrados sobre as DA, AC são iguais aos quadrados sobre as BA, AC. Mas, por um lado, o sobre a DC é igual aos sobre as DA, AC; pois, o ângulo sob DAC é reto; e, por outro lado, o sobre a BC é igual aos sobre as BA, AC; pois, foi suposto; portanto, o quadrado sobre a DC é igual ao quadrado sobre a BC; desse modo, também o lado DC é igual ao BC; e, como a DA é igual à AB, e a AC é comum, então, as duas DA, AC são iguais às duas BA, AC; e a base DC é igual à base BC; portanto, o ângulo sob DAC [é] igual ao ângulo sob BAC. Mas o sob DAC é reto; portanto, também o sob BAC é reto.

Portanto, caso o quadrado sobre um dos lados de um triângulo seja igual aos quadrados sobre os dois lados restantes do triângulo, o ângulo contido pelos dois lados restantes do triângulo é reto; o que era preciso provar.

Livro II

Definições

1. Todo paralelogramo retangular é dito ser contido pelas duas retas que contêm o ângulo reto.
2. E, de toda área paralelogrâmica, um dos paralelogramos, qualquer que seja, à volta da diagonal dela, com os dois complementos, seja chamado um gnômon.

I.

Caso existam duas retas, e uma delas seja cortada em segmentos, quantos quer que sejam, o retângulo contido pelas duas retas é igual aos retângulos contidos tanto pela não cortada quanto por cada um dos segmentos.

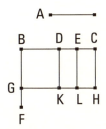

Sejam as duas retas A, BC, e fique cortada a BC, ao acaso, nos pontos D, E; digo que o retângulo contido pelas A, BC é igual ao retângulo contido pelas A, BD, e o pelas A, DE, e ainda o pelas A, EC.

Fique, pois, traçada, a partir do B, a BF em ângulos retos com a BC, e fique posta a BG igual à A, e, por um lado, pelo G, fique traçada a GH paralela à BC, e, por outro lado, pelos D, E, C, fiquem traçadas as DK, EL, CH paralelas à BG.

Então, o BH é igual aos BK, DL, EH. E, por um lado, o BH é o pelas A, BC; pois, por um lado, é contido pelas GB, BC, e, por outro lado, a BG é igual à A; e, por outro lado, o BK é o pelas A, BD; pois, por um lado, é contido pelas GB, BD, e, por outro lado, a BG é igual à A; e o DL é o pelas A, DE; pois, a DK, isto é, a BG é igual à A. E, ainda, do mesmo modo, o EH é o pelas A, EC; portanto, o pelas A, BC é igual ao pelas A, BD, e o pelas A, DE, e ainda o pelas A, EC.

Portanto, caso existam duas retas, e uma delas seja cortada em segmentos, quantos quer que sejam, o retângulo contido pelas duas retas é igual aos retângulos contidos tanto pela não cortada quanto por cada um dos segmentos; o que era preciso provar.

2.

Caso uma linha reta seja cortada, ao acaso, o retângulo contido pela reta toda e cada um dos segmentos é igual ao quadrado sobre a reta toda.

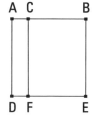

Fique, pois, cortada a reta AB, ao acaso, no ponto C; digo que o retângulo contido pelas AB, BC, com o retângulo contido por BA, AC, é igual ao quadrado sobre a AB.

Fique, pois, descrito, sobre a AB, o quadrado ADEB, e fique traçada, pelo C, a CF paralela a qualquer uma das AD, BE.

Então, o AE é igual aos AF, CE. E, por um lado, o AE é o quadrado sobre a AB, e, por outro lado, o AF é o retângulo contido pelas BA, AC; pois, por um lado, é contido pelas DA, AC, e, por outro lado, a AD é igual à AB; enquanto o CE é o pelas AB, BC; pois, a BE é igual à AB. Portanto, o pelas BA, AC, com o pelas AB, BC, é igual ao quadrado sobre a AB.

Portanto, caso uma linha reta seja cortada, ao acaso, o retângulo contido pela reta toda e cada um dos segmentos é igual ao quadrado sobre a reta toda; o que era preciso provar.

3.

Caso uma linha reta seja cortada, ao acaso, o retângulo contido pela reta toda e por um dos segmentos é igual a ambos, o retângulo contido pelos segmentos e o quadrado sobre o predito segmento.

Fique, pois, cortada a reta AB, ao acaso, no C; digo que o retângulo contido pelas AB, BC é igual ao retângulo contido pelas AC, CB, com o quadrado sobre a BC.

Fique, pois, descrito, sobre a CB, o quadrado CDEB, e fique traçada através a ED até o F, e, pelo A, fique traçada a AF paralela a qualquer uma das CD, BE. Então, o AE é igual aos AD, CE; e, por um lado, o AE é o retângulo contido pelas AB, BC; pois, por um lado, é contido pelas AB, BE, e, por outro lado, a BE é igual à BC; e, por outro lado, o AD é o pelas AC, CB; pois, a DC é igual à CB; enquanto o DB é o quadrado sobre a CB; portanto, o retângulo contido pelas AB, BC é igual ao retângulo contido pelas AC, CB, com o quadrado sobre a BC.

Portanto, caso uma reta seja cortada, ao acaso, o retângulo contido pela reta toda e por um dos segmentos é igual a ambos, o retângulo contido pelos segmentos e o quadrado sobre o predito segmento; o que era preciso provar.

4.

Caso uma linha reta seja cortada, ao acaso, o quadrado sobre a reta toda é igual aos quadrados sobre os segmentos e também duas vezes o retângulo contido pelos segmentos.

Fique, pois, cortada a linha reta AB, ao acaso, no C; digo que o quadrado sobre a AB é igual aos quadrados sobre as AC, CB e também duas vezes o retângulo contido pelas AC, CB.

Fique, pois, descrito, sobre a AB, o quadrado ADEB, e fique ligada a BD, e, por um lado, pelo C, fique traçada a CF paralela a qualquer uma das AD, EB, e, por outro lado, pelo G, fique traçada a HK

137

paralela a qualquer uma das AB, DE. E, como a CF é paralela à AD, e a BD caiu sobre elas, o ângulo sob CGB, exterior, é igual ao sob ADB, interior e oposto. Mas o sob ADB é igual ao sob ABD, porque também o lado BA é igual ao AD; portanto, também o ângulo sob CGB é igual ao sob GBC; de modo que também o lado BC é igual ao lado CG; mas, por um lado, a CB é igual à GK, e, por outro lado, a CG, à KB; portanto, também a GK é igual à KB; portanto, o CGKB é equilátero. Digo, então, que também é retangular. Pois, como a CG é paralela à BK [e a reta CB caiu sobre elas], portanto, os ângulos sob KBC, GCB são iguais a dois retos. Mas o sob KBC é reto; portanto, também o sob BCG é reto; desse modo, também os sob CGK, GKB, opostos, são retos. Portanto, o CGKB é retangular; mas foi provado também equilátero; portanto, é um quadrado; e é sobre a CB. Pelas mesmas coisas, então, também o HF é um quadrado; e é sobre a HG, isto é, [sobre] a AC; portanto, os quadrados HF, KC são sobre as AC, CB. E, como o AG é igual ao GE, e o AG é o pelas AC, CB; pois, a GC é igual à CB; portanto, também o GE é igual ao pelas AC, CB; portanto, os AG, GE são iguais a duas vezes o pelas AC, CB. Mas também os quadrados HF, CK são sobre as AC, CB; portanto, os quatro HF, CK, AG, GE são iguais aos quadrados sobre as AC, CB e também duas vezes o retângulo contido pelas AC, CB. Mas os HF, CK, AG, GE é o ADEB todo, que é o quadrado sobre a AB; portanto, o quadrado sobre a AB é igual aos quadrados sobre as AC, CB e também duas vezes o retângulo contido pelas AC, CB.

Portanto, caso uma linha reta seja cortada, ao acaso, o quadrado sobre a reta toda é igual aos quadrados sobre os segmentos e também duas vezes o retângulo contido pelos segmentos; o que era preciso provar.

[Corolário

Disso, é evidente que, nas áreas quadradas, os paralelogramos à volta da diagonal são quadrados.]

5.

Caso uma linha reta seja cortada em iguais e desiguais, o retângulo contido pelos segmentos desiguais da reta toda, com o quadrado sobre a entre as seções, é igual ao quadrado sobre a metade.

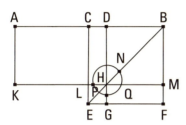

Fique, pois, cortada alguma reta, a AB, por um lado, em iguais no C, e, por outro lado, em desiguais no D; digo que o retângulo contido pelas AD, DB, com o quadrado sobre a CD, é igual ao quadrado sobre a CB.

Fique, pois, descrito, sobre a CB, o quadrado CEFB, e fique ligada a BE, e, por um lado, pelo D, fique traçada a DG paralela a qualquer uma das CE, BF, e, por outro lado, de novo, pelo H, fique traçada a KM paralela a qualquer uma das AB, EF, e, de novo, pelo A, fique traçada a AK paralela a qualquer uma das CL, BM. E, como o complemento CH é igual ao complemento HF, fique adicionado o DM comum; portanto, o CM todo é igual ao DF todo. Mas o CM é igual ao AL, porque também a AC é igual à CB; portanto, também o AL é igual ao DF. Fique adicionado o CH comum; portanto, o AH todo é igual ao gnômon PNQ. Mas o AH é o pelas AD, DB; pois, a DH é igual à DB; portanto, o gnômon PNQ é igual ao pelas AD, DB. Fique adicionado o LG comum, que é igual ao sobre a CD; portanto, o gnômon PNQ, e o LG são iguais ao retângulo contido pelas AD, DB e o quadrado sobre a CD. Mas o gnômon PNQ e o LG, como um todo, são o quadrado CEFB, que é o sobre a CB; portanto, o retângulo contido pelas AD, DB, com o quadrado sobre a CD, é igual ao quadrado sobre a CB.

Portanto, caso uma linha reta seja cortada em iguais e desiguais, o retângulo contido pelos segmentos desiguais da reta toda, com o quadrado sobre a entre as seções, é igual ao quadrado sobre a metade; o que era preciso provar.

6.

Caso uma linha reta seja cortada em duas, e seja adicionada a ela alguma reta sobre uma reta, o retângulo contido pela reta toda junto com a adicionada e pela adicionada, com o quadrado sobre a metade, é igual ao quadrado sobre a composta tanto da metade quanto da adicionada.

Fique, pois, cortada alguma reta, a AB, em duas no ponto C, e fique adicionada a ela alguma reta, a BD, sobre uma reta; digo que o retângulo contido pelas AD, DB, com o quadrado sobre a CB, é igual ao quadrado sobre a CD.

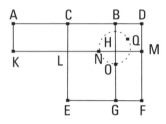

Fique, pois, descrito sobre a CD o quadrado CEFD, e fique ligada a DE, e, por um lado, pelo ponto B, fique traçada a BG paralela a qualquer uma das EC, DF, e, por outro lado, pelo ponto H, fique traçada a KM paralela a qualquer uma das AB, EF, e ainda, pelo A, fique traçada a AK paralela a qualquer uma das CL, DM.

Como, de fato, a AC é igual à CB, também o AL é igual ao CH. Mas o CH é igual ao HF. Portanto, também o AL é igual ao HF. Fique adicionado o CM comum; portanto, o AM todo é igual ao gnômon NQO. Mas o AM é o pelas AD, DB; pois, a DM é igual à DB; portanto, também o gnômon NQO é igual ao [retângulo contido] pelas AD, DB. Fique adicionado o LG comum, que é o quadrado sobre a BC; portanto, o retângulo contido pelas AD, DB, com o quadrado sobre a CB, é igual ao gnômon NQO e o LG. Mas o gnômon NQO e o LG, como um todo, são o quadrado CEFD, que é o sobre a CD; portanto, o retângulo contido pelas AD, DB, com o quadrado sobre a CB, é igual ao quadrado sobre a CD.

Portanto, caso uma linha reta seja cortada em duas, e seja adicionada a ela alguma reta sobre uma reta, o retângulo contido pela reta toda junto com a adicionada e pela adicionada, com o quadrado sobre a metade, é igual ao quadrado sobre a composta tanto da metade quanto da adicionada; o que era preciso provar.

7.

Caso uma linha reta seja cortada, ao acaso, os quadrados ambos juntos, o sobre a reta toda e o sobre um dos segmentos, são iguais a duas vezes o retângulo contido pela reta toda e pelo dito segmento e também o quadrado sobre o segmento restante.

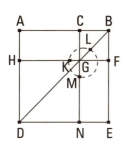

Fique, pois, cortada alguma reta, a AB, ao acaso, no ponto C; digo que os quadrados sobre as AB, BC são iguais a duas vezes o retângulo contido pelas AB, CD e também o quadrado sobre a CA.

Fique, pois, descrito, sobre a AB, o quadrado ADEB; e fique descrita completamente a figura.

Como, de fato, o AG é igual ao GE, fique adicionado o CF comum; portanto, o AF todo é igual ao CE todo; portanto, os AF, CE são o dobro do AF. Mas os AF, CE são o gnômon KLM e o quadrado CF; portanto, o gnômon KLM e o CF são o dobro do AF. Mas também duas vezes o pelas AB, BC é o dobro do AF; pois, a BF é igual à BC; portanto, o gnômon KLM e o quadrado CF são iguais a duas vezes o pelas AB, BC. Fique adicionado o DG comum, que é o quadrado sobre a AC; portanto, o gnômon KLM e os quadrados BG, GD são iguais a duas vezes o retângulo contido pelas AB, BC e também o quadrado sobre a AC. Mas o gnômon KLM e os quadrados BG, GD, como um todo, são o ADEB e o CF, que são os quadrados sobre as AB, BC; portanto, os quadrados sobre as AB, BC são iguais a duas vezes o retângulo contido pelas AB, BC com o quadrado sobre a AC.

Portanto, caso uma linha reta seja cortada, ao acaso, os quadrados ambos juntos, o sobre a inteira e o sobre um dos segmentos são iguais a duas vezes o retângulo contido pela reta toda e pelo dito segmento e também o quadrado sobre o segmento restante; o que era preciso provar.

Euclides

8.

Caso uma linha reta seja cortada, ao acaso, quatro vezes o retângulo contido pela toda e por um dos segmentos, com o quadrado sobre o segmento restante, é igual ao quadrado descrito sobre a reta e também o dito segmento, como sobre uma única.

Fique, pois, cortada alguma reta, a AB, ao acaso, no ponto C; digo que quatro vezes o retângulo contido pelas AB, BC, com o quadrado sobre a AC, é igual ao quadrado descrito sobre a AB, BC, como sobre uma única.

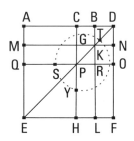

Fique, pois, prolongada a [reta] BD sobre uma reta [com a AB], e fique posta a BD igual à CB, e fique descrito, sobre a AD, o quadrado AEFD, e fique descrita completamente a figura, em dobro.

Como, de fato, a CB é igual à BD, mas, por um lado, a CB é igual à GK, e, por outro lado, a BD, à KN, portanto, também a GK é igual à KN. Pelas mesmas coisas, então, também a PR é igual à RO. E, como a BC é igual à BD, e a GK, à KN, portanto, também, por um lado, o CK é igual ao KD, e, por outro lado, o GR, ao RN. Mas o CK é igual ao RN; pois, complementos do paralelogramo CO; portanto, também o KD é igual ao GR; portanto, os quatro DK, CK, GR, RN são iguais entre si. Portanto, os quatro são o quádruplo do CK. De novo, como a CB é igual à BD, mas, por um lado, a BD é igual à BK, isto é, à CG, e, por outro lado, a CB é igual à GK, isto é, à GP, portanto, a CG é igual à GP. E como, por um lado, a CG é igual à GP, e, por outro lado, a PR, à RO, também, por um lado, o AG é igual ao MP, e, por outro lado, o PL, ao RF. Mas o MP é igual ao PL; pois, complementos do paralelogramo ML; portanto, também o AG é igual ao RF; portanto, os quatro AG, MP, PL, RF são iguais entre si; portanto, os quatro são o quádruplo do AG. Mas os quatro CK, KD, GR, RN também foram provados o quádruplo do CK; portanto, os oito, que contêm o gnômon STY, são o quádruplo do AK. E, como o AK é o pelas AB, BD; pois, a BK é igual à BD; portanto, quatro vezes o pelas AB, BD é o quádruplo do AK.

Mas o gnômon STY também foi provado o quádruplo do AK; portanto, quatro vezes o pelas AB, BD é igual ao gnômon STY. Fique adicionado o QH comum, que é igual ao quadrado sobre a AC; portanto, quatro vezes o retângulo contido pelas AB, BD, com o quadrado sobre a AC, é igual ao gnômon STY e o QH. Mas o gnômon STY e o QH, como um todo, são iguais ao quadrado AEFD, que é sobre a AD; portanto, quatro vezes o pelas AB, BD, com o sobre a AC, é igual ao quadrado sobre a AD; mas a BD é igual à BC, portanto, quatro vezes o retângulo contido pelas AB, BC, com o quadrado sobre a AC, é igual ao sobre a AD, isto é, ao quadrado descrito sobre a AB e BC, como sobre uma única.

Portanto, caso uma linha reta seja cortada, ao acaso, quatro vezes o retângulo contido pela toda e por um dos segmentos, com o quadrado sobre o segmento restante, é igual ao quadrado descrito sobre a toda e também o dito segmento, como sobre uma única; o que era preciso provar.

9.

Caso uma linha reta seja cortada em iguais e desiguais, os quadrados sobre os segmentos desiguais da toda são o dobro tanto do quadrado sobre a metade quanto do sobre a entre as seções.

Fique, pois, cortada alguma reta, a AB, por um lado, em iguais no C, e, por outro lado, em desiguais no D; digo que os quadrados sobre as AD, DB são o dobro dos quadrados sobre as AC, CD.

Fique, pois, traçada, a partir do C, a CE em ângulos retos com a AB, e fique posta igual a cada uma das AC, CB, e fiquem ligadas as EA, EB, e, por um lado, pelo D, fique traçada a DF paralela à EC, e, por outro lado, pelo F, a FG, à AB, e fique ligada a AF. E, como a AC é igual à CE, também o ângulo sob EAC é igual ao sob AEC. E, como o junto ao C é reto, portanto, os sob EAC, AEC restantes são iguais a um reto; e são iguais; portanto, cada um dos sob CEA, CAE é metade de um reto. Pelas mesmas coisas, então, também cada um dos sob CEB, EBC é metade de um reto; portanto, o sob AEB todo é reto. E, como o sob GEF é metade de um reto, mas o sob EGF é reto; pois, é igual ao sob ECB, interior e oposto; portanto, o sob EFG restante é metade de um reto; portanto, o ângulo sob GEF [é] igual ao sob EFG; desse modo, também o lado EG é igual ao GF. De novo, como o ângulo junto ao B é metade de um reto, e o sob FDB é reto; pois, de novo, é igual ao sob ECB, interior e oposto; portanto, o sob BFD restante é metade de um reto; portanto, o ângulo junto ao B é igual ao sob DFB; desse modo, também o lado FD é igual ao DB. E, como a AC é igual à CE, também o sobre a AC é igual ao sobre a CE; portanto, os quadrados sobre as AC, CE são o dobro do sobre AC. Mas o quadrado sobre a EA é igual aos sobre as AC, CE; pois, o ângulo sob ACE é reto; portanto, o sobre a EA é o dobro do sobre a AC. De novo, como a EG é igual à GF, também o sobre a EG é igual ao sobre a GF; portanto, os quadrados sobre as EG, GF são o dobro do quadrado sobre a GF. Mas o quadrado sobre a EF é igual aos quadrados sobre as EG, GF; portanto, o quadrado sobre a EF é o dobro do sobre a GF. Mas a GF é igual à CD; portanto, o sobre a EF é o dobro do sobre a CD. Mas também o sobre a EA é o dobro do sobre a AC; portanto, os quadrados sobre as AE, EF são o dobro dos quadrados sobre as AC, CD. Mas o quadrado sobre a AF é igual aos sobre as AE, EF; pois, o ângulo sob AEF é reto; portanto, o quadrado sobre a AF é o dobro dos sobre as AC, CD. Mas os sobre as AD, DF são iguais ao sobre a AF; pois, o ângulo junto ao D é reto; portanto, os sobre as AD, DF são o dobro dos quadrados sobre as AC, CD. Mas a DF é igual à DB; portanto, os quadrados sobre as AD, DB são o dobro dos quadrados sobre as AC, CD.

Portanto, caso uma linha reta seja cortada em iguais e desiguais, os quadrados sobre os segmentos desiguais da toda são o dobro tanto do quadrado sobre a metade quanto do sobre a entre as seções; o que era preciso provar.

Os elementos

10.

Caso uma linha reta seja cortada em duas, e seja adicionada a ela alguma reta sobre uma reta, os quadrados ambos juntos, o sobre a toda com a adicionada e o sobre a adicionada, são o dobro tanto do sobre a metade quanto do quadrado descrito sobre a composta tanto da metade quanto da adicionada, como sobre uma única.

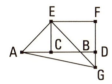

Fique, pois, cortada alguma reta, a AB, em duas no C, e fique adicionada a ela alguma reta, a BD, sobre uma reta; digo que os quadrados sobre as AD, DB são o dobro dos quadrados sobre as AC, CD.

Fique, pois, descrita, a partir do ponto C, a CE em ângulos retos com a AB, e fique posta igual a cada uma das AC, CB, e fiquem ligadas as EA, EB; e, por um lado, pelo E, fique traçada a EF paralela à AD, e, por outro lado, pelo D, fique traçada a FD paralela à CE. E, como alguma reta, a EF, caiu sobre as retas paralelas EC, FD, portanto, os sob CEF, EFD são iguais a dois retos; portanto, os sob FEB, EFD são menores do que dois retos; mas as que são prolongadas a partir de menores do que dois retos encontram-se; portanto, as EB, FD, sendo prolongadas do lado de B, D, encontrar-se-ão. Fiquem prolongadas e encontrem-se no G, e fique ligada a AG. E, como a AC é igual à CE, também o ângulo sob EAC é igual ao sob AEC; e, o junto ao C é reto; portanto, cada um dos sob EAC, AEC [é] metade de um reto. Pelas mesmas coisas, então, cada um dos sob CEB, EBC é metade de um reto; portanto, o sob AEB é reto. E, como o sob EBC é metade de um reto, portanto, também o sob DBG é metade de um reto. Mas também o sob BDG é reto; pois, é igual ao sob DCE; pois, alternos; portanto, o sob DGB restante é metade de um reto; portanto, o sob DGB é igual ao sob DBG; desse modo, também o lado BD é igual ao lado GD. De novo, como o sob EGF é metade de um reto, mas o junto ao F é reto; pois, é igual ao oposto, o junto ao C; portanto, o sob FEG restante é metade de um reto; portanto, o ângulo sob EGF é igual ao sob FEG; desse modo, também o lado GF é igual ao lado EF. E, como [a EC é igual à CA], [também] o quadrado sobre a EC é igual ao quadrado sobre a CA; portanto, os quadrados sobre as EC, CA são o dobro do quadrado sobre a CA. Mas o sobre a EA é igual aos sobre as EC, CA; portanto, o quadrado sobre a EA é o dobro do quadrado sobre a AC. De novo, como a FG é igual à EF, também o sobre a FG é igual ao sobre a FE; portanto, os sobre as GF, FE são o dobro do sobre a EF. Mas o sobre a EG é igual aos sobre as GF, FE; portanto, o sobre a EG é o dobro do sobre a EF. Mas a EF é igual à CD; portanto, o quadrado sobre a EG é o dobro do sobre a CD. Mas também o sobre a EA foi provado o dobro do sobre a AC; portanto, os quadrados sobre as AE, EG são o dobro dos quadrados sobre as AC, CD. Mas o quadrado sobre a AG é igual aos quadrados sobre as AE, EG; portanto, o sobre a AG é o dobro dos sobre as AC, CD. Mas os sobre as AD, DG são iguais ao sobre a AG; portanto, os [quadrados] sobre as AD, DG são o dobro dos [quadrados] sobre as AC, CD. Mas a DG é igual à DB; portanto, os [quadrados] sobre as AD, DB são o dobro dos quadrados sobre as AC, CD.

Portanto, caso uma linha reta seja cortada em duas, e seja adicionada a ela alguma reta sobre uma reta, os quadrados ambos juntos, o sobre a toda com a adicionada e o sobre a adicionada, são o dobro tanto do sobre a metade quanto do quadrado descrito sobre a composta tanto da metade quanto da adicionada, como sobre uma única; o que era preciso provar.

11.

Cortar a reta dada, de modo a o retângulo contido pela inteira e por um dos segmentos ser igual ao quadrado sobre o segmento restante.

Seja a reta dada AB; é preciso, então, cortar a AB de modo a o retângulo contido pela toda e um dos segmentos ser igual ao quadrado sobre o segmento restante.

Fique, pois, descrito, sobre a AB, o quadrado ABDC, e fique cortada a AC em duas no ponto E, e fique ligada a BE, e fique traçada através a CA até o F, e fique posta a EF igual à BE, e fique descrito, sobre a AF, o quadrado FH, e fique traçada através a GH até o K; digo que a AB foi cortada no H, de modo a fazer o retângulo contido pelas AB, BH igual ao quadrado sobre a AH.

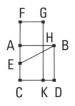

Pois, como a reta AC foi cortada em duas no E, e a FA foi adicionada a ela, portanto, o retângulo contido pelas CF, FA, com o quadrado sobre a AE, é igual ao quadrado sobre a EF. Mas a EF é igual à EB; portanto, o pelas CF, FA, com o sobre a AE, é igual ao sobre EB. Mas os sobre as BA, AE são iguais ao sobre EB; pois, o ângulo junto ao A é reto; portanto, o pelas CF, FA, com o sobre a AE, é igual aos sobre as BA, AE. Fique subtraído o sobre a AE comum; portanto, o retângulo contido pelas CF, FA restante é igual ao quadrado sobre a AB. E, por um lado, o pelas CF, FA é o FK; pois, a AF é igual à FG; e, por outro lado, o sobre a AB é o AD; portanto, o FK é igual ao AD. Fique subtraído o AK comum; portanto, o FH restante é igual ao HD. E, por um lado, o HD é o pelas AB, BH; pois, a AB é igual à BD; e, por outro lado, o FH é o sobre a AH; portanto, o retângulo contido pelas AB, BH é igual ao quadrado sobre HA.

Portanto, a reta dada AB foi cortada no H, de modo a fazer o retângulo contido pelas AB, BH igual ao quadrado sobre a HA; o que era preciso fazer.

12.

Nos triângulos obtusângulos, o quadrado sobre o lado que se estende sob o ângulo obtuso é maior do que os quadrados sobre os lados que contêm o ângulo obtuso por duas vezes o contido por um dos à volta do ângulo obtuso, sobre o qual cai a perpendicular, e também pela cortada exteriormente pela perpendicular relativamente ao ângulo obtuso.

Seja o triângulo obtusângulo ABC, tendo o sob BAC obtuso, e fique traçada, a partir do ponto B, a perpendicular BD à CA, que foi prolongada. Digo que o quadrado sobre a BC é maior do que os quadrados sobre as BA, AC por duas vezes o retângulo contido pelas CA, AD.

Pois, como a reta CD foi cortada, ao acaso, no ponto A, portanto, o sobre a DC é igual aos quadrados sobre as CA, AD e duas vezes o retângulo contido pelas CA, AD. Fique adicionado o sobre a DB comum; portanto, os sobre as CD, DB são iguais tanto aos quadrados sobre as CA, AD, DB quanto duas vezes o [retângulo contido] pelas CA, AD. Mas, por um lado, o sobre a CB é igual aos sobre as CD, DB; pois, o ângulo junto ao D é reto;

e, por outro lado, o sobre a AB é igual aos sobre as AD, DB; portanto, o quadrado sobre a CB é igual tanto aos quadrados sobre as CA, AB quanto duas vezes o retângulo contido pelas CA, AD; desse modo, o quadrado sobre a CB é maior do que os quadrados sobre as CA, AB por duas vezes o retângulo contido pelas CA, AD.

Portanto, nos triângulos obtusângulos, o quadrado sobre o lado que se estende sob o ângulo obtuso é maior do que os quadrados sobre os lados que contêm o ângulo obtuso por duas vezes o contido por um dos à volta do ângulo obtuso, sobre o qual cai a perpendicular e também pela cortada exteriormente pela perpendicular relativa ao ângulo obtuso; o que era preciso provar.

13.

Nos triângulos acutângulos, o quadrado sobre o lado que se estende sob o ângulo agudo é menor do que os quadrados sobre os lados que contêm o ângulo agudo por duas vezes o contido por um dos à volta do ângulo agudo, sobre o qual cai a perpendicular, e também pela cortada internamente pela perpendicular relativa ao ângulo agudo.

Seja o triângulo acutângulo ABC, tendo o ângulo junto ao B agudo, e fique traçada, a partir do ponto A, a perpendicular AD à BC; digo que o quadrado sobre a AC é menor do que os quadrados sobre as CB, BA por duas vezes o retângulo contido pelas CB, BD.

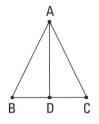

Pois, como a reta CB foi cortada, ao acaso, no D, portanto, os quadrados sobre as CB, BD são iguais a tanto duas vezes o retângulo contido pelas CB, BD quanto o quadrado sobre a DC. Fique adicionado o quadrado sobre a DA comum; portanto, os quadrados sobre as CB, BD, DA são iguais a tanto duas vezes o retângulo contido pelas CB, BD quanto os quadrados sobre as AD, DC. Mas, por um lado, o sobre a AB é igual aos sobre as BD, DA; pois, o ângulo junto ao D é reto; e, por outro lado, o sobre a AC é igual aos sobre as AD, DC; portanto, os sobre as CB, BA são iguais a tanto o sobre a AC quanto duas vezes o pelas CB, BD; desse modo, o sobre a AC só é menor do que os quadrados sobre as CB, BA por duas vezes o retângulo contido pelas CB, BD.

Portanto, nos triângulos acutângulos, o quadrado sobre o lado que se estende sob o ângulo agudo é menor do que os quadrados sobre os lados que contêm o ângulo agudo por duas vezes o contido por um dos à volta do ângulo agudo, sobre o qual cai a perpendicular, e também pela cortada interiormente pela perpendicular relativa ao ângulo agudo; o que era preciso provar.

14.

Construir um quadrado igual à retilínea dada.

Seja a retilínea dada A; é preciso, então, construir um quadrado igual à retilínea A.

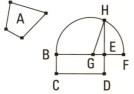

Fique, pois, construído o paralelogramo retangular BD igual à retilínea A; se, por um lado, de fato, a BE é igual à ED, seria produzido o que estava prescrito. Pois, foi construído o quadrado BD igual à retilínea A. Mas, se não, uma das BE, ED é maior. Seja maior a BE, e fique prolongada até o F, e fique posta a EF igual à ED, e fique cortada a BF em duas no G, e, com o centro G e com distância uma das GB, GF, fique descrito o semicírculo BHF, e fique prolongada a DE até o H, e fique ligada a GH.

Como, de fato, a reta BF foi cortada, por um lado, em iguais no G, e, por outro lado, em desiguais no E, portanto, o retângulo contido pelas BE, EF, com o quadrado sobre a EG, é igual ao quadrado sobre a GF. Mas a GF é igual à GH; portanto, o pelas BE, EF, com o sobre a GE, é igual ao sobre a GH. Mas os quadrados sobre as HE, EG são iguais ao sobre a GH; portanto, o pelas BE, EF, com o sobre a GE, é igual aos sobre as HE, EG. Fique subtraído o quadrado sobre a GE comum; portanto, o retângulo contido pelas BE, EF restante é igual ao quadrado sobre a EH. Mas o pelas BE, EF é o BD; pois a EF é igual à ED; portanto, o paralelogramo BD é igual ao quadrado sobre a HE. Mas o BD é igual à retilínea A. Portanto, também a retilínea A é igual ao quadrado que será descrito sobre a EH.

Portanto, foi construído o quadrado, que será descrito sobre a EH, igual à retilínea dada A; o que era preciso fazer.

Livro III

Definições

1. Círculos iguais são aqueles dos quais os diâmetros são iguais, ou dos quais os raios são iguais.
2. Uma reta que, tocando o círculo e, sendo prolongada, não o corta, é dita ser tangente ao círculo.
3. Círculos, que ao se tocarem não se cortam, são ditos ser tangentes entre si.
4. Em um círculo, retas são ditas afastarem-se igualmente do centro, quando sejam iguais as perpendiculares a elas, traçadas a partir do centro.
5. E é dita afastar-se mais aquela sobre a qual cai a maior perpendicular.
6. Um segmento de círculo é a figura contida tanto por uma reta quanto por uma circunferência de círculo.
7. E ângulo de um segmento é o contido tanto por uma reta quanto por uma circunferência de círculo.
8. E um ângulo em um segmento é o ângulo contido pelas retas que foram ligadas, quando seja tomado algum ponto sobre a circunferência do segmento e, a partir dele até as extremidades da reta, que é base do segmento, sejam ligadas retas.
9. E, quando as retas que contêm o ângulo cortarem alguma circunferência, o ângulo é dito estar sobre ela.
10. E setor de um círculo é, quando um ângulo seja construído junto ao centro do círculo, a figura contida tanto pelas retas que contêm o ângulo quanto pela circunferência cortada por elas.

11. Segmentos semelhantes de círculos são os que admitem ângulos iguais, ou nos quais os ângulos são iguais entre si.

I.

Achar o centro do círculo dado.

Seja o círculo dado ABC; é preciso, então, achar o centro do círculo ABC.

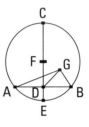

Fique traçada através dele, ao acaso, alguma reta, a AB, e fique cortada em duas no ponto D, e, a partir do D, fique traçada a DC em ângulos retos com a AB, e fique traçada através até o E, e fique cortada a CE em duas no F; digo que o F é centro do [círculo] ABC.

Pois não, mas, se possível, seja o G e fiquem ligadas as GA, GD, GB. E, como a AD é igual à DB, e a DG é comum, então, as duas AD, DG são iguais às duas GD, DB, cada uma a cada uma; e a base GA é igual à base GB; pois, são raios; portanto, o ângulo sob ADG é igual ao ângulo sob GDB. Mas, quando uma reta, tendo sido alteada sobre uma reta, faça os ângulos adjacentes iguais entre si, cada um dos ângulos iguais é reto; portanto, o sob GDB é reto. Mas também o sob FDB é reto; portanto, o sob FDB é igual ao sob GDB, o maior, ao menor; o que é impossível. Portanto, o G não é centro do círculo ABC. Do mesmo modo, então, provaremos que nenhum outro, exceto o F.

Portanto, o ponto F é centro do [círculo] ABC.

Corolário

Disso, então, é evidente que, caso em um círculo alguma reta corte alguma reta em duas e em ângulos retos, o centro do círculo está sobre a que corta; o que era preciso fazer.

2.

Caso sobre a circunferência de um círculo sejam tomados dois pontos, encontrados ao acaso, a reta que liga os pontos cairá no interior do círculo.

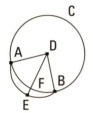

Seja o círculo ABC, e fiquem tomados, sobre a circunferência dele, dois pontos A, B, encontrados ao acaso; digo que a reta que liga a partir do A até o B cairá no interior do círculo.

Pois não, mas, se possível, caia no exterior como a AEB, e fique tomado o centro do círculo ABC, e seja o D, e fiquem ligadas as DA, DB, e fique traçada através a DFE. Como, de fato, a DA é igual à DB, portanto, também o ângulo sob DAE é igual ao sob DBE; e, como um lado do triângulo DAE, o AEB, foi prolongado, portanto, o ângulo sob DEB é maior do que o sob DAE. Mas o sob DAE é igual ao sob DBE; portanto, o sob DEB é maior do que o sob DBE. Mas o maior lado estende-se sob o maior ângulo; portanto, a DB é maior do que a DE. E a DB é igual à DF. Portanto, a DF é maior do que a DE, a menor, do que a maior; o que é impossível. Portanto, a reta que liga a partir do A até o B não cairá no exterior do círculo. Do mesmo modo, então, provaremos que nem sobre a própria circunferência; portanto, no interior.

Portanto, caso sobre a circunferência de um círculo sejam tomados dois pontos, encontrados ao acaso, a reta que liga os pontos cairá no interior do círculo; o que era preciso provar.

3.

Caso, em um círculo, alguma reta pelo centro corte alguma reta, não pelo centro, em duas, também a corta em ângulos retos; e, caso corte-a em ângulos retos, também a corta em duas.

Seja o círculo ABC e nele alguma reta pelo centro, a CD, corte alguma reta, não pelo centro, a AB, em duas no ponto F; digo que também a corta em ângulos retos.

Fique, pois, tomado o centro do círculo ABC, e seja o E, e fiquem ligadas as EA, EB.

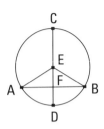

E, como a AF é igual à FB, e a FE é comum, duas [são] iguais a duas. Também a base EA é igual à base EB; portanto, o ângulo sob AFE é igual ao ângulo sob BFE. Mas, quando uma reta, tendo sido alteada sobre uma reta, faça os ângulos adjacentes iguais, cada um dos ângulos iguais é reto; portanto, cada um dos sob AFE, BFE é reto. Portanto, a CD, que é pelo centro, cortando em duas a AB, que não é pelo centro, também corta em ângulos retos.

Mas, então, a CD corte a AB em ângulos retos; digo que também a corta em duas, isto é, que a AF é igual à FB.

Tendo, pois, sido construídas as mesmas coisas, como a EA é igual à EB, também o ângulo sob EAF é igual ao sob EBF. Mas também o reto sob AFE é igual ao reto sob BFE; portanto, os EAF, EFB são dois triângulos, tendo os dois ângulos iguais a dois ângulos e um dos lados igual a um dos lados, o EF comum deles, estendendo-se sob um dos ângulos iguais; portanto, também terão os lados restantes iguais aos lados restantes; portanto, a AF é igual à FB.

Portanto, caso, em um triângulo, alguma reta pelo centro corte alguma reta em duas, não pelo centro, também a corta em ângulos retos; e, caso corte-a em ângulos retos, também a corta em duas; o que era preciso provar.

4.

Caso, em um círculo, duas retas, não sendo pelo centro, cortem-se, não se cortam em duas.

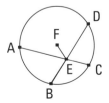

Seja o círculo ABCD, e nele as duas retas AC, BD, não sendo pelo centro, cortem-se no E; digo que não se cortam em duas.

Pois, se possível, cortem-se em duas, de modo a ser, por um lado a AE igual à EC, e, por outro lado, a BE à ED; e fique tomado o centro do círculo ABCD, e seja o F, e fique ligada a FE.

Como, de fato, alguma reta pelo centro, a FE, corta em duas alguma reta, a AC, não pelo centro, também a corta em ângulos retos; portanto, o sob FEA é reto. De novo, como alguma reta, a FE, corta em duas alguma reta, a BD, também a corta em ângulos retos; portanto, o sob FEB é reto. Mas também foi provado o sob FEA reto; portanto, o sob FEA é igual ao sob FEB, o menor, ao maior; o que é impossível. Portanto, as AC, BD não se cortam em duas.

Portanto, caso, em um círculo, duas retas, não sendo pelo centro, cortem-se, não se cortam em duas; o que era preciso provar.

5.

Caso dois círculos cortem-se, não será deles o mesmo centro.

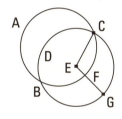

Cortem-se, pois, os dois círculos ABC, CDG nos pontos B, C; digo que não será deles o mesmo centro.

Pois, se possível, seja o E, e fique ligada a EC, e fique traçada através a EFG, ao acaso. E, como o ponto E é centro do círculo ABC, a EC é igual à EF. De novo, como o ponto E é centro do círculo CDG, a EC é igual à EG; mas também a EC foi provada igual à EF; portanto, também a EF é igual à EG, a menor, à maior; o que é impossível. Portanto, o ponto E não é o centro dos círculos ABC, CDG.

Portanto, caso dois círculos cortem-se, não é deles o mesmo centro; o que era preciso provar.

6.

Caso dois círculos tangenciem-se, não será deles o mesmo centro.

Tangenciem-se, pois, os dois círculos ABC, CDE no ponto C; digo que não será deles o mesmo centro.

Pois, se possível, seja o F, e fique ligada a FC, e fique traçada através, ao acaso, a FEB.

Como, de fato, o ponto F é centro do círculo ABC, a FC é igual à FB. De novo, como o ponto F é centro do círculo CDE, a FC é igual à FE. Mas também a FC foi provada igual à FB; portanto, também a FE é igual à FB, a menor, à maior; o que é impossível. Portanto, o ponto F não é centro dos círculos ABC, CDE.

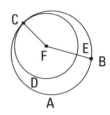

Portanto, caso dois círculos tangenciem-se, não será deles o mesmo centro; o que era preciso provar.

7.

Caso algum ponto, que não é o centro do círculo, seja tomado sobre o diâmetro de um círculo, e, a partir do ponto, algumas retas caiam sobre o círculo, por um lado, será maior aquela sobre a qual está o centro, e, por outro lado, a restante é a menor, enquanto, das outras, a mais próxima da pelo centro é sempre maior do que a mais afastada, e, a partir do ponto, somente duas iguais cairão sobre o círculo, cada uma sobre um lado da menor.

Seja o círculo ABCD, e seja a AD um diâmetro dele, e sobre a AD fique tomado algum ponto, o F, que não é centro do círculo, e seja centro do círculo o E, e, a partir do F, caiam sobre o círculo ABCD algumas retas, as FB, FC, FG; digo que, por um lado, a maior é a FA, e, por outro lado, a FD é a menor, enquanto, das outras, por um lado, a FB é maior do que a FC, e, por outro lado, a FC, do que a FG.

Fiquem, pois, ligadas as BE, CE, GE. E, como os dois lados de todo triângulo são maiores do que o restante, portanto, as EB, EF são maiores do que a BF. Mas a AE é igual à BE [portanto, as BE, EF são iguais à AF]; portanto, a AF é maior do que a BF. De novo, como a BE é igual à CE, e a FE é comum, então as duas BE, EF são iguais às duas CE, EF. Mas também o ângulo sob BEF é maior do que o ângulo sob CEF; portanto, a base BF é maior do que a base CF. Pelas mesmas coisas, então, também a CF é maior do que a FG.

De novo, como as GF, FE são maiores do que a EG, e a EG é igual à ED, portanto, as GF, FE são maiores do que a ED. Fique subtraída a EF comum; portanto, a restante GF é maior do que a restante FD. Portanto, por um lado, a maior é a FA, e, por outro lado, a FD é a menor, enquanto, por um lado, a FB é maior do que a FC, e, por outro lado, a FC, do que a FG.

Digo que também, a partir do ponto F, somente duas iguais cairão sobre o círculo ABCD, cada uma sobre um lado da menor FD. Fique, pois, construído, sobre a reta EF e no ponto E sobre ela, o sob FEH igual ao ângulo sob GEF, e fique ligada a FH. Como, de fato, a GE é igual à EH, e a EF é comum, então as duas GE, EF são iguais às duas HE, EF; também o ângulo sob GEF é igual ao ângulo sob HEF; portanto, a base FG é igual à base FH. Digo, então, que uma outra igual à FG não cairá sobre o círculo, a partir do ponto F. Pois, se possível, caia a FK. E, como a FK é igual à FG, mas a FH [é igual] à FG, portanto, também a FK é igual à FH, a mais próxima da pelo centro igual à mais afastada; o que é impossível. Portanto, a partir do ponto F, nenhuma outra igual à GF cairá sobre o círculo; portanto, somente uma.

Portanto, caso algum ponto, que não é o centro, seja tomado sobre o diâmetro de um círculo, e, a partir do ponto, algumas retas caiam sobre o círculo, por um lado, será maior aquela sobre a qual está o centro, e, por outro lado, a restante é a menor, enquanto, das outras, a mais próxima da pelo centro é sempre maior do que a mais afastada, e, a partir do ponto, somente duas iguais cairão sobre o círculo, cada uma sobre um lado da menor; o que era preciso provar.

8.

Caso algum ponto seja tomado no exterior de um círculo, e, a partir do ponto, algumas retas sejam traçadas através sobre o círculo, das quais, por um lado, uma pelo centro, e, por outro lado, as restantes, ao acaso, por um lado, das retas que caem sobre a circunferência côncava, a maior é a pelo centro, enquanto, das outras, a mais próxima da pelo centro é sempre maior do que a mais afastada, e, por outro lado, das retas que caem sobre a circunferência convexa, a menor é a entre o ponto e também o diâmetro, enquanto, das outras, a mais próxima da menor é sempre menor do que a mais afastada, e, a partir do ponto, somente duas iguais cairão sobre o círculo, cada uma sobre um lado da menor.

Seja o círculo ABC, e fique tomado algum ponto no exterior do ABC, o D, e, a partir dele, fiquem traçadas através algumas retas, as DA, DE, DF, DC, e seja a DA pelo centro. Digo que, por um lado, das retas que caem sobre a circunferência côncava AEFC, a maior é a DA pelo centro, enquanto a DE é maior do que a DF, e a DF, do que a DC, e, por outro lado, das retas que caem sobre a circunferência convexa HLKG, a menor é a DG, a entre o ponto e o diâmetro AG, enquanto a mais próxima da menor DG é sempre menor do que a mais afastada, por um lado, a DK, do que a DL, e, por outro lado, a DL, do que a DH.

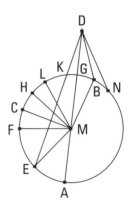

Fique, pois, tomado o centro do círculo ABC, e seja o M; e fiquem ligadas as ME, MF, MC, MK, ML, MH.

E, como a AM é igual à EM, fique adicionada a MD comum; portanto, a AD é igual às EM, MD. Mas as EM, MD são maiores do que a ED; portanto, também a AD é maior do que a ED. De novo, como a ME é igual à MF, e a MD é comum, portanto, as EM, MD são iguais às FM, MD; e o ângulo sob EMD é maior do que o ângulo sob FMD. Portanto, a base ED é maior do que a base FD. Do mesmo modo, então, provaremos que também a FD é maior do que a CD; portanto, por um lado, a DA é a maior, e, por outro lado, a DE é maior do que a DF, enquanto a DF, do que a DC.

E, como as MK, KD são maiores do que a MD, e a MG é igual à MK, portanto, a restante KD é maior do que a restante GD; desse modo, a GD é menor do que a KD; e, como sobre um dos lados, o MD, do triângulo MLD, as duas retas interiores MK, KD foram construídas, portanto, as MK, KD são menores do que as ML, LD; mas a MK é igual à ML; portanto, a restante DK é menor do que a restante DL. Do mesmo modo, então, provaremos que também a DL é menor do que a DH; portanto, por um lado, a DG é a menor, e por outro lado, a DK é menor do que a DL, enquanto a DL, do que a DH.

Digo que também somente duas iguais, a partir do ponto D, cairão sobre o círculo, cada uma sobre um lado da menor DG; fique construído, sobre a reta MD e no ponto M sobre ela, o ângulo sob DMB igual ao ângulo sob KMD, e fique ligada a DB. E, como a MK é igual à MB, e a MD é comum, então as duas KM, MD são iguais às duas BM, MD, cada uma a cada uma. E o ângulo sob KMD é igual ao ângulo sob BMD; portanto, a base DK é igual à base DB. Digo, [então], que uma outra igual à reta DK não cairá sobre o círculo, a partir do ponto D. Pois, se possível, caia e seja a DN. Como, de fato, a DK é igual à DN, mas a DK é igual à DB, portanto, também a DB é igual à DN, a mais próxima da menor DG [é] igual à mais afastada; o que foi provado impossível. Portanto, não mais do que duas iguais cairão sobre o círculo ABC, a partir do ponto D, cada uma sobre um lado da menor DG.

Portanto, caso algum ponto seja tomado no exterior de um círculo, e, a partir do ponto algumas retas sejam traçadas através sobre o círculo, das quais, por um lado, uma pelo centro, e, por outro lado, as restantes, ao acaso, por um lado, das retas que caem sobre a circunferência côncava, a maior é a pelo centro, enquanto, das outras, a mais próxima da pelo centro é sempre maior do que a mais afastada, e, por outro lado, das retas que caem sobre a circunferência convexa, a menor é a entre o ponto e também o diâmetro, enquanto, das outras, a maior próxima da menor é sempre menor do que a mais afastada, e, a partir do ponto, somente duas iguais cairão sobre o círculo, cada uma sobre um lado da menor; o que era preciso provar.

9.

Caso algum ponto seja tomado no interior de um círculo, e, a partir do ponto, mais do que duas retas iguais caiam sobre o círculo, o ponto tomado é centro do círculo.

Sejam o círculo ABC e o ponto D no interior dele, e, a partir do D, caiam sobre o círculo ABC mais do que duas retas iguais, as DA, DB, DC; digo que o ponto D é centro do círculo ABC.

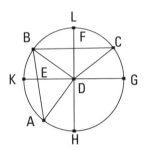

Fiquem, pois, ligadas as AB, BC e fiquem cortadas em duas nos pontos E, F, e, tendo sido ligadas as ED, FD, fiquem traçadas através até os pontos G, K, H, L.

Como, de fato, a AE é igual à EB, e a ED é comum, então as duas AE, ED são iguais às duas BE, ED; e a base DA é igual à base DB; portanto, o ângulo sob AED é igual ao ângulo sob BED; portanto, cada um dos ângulos sob AED, BED é reto; portanto, a GK corta a AB em duas e em ângulos retos. E como, caso em um círculo, alguma reta corte alguma reta em duas e em ângulos retos, o centro do círculo está sobre a que corta, portanto, o centro do círculo está sobre a GK. Pelas mesmas coisas, então, também o centro do círculo ABC está sobre a HL. E as retas GK, HL não têm nenhum outro comum que o ponto D; portanto, o ponto D é centro do círculo ABC.

Portanto, caso algum ponto seja tomado no interior de um círculo, e, a partir do ponto, mais do que duas retas iguais caiam sobre o círculo, o ponto tomado é centro do círculo; o que era preciso provar.

10.

Um círculo não corta um círculo em mais do que dois pontos.

Pois, se possível, o círculo ABC corte o círculo DEF em mais do que dois pontos, os B, G, F, H, e, tendo sido ligadas as BH, BG, fiquem cortadas em duas nos pontos K, L; e, a partir dos K, L, tendo sido traçadas as KC,

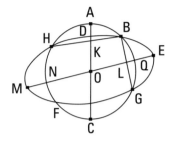

LM em ângulos retos com as BH, BG, fiquem traçadas através até os pontos A, E.

Como, de fato, no círculo ABC alguma reta, a AC, corta alguma reta, a BH, em duas e em ângulos retos, portanto, o centro do círculo ABC está sobre a AC. De novo, como no mesmo círculo ABC alguma reta, a NQ, corta alguma reta, a BG, em duas e em ângulos retos, portanto, o centro do círculo ABC está sobre a NQ. Mas foi provado também sobre a AC, e em nenhum se encontram as retas AC, NQ que o O; portanto, o ponto O é centro do círculo ABC. Do mesmo modo, então, provaremos que também o O é centro do círculo DEF; portanto, o mesmo O é centro dos dois círculos que se cortam ABC, DEF; o que é impossível.

Portanto, um círculo não corta um círculo em mais do que dois pontos; o que era preciso provar.

11.

Caso dois círculos tangenciem-se interiormente, e sejam tomados os centros deles, a reta que liga os centros deles, sendo também prolongada, cairá sobre a junção dos círculos.

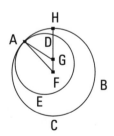

Tangenciem-se, pois, os dois círculos ABC, ADE interiormente no ponto A, e fiquem tomados, por um lado, o centro F do círculo ABC, e, por outro lado, o centro G do ADE; digo que a reta que liga do G até o F, sendo prolongada, cairá sobre o A.

Pois não, mas, se possível, caia como a FGH, e fiquem ligadas as AF, AG.

Como, de fato, as AG, GF são maiores do que a FA, isto é, do que a FH, fique subtraída a FG comum; portanto, a restante AG é maior do que a restante GH. Mas a AG é igual à GD. Portanto, também a GD é maior do que a GH, a menor, do que a maior; o que é impossível; portanto, a reta que liga do F até o G não cairá no exterior; portanto, cairá sobre a junção, no A.

Portanto, caso dois círculos tangenciem-se interiormente [e sejam tomados os centros deles], a reta que liga os centros deles [sendo também prolongada] cairá sobre a junção dos círculos; o que era preciso provar.

12.

Caso dois círculos tangenciem-se exteriormente, a que liga os centros deles passará pelo ponto de contato.

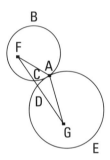

Tangenciem-se, pois, os dois círculos ABC, ADE exteriormente no ponto A, e fiquem tomados, por um lado, o centro F do ABC, e, por outro lado, o G do ADE; digo que a reta que liga do F até o G passará pelo ponto de contato, no A.

Pois não, mas, se possível, passe como a FCDG, e fiquem ligadas as AF, AG.

Como, de fato, o ponto F é centro do círculo ABC, a FA é igual à FC. De novo, como o ponto G é centro do círculo ADE, a GA é igual à GD. Mas também a FA foi provada igual à FC; portanto, as FA, AG são iguais às FC, GD; desse modo, a FG toda é maior do que as FA, AG. Mas é também menor; o que é impossível. Portanto, não é o caso de a reta que liga do F até o G não passar pelo ponto de contato, no A; portanto, por ele.

Portanto, caso dois círculos tangenciem-se exteriormente, a [reta] que liga os centros deles passará pelo ponto de contato; o que era preciso provar.

13.

Um círculo não tangencia um círculo em mais pontos do que em um, caso tangencie interiormente caso exteriormente.

Pois, se possível, o círculo ABCD tangencie o círculo EBFD, primeiro interiormente em mais pontos, os B, D, do que em um.

E, fique tomado, por um lado, o centro G do círculo ABCD, e, por outro lado, o H do EBFD.

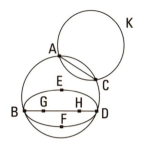

Portanto, a que liga do G até o H cairá sobre os B, D. Caia como a BGHD. E, como o ponto G é centro do círculo ABCD, a BG é igual à GD; portanto, a BG é maior do que a HD; portanto, a BH é, por muito, maior do que a HD. De novo, como o ponto H é centro do círculo EBFD, a BH é igual à HD; mas também foi provada maior, por muito, do que ela; o que é impossível; portanto, um círculo não tangencia um círculo interiormente em mais pontos do que em um.

Digo que nem exteriormente.

Pois, se possível, o círculo ACK tangencie exteriormente o círculo ABCD em mais pontos, os A, C, do que em um, e fique ligada a AC.

Como, de fato, foram tomados os dois pontos A, C, encontrados ao acaso, sobre a circunferência de cada um dos círculos ABCD, ACK, a reta que liga os pontos cairá no interior de cada um; mas caiu, por um lado, no interior do ABCD, e, por outro lado, no exterior do ACK; o que é absurdo; portanto, um círculo não tangencia exteriormente um círculo em mais pontos do que em um. Mas foi provado que nem interiormente.

Portanto, um círculo não tangencia um círculo em mais pontos do que em um, caso tangencie interiormente caso exteriormente; o que era preciso provar.

14.

Em um círculo, as retas iguais afastam-se igualmente do centro, e as que se afastam igualmente do centro são iguais entre si.

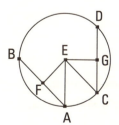

Seja o círculo ABCD, e sejam, nele, as retas AB, CD iguais; digo que as AB, CD estão igualmente afastadas do centro.

Fique, pois, tomado o centro do círculo ABCD, e seja o E, e, a partir do E, fiquem traçadas as perpendiculares EF, EG às AB, CD, e fiquem ligadas as AE, EC.

Como, de fato, alguma reta, a EF, pelo centro, corta alguma reta, não pelo centro, a AB, em ângulos retos, também a corta em duas. Portanto, a

163

AF é igual à FB; portanto, a AB é o dobro da AF. Pelas mesmas coisas, então, também a CD é o dobro da CG; e a AB é igual à CD; portanto, também a AF é igual à CG. E, como a AE é igual à EC, também o sobre a AE é igual ao sobre a EC. Mas, por um lado, os sobre as AF, EF são iguais ao sobre a AE; pois o ângulo junto ao F é reto; e, por outro lado, os sobre as EG, GC são iguais ao sobre EC; pois o ângulo junto ao G é reto; portanto, os sobre as AF, FE são iguais aos sobre as CG, GE, dos quais o sobre a AF é igual ao sobre a CG; pois a AF é igual à CG; portanto, o sobre a FE restante é igual ao sobre a EG; portanto, a EF é igual à EG. Mas, em um círculo, retas são ditas afastarem-se igualmente do centro quando as perpendiculares a elas, traçadas a partir do centro, sejam iguais; portanto, as AB, CD afastam-se igualmente do centro.

Mas, então, as retas AB, CD afastem-se igualmente do centro, isto é, seja a EF igual à EG; digo que a AB é igual à CD.

Tendo, pois, sido construídas as mesmas coisas, do mesmo modo provaremos que, por um lado, a AB é o dobro da AF, e, por outro lado, a CD, da CG; e, como a AE é igual à CE, o sobre a AE é igual ao sobre a CE; mas, por um lado, os sobre as EF, FA são iguais ao sobre a AE, e, por outro lado, os sobre as EG, GC são iguais ao sobre a CE. Portanto, os sobre as EF, FA são iguais aos sobre as EG, GC; dos quais o sobre a EF é igual ao sobre a EG; pois, a EF é igual à EG; portanto, o sobre a AF restante é igual ao sobre a CG; portanto, a AF é igual à CG; e, por um lado, a AB é o dobro da AF, e, por outro lado, a CD é o dobro da CG; portanto, a AB é igual à CD.

Portanto, em um círculo, as retas iguais afastam-se igualmente do centro, e as que se afastam igualmente do centro são iguais entre si; o que era preciso provar.

15.

Em um círculo, por um lado, o diâmetro é a maior, e, por outro lado, das outras, sempre a mais próxima do centro é maior do que a mais afastada.

Seja o círculo ABCD, e sejam o diâmetro AD dele, e o centro E, e sejam, por um lado, a BC mais próxima do diâmetro AD, e, por outro lado, a FG,

mais afastada; digo que, por um lado, a AD é a maior, e, por outro lado, a BC é maior do que a FG.

Fiquem, pois, traçadas, a partir do centro E, as perpendiculares EH, EK às BC, FG. E, como, por um lado, a BC é mais próxima do centro, e, por outro lado, a FG, mais afastada, portanto, a EK é maior do que a EH. Fique posta a EL igual à EH, e, pelo L, tendo sido traçada a LM em ângulos retos com a EK, fique traçada através até o N, e fiquem ligadas as ME, EN, FE, EG.

E, como a EH é igual á EL, também a BC é igual à MN. De novo, como, por um lado, a AE é igual à EM, e, por outro lado, a ED, à EN, portanto, a AD é igual às ME, EN. Mas, por um lado, as ME, EN são maiores do que a MN [e a AD é maior do que a MN], e, por outro lado, a MN é igual à BC; portanto, a AD é maior do que a BC. E, como as duas ME, EN são iguais às duas FE, EG, e o ângulo sob MEN [é] maior do que o ângulo sob FEG, portanto, a base MN é maior do que a base FG. Mas a MN foi provada igual à BC [e a BC é maior do que a FG]. Portanto, por um lado, o diâmetro AD é a maior, e, por outro lado, a BC é maior do que a FG.

Portanto, em um círculo, por um lado, o diâmetro é a maior, e, por outro lado, das outras, a mais próxima do centro é sempre maior do que a mais afastada; o que era preciso provar.

16.

A traçada em ângulos retos com o diâmetro de um círculo, a partir de uma extremidade, cairá no exterior do círculo, e uma outra reta não se intercalará no lugar entre tanto a reta quanto a circunferência, e, por um lado, o ângulo do semicírculo é maior do que todo ângulo retilíneo agudo, e, por outro lado, o restante é menor.

Sejam o círculo ABC à volta do centro D e o diâmetro AB; digo que a traçada em ângulos retos com a AB, a partir da extremidade A, cairá no exterior do círculo.

Pois não, mas, se possível caia no interior como a CA, e fique ligada a DC.

Como a DA é igual à DC, também o ângulo sob DAC é igual ao ângulo sob ACD. Mas o sob DAC é reto; portanto, também o sob ACD é reto; então, os dois ângulos sob DAC, ACD do triângulo ACD são iguais a dois retos; o que é impossível. Portanto, a traçada em ângulos retos com a BA,

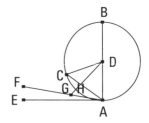

a partir do ponto A, não cairá no interior do círculo. Do mesmo modo, então, provaremos que nem sobre a circunferência; portanto, no exterior.

Caia como a AE; digo que uma outra reta não se intercalará no lugar entre tanto a reta AE quanto a circunferência CHA.

Pois, se possível, intercale-se como a FA, e fique traçada, a partir do ponto D, a perpendicular DG à FA. E, como o sob AGD é reto, e o sob DAG é menor do que um reto, portanto, a AD é maior do que a DG. Mas a DA é igual à DH; portanto, a DH é maior do que a DG, a menor, do que a maior; o que é impossível. Portanto, uma outra reta não se intercalará no lugar entre tanto a reta quanto a circunferência.

Digo que também, por um lado, o ângulo do semicírculo, o contido tanto pela reta BA quanto pela circunferência CHA, é maior do que todo ângulo retilíneo agudo, e, por outro lado, o restante, o contido tanto pela circunferência CHA quanto pela reta AE, é menor do que todo ângulo retilíneo agudo.

Pois, se algum ângulo retilíneo é, por um lado, maior do que o contido tanto pela reta BA quanto pela circunferência CHA, e, por outro lado, menor do que o contido tanto pela circunferência CHA quanto pela reta AE, uma reta intercalar-se-á no lugar entre tanto a circunferência CHA quanto a reta AE, aquela que fará um contido pelas retas, por um lado, maior do que o contido tanto pela reta BA quanto pela circunferência CHA, e, por outro lado, menor do que o contido tanto pela circunferência CHA quanto pela reta AE. E não se intercala. Portanto, um agudo contido pelas retas não será maior do que o ângulo contido tanto pela reta BA quanto pela circunferência CHA, nem, por certo, menor do que o contido tanto pela circunferência CHA quanto pela reta AE.

Corolário

Disso, então, é evidente que a traçada em ângulos retos com o diâmetro, a partir de uma extremidade, é tangente ao círculo [e que uma reta é tangente a um círculo em somente um ponto, visto que também a que o encontra em dois foi provada cair no interior dele]. O que era preciso provar.

17.

A partir do ponto dado, traçar uma linha reta tangente ao círculo dado.

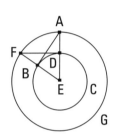

Sejam, por um lado, o ponto dado A, e, por outro lado, o círculo dado BCD; é preciso, então, a partir do ponto A, traçar uma linha reta tangente ao círculo BCD.

Fique, pois, tomado o centro E do círculo, e fique ligada a AE, e, por um lado, com o centro E, e, por outro lado, com a distância EA, fique descrito o círculo AFG, e, a partir do D, fique traçada a DF em ângulos retos com a EA, e fiquem ligadas as EF, AB; digo que, a partir do ponto A, foi traçada a tangente AB ao círculo BCD.

Pois, como o E é centro dos círculos BCD, AFG, portanto, por um lado, a EA é igual à EF, e, por outro lado, a ED, à EB; então as duas AE, EB são iguais às duas FE, ED; e contêm o ângulo comum junto ao E; portanto, a base DF é igual à base AB, e o triângulo DEF é igual ao triângulo EBA, e os ângulos restantes, aos ângulos restantes; portanto, o sob EDF é igual ao sob EBA. Mas o sob EDF é reto; portanto, também o sob EBA é reto. E a EB é raio; mas a traçada em ângulos retos com o diâmetro do círculo, a partir de uma extremidade, é tangente ao círculo; portanto, a AB é tangente ao círculo BCD.

Portanto, a partir do ponto dado A, foi traçada a linha reta AB tangente ao círculo dado BCD; o que era preciso fazer.

18.

Caso alguma reta seja tangente a um círculo, e, a partir do centro até a junção, seja ligada alguma reta, a que foi ligada será perpendicular à tangente.

Tangencie, pois, alguma reta, a DE, o círculo ABC no ponto C, e fique tomado o centro F do círculo ABC, e, a partir do F até o C, fique ligada a FC; digo que a FC é perpendicular à DE.

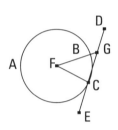

Pois, se não, fique traçada, a partir do F, a FG perpendicular à DE. Como, de fato, o ângulo sob FGC é reto, portanto, o sob FCG é agudo; mas o maior lado estende-se sob o maior ângulo; portanto, a FC é maior do que a FG; mas a FC é igual à FB; portanto, também a FB é maior do que a FG, a menor, do que a maior; o que é impossível; portanto, a FG não é perpendicular à DE. Do mesmo modo, então, provaremos que nenhuma outra, exceto a FC; portanto, a FC é perpendicular à DE.

Portanto, caso alguma reta seja tangente a um círculo, e, a partir do centro até a junção, seja ligada alguma reta, a que foi ligada será perpendicular à tangente; o que era preciso provar.

19.

Caso alguma reta seja tangente a um círculo, e, a partir da junção, seja traçada uma linha reta em [ângulos] retos com a tangente, o centro do círculo estará sobre a que foi traçada.

Tangencie, pois, alguma reta, a DE, o círculo ABC no ponto C, e, a partir do C, fique traçada a CA em ângulos retos com a DE; digo que o centro do círculo está sobre a AC.

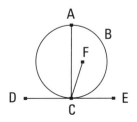

Pois não, mas, se possível, seja o F, e fique ligada a CF.

Como, [de fato], alguma reta, a DE, é tangente ao círculo ABC, e, a partir do centro até a junção, foi ligada a FC, portanto, a FC é perpendicular à DE; portanto, o sob FCE é reto. Mas também o sob ACE é reto; portanto, o sob FCE é igual ao sob ACE, o menor, ao maior; o que é impossível. Portanto, o F não é centro do círculo ABC. Do mesmo modo, então, provaremos que nenhum outro, exceto sobre a AC.

Portanto, caso alguma reta seja tangente a um círculo, e, a partir da junção, seja traçada uma linha reta em ângulos retos com a tangente, o centro do círculo estará sobre a que foi traçada; o que era preciso provar.

20.

Em um círculo, o ângulo junto ao centro é o dobro do sobre a circunferência, quando os ângulos tenham a mesma circunferência como base.

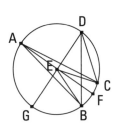

Seja o círculo ABC, e sejam, por um lado, o sob BEC um ângulo junto ao centro dele, e, por outro lado, o sob BAC um sobre a circunferência, e tenham a mesma circunferência BC como base; digo que o ângulo sob BEC é o dobro do sob BAC.

Pois, tendo sido ligada a AE, fique traçada através até o F.

Como, de fato, a EA é igual à EB, também o ângulo sob EAB é igual ao sob EBA; portanto, os ângulos sob EAB, EBA são o dobro do sob EAB. Mas o sob BEF é igual aos sob EAB, EBA; portanto, também o sob BEF é o dobro do sob EAB. Pelas mesmas coisas, então, também o sob FEC é o dobro do sob EAC. Portanto, o sob BEC todo é o dobro do sob BAC todo.

Fique, então, inflectida de novo, e seja o sob BDC um outro ângulo, e, tendo sido ligada a DE, fique prolongada até o G. Do mesmo modo, então, provaremos que o ângulo sob GEC é o dobro do sob EDC, dos quais o sob GEB é o dobro do sob EDB; portanto, o sob BEC restante é o dobro do sob BDC.

Portanto, em um círculo, o ângulo junto ao centro é o dobro do sobre a circunferência, quando [os ângulos] tenham a mesma circunferência como base; o que era preciso provar.

21.

Em um círculo, os ângulos no mesmo segmento são iguais entre si.

Seja o círculo ABCD, e sejam os sob BAD, BED ângulos no mesmo segmento BAED; digo que os ângulos sob BAD, BED são iguais entre si.

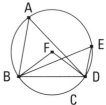

Fique, pois, tomado o centro do círculo ABCD, e seja o F, e fiquem ligadas as BF, FD.

E como, por um lado, o ângulo sob BFD é um junto ao centro, e, por outro lado, o sob BAD, um sobre a circunferência, e têm a mesma circunferência BCD como base, portanto, o ângulo sob BFD é o dobro do sob BAD. Pelas mesmas coisas, então, o sob BFD também é o dobro do sob BED; portanto, o sob BAD é igual ao sob BED.

Portanto, em um círculo, os ângulos no mesmo segmento são iguais entre si; o que era preciso provar.

22.

Dos quadriláteros nos círculos, os ângulos opostos são iguais a dois retos.

Seja o círculo ABCD, e nele esteja o quadrilátero ABCD; digo que os ângulos opostos são iguais a dois retos.

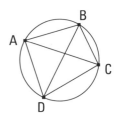

Fiquem ligadas as AC, BD.

Como, de fato, os três ângulos de todo triângulo são iguais a dois retos, portanto, os três ângulos sob CAB, ABC, BCA do triângulo ABC são iguais a dois retos. Mas, por um lado, o sob CAB é igual ao sob BDC; pois, estão no mesmo segmento BADC; e, por outro lado, o sob ACB, ao sob ADB; pois, estão no mesmo segmento ADCB; portanto, o sob ADC todo é igual aos sob BAC, ACB. Fique adicionado o sob ABC comum; portanto, os sob ABC, BAC, ACB são iguais aos sob ABC, ADC. Mas os sob ABC, BAC, ACB são iguais a dois retos. Portanto, também os sob ABC, ADC são iguais a dois retos. Do mesmo modo, então, provaremos que também os ângulos sob BAD, DCB são iguais a dois retos.

Portanto, dos quadriláteros nos círculos, os ângulos opostos são iguais a dois retos; o que era preciso provar.

23.

Sobre a mesma reta, dois segmentos semelhantes e desiguais de círculos não serão construídos no mesmo lado.

Pois, se possível, fiquem construídos, sobre a mesma reta AB, os dois segmentos de círculos semelhantes e desiguais ACB, ADB, no mesmo lado, e fique traçada através a ACD, e fiquem ligadas as CB, DB.

Como, de fato, o segmento ACB é semelhante ao segmento ADB, e segmentos semelhantes de círculos são os que admitem ângulos iguais, portanto, o ângulo sob ACB é igual ao sob ADB, o exterior, ao interior; o que é impossível.

Portanto, sobre a mesma reta, dois segmentos semelhantes e desiguais de círculos não serão construídos no mesmo lado; o que era preciso provar.

24.

Os segmentos semelhantes de círculos sobre retas iguais são iguais entre si.

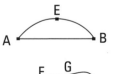

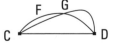

Sejam, pois, os segmentos semelhantes de círculos AEB, CFD sobre as retas iguais AB, CD; digo que o segmento AEB é igual ao segmento CFD.

Pois, sendo ajustado o segmento AEB sobre o CFD e sendo posto, por um lado, o ponto A sobre o C, e, por outro lado, a reta AB sobre a CD, também o ponto B se ajustará sobre o ponto D, por ser a AB igual à CD; mas a AB ajustando-se sobre a CD, também o segmento AEB se ajustará sobre o CFD. Pois, se a reta AB se ajustar sobre a CD, mas o segmento AEB não se ajustar sobre o CFD, ou cairá no interior dele ou no exterior ou se afastará como o CGD, e um círculo corta um círculo em mais pontos do que dois; o que é impossível. Portanto, não é o caso de, sendo ajustada a reta AB sobre a CD, não se ajustar também o segmento AEB sobre o CFD; portanto, ajustar-se-á, e será igual a ele.

Portanto, os segmentos semelhantes de círculos sobre retas iguais são iguais entre si; o que era preciso provar.

25.

Tendo sido dado um segmento de um círculo, descrever completamente o círculo do qual é um segmento.

Seja o segmento dado ABC de um círculo; é preciso, então, descrever completamente o círculo do segmento ABC do qual é um segmento.

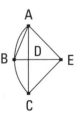

Fique, pois, cortada a AC em duas no D, e fique traçada, a partir do ponto D, a DB em ângulos retos com a AC, e fique ligada a AB; portanto, o ângulo sob ABD ou é maior do que o sob BAD ou igual ou menor.

Seja, primeiramente, maior e fique construído, sobre a reta BA e no ponto A sobre ela, o sob BAE igual ao ângulo sob ABD, e fique traçada através a DB até o E, e fique ligada a EC. Como, de fato, o ângulo sob ABE é igual ao sob BAE, portanto, também a reta EB é igual à EA. E, como a AD é igual à DC, e a DE é comum, então as duas AD, DE são iguais às duas CD, DE, cada uma a cada uma; e o ângulo sob ADE é igual ao ângulo sob CDE; pois, cada um é reto; portanto, a base AE é igual à base CE. Mas a AE foi provada igual à BE. Portanto, também a BE é igual à CE; portanto, as três AE, EB, EC são iguais entre si; portanto, o círculo descrito com o centro E e distância uma das AE, EB, EC passará também pelos pontos restantes e es-

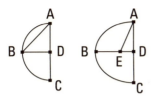

tará descrito completamente. Portanto, o círculo de um segmento dado de um círculo foi descrito completamente. E é claro que o segmento ABC é menor do que um semicírculo pelo encontrar-se o centro E no exterior dele.

[E] do mesmo modo, se o ângulo sob ABD seja igual ao sob BAD, a AD tornando-se igual a cada uma das BD, DC, as três DA, DB, DC serão iguais entre si, e o D será centro do círculo descrito completamente, e claramente, o ABC será um semicírculo.

Mas, caso o sob ABD seja menor do que o sob BAD, e construamos, sobre a reta BA e no ponto A sobre ela, um igual ao ângulo sob ABD, o centro cairá no interior do segmento ABC, sobre a DB, e o segmento ABC será, claramente, maior do que um semicírculo.

Portanto, o círculo de um segmento dado de círculo foi descrito completamente; o que era preciso fazer.

26.

Nos círculos iguais, os ângulos iguais situam-se sobre circunferências iguais, tanto caso estejam situados junto aos centros quanto caso, sobre as circunferências.

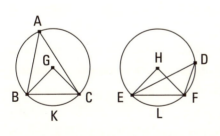

Sejam os círculos iguais ABC, DEF e, neles, sejam os ângulos iguais, por um lado, os sob BGC, EHF junto aos centros, e, por outro lado, os sob BAC, EDF sobre as circunferências; digo que a circunferência BKC é igual à circunferência ELF.

Fiquem, pois, ligadas as BC, EF.

E, como os círculos ABC, DEF são iguais, os raios são iguais; então, as duas BG, GC são iguais às duas EH, HF; e o ângulo junto ao G é igual ao junto ao H; portanto, a base BC é igual à base EF. E, como o ângulo junto ao A é igual ao junto ao D, portanto, o segmento BAC é semelhante ao segmento EDF; e estão sobre retas iguais [as BC, EF]; mas os segmentos semelhantes de círculos sobre retas iguais são iguais entre si; portanto, o segmento BAC é igual ao EDF. Mas também o círculo ABC todo é igual ao círculo DEF todo; portanto, a circunferência restante BKC é igual à circunferência ELF.

Portanto, nos círculos iguais, os ângulos iguais situam-se sobre circunferências iguais, tanto caso estejam situados junto aos centros quanto caso, sobre as circunferências; o que era preciso provar.

27.

Nos círculos iguais, os ângulos situados sobre circunferências iguais são iguais entre si, tanto caso estejam situados junto aos centros quanto caso, sobre as circunferências.

Pois, nos círculos iguais ABC, DEF, sobre as circunferências iguais BC, EF, fiquem situados, por um lado, os ângulos sob BGC, EHF junto aos centros G, H, e, por outro lado, os sob BAC, EDF sobre as circunferências; digo que, por um lado, o ângulo sob BGC é igual ao sob EHF, e, por outro lado, o sob BAC é igual ao sob EDF.

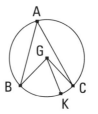 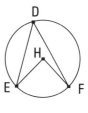

Pois, se o sob BGC é desigual ao sob EHF, um deles é maior. Seja maior o sob BGC, e fique construído, sobre a reta BG e no ponto G sobre ela, o sob BGK igual ao ângulo sob EHF; mas os ângulos iguais situam-se sobre circunferências iguais, quando sejam junto aos centros; portanto, a circunferência BK é igual à circunferência EF. Mas a EF é igual à BC; portanto, também a BK é igual à BC, a menor, à maior; o que é impossível. Portanto, o ângulo sob BGC não é desigual ao sob EHF; portanto, é igual. E, por um lado, o junto ao A é metade do sob BGC, e, por outro lado, o junto ao D é metade do sob EHF; portanto, também o ângulo junto ao A é igual ao junto ao D.

Portanto, nos círculos iguais, os ângulos situados sobre circunferências iguais são iguais entre si, tanto caso estejam situados junto aos centros quanto caso, sobre as circunferências; o que era preciso provar.

28.

Nos círculos iguais, as retas iguais cortam circunferências iguais, por um lado, a maior, à maior, e, por outro lado, a menor, à menor.

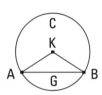 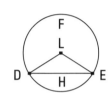

Sejam os círculos iguais ABC, DEF, e, neles, sejam as retas iguais AB, DE cortando, por um lado, as circunferências maiores ACB, DFE, e, por outro lado, as menores AGB, DHE; digo que, por um lado, a circunferência maior ACB é igual à circunferência maior DFE, e, por outro lado, a circunferência menor AGB, à DHE.

Fiquem, pois, tomados os centros K, L dos círculos, e fiquem ligadas as AK, KB, DL, LE.

E, como os círculos são iguais, também os raios são iguais; então, as duas AK, KB são iguais às duas DL, LE; e a base AB é igual à base DE; portanto, o ângulo sob AKB é igual ao ângulo sob DLE. Mas os ângulos iguais situam-se sobre circunferências iguais, quando sejam junto aos centros; portanto, a circunferência AGB é igual à DHE. Mas também o círculo ABC todo é igual ao círculo DEF todo; portanto, também a circunferência restante ACB é igual à circunferência restante DFE.

Portanto, nos círculos iguais, as retas iguais cortam circunferências iguais, por um lado, a maior, à maior, e, por outro lado, a menor, à menor; o que era preciso provar.

29.

Nos círculos iguais, retas iguais subtendem circunferências iguais.

Sejam os círculos iguais ABC, DEF e, neles, fiquem cortadas as circunferências BGC, EHF iguais, e fiquem ligadas as retas BC, EF; digo que a BC é igual à EF.

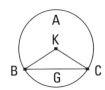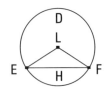

Fiquem, pois, tomados os centros dos círculos, e sejam os K, L, e fiquem ligadas as BK, KC, EL, LF.

E, como a circunferência BGC é igual à circunferência EHF, também o ângulo sob BKC é igual ao sob ELF. E, como os círculos ABC, DEF são iguais, também os raios são iguais; então, as duas EK, KC são iguais às duas EL, LF; e contêm ângulos iguais; portanto, a base BC é igual à base EF.

Portanto, nos círculos iguais, retas iguais subtendem circunferências iguais; o que era preciso provar.

30.

Cortar a circunferência dada em duas.

Seja a circunferência dada ADB; é preciso, então, cortar a circunferência ADB em duas.

Fique ligada a AB, e fique cortada em duas no C, e, a partir do ponto C, fique traçada a CD em ângulos retos com a AB, e fiquem ligadas as AD, DB.

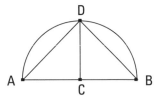

E, como a AC é igual à CB, e a CD é comum, então, as duas AC, CD são iguais às duas BC, CD; e o ângulo sob ACD é igual ao ângulo sob BCD; pois, cada um é reto; portanto, a base AD é igual à base DB. Mas as retas iguais cortam circunferências iguais, por um lado, a maior, à maior, e, por outro lado, a menor, à menor; e cada uma das circunferências AD, DB é menor do que um semicírculo; portanto, a circunferência AD é igual à circunferência DB.

Portanto, a circunferência dada foi cortada em duas no ponto D; o que era preciso fazer.

31.

Em um círculo, por um lado, o ângulo no semicírculo é reto, e, por outro lado, o no segmento maior é menor do que um reto, enquanto o no segmento menor é maior do que um reto; e, ainda, por um lado, o ângulo do segmento maior é maior do que um reto, e, por outro lado, o ângulo do segmento menor é menor do que um reto.

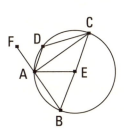

Seja o círculo ABCD, e sejam a BC um diâmetro dele e o E centro, e fiquem ligadas as BA, AC, AD, DC; digo que, por um lado, o ângulo sob BAC no semicírculo BAC é reto, e, por outro lado, o ângulo sob ABC, no segmento ABC maior do que o semicírculo, é menor do que um reto, enquanto o ângulo sob ADC, no segmento ADC menor do que o semicírculo, é maior do que um reto.

Fique ligada a AE, e fique traçada através a BA até o F.

E, como a BE é igual à EA, também o ângulo sob ABE é igual ao sob BAE. De novo, como a CE é igual à EA, também o sob ACE é igual ao sob CAE; portanto, o sob BAC todo é igual aos dois sob ABC, ACB. Mas também o sob FAC, exterior do triângulo ABC, é igual aos dois sob ABC, ACB; portanto, também o ângulo sob BAC é igual ao sob FAC; portanto, cada um é reto; portanto, o ângulo sob BAC no semicírculo BAC é reto.

E, como os dois ângulos sob ABC, BAC do triângulo ABC são menores do que dois retos, e o sob BAC é reto, portanto, o ângulo sob ABC é menor do que um reto; e está no segmento ABC, maior do que o semicírculo.

E, como o ABCD é um quadrilátero em um círculo, e os ângulos opostos dos quadriláteros nos círculos são iguais a dois retos [portanto, os ângulos sob ABC, ADC são iguais a dois retos], e o sob ABC é menor do que um reto; portanto, o ângulo sob ADC restante é maior do que um reto; e é no segmento ADC, menor do que o semicírculo.

Digo que também, por um lado, o ângulo do segmento maior, o contido tanto pela circunferência ABC quanto pela reta AC é maior do que um reto, e, por outro lado, o ângulo do segmento menor, o contido tanto pela circunferência AD[C] quanto pela reta AC é menor do que um reto. E é, obviamente, evidente. Pois, como o pelas retas BA, AC é reto, portanto, o contido pela circunferência ABC e pela reta AC é maior do que um reto. De novo, como o pelas retas AC, AF é reto, portanto, o contido pela reta CA e pela circunferência AD[C] é menor do que um reto.

Portanto, em um círculo, por um lado, o ângulo no semicírculo é reto, e, por outro lado, o no segmento maior é menor do que um reto, enquanto o no [segmento] menor é maior do que um reto, e ainda, por um lado, o [ângulo] do segmento maior [é] maior do que um reto, e, por outro lado, o [ângulo] do segmento menor é menor do que um reto; o que era preciso provar.

[Corolário

Disso, então, é evidente que, caso um ângulo de um triângulo seja igual aos dois, o ângulo é reto, por ser também aquele exterior igual a eles; e, caso os adjacentes sejam iguais, são retos.]

32.

Caso uma reta seja tangente a um círculo, e, a partir da junção seja traçada alguma reta através no círculo, cortando o círculo, aqueles ângulos que faz com a tangente serão iguais aos ângulos nos segmentos alternos do círculo.

Seja, pois, alguma reta, a EF, tangente ao círculo ABCD no ponto B, e, a partir do ponto B, fique traçada alguma reta, a BD, através no círculo ABCD, cortando-o. Digo que aqueles ângulos que a BD faz com a tangente EF serão iguais aos ângulos nos segmentos alternos

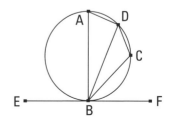

do círculo, isto é, que, por um lado, o ângulo sob FBD é igual ao ângulo construído no segmento BAD, e, por outro lado, o ângulo sob EBD é igual ao ângulo construído no segmento DCB.

Fique, pois, traçada, a partir do B, a BA em ângulos retos com a EF, e fique tomado sobre a circunferência BD o ponto C, encontrado ao acaso, e fiquem ligadas as AD, DC, CB.

E alguma reta, a EF, é tangente ao círculo ABCD no B, e, a partir da junção, foi traçada a BA em ângulos retos com a tangente, portanto, o centro do círculo ABCD está sobre a BA. Portanto, a BA é diâmetro do círculo ABCD; portanto, o ângulo sob ADB, sendo no semicírculo, é reto. Portanto, os sob BAD, ABD restantes são iguais a um reto. Mas também o sob ABF é reto; portanto, o sob ABF é igual aos sob BAD, ABD. Fique subtraído o sob ABD comum; portanto, o ângulo sob DBF restante é igual ao ângulo no segmento alterno do círculo, o sob BAD. E, como o ABCD é um quadrilátero em um círculo, os ângulos opostos dele são iguais a dois retos. Mas também os sob DBF, DBE são iguais a dois retos; portanto, os sob DBF, DBE são iguais aos sob BAD, BCD, dos quais o sob BAD foi provado igual ao sob DBF; portanto, o sob DBE restante é igual ao ângulo sob DCB no segmento alterno DCB do círculo.

Portanto, caso alguma reta seja tangente a um círculo, e, a partir da junção, seja traçada alguma reta através no círculo, cortando o círculo, aqueles ângulos que faz com a tangente serão iguais aos ângulos nos segmentos alternos do círculo; o que era preciso provar.

33.

Sobre a reta dada, descrever um segmento de círculo admitindo um ângulo igual ao ângulo retilíneo dado.

Sejam a reta dada AB, e o ângulo retilíneo dado o junto ao C; é preciso, então, sobre a reta dada AB, descrever um segmento de círculo admitindo um ângulo igual ao junto ao C.

Então, o [ângulo] junto ao C é ou agudo ou reto ou obtuso. Seja, primeiramente, agudo, e, como na primeira figura, fique construído, sobre a reta

Euclides

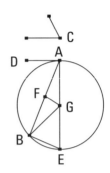

AB e no ponto A sobre ela, o sob BAD igual ao ângulo junto ao C; portanto, também o sob BAD é agudo. Fique traçada a AE em ângulos retos com a DA, e fique cortada a AB em duas no F, e fique traçada, a partir do ponto F, a FG em ângulos retos com a AB, e fique ligada a GB.

E, como a AF é igual à FB, e a FG é comum, então, as duas AF, FG são iguais às duas BF, FG; e o ângulo sob AFG é igual ao [ângulo] sob BFG; portanto, a base AG é igual à base BG. Portanto, o círculo descrito, por um lado, com o centro G, e, por outro lado, com a distância GA, passará também pelo B. Fique descrito, e seja o ABE, e fique ligada a EB. Como, de fato, a partir da extremidade A do diâmetro AE, a AD é em ângulos retos com a AE, portanto, a AD é tangente ao círculo ABE; como, de fato, alguma reta, a AD, é tangente ao círculo ABE, e, a partir da junção A, foi traçada alguma reta, a AB, através no círculo ABE, portanto, o ângulo sob DAB é igual ao ângulo sob AEB no segmento alterno do círculo. Mas o sob DAB é igual ao junto ao C; portanto, também o junto ao C é igual ao sob AEB.

Portanto, sobre a reta dada AB, foi descrito o segmento de círculo AEB, admitindo o ângulo sob AEB igual ao junto ao C dado.

Mas, seja então o junto ao C reto; e seja preciso, de novo, descrever sobre a AB um segmento de círculo admitindo um ângulo igual ao [ângulo] reto junto ao C. [De novo] fique construído o sob BAD igual ao ângulo reto junto ao C, como se tem na segunda figura, e fique cortada a AB em duas no F, e com o centro F e com distância qualquer uma das FA, FB, fique descrito o círculo AEB.

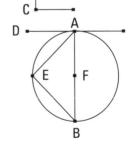

Portanto, a reta AD é tangente ao círculo ABE, por ser reto o ângulo junto ao A. E o ângulo sob BAD é igual ao no segmento AEB; pois, também ele, estando em um semicírculo, é reto. Mas também o sob BAD é igual ao junto ao C. Portanto, também o no AEB é igual ao junto ao C.

Portanto, foi descrito, de novo, sobre a AB, o segmento AEB de círculo, admitindo um ângulo igual ao junto ao C.

Mas, então, seja o junto ao C obtuso; e fique construído, sobre a reta AB e no ponto A, o sob BAD igual a ele, como se tem na terceira figura, e fique traçada a AE em ângulos retos com a AD, e fique, de novo, cortada a AB em duas no F, e fique traçada a FG em ângulos retos com a AB, e fique ligada a GB.

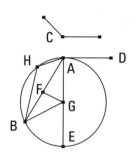

E como, de novo, a AF é igual à FB, e a FG é comum, então, as duas AF, FG são iguais às duas BF, FG; e o ângulo sob AFG é igual ao ângulo sob BFG; portanto, a base AG é igual à base BG; portanto, o círculo descrito, por um lado, com o centro G, e, por outro lado, com a distância GA, passará também pelo B. Passe como o AEB. E, como a AD é em ângulos retos com o diâmetro AE, a partir de uma extremidade, portanto, a AD é tangente ao círculo AEB. E a AB foi traçada através, a partir da junção no A; portanto, o ângulo sob BAD é igual ao ângulo construído no segmento alterno AHB do círculo. Mas o ângulo sob BAD é igual ao junto ao C. Portanto, também o ângulo no segmento AHB é igual ao junto ao C.

Portanto, sobre a reta dada AB, foi descrito o segmento de círculo AHB, admitindo um ângulo igual ao junto ao C; o que era preciso fazer.

34.

Do círculo dado, separar um segmento admitindo um ângulo igual ao ângulo retilíneo dado.

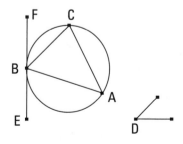

Sejam o círculo dado ABC, e o ângulo retilíneo dado o junto ao D; é preciso, então, separar do círculo ABC um segmento admitindo um ângulo igual ao ângulo retilíneo junto ao D dado.

Fique traçada a tangente EF ao círculo ABC no ponto B, e fique construído sobre a reta FB e no ponto B sobre ela, o sob FBC igual ao ângulo junto ao D.

Como, de fato, alguma reta, a EF, é tangente ao círculo ABC, e, a partir da junção no B, foi traçada através a BC, portanto, o ângulo sob FBC é igual ao ângulo construído no segmento alterno BAC. Mas o sob FBC é igual ao junto ao D; portanto, também o no segmento BAC é igual ao [ângulo] junto ao D.

Portanto, do círculo dado ABC foi separado o segmento BAC, admitindo um ângulo igual ao ângulo retilíneo dado, o junto ao D; o que era preciso fazer.

35.

Caso, em um círculo, duas retas se cortem, o retângulo contido pelos segmentos de uma é igual ao retângulo contido pelos segmentos da outra.

Cortem-se, pois, no círculo ABCD, as duas retas AC, BD no ponto E; digo que o retângulo contido pelas AE, EC é igual ao retângulo contido pelas DE, EB.

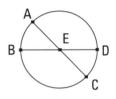

Se, por um lado, de fato, as AC, BD são pelo centro, de modo a o E ser centro do círculo ABCD, é evidente que, sendo iguais as AE, EC, DE, EB, também o retângulo contido pelas AE, EC é igual ao retângulo contido pelas DE, EB.

Não sejam, então, as AC, BD pelo centro, e fique tomado o centro do ABCD, e seja o F, e, a partir do F, fiquem traçadas as FG, FH perpendiculares às retas AC, DB, e fiquem ligadas as FB, FC, FE.

E, como alguma reta pelo centro, a GF, corta alguma reta não pelo centro, a AC, em ângulos retos, também a corta em duas; portanto, a AG é igual à GC. Como, de fato, a reta AC foi cortada, por um lado, em iguais no G, e, por outro lado, em desiguais no E, portanto, o retângulo contido pelas AE, EC, com o quadrado sobre a EG, é igual ao sobre a GC; fique adicionado o sobre a GF [comum];

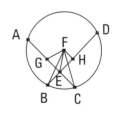

portanto, o pelas AE, EC, com os sobre as GE, GF, é igual aos sobre as CG, GF. Mas, por um lado, o sobre a FE é igual aos sobre as EG, GF, e, por outro lado, o sobre a FC é igual aos sobre as CG, GF; portanto, o pelas

182

AE, EC, com o sobre a FE, é igual ao sobre a FC. Mas a FC é igual à FB; portanto, o pelas AE, EC, com o sobre a EF, é igual ao sobre a FB. Pelas mesmas coisas, então, também o pelas DE, EB, com o sobre a FE, é igual ao sobre a FB. Mas foi provado também o pelas AE, EC, com o sobre a FE, igual ao sobre a FB; portanto, o pelas AE, EC, com o sobre a FE, é igual ao pelas DE, EB, com o sobre a FE. Fique subtraído o sobre a FE comum; portanto, o retângulo contido pelas AE, EC restante é igual ao retângulo contido pelas DE, EB.

Portanto, caso, em um círculo, duas retas se cortem, o retângulo contido pelos segmentos de uma é igual ao retângulo contido pelos segmentos da outra; o que era preciso provar.

36.

Caso seja tomado algum ponto exterior a um círculo, e, a partir dele, duas retas caiam sobre o círculo, e uma delas corte o círculo, e a outra seja tangente, o pela que corta toda e pela cortada exteriormente entre tanto o ponto quanto a circunferência convexa será igual ao quadrado sobre a tangente.

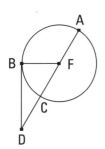

Fique, pois, tomado algum ponto, o D, exterior ao círculo ABC, e, a partir do D, as duas retas DC[A], DB caiam sobre o círculo ABC; e, uma, a DCA corte o círculo ABC, e a outra, a BD, seja tangente; digo que o retângulo contido pelas AD, DC é igual ao quadrado sobre a DB.

Portanto, a [D]CA ou é pelo centro ou não. Seja, primeiramente, pelo centro, e seja o F centro do círculo ABC, e fique ligada a FB; portanto, o sob FBD é reto. E, como a reta AC foi cortada em duas no F, e a CD foi adicionada a ela, portanto, o pelas AD, DC, com o sobre a FC, é igual ao sobre a FD. Mas a FC é igual à FB; portanto, o pelas AD, DC, com o sobre a FB, é igual ao sobre a FD. Mas os sobre as FB, BD são iguais ao sobre a FD; portanto, o pelas AD, DC, com o sobre a FB, é igual aos sobre as FB, BD. Fique subtraído o sobre a FB comum; portanto, o pelas AD, DC restante é igual ao sobre a tangente DB.

Mas, então, a DCA não seja pelo centro do círculo ABC, e fique tomado o centro E, e, a partir do E, fique traçada a perpendicular EF à AC, e fiquem ligadas as EB, EC, ED; portanto, o sob EBD é reto. E, como alguma reta pelo centro, a EF, corta alguma reta não pelo centro,

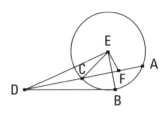

a AC, em ângulos retos, também a corta em duas; portanto, a AF é igual à FC. E, como a reta AC foi cortada em duas no ponto F, e foi adicionada a ela a CD, portanto, o pelas AD, DC, com o sobre a FC, é igual ao sobre a FD. Fique adicionado o sobre a FE comum; portanto, o pelas AD, DC, com os sobre as CF, FE, é igual aos sobre as FD, FE. Mas o sobre a EC é igual aos sobre as CF, FE; pois, o [ângulo] sob EFC [é] reto; e o sobre a ED é igual aos sobre as DF, FE; portanto, o pelas AD, DC, com o sobre a EC, é igual ao sobre a ED. Mas a EC é igual à EB; portanto, o pelas AD, DC, com o sobre a EB é igual ao sobre a ED. E os sobre as EB, BD são iguais ao sobre a ED; pois o ângulo sob EBD é reto; portanto, o pelas AD, DC restante, com o sobre a EB, é igual aos sobre as EB, BD. Fique subtraído o sobre a EB comum; portanto, o pelas AD, DC é igual ao sobre a DB.

Portanto, caso seja tomado algum ponto exterior a um círculo, e, a partir dele, duas retas caiam sobre o círculo, e uma delas corte o círculo, e a outra seja tangente, o retângulo contido pela que corta toda e pela cortada exteriormente entre tanto o ponto quanto a circunferência convexa será igual ao quadrado sobre a tangente; o que era preciso provar.

37.

Caso seja tomado algum ponto exterior a um círculo, e, a partir do ponto, duas retas caiam sobre o círculo, e uma delas corte o círculo, e a outra caia sobre, e o pela que corta toda e pela que é cortada exteriormente entre tanto o ponto quanto a circunferência convexa seja igual ao sobre a que cai sobre, a que cai sobre será tangente ao círculo.

Fique, pois, tomado algum ponto, o D, exterior ao círculo ABC, e, a partir do D, as duas retas DCA, DB caiam sobre o círculo ABC, e uma, a DCA corte o círculo, e a outra, a DB, caia sobre, e seja o pelas AD, DC igual ao sobre a DB. Digo que a DB é tangente ao círculo ABC.

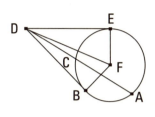

Fique, pois, traçada a tangente DE ao ABC, e fique tomado o centro do círculo ABC, e seja o F, e fiquem ligadas as FE, FB, FD. Portanto, o sob FED é reto. E, como a DE é tangente ao círculo ABC, e a DCA corta, portanto, o pelas AD, DC é igual ao sobre a DE. Mas também o pelas AD, DC era igual ao sobre a DB; portanto, o sobre a DE é igual ao sobre a DB; portanto, a DE é igual à DB. Mas também a FE é igual à FB; então, as duas DE, EF são iguais às duas DB, BF; e a FD é base comum deles; portanto, o ângulo sob DEF é igual ao ângulo sob DBF. Mas, o sob DEF é reto; portanto, também o sob DBF é reto. E a FB prolongada é um diâmetro; mas, a traçada em ângulos retos com o diâmetro, a partir de uma extremidade, é tangente ao círculo; portanto, a DB é tangente ao círculo ABC. Do mesmo modo, então, será provado, caso o centro seja encontrado ao acaso sobre a AC.

Portanto, caso seja tomado algum ponto exterior a um círculo, e a partir do ponto, duas retas caiam sobre o círculo, e uma delas corte o círculo, e a outra caia sobre, e o pela que corta toda e pela cortada exteriormente entre tanto o ponto quanto a circunferência convexa seja igual ao sobre a que cai sobre, a que cai sobre será tangente ao círculo; o que era preciso provar.

Livro IV

Definições

1. Uma figura retilínea é dita estar inscrita em uma figura retilínea, quando cada um dos ângulos da figura inscrita toque cada um dos lados daquela na qual está inscrita.
2. E, do mesmo modo, uma figura é dita estar circunscrita a uma figura, quando cada lado da circunscrita toque cada ângulo daquela à qual está circunscrita.
3. Uma figura retilínea é dita estar inscrita em um círculo, quando cada ângulo da inscrita toque a circunferência do círculo.
4. E uma figura retilínea é dita estar circunscrita a um círculo, quando cada lado da circunscrita seja tangente à circunferência do círculo.
5. E um círculo é dito, do mesmo modo, estar inscrito em uma figura, quando a circunferência do círculo toque cada lado daquela na qual está inscrito.
6. E um círculo é dito estar circunscrito a uma figura, quando a circunferência do círculo toque cada ângulo daquela à qual está circunscrito.
7. Uma reta é dita estar ajustada em um círculo, quando as extremidades dela estejam sobre a circunferência do círculo.

1.

Ajustar, no círculo dado, uma reta igual à reta dada, que não é maior do que o diâmetro do círculo.

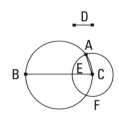

Sejam o círculo dado ABC, e a reta dada D, não maior do que o diâmetro do círculo; é preciso, então, ajustar no círculo ABC uma reta igual à reta D.

Fique traçado o diâmetro BC do círculo ABC. Se, por um lado, de fato, a BC é igual à D, seria produzido o prescrito; pois a BC, igual à reta D, foi ajustada no círculo ABC. Se, por outro lado, a BC é maior do que a D, fique posta a CE igual à D, e, com o centro C e a distância CE, fique descrito o círculo EAF, e fique ligada a CA.

Como, de fato, o ponto C é centro do círculo EAF, a CA é igual à CE. Mas a CE é igual à D; portanto, também a D é igual à CA.

Portanto, no círculo dado ABC, foi ajustada a CA igual à reta dada D; o que era preciso fazer.

2.

No círculo dado, inscrever um triângulo equiângulo com o triângulo dado.

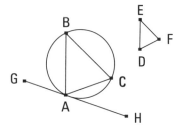

Sejam o círculo dado ABC e o triângulo dado DEF; é preciso, então, no círculo ABC inscrever um triângulo equiângulo com o triângulo DEF.

Fique traçada a tangente GH ao círculo ABC no A, e fiquem construídos, sobre a reta AH e no ponto A sobre ela, o sob HAC igual ao ângulo sob DEF, e sobre a reta AG e no ponto A sobre ela, o sob GAB igual ao [ângulo] sob DFE, e fique ligada a BC.

Como, de fato, alguma reta, a AH, é tangente ao círculo ABC, e, a partir da junção no A, foi traçada a reta AC através no círculo, portanto, o sob HAC é igual ao ângulo no segmento alterno do círculo, o sob ABC. Mas o sob HAC é igual ao sob DEF; portanto, também o ângulo sob ABC é igual ao sob DEF. Pelas mesmas coisas, então, também o sob ACB é igual ao sob DFE; portanto, também o sob BAC restante é igual ao sob EDF restante; [portanto, o triângulo ABC é equiângulo com o triângulo DEF, e foi inscrito no círculo ABC].

Portanto, no círculo dado, foi inscrito um triângulo equiângulo com o triângulo dado; o que era preciso fazer.

3.

Ao círculo dado, circunscrever um triângulo equiângulo com o triângulo dado.

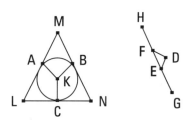

Sejam o círculo dado ABC e o triângulo dado DEF; é preciso, então, ao círculo ABC, circunscrever um triângulo equiângulo com o triângulo DEF.

Fique prolongada a EF em cada lado nos pontos G, H, e fique tomado o centro K do círculo ABC, e fique traçada através, ao acaso, a reta KB, e fiquem construídos, sobre a reta KB e no ponto K sobre ela, por um lado, o sob BKA igual ao ângulo sob DEG, e, por outro lado, o sob BKC igual ao sob DFH, e, pelos pontos A, B, C, fiquem traçadas as LAM, MBN, NCL tangentes ao círculo ABC.

E, como as LM, MN, NL são tangentes ao círculo ABC nos pontos A, B, C, e, a partir do centro K até os pontos A, B, C, são ligadas as KA, KB, KC, portanto, os ângulos junto aos pontos A, B, C são retos. E, como os quatro ângulos do quadrilátero AMBK são iguais a quatro retos, visto que também o AMBK é dividido em dois triângulos, e os ângulos sob KAM, KBM são retos, portanto, os sob AKB, AMB restantes são iguais a dois retos. Mas também os sob DEG, DEF são iguais a dois retos; portanto, os sob AKB, AMB são iguais aos sob DEG, DEF, dos quais o sob AKB é igual ao sob DEG; portanto, o sob AMB restante é igual ao sob DEF restante. Do mesmo modo, então, será provado que o sob LNB é igual ao sob DFE; portanto, também o sob MLN restante é igual ao sob EDF [restante]. Portanto, o triângulo LMN é equiângulo com o triângulo DEF; e foi circunscrito ao círculo ABC.

Portanto, ao círculo dado, foi circunscrito um triângulo equiângulo com o triângulo dado; o que era preciso fazer.

4.

Inscrever um círculo no triângulo dado.

Seja o triângulo dado ABC; é preciso, então, inscrever um círculo no triângulo ABC.

Fiquem cortados os ângulos ABC, ACB em dois pelas retas BD, CD, e encontrem-se no ponto D, e fiquem traçadas, a partir do D, as DE, DF, DG perpendiculares às AB, BC, CA.

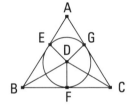

E, como o ângulo sob ABD é igual ao sob CBD, e também o sob BED, reto, é igual ao sob BFD, reto, então, os EBD, FBD são dois triângulos, tendo os dois ângulos iguais aos dois ângulos e um lado igual a um lado, o que se estende sob um dos ângulos iguais, comum deles, o BD; portanto, também terão os lados restantes iguais aos lados restantes; portanto, a DE é igual à DF. Pelas mesmas coisas, então, também a DG é igual à DF. Portanto, as três retas DE, DF, DG são iguais entre si; portanto, o círculo descrito, com o centro D, e distância uma das E, F, G, passará também pelos pontos restantes e será tangente às retas AB, BC, CA, por serem retos os ângulos junto aos pontos E, F, G. Pois, se corta-as, a traçada, a partir de uma extremidade, em ângulos retos com o diâmetro do círculo, cairá no interior do círculo; o que foi provado absurdo; portanto, o círculo descrito, com o centro D e distância uma das E, F, G, não corta as retas AB, BC, CA; portanto, será tangente a elas, e o círculo estará inscrito no triângulo ABC. Fique inscrito como o FGE.

Os elementos

Portanto, foi inscrito o círculo EFG no triângulo dado ABC; o que era preciso fazer.

5.

Circunscrever um círculo ao triângulo dado.

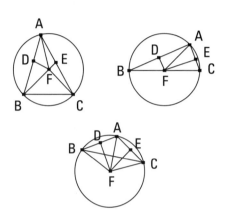

Seja o triângulo dado ABC; é preciso, [então], circunscrever um círculo ao triângulo dado ABC.

Fiquem cortadas as retas AB, AC em duas nos pontos D, E, e, a partir dos pontos D, E, fiquem traçadas as DF, EF em ângulos retos com as AB, AC; encontrar-se-ão, então, ou no interior do triângulo ABC ou sobre a reta BC ou no exterior da BC.

Encontrem-se, primeiramente, no interior, no F, e fiquem ligadas as FB, FC, FA. E, como a AD é igual à DB, mas também a DF, em ângulos retos, é comum, portanto, a base AF é igual à base FB. Do mesmo modo, então, provaremos que também a CF é igual à AF; desse modo, também a FB é igual à FC; portanto, as três FA, FB, FC são iguais entre si. Portanto, o círculo descrito, com o centro F e distância uma das A, B, C, passará também pelos pontos restantes, e o círculo estará circunscrito ao triângulo ABC. Fique circunscrito como o ABC.

Mas, então, encontrem-se as DF, EF sobre a reta BC no F, como se tem na segunda figura, e fique ligada a AF. Do mesmo modo, então, provaremos que o ponto F é centro do círculo circunscrito ao triângulo ABC.

Mas, então, encontrem-se as DF, EF no exterior do triângulo ABC no F, de novo, como se tem na terceira figura, e fiquem ligadas as AF, BF, CF. E, como, de novo, a AD é igual à DB, mas também a DF, em ângulos retos, é comum, portanto, a base AF é igual à base BF. Do mesmo modo, então, provaremos que também a CF é igual à AF; desse modo, também a BF é igual à FC; portanto, [de novo], o círculo descrito, com o centro F e distância uma das FA, FB, FC, passará também pelos pontos restantes, e estará circunscrito ao triângulo ABC.

Portanto, um círculo foi circunscrito ao triângulo dado; o que era preciso fazer.

[Corolário]

E, é evidente que, por um lado, quando o centro do círculo cai no interior do triângulo, o ângulo sob BAC, que se encontra em um segmento maior do que o semicírculo, é menor do que um reto; por outro lado, quando o centro cai sobre a reta BC, o ângulo sob BAC, que se encontra em um semicírculo é reto; enquanto, quando o centro do círculo cai no exterior do triângulo, o sob BAC, que se encontra em um segmento menor do que o semicírculo, é maior do que um reto. [Desse modo, também, quando o ângulo dado se encontre menor do que um reto, as DF, EF cairão no interior do triângulo, e quando um reto, sobre a BC, mas quando maior do que um reto, no exterior da BC; o que era preciso fazer.]

6.

Inscrever um quadrado no círculo dado.

Seja o círculo dado ABCD; é preciso, então, inscrever um quadrado no círculo ABCD.

Fiquem traçados os dois diâmetros AC, BD do círculo, em ângulos retos entre si, e fiquem ligadas as AB, BC, CD, DA.

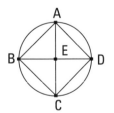

E, como a BE é igual à ED; pois, o E é centro; e a EA é comum e também em ângulos retos, portanto, a base AB é igual à base AD. Pelas mesmas coisas, então, também cada uma das BC, CD é igual a cada uma das AB, AD; portanto, o quadrilátero ABCD é equilátero. Digo, então, que também é retangular. Pois, como a reta BD é diâmetro do círculo ABCD, portanto, o BAD é um semicírculo; portanto, o ângulo sob BAD é reto. Pelas mesmas coisas, então, também cada um dos sob ABC, BCD, CDA é reto; portanto, o quadrilátero ABCD é retangular.

Os elementos

Mas foi também provado equilátero; portanto, é um quadrado. E foi inscrito no círculo ABCD.

Portanto, foi inscrito o quadrado ABCD no circulo dado; o que era preciso fazer.

7.

Circunscrever um quadrado ao círculo dado.

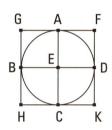

Seja o círculo dado ABCD; é preciso, então, circunscrever um quadrado ao círculo ABCD.

Fiquem traçados os diâmetros AC, BD do círculo ABCD em ângulos retos entre si, e, pelos pontos A, B, C, D, fiquem traçadas as FG, GH, HK, KF, que são tangentes ao círculo ABCD.

Como, de fato, a FG é tangente ao círculo ABCD, e, a partir do centro E até a junção no A foi ligada a EA, portanto, os ângulos junto ao A são retos. Pelas mesmas coisas, então, os ângulos junto aos pontos B, C, D também são retos. E, como o ângulo sob AEB é reto, mas também o sob EBG é reto, portanto, a GH é paralela à AC. Pelas mesmas coisas, então, também a AC é paralela à FK. Desse modo, também a GH é paralela à FK. Do mesmo modo, então, provaremos que também cada uma das GF, HK é paralela à BED. Portanto, os GK, GC, AK, FB, BK são paralelogramos; portanto, por um lado, a GF é igual à HK, e, por outro lado, a GH, à FK. E, como a AC é igual à BD, mas também, por um lado, a AC é igual a cada uma das GH, FK, e, por outro lado, a BD, a cada uma das GF, HK [portanto, também cada uma das GH, FK é igual a cada uma das GF, HK], portanto, o quadrilátero FGHK é equilátero. Digo, então, que também é retangular. Pois, como o GBEA é um paralelogramo, o sob AEB é reto, portanto, também o sob AGB é reto. Do mesmo modo, então, provaremos que também os ângulos junto aos H, K, F são retos.

Portanto, o FGHK é retangular. E foi provado também equilátero; portanto, é um quadrado. E foi circunscrito ao círculo ABCD.

Portanto, foi circunscrito um quadrado ao círculo dado; o que era preciso fazer.

8.

Inscrever um círculo no quadrado dado.

Seja o quadrado dado ABCD; é preciso, então, inscrever um círculo no quadrado ABCD.

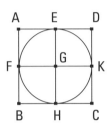

Fique cortada cada uma das AD, AB em duas nos pontos E, F, e, por um lado, pelo E, fique traçada a EH paralela a qualquer uma das AB, CD, e, por outro lado, pelo F, fique traçada a FK paralela a qualquer uma das AD, BC; portanto, cada um dos AK, KB, AH, HD, AG, GC, BG, GD é um paralelogramo, e os lados opostos deles [são], claramente, iguais. E, como a AD é igual à AB, e, por um lado, a AE é metade da AD, e, por outro lado, a AF é metade da AB, portanto, também a AE é igual à AF; desse modo, também os opostos; portanto, também a FG é igual à GE. Do mesmo modo, então, provaremos que também cada uma das GH, GK é igual a cada uma das FG, GE; portanto, as quatro GE, GF, GH, GK [são] iguais entre si. Portanto, o círculo descrito, por um lado, com o centro G, e, por outro lado, com distância uma das E, F, H, K, passará também pelos pontos restantes; e será tangente às retas AB, BC, CD, DA, por serem retos os ângulos junto aos E, F, H, K; pois, se o círculo corta as AB, BC, CD, DA, a traçada, a partir de uma extremidade, em ângulos retos com o diâmetro do círculo, cairá no interior do círculo; o que foi provado absurdo. Portanto, o círculo descrito, com o centro G e com distância uma das E, F, H, K, não corta as retas AB, BC, CD, DA. Portanto, será tangente a elas e estará inscrito no quadrado ABCD.

Portanto, foi inscrito um círculo no quadrado dado; o que era preciso fazer.

Os elementos

9.

Circunscrever um círculo ao quadrado dado.

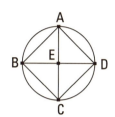

Seja o quadrado dado ABCD; é preciso, então, circunscrever um círculo ao quadrado ABCD.

Tendo, pois, sido ligadas as AC, BD, cortam-se entre si no E.

E, como a DA é igual à AB, e a AC é comum, então, as duas DA, AC são iguais às duas BA, AC; e a base DC é igual à base BC; portanto, o ângulo sob DAC é igual ao ângulo sob BAC; portanto, o ângulo sob DAB foi cortado em dois pela AC. Do mesmo modo, então, provaremos que também cada um dos sob ABC, BCD, CDA foi cortado em dois pelas retas AC, DB. E, como o ângulo sob DAB é igual ao sob ABC, e, por um lado, o sob EAB é metade do sob DAB, e, por outro lado, o sob EBA é metade do sob ABC, portanto, também o sob EAB é igual ao sob EBA; desse modo, também o lado EA é igual ao EB. Do mesmo modo, então, provaremos que cada uma das [retas] EA, EB é igual a cada uma das EC, ED. Portanto, as quatro EA, EB, EC, ED são iguais entre si. Portanto, o círculo descrito, com o centro E e com distância uma das A, B, C, D, passará também pelos pontos restantes e estará circunscrito ao quadrado ABCD. Fique circunscrito como o ABCD.

Portanto, foi circunscrito um círculo ao quadrado dado; o que era preciso fazer.

10.

Construir um triângulo isósceles, tendo cada um dos ângulos junto à base o dobro do restante.

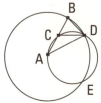

Fique posta alguma reta, a AB, e fique cortada no ponto C, de modo a ser o retângulo contido pelas AB, BC igual ao quadrado sobre a AC; e, com o centro A e a distância AB, fique descrito o círculo BDE, e fique ajustada no círculo BDE a reta BD igual à reta AC, que não é maior do que o diâmetro do círculo BDE; e fiquem ligadas as AD, DC, e fique o círculo ACD circunscrito ao triângulo ACD.

E, como o pelas AB, BC é igual ao sobre a AC, e a AC é igual à BD, portanto, o pelas AB, BC é igual ao sobre a BD. E, como foi tomado algum ponto, o B, no exterior do círculo ACD, e, a partir do B, as duas retas BA, BD caíram sobre o círculo ACD, e uma delas corta, e a outra cai sobre, e o pelas AB, BC é igual ao sobre a BD, portanto, a BD é tangente ao círculo ACD. Como, de fato, por um lado, a BD é tangente, e, por outro lado, a partir da junção no D, a DC foi traçada através, portanto, o ângulo sob BDC é igual ao ângulo no segmento alterno do círculo, o sob DAC. Como, de fato, o sob BDC é igual ao sob DAC, fique adicionado o sob CDA comum; portanto, o sob BDA todo é igual aos dois sob CDA, DAC. Mas o sob BCD, exterior, é igual aos sob CDA, DAC; portanto, também o sob BDA é igual ao sob BCD. Mas o sob BDA é igual ao sob CBD, porque também o lado AD é igual ao AB; desse modo, também o sob DBA é igual ao sob BCD. Portanto, os três sob BDA, DBA, BCD são iguais entre si. E, como o ângulo sob DBC é igual ao sob BCD, também o lado BD é igual ao lado DC. Mas a BD foi suposta igual à CA; portanto, também a CA é igual à CD; desse modo, também o ângulo sob CDA é igual ao sob DAC; portanto, os sob CDA, DAC são o dobro do sob DAC. Mas o sob BCD é igual aos sob CDA, DAC; portanto, também o sob BCD é o dobro do sob CAD. Mas o sob BCD é igual a cada um dos sob BDA, DBA; portanto, também cada um dos sob BDA, DBA é o dobro do sob DAB.

Portanto, foi construído o triângulo isósceles ABD, tendo cada um dos ângulos junto à base o dobro do restante; o que era preciso fazer.

11.

Inscrever, no círculo dado, um pentágono tanto equilátero quanto equiângulo.

Seja o círculo dado ABCDE; é preciso, então, inscrever no círculo ABCDE um pentágono tanto equilátero quanto equiângulo.

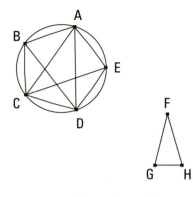

Fique posto o triângulo isósceles FGH, tendo cada um dos ângulos junto aos G, H o dobro do junto ao F, e fique inscrito no círculo ABCDE o triângulo ACD equiângulo com o triângulo FGH, de modo a ser, por um lado, o sob CAD igual ao ângulo junto ao F, e, por outro lado, cada um dos junto aos G, H igual a cada um dos sob ACD, CDA; portanto, também cada um dos sob ACD, CDA é o dobro do sob CAD. Fique, então, cortado cada um dos sob ACD, CDA em dois por cada uma das retas CE, DB, e fiquem ligadas as AB, BC, [CD], DE, EA.

Como, de fato, cada um dos ângulos ACD, CDA é o dobro do sob CAD e são cortados em dois pelas retas CE, DB, portanto, os cinco ângulos sob DAC, ACE, ECD, CDB, BDA são iguais entre si. Mas os ângulos iguais situam-se sobre circunferências iguais; portanto, as cinco circunferências AB, BC, CD, DE, EA são iguais entre si. Mas retas iguais estendem-se sob as circunferências iguais; portanto, as cinco retas AB, BC, CD, DE, EA são iguais entre si; portanto, o pentágono ABCDE é equilátero. Digo, então, que também é equiângulo. Pois, como a circunferência AB é igual à circunferência DE, fique adicionada a BCD comum; portanto, a circunferência ABCD toda é igual à circunferência EDCB toda. E, por um lado, o ângulo sob AED situa-se sobre a circunferência ABCD, e, por outro lado, o ângulo sob BAE, sobre a circunferência EDCB; portanto, também o ângulo sob BAE é igual ao sob AED. Pelas mesmas coisas, então, também cada um dos ângulos sob ABC, BCD, CDE é igual a cada um dos sob BAE, AED; portanto, o pentágono ABCDE é equiângulo. Mas foi também provado equilátero.

Portanto, foi inscrito, no círculo dado, um pentágono tanto equilátero quanto equiângulo; o que era preciso fazer.

12.

Circunscrever, ao círculo dado, um pentágono equilátero e também equiângulo.

Seja o círculo dado ABCDE; é preciso, [então], ao círculo ABCDE circunscrever um pentágono equilátero e também equiângulo.

Fiquem concebidos os pontos A, B, C, D, E dos ângulos do pentágono inscrito de modo a serem iguais as circunferências AB, BC, CD, DE, EA; e, pelos A, B, C, D, E, fiquem traçadas as GH, HK, KL, LM, MG tangenciando o círculo, e fique tomado o centro F do círculo, e fiquem ligadas as FB, FK, FC, FL, FD.

E como, por um lado, a reta KL é tangente ao ABCDE no C, e, a partir do centro F até a junção no C, foi ligada a FC, portanto, a FC é perpendicular à KL; portanto, cada um dos ângulos junto ao C é reto. Pelas mesmas coisas, então, também os ângulos junto aos pontos B, D são retos. E, como o ângulo sob FCK é reto, portanto, o sobre a FK é igual aos sobre as FC, CK. Pelas mesmas coisas, então, também o sobre a FK é igual aos sobre as FB, BK; desse modo, os sobre as FC, CK são iguais aos sobre as FB, BK, dos quais o sobre a FC é igual ao sobre a FB; portanto, o sobre a CK restante é igual ao sobre a BK. Portanto, a BK é igual à CK. E, como a FB é igual à FC, e a FK é comum, então, as duas BF, FK são iguais às duas CF, FK; e a base BK [é] igual à base CK; portanto, por um lado, o ângulo sob BFK é igual ao [ângulo] sob KFC; e, por outro lado, o sob BKF, ao sob FKC; portanto, por um lado, o sob BFC é o dobro do sob KFC, e, por outro lado, o sob BKC, do sob FKC. Pelas mesmas coisas, então, também, por um lado, o sob CFD é o dobro do sob CFL, e, por outro lado, o sob DLC, do sob FLC. E, como a circunferência BC é igual à CD, também o ângulo sob BFC é igual ao sob CFD. E, por um lado, o sob BFC é o dobro do sob KFC, e, por outro lado, o sob DFC, do sob LFC; portanto, também o sob KFC é igual ao sob LFC; mas também o ângulo sob FCK é igual ao sob FCL. Então, os FKC, FLC são dois triângulos, tendo os dois ângulos iguais aos dois ângulos e um lado igual a um lado, o FC comum deles; portanto, terão também os lados restantes iguais aos lados restantes e o ângulo restante ao ângulo restante; portanto, por um lado, a reta KC é igual à CL, e, por outro lado, o ângulo sob FKC, ao sob FLC. E, como a KC é igual à CL, portanto, a KL é o dobro da KC. Pelas mesmas coisas, então, será também provada a HK o dobro da BK. E a BK é igual à KC; portanto, também a HK é igual à KL. Do mesmo modo, então, também cada uma das HG, GM, ML será provada igual a cada uma das HK, KL; portanto, o pentágono GHKLM é equilátero. Digo, então, que é também equiângulo. Pois, como o ângulo sob FKC é igual ao sob FLC, e foi provado, por um lado, o sob HKL o dobro do sob FKC, e, por outro lado, o sob KLM o dobro do sob FLC, portanto, também o sob HKL é igual ao sob KLM. Do mesmo modo, então, também cada um dos sob KHG, HGM, GML será provado igual a cada um dos sob HKL, KLM; portanto, os cinco ângulos sob GHK, HKL, KLM, LMG, MGH são iguais entre si. Portanto, o pentágono GHKLM é equiângulo. Mas foi provado também equilátero, e foi circunscrito ao círculo ABCDE.

[Portanto, foi circunscrito, ao círculo dado, um pentágono equilátero e também equiângulo]; o que era preciso fazer.

13.

Inscrever um círculo no pentágono dado, que é equilátero e também equiângulo.

Seja o pentágono dado ABCDE equilátero e também equiângulo; é preciso, então, inscrever um círculo no pentágono ABCDE.

Fique, pois, cortado cada um dos ângulos sob BCD, CDE em dois por cada uma das retas CF, DF; e, a partir do ponto F, no qual as retas CF, DF se encontram, fiquem ligadas as retas FB, FA, FE. E, como a BC é igual à CD, e a CF é comum, então, as duas BC, CF são iguais às duas DC, CF; e o ângulo sob BCF [é] igual ao sob DCF; portanto, a base BF é igual à base DF, e o triângulo BCF é igual ao triângulo DCF, e os ângulos restantes serão iguais aos ângulos restantes, sob os quais se estendem os lados iguais; portanto, o ângulo sob CBF é igual ao sob CDF. E, como o sob CDE é o dobro do sob CDF, mas, por um lado, o sob CDE é igual ao sob ABC, e, por outro lado, o sob CDF, ao sob CBF, portanto, também o sob CBA é o dobro do sob CBF; portanto, o ângulo sob ABF é igual ao sob FBC; portanto, o ângulo sob ABC foi cortado em dois pela reta BF. Do mesmo modo, então, será provado que também cada um dos sob BAE, AED foi cortado em dois por cada uma das retas FA, FE. Fiquem, então, traçadas, a partir do ponto F, as perpendiculares FG, FH, FK, FL, FM às retas AB, BC, CD, DE, EA. E, como o ângulo sob HCF é igual ao sob KCF, e também o sob FHC, reto, é igual ao sob FKC, [reto], então, os FHC, FKC são dois triângulos, tendo os dois ângulos iguais aos dois ângulos e um lado igual a um lado, o FC comum deles, que se estende sob um dos ângulos iguais; portanto, também terão os lados restantes iguais aos lados restantes; portanto, a perpendicular FH é igual à perpendicular FK. Do mesmo modo, então, será provado que também cada uma das FL, FM, FG é igual a cada uma das FH, FK; portanto, as cinco retas FG, FH, FK, FL, FM são iguais entre si. Portanto, o círculo descrito, com o centro F e distância uma das G, H, K, L, M, passará também pelos pontos restantes e será tangente às retas AB, BC, CD, DE, EA, por serem retos os ângulos junto aos pontos G, H, K, L, M. Pois, se não é tangente a elas, mas corta-as, acontecerá a traçada, a partir de uma extremidade, em ângulos retos com o diâmetro do círculo, cair no interior do círculo; o que foi provado absurdo. Portanto, o círculo descrito com o centro F e com distância uma das G, H, K, L, M, não corta as retas AB, BC, CD, DE, EA; portanto, será tangente a elas. Fique descrito como o GHKLM.

Portanto, foi inscrito um círculo no pentágono dado, que é equilátero e também equiângulo; o que era preciso fazer.

Os elementos

14.

Circunscrever um círculo ao pentágono dado, que é equilátero e também equiângulo.

Seja o pentágono dado ABCDE, que é equilátero e também equiângulo; é preciso, então, circunscrever um círculo ao pentágono ABCDE.

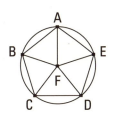

Fique, então, cortado cada um dos ângulos sob BCD, CDE em dois por cada uma das CF, DF, e, a partir do ponto F, no qual as retas se encontram, até os pontos B, A, E, fiquem ligadas as retas FB, FA, FE. Do mesmo modo, então, que antes disto, será provado que também cada um dos ângulos sob CBA, BAE, AED foi cortado em dois por cada uma das retas FB, FA, FE. E, como o ângulo sob BCD é igual ao sob CDE, e, por um lado, o sob FCD é metade do sob BCD, e, por outro lado, o sob CDF é metade do sob CDE, portanto, também o sob FCD é igual ao sob FDC; desse modo, também o lado FC é igual ao lado FD. Do mesmo modo, então, será provado que também cada uma das FB, FA, FE é igual a cada uma das FC, FD; portanto, as cinco retas FA, FB, FC, FD, FE são iguais entre si. Portanto, o círculo descrito, com o centro F e distância uma das FA, FB, FC, FD, FE, passará também pelos pontos restantes e estará circunscrito. Fique circunscrito e seja o ABCDE.

Portanto, foi circunscrito um círculo ao pentágono dado, que é equilátero e também equiângulo; o que era preciso fazer.

15.

Inscrever, no círculo dado, um hexágono equilátero e também equiângulo.

Seja o círculo dado ABCDEF; é preciso, então, inscrever, no círculo ABCDEF, um hexágono equilátero e também equiângulo.

Fique traçado o diâmetro AD do círculo ABCDEF, e fique tomado o centro G do círculo, e, por um lado, com o centro D, e, por outro lado, com a distância DG, fique descrito o círculo EGCH, e, tendo sido ligadas as EG, CG, fiquem traçadas através até os pontos B, F, e fiquem ligadas as AB, BC, CD, DE, EF, FA; digo que o hexágono ABCDEF é tanto equilátero quanto equiângulo.

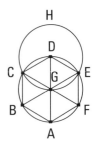

Pois, como o ponto G é centro do círculo ABCDEF, a GE é igual à GD. De novo, como o ponto D é centro do círculo GCH, a DE é igual à DG. Mas a GE foi provada igual à GD; portanto, também a GE é igual à ED; portanto, o triângulo EGD é equilátero; portanto, também os três ângulos dele, os sob EGD, GDE, DEG são iguais entre si, visto que os ângulos junto à base dos triângulos isósceles são iguais entre si; e os três ângulos do triângulo são iguais a dois retos; portanto, o ângulo sob EGD é um terço de dois retos. Do mesmo modo, então, será provado que também o sob DGC é um terço de dois retos. E, como a reta CG, tendo sido alteada sobre a EB, faz os ângulos sob EGC, CGB, adjacentes, iguais a dois retos, portanto, também o sob CGB restante é um terço de dois retos. Portanto, os ângulos sob EGD, DGC, CGB são iguais entre si; desse modo, também os no vértice, os sob BGA, AGF, FGE são iguais a eles [aos sob EGD, DGC, CGB]. Portanto, os seis ângulos sob EGD, DGC, CGB, BGA, AGF, FGE são iguais entre si. Mas os ângulos iguais situam-se sobre circunferências iguais; portanto, as seis circunferências AB, BC, CD, DE, EF, FA são iguais entre si. Mas as retas iguais estendem-se sob as circunferências iguais; portanto, as seis retas são iguais entre si; portanto, o hexágono ABCDEF é equilátero. Digo, então, que também é equiângulo. Pois, como a circunferência FA é igual à circunferência ED, fique adicionada a circunferência ABCD comum; portanto, a FABCD toda é igual à EDCBA toda; e, por um lado, o ângulo sob FED situa-se sobre a circunferência FABCD, e, por outro lado, o ângulo sob AFE, sobre a circunferência EDCBA; portanto, o ângulo sob AFE é igual ao sob DEF. Do mesmo modo, então, será provado que também os ângulos restantes do hexágono ABCDEF são, um a um, iguais a cada um dos ângulos sob AFE, FED; portanto, o hexágono ABCDEF é equiângulo. E foi também provado equilátero; e foi inscrito no círculo ABCDEF.

Portanto, foi inscrito, no círculo dado, um hexágono equilátero e também equiângulo; o que era preciso fazer.

COROLÁRIO

Disso, então, é evidente que o lado do hexágono é igual ao raio do círculo.

E, do mesmo modo que nas coisas sobre o pentágono, caso, pelas divisões no círculo, sejam traçadas tangentes ao círculo, estará circunscrito ao círculo um hexágono equilátero e também equiângulo, de acordo com as coisas ditas sobre o pentágono. E ainda, pelas coisas semelhantes às ditas sobre o pentágono, inscreveremos, no hexágono dado, um círculo, e também circunscreveremos; o que era preciso fazer.

16.

Inscrever, no círculo dado, um pentadecágono equilátero e também equiângulo.

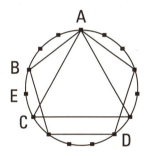

Seja o círculo dado ABCD; é preciso, então, inscrever, no círculo ABCD, um pentadecágono equilátero e também equiângulo.

Fiquem inscritos, no círculo ABCD, por um lado, o lado AC do triângulo equilátero inscrito nele, e, por outro lado, o AB do pentágono; portanto, dos quais segmentos iguais o círculo é quinze, dos tais, por um lado, a circunferência ABC, sendo um terço do círculo, será cinco, e, por outro lado, a circunferência AB, sendo um quinto do círculo, será três. Portanto, dos iguais, a BC restante será dois. Fique, pois, cortada a BC em duas no E; portanto, cada uma das circunferências BE, EC é um quinze avos do círculo.

Portanto, caso, tendo ligado as BE, EC, ajustemos no círculo ABCD [E] as iguais a elas, contiguamente, estará inscrito nele um pentadecágono equilátero e também equiângulo; o que era preciso fazer.

E, do mesmo modo que as coisas sobre o pentágono, caso, pelas divisões no círculo, tracemos tangentes ao círculo, será circunscrito ao círculo um pentadecágono equilátero e também equiângulo. E, ainda, pelas provas semelhantes às sobre o pentágono, também no pentadecágono dado inscreveremos e também circunscreveremos um círculo; o que era preciso fazer.

Livro V

Definições

1. Uma magnitude é uma parte de uma magnitude, a menor da maior, quando meça exatamente a maior.
2. E a maior é um múltiplo da menor, quando seja medida exatamente pela menor.
3. Uma razão é a relação de certo tipo concernente ao tamanho de duas magnitudes de mesmo gênero.
4. Magnitudes são ditas ter uma razão entre si, aquelas que multiplicadas podem exceder uma a outra.
5. Magnitudes são ditas estar na mesma razão, uma primeira para uma segunda e uma terceira para uma quarta, quando os mesmos múltiplos da primeira e da terceira ou, ao mesmo tempo, excedam ou, ao mesmo tempo, sejam iguais ou, ao mesmo tempo, sejam inferiores aos mesmos múltiplos da segunda e da quarta, relativamente a qualquer tipo que seja de multiplicação, cada um de cada um, tendo sido tomados correspondentes.
6. E as magnitudes, tendo a mesma razão, sejam ditas em proporção.
7. E quando, dos mesmos múltiplos por um lado, o múltiplo da primeira exceda o múltiplo da segunda, e, por outro lado, o múltiplo da terceira não exceda o múltiplo da quarta, então a primeira é dita ter para a segunda uma razão maior do que a terceira para a quarta.
8. E uma proporção em três termos é a menor.

9. E, quando três magnitudes estejam em proporção, a primeira é dita ter para a terceira uma razão dupla da que para a segunda.
10. E, quando quatro magnitudes estiverem em proporção, a primeira é dita ter para a quarta uma tripla razão da que para a segunda, e sempre continuadamente do mesmo modo, quando a proporção existir realmente.
11. São ditas magnitudes homólogas, por um lado, os antecedentes, aos antecedentes, e, por outro lado, os consequentes, aos consequentes.
12. Razão alternada é uma tomada do antecedente para o antecedente e do consequente para o consequente.
13. Razão inversa é uma tomada do consequente como um antecedente para o antecedente como um consequente.
14. Composição de uma razão é uma tomada do antecedente com o consequente, como um, para o próprio consequente.
15. Separação de uma razão é uma tomada do excesso, pelo qual o antecedente excede o consequente, para o próprio consequente.
16. Conversão de uma razão é uma tomada do antecedente para o excesso pelo qual o antecedente excede o consequente.
17. Razão por igual posto é, existindo numerosas magnitudes e outras iguais a elas em quantidade, tomadas duas a duas e na mesma razão, quando, nas primeiras magnitudes, como a primeira esteja para a última, assim, nas segundas magnitudes, a primeira para a última; ou de um outro modo: uma tomada dos extremos, de acordo com uma remoção dos meios.
18. E uma proporção perturbada é quando, existindo três magnitudes e outras iguais a elas em quantidade, tem lugar, por um lado, como um antecedente para um consequente, nas primeiras magnitudes, assim um antecedente para um consequente, nas segundas magnitudes, e, por outro lado, como um consequente para alguma outra, nas primeiras magnitudes, assim alguma outra para um antecedente, nas segundas.

I.

Caso magnitudes, em quantidade qualquer, sejam o mesmo múltiplo de magnitudes, em quantidade qualquer, iguais em quantidade, cada uma de cada uma, quantas vezes uma das magnitudes é de uma, tantas vezes todas serão de todas.

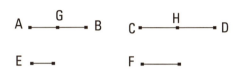

Sejam as magnitudes AB, CD, em quantidade qualquer, o mesmo múltiplo das magnitudes E, F, em quantidade qualquer, iguais em quantidade, cada uma de cada uma; digo que quantas vezes a AB é de E tantas vezes também as AB, CD serão das E, F.

Pois, como a AB é o mesmo múltiplo da E que a CD é da F, portanto, quantas magnitudes iguais à E estão na AB tantas também iguais a F estão na CD. Fiquem divididas, por um lado, a AB nas magnitudes AG, GB iguais à E, e, por outro lado, a CD nas CH, HD iguais à F; então, a quantidade das AG, GB será igual à quantidade das CH, HD. E, como, por um lado, a AG é igual à E, e, por outro lado, a CH, à F, portanto, a AG é igual à E, e as AG, CH, às E, F. Pelas mesmas coisas, então, a GB é igual à E, e as GB, HD, às E, F; portanto, quantas iguais à E estão na AB tantas iguais às E, F, nas AB, CD; portanto, quantas vezes a AB é da E tantas vezes também as AB, CD serão das E, F.

Portanto, caso magnitudes, em quantidade qualquer, sejam o mesmo múltiplo de magnitudes, em quantidade qualquer, iguais em quantidade, cada uma de cada uma, quantas vezes uma das magnitudes é de uma tantas vezes todas serão de todas; o que era preciso provar.

Euclides

2.

Caso uma primeira seja o mesmo múltiplo de uma segunda que uma terceira é de uma quarta, e também uma quinta seja o mesmo múltiplo da segunda que uma sexta é da quarta, também, tendo sido compostas, primeira e quinta serão o mesmo múltiplo da segunda que terceira e sexta serão da quarta.

Seja, pois, a primeira AB o mesmo múltiplo da segunda C que a terceira DE é da quarta F, e seja a quinta BG o mesmo múltiplo da segunda C que a sexta EH é da quarta F; digo que também, tendo sido compostas, primeira e quinta, a AG será o mesmo múltiplo da segunda C que terceira e sexta, a DH, será da quarta F.

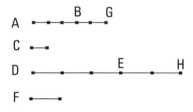

Pois, como a AB é o mesmo múltiplo da C que a DE é da F, portanto, quantas iguais à C estão na AB tantas também iguais à F estão na DE. Pelas mesmas coisas, então, também quantas iguais à C estão na BG tantas também iguais à F, na EH; portanto, quantas iguais à C estão na AG toda tantas também iguais à F, na DH toda; portanto, quantas vezes a AG é da C tantas vezes também a DH será da F. Portanto, também, tendo sido compostas primeira e quinta, a AG será o mesmo múltiplo da segunda C que, terceira e sexta, a DH será da quinta F.

Portanto, caso uma primeira seja o mesmo múltiplo de uma segunda que uma terceira, de uma quarta, e também uma quinta seja o mesmo múltiplo da segunda que uma sexta, da quarta, também, tendo sido compostas, primeira e quinta serão o mesmo múltiplo da segunda que terceira e sexta, da quarta; o que era preciso provar.

3.

Caso uma primeira seja o mesmo múltiplo de uma segunda que uma terceira, de uma quarta, e sejam tomados os mesmos múltiplos tanto da primeira quanto da terceira, também, por igual posto, cada um de cada um dos tomados será o mesmo múltiplo, um da segunda, o outro da quarta.

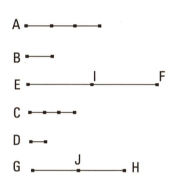

Seja, pois, a primeira A o mesmo múltiplo da segunda B que a terceira C da quarta D, e fiquem tomadas as EF, GH os mesmos múltiplos das A, C; digo que a EF é o mesmo múltiplo da B que a GH é da D.

Pois, como a EF é o mesmo múltiplo da A que a GH é da C, portanto, quantas iguais à A estão na EF tantas também iguais à C estão na GH. Fiquem divididas, por um lado, a EF nas magnitudes EI, IF iguais à A, e, por outro lado, a GH nas GJ, JH iguais à C; então, a quantidade das EI, IF será igual à quantidade das GJ, JH. E, como a A é o mesmo múltiplo da B que a C é da D, e, por um lado, a EI é igual à A, e, por outro lado, a GJ, à C, portanto, a EI é o mesmo múltiplo da B que a GJ é da D. Pelas mesmas coisas, então, a IF é o mesmo múltiplo da B que a JH é da D. Como, de fato, a primeira EI é o mesmo múltiplo da segunda B que a terceira GJ é da quarta D, e também a quinta IF é o mesmo múltiplo da segunda B que a sexta JH é da quarta D, portanto, também, tendo sido compostas primeira e quinta, a EF é o mesmo múltiplo da segunda B que, terceira e sexta, a GH é da quarta D.

Portanto, caso uma primeira seja o mesmo múltiplo de uma segunda que uma terceira é de uma quarta, e sejam tomados os mesmos múltiplos da primeira e terceira, também, por igual posto, cada um dos tomados será o mesmo múltiplo, um da segunda, o outro da quarta; o que era preciso provar.

4.

Caso uma primeira tenha para uma segunda a mesma razão que uma terceira para uma quarta, também os mesmos múltiplos tanto da primeira quanto da terceira terão para os mesmos múltiplos da segunda e da quarta, segundo uma multiplicação qualquer, a mesma razão, tendo sido tomados correspondentes.

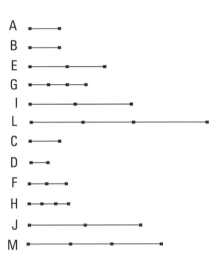

Tenha, pois, a primeira A para a segunda B a mesma razão que a terceira C para a quarta D, e fiquem tomadas, por um lado, as E, F, os mesmos múltiplos das A, C, e, por outro lado, as G, H, outros mesmos múltiplos, ao acaso, das B, D; digo que como a E está para a G, assim a F para a H.

Fiquem, pois, tomadas, por um lado, as I, J, os mesmos múltiplos das E, F, e, por outro lado, as L, M, outros mesmos múltiplos, ao acaso, das G, H.

[E], como, por um lado, a E é o mesmo múltiplo de A, e, por outro lado, a F, da C, e as I, J foram tomadas os mesmos múltiplos das E, F, portanto, a I é o mesmo múltiplo de A que a J é da C. Pelas mesmas coisas, então, a L é o mesmo múltiplo da B que a M é da J. E, como a A está para a B, assim a C para a D, e foram tomadas, por um lado, as I, J, os mesmos múltiplos das A, C, e, por outro lado, as L, M, outros mesmos múltiplos, ao acaso, das B, D, portanto, se a I excede a L, também a J excede a M, e, se igual, igual, e, se menor, menor. E, por um lado, as I, J são os mesmos múltiplos das E, F, e, por outro lado, as L, M são outros mesmos múltiplos, ao acaso, das G, H; portanto, como a E está para a G, assim a F para a H.

Portanto, caso uma primeira tenha para uma segunda a mesma razão que uma terceira para uma quarta, também os mesmos múltiplos tanto da primeira quanto da terceira terão para os mesmos múltiplos da segunda e da quarta, segundo uma multiplicação qualquer, a mesma razão, tendo sido tomados correspondentes.

5.

Caso uma magnitude seja o mesmo múltiplo de uma magnitude que uma subtraída é de uma subtraída, também a restante será tantas vezes o múltiplo da restante quantas vezes a toda é da toda.

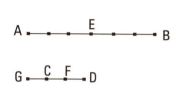

Seja, pois, a magnitude AB o mesmo múltiplo da magnitude CD que a subtraída AE é da subtraída CF; digo que a restante EB será tantas vezes o múltiplo da restante FD quantas vezes a AB toda é da CD toda.

Pois, quantas vezes a AE é da CF tantas vezes fique produzida também a EB da CG.

E, como a AE é o mesmo múltiplo da CF que a EB é da GC, portanto, a AE é o mesmo múltiplo da CF que a AB é da GF. Mas a AE foi posta o mesmo múltiplo da CF que a AB é da CD. Portanto, a AB é o mesmo múltiplo de cada uma das GF, CD; portanto, a GF é igual à CD. Fique subtraída a CF comum; portanto, a restante GC é igual à restante FD. E, como a AE é o mesmo múltiplo da CF que a EB é da GC, mas a GC é igual à DF, portanto, a AE é o mesmo múltiplo da CF que a EB é da FD. Mas a AE foi suposta o mesmo múltiplo da CF que a AB da CD; portanto, a EB é o mesmo múltiplo da FD que a AB é da CD. Portanto, a restante EB é tantas vezes o múltiplo da restante FD quantas vezes a AB toda é da CD toda.

Portanto, caso uma magnitude seja o mesmo múltiplo de uma magnitude que uma subtraída é de uma subtraída, também a restante será tantas vezes o múltiplo da restante quantas vezes a toda é da toda.

6.

Caso duas magnitudes sejam os mesmos múltiplos de duas magnitudes e algumas, tendo sido subtraídas, sejam os mesmos múltiplos das mesmas, também as restantes ou são iguais às mesmas ou os mesmos múltiplos delas.

Sejam, pois, as duas magnitudes AB, CD o mesmo múltiplo das duas magnitudes E, F, e sejam as subtraídas AG, CH os mesmos múltiplos das mesmas E, F; digo que também as restantes GB, HD são ou iguais às E, F ou os mesmos múltiplos delas.

Seja, pois, em primeiro lugar, a GB igual à E. Digo que também a HD é igual à F. Fique, pois, posta a CI igual à F. Como a AG é o mesmo múltiplo da E que a CH é da F, e, por um lado, a GB é igual à E, e, por outro lado, a IC, à F, portanto, a AB é o mesmo múltiplo da E que a IH é da F. E a AB foi suposta o mesmo múltiplo da E que a CD é da F; portanto, a IH é o mesmo múltiplo da F que a CD é da F. Como, de fato, cada uma das IH, CD é o mesmo múltiplo da F, portanto, a IH é igual à CD. Fique subtraída a CH comum; portanto, a restante IC é igual à restante HD. Mas a F é igual à IC; portanto, também a HD é igual à F. Desse modo, se a GB é igual à E, também a HD será igual à F.

Do mesmo modo, então, provaremos que, caso a GB seja quantas vezes a E, também a HD será tantas vezes a F.

Portanto, caso duas magnitudes sejam os mesmos múltiplos de duas magnitudes, e algumas, tendo sido subtraídas, sejam os mesmos múltiplos das mesmas, também as restantes ou são iguais às mesmas ou os mesmos múltiplos delas; o que era preciso provar.

7.

As iguais têm para a mesma a mesma razão que a mesma, para as iguais.

Sejam as magnitudes iguais A, B, e alguma outra magnitude C, ao acaso; digo que cada uma das A, B tem para a C a mesma razão que a C, para cada uma das A, B.

Fiquem, pois tomadas, por um lado, as D, E os mesmos múltiplos das A, B, e, por outro lado, a F, outro múltiplo, ao acaso, da C.

Como, de fato, a D é o mesmo múltiplo da A que a E é da B, e a A é igual à B, portanto, também a D é igual à E. Mas a F é uma outra, ao acaso. Portanto, se a D excede a F, também a E excede a F, e se igual, igual, e se menor, menor. E, por um lado, as D, E são os mesmos múltiplos das A, B, e, por outro lado, a F é da C um outro múltiplo, ao acaso. Portanto, como a A está para a C, assim a B para a C.

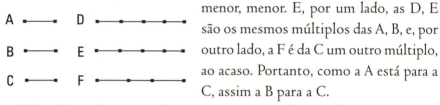

Digo, [então], que também a C tem para cada uma das A, B a mesma razão.

Pois, tendo sido construídas as mesmas coisas, do mesmo modo provaremos que a D é igual à E; mas a F é uma outra, ao acaso; portanto, se a F excede a D, também excede a E, e se igual, igual, e se menor, menor. E, por um lado, a F é um múltiplo da C, e, por outro lado, as D, E, outros, ao acaso, mesmos múltiplos das A, B; portanto, como a C está para a A, assim a C para a B.

Portanto, as iguais têm para a mesma a mesma razão que a mesma, para as iguais.

Corolário

Disso, então, é evidente que, caso algumas magnitudes estejam em proporção, também estarão inversamente em proporção. O que era preciso provar.

8.

Das magnitudes desiguais, a maior tem para a mesma uma maior razão do que a menor. E a mesma tem para a menor uma maior razão do que para a maior.

Sejam as magnitudes desiguais AB, C, e sejam a AB a maior e D uma outra, ao acaso; digo que a AB tem para a D uma maior razão do que a C para a D, e a D tem para a C uma maior razão do que para a AB.

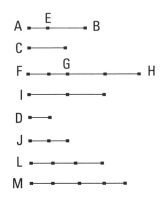

Pois, como a AB é maior do que a C, fique posta a BE igual à C; então, a menor das AE, EB, sendo multiplicada, será, alguma vez, maior do que a D. Seja, primeiramente, a AE menor do que a EB, e fique multiplicada a AE, e seja a FG um múltiplo dela que é maior do que a D, e quantas vezes a FG é da AE tantas vezes fiquem produzidas, por um lado, a GH da EB, e, por outro lado, a I da C; e fiquem tomadas, por um lado, a J o dobro da D, e, por outro lado, a L o triplo, e sucessivamente por um a mais, até que a tomada se torne, por um lado, um múltiplo da D, e, por outro lado, o primeiro maior do que I. Fique tomada, e seja a M, por um lado, o quádruplo da D, e, por outro lado, a primeira maior do que a I.

Como, de fato, a I é a primeira menor do que M, portanto, a I não é menor do que a L. E, como a FG é o mesmo múltiplo de AE que a GH é da EB, portanto, a FG é o mesmo múltiplo da AE que a FH é da AB. Mas a FG é o mesmo múltiplo da AE que a I é da C; portanto, a FH é o mesmo múltiplo da AB que a I é da C. Portanto, as FH, I são os mesmos múltiplos das AB, C. De novo, como a GH é o mesmo múltiplo da EB que a I é da C, e a EB é igual à C, portanto, também a GH é igual à I. Mas a I não é menor do que a L; portanto, nem a GH é menor do que a L. Mas a FG é maior do que a D; portanto, a FH toda é maior do que as duas D, L juntas. Mas as duas D, L juntas são iguais à M, visto que a L é o triplo da D, e as duas L, D juntas são o quádruplo, e também a M é o quádruplo da D; portanto,

214

as duas L, D juntas são iguais à M. Mas a FH é maior do que as L, D; portanto, a FH excede a M; mas a I não excede a M. E, por um lado, as FH, I são os mesmos múltiplos das AB, C, e a M um outro múltiplo, ao acaso, da D; portanto, a AB tem para a D uma maior razão do que a C para a D.

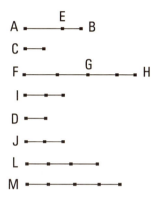

Digo, então, que também a D tem para a C uma maior razão do que a D para a AB.

Pois, tendo sido construídas as mesmas coisas, do mesmo modo provaremos que, por um lado, a M excede a I, e, por outro lado, a M não excede a FH. E, por um lado, a M é um múltiplo da D, e, por outro lado, as FH, I são, ao acaso, outros mesmos múltiplos das AB, C; portanto, a D tem para a C uma maior razão do que a D para a AB.

Mas, então, seja a AE maior do que a EB. Então, a menor EB, sendo multiplicada, será, alguma vez, maior do que a D. Fique multiplicada, e seja a GH, por um lado, um múltiplo da EB, e, por outro lado, maior do que a D. E, quantas vezes a GH é da EB tantas vezes fiquem produzidas, por um lado, a FG da AE, e, por outro lado, a I da C. Do mesmo modo, então, provaremos que as FH, I são os mesmos múltiplos das AB, C; e fique tomada, do mesmo modo, a M, por um lado, um múltiplo da D, e, por outro lado, o primeiro maior do que a FG; desse modo, de novo, a FG não é menor do que a L. Mas a GH é maior do que a D; portanto, a FH toda excede as D, L, isto é, a M. E a I não excede a M, visto que também a FG, sendo maior do que a GH, isto é, do que a I, não excede a M. E, da mesma maneira, seguindo exatamente as coisas acima, concluímos a demonstração.

Portanto, das magnitudes desiguais a maior tem para a mesma uma maior razão do que a menor; e a mesma tem para a menor uma maior razão do que para a maior; o que era preciso provar.

9.

As que têm a mesma razão para a mesma são iguais entre si; e aquelas, para as quais a mesma tem a mesma razão, são iguais.

Tenha, pois, cada uma das A, B para a C a mesma razão; digo que a A é igual à B.

Pois, se não, cada uma das A, B não tinha para a C a mesma razão; mas têm; portanto, a A é igual à B.

Tenha, então, de novo, a C para cada uma das A, B a mesma razão; digo que a A é igual à B.

Pois, se não, a C não tinha para cada uma das A, B a mesma razão; mas tem; portanto, a A é igual à B.

Portanto, as que têm para a mesma a mesma razão são iguais entre si; e aquelas, para as quais a mesma tem a mesma razão, são iguais; o que era preciso provar.

10.

Das que têm para a mesma uma razão, maior é aquela que tem a maior razão; e aquela, para a qual a mesma tem maior razão, é menor.

Tenha, pois, a A para a C uma razão maior do que a B para a C; digo que a A é maior do que a B.

Pois, se não, ou A é igual à B ou menor. Certamente, a A não é igual à B; pois, cada uma das A, B tinha para a C a mesma razão. E não tem; portanto, a A não é igual à B. Nem, certamente, a A é menor do que a B; pois, a A tinha para a C uma razão menor do que a B para a C. E não tem; portanto, a A não é menor do que a B. E foi provada nem igual; portanto, a A é maior do que a B.

Tenha, então, de novo, a C para a B uma razão maior do que a C para a A; digo que a B menor do que a A.

Os elementos

Pois, se não, ou é igual ou maior. Certamente, a B não é igual à A; pois, a C tinha para cada uma das A, B a mesma razão. E não tem; portanto, a A não é igual à B. Nem, por certo, a B é maior do que a A; pois, a C tinha para a B uma razão menor do que para a A. E não tem; portanto, a B não é maior do que a A. E foi provada nem igual; portanto, a B é menor do que a A.

Portanto, das que têm para a mesma uma razão, maior é aquela que tem a maior razão; e aquela, para a qual a mesma tem maior razão, é menor; o que era preciso provar.

11.

As mesmas, com a mesma razão, também são as mesmas entre si.

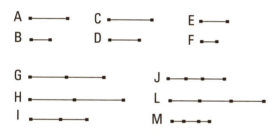

Estejam, pois, por um lado, como a A para a B, assim a C para a D, e, por outro lado, como a C para a D, assim a E para a F; digo que como a A está para a B assim a E para a F.

Fiquem, pois, tomadas as G, H, I, os mesmos múltiplos das A, C, E, e as J, L, M, outros, ao acaso, mesmos múltiplos das B, D, F.

E, como a A está para a B, assim a C para a D, e foram tomadas, por um lado, as G, H, os mesmos múltiplos das A, C, e, por outro lado, as J, L, outros, ao acaso, mesmos múltiplos das B, D, portanto, se a G excede a J, também a H excede a L, e se é igual, igual, e se é deficiente, deficiente. De novo, como a C está para a D, assim a E para a F, e as H, I foram tomadas os mesmos múltiplos das C, E e as L, M, outros, ao acaso, mesmos múltiplos das D, F, portanto, se a H excede a L, também a I excede a M, e se igual, igual, e se menor, menor. Mas se a H excedesse a L, também a G excedia a J, e se igual, igual, e se menor, menor; desse modo, também se a G excede a J, também a I excede a M, e se igual, igual, e se menor, menor. E, por um lado, as G, I são os mesmos múltiplos das A, E, e, por outro lado, as J, M são outros, ao acaso, mesmos múltiplos das B, F; portanto, como a A está para a B, assim a E para a F.

Portanto, as mesmas, com a mesma razão, também são as mesmas entre si; o que era preciso provar.

12.

Caso magnitudes, em quantidade qualquer, estejam em proporção, como um dos antecedentes estará para um dos consequentes, assim todos os antecedentes para todos os consequentes.

Estejam as magnitudes A, B, C, D, E, F, em quantidade qualquer, como a A para a B, assim a C para a D, e a E para a F; digo que, como a A está para a B, assim as A, C, E para as B, D, F.

Fiquem, pois, tomadas, por um lado, as G, H, I, os mesmos múltiplos das A, C, E, e, por outro lado, as J, L, M outros, ao acaso, mesmos múltiplos das B, D, F.

E, como a A está para a B, assim a C para a D, e a E para a F e foram tomadas, por um lado, as G, H, I, os mesmos múltiplos das A, C, E, e, por outro lado, as J, L, M, outros, ao acaso, mesmos múltiplos de B, D, F, portanto, se a G excede a J, também a H excede a L, e a I, a M, e se igual, igual, e se menor, menor. Desse modo, também se a G excede a J, também as G, H, I excedem as J, L, M, e, se igual, iguais, e se menor, menores. Tanto a G quanto as G, H, I são os mesmos múltiplos tanto da A quanto das A, C, E, visto que, caso magnitudes, em quantidade qualquer, sejam o mesmo múltiplo de magnitudes, em quantidade qualquer, iguais na quantidade, cada uma de cada uma, quantas vezes uma das magnitudes é de uma tantas vezes todas serão de todas. Pelas mesmas coisas, então, tanto a J quanto as J, L, M são os mesmos múltiplos tanto da B quanto das B, D, F; portanto, como a A está para a B, assim as A, C, E para as B, D, F.

Portanto, caso magnitudes, em quantidade qualquer, estejam em proporção, como um dos antecedentes estará para um dos consequentes, assim todos os antecedentes para todos os consequentes; o que era preciso provar.

13.

Caso uma primeira tenha para uma segunda a mesma razão que uma terceira para uma quarta, e a terceira tenha para a quarta uma maior razão que uma quinta para uma sexta, também a primeira terá para a segunda uma maior razão que a quinta para a sexta.

Tenha, pois, a primeira A para a segunda B a mesma razão que a terceira C para a quarta D, e tenha a terceira C para a quarta D uma maior razão que a quinta E para a sexta F. Digo que também a primeira A terá para a segunda B uma maior razão que a quinta E para a sexta F.

Pois, como existem, por um lado, alguns mesmos múltiplos das C, E, e, por outro lado, outros, ao acaso, mesmos múltiplos das D, F, e, por um lado, o múltiplo da C excede o múltiplo da D, e, por outro lado, o múltiplo da E não excede o múltiplo da F, fiquem tomadas, e sejam, por um lado, as G, H os mesmos múltiplos das C, E, e, por outro lado, as I, J, outros, ao acaso, mesmos múltiplos das D, F; desse modo, a G excede a I, enquanto a H não excede a J; e, por um lado, quantas vezes a G é da C tantas vezes seja também a L da A, e, por outro lado, quantas vezes a I é da D tantas vezes seja também a M da B.

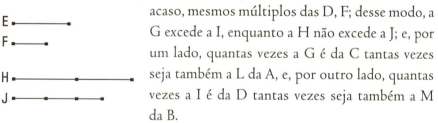

E, como a A está para a B, assim a C para a D, e foram tomadas, por um lado, as L, G, os mesmos múltiplos das A, C, e, por outro lado, as M, I, outros, ao acaso, mesmos múltiplos das B, D, portanto, se a L excede a M, também a G excede a I, e se igual, igual, e se menor, menor. Mas a G excede a I; portanto, também a L excede a M. Mas a H não excede a J; e, por um lado, as L, H são os mesmos múltiplos das A, E, e, por outro lado, as M, J são outros, ao acaso, mesmos múltiplos das B, F; portanto, a A tem para a B uma maior razão que a E para a F.

Portanto, caso uma primeira tenha para uma segunda a mesma razão que uma terceira para uma quarta, e a terceira tenha para a quarta uma maior razão que uma quinta para uma sexta, também a primeira terá para a segunda uma maior razão que a quinta para a sexta; o que era preciso provar.

14.

Caso uma primeira tenha para uma segunda a mesma razão que uma terceira para uma quarta, e a primeira seja maior do que a terceira, também a segunda será maior do que a quarta, e caso igual, igual, e caso menor, menor.

Tenha, pois, a primeira A para a segunda B a mesma razão que a terceira C para a quarta D. E seja a A maior do que a C; digo que também a B é maior do que a D.

Pois, como a A é maior do que a C, e B uma outra [magnitude], ao acaso, portanto, a A tem para a B uma maior razão que a C para a B. Mas como a A para a B, assim a C para a D; portanto, também a C tem para a D uma maior razão que a C para a B. Mas aquela, para a qual a mesma tem uma maior razão, é menor; portanto, a D é menor do que a B; desse modo, a B é maior do que a D.

Do mesmo modo, então, provaremos que, caso a A seja igual à C, também a B será igual à D, e caso a A seja menor do que a C, também a B será menor do que a D.

Portanto, caso uma primeira tenha para uma segunda a mesma razão que uma terceira para uma quarta, e a primeira seja maior do que a terceira, também a segunda será maior do que a quarta, e caso igual, igual, e caso menor, menor; o que era preciso provar.

15.

As partes têm a mesma razão que os seus igualmente múltiplos, tendo sido tomadas correspondentes.

Seja, pois, a AB o mesmo múltiplo da C que a DE é da F; digo que, como a C está para a F, assim a AB para a DE.

Pois, como a AB é o mesmo múltiplo da C que a DE é da F, portanto, quantas magnitudes iguais a C estão na AB, tantas iguais a F estão também na DE. Fiquem divididas, por um lado, a AB nas AG, GH, HB iguais à C, e, por outro lado, a DE nas DI, IJ, JE iguais à F; então, a quantidade das AG, GH, HB será igual à quantidade das DI, IJ, JE. E, como as AG, GH, HB são iguais entre si, e também as DI, IJ, JE são iguais entre si, portanto, como a AG está para a DI, assim a GH para a IJ, e a HB para a JE. Portanto, também como um dos antecedentes estará para um dos consequentes, assim todos os antecedentes para todos os consequentes; portanto, como a AG está para a DI, assim a AB para a DE. Mas a AG é igual à C, enquanto a DI, à F; portanto, como a C está para a F, assim a AB para a DE.

Portanto, as partes têm a mesma razão que os seus igualmente múltiplos, tendo sido tomadas correspondentes; o que era preciso provar.

16.

Caso quatro magnitudes estejam em proporção, estarão também, alternadamente, em proporção.

Estejam as quatro magnitudes A, B, C, D em proporção, como a A para a B, assim a C para a D; digo que também estarão, alternadamente [em proporção], como o A para o C, assim o B para o D.

Fiquem, pois, tomadas, por um lado, as E, F, os mesmos múltiplos das A, B, e, por outro lado, as G, H, outros, ao acaso, mesmos múltiplos das C, D. E, como a E é o mesmo múltiplo da A que a F é da B, e as partes têm a mesma razão que os seus igualmente múltiplos, portanto, como a A está para a B, assim a E para a F. Mas, como a A para a B, assim a C para a D; portanto, também como a C para a D, assim a E para a F. De novo, como as G, H são os mesmos múltiplos das C, D, portanto, como a C está para a D, assim a G para a H. Mas, como a C para a D, [assim] a E para a F;

portanto, também como a E para a F, assim a G para a H. Mas, caso quatro magnitudes estejam em proporção, e a primeira seja maior do que a terceira, também a segunda será maior do que a quarta, e caso igual, igual, e caso menor, menor. Portanto, se a E excede a G, também a F excede a H, e se igual, igual, e se menor, menor. E, por um lado, as E, F são os mesmos múltiplos das A, B, e, por outro lado, as G, H, outros, ao acaso, mesmos múltiplos das C, D; portanto, como a A está para a C, assim a B para a D.

Portanto, caso quatro magnitudes estejam em proporção, estarão também, alternadamente, em proporção; o que era preciso provar.

17.

Caso magnitudes, tendo sido compostas, estejam em proporção, também, tendo sido separadas, estarão em proporção.

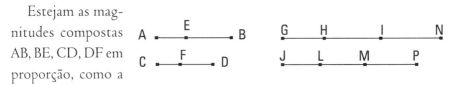

Estejam as magnitudes compostas AB, BE, CD, DF em proporção, como a AB para a BE, assim a CD para a DF; digo que também, tendo sido separadas, estarão em proporção, como a AE para a EB, assim a CF para a FD.

Fiquem, pois, tomadas, por um lado, as GH, HI, JL, LM, os mesmos múltiplos das AE, EB, CF, FD, e, por outro lado, as IN, MP, outros, ao acaso, mesmos múltiplos das EB, FD.

E, como a GH é o mesmo múltiplo da AE que a HI é da EB, portanto, a GH é o mesmo múltiplo da AE que a GI é da AB. Mas a GH é o mesmo múltiplo da AE que a JL é da CF; portanto, a GI é o mesmo múltiplo da AB que a JL é da CF. De novo, como a JL é o mesmo múltiplo da CF que a LM é da FD, portanto, a JL é o mesmo múltiplo da CF que a JM é da CD. Mas a JL era o mesmo múltiplo da CF que a GI, da AB; portanto, a GI é o mesmo múltiplo da AB que a JM é da CD. Portanto, as GI, JM são os mesmos múltiplos das AB, CD. De novo, como a HI é o mesmo múltiplo da EB que a LM é da FD, e também a IN é o mesmo múltiplo da EB que a MP é da FD, também, tendo sido compostas, a HN é o mesmo múltiplo da EB que a LP é da FD. E, como a AB está para a BE, assim a CD para a DF, e foram tomadas, por um lado, as GI, JM, os mesmos múltiplos das AB, CD, e, por outro lado, as HN, LP, os mesmos múltiplos das EB, FD, portanto, se a GI excede a HN, também a JM excede a LP, e se igual, igual, e se menor, menor. Então, a GI exceda a HN, e, tendo sido subtraída a HI comum, portanto, também a GH excede a IN. Mas, se a GI excedesse a HN, também a JM excedia a LP; portanto, também a JM excede a LP, e, tendo sido subtraída a LM comum, também a JL excede a MP; desse modo, se a GH excede a IN, também a JL excede a MP. Do mesmo modo, então, provaremos que, caso a GH seja igual à IN, também a JL será igual à MP, e caso menor, menor. E, por um lado, as GH, JL são os mesmos múltiplos das AE, CF, e, por outro lado, as IN, MP, outros, ao acaso, mesmos múltiplos das EB, FD; portanto, como a AE está para a EB, assim a CF para a FD.

Portanto, caso magnitudes, tendo sido compostas, estejam em proporção, também, tendo sido separadas, estarão em proporção; o que era preciso provar.

18.

Caso magnitudes, tendo sido separadas, estejam em proporção, também, tendo sido compostas, estarão em proporção.

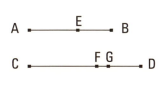

Estejam as magnitudes separadas AE, EB, CF, FD em proporção, como a AE para a EB, assim a CF para a FD; digo que também, tendo sido compostas, estarão em proporção, como a AB para a BE, assim a CD para a FD.

Pois, se não como a AB está para a BE, assim a CD para a FD, como a AB estará para a BE, assim a CD ou para alguma menor do que DF ou para uma maior.

Seja, primeiramente, para uma menor, a DG. E, como a AB está para a BE, assim a CD para a DG, magnitudes, tendo sido compostas, estão em proporção; desse modo, também, tendo sido separadas, estarão em proporção. Portanto, como a AE está para a EB, assim a CG para a GD. Mas também foi suposto como a AE para a EB, assim a CF para a FD. Portanto, também como a CG para a GD, assim a CF para a FD. Mas a primeira CG é maior do que a terceira CF; portanto, também a segunda GD é maior do que a quarta FD. Mas também é menor; o que é impossível; portanto, não como a AB está para a BE, assim a CD para uma menor do que a FD. Do mesmo modo, então, provaremos que nem para uma maior; portanto, para a mesma.

Portanto, caso magnitudes, tendo sido separadas, estejam em proporção, também, tendo sido compostas, estarão em proporção; o que era preciso provar.

19.

Caso, como uma toda esteja para uma toda, assim uma que foi subtraída para uma que foi subtraída, também a restante estará para a restante, como a toda para a toda.

Esteja, pois, como a AB toda para a CD toda, assim a que foi subtraída AE para a que foi subtraída CF; digo que também a restante EB estará para a restante FD, como a AB toda para a CD toda.

Pois, como a AB está para a CD, assim a AE para a CF, e, alternadamente, como a BA para a AE, assim a DC para a CF. E, como magnitudes, tendo sido compostas, estão em proporção, também, tendo sido separadas, estarão em proporção, como a BE para a EA, assim a DF para a CF; e, alternadamente, como a BE para a DF, assim a EA para a FC. Mas, como a AE para a CF, assim, foi suposto, a AB toda para a CD toda. Portanto, também a restante EB estará para a restante FD, como a AB toda para a CD toda.

Portanto, caso como uma toda esteja para uma toda, assim uma que foi subtraída para uma que foi subtraída, também a restante estará para a restante, como a toda para a toda [o que era preciso provar].

[E, conforme foi provado, como a AB para a CD, assim a EB para a FD, e, alternadamente, como a AB para a BE, assim a CD para a FD, portanto, magnitudes, tendo sido compostas, estão em proporção; mas foi provado, como a BA para a AE, assim a DC para a CF; e é por conversão.]

COROLÁRIO

Disso, é evidente que, caso magnitudes, tendo sido compostas, estejam em proporção, também estarão em proporção, por conversão; o que era preciso provar.

20.

Caso existam três magnitudes e outras iguais a elas em quantidade, tomadas duas a duas e na mesma razão, e, por igual posto, a primeira seja maior do que a terceira, também a quarta será maior do que a sexta, e caso igual, igual, e caso menor, menor.

Sejam as três magnitudes A, B, C, e as D, E, F outras iguais a elas em quantidade, tomadas duas a duas na mesma razão, por um lado, como a A para a B, assim a D para a E, e, por outro lado, como a B para a C, assim a E para a F, e, por igual posto, seja a A maior do que a C; digo que também a D será maior do que a F, e caso igual, igual, e caso menor, menor.

Pois, como a A é maior do que a C, e B, alguma outra, e a maior tem para a mesma uma maior razão que a menor, portanto, a A tem para a B uma maior razão que C para a B. Mas, por um lado, como a A para a B, [assim] a D para a E, e, por outro lado, como a C para a B, inversamente, assim a F para a E; portanto, também a D tem para a E uma maior razão que a F para a E. Mas, das que têm para a mesma uma razão, a que tem a maior razão é maior. Portanto, a D é maior do que a F. Do mesmo modo, então, provaremos que, caso a A seja igual à C, também a D será igual à F, e caso menor, menor.

Portanto, caso existam três magnitudes e outras iguais a elas em quantidade, tomadas duas a duas e na mesma razão, e, por igual posto, a primeira seja maior do que a terceira, também a quarta será maior do que a sexta, e caso igual, igual, e caso menor, menor; o que era preciso provar.

21.

Caso existam três magnitudes e outras iguais a elas em quantidade, tomadas duas a duas e na mesma razão, e seja perturbada a proporção entre elas, e, por igual posto, a primeira seja maior do que a terceira, também a quarta será maior do que a sexta, e caso igual, igual, e caso menor, menor.

Sejam as três magnitudes A, B, C e as D, E, F outras iguais a elas em quantidade, tomadas duas a duas e na mesma razão, e seja perturbada a proporção entre elas, por um lado, como a A para a B, assim a E para a F, e, por outro lado, como a B para a C, assim a D para a E, e, por igual posto, a A seja maior do que a C; digo que também a D será maior do que a F, e caso igual, igual, e caso menor, menor.

Pois, como a A é maior do que a C, e a B, alguma outra, portanto a A tem para a B uma maior razão que a C para a B. Mas, por um lado, como a A para a B, assim a E para a F, e, por outro lado, como a C para a B, inversamente, assim a E para a D. Portanto, também a E tem para a F uma maior razão que a E para a D. Mas aquela, para a qual a mesma tem uma maior razão, é menor; portanto, a F é menor do que a D; portanto, a D é maior do que a F. Do mesmo modo, então, provaremos que, caso a A seja igual à C, também a D será igual à F, e caso menor, menor.

Portanto, caso existam três magnitudes e outras iguais a elas em quantidade, tomadas duas a duas e na mesma razão, e seja perturbada a proporção entre elas, e, por igual posto, a primeira seja maior do que a terceira, também a quarta será maior do que a sexta, e caso igual, igual, e caso menor, menor; o que era preciso provar.

22.

Caso existam magnitudes, em quantidade qualquer, e outras iguais a elas em quantidade, tomadas duas a duas e na mesma razão, também, por igual posto, estarão na mesma razão.

Sejam as magnitudes A, B, C, em quantidade qualquer, e as D, E, F, outras iguais a elas em quantidade, tomadas duas a duas na mesma razão, por um lado, como a A para a B, assim a D para a E, e, por outro lado, como a B para a C, assim a E para a F; digo que também, por igual posto, estarão na mesma razão.

Fiquem, pois, tomadas, por um lado, as G, H, os mesmos múltiplos das A, D, e, por outro lado, as I, J, outros, ao acaso, mesmos múltiplos das B, E, e ainda as L, M, outros, ao acaso, mesmos múltiplos das C, F.

E, como a A está para a B, assim a D para a E, e foram tomadas, por um lado, as G, H, os mesmos múltiplos das A, D, e, por outro lado, as I, J, outros, ao acaso, mesmos múltiplos das B, E; portanto, como a G está para a I, assim a H para a J. Pelas mesmas coisas, então, também como a I para a L, assim a J para a M. Como, de fato, as G, I, L são três magnitudes e as H, J, M, outras iguais a elas em quantidade, tomadas duas a duas e na mesma razão, portanto, por igual posto, se a G excede a L, também a H excede a M, e se igual, igual, e se menor, menor. E, por um lado, as G, H são os mesmos múltiplos das A, D, e, por outro lado, as L, M, outros, ao acaso, mesmos múltiplos das C, F. Portanto, como a A está para a C, assim a D para a F.

Portanto, caso existam magnitudes, em quantidade qualquer, e outras iguais a elas em quantidade, tomadas duas a duas na mesma razão, também, por igual posto, estarão na mesma razão; o que era preciso provar.

23.

Caso existam três magnitudes e outras iguais a elas em quantidade, tomadas duas a duas na mesma razão, e seja perturbada a proporção entre elas, também, por igual posto, estarão na mesma razão.

Sejam as três magnitudes A, B, C e as D, E, F, outras, iguais a elas em quantidade, tomadas duas a duas na mesma razão, e seja perturbada a proporção entre elas, por um lado, como a A para a B, assim a E para a F, e, por outro lado, como a B para a C, assim a D para a E; digo que como a A está para a C, assim a D para a F.

Fiquem tomadas, por um lado, as G, H, I, os mesmos múltiplos das A, B, D, e, por outro lado, as J, L, M, outros, ao acaso, mesmos múltiplos das C, E, F.

E, como as G, H são os mesmos múltiplos das A, B, e as partes têm para os seus igualmente múltiplos a mesma razão, portanto, como a A está para a B, assim a G para a H. Pelas mesmas coisas, então, também como a E para a F, assim a L para a M; e, como a A está para a B, assim a E para a F; portanto, também como a G para a H, assim a L para a M. E, como a B está para a C, assim a D para a E, e, alternadamente, como a B para a D, assim a C para a E. E, como as H, I são os mesmos múltiplos das B, D, e as partes têm para os seus igualmente múltiplos a mesma razão, portanto, como a B está para a D, assim a H para a I. Mas, como a B para a D, assim a C para a E; portanto, também como a H para a I, assim a C para a E. De novo, como as J, L são os mesmos múltiplos das C, E, portanto, como a C está para a E, assim a J para a L. Mas, como a C para a E, assim a H para a I; portanto, como a H para a I, assim a J para a L, e, alternadamente, como a H para a J, a I para a L. Mas foi provado também como a G para a H, assim a L para a M. Como, de fato, as G, H, J são três magnitudes, e as I, L, M, outras iguais a elas em quantidade, tomadas duas a duas na mesma razão, e foi perturbada a proporção entre elas, portanto, por igual posto, se a G excede a J, também a I excede a M, e se igual, igual, e se menor, menor. E, por um lado, as G, I são os mesmos múltiplos das A, D, e, por outro lado, as J, M, das C, F. Portanto, como a A está para a C, assim a D para a F.

Portanto, caso existam três magnitudes e outras iguais a elas em quantidade, tomadas duas a duas na mesma razão, e seja perturbada a proporção entre elas, também, por igual posto, estarão na mesma razão; o que era preciso provar.

24.

Caso uma primeira tenha para uma segunda a mesma razão que uma terceira para uma quarta, e também uma quinta tenha para a segunda a mesma razão que uma sexta para a quarta, também, tendo sido compostas, primeira e quinta terão para a segunda a mesma razão que terceira e sexta para a quarta.

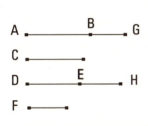

Tenha, pois, a primeira AB para a segunda C a mesma razão que a terceira DE para a quarta F, e tenha, também, a quinta BG para a segunda C a mesma razão que a sexta EH para a quarta F; digo que também, tendo sido compostas, primeira e quinta, a AG terá para a segunda C a mesma razão que, terceira e sexta, a DH para a quarta F.

Pois, como a BG está para a C, assim a EH para a F, portanto, inversamente, como a C para a BG, assim a F para a EH. Como, de fato, a AB está para a C, assim a DE para a F, ao passo que, como a C para a BG, assim a F para a EH, portanto, por igual posto, como a AB está para a BG, assim a DE para a EH. E, como magnitudes separadas, estão em proporção, também, tendo sido compostas, estarão em proporção; portanto, como a AG está para a GB, assim a DH para a HE. Mas também como a BG está para a C, assim a EH para a F; portanto, por igual posto, como a AG está para a C, assim a DH para a F.

Portanto, caso uma primeira tenha para uma segunda a mesma razão que uma terceira para uma quarta, e também uma quinta tenha para a segunda a mesma razão que uma sexta para a quarta, também, tendo sido compostas, primeira e quinta terão para a segunda a mesma razão que terceira e sexta para a quarta; o que era preciso provar.

25.

Caso quatro magnitudes estejam em proporção, a maior [delas] e a menor são maiores do que as duas restantes.

Sejam AB, CD, E, F as quatro magnitudes em proporção, como a AB para a CD, assim a E para a F, e sejam, por um lado, a AB a maior delas, e, por outro lado, a F a menor; digo que as AB, F são maiores do que as CD, E.

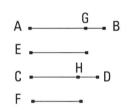

Fiquem, pois, postas, por um lado, a AG igual à E, e, por outro lado, a CH igual à F.

Como, [de fato], a AB está para a CD, assim a E para a F, e a E é igual à AG, enquanto a F, à CH, portanto, como a AB está para a CD, assim a AG para a CH. E, como a AB toda está para a CD toda, assim a que foi subtraída AG para a que foi subtraída CH, portanto, a restante GB estará para a restante HD, como a AB toda para a CD toda. Mas a AB é maior do que a CD; portanto, também a GB é maior do que a HD. E, como a AG é igual à E, ao passo que a CH, à F, portanto, as AG, F são iguais à CH, E. E, [como], caso [sejam compostas iguais com desiguais, as todas são desiguais, portanto, caso], sendo desiguais as GB, HD e a GB a maior, por um lado, sejam compostas as AG, F com a GB, e, por outro lado, sejam compostas as CH, E com a HD, conclui-se que as AB, F são maiores do que as CD, E.

Portanto, caso quatro magnitudes estejam em proporção, a maior delas e a menor são maiores do que as duas restantes; o que era preciso provar.

Livro VI

Definições

1. Figuras retilíneas semelhantes são quantas têm tanto os ângulos iguais, um a um, quantos os lados ao redor dos ângulos iguais em proporção.
[2. E figuras estão inversamente relacionadas, quando existam, em cada uma das figuras, razões antecedentes e também consequentes.]
3. Uma reta é dita estar cortada em extrema e média razão, quando como a toda esteja para o maior segmento, assim o maior para o menor.
4. Uma altura de toda figura é a perpendicular traçada do vértice até a base.
[5. Uma razão é dita ser composta de razões, quando os tamanhos das razões, tendo sido multiplicadas por elas mesmas, façam alguma.]

I.

Os triângulos e os paralelogramos que estão sob a mesma altura estão entre si como as bases.

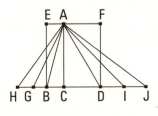

Sejam, por um lado, os triângulos ABC, ACD, e, por outro lado, os paralelogramos EC, CF, sob a mesma altura AC; digo que como a base BC está para a base CD, assim o triângulo ABC para o triângulo ACD, e o paralelogramo EC para o paralelogramo CF.

Fique, pois, prolongada a BD, sobre cada um dos lados, até os pontos H, J, e fiquem postas, por um lado, as BG, GH [em quantidade qualquer] iguais à base BC, e, por outro lado, as DI, IJ, em quantidade qualquer, iguais à base CD, e fiquem ligadas as AG, AH, AI, AJ.

E, como as CB, BG, GH são iguais entre si, também os triângulos AHG, AGB, ABC são iguais entre si. Portanto, quantas vezes a base HC é da base BC tantas vezes também o triângulo AHC é do triângulo ABC. Pelas mesmas coisas, então, quantas vezes a base JC é da base CD tantas vezes também o triângulo AJC é do triângulo ACD; e, se a base HC é igual à base CJ, também o triângulo AHC é igual ao triângulo ACJ, e se a base HC excede a base CJ, também o triângulo AHC excede o triângulo ACJ, e se menor, menor. Então, existindo quatro magnitudes, por um lado, as duas bases BC, CD, e, por outro lado, os dois triângulos ABC, ACD, foram tomados, por um lado, os mesmos múltiplos quer da base BC quer do triângulo ABC, tanto a base HC quanto o triângulo AHC, e, por outro lado, outros, ao acaso, os mesmos múltiplos quer da base CD quer do triângulo ADC, tanto a base JC quanto o triângulo AJC; e foi provado que, se a base HC excede a base CJ, também o triângulo AHC excede o triângulo AJC, e se igual, igual, e se menor, menor; portanto, como a base BC está para a base CD, assim o triângulo ABC para o triângulo ACD.

E, como, por um lado, o paralelogramo EC é o dobro do triângulo ABC, e, por outro lado, o paralelogramo FC é o dobro do triângulo ACD, e as partes têm para os igualmente múltiplos a mesma razão, portanto, como o triângulo ABC está para o triângulo ACD, assim o paralelogramo EC para o paralelogramo FC. Como, de fato, foi provado, por um lado, como a base BC para a base CD, assim o triângulo ABC para o triângulo ACD, e, por outro lado, como o triângulo ABC para o triângulo ACD, assim o paralelogramo EC para o paralelogramo CF, portanto, também como a base BC para a base CD, assim o paralelogramo EC para o paralelogramo CF.

Portanto, os triângulos e os paralelogramos que estão sob a mesma altura estão entre si como as bases; o que era preciso provar.

2.

Caso alguma reta seja traçada paralela a um dos lados de um triângulo, corta os lados do triângulo em proporção; e, caso os lados do triângulo sejam cortados em proporção, a reta, sendo ligada dos pontos de secção, será paralela ao lado restante do triângulo.

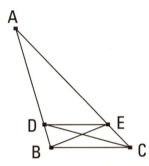

Fique, pois, traçada a DE paralela a um dos lados, o BC, do triângulo ABC; digo que, como a BD está para a DA, assim a CE para a EA.

Fiquem, pois, ligadas as EB, CD.

Portanto, o triângulo BDE é igual ao triângulo CDE; pois estão sobre a mesma base DE e nas mesmas paralelas DE, BC; mas o triângulo ADE é algum outro. E as iguais têm para a mesma a mesma razão; portanto, como o triângulo BDE está para o [triângulo] ADE, assim o triângulo CDE para o triângulo ADE. Mas, por um lado, como o triângulo BDE para o ADE, assim a BD para a DA; pois, estando sob a mesma altura, a perpendicular traçada do E até o AB, estão entre si como as bases. Pelas mesmas coisas, então, como o triângulo CDE para o ADE, assim a CE para a EA; portanto, também como a BD para a DA, assim a CE para a EA.

Mas, então, fiquem cortados os dois lados AB, AC do triângulo ABC, em proporção, como a BD para a DA, assim a CE para a EA, e fique ligada a DE; digo que a DE é paralela à BC.

Tendo, pois, sido construídas as mesmas coisas, como a BD está para a DA, assim a CE para a EA, mas, por um lado, como a BD para a DA, assim o triângulo BDE para o triângulo ADE, e, por outro lado, como a CE para a EA, assim o triângulo CDE para o triângulo ADE, portanto, também como o triângulo BDE para o triângulo ADE, assim o triângulo CDE para o triângulo ADE. Portanto, cada um dos triângulos BDE, CDE tem para o ADE a mesma razão. Portanto, o triângulo BDE é igual ao triângulo CDE; e estão sobre a mesma base DE. Mas os triângulos iguais e que estão sobre a mesma base, também estão nas mesmas paralelas. Portanto, a DE é paralela à BC.

Portanto, caso alguma reta seja traçada paralela a um dos lados de um triângulo, corta os lados do triângulo em proporção; e, caso os lados do triângulo sejam cortados em proporção, a reta, sendo ligada dos pontos de secção, será paralela ao lado restante do triângulo; o que era preciso provar.

3.

Caso o ângulo de um triângulo seja cortado em dois, e a reta que corta o ângulo também corte a base, os segmentos da base terão a mesma razão que os lados restantes do triângulo; e, caso os segmentos da base tenham a mesma razão que os lados restantes do triângulo, a reta, sendo ligada do vértice até o ponto de secção, cortará o ângulo do triângulo em dois.

Seja o triângulo ABC, e fique cortado o ângulo sob BAC em dois pela reta AD; digo que, como a BD está para a CD, assim a BA para a AC.

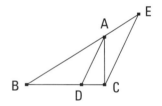

Fique, pois, traçada pelo C a CE paralela à DA, e, tendo sido traçada através a BA, encontre-a no E.

E, como a reta AC encontrou as paralelas AD, EC, portanto, o ângulo sob ACE é igual ao sob CAD. Mas o sob CAD foi suposto igual ao sob BAD; portanto, o ângulo sob BAD é igual ao sob ACE. De novo, como a reta BAE encontrou as paralelas AD, EC, o ângulo exterior, o sob BAD é igual ao ângulo interior, o sob AEC. E também o sob ACE foi provado igual ao sob BAD; portanto, também o sob ACE é igual ao sob AEC; desse modo, também o lado AE é igual ao lado AC. E, como a AD foi traçada paralela a um dos lados, o EC, do triângulo BCE, portanto, proporcionalmente, como a BD está para a DC, assim a BA para a AE. Mas a AE é igual à AC; portanto, como a BD para a DC, assim a BA para a AC.

Mas, então, como a BD esteja para a DC, assim a BA para a AC, e fique ligada a AD; digo que o ângulo sob BAC foi cortado em dois pela reta AD.

Pois, tendo sido construídas as mesmas coisas, como a BD está para a DC, assim a BA para a AC, mas também como a BD para a DC, assim a BA está para a AE; pois, a AD foi traçada paralela a um, o EC, do triângulo BCE;

portanto, também como a BA para a AC, assim a BA para a AE. Portanto, a AC é igual à AE; desse modo, também o ângulo sob AEC é igual ao sob ACE. Mas, por um lado, o sob AEC [é] igual ao exterior, o sob BAD, e, por outro lado, o sob ACE é igual ao alterno, o sob CAD; portanto, também o sob BAD é igual ao sob CAD. Portanto, o ângulo sob BAC foi cortado em dois pela reta AD.

Portanto, caso o ângulo de um triângulo seja cortado em dois, e a reta que corta o ângulo corte também a base, os segmentos da base terão a mesma razão que os lados restantes do triângulo; e, caso os segmentos da base tenham a mesma razão que os lados restantes do triângulo, a reta, sendo ligada do vértice até o ponto de secção, corta o ângulo do triângulo em dois; o que era preciso provar.

4.

Os lados à volta dos ângulos iguais dos triângulos equiângulos estão em proporção, e os que se estendem sob os ângulos iguais são homólogos.

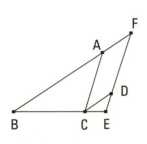

Sejam os triângulos equiângulos ABC, DCE, tendo, por um lado, o ângulo sob ABC igual ao sob DCE, e, por outro lado, o sob BAC, ao sob CDE, e ainda o sob ACB, ao sob CED; digo que os lados à volta dos ângulos iguais dos triângulos ABC, DCE estão em proporção e os que se estendem sob os ângulos iguais são homólogos.

Fique, pois, posta a BC sobre uma reta com a CE. E, como os ângulos sob ABC, ACB são menores do que dois retos e os sob ACB é igual ao sob DEC, portanto, os sob ABC, DEC são menores do que dois retos; portanto, as BA, ED, sendo prolongadas, encontrar-se-ão. Fiquem prolongadas e encontrem-se no F.

E, como o ângulo sob DCE é igual ao sob ABC, a BF é paralela à CD. De novo, como o sob ACB é igual ao sob DEC, a AC é paralela à FE. Portanto, o FACD é um paralelogramo; portanto, a FA é igual à DC, enquanto a AC, à FD. E, como a AC foi traçada paralela a um, o FE, do triângulo

Euclides

FBE, portanto, como a BA está para a AF, assim a BC para a CE. Mas a AF é igual à CD; portanto, como a BA para a CD, assim a BC para a CE, e, alternadamente, como a AB para a BC, assim a DC para a CE. De novo, como a CD é paralela à BF, portanto, como a BC para a CE, assim a FD para a DE. Mas a FD é igual à AC; portanto, como a BC para a CE, assim a AC para a DE, e, alternadamente, como a BC para a CA, assim a CE para a ED. Porque, de fato, foi provado, por um lado, como a AB para a BC, assim a DC para a CE, e, por outro lado, como a BC para a CA, assim a CE para a ED, portanto, por igual posto, como a BA para a AC, assim a CD para a DE.

Portanto, os lados à volta dos ângulos iguais dos triângulos equiângulos estão em proporção e os que se estendem sob os ângulos iguais são homólogos; o que era preciso provar.

5.

Caso dois triângulos tenham os lados em proporção, os triângulos serão equiângulos, e terão iguais os ângulos sob os quais se estendem os lados homólogos.

Sejam os dois triângulos ABC, DEF, tendo os lados em proporção, por um lado, como o AB para o BC, assim o DE para o EF, e, por outro lado, como o BC para o CA, assim o EF para o FD, e ainda como o BA para o AC, assim o ED para o DF; digo que o triângulo ABC é equiângulo com o triângulo DEF e terão os ângulos iguais, aqueles sob os quais se estendem os lados homólogos, por um lado, o sob ABC, ao sob DEF, e, por outro lado, o sob BCA ao sob EFD, e ainda o sob BAC, ao sob EDF.

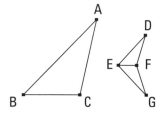

Fiquem, pois, construídos, sobre a reta EF e nos pontos E, F sobre ela, por um lado, o sob FEG igual ao ângulo sob ABC, e, por outro lado, o sob EFG igual ao sob ACB; portanto, o junto ao A restante é igual ao junto ao G restante.

Portanto, o triângulo ABC é equiângulo com o [triângulo] EGF. Portanto, os lados à volta dos ângulos iguais dos triângulos ABC, EGF estão em proporção e os que se estendem sob os ângulos iguais são homólogos; portanto, como o AB para o BC, [assim] o GE para o EF. Mas, como o AB para o BC, assim, foi suposto, o DE para o EF; portanto, como o DE para o EF, assim o GE para o EF. Portanto, cada um dos DE, GE tem para o EF a mesma razão; portanto, o DE é igual ao GE. Pelas mesmas coisas, então, também o DF é igual ao GF. Como, de fato, o DE é igual ao EG, e o EF é comum, os dois DE, EF, então, são iguais aos dois GE, EF; e a base DF [é] igual à base FG; portanto, o ângulo sob DEF é igual ao ângulo sob GEF, e o triângulo DEF é igual ao triângulo GEF, e os ângulos restantes são iguais aos ângulos restantes, aqueles sob os quais se estendem os lados iguais. Portanto, por um lado, o ângulo sob DFE é igual ao sob GFE, e, por outro lado, o sob EDF, ao sob EGF. E como o sob FED é igual ao sob GEF, mas o sob GEF, ao sob ABC, portanto, também o ângulo sob ABC é igual ao sob DEF. Pelas mesmas coisas, então, também o sob ACB é igual ao sob DFE, e, ainda, o junto ao A, ao junto ao D; portanto, o triângulo ABC é equiângulo com o triângulo DEF.

Portanto, caso dois triângulos tenham os lados em proporção, os triângulos serão equiângulos e terão iguais os ângulos sob os quais se estendem os lados homólogos; o que era preciso provar.

6.

Caso dois triângulos tenham um ângulo igual a um ângulo, e os lados, à volta dos ângulos iguais, em proporção, os triângulos serão equiângulos e terão iguais os ângulos sob os quais se estendem os lados homólogos.

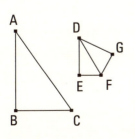

Sejam os dois triângulos ABC, DEF, tendo um ângulo, o sob BAC, igual a um ângulo, o sob EDF, e os lados, à volta dos ângulos iguais, em proporção, como o BA para o AC, assim o ED para o DF; digo que o triângulo ABC é equiângulo com o triângulo DEF, e terão o ângulo sob ABC igual ao sob DEF, e o sob ACB, ao sob DFE.

Fiquem, pois, construídos, sobre a reta DF e nos pontos D, F sobre ela, por um lado, o sob FDG igual a qualquer um dos sob BAC, EDF, e, por outro lado, o sob DFG igual ao sob ACB; portanto, o ângulo junto ao B restante é igual ao junto ao G restante.

Portanto, o triângulo ABC é equiângulo com o triângulo DGF. Portanto, proporcionalmente, como o BA está para o AC, assim o GD para o DF. Mas foi suposto também como o BA para o AC, assim o ED para o DF; portanto, também como o ED para o DF, assim o GD para o DF. Portanto, o ED é igual ao DG; e o DF é comum; então, os dois ED, DF são iguais aos dois GD, DF; e o ângulo sob EDF [é] igual ao ângulo sob GDF; portanto, a base EF é igual à base GF, e o triângulo DEF é igual ao triângulo GDF, e os ângulos restantes serão iguais aos ângulos restantes, sob os quais se estendem os lados iguais. Portanto, por um lado, o sob DFG é igual ao sob DFE, e, por outro lado, o sob DGF, ao sob DEF. Mas o sob DFG é igual ao sob ACB; portanto, também o sob ACB é igual ao sob DFE. Mas foi também suposto o sob BAC igual ao sob EDF; portanto, também o junto ao B restante é igual ao junto ao E restante; portanto, o triângulo ABC é equiângulo como o triângulo DEF.

Portanto, caso dois triângulos tenham um ângulo igual a um ângulo, e os lados à volta dos ângulos iguais em proporção, os triângulos serão equiângulos e terão iguais os ângulos sob os quais se estendem os lados homólogos; o que era preciso provar.

7.

Caso dois triângulos tenham um ângulo igual a um ângulo, e os lados à volta dos outros ângulos em proporção, e cada um dos restantes, simultaneamente, ou menor ou não menor do que um reto, os triângulos serão equiângulos e terão iguais os ângulos, à volta dos quais estão os lados em proporção.

Sejam os dois triângulos ABC, DEF, tendo um ângulo igual a um ângulo, o sob BAC, ao sob EDF, e os lados à volta dos outros ângulos, os sob ABC, DEF em proporção, como o AB para o BC, assim o DE para o EF, e,

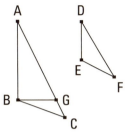

primeiramente, cada um dos restantes, os juntos aos C, F, simultaneamente, menor do que um reto; digo que o triângulo ABC é equiângulo com o triângulo DEF, e o ângulo sob ABC será igual ao sob DEF, e o restante, a saber, o junto ao C, é igual ao restante, o junto ao F.

Pois, se o sob ABC é desigual ao sob DEF, um deles é maior. Seja maior o sob ABC. E fique construído, sobre a reta AB e no ponto B sobre ela, o sob ABG igual ao ângulo sob DEF.

E como, por um lado, o ângulo A é igual ao D, e, por outro lado, o sob ABG, ao sob DEF, portanto, o sob AGB restante é igual ao sob DFE restante. Portanto, o triângulo ABG é equiângulo com o triângulo DEF. Portanto, como o AB está para o BG, assim o DE para o EF. Mas, como o DE para o EF, [assim], foi suposto, o AB para o BC; portanto, o AB tem para cada um dos BC, BG a mesma razão; portanto, o BC é igual ao BG. Desse modo, também o ângulo junto ao C é igual ao ângulo sob BGC. Mas o junto ao C foi suposto menor do que um reto; portanto, também o sob BGC é menor do que um reto; desse modo, o ângulo sob AGB, adjacente a ele, é maior do que um reto. E foi provado que é igual ao junto ao F; portanto, também o junto ao F é maior do que um reto. Mas foi suposto menor do que um reto; o que é absurdo. Portanto, o ângulo sob ABC não é desigual ao sob DEF; portanto, é igual. Mas também o junto ao A é igual ao junto ao D; portanto, o junto ao C restante é igual ao junto ao F restante. Portanto, o triângulo ABC é equiângulo com o triângulo DEF.

Mas, então, de novo, fique suposto cada um dos junto aos C, F não menor do que um reto; digo, de novo, que também assim o triângulo ABC é equiângulo com o triângulo DEF.

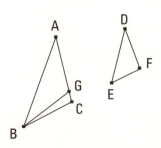

Tendo sido, pois, construídas as mesmas coisas, do mesmo modo provaremos que o BC é igual ao BG; desse modo, também o ângulo junto ao C é igual ao sob BGC. Mas o junto ao C não é menor do que um reto; portanto, nem o sob BGC é menor do que um reto. Então, os dois ângulos do triângulo BGC não são menores do que dois retos; o que é impossível. Portanto, de novo, o ângulo sob ABC não é desigual do sob DEF; portanto, é igual. Mas também o junto ao A é igual ao junto ao D; portanto, o junto ao C restante é igual ao junto ao F restante. Portanto, o triângulo ABC é equiângulo com o triângulo DEF.

Portanto, caso dois triângulos tenham um ângulo igual a um ângulo, e os lados à volta dos outros ângulos em proporção, e cada um dos restantes, simultaneamente, é menor ou não menor do que um reto, os triângulos serão equiângulos e terão iguais os ângulos, à volta dos quais estão os lados em proporção; o que era preciso provar.

8.

Caso em um triângulo retângulo seja traçada uma perpendicular do ângulo reto até a base, os triângulos junto à perpendicular são semelhantes tanto ao todo quanto entre si.

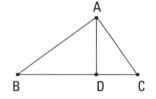

Seja o triângulo retângulo ABC, tendo reto o ângulo sob BAC, e fique traçada do A até o BC a perpendicular AD; digo que cada um dos triângulos ABD, ADC é semelhante ao ABC todo e, ainda, entre si.

Pois, como o sob BAC é igual ao sob ADB; pois, cada um é reto; e o junto ao B é comum dos dois triângulos, tanto do ABC quanto do ABD, portanto, o sob ACB restante é igual ao sob BAD restante; portanto, o triângulo ABC é equiângulo com o triângulo ABD. Portanto, como o BC, que subtende o reto do triângulo ABC, está para o BA, que subtende o reto do triângulo ABD, assim o mesmo AB, que subtende o ângulo junto ao C do triângulo ABC, para o BD, que subtende o sob BAD, igual, do triângulo ABD, e, ainda, o AC para o AD, subtendendo o ângulo junto ao B, comum dos dois triângulos. Portanto, o triângulo ABC tanto é equiângulo com o triângulo ABD quanto tem os lados, à volta dos ângulos iguais, em proporção. Portanto, o triângulo ABC [é] semelhante ao triângulo ABD. Do mesmo modo, então, provaremos que também o triângulo ABC é semelhante ao triângulo ADC; portanto, cada um dos [triângulos] ABD, ADC é semelhante ao ABC todo. Digo, então, que também os triângulos ABD, ADC são semelhantes entre si.

Pois, como o sob BDA é reto, é igual ao sob ADC, reto, mas, certamente, também o sob BAD foi provado igual ao junto ao C, portanto, também o junto ao B restante é igual ao sob DAC restante; portanto, o triângulo ABD é equiângulo com o triângulo ADC. Portanto, como o BD, subtendendo o sob BAD do triângulo ABD, está para o DA, subtendendo o junto ao C do triângulo ADC igual ao sob BAD, assim o mesmo AD, subtendendo o ângulo junto ao B do triângulo ABD, para o DC, que subtende o sob DAC do triângulo ADC, igual ao junto ao B, e, ainda, o BA para o AC, subtendendo os retos; portanto, o triângulo ABD é semelhante ao triângulo ADC.

Portanto, caso em um triângulo retângulo seja traçada uma perpendicular do ângulo reto até a base, os triângulos junto à perpendicular são semelhantes tanto ao todo quanto entre si [o que era preciso provar].

Corolário

Disso, é evidente que, caso em um triângulo retângulo seja traçada uma perpendicular do reto até a base, a traçada é média, em proporção, entre os segmentos da base; o que era preciso provar [e, ainda, entre a base e qualquer dos segmentos, o lado junto ao segmento é média, em proporção].

9.

Separar de uma reta dada a parte que foi prescrita.

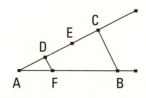

Seja a reta dada AB; é preciso, então, da AB separar a parte que foi prescrita.

Fique, então, prescrita a terça. [E] fique traçada através, a partir do A, alguma reta, a AC, contendo um ângulo, que foi encontrado ao acaso, com a AB; e fique tomado, ao acaso, o ponto D sobre a AC, e fiquem postas as DE, EC iguais à AD. E fique ligada a BC, e pelo D fique traçada a DF paralela a ela.

Como, de fato, a FD foi traçada paralela a um dos lados, o BC, do triângulo ABC, portanto, em proporção, como a CD está para a DA, assim a BF para a FA. Mas a CD é o dobro da DA; portanto, também a BF é o dobro da FA; portanto, a BA é o triplo da AF.

Portanto, da reta dada AB foi separada a terça parte prescrita AF; o que era preciso fazer.

10.

Cortar a reta dada não cortada semelhantemente à dada cortada.

Sejam, por um lado, a reta dada não cortada AB, e, por outro lado, a cortada AC nos pontos D, E, e fiquem postas de modo a conter um ângulo, que foi encontrado ao acaso, e fique ligada a CB, e pelos D, E fiquem traçadas as DF, EG paralelas à BC, e pelo D fique traçada a DHI paralela à AB.

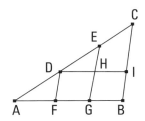

Portanto, cada um dos FH, HB é um paralelogramo; portanto, por um lado, a DH é igual à FG, e, por outro lado, a HI, à GB. E, como a HE foi traçada paralela a um dos lados, o IC, do triângulo DIC, portanto, em proporção, como a CE está para a ED, assim a IH para a HD. Mas, por um lado, a IH é igual à BG, e, por outro lado, a HD, à GF. Portanto, como a CE está para a ED, assim a BG para a GF. De novo, como a FD foi traçada paralela a um dos lados, o GE, do triângulo AGE, portanto, em proporção, como a ED está para a DA, assim a GF para a FA. Mas foi provado também como a CE para a ED, assim a BG para a GF; portanto, por um lado, como a CE está para a ED, assim a BG para a GF, e, por outro lado, como a ED para a DA, assim a GF para a FA.

Portanto, a reta dada não cortada AB foi cortada semelhantemente à reta dada cortada AC; o que era preciso fazer.

11.

Dadas duas retas, achar uma terceira em proporção.

Sejam as [duas retas] dadas BA, AC, e fiquem postas contendo um ângulo, ao acaso. É preciso, então, achar uma terceira, em proporção, com

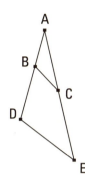

as BA, AC. Fiquem, pois prolongadas até os pontos D, E, e fique posta a BD igual à AC, e fique ligada a BC, e pelo D fique traçada a DE paralela a ela.

Como, de fato, a BC foi traçada paralela a um dos lados, o DE, do triângulo ADE, em proporção, como a AB está para a BD, assim a AC para a CE. Mas a BD é igual à AC. Portanto, como a AB está para a AC, assim a AC para a CE.

Portanto, dadas duas retas AB, AC foi achada uma terceira, a CE, em proporção com elas; o que era preciso fazer.

12.

Dadas três retas, achar uma quarta em proporção.

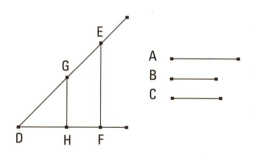

Sejam as três retas dadas A, B, C; é preciso, então, achar uma quarta em proporção com as A, B, C.

Fiquem postas as duas retas DE, DF, contendo um ângulo [ao acaso], o sob EDF; e fiquem postas, por um lado, a DG igual à A, e, por outro lado, a GE igual à B, e, ainda, a DH igual à C; e, tendo sido ligada a HG, fique traçada pelo E a EF paralela a ela.

Como, de fato, a GH foi traçada paralela a um lado, o EF, do triângulo DEF, portanto, como a DG está para a GE, assim a DH para a HF. Mas, por um lado, a DG é igual à A, e, por outro lado, a GE, à B, e a DH, à C; portanto, como a A está para a B, assim a C para a HF.

Portanto, dadas as três retas A, B, C, foi achada uma quarta, a HF, em proporção; o que era preciso fazer.

Euclides

13.

Achar uma média em proporção entre duas retas dadas.

Sejam as duas retas dadas AB, BC; é preciso, então, achar uma média em proporção entre as AB, BC.

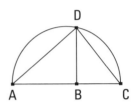

Fiquem postas sobre uma reta, e fique descrito sobre a AC o semicírculo ADC, e fique traçada, a partir do ponto B, a BD em ângulos retos com a reta AC, e fiquem ligadas as AD, DC.

Como o ângulo sob ADC está em um semicírculo, é reto. E, como no triângulo retângulo ADC foi traçada, do ângulo reto até a base, a perpendicular DB, portanto, a DB é média em proporção entre os segmentos AB, BC da base.

Portanto, foi achada a DB, média em proporção entre as duas retas dadas AB, BC; o que era preciso fazer.

14.

Os lados, à volta dos ângulos iguais, dos paralelogramos iguais e também equiângulos, são inversamente proporcionais; e são iguais aqueles paralelogramos equiângulos, dos quais os lados, à volta dos ângulos iguais, são inversamente proporcionais.

Sejam os paralelogramos iguais e também equiângulos AB, BC, tendo iguais os ângulos no B, e fiquem postas as DB, BE sobre uma reta; portanto, também as FB, BG estão sobre uma reta. Digo que os lados dos AB, BC, à volta dos ângulos iguais, são inversamente proporcionais, isto é, que como a DB está para a BE, assim a GB para a BF.

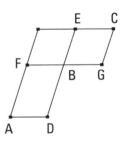

Fique, pois, completado o paralelogramo FE. Como, de fato, o paralelogramo AB é igual ao paralelogramo BC, e o FE é algum outro, portanto, como o AB está para o FE, assim o BC para o FE. Mas, por um lado, como

244

o AB para o FE, assim a DB para a BE, e, por outro lado, como o BC para o FE, assim a GB para a BF; portanto, também como a DB para a BE, assim a GB para a BF. Portanto, os lados dos paralelogramos AB, BC, à volta dos ângulos iguais, são inversamente proporcionais.

Mas, então, como a DB esteja para a BE, assim a GB para a BF; digo que o paralelogramo AB é igual ao paralelogramo BC.

Pois, como a DB está para a BE, assim a GB para a BF, mas, por um lado, como a DB para a BE, assim o paralelogramo AB para o paralelogramo FE, e, por outro lado, como a GB para a BF, assim o paralelogramo BC para o paralelogramo FE, portanto, também como o AB para o FE, assim o BC para o FE; portanto, o paralelogramo AB é igual ao paralelogramo BC.

Portanto, os lados, à volta dos ângulos iguais, dos paralelogramos iguais e também equiângulos são inversamente proporcionais; e são iguais aqueles paralelogramos equiângulos, dos quais os lados, à volta dos ângulos iguais, são inversamente proporcionais; o que era preciso provar.

15.

Dos triângulos iguais e que têm um ângulo igual a um, os lados à volta dos ângulos iguais são inversamente proporcionais; e são iguais aqueles triângulos que têm um ângulo igual a um, dos quais os lados à volta dos ângulos iguais são inversamente proporcionais.

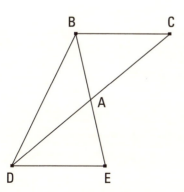

Sejam os triângulos iguais ABC, ADE, tendo um ângulo, o sob BAC, igual a um, o sob DAE; digo que, dos triângulos ABC, ADE, os lados à volta dos ângulos iguais são inversamente proporcionais, isto é, que como a CA está para a AD, assim a EA para a AB.

Fiquem, pois, postos de modo a estar a CA sobre uma reta com a AD; portanto, sobre uma reta também a EA está com a AB. E fique ligada a BD.

Como, de fato, o triângulo ABC é igual ao triângulo ADE, e o BAD é algum outro, portanto, como o triângulo CAB está para o triângulo BAD, assim o triângulo EAD para o triângulo BAD. Mas, por um lado, como o CAB para o BAD, assim a CA para a AD, e, por outro lado, como o EAD para o BAD, assim a EA para a AB. Portanto, também como a CA para a AD, assim a EA para a AB. Portanto, dos triângulos ABC, ADE os lados à volta dos ângulos iguais são inversamente proporcionais.

Mas, então, fiquem inversamente proporcionais os lados dos triângulos ABC, ADE, e como a CA esteja para a AD, assim a EA para a AB; digo que o triângulo ABC é igual ao triângulo ADE.

Pois, de novo, tendo sido ligada a BD, como a CA está para a AD, assim a EA para a AB, mas, por um lado, como a CA para a AD, assim o triângulo ABC para o triângulo BAD, e, por outro lado, como a EA para a AB, assim o triângulo EAD para o triângulo BAD, portanto, como o triângulo ABC para o triângulo BAD, assim o triângulo EAD para o triângulo BAD. Portanto, cada um dos ABC, EAD tem para o BAD a mesma razão. Portanto, o [triângulo] ABC é igual ao triângulo EAD.

Portanto, dos triângulos iguais e que têm um ângulo igual a um, os lados à volta dos ângulos iguais são inversamente proporcionais; e são iguais aqueles triângulos que têm um ângulo igual a um, dos quais os lados à volta dos ângulos iguais são inversamente proporcionais; o que era preciso provar.

16.

Caso quatro retas estejam em proporção, o retângulo contido pelos extremos é igual ao retângulo contido pelos meios, e caso o retângulo contido pelos extremos seja igual ao retângulo contido pelos meios, as quatro retas estarão em proporção.

Estejam as quatro retas AB, CD, E, F em proporção, como a AB para a CD, assim a E para a F; digo que o retângulo contido pelas AB, F é igual ao retângulo contido pelas CD, E.

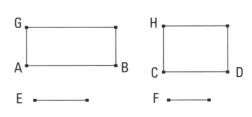

Fiquem, [pois], traçadas a partir dos pontos A, C as AG, CH em retos com as retas AB, CD, e fiquem postas, por um lado, a AG igual à F, e, por outro lado, a CH igual à E. E, fiquem completados os paralelogramos BG, DH.

E, como a AB está para a CD, assim a E para a F, mas, por um lado, a E é igual à CH, e, por outro lado, a F, à AG, portanto, como a AB para a CD, assim a CH para a AG. Portanto, dos paralelogramos BG, DH os lados à volta dos ângulos iguais são inversamente proporcionais. Mas são iguais aqueles paralelogramos, dos quais os lados à volta dos ângulos iguais são inversamente proporcionais; portanto, o paralelogramo BG é igual ao paralelogramo DH. E, por um lado, o BG é o pelas AB, F; pois, a AG é igual à F; e, por outro lado, o DH é o pelas CD, E; pois a E é igual à CH; portanto, o retângulo contido pelas AB, F é igual ao retângulo contido pelas CD, E.

Mas, então, seja o retângulo contido pelas AB, F igual ao retângulo contido pelas CD, E; digo que as quatro retas estarão em proporção, como a AB para a CD, assim a E para a F.

Tendo, pois, sido construídas as mesmas coisas, como o pelas AB, F é igual ao pelas CD, E, e, por um lado, o pelas AB, F é o BG; pois, a AG é igual à F; e, por outro lado, o pelas CD, E é o DH; pois, a CH é igual à E; portanto, o BG é igual ao DH. E são equiângulos. Mas, dos paralelogramos iguais e equiângulos os lados à volta dos ângulos iguais são inversamente proporcionais. Portanto, como a AB está para a CD, assim a CH para a AG. Mas, por um lado, a CH é igual à E, e, por outro lado, a AG, à F; portanto, como a AB está para a CD, assim a E para a F.

Portanto, caso quatro retas estejam em proporção, o retângulo contido pelos extremos é igual ao retângulo contido pelos meios; e, caso o retângulo contido pelos extremos seja igual ao retângulo contido pelos meios, as quatro retas estarão em proporção; o que era preciso provar.

17.

Caso três retas estejam em proporção, o retângulo contido pelos extremos é igual ao quadrado sobre a média; e, caso o retângulo contido pelos extremos seja igual ao quadrado sobre a média, as três retas estarão em proporção.

Estejam as três retas A, B, C em proporção, como a A para a B, assim a B para a C; digo que o retângulo contido pelas A, C é igual ao quadrado sobre a B.

Fique posta a D igual à B. E, como a A está para a B, assim como a B para a C, mas a B é igual à D, portanto, como a A está para a B, a D para a C. Mas, caso quatro retas estejam em proporção, o [retângulo] contido pelos extremos é igual ao retângulo contido pelos meios. Portanto, o pelas A, C é igual ao pela B, D. Mas o pelas B, D é o sobre a B; pois a B é igual à D; portanto, o retângulo contido pelas A, C é igual ao quadrado sobre a B.

Mas, então, seja o pelas A, C igual ao sobre a B; digo que como a A está para a B, assim a B para a C.

Tendo, pois, sido construídas as mesmas coisas, como o pelas A, C é igual ao sobre a B, mas o sobre a B é o pelas B, D; pois a B é igual à D; portanto, o pelas A, C é igual ao pelas B, D. Mas, caso o pelos extremos seja igual ao pelos meios, as quatro retas estão em proporção. Portanto, como a A está para a B, assim a D para a C. Mas a B é igual à D; portanto, como a A para a B, assim a B para a C.

Portanto, caso três retas estejam em proporção, o retângulo contido pelos extremos é igual ao quadrado sobre a média; e, caso o retângulo contido pelos extremos seja igual ao quadrado sobre a média, as três retas estarão em proporção; o que era preciso provar.

18.

Sobre a reta dada descrever uma retilínea semelhante, e também semelhantemente posta, à retilínea dada.

Sejam, por um lado, a reta dada AB, e, por outro lado, a retilínea dada CE; é preciso, então, sobre a reta AB descrever uma retilínea semelhante, e também semelhantemente posta, à retilínea CE.

Fique ligada a DF, e fiquem construídos sobre a reta AB e nos pontos A, B sobre ela, por um lado, o sob GAB igual ao ângulo junto ao C, e, por outro lado, o sob ABG igual ao sob CDF. Portanto, o sob CFD restante é igual ao sob AGB; portanto, o triângulo FCD é equiângulo com o triângulo GAB. Portanto, em proporção, como a FD está para a GB, assim a FC para a GA, e a CD para a AB. De novo, fiquem construídos sobre a reta BG e nos pontos B, G sobre ela, por um lado, o sob BGH igual ao ângulo sob DFE, e, por outro lado, o sob GBH igual ao sob FDE. Portanto, o junto ao E restante é igual ao junto ao H restante; portanto, o triângulo FDE é equiângulo com o triângulo GHB; portanto, em proporção, como a FD está para a GB, assim a FE para a GH e a ED para a HB. Mas foi provado também como a FD para a GB, assim a FC para a GA e a CD para a AB; portanto, também como a FC para a AG, assim tanto a CD para a AB quanto a FE para a GH, e ainda a ED para a HB. E como, por um lado, o ângulo sob CFD é igual ao sob AGB, e, por outro lado, o sob DFE, ao sob BGH, portanto, o sob CFE todo é igual ao sob AGH todo. Pelas mesmas coisas, então, também o sob CDE é igual ao sob ABH. Mas também, por um lado, o junto ao C é igual ao junto ao A, e, por outro lado, o junto ao E, ao junto ao H. Portanto, o AH é equiângulo com o CE; e têm os lados à volta dos ângulos iguais em proporção; portanto, a retilínea AH é semelhante à retilínea CE.

Portanto, sobre a reta dada AB foi descrita a retilínea AH semelhante, e também semelhantemente posta, à retilínea dada CE; o que era preciso fazer.

19.

Os triângulos semelhantes entre si estão em uma razão dupla da dos lados homólogos.

Sejam os triângulos semelhantes ABC, DEF, tendo o ângulo junto ao B igual ao junto ao E, e como o AB para o BC, assim o DE para o EF, de modo a ser o BC homólogo ao EF; digo que o triângulo ABC tem para o triângulo DEF uma razão dupla da que o BC, para o EF.

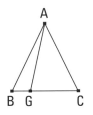

Fique, pois, tomada uma terceira, a BG, em proporção com as BC, EF, de modo a estar como a BC para a EF, assim a EF para a BG; e fique ligada a AG.

Como, de fato, a AB está para a BC, assim a DE para a EF, portanto, alternadamente, como a AB está para a DE, assim a BC para a EF. Mas, como a BC para a EF, assim a EF está para BG. Portanto, também como a AB para a DE, assim a EF para BG; portanto, dos triângulos ABG, DEF os lados à volta dos ângulos iguais são inversamente proporcionais. Mas, são iguais aqueles triângulos, dos que, tendo um ângulo igual a um, os lados à volta dos ângulos iguais são inversamente proporcionais. Portanto, o triângulo ABG é igual ao triângulo DEF. E, como a BC está para a EF, assim a EF para a BG, mas, caso três retas estejam em proporção, a primeira tem para a terceira uma razão dupla da que para a segunda, portanto, a BC tem para a BG uma razão dupla da que a CB, para a EF. Mas, como a CB para a BG, assim o triângulo ABC para o triângulo ABG; portanto, também o triângulo ABC tem para o triângulo ABG uma razão dupla da que a BC, para a EF. Mas o triângulo ABG é igual ao triângulo DEF; portanto, também o triângulo ABC tem para o triângulo DEF uma razão dupla da que o BC, para o EF.

Portanto, os triângulos semelhantes entre si estão em uma razão dupla da dos lados homólogos; [o que era preciso provar].

Corolário

Disso, é evidente que, caso três retas estejam em proporção, como a primeira está para a terceira, assim a figura sobre a primeira para a semelhante e semelhantemente descrita sobre a segunda [porque foi provado como a CB para a BG, assim o triângulo ABC para o triângulo ABG, isto é, o DEF]; o que era preciso provar.

20.

Os polígonos semelhantes são divididos em triângulos tanto semelhantes quanto iguais em quantidade e homólogos aos todos, e o polígono tem para o polígono uma razão dupla da que o lado homólogo, para o lado homólogo.

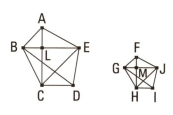

Sejam os polígonos semelhantes ABCDE, FGHIJ, e seja a AB homóloga à FG; digo que os polígonos ABCDE, FGHIJ são divididos em triângulos tanto semelhantes quanto iguais em quantidade e homólogos aos todos, e o polígono ABCDE tem para o polígono FGHIJ uma razão dupla da que a AB, para a FG.

Fiquem ligadas as BE, EC, GJ, JH.

E, como o polígono ABCDE é semelhante ao polígono FGHIJ, o ângulo sob BAE é igual ao sob GFJ. E, como a BA está para a AE, assim a GF para a FJ. Como, de fato, os ABE, FGJ são dois triângulos tendo um ângulo igual a um ângulo e os lados à volta dos ângulos iguais em proporção, portanto, o triângulo ABE é equiângulo com o triângulo FGJ; desse modo, também é semelhante; portanto, o ângulo sob ABE é igual ao sob FGJ. Mas também o sob ABC todo é igual ao sob o FGH todo, pela semelhança dos polígonos; portanto, o ângulo sob EBC restante é igual ao sob JGH. E como, pela semelhança dos triângulos ABE, FGJ, a EB está para a BA, assim a JG para a GF, mas, por certo, também pela semelhança dos polígonos, como a AB está para a BC, assim a FG para GH, portanto, por igual posto, como a EB para BC, assim a JG para GH, e os lados à volta dos ângulos iguais, os sob EBC, JGH, estão em proporção; portanto, o triângulo EBC é equiângulo com o triângulo JGH; desse modo, também o triângulo EBC é semelhante ao triângulo JGH. Pelas mesmas coisas, então, também o triângulo ECD é

251

semelhante ao triângulo JHI. Portanto, os polígonos semelhantes ABCDE, FGHIJ foram divididos em triângulos tanto semelhantes quanto iguais em quantidade.

Digo que também são homólogos aos todos, isto é, de modo a estarem os triângulos em proporção, e, por um lado, serem os ABE, EBC, ECD antecedentes, e, por outro lado, os FGJ, JGH, JHI consequentes delas, e que o polígono ABCDE tem para o polígono FGHIJ uma razão dupla da que o lado homólogo, para o lado homólogo, isto é, a AB para a FG.

Fiquem, pois, ligadas as AC, FH. E como, pela semelhança dos polígonos, o ângulo sob ABC é igual ao sob FGH, e como a AB está para a BC, assim a FG para a GH, o triângulo ABC é equiângulo com o triângulo FGH; portanto, por um lado, o ângulo sob BAC é igual ao sob GFH, e, por outro lado, o sob BCA, ao sob GHF. E, como o ângulo sob BAL é igual ao sob GFM, mas também o sob ABL é igual ao sob FGM, portanto, também o sob ALB restante é igual ao sob FMG restante; portanto, o triângulo ABL é equiângulo com o triângulo FGM. Do mesmo modo, então, provaremos que também o triângulo BLC é equiângulo com o triângulo GMH. Portanto, em proporção, por um lado, como a AL está para a LB, assim a FM para a MG, e, por outro lado, como a BL para a LC, assim a GM para MH; desse modo, também, por igual posto, como a AL para a LC, assim a FM para MH. Mas, como a AL para LC, assim o [triângulo] ABL para o LBC, e o ALE para o ELC; pois, estão entre si como as bases. Portanto, também como um dos antecedentes para um dos consequentes, assim todos os antecedentes para todos os consequentes; portanto, como o triângulo ALB para o BLC, assim o ABE para o CBE. Mas, como o ALB para o BLC, assim a AL para a LC; portanto, também como a AL para a LC, assim o triângulo ABE para o triângulo EBC. Pelas mesmas coisas, então, também como a FM para MH, assim o triângulo FGJ para o triângulo GJH. E, como a AL está para está para LC, assim a FM para MH; portanto, também como o triângulo ABE para o triângulo BEC, assim o triângulo FGJ para o triângulo GJH, e, alternadamente, como o triângulo ABE para o triângulo FGJ, assim o triângulo BEC para o triângulo GJH. Do mesmo modo, então, provaremos, tendo sido ligadas as BD, GI, que como o triângulo BEC para o triângulo JGH, assim o triângulo ECD para o triângulo JHI. E, como o triângulo ABE está para o triângulo FGJ, assim o EBC para o JGH, e, ainda, o ECD para o JHI, portanto, também como um dos antecedentes está para um dos consequentes, assim todos os antecedentes para todos os consequentes; portanto, como o triângulo ABE está para o triângulo FGJ, assim o polígono ABCDE para o polígono FGHIJ. Mas o triângulo ABE tem para o triângulo FGJ uma razão dupla da que o lado homólogo AB, para o lado homólogo FG; pois os triângulos semelhantes estão em uma razão dupla da dos lados homólogos. Portanto, também o polígono ABCDE tem para o polígono FGHIJ uma razão dupla da que o lado homólogo AB, para o lado homólogo FG.

Portanto, os polígonos semelhantes são divididos em triângulos tanto semelhantes quanto iguais em quantidade e homólogos aos todos, e o polígono tem para o polígono uma razão dupla da que o lado homólogo, para o lado homólogo; [o que era preciso provar].

Corolário

E, similarmente, também para os quadriláteros [semelhantes] será provado que estão em uma razão dupla da dos lados homólogos. Mas também foi provado para os triângulos; desse modo, também, em geral, as figuras retilíneas semelhantes estão entre si em uma razão dupla da dos lados homólogos; o que era preciso provar.

[Corolário 2

E, caso uma terceira, a N, seja tomada em proporção com as AB, FG, a BA tem para a N uma razão dupla da que a AB para a FG. Mas tem também o polígono para o polígono ou o quadrilátero para o quadrilátero uma razão dupla da que o lado homólogo, para o lado homólogo, isto é, a AB para a FG; e foi provado isso também para os triângulos; desse modo, também em geral é evidente que, caso três retas estejam em proporção, como a primeira estará para a terceira, assim a figura sobre a primeira para a semelhante e semelhantemente descrita sobre a segunda.]

21.

As semelhantes à mesma retilínea também são semelhantes entre si.

Seja, pois, cada uma das retilíneas A, B semelhante à C; digo que também a A é semelhante à B.

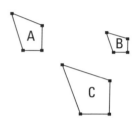

Pois, como a A é semelhante à C, tanto é equiângulo com ela quanto tem os lados à volta dos ângulos iguais em proporção. De novo, como a B é semelhante à C, tanto é equiângulo com ela quanto tem os lados à volta dos ângulos iguais em proporção. Portanto, cada uma das A, B é tanto equiângulo com a C quanto tem os lados à volta dos ângulos iguais em proporção [desse modo, também a A é tanto equiângulo com a B quanto tem os lados à volta dos ângulos iguais em proporção]. Portanto, a A é semelhante à B; o que era preciso provar.

22.

Caso quatro retas estejam em proporção, também as retilíneas semelhantes e também semelhantemente descritas sobre elas estarão em proporção; e, caso as retilíneas semelhantes e também semelhantemente descritas sobre elas estejam em proporção, também as retas mesmas estarão em proporção.

Estejam as quatro retas AB, CD, EF, GH em proporção, como a AB para a CD, assim a EF para a GH, e fiquem descritas, por um lado, sobre as AB, CD as retilíneas IAB, JCD tanto semelhantes quanto semelhantemente postas, e, por outro lado, sobre as EF, GH as retilíneas LF, MH tanto semelhantes quanto semelhantemente postas; digo que como a IAB está para a JCD, assim a LF para a MH.

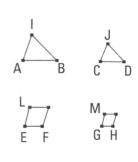

Fiquem, pois, tomadas, por um lado, uma terceira, a N, em proporção com as AB, CD, e, por outro lado, uma terceira, a O, em proporção com as EF, GH. E como, por um lado, a AB está para a CD, assim a EF para a GH, e, por outro lado, como a CD para a N, assim a GH para a O, portanto, por igual posto, como a AB está para a N, assim a EF para a O. Mas, por um lado, como a AB para a N, assim [também] o IAB para o JCD, e, por outro lado, como a EF para a O, assim o LF para o MH; portanto, também como o IAB para o JCD, assim o LF para o MH.

Mas, então, como o IAB esteja para o JCD, assim o LF para o MH; digo que também como a AB está para a CD, assim a EF para a GH. Pois, se não como a AB está para a CD, assim a EF para a GH, seja como a AB para a CD, assim a EF para a PR, e fique descrita sobre a PR a retilínea SR tanto semelhante a qualquer uma das LF, MH quanto semelhantemente posta.

Como, de fato, a AB está para a CD, assim a EF para a PR, e foram descritas, por um lado, sobre as AB, CD os IAB, JCD tanto semelhantes quanto semelhantemente postos, e, por outro lado, sobre as EF, PR, os LF, SR tanto semelhantes quanto semelhantemente postos, portanto, como o IAB está para o JCD, assim o LF para o SR. Mas foi suposto também como o IAB para o JCD, assim o LF para o MH; portanto, também como o LF para o SR, assim o LF para o MH. Portanto, o LF tem para cada um dos MH, SR a mesma razão; portanto, a MH é igual à SR. Mas é também semelhante a ela e semelhantemente posta; portanto, a GH é igual à PR. E, como a AB está para a CD, assim a EF para a PR, mas a PR é igual à GH, portanto, como a AB está para a CD, assim a EF para a GH.

Portanto, caso quatro retas estejam em proporção, também as retilíneas semelhantes e também semelhantemente descritas sobre elas estarão em proporção; e, caso as retilíneas semelhantes e também semelhantemente descritas sobre elas estejam em proporção, também as retas mesmas estarão em proporção; o que era preciso provar.

[Lema]

[E que, caso retilíneas iguais sejam também semelhantes, os lados homólogos delas são iguais entre si, provaremos assim.

Sejam as retilíneas MH, SR iguais e semelhantes, e como a HG esteja para a GM, assim a RP para a PS; digo que a RP é igual à HG.

Pois, se são desiguais, uma delas é maior. Seja a RP maior do que a HG, e como a RP está para a PS, assim a HG para a GM, e, alternadamente, como a RP para a HG, assim a PS para a GM, mas a PR é maior do que a HG, portanto, também a PS é maior do que a GM; desse modo, também a RS é maior do que a HM. Mas também é igual; o que é impossível. Portanto, a PR não é desigual à GH; portanto, é igual; o que era preciso provar.]

23.

Os paralelogramos equiângulos têm entre si a razão composta das dos lados.

Sejam os paralelogramos equiângulos AC, CF, tendo o ângulo sob BCD igual ao sob ECG; digo que o paralelogramo AC tem para o paralelogramo CF a razão composta das dos lados.

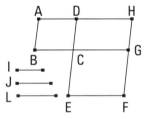

Fiquem, pois, postos, de modo a estar a BC sobre uma reta com a CG; portanto, também a DC está sobre uma reta com a CE. E fique completado o paralelogramo DG, e fique posta alguma reta, a I, e fiquem produzidas, por um lado, como a BC para a CG, assim a I para a J, e, por outro lado, como a DC para a CE, assim a J para a L.

Portanto, as razões tanto da I para a J quanto da J para a L são as mesmas que as razões dos lados, tanto da BC para a CG quanto da DC para a CE. Mas a razão da I para a L é composta tanto da razão da I para a J quanto da J para a L; desse modo, também a I tem para a L a razão composta das dos lados. E, como a BC está para a CG, assim o paralelogramo AC para o CH, mas, como a BC para a CG, assim a I para a J, portanto, também como a I para a J, assim o AC para o CH. De novo, como a DC está para a CE, assim o paralelogramo CH para o CF, mas, como a DC para a CE, assim a J para a L, portanto, também como a J para a L, assim o paralelogramo CH para o paralelogramo CF. Como, de fato, foi provado, por um lado, como a I para a J, assim o paralelogramo AC para o paralelogramo CH, e, por outro lado, como a J para a L, assim o paralelogramo CH para o paralelogramo CF, portanto, por igual posto, como a I para a L, assim o AC para o paralelogramo CF. Mas a I tem para a L a razão composta das dos lados; portanto, também o AC tem para o CF a razão composta das dos lados.

Portanto, os paralelogramos equiângulos têm entre si a razão composta das dos lados; o que era preciso provar.

24.

Os paralelogramos à volta do diagonal de todo paralelogramo são semelhantes tanto ao todo quanto entre si.

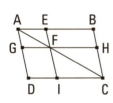

Sejam o paralelogramo ABCD, e a diagonal AC dele, e sejam EG, HI paralelogramos à volta da AC; digo que cada um dos paralelogramos EG, HI é semelhante ao ABCD todo e um ao outro.

Pois, como a EF foi traçada paralela a um dos lados, o BC, do triângulo ABC, em proporção, como a BE está para a EA, assim a CF para a FA. De novo, como a FG foi traçada paralela a um dos lados, o CD, do triângulo ACD, em proporção, como a CF está para a FA, assim a DG para a GA. Mas, como a CF para a FA, assim, foi provado, também a BE para a EA; portanto, também como a BE para a EA, assim a DG para a GA, portanto, por composição, também como a BA para a AE, assim a DA para a AG, e, alternadamente, como a BA para a AD, assim a EA para a AG. Portanto, os lados, à volta do ângulo comum, o sob BAD, dos paralelogramos ABCD, EG estão em proporção. E, como a GF é paralela à DC, por certo o ângulo sob AFG é igual ao sob DCA; e o ângulo sob DAC é comum dos dois triângulos ADC, AGF; portanto, o triângulo ADC é equiângulo com o triângulo AGF. Pelas mesmas coisas, então, também o triângulo ACB é equiângulo com o triângulo AFE, e o paralelogramo ABCD todo é equiângulo com o paralelogramo EG. Portanto, em proporção, como a AD está para a DC, assim a AG para a GF, e como a DC para a CA, assim a GF para a FA, e como a AC para a CB, assim a AF para a FE, e, ainda, como a CB para a BA, assim a FE para a EA. E, como foi provado, por um lado, como a DC para a CA, assim a GF para a FA, e, por outro lado, como a AC para a CB, assim a AF para a FE, portanto, por igual posto, como a DC está para a CB, assim a GF para a FE. Portanto, os lados, à volta dos ângulos iguais dos paralelogramos ABCD, EG, estão em proporção; portanto, o paralelogramo ABCD é semelhante ao paralelogramo EG. Pelas mesmas coisas, então, também o paralelogramo ABCD é semelhante ao paralelogramo IH; portanto, cada um dos paralelogramos EG, HI é semelhante ao [paralelogramo] ABCD. Mas as semelhantes à mesma retilínea, também são semelhantes entre si; portanto, também o paralelogramo EG é semelhante ao paralelogramo HI.

Portanto, os paralelogramos à volta da diagonal de todo paralelogramo são semelhantes tanto ao todo quanto entre si; o que era preciso provar.

25.

Construir a mesma semelhante à retilínea dada e igual à outra dada.

Seja, por um lado, a retilínea dada ABC, semelhante à qual é preciso construir, e, por outro lado, a D, igual à qual é preciso ser; é preciso, então, construir a mesma, por um lado, semelhante à ABC, e, por outro lado, igual à D.

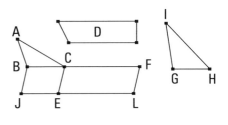

Fiquem, pois, aplicados, por um lado, à BC o paralelogramo BE igual ao triângulo ABC, e, por outro lado, à CE o paralelogramo CL igual à D no ângulo sob FCE que é igual ao sob CBJ. Portanto, por um lado, a BC está sobre uma reta com a CF, e, por outro lado, a JE, com a EL. E fique tomada a GH, média em proporção entre as BC, CF, e fique descrito sobre a GH o IGH semelhante ao ABC, e semelhantemente posto.

E, como a BC está para a GH, assim a GH para a CF, mas, caso três retas estejam em proporção, como a primeira está para a terceira, assim a figura sobre a primeira para a semelhante e semelhantemente descrita sobre a segunda, portanto, como a BC está para a CF, assim o triângulo ABC para o triângulo IGH. Mas também como a BC para a CF, assim o paralelogramo

BE para o paralelogramo EF. Portanto, também como o triângulo ABC para o triângulo IGH, assim o paralelogramo BE para o paralelogramo EF; portanto, alternadamente, como o triângulo ABC para o paralelogramo BE, assim o triângulo IGH para o paralelogramo EF. Mas o triângulo ABC é igual ao paralelogramo BE; portanto, também o triângulo IGH é igual ao paralelogramo EF. Mas o paralelogramo EF é igual à D; portanto, também o IGH é igual à D. Mas também o IGH é semelhante ao ABC.

Portanto, foi construída a mesma, a IGH, semelhante à retilínea dada ABC e igual à outra dada D; o que era preciso fazer.

26.

Caso, de um paralelogramo, seja subtraído um paralelogramo, tanto semelhante ao todo quanto semelhantemente posto, tendo um ângulo comum com ele, está à volta da mesma diagonal com o todo.

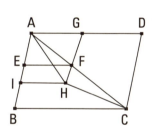

Fique, pois, subtraído do paralelogramo ABCD o paralelogramo AF, semelhante ao ABCD e semelhantemente posto, tendo o ângulo sob DAB comum com ele; digo que o ABCD está à volta da mesma diagonal com o AF.

Pois não, mas, se possível, seja a AHC uma diagonal [deles], e, tendo sido prolongada a GF, fique traçada através até o H, e fique traçada pelo H a HI paralela a qualquer das AD, BC.

Como, de fato, o ABCD está à volta da mesma diagonal com o IG, portanto, como a DA está para a AB, assim a GA para a AI. Mas também pela semelhança dos ABCD, EG também como a DA está para a AB, assim a GA para a AE; portanto, também como a GA para a AI, assim a GA para a AE. Portanto, a GA tem para cada uma das AI, AE a mesma razão. Portanto, a AE é igual à AI, a menor, à maior; o que é impossível. Portanto, não é o caso de o ABCD não estar à volta da mesma diagonal com o AF; portanto, o paralelogramo ABCD está à volta da mesma diagonal com o paralelogramo AF.

Portanto, caso de um paralelogramo seja subtraído um paralelogramo tanto semelhante com o todo quanto semelhantemente posto, está à volta da mesma diagonal com o todo; o que era preciso provar.

27.

De todos os paralelogramos aplicados à mesma reta, e deficientes por figuras paralelogrâmicas semelhantes e também semelhantemente postas à descrita sobre a metade, o maior é o [paralelogramo] aplicado à metade, sendo semelhante ao déficit.

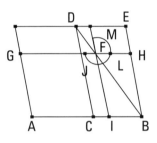

Seja a reta AB, e fique cortada em duas no C, e fique aplicado à reta AB o paralelogramo AD, deficiente pela figura paralelogrâmica DB descrita sobre a metade da AB, isto é, a CB; digo que de todos os paralelogramos aplicados à AB e deficientes por figuras [paralelogrâmicas] semelhantes e também semelhantemente postas à DB, o maior é o AD. Fique, pois, aplicado à reta AB o paralelogramo AF deficiente pela figura paralelogrâmica FB semelhante e também semelhantemente posta à DB; digo que o AD é maior do que o AF.

Pois, como o paralelogramo DB é semelhante ao paralelogramo FB, estão à volta da mesma diagonal. Fique traçada a diagonal DB deles, e fique completamente descrita a figura.

Como, de fato, o CF é igual ao FE, e o FB é comum, portanto, o todo CH é igual ao todo IE. Mas, o CH é igual ao CG, porque também a AC, à CB. Portanto, também o GC é igual ao EI. Fique adicionado o CF comum; portanto, o todo AF é igual ao gnômon JLM; desse modo, o paralelogramo DB, isto é, o AD é maior do que o paralelogramo AF.

Portanto, de todos os paralelogramos aplicados à mesma reta, e deficientes por figuras paralelogrâmicas semelhantes e semelhantemente postas à descrita sobre a metade, o maior é o que foi aplicado à metade; o que era preciso provar.

260

28.

À reta dada aplicar, igual à retilínea dada, um paralelogramo deficiente por uma figura paralelogrâmica semelhante à dada; mas é preciso a retilínea dada [igual à qual é preciso aplicar] não ser maior do que a descrita sobre a metade, semelhante ao déficit [a tanto sobre a metade quanto à qual é preciso o déficit ser semelhante].

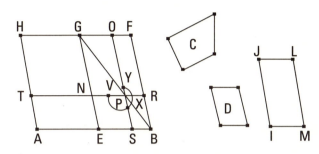

Sejam, por um lado, a reta dada AB, e, por outro lado, a retilínea dada C, igual à qual é preciso aplicar à AB, não [sendo] maior do que a descrita sobre a metade da AB, semelhante ao déficit, e a D, à qual é preciso ser o déficit semelhante; é preciso, então, aplicar à reta dada AB um paralelogramo igual à retilínea dada C, deficiente por uma figura paralelogrâmica que é semelhante à D.

Fique, pois, cortada a AB em duas no ponto E, e fique descrito sobre a EB o EBFG semelhante à D e semelhantemente posto, e fique completado o paralelogramo AG.

Se, então, de fato, o AG é igual à C, o que foi prescrito teria acontecido; pois, foi aplicado à reta dada AB o paralelogramo AG igual à retilínea dada C, deficiente pela figura paralelogrâmica GB, que é semelhante à D. Mas, se não, seja o HE maior do que a C. Mas o HE é igual ao GB; portanto, também o GB é maior do que a C. Fique, então, construído o IJLM igual a esse excesso, pela qual coisa o GB é maior do que a C, semelhante e semelhantemente posto à D. Mas a D [é] semelhante ao GB; portanto, também o IL é semelhante ao GB. Sejam, de fato, por um lado, a IJ homóloga à GE, e, por outro lado, a JL, à GF. E, como o GB é igual aos C, IL, portanto, o GB é maior do que o IL; portanto, também, por um lado, a GE é maior do que a IJ, e, por outro lado, a GF, do que a JL. Fiquem postas, por um lado, a GN igual à IJ, e, por outro lado, a GO igual à JL, e fique completado o paralelogramo NGOP; portanto, também [o GP] é igual e semelhante ao IL [mas o IL é semelhante ao GB]. Portanto, também o GP é semelhante ao GB; portanto, o GP está à volta da mesma diagonal com o GB. Seja a diagonal GPB deles, e fique completamente descrita a figura.

Como, de fato, o BG é igual aos C, IL, dos quais o GP é igual ao IL, portanto, o gnômon YXV restante é igual à C restante. E, como o OR é igual ao NS, fique adicionado o PB comum; portanto, o todo OB é igual ao todo NB. Mas o NB é igual ao TE, porque também o lado AE é igual ao lado EB; portanto, também o TE é igual ao OB. Fique adicionado o NS comum; portanto, o todo TS é igual ao gnômon VXY todo. Mas o gnômon VXY foi provado igual à C; portanto, o TS é igual à C.

Portanto, à reta dada AB foi aplicado o paralelogramo ST igual à retilínea dada C, deficiente pela figura paralelogrâmica PB que é semelhante à D [visto que o PB é semelhante ao GP]; o que era preciso fazer.

29.

À reta dada aplicar, igual à retilínea dada, um paralelogramo excedente por uma figura paralelogrâmica semelhante à dada.

Sejam, por um lado, a reta dada AB, e, por outro lado, a retilínea dada C, igual à qual é preciso aplicar à AB, e a D, à qual é preciso ser o excesso semelhante; é preciso, então, à reta AB aplicar um paralelogramo igual à retilínea C, excedente por uma figura paralelogrâmica semelhante à D.

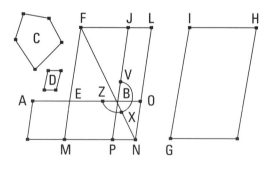

Fique cortada a AB em duas no E, e fique descrito sobre a EB o paralelogramo BF semelhante à D e semelhantemente posto, e fique construído o mesmo GH, por um lado, igual a ambos BF, C juntos, e, por outro lado, semelhante à D e semelhantemente posto. Sejam, por um lado, a IH homóloga à FJ, e, por outro lado, a IG, à FE. E, como o GH é maior do que o FB, portanto, também, por um lado, a IH é maior do que a FJ, e, por outro lado, a IG, do que a FE. Fiquem prolongadas as FJ, FE, e sejam, por um lado, a FJL igual à IH, e, por outro lado, a FEM igual à IG, e fique completado o LM; portanto, o LM é tanto igual ao GH quanto semelhante. Mas o GH é semelhante ao EJ; portanto, também o LM é semelhante ao EJ; portanto, o EJ está à volta da mesma diagonal com o LM. Fique traçada a diagonal FN deles, e fique descrita completamente a figura.

Como o GH é igual aos EJ, C, mas o GH é igual ao LM, portanto, também o LM é igual aos EJ, C. Fique subtraído o EJ comum; portanto, o gnômon ZXV restante é igual à C. E, como a AE é igual à EB, também o AM é igual ao MB, isto é, ao JO. Fique adicionado o EN comum; portanto, o todo AN é igual ao gnômon VXZ. Mas o gnômon VXZ é igual à C; portanto, também o AN é igual à C.

Portanto, à reta dada AB foi aplicado o paralelogramo AN igual à retilínea dada C, excedente pela figura paralelogrâmica PO, que é semelhante à D, porque também o OP é semelhante ao EJ; o que era preciso fazer.

30.

Cortar a reta finita dada em extrema e média razão.

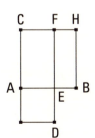

Seja a reta finita dada AB; é preciso, então, cortar a reta AB em extrema e média razão.

Fique descrito sobre a AB o quadrado BC, e fique aplicado à AC o paralelogramo CD igual ao BC, excedente pela figura AD semelhante ao BC.

Mas o BC é um quadrado; portanto, também a AD é um quadrado. E, como o BC é igual ao CD, fique subtraído o CE comum; portanto, o BF restante é igual à AD restante. Mas também é equiângulo com ela. Portanto, os lados, à volta dos ângulos iguais, dos BF, AD são inversamente proporcionais; portanto, como a FE está para a ED, assim a AE para a EB. Mas, por um lado, a FE é igual à AB, e, por outro lado, a ED, à AE. Portanto, como a BA está para a AE, assim a AE para a EB. Mas a AB é maior do que a AE; portanto, também a AE é maior do que a EB.

Portanto, a reta AB foi cortada em extrema e média razão no E, e o maior segmento dela é o AE; o que era preciso fazer.

31.

Nos triângulos retângulos, a figura sobre o lado subtendendo o ângulo reto é igual às figuras semelhantes e também semelhantemente descritas sobre os lados contendo o ângulo reto.

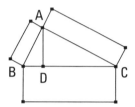

Seja o triângulo retângulo ABC, tendo o ângulo sob BAC reto; digo que a figura sobre a BC é igual às figuras semelhantes e também semelhantemente descritas sobre as BA, AC.

Fique traçada a perpendicular AD.

Como, de fato, no triângulo retângulo ABC, foi traçada a perpendicular AD do ângulo reto junto ao A até a base BC, os triângulos ABD, ADC junto à perpendicular são semelhantes tanto ao todo ABC quanto entre si. E, como o ABC é semelhante ao ABD, portanto, como a CB está para a BA, assim a AB para a BD. E, como três retas estão em proporção, como a primeira está para a terceira, assim a figura sobre a primeira para a semelhante e semelhantemente descrita sobre a segunda. Portanto, como a CB está para a BD, assim a figura sobre a CB para a semelhante e semelhantemente descrita sobre a BA. Pelas mesmas coisas, então, também como a BC para a CD, assim a figura sobre a BC para a sobre a CA. Desse modo, também como a BC para as BD, DC, assim a figura sobre a BC para as semelhantes e semelhantemente descritas sobre as BA, AC. Mas a BC é igual às BD, DC; portanto, também a figura sobre a BC é igual às figuras semelhantes e semelhantemente descritas sobre as BA, AC.

Portanto, nos triângulos retângulos, a figura sobre o lado subtendendo o ângulo reto é igual às figuras semelhantes e semelhantemente descritas sobre os lados contendo o ângulo reto; o que era preciso provar.

32.

Caso dois triângulos, tendo os dois lados em proporção com os dois lados, sejam postos juntos em um ângulo, de modo a serem os lados homólogos deles também paralelos, os lados restantes dos triângulos estarão sobre uma reta.

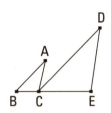

Sejam os dois triângulos ABC, DCE, tendo os dois lados BA, AC em proporção com os dois lados DC, DE, por um lado, como a AB para a AC, assim a DC para a DE, e, por outro lado, a AB paralela à DC, enquanto a AC, à DE; digo que a BC está sobre uma reta com a CE.

Pois, como a AB é paralela à DC, e a reta AC caiu sobre elas, os ângulos alternos, os sob BAC, ACD, são iguais entre si. Pelas mesmas coisas, então, também o sob CDE é igual ao sob ACD. Desse modo, também o sob BAC é igual ao sob CDE. E, como os ABC, DCE são dois triângulos, tendo um ângulo, o junto ao A, igual a um ângulo, o junto ao D, e os lados à volta dos ângulos iguais em proporção, como a BA para a AC, assim a CD para a DE, portanto, o triângulo ABC é equiângulo com o triângulo DCE; portanto, o ângulo sob ABC é igual ao sob DCE. Mas foi provado também o sob ACD igual ao sob BAC; portanto, o sob ACE todo é igual aos dois, os sob ABC, BAC. Fique adicionado o sob ACB comum; portanto, os sob ACE, ACB são iguais aos sob BAC, ACB, CBA. Mas os sob BAC, ABC, ACB são iguais a dois retos; portanto, também os sob ACE, ACB são iguais a dois retos. Então, as duas retas BC, CE fazem, com alguma reta, a AC, e no ponto C sobre ela, não jazendo no mesmo lado, ângulos adjacentes, os sob ACE, ACB, iguais a dois retos; portanto, a BC está sobre uma reta com a CE.

Portanto, caso dois triângulos, tendo os dois lados em proporção com os dois lados, sejam postos juntos em um ângulo, de modo a serem os lados homólogos deles também paralelos, os lados restantes dos triângulos estarão sobre uma reta; o que era preciso provar.

33.

Nos círculos iguais, os ângulos têm a mesma razão que as circunferências, sobre as quais estão situados, caso estejam situados tanto nos centros quanto nas circunferências.

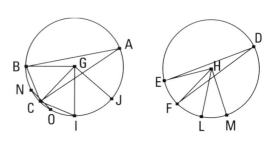

Sejam os círculos iguais ABC, DEF, e estejam os ângulos sob BGC, EHF nos centros G, H deles, enquanto os sob BAC, EDF nas circunferências; digo que, como a circunferência BC está para a circunferência EF, assim tanto o ângulo sob BGC para o sob EHF quanto o sob BAC para o sob EDF.

Fiquem, pois, postas, por um lado, as CI, IJ, consecutivas, em quantidade qualquer, iguais à circunferência BC, e, por outro lado, as FL, LM, em quantidade qualquer, iguais à circunferência EF, e fiquem ligadas as GI, GJ, HL, HM.

Como, de fato, as circunferências BC, CI, IJ são iguais entre si, também os ângulos sob BGC, CGI, IGJ são iguais entre si; pois, quantas vezes a circunferência BJ é da circunferência BC, tantas vezes também o ângulo sob BGJ é do sob BGC. Pelas mesmas coisas, então, também quantas vezes a circunferência ME é da EF, tantas vezes também o ângulo sob MHE é do sob EHF. Portanto, se a circunferência BJ é igual à circunferência EM, também o ângulo sob BGJ é igual ao sob EHM, e se a circunferência BJ é maior do que a circunferência EM, também o ângulo sob BGJ é maior do que o sob EHM, e se menor, menor. Existindo, então, quatro magnitudes, por um lado, as duas circunferências BC, EF, e, por outro lado, os dois ângulos, os sob BGC, EHF, foram tomados, por um lado, tanto a circunferência BJ quanto o ângulo sob BGJ o mesmo múltiplo da circunferência BC e do ângulo sob BGC, e, por outro lado, tanto a circunferência EM quanto o ângulo sob EHM, da circunferência EF e do ângulo sob EHF. E foi provado que se a circunferência BJ excede a circunferência EM, também o ângulo sob BGJ excede o ângulo sob EHM, e se igual, igual, e se menor, menor. Portanto, como a circunferência BC está para a EF, assim o ângulo sob BGC para o sob EHF. Mas, como o ângulo sob BGC para o sob EHF, assim o sob BAC para o sob EDF; pois, cada um é o dobro de cada um. Portanto, também como a circunferência BC para a circunferência EF, assim tanto o ângulo sob BGC para o sob EHF quanto o sob BAC para o sob EDF.

Portanto, nos círculos iguais os ângulos têm a mesma razão que as circunferências, sobre as quais estão situados, caso estejam situados tanto nos centros quanto nas circunferências; o que era preciso provar.

Livro VII

Definições

1. Unidade é aquilo segundo o qual cada uma das coisas existentes é dita uma.
2. E número é a quantidade composta de unidades.
3. Um número é uma parte de um número, o menor, do maior, quando meça exatamente o maior.
4. E partes, quando não meça exatamente.
5. E o maior é um múltiplo do menor, quando seja medido exatamente pelo menor.
6. Um número par é o que é dividido em dois.
7. E um número ímpar é o que não é dividido em dois, ou [o] que difere de um número par por uma unidade.
8. Um número par, um número par de vezes, é o medido por um número par, segundo um número par.
9. E um número ímpar, um número par de vezes, é o medido por um número par, segundo um número ímpar.
[10. Um par, um número ímpar de vezes, é o medido por um número ímpar, segundo um número par.]
11. E um número ímpar, um número ímpar de vezes, é o medido por um número ímpar, segundo um número ímpar.
12. Um número primo é o medido por uma unidade só.
13. Números primos entre si são os medidos por uma unidade só como medida comum.

14. Um número composto é o medido por algum número.
15. E números compostos entre si são os medidos por algum número como medida comum.
16. Um número é dito multiplicar um número, quando, quantas são as unidades nele tantas vezes o multiplicado seja adicionado, e algum seja produzido.
17. E quando dois números, tendo sido multiplicados entre si, façam algum, o produzido é dito plano, e lados dele, os números que foram multiplicados entre si.
18. E quando três números, tendo sido multiplicados entre si, façam algum, o produzido é sólido, e lados dele, os números que foram multiplicados entre si.
19. Um número quadrado é o igual o mesmo número de vezes ou [o] contido por dois números iguais.
20. E um cubo é o igual um número igual de vezes, um número igual de vezes, ou [o] contido por três números iguais.
21. Números estão em proporção, quando sejam o primeiro do segundo e o terceiro do quarto o mesmo múltiplo ou a mesma parte ou as mesmas partes.
22. Números planos e sólidos semelhantes são os que têm os lados em proporção.
23. Um número perfeito é o que é igual às suas próprias partes.

1.

Sendo expostos dois números desiguais, e sendo sempre subtraído de novo o menor do maior, caso o que restou nunca meça exatamente o antes dele mesmo, até que reste uma unidade, os números do princípio serão primos entre si.

Pois, dos dois números [desiguais] AB, CD, sendo sempre subtraído de novo o menor do maior, o que restou jamais meça exatamente o antes dele mesmo, até que reste uma unidade; digo que os AB, CD são primos entre si, isto é, que uma unidade só mede os AB, CD.

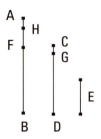

Pois, se os AB, CD não são primos entre si, algum número os medirá. Meça, e seja o E; e o CD medindo o BF, reste dele mesmo o menor FA, enquanto o AF, medindo o DG, reste dele mesmo o menor GC, e o GC, medindo o FH, reste a unidade HA.

Como, de fato, o E mede o CD, e o CD mede o BF, portanto também o E mede o BF; e mede também o BA todo; portanto, medirá também o AF restante. E o AF mede o DG; portanto, o E também mede o DG; e também mede o DC todo; portanto, também medirá o CG restante. E o CG mede o FH; portanto, o E também mede o FH; e mede também o FA todo; portanto, medirá também a unidade AH restante, sendo um número; o que é impossível. Portanto, nenhum número medirá os números AB, CD; portanto, os AB, CD são primos entre si; o que era preciso provar.

2.

Sendo dados dois números não primos entre si, achar a maior medida comum deles.

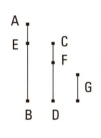

Sejam AB, CD os dois números dados não primos entre si. É preciso, então, achar a maior medida comum dos AB, CD.

Se, por um lado, de fato, o CD mede o AB, mas mede também a si mesmo, portanto o CD é uma medida comum dos CD, AB. E é evidente que é também a maior; pois, nenhum maior do que o CD medirá o CD.

Se, por outro lado, o CD não mede o AB, dos AB, CD, sendo sempre subtraído de novo o menor do maior terá restado algum número, o qual medirá o antes dele mesmo. Pois, uma unidade não terá restado; e, se não, os AB, CD serão primos entre si; o que não foi suposto. Portanto, terá restado algum número, o qual medirá o antes dele mesmo. E, por um lado, o CD, medindo o BE, reste um menor do que ele mesmo, o EA, e, por outro lado, o EA, medindo o DF, reste um menor do que ele mesmo, o FC, e o CF meça o AE. Como, de fato, o CF mede o AE, e o AE mede o DF, portanto o CF medirá o DF; e mede também a si mesmo; portanto, medirá também o CD todo. E o CD mede o BE; portanto, o CF mede também o BE; e mede também o EA; portanto, medirá também o BA todo; e mede também o CD; portanto, o CF mede os AB, CD. Portanto, o CF é uma medida comum dos AB, CD. Digo, então, que também é a maior. Pois, se o CF não é a maior medida comum dos AB, CD, algum número medirá os números AB, CD, sendo maior do que CF. Meça, e seja o G. E como o G mede o CD, e o CD mede o BE, portanto também o G mede o BE; e mede também o BA todo; portanto, medirá também o AE restante. Mas o AE mede o DF; portanto, o G medirá também o DF; e mede também o DC todo; portanto, também medirá o CF restante, o maior, o menor; o que é impossível; portanto, nenhum número medirá os números AB, CD, sendo maior do que CF; portanto, o CF é a maior medida comum dos AB, CD; [o que era preciso provar].

Corolário

Disso, então, é evidente que, caso um número meça dois números, também medirá a maior medida comum deles; o que era preciso provar.

3.

Dados três números não primos entre si, achar a maior medida comum deles.

Sejam A, B, C os três números dados não primos entre si; é preciso, então, achar a maior medida comum dos A, B, C.

Fique, pois, tomada a maior medida comum D dos dois A, B; então o D ou mede o C ou não mede. Primeiramente, meça; e mede também os A, B; portanto, o D mede os A, B, C; portanto, o D é uma medida comum dos A, B, C. Digo, então, que também é a maior. Pois, se o D não é a maior medida comum dos A, B, C, algum número medirá os números A, B, C, sendo maior do que o D. Meça, e seja o E. Como, de fato, o E mede os A, B, C, portanto

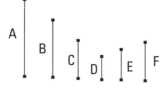

também medirá os A, B; portanto, também medirá a maior medida comum dos A, B. E a maior medida comum dos A, B é o D; portanto, o E mede o D, o maior, o menor; o que é impossível. Portanto, nenhum número medirá os números A, B, C, sendo maior do que o D; portanto, o D é a maior medida comum dos A, B, C.

O D não meça, então, o C; digo, primeiro, que os C, D não são primos entre si. Pois, como os A, B, C não são primos entre si, algum número os medirá. Então, o que mede os A, B, C, também medirá os A, B, e medirá a maior medida comum D dos A, B; e mede também o C; portanto, algum número medirá os números D, C; portanto, os D, C não são primos entre si. Fique, de fato, tomado o E, a maior medida comum deles. E como o E mede o D, e o D mede os A, B, portanto, o E também mede os A, B; e mede também o C; portanto, o E mede os A, B, C; portanto, o E é uma medida comum dos A, B, C. Digo, então, que também é a maior. Pois, se o E não é a maior medida comum dos A, B, C, algum número medirá os A, B, C, sendo maior do que E. Meça, e seja o F. E como o F mede os A, B, C, também mede os A, B; portanto, medirá também a maior medida comum dos A, B. E a maior medida comum dos A, B é o D; portanto, o F mede o D; e mede também o C; portanto, o F mede os D, C; portanto, medirá também a maior medida comum dos D, C. E a maior medida comum dos D, C é E; portanto, o F mede o E, o maior, o menor; o que é impossível. Portanto, nenhum número medirá os A, B, C, sendo maior do que E; portanto, o E é a maior medida comum dos A, B, C; o que era preciso provar.

4.

Todo número é ou uma parte ou partes de todo número, o menor, do maior.

Sejam A, BC dois números, e seja menor o BC; digo que o BC é ou uma parte ou partes do A.

Pois os A, BC ou são primos entre si ou não.

Primeiramente, sejam os A, BC primos entre si.

Então, o BC tendo sido dividido nas unidades nele, cada unidade das no BC será alguma parte do A; assim, o BC é partes do A.

Não sejam, então, os A, BC primos entre si; então, o BC ou mede o A ou não mede. Se, por um lado, de fato, o BC mede o A, o BC é uma parte do A. Se, por outro lado, não, fique tomado o D, a maior medida comum dos A, BC, e fique dividido o BC em iguais ao D, os BE, EF, FC. E como o D mede o A, o D é uma parte do A; e o D é igual a cada um dos BE, EF, FC; portanto, também cada um dos BE, EF, FC é uma parte de A; assim, o BC é partes de A.

Portanto, todo número é ou parte ou partes de todo número, o menor, do maior; o que era preciso provar.

5.

Caso um número seja uma parte de um número, e um outro seja a mesma parte de um outro, também um e o outro juntos serão a mesma parte de um e o outro juntos, a que o um é do um.

Pois, seja o número A uma parte do [número] BC, e um outro, o D, a mesma parte de um outro, o EF, a que o A é do BC; digo que também o A, D, um e o outro juntos, são a mesma parte de BC, EF, um e o outro juntos, a que o A é do BC.

Pois, como aquela parte que o A é do BC, a mesma parte também o D é do EF, portanto, quantos números estão no BC iguais ao A, tantos números estão também no EF iguais ao D. Fique, por um lado, dividido o BC nos iguais ao A, os BG, GC, e, por outro lado, o EF, nos iguais ao D, os EH, HF; a quantidade dos BG, GC será, então, igual à quantidade dos EH, HF. E como, por um lado, o BG é igual ao A e, por outro, o EH, ao D, portanto também os BG, EH são iguais aos A, D. Pelas mesmas coisas, então, também os GC, HF, aos A, D. Portanto, quantos números [estão] no BC iguais ao A, tantos estão também nos BC, EF iguais aos A, D. Portanto, tantas vezes o BC é do A quantas vezes também o BC, EF, um e o outro juntos, são do A, D, um e o outro juntos. Portanto, aquela parte que o A é do BC, a mesma parte também o A, D, um e o outro juntos, são do BC, EF, um e o outro juntos; o que era preciso provar.

6.

Caso um número seja partes de um número, e um outro seja as mesmas partes de um outro, também um e o outro juntos serão as mesmas partes de um e o outro juntos, as que o um é do um.

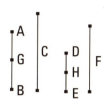

Seja, pois, o número AB partes do número C, e um outro, o DE, as mesmas partes de um outro, o F, as que o AB é do C; digo que também AB, DE, um e o outro juntos, são as mesmas partes de C, F, um e o outro juntos, as que o AB é do C.

Pois, como aquelas partes que o AB é do C, as mesmas partes também o DE é de F, portanto quantas partes de C estão no AB, tantas partes de F estão também no DE. Fique dividido, por um lado, o AB nas partes do C, as AG, GB, e, por outro lado, o DE, nas partes do F, as DH, HE; a quantidade das AG, GB será, então, igual à quantidade das DH, HE. E, como aquela parte que o AG é do C, a mesma parte o DH é também do F, portanto aquela parte que o AG é do C, a mesma parte também AG, DH, um e o outro juntos, são de C, F, um e o outro juntos. Pelas mesmas coisas, então, também aquela parte que o GB é do C, a mesma parte também GB, HE, um e o outro juntos, são de C, F, um e o outro juntos. Portanto, aquelas partes que o AB é do C, as mesmas partes também AB, DE, um e o outro juntos, são de C, F, um e o outro juntos; o que era preciso provar.

7.

Caso um número seja uma parte de um número, aquela que um subtraído é de um subtraído, também o resto será a mesma parte do resto, a que o todo é do todo.

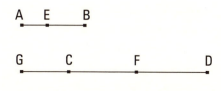

Seja, pois, o número AB uma parte do número CD, a que o AE subtraído é do CF subtraído; digo que também o resto EB é a mesma parte do resto FD, a que o todo AB é do todo CD.

Pois, aquela parte que o AE é do CF, a mesma parte também seja o EB do CG. E como aquela parte que o AE é do CF, a mesma parte também o EB é do CG, portanto aquela parte que o AE é do CF, a mesma parte também o AB é do GF. E aquela parte que o AE é do CF, a mesma parte também o AB é suposto do CD; portanto, aquela parte que o AB é também de GF, a mesma parte é também de CD; portanto, o GF é igual ao CD. Fique subtraído o CF comum; portanto, o resto GC é igual ao resto FD. E como aquela parte que o AE é do CF, a mesma parte também o EB [é] do GC, e o GC é igual ao FD, portanto aquela parte que o AE é do CF, a mesma parte também o EB é do FD. Mas aquela parte que o AE é do CF, a mesma parte também o AB é do CD; portanto, também o resto EB é a mesma parte do resto FD, a que o todo AB é do todo CD; o que era preciso provar.

8.

Caso um número seja partes de um número, as que um subtraído é de um subtraído, também o resto será as mesmas partes do resto, as que o todo é do todo.

Seja, pois, o número AB partes do número CD, as quais o AE subtraído é do CF subtraído; digo que também o resto EB é as mesmas partes do resto FD, as quais o todo AB é do todo CD.

Fique, pois, posto o GH igual ao AB. Portanto, aquelas partes que o GH é do CD, as mesmas partes também o AE é do CF. Fique, por um lado, dividido o GH nas partes do CD, as GI, IH, e, por outro lado, o AE, nas partes do CF, as AJ, JE; a quantidade, então, dos GI, IH será igual à quantidade dos AJ, JE. E como aquela parte que o GI é de CD, a mesma parte também o AJ é do CF, e o CD é maior do que o CF, portanto também o GI é maior do que o AJ. Fique posto o GL igual ao AJ. Portanto, aquela parte que o GI é do CD, a mesma parte também o GL é do CF; portanto, também o resto LI é a mesma parte do resto FD, a qual o todo GI é do todo CD. De novo, como aquela parte que o IH é do CD, a mesma parte também o EJ é do CF, e o CD é maior do que o CF, portanto também o HI é maior do que o EJ. Fique posto o IM igual ao EJ. Portanto, aquela parte que o IH é do CD, a mesma parte também o IM é do CF; portanto, também o resto MH é a mesma parte do resto FD, a que o todo IH é do todo CD. Mas o resto LI foi provado também que é a mesma parte do resto FD, a que o todo GI é do todo CD; portanto, também LI, MH, um e o outro juntos, são as mesmas partes do DF, as que o todo HG é do todo CD. E, por um lado, LI, MH, um e o outro juntos, são iguais ao EB e, por outro lado, o HG, ao BA; portanto, também o resto EB é as mesmas partes do resto FD, as que o todo AB é do todo CD; o que era preciso provar.

9.

Caso um número seja uma parte de um número, e um outro seja a mesma parte de um outro, também alternadamente, aquela parte ou partes que o primeiro é do terceiro, a mesma parte ou as mesmas partes também o segundo será do quarto.

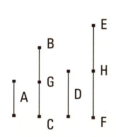

Seja, pois, o número A uma parte do número BC, e o outro D a mesma parte do outro EF, a que o A é do BC; digo que, também alternadamente, aquela parte ou partes que o A é do D, a mesma parte ou partes também o BC é do EF.

Pois, como aquela parte que o A é do BC, a mesma parte também o D é do EF, portanto quantos números estão no BC iguais ao A tantos estão também no EF iguais ao D. Fique, por um lado, dividido o BC nos iguais ao A, os BG, GC, e, por outro lado, o EF, nos iguais ao D, os EH, HF; a quantidade dos BG, GC será, então, igual à quantidade dos EH, HF.

E como os números BG, GC são iguais entre si, e também os números EH, HF são iguais entre si, e a quantidade dos BG, GC é igual à quantidade dos EH, HF, portanto aquela parte ou partes que o BG é do EH, a mesma parte ou as mesmas partes também o GC é do HF; assim também aquela parte ou partes que o BG é do EH, a mesma parte ou as mesmas partes também o BC, um e o outro juntos, é do EF, um e o outro juntos. E, por um lado, o BG é igual ao A, e, por outro, o EH, ao D; portanto, aquela parte ou partes que o A é do D, a mesma parte ou as mesmas partes também o BC é do EF; o que era preciso provar.

10.

Caso um número seja partes de um número, e um outro seja as mesmas partes de um outro, também, alternadamente, aquelas partes ou parte que o primeiro é do terceiro, as mesmas partes ou a mesma parte também o segundo será do quarto.

Sejam, pois, o número AB partes do número C, e o outro DE as mesmas partes do outro F; digo que também, alternadamente, aquelas partes ou parte que o AB é do DE, as mesmas partes ou a mesma parte também o C é do F.

Pois, como aquelas partes que o AB é do C, as mesmas partes também o DE é do F, portanto quantas partes do C estão no AB, tantas partes do F também estão no DE. Fique, então, dividido, por um lado, o AB nas partes do C, as AG, GB, e, por outro lado, o DE, nas partes do F, as DH, HE; a quantidade dos AG, GB será igual à quantidade dos DH, HE. E, 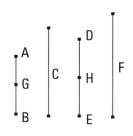 como aquela parte que o AG é do C, a mesma parte também o DH é do F, também, alternadamente, aquela parte ou partes que o AG é do DH, a mesma parte ou as mesmas partes também o C é do F. Pelas mesmas coisas, então, também aquela parte ou partes que o GB é do HE, a mesma parte ou as mesmas partes também o C é do F; assim, também [aquela parte ou partes que o AG é do DH, a mesma parte ou as mesmas partes também o GB é do HE; portanto, também aquela parte ou partes que o AG é do DH, a mesma parte ou as mesmas partes também o AB é do DE; mas aquela parte ou partes que o AG é do DH, a mesma parte ou as mesmas partes também o C foi provado do F, e], [portanto,] aquelas partes ou parte que o AB é do DE, as mesmas partes ou a mesma parte também o C é do F; o que era preciso provar.

11.

Caso como um todo esteja para um todo, assim um subtraído para um subtraído, também o resto estará para o resto, como o todo para o todo.

O todo AB esteja para o todo CD, assim como o subtraído AE para o subtraído CF; digo que também o resto EB está para o resto FD, como o todo AB para o todo CD.

Como o AB está para o CD, assim o AE para o CF, portanto aquela parte ou partes que o AB é do CD, a mesma parte ou as mesmas partes também o AE é do CF. Portanto, também o resto EB é a mesma parte ou partes do resto FD, as que o AB é do CD. Portanto, como o EB está para o FD, assim o AB para o CD; o que era preciso provar.

12.

Caso números, quantos quer que sejam, estejam em proporção, como um dos antecedentes estará para um dos consequentes, assim todos os antecedentes para todos os consequentes.

Estejam os números A, B, C, D, quantos quer que sejam, em proporção, como o A para o B, assim o C para o D; digo que, como o A está para o B, assim os A, C para os B, D.

Pois, como o A está para o B, assim o C para o D, portanto aquela parte ou partes que o A é do B, a mesma parte ou partes também o C é do D. Portanto, também A, C, um e o outro juntos, são a mesma parte, ou as mesmas partes, de B, D, um e o outro juntos, as que A é do B. Portanto, como o A está para o B, assim os A, C para os B, D; o que era preciso provar.

13.

Caso quatro números estejam em proporção, também estarão alternadamente em proporção.

Estejam os quatro números A, B, C, D em proporção, como o A para o B, assim o C para o D; digo que também estarão alternadamente em proporção, como o A para o C, assim o B para o D.

Pois, como o A está para o B, assim o C para o D, portanto aquela parte ou partes que o A é do B, a mesma parte ou as mesmas partes, também o C é do D. Portanto, alternadamente, aquela parte ou partes que o A é do C, a mesma parte ou as mesmas partes também o B é do D. Portanto, como o A está para o C, assim B para o D; o que era preciso provar.

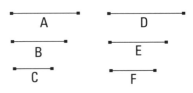

14.

Caso números, quantos quer que sejam, e outros, iguais a eles em quantidade, sejam tomados dois a dois e na mesma razão, também, por igual posto, estarão na mesma razão.

Sejam os números A, B, C, quantos quer que sejam, e os outros D, E, F, iguais a eles em quantidade, tomados dois a dois na mesma razão, como o A está para o B, assim o D para o E, ao passo que, como o B está para o C, assim o E para o F; digo que também, por igual posto, como o A está para o C, assim o D para o F.

Pois, como o A está para o B, assim o D para o E, portanto, alternadamente, como o A está para o D, assim o B para o E. De novo, como o B está para o C, assim o E para o F, portanto, alternadamente, como o B está para o E, assim o C para o F. E como o B está para o E, assim o A para o D; portanto, também como o A para o D, assim o C para o F; portanto, alternadamente, como o A está para o C, assim o D para o F; o que era preciso provar.

15.

Caso uma unidade meça algum número, e um outro número meça, o mesmo número de vezes, algum outro número, também, alternadamente, a unidade medirá o terceiro número o mesmo número de vezes que o segundo, o quarto.

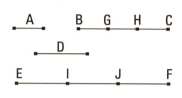

Meça, pois, a unidade A algum número, o BC, e um outro número, o D, meça, o mesmo número de vezes, algum outro número, o EF; digo que também, alternadamente, a unidade A mede o número D o mesmo número de vezes que o BC, o EF.

Pois, como a unidade A mede o número BC, tantas vezes quantas o D, o EF, portanto quantas unidades estão no BC, também tantos números iguais ao D estão no EF. Fiquem divididos, por um lado, o BC nas unidades em si mesmo, as BG, GH, HC, e, por outro lado, o EF nos iguais a D, os EI, IJ, JF. A quantidade das BG, GH, HC será, então, igual à quantidade dos EI, IJ, JF. E como as unidades BG, GH, HC são iguais entre si, e também os números EI, IJ, JF são iguais entre si, e a quantidade das unidades BG, GH, HC é igual à quantidade dos números EI, IJ, JF, portanto como a unidade BG estará para o número EI, assim a unidade GH para o número IJ, e a unidade HC para o número JF. Portanto, como um dos antecedentes estará para um dos consequentes, assim todos os antecedentes para todos os consequentes; portanto, como a unidade BG está para o número EI, assim o BC para o EF. E a unidade BG é igual à unidade A, e o número EI, ao número D. Portanto, como a unidade A está para o número D, assim o BC para o EF. Portanto, a unidade A mede o número D o mesmo número de vezes que o BC, o EF; o que era preciso provar.

16.

Caso dois números, depois de multiplicados um pelo outro, façam alguns, os produzidos deles serão iguais entre si.

Sejam os dois números A, B, e, por um lado o A, depois de multiplicado pelo B, faça o C, e, por outro lado, o B, depois de multiplicado pelo A, faça o D; digo que o C é igual ao D.

Pois, como o A, depois de multiplicado pelo B, fez o C, portanto o B mede o C segundo as unidades no A. E também a unidade E mede o número A segundo as unidades nele. Portanto, a unidade E mede o número A, tantas vezes quantas o B, o C. Portanto, alternadamente, a unidade E mede o

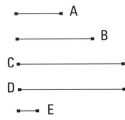

número B tantas vezes quantas o A, o C. De novo, como o B, depois de multiplicado pelo A, fez o D, portanto o A mede o D segundo as unidades no B. E também a unidade E mede o B segundo as unidades nele. Portanto, a unidade E mede o número B, tantas vezes quantas também o A, o D. E a unidade E media o número B o mesmo número de vezes que o A, o C. Portanto, o A mede o mesmo número de vezes cada um dos C, D. Portanto, o C é igual ao D; o que era preciso provar.

17.

Caso um número, depois de multiplicado por dois números, faça alguns, os produzidos deles terão a mesma razão que os que foram multiplicados.

Faça, pois, o número A, depois de multiplicado pelos dois números B, C, os D, E; digo que, como o B está para o C, assim o D para o E.

Pois, como o A, depois de multiplicado pelo B, fez o D, portanto o B mede o D segundo as unidades no A. E também a unidade F mede o número A segundo as unidades nele;

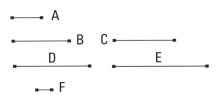

portanto, a unidade F mede o número A o mesmo número de vezes que o B, o D. Portanto, como a unidade F está para o número A, assim o B para o D. Pelas mesmas coisas, então, também, como a unidade F para o número A, assim o C para o E; portanto, também como o B para o D, assim o C para o E. Portanto, alternadamente, como o B está para o C, assim o D para o E; o que era preciso provar.

18.

Caso dois números, depois de multiplicados por algum número, façam alguns, os produzidos deles terão a mesma razão que os que multiplicaram.

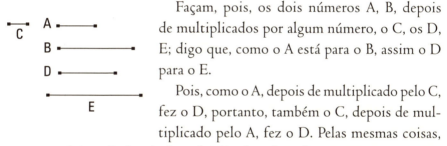

Façam, pois, os dois números A, B, depois de multiplicados por algum número, o C, os D, E; digo que, como o A está para o B, assim o D para o E.

Pois, como o A, depois de multiplicado pelo C, fez o D, portanto, também o C, depois de multiplicado pelo A, fez o D. Pelas mesmas coisas, então, também o C, depois de multiplicado pelo B, fez o E. Então o número C, depois de multiplicado pelos dois números A, B, fez os D, E. Portanto, como o A está para o B, assim o D para o E; o que era preciso provar.

19.

Caso quatro números estejam em proporção, o número produzido do primeiro e quarto será igual ao número produzido do segundo e terceiro; e caso o número produzido do primeiro e quarto seja igual ao do segundo e terceiro, os quatro números estarão em proporção.

Estejam os quatro números A, B, C, D em proporção, como o A para o B, assim o C para o D, e, por um lado, o A, depois de multiplicado pelo D, faça o E, e, por outro lado, o B, depois de multiplicado pelo C, faça o F; digo que o E é igual ao F.

Faça, pois, o A, depois de multiplicado pelo C, o G. Como, de fato, o A, depois de multiplicado pelo C, fez o G, e, depois de multiplicado pelo D, fez o E, o número A, então, depois de multiplicado pelos dois números C, D, fez os G, E. Portanto, como o C está para o D, assim o G para o

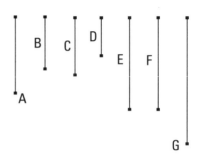

E. Mas, como o C para o D, assim o A para o B; portanto, também como o A para o B, assim o G para o E. De novo, como o A, depois de multiplicado pelo C, fez o G, mas, de fato, também o B, depois de multiplicado pelo C, fez o F, então os dois números A, B, depois de multiplicados por algum número, o C, fizeram os G, F. Portanto, como o A está para o B, assim o G para o F. Mas, de fato, também como o A para o B, assim o G para o E; portanto, também como o G para o E, assim o G para o F. Portanto o G tem para cada um dos E, F a mesma razão; portanto, o E é igual ao F.

Seja, então, de novo, o E igual ao F; digo que como o A está para o B, assim o C para o D.

Pois, tendo sido construídas as mesmas coisas, como o E é igual ao F, portanto, como o G está para o E, assim o G para o F. Mas, por um lado, como o G para o E, assim o C para o D, e, por outro lado, como o G para o F, assim o A para o B. Portanto, também como o A para o B, assim o C para o D; o que era preciso provar.

20.

Os menores números dos que têm a mesma razão com eles medem os que têm a mesma razão, o mesmo número de vezes, tanto o maior, o maior quanto o menor, o menor.

Sejam, pois, os CD, EF os menores números que têm a mesma razão com os A, B; digo que, o mesmo número de vezes que o CD mede o A, também o EF, o B.

Pois o CD não é partes de A. Pois, se possível, seja; portanto, também o EF é as mesmas partes de B, as que o CD é de A. Portanto, quantas partes de A estão no CD tantas partes de B estão no EF. Fiquem divididos, por um lado, o CD nas partes de A, as CG, GD, e, por outro lado, o EF nas partes de B, as EH, HF; a quantidade dos CG, GD será, então, igual à quantidade dos EH, HF, e como os números CG, GD são iguais entre si, e também os números EH, HF são iguais entre si, e a quantidade dos CG, GD é igual à quantidade dos EH, HF, portanto como o CG está para o EH, assim o GD para o HF. Portanto, também como um dos antecedentes estará para um dos consequentes, assim todos os antecedentes para todos os consequentes. Portanto, como o CG está para o EH, assim o CD para o EF; portanto, os CG, EH estão na mesma razão com os CD, EF, sendo menores do que eles; o que é impossível; pois, os CD, EF foram supostos os menores dos que têm a mesma razão com eles. Portanto, o CD não é partes do A; portanto, uma parte. E o EF é a mesma parte do B, a que CD é do A; portanto, o mesmo número de vezes que o CD mede o A, também o EF, o B; o que era preciso provar.

21.

Os números primos entre si são os menores dos que têm a mesma razão com eles.

Sejam os números primos entre si A, B; digo que os A, B são os menores dos que têm a mesma razão com eles.

Pois, se não, existirão alguns números menores do que A, B que estão na mesma razão com os A, B. Sejam os C, D.

Como, de fato, os menores números dos que têm a mesma razão <com eles> medem os que têm a mesma razão, o mesmo número de vezes, tanto o maior, o maior quanto o menor, o menor, isto é, tanto o antecedente, o antecedente quanto o consequente, o consequente, portanto, o C mede o A o mesmo número de vezes que o D, o B. Então, o C mede o A o mesmo número de vezes quantas unidades estejam no E. Portanto, também o D mede o B segundo as unidades no E. E como o C mede o A segundo as unidades no E, portanto também o E mede o A segundo as unidades no C. Pelas mesmas coisas, então, o E também mede o B segundo as unidades no D. Portanto, o E mede os A, B, que são primos entre si; o que é impossível. Portanto, não existirão alguns números menores do que os A, B, tendo a mesma razão com os A, B. Portanto, os A, B são os menores dos que têm a mesma razão com eles; o que era preciso provar.

22.

Os menores números dos que têm a mesma razão com eles são primos entre si.

Sejam os A, B os menores números dos que têm a mesma razão com eles; digo que os A, B são primos entre si.

Pois, se não são primos entre si, algum número os medirá. Meça, e seja o C. E, por um lado, o C mede o A o mesmo número de vezes quantas unidades estejam no D, e, por outro lado, o C mede o B o mesmo número de vezes quantas unidades estejam no E.

Como o C mede o A segundo as unidades no D, portanto o C, depois de multiplicado pelo D, fez o A. Pelas mesmas coisas, então, também o C, depois de multiplicado pelo E, fez o B. O número C, então, depois de multiplicado pelos dois números D, E, fez os A, B; portanto, como o D está para o E, assim o A para o B; portanto, os D, E estão na mesma razão com os A, B, sendo menores do que eles; o que é impossível. Portanto, nenhum número medirá os números A, B. Portanto, os A, B são primos entre si; o que era preciso provar.

23.

Caso dois números sejam primos entre si, o número que mede um deles será primo com o restante.

Sejam os A, B dois números primos entre si, e algum número, o C, meça o A; digo que os C, B são primos entre si.

Os elementos

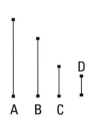

Pois, se os C, B não são primos entre si, [algum] número medirá os C, B. Meça, e seja o D. Como o D mede o C, e o C mede o A, portanto também o D mede o A. E mede também o B; portanto, o D mede os A, B, que são primos entre si; o que é impossível. Portanto, nenhum número medirá os números C, B. Portanto, os C, B são primos entre si; o que era preciso provar.

24.

Caso dois números sejam primos com algum número, também o produzido deles será primo com o mesmo.

Sejam, pois, os A, B dois números primos com algum número, o C, e o A, depois de multiplicado pelo B, faça o D; digo que os C, D são primos entre si.

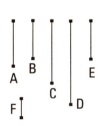

Pois, se os C, D não são primos entre si, [algum] número medirá os C, D. Meça, e seja o E. E, como os C, A são primos entre si, e algum número, o E, mede o C, portanto os A, E são primos entre si. Então, o E mede o D o mesmo número de vezes quantas unidades estejam no F; portanto, também o F mede o D segundo as unidades no E. Portanto, o E, depois de multiplicado pelo F, fez o D; mas, por certo, também o A, depois de multiplicado pelo B, fez o D; portanto, o dos E, F é igual ao dos A, B. Mas, caso o pelos extremos seja igual ao pelos meios, os quatro números estão em proporção; portanto, como o E está para o A, assim o B para o F. Mas os A, E são primos, e os primos são também os menores, e os menores números dos que têm a mesma razão com eles medem os que têm a mesma razão o mesmo número de vezes, tanto o maior, o maior quanto o menor, o menor, isto é, tanto o antecedente, o antecedente quanto o consequente, o consequente; portanto, o E mede o B, e mede também o C; portanto, o E mede os B, C, que são primos entre si; o que é impossível. Portanto, nenhum número medirá os números C, D. Portanto, os C, D são primos entre si; o que era preciso provar.

25.

Caso dois números sejam primos entre si, o produzido de um deles será primo com o restante.

Sejam os A, B dois números primos entre si, e o A, depois de multiplicado por si mesmo, faça o C; digo que os B, C são primos entre si.

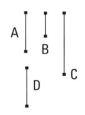

Fique, pois, posto o D igual ao A. Como os A, B são primos entre si, e o A é igual ao D, portanto também os D, B são primos entre si. Portanto, cada um dos D, A é primo com o B; portanto, também o produzido dos D, A será primo com o B. Mas o produzido dos D, A é o número C. Portanto, os C, B são primos entre si; o que era preciso provar.

26.

Caso dois números sejam primos com dois números, ambos com cada um, também os produzidos deles serão primos entre si.

Sejam os dois números A, B primos com os dois números C, D, ambos com cada um, e, por um lado, o A, depois de multiplicado pelo B, faça o E, e, por outro lado, o C, depois de multiplicado pelo D, faça o F; digo que os E, F são primos entre si.

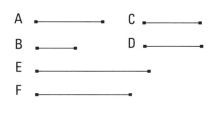

Pois, como cada um dos A, B é primo com o C, portanto também o produzido dos A, B será primo com o C. E o produzido dos A, B é o E; portanto, os E, C são primos entre si. Pelas mesmas coisas, então os D, E são primos entre si. Portanto, cada um dos C, D é primo com o E. Portanto, também o produzido dos C, D será primo com o E. E o produzido dos C, D é o F. Portanto, os E, F são primos entre si; o que era preciso provar.

27.

Caso dois números sejam primos entre si, e cada um, depois de multiplicado por si mesmo, faça algum, os produzidos deles serão primos entre si, e caso os do princípio, depois de multiplicado pelos produzidos, façam algum, também esses serão primos entre si [e isso sempre acontece acerca dos extremos].

Sejam os dois números A, B primos entre si, e, por um lado, o A, depois de multiplicado por si mesmo, faça o C, ao passo que, depois de multiplicado pelo C, faça o D, e, por outro lado, o B, depois de multiplicado por si mesmo, faça o E, ao passo que, depois de multiplicado pelo E, faça o F; digo que tanto os C, E quanto os D, F são primos entre si.

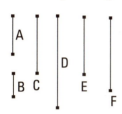

Como os A, B são primos entre si, e o A, depois de multiplicado por si mesmo, fez o C, portanto os C, B são primos entre si. Como, de fato, os C, B são primos entre si, e o B, depois de multiplicado por si mesmo, fez o E, portanto os C, E são primos entre si. De novo, como os A, B são primos entre si, e o B, depois de multiplicado por si mesmo, fez o E, portanto os A, E são primos entre si. Como, de fato, os dois números A, C são primos com os dois números B, E, ambos com cada um, portanto também o produzido dos A, C é primo com o dos B, E. E, por um lado, o dos A, C é o D, e, por outro lado, o dos B, E é o F. Portanto, os D, F são primos entre si; o que era preciso provar.

28.

Caso dois números sejam primos entre si, também um, conjuntamente com o outro, será primo com cada um deles; e caso um, conjuntamente com o outro, seja primo com algum deles, também os números do princípio serão primos entre si.

Fiquem, pois, compostos os dois números primos entre si AB, BC; digo que também um junto com o outro, o AC, é primo com cada um dos AB, BC.

Pois, se os CA, AB não são primos entre si, algum número medirá os CA, AB. Meça, e seja o D. Como, de fato, o D mede os CA, AB, portanto medirá também o restante BC. Mas mede também o BA; portanto, o D mede os AB, BC, que são primos entre si; o que é impossível. Portanto, nenhum número medirá os números CA, AB; portanto, os CA, AB são primos entre si. Pelas mesmas coisas, então, também os AC, CB são primos entre si. Portanto, o CA é primo com cada um dos AB, BC.

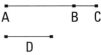

Sejam, então, de novo, os CA, AB primos entre si; digo que também os AB, BC são primos entre si.

Pois, se os AB, BC não são primos entre si, algum número medirá os AB, BC. Meça, e seja o D. E como o D mede cada um dos AB, BC, também medirá o todo CA. Mas também mede o AB; portanto, o D mede os CA, AB, que são primos entre si; o que é impossível. Portanto, nenhum número medirá os AB, BC. Portanto, os AB, BC são primos entre si; o que era preciso provar.

29.

Todo número primo é primo com todo número que não mede.

Seja o número primo A e não meça o B; digo que os B, A são primos entre si.

Pois, se os B, A não são primos entre si, algum número os medirá. Meça o C. Como o C mede o B, e o A não mede o B, portanto o C não é o mesmo que o A. E como o C mede os B, A, portanto também mede o A, que é primo, não sendo o mesmo que ele; o que é impossível. Portanto, nenhum número medirá os B, A. Portanto, os A, B são primos entre si; o que era preciso provar.

30.

*Caso dois números, sendo multiplicados entre si, façam algum,
e algum número primo meça o produzido deles, medirá também um dos
do princípio.*

Façam, pois, os dois números A, B, sendo multiplicados entre si, o C, e algum número primo, o D, meça o C; digo que o D mede um dos A, B.

Não meça, pois, o A; e o D é primo; portanto, os A, D são primos entre si. E tantas vezes o D mede o C, quantas unidades estejam no E. Como, de fato, o D mede o C segundo as unidades no E, portanto o D, tendo multiplicado o E, fez o C. Mas, certamente, também o A, tendo multiplicado o B, fez o C; portanto, o dos D, E é igual ao dos A, B. Portanto, como o D está para o A, assim o B para E. E os D, A são primos, e os primos são também os menores, e os menores medem os que têm a mesma razão, o mesmo número de vezes, tanto o maior, o maior quanto o menor, o menor, isto é, tanto o antecedente, o antecedente quanto o consequente, o consequente; portanto, o D mede o B. Do mesmo modo, então, provaremos que também, caso não meça o B, medirá o A. Portanto, o D mede um dos A, B; o que era preciso provar.

31.

Todo número composto é medido por algum número primo.

Seja o número composto A; digo que o A é medido por algum número primo.

Pois, como o A é composto, algum número o medirá. Meça, e seja o B. E se, por um lado, o B é primo, o prescrito aconteceria. Se, por outro lado, é composto, algum número o medirá. Meça, e seja o C. E como o C mede o B, e o B mede o A, portanto também o C mede o A. E se, por um lado, o C é primo, o prescrito aconteceria. Se, por outro lado é composto, algum número o medirá. Sendo, então, produzida uma investigação como essa, algum número primo será tomado, que medirá. Pois, se não for tomado, ilimitados números medirão o A, cada um dos quais é menor do que um outro; o que é impossível nos números. Portanto, algum número primo será tomado, que medirá o antes dele mesmo, que também medirá o A.

Portanto, todo número composto é medido por algum número primo; o que era preciso provar.

32.

Todo número ou é primo ou é medido por algum número primo.

Seja o número A; digo que o A ou é primo ou é medido por algum número primo.

Se, por um lado, de fato, o A é primo, o prescrito aconteceria. Se, por outro lado, é composto, algum número primo o medirá.

Portanto, todo número ou é primo ou é medido por algum número primo; o que era preciso provar.

33.

Dados números em uma quantidade qualquer, achar os menores dos que estão na mesma razão com eles.

Sejam os números dados A, B, C; é preciso, então, achar os menores dos que estão na mesma razão com os A, B, C.

Pois os A, B, C ou são primos entre si ou não. Se, por um lado, de fato, os A, B, C são primos entre si, são os menores dos que estão na mesma razão com eles.

Se, por outro lado, não, fique tomada a maior medida comum D dos A, B, C, e, tantas vezes o

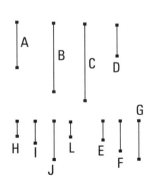

D mede cada um dos A, B, C, quantas unidades estejam em cada um dos E, F, G. Portanto, também cada um dos E, F, G mede cada um dos A, B, C segundo as unidades no D. Portanto, os E, F, G medem o mesmo número de vezes os A, B, C; portanto, os E, F, G estão na mesma razão com os A, B, C. Digo, então, que são também os menores. Pois, se os E, F, G não são os menores dos que têm a mesma razão com os A, B, C, [alguns] números, que são menores do que os E, F, G, estarão na mesma razão com os A, B, C. Sejam os H, I, J; portanto, o H mede o A o mesmo número de vezes que cada um dos I, J, cada um dos B, C. Mas tantas vezes o H mede o A quantas unidades estejam no L; portanto, também cada um dos I, J mede cada um dos B, C, segundo as unidades no L. E como o H mede o A, segundo as unidades no L, portanto também o L mede o A, segundo as unidades no H. Pelas mesmas coisas, então, o L mede também cada um dos B, C, segundo as unidades em cada um dos I, J; portanto, o L mede os A, B, C. E, como o H mede o A, segundo as unidades no L, portanto o H, tendo multiplicado o L, fez o A. Pelas mesmas coisas, então, também o E, tendo multiplicado o D, fez o A. Portanto, o dos E, D é igual ao dos H, L. Portanto, como o E está para o H, assim o L para o D. Mas o E é maior do que o H; portanto, também o L é maior do que o D. E mede os A, B, C; o que é impossível; pois o D foi suposto a maior medida comum dos A, B, C. Portanto, não estarão alguns números, que são menores do que E, F, G, na mesma razão com os A, B, C. Portanto, os E, F, G são os menores dos que têm a mesma razão com os A, B, C; o que era preciso provar.

34.

Dados dois números, achar o menor número que eles medem.

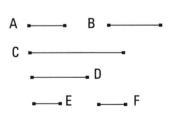

Sejam A, B os dois números dados; é preciso, então, achar o menor número que eles medem.

Pois os A, B ou são primos entre si ou não. Sejam, primeiramente, os A, B primos entre si, e o A, tendo multiplicado o B, faça o C;

portanto, o B, tendo multiplicado o A, fez o C. Portanto, os A, B medem o C. Digo, então, que é o menor. Pois, se não, os A, B medem algum número, que é menor do que C. Meçam o D. E tantas vezes o A mede o D quantas unidades estejam no E, e tantas vezes o B mede o D quantas unidades estejam no F; portanto, por um lado, o A, tendo multiplicado o E, fez o D, e, por outro lado, o B, tendo multiplicado o F, fez o D; portanto, o dos A, E é igual ao dos B, F. Portanto, como o A está para o B, assim o F para o E. Mas os A, B são primos, e os primos são também os menores, e os menores medem os que têm a mesma razão, o mesmo número de vezes, tanto o maior, o maior quanto o menor, o menor; portanto, o B mede o E, como um consequente, um consequente. E, como o A, tendo multiplicado os B, E, fez os C, D, portanto como o B está para o E, assim o C para o D. E o B mede o E; portanto, também o C mede o D, o maior, o menor; o que impossível. Portanto, os A, B não medem algum número que é menor do que o C. Portanto, o C é o menor dos que são medidos pelos A, B.

Não sejam, então, os A, B primos entre si, e fiquem tomados os menores números F, E dos que têm a mesma razão com os A, B; portanto, o dos A, E é igual ao dos B, F. E o A, tendo multiplicado o E, faça o C; portanto, o B, tendo multiplicado o F, fez o C; portanto, os A, B medem o C. Digo, então, que é também o menor. Pois, se não, os A, B medirão algum número, que é menor do que C. Meçam o D. E, por um lado, tantas vezes o A mede o D quantas unidades estejam no G, e, por outro lado, tantas vezes o B mede o D quantas unidades estejam no H. Portanto, por um lado, o A, tendo multiplicado o G, fez o D, e, por outro lado, o B, tendo multiplicado o H, fez o D. Portanto, o dos A, G é igual ao dos B, H; portanto, como o A está para o B, assim o H para o G. Mas, como o A para o B, assim o F para o E; portanto, como o F para o E, assim o H para o G. E os F, E são os menores, e os menores medem os que têm a mesma razão, o mesmo número de vezes, tanto o maior, o maior, quanto o menor, o menor; portanto, o E mede o G. E, como o A, tendo multiplicado os E, G, fez os C, D, portanto, como o E está para o G, assim o C para o D. Mas o E mede o G; portanto, também o C mede o D, o maior, o menor; o que é impossível. Portanto, os A, B não medirão algum número que é menor do que o C. Portanto, o C é o menor dos que são medidos pelos A, B; o que era preciso provar.

35.

Caso dois números meçam algum número, também o menor medido por eles o medirá.

Meçam, pois, os dois números A, B algum número, o CD, e seja o E o menor; digo que também o E mede o CD.

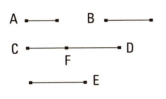

Pois, se o E não mede o CD, o E, medindo o DF, deixe o resto CF, menor do que ele mesmo. E como os A, B medem o E, e o E mede o DF, portanto também os A, B medirão o DF. E também medem o CD todo; portanto, também medem o restante CD, que é menor do que E; o que é impossível. Portanto, não é o caso de o E não medir o CD; portanto, mede; o que era preciso provar.

36.

Dados três números, achar o menor número que eles medem.

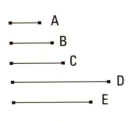

Sejam os três números dados A, B, C; é preciso, então, achar o menor número que eles medem.

Fique, pois, tomado o menor D medido pelos dois A, B. O C, então, ou mede o D ou não mede. Meça, primeiramente. E também os A, B medem o D; portanto, os A, B, C medem o D. Digo, então, que é também o menor. Pois, se não, os A, B, C medirão [algum] número que é menor do que o D. Meçam o E. Como os A, B, C medem o E, portanto também os A,B medem o E. Portanto, o menor medi-

Euclides

do pelos A, B medirá [o E]. Mas o menor medido pelos A, B é o D; portanto, o D mede o E, o maior, o menor; o que é impossível. Portanto, os A, B, C não medirão algum número que é menor do que o D; portanto, os A, B, C medem o menor D.

De novo, o C não meça o D, e fique tomado o menor número E medido pelos C, D. Como os A, B medem o D, e o D mede o E, portanto também os A, B medem o E. Mas também o C mede [o E]; portanto, [também] os A, B, C medem o E. Digo, então, que é também o menor. Pois, se não, os A, B, C medirão algum que é menor do que o E. Meçam o F. Como os A, B, C medem o F, portanto também os A, B medem o F; portanto, também o menor medido pelos A, B medirá o F. E o menor medido pelos A, B é o D; portanto, o D mede o F. E também o C mede o F; portanto, os D, C medem o F; desse modo, também o menor medido pelos D, C medirá o F. E o menor medido pelos D, C é o E; portanto, o E mede o F, o maior, o menor; o que é impossível. Portanto, os A, B, C não medirão algum número que é menor do que E. Portanto, o E é o menor dos que são medidos pelos A, B, C; o que era preciso provar.

37.

Caso um número seja medido por algum número, o medido terá uma parte homônima com o que mede.

Seja, pois, o número A medido por algum número, o B; digo que o A tem uma parte homônima com o B.

Pois, tantas vezes o B mede o A quantas unidades estejam no C. Como o B mede o A, segundo as unidades no C, e também a unidade D mede o número C, segundo as unidades nele mesmo, portanto, a unidade D mede o número C o mesmo número de vezes que o B mede o A. Portanto, alternadamente, a unidade D mede o B o mesmo número de vezes que o C mede o A; portanto, aquela parte que a unidade D é do número B, a mesma parte também o C é do A. Mas a unidade D é uma parte do número B homônima com ele; portanto, o C é uma parte do A, homônima com B. Desse modo, o A tem a parte C que é homônima com B; o que era preciso provar.

38.

Caso um número tenha uma parte, qualquer que seja, será medido por um número homônimo com a parte.

Tenha, pois, o número A uma parte, qualquer que seja, a B, e seja o [número] C homônimo com a parte B; digo que o C mede o A.

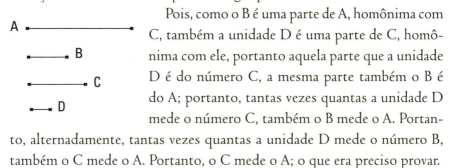

Pois, como o B é uma parte de A, homônima com C, também a unidade D é uma parte de C, homônima com ele, portanto aquela parte que a unidade D é do número C, a mesma parte também o B é do A; portanto, tantas vezes quantas a unidade D mede o número C, também o B mede o A. Portanto, alternadamente, tantas vezes quantas a unidade D mede o número B, também o C mede o A. Portanto, o C mede o A; o que era preciso provar.

39.

Achar um número que é o menor dos que terão as partes dadas.

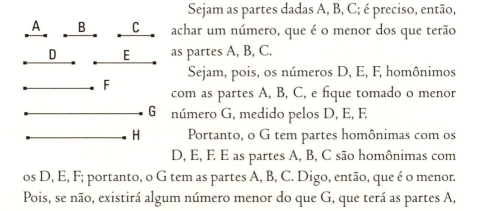

Sejam as partes dadas A, B, C; é preciso, então, achar um número, que é o menor dos que terão as partes A, B, C.

Sejam, pois, os números D, E, F, homônimos com as partes A, B, C, e fique tomado o menor número G, medido pelos D, E, F.

Portanto, o G tem partes homônimas com os D, E, F. E as partes A, B, C são homônimas com os D, E, F; portanto, o G tem as partes A, B, C. Digo, então, que é o menor. Pois, se não, existirá algum número menor do que G, que terá as partes A,

B, C. Seja o H. Como o H tem as partes A, B, C, portanto o H será medido por números homônimos com as partes A, B, C. E os número D, E, F são homônimos com as partes A, B, C; portanto, o H é medido pelos D, E, F. E é menor do que G; o que é impossível. Portanto, não existirá algum número menor do que G, que terá as partes A, B, C; o que era preciso provar.

Livro VIII

1.

Caso números, em uma quantidade qualquer, estejam em proporção continuada, e os extremos deles sejam primos entre si, são os menores dos que têm a mesma razão com eles.

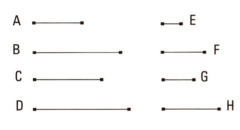

Estejam os números, em uma quantidade qualquer, A, B, C, D em proporção continuada, e sejam os extremos A, D deles primos entre si; digo que os A, B, C, D são os menores dos que têm a mesma razão com eles.

Pois, se não, sejam os E, F, G, H, menores do que os A, B, C, D, que estão na mesma razão com eles. E como os A, B, C, D estão na mesma razão com os E, F, G, H, e a quantidade [dos A, B, C, D] é igual à quantidade [dos E, F, G, H], portanto, por igual posto, como o A está para o D, o E para o H. Mas os A, D são primos, e os primos são também os menores, e os menores números medem os que têm a mesma razão, o mesmo número de vezes, tanto o maior, o maior quanto o menor, o menor, isto é, tanto o antecedente, o antecedente quanto o consequente, o consequente. Portanto, o A mede o E, o maior, o menor; o que é impossível. Portanto, os E, F, G, H, que são menores do que os A, B, C, D, não estão na mesma razão com eles. Portanto, os A, B, C, D são os menores dos que têm a mesma razão com eles; o que era preciso provar.

2.

Achar os menores números em proporção continuada, tantos quantos alguém prescreva, na razão dada.

Seja a razão dada nos menores números a do A para o B; é preciso, então, achar os menores números em proporção continuada, tantos quantos alguém prescreva, na razão do A para o B.

Fiquem, então, prescritos quatro, e o A, tendo multiplicado a si mesmo, faça o C, e tendo multiplicado o B, faça o D, e ainda o B, tendo multiplicado a si mesmo, faça o E, e ainda o A, tendo multiplicado os C, D, E, faça os F, G, H, e o B, tendo multiplicado o E, faça o I.

E como o A, por um lado, tendo multiplicado a si mesmo, fez o C, e, por outro lado, tendo multiplicado o B, fez o D, portanto como o A está para o B, [assim] o C para o D. De novo, como, por um lado, o A, tendo multiplicado o B, fez o D, e, por outro lado, o B, tendo multiplicado a si mesmo, fez o E, portanto, cada um dos A, B, tendo multiplicado o B, fez cada um dos D, E. Portanto, como o A está para o B, assim o D para o E. Mas, como o A para o B, o C para o D; portanto, também como o C para o D, assim o D para o E. E como o A, tendo multiplicado os C, D, fez os F, G, portanto como o C está para o D, [assim] o F para o G. Mas como o C para o D, assim estava o A para o B; portanto, também como o A para o B, o F para o G. De novo, como o A, tendo multiplicado os D, E, fez os G, H, portanto como o D para o E, o G para o H. Mas, como o D para o E, o A para o B. Portanto, também como o A para o B, assim o G para o H. E como os A, B, tendo multiplicado o E, fez os H, I, portanto como o A está para o B, assim o H para o I. Mas como o A para o B, assim tanto o F para o G quanto o G para o H. Portanto, também como o F para o G, assim tanto o G para o H quanto o H para o I; portanto, os C, D, E e os F, G,

H, I estão em proporção na razão do A para o B. Digo, então, que também são os menores. Pois, como os A, B são os menores dos que têm a mesma razão com eles, e os menores dos que têm a mesma razão são primos entre si, portanto os A, B são primos entre si. E, por um lado, cada um dos A, B, tendo multiplicado a si mesmo, fez cada um dos C, E, e, por outro lado, tendo multiplicado cada um dos C, E, fez cada um dos F, I; portanto, os C, E e os F, I são primos entre si. Mas, caso números, em uma quantidade qualquer, estejam em proporção continuada, e os extremos sejam primos entre si, são os menores dos que têm a mesma razão com eles. Portanto, os C, D, E e os F, G, H, I são os menores dos que têm a mesma razão com os A, B; o que era preciso provar.

Corolário

Disso, então, é evidente que, caso três números em proporção continuada sejam os menores dos que têm a mesma razão com eles, os extremos deles são quadrados, e caso quatro, cubos.

3.

Caso números, em uma quantidade qualquer, em proporção continuada sejam os menores dos que têm a mesma razão com eles, os extremos deles são primos entre si.

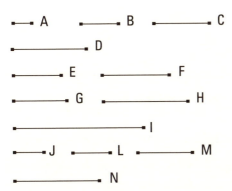

Sejam os números, em uma quantidade qualquer, A, B, C, D, em proporção continuada, os menores dos que têm a mesma razão com eles; digo que os extremos A, D são primos entre si.

Fiquem, pois, tomados, por um lado, os dois menores números, E, F, na razão dos A, B, C, D, e, por outro lado, os três G, H, I, e continuadamente por um a mais, até que a quantidade tomada se torne igual à quantidade dos A, B, C, D. Fiquem tomados e sejam os J, L, M, N.

E como os E, F são os menores dos que têm a mesma razão com eles, são primos entre si. E como cada um dos E, F, tendo multiplicado, por um lado, a si mesmo, fez cada um dos G, I, e, por outro lado, tendo multiplicado cada um dos G, I, fez cada um dos J, N, portanto também os G, I e os J, N são primos entre si. E como os A, B, C, D são os menores dos que têm a mesma razão com eles, e também os J, L, M, N são menores que estão na mesma razão com os A, B, C, D, e a quantidade dos A, B, C, D é igual à quantidade dos J, L, M, N, portanto cada um dos A, B, C, D é igual a cada um dos J, L, M, N; portanto, por um lado, o A é igual ao J e, por outro, o D, ao N. E os J, N são primos entre si. Portanto, também os A, D são primos entre si; o que era preciso provar.

4.

Tendo sido dadas razões, em um número qualquer, nos menores números, achar os menores números em proporção continuada nas razões dadas.

Sejam as razões que foram dadas, nos menores números, tanto a do A para o B quanto a do C para o D quanto, ainda, a do E para o F; é preciso, então, achar os menores números em proporção continuada tanto na razão do A para o B quanto na do C para o D quanto, ainda, na do E para o F.

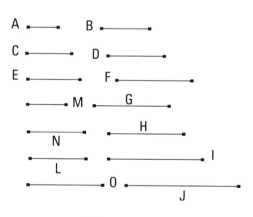

Fique, pois, tomado o menor número G medido pelos B, C. E, por um lado, tantas vezes quantas o B mede o G tantas também o A meça o H e, por outro lado, tantas vezes quantas o C mede o G tantas também o D meça o I. Mas o E ou mede o I ou não mede. Primeiramente, meça. E tantas vezes quantas o E mede o I tantas também o F meça o J. E, como o A mede o H o mesmo número de vezes que o B, o G, portanto como o A está para

Os elementos

o B, assim o H para o G. Pelas mesmas coisas, então, também como o C para o D, assim o G para o I, e ainda como o E para o F, assim o I para o J. Portanto, os H, G, I, J estão em proporção continuada tanto na razão do A para o B quanto na do C para o D quanto, ainda, na do E para o F. Digo, então, que também são os menores. Pois, se os H, G, I, J não são os menores em proporção continuada nas razões do A para o B e do C para o D e na do E para o F, sejam os M, N, L, O. E como o A está para o B, assim o M para o N, e os A, B são os menores, e os menores medem os que estão na mesma razão o mesmo número de vezes, tanto o maior, o maior quanto o menor, o menor, isto é, tanto o antecedente, o antecedente quanto o consequente, o consequente, portanto o B mede o N. Pelas mesmas coisas, então, também o C mede o N; portanto, os B, C medem o N; portanto, o menor medido pelos B, C medirá o N. E o menor medido pelos B, C é o G; portanto, o G mede o N, o maior, o menor; o que é impossível. Portanto, nenhuns números, menores do que os H, G, I, J, estarão continuadamente na razão, tanto a do A para o B quanto a do C para o D quanto, ainda, a do E para o F.

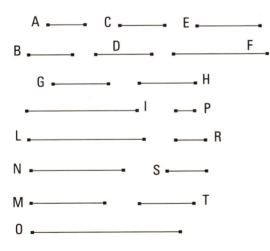

O E, então, não meça o I. E fique tomado o menor número L medido pelos E, I. E, por um lado, tantas vezes quantas o I mede o L tantas também cada um dos H, G meça cada um dos M, N e, por outro lado, tantas vezes quantas o E mede o L tantas também o F meça o O. Como o H mede o M o mesmo número de vezes que o G, o N, portanto como o H está para o G, assim o M para o N. Mas, como o H para o G, assim o A para o B; portanto, também como o A para o B, assim o M para o N. Pelas mesmas coisas, então, também como o C para o D, assim o N para o L. De novo, como o E mede o L o mesmo número de vezes que o F, o O, portanto como o E está para o F, assim o L para o O; portanto, os M, N, L, O estão em proporção continuada nas razões do A para o B e do C para o D e, ainda, do E para o F. Digo, então, que são também os menores nas razões AB, CD, EF. Pois, se não, alguns números, menores do que os M, N, L, O, estarão em proporção continuada nas razões AB, CD, EF. Estejam os P, R, S, T. E como o P está para o R, assim o A para o B, e os A, B são os menores, e os menores medem os que têm a mesma razão com eles o mesmo número de vezes, tanto o antecedente, o antecedente quanto o consequente, o consequente, portanto o B mede o R. Pelas mesmas coisas, então, também o C mede o R; portanto, os B, C medem o R. Portanto, também o menor medido pelos B, C medirá o R. Mas o menor medido pelos B, C é o G; portanto, o G mede o R. E como o G está para o R, assim o I para o S; portanto, também o I mede o S. Mas também o E mede o S; portanto, os E, I medem o S. Portanto, também o menor medido pelos E, I medirá o S. E o menor medido pelos E, I é o M; portanto, o M mede o S, o maior, o menor; o que é impossível. Portanto, nenhuns números menores do que os M, N, L, O estarão em proporção continuada nas razões do A para o B e do C para o D e, ainda, do E para o F; portanto, os M, N, L, O são os menores em proporção continuada nas razões AB, CD, EF; o que era preciso provar.

5.

Os números planos têm entre si a razão composta das dos lados.

Sejam os números planos A, B, e sejam os números C, D os lados do A, enquanto os E, F, os de B; digo que o A tem para o B a razão composta das dos lados.

Pois, tendo sido dadas razões, tanto a que o C tem para o E quanto o D para F, fiquem tomados os menores números G, H, I continuadamente nas razões CE, DF, de modo a estar como o C para o E, assim o G para o H, ao passo que como o D para o F, assim o H para o I. E o D, tendo multiplicado o E, faça o J.

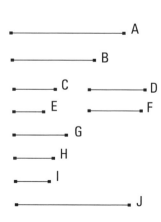

E como o D, tendo multiplicado o C, fez o A, ao passo que, tendo multiplicado o E, fez o J, portanto como o C está para o E, assim o A para o J. E como o C para o E, assim o G para o H; portanto, também como o G para o H, assim o A para o J. De novo, como o E, tendo multiplicado o D, fez o J, mas, de fato, também, tendo multiplicado o F, fez o B, portanto como o D está para o F, assim o J para o B. Mas, como o D para o F, assim o H para o I; portanto, também como o H para o I, assim o J para o B. Mas foi também provado como o G para o H, assim o A para o J; portanto, por igual posto, como o G está para o I, [assim] o A para o B, e o H tem para o I a razão composta das dos lados; portanto, o A tem para o B a razão composta das dos lados; o que era preciso provar.

6.

Caso números, em uma quantidade qualquer, estejam em proporção continuada, e o primeiro não meça o segundo, nenhum outro medirá nenhum.

Estejam os números A, B, C, D, E, em uma quantidade qualquer, em proporção continuada, e o A não meça o B; digo que nenhum outro medirá nenhum.

Por um lado, que, de fato, os A, B, C, D, E não medem uns aos outros, consecutivamente, é evidente; pois, nem o A mede o B. Digo, então, que nem nenhum outro medirá nenhum. Pois, se possível, o A meça o C. E quantos são os A, B, C, tantos fiquem tomados os menores números F, G, H dos que têm a mesma razão com os A, B, C, e a quantidade dos A, B, C é igual à quantidade dos F, G, H, portanto, por igual posto, como o A está para o C, assim o F para o H. E como o A está para o B, assim o F para o G, e o A não mede o B, portanto nem o F mede o G; portanto o F não é uma unidade; pois a unidade mede todo número. E os F, H são primos entre si [portanto, nem o F mede o H]. Também como o F está para o H, assim o A para o C; portanto, nem o A mede o C. Do mesmo modo, então, provaremos que nem nenhum outro medirá nenhum; o que era preciso provar.

7.

Caso números, em uma quantidade qualquer, estejam em proporção [continuada], e o primeiro meça o último, medirá também o segundo.

Estejam os números A, B, C, D, em uma quantidade qualquer, em proporção continuada, e o A meça o D; digo que também o A mede o B. Pois, se o A não mede o B, nem nenhum outro medirá nenhum; mas o A mede o D. Portanto, o A também mede o B; o que era preciso provar.

8.

Caso números caiam, segundo a proporção continuada, entre dois números, quantos números caem, segundo a proporção continuada, entre eles, tantos também cairão, segundo a proporção continuada, entre os que têm a mesma razão [com eles].

Caiam, pois, os números C, D, segundo a proporção continuada, entre os dois números A, B, e fique feito como o A para o B, assim o E para o F; digo que quantos números caíram, segundo a proporção continuada, entre os A, B, tantos também cairão, segundo a proporção continuada, entre os E, F.

Pois, quantos são os A, B, C, D na quantidade, fiquem tomados tantos

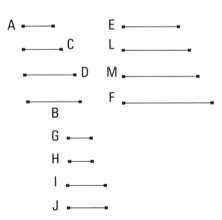

os menores números G, H, I, J dos que têm a mesma razão com os A, C, D, B; portanto, os extremos G, J deles são primos entre si. E como os A, C, D, B estão na mesma razão com os G, H, I, J, e a quantidade dos A, C, D, B é igual à quantidade dos G, H, I, J, portanto, por igual posto, como o A está para o B, assim o G para o J. Mas, como o A para o B, assim o E para o F; portanto, também como o G para o J, assim o E para o F. E os G, J são primos, e os primos são também os menores, e os menores números medem os que têm a mesma razão o mesmo número de vezes, tanto o maior, o maior quanto o menor, o menor, isto é, tanto o antecedente, o antecedente quanto o consequente, o consequente. Portanto, o G mede o E o mesmo número de vezes que o J, o F. Tantas vezes, então, o G mede o E quantas também cada um dos H, I meça cada um dos L, M; portanto, os G, H, I, J medem os E, L, M, F o mesmo número de vezes. Portanto, os G, H, I, J estão na mesma razão com os E, L, M, F. Mas os G, H, I, J estão na mesma razão com os A, C, D, B; portanto, também os A, C, D, B estão na mesma razão com os E, L, M, F. Mas os A, C, D, B estão em proporção continuada. Portanto, também os E, L, M, F estão em proporção continuada. Portanto, quantos números caíram, segundo a proporção continuada, entre os A, B tantos números caíram, segundo a proporção continuada, entre os E, F; o que era preciso provar.

9.

Caso dois números sejam primos entre si, e números caiam, segundo a proporção continuada, entre eles, quantos números caem, segundo a proporção continuada, entre eles, tantos também cairão, segundo a proporção continuada, entre cada um deles e uma unidade.

Sejam os dois números A, B primos entre si, e caiam os C, D, segundo a proporção continuada, entre eles, e fique tomada a unidade E; digo que, quantos números caíram, segundo a proporção continuada, entre os A, B, tantos também cairão, segundo a proporção continuada, entre cada um dos A, B e a unidade.

Fiquem, pois, tomados, por um lado, os dois menores números F, G que estão na razão dos A, C, D, B e, por outro lado, os três H, I, J, e sempre, continuadamente, por um a mais, até que a quantidade deles se torne igual à quantidade dos A, C, D, B. Fiquem tomados e sejam os L, M, N, O. É evidente, então, que, por um lado, o F, tendo multiplicado a si mesmo, fez o H, e, por outro lado, tendo multiplicado o H, fez o L, e o G, tendo multiplicado a si mesmo, fez o J, ao passo que, tendo

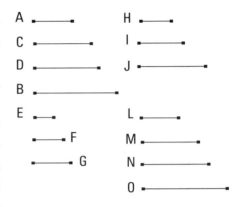

multiplicado o J, fez o O. E como os L, M, N, O são os menores dos que têm a mesma razão com os F, G, e também os A, C, D, B são os menores dos que têm a mesma razão com os F, G, e a quantidade dos L, M, N, O é igual à quantidade dos A, C, D, B, portanto cada um dos L, M, N, O é igual a cada um dos A, C, D, B; portanto, por um lado, o L é igual ao A, e, por outro lado, o O, ao B. E como o F, tendo multiplicado a si mesmo, fez o H, portanto o F mede o H, segundo as unidades no F. Mas também a unidade E mede o F, segundo as unidades nele; portanto, a unidade E mede o número F o mesmo número de vezes que o F, o H. Portanto, como a unidade E está para o número F, assim o F para o H. De novo, como o F, tendo multiplicado o H, fez o L, portanto o H mede o L, segundo as unidades no F. Mas também a unidade E mede o número F, segundo as unidades nele; portanto, a unidade E mede o número F o mesmo número de vezes que o H, o L. Portanto, como a unidade E está para o número F, assim o H para o L. E foi provado também como a unidade E para o número F, assim o F para o H; portanto, também como a unidade E para o número F, assim o F para o H e o H para o L. Mas o L é igual ao A; portanto, como a unidade E está para o número F, assim o F para o H e o H para o A. Pelas mesmas coisas, então, também como a unidade E para o número G, assim o G para o J, e o J para o B. Portanto, quantos números caíram, segundo a proporção continuada, entre os A, B, tantos números também caíram, segundo a proporção continuada, entre cada um dos A, B e a unidade E; o que era preciso provar.

10.

Caso números caiam, segundo a proporção continuada, entre cada um de dois números e uma unidade, quantos números caem, segundo a proporção continuada, entre cada um deles e uma unidade, tantos também cairão, segundo a proporção continuada, entre eles.

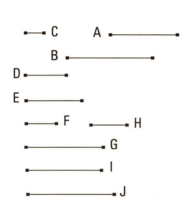

Caiam, pois, tantos os números D, E quantos os F, G, segundo a proporção continuada, entre os dois números A, B e uma unidade C; digo que quantos números caíram, segundo a proporção continuada, entre cada um dos A, B e a unidade C tantos também cairão, segundo a proporção continuada, entre os A, B.

Pois, o D, tendo multiplicado o F, faça o H, e cada um dos D, F, tendo multiplicado o H, faça cada um dos I, J.

E como a unidade C está para o número D, assim o D para o E, portanto, a unidade C mede o número D o mesmo número de vezes que o D, o E. Mas a unidade C mede o número D segundo as unidades no D; portanto, também o número D mede o E segundo as unidades no D; portanto, o D, tendo multiplicado a si mesmo, fez o E. De novo, como a [unidade] C está para o número D, assim o E para o A, portanto, a unidade C mede o número D o mesmo número de vezes que o E, o A. Mas a unidade C mede o número D segundo as unidades no D; portanto, também o E mede o A segundo as unidades no D; portanto, o D, tendo multiplicado o E, fez o A. Pelas mesmas coisas, então, também, por um lado, o F, tendo multiplicado a si mesmo, fez o G, e, por outro lado, tendo multiplicado o G, fez o B. E como o D, por um lado, tendo multiplicado a si mesmo, fez o E, e, por outro lado, tendo multiplicado o F, fez o H, portanto, como o D está para o F, assim o E para o H. Pelas mesmas coisas, então, também como o D para o F, assim o H para o G. Portanto, também como o E para o H, assim o H para o G. De novo, como o D, tendo multiplicado cada um dos E, H, fez cada um dos A, J, portanto, como o E está para o H, assim o A para o J. Mas, como o E para o H, assim o D para o F; portanto, também como o D para o F, assim o A para o J. De novo, cada um dos D, F, tendo multiplicado o H, fez cada um dos I, J, portanto, como o D está para o F, assim o I para o J. Mas, como o D para o F, assim o A para o I; portanto, também como o A para o I, assim o I para o J. Ainda, como o F, tendo multiplicado cada um dos H, G, fez cada um dos J, B, portanto, como o H está para o G, assim o J para o B. Mas, como o H para o G, assim o D para o F; portanto, também como o D para o F, assim o J para o B. E foi provado também como o D para o F, assim tanto o A para o I quanto o I para o J; portanto, também como o A para o I, assim o I para o J e o J para o B. Portanto, os A, I, J, B estão, consecutivamente, segundo a proporção continuada. Portanto, quantos números caem, em proporção continuada, entre cada um dos A, B e a unidade C tantos também cairão, segundo a proporção continuada, entre os A, B; o que era preciso provar.

11.

Existe um número médio em proporção entre dois números quadrados, e o quadrado tem para o quadrado uma razão dupla da que o lado, para o lado.

Sejam os números quadrados A, B, e sejam o C um lado do A, ao passo que o D um do B; digo que existe um número médio em proporção entre os A, B, e o A tem para o B uma razão dupla da que o C para o D.

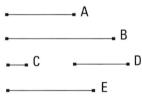

Pois o C, tendo multiplicado o D, faça o E. E como o A é um quadrado, e o C é um lado dele, portanto o C, tendo multiplicado a si mesmo, fez o A. Pelas mesmas coisas, então, também o D, tendo multiplicado a si mesmo, fez o B. Como, de fato, o C, tendo multiplicado cada um dos C, D, fez cada um dos A, E, portanto como o C está para o D, assim o A para o E. Pelas mesmas coisas, então, também como o C para o D, assim o E para o B. Portanto, também como o A para o E, assim o E para o B. Portanto, existe um número médio em proporção entre os A, B.

Digo, então, que também o A tem para o B uma razão dupla da que o C para o D. Pois, como os três números A, E, B estão em proporção, portanto o A tem para o B uma razão dupla da que o A para o E. Mas, como o A para o E, assim o C para o D. Portanto, o A tem para o B uma razão dupla da que o lado C para o lado D; o que era preciso provar.

12.

Existem dois números médios em proporção entre dois números cubos, e o cubo tem para o cubo uma razão tripla da que o lado para o lado.

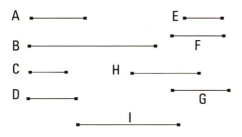

Sejam os números cubos A, B e sejam o C um lado de A, enquanto o D um de B; digo que existem dois números médios em proporção entre os A, B, e o A tem para o B uma razão tripla da que o C para o D.

Pois o C, tendo multiplicado a si mesmo, faça o E, ao passo que, tendo multiplicado o D, faça o F, e o D, tendo multiplicado a si mesmo, faça o G, e cada um dos C, D, tendo multiplicado o F, faça cada um dos H, I.

E, como o A é um cubo, e o C, um lado dele, e o C, tendo multiplicado a si mesmo, fez o E, portanto o C, tendo multiplicado a si mesmo, fez o E, ao passo que, tendo multiplicado o E, fez o A. Pelas mesmas coisas, então, também o D, tendo multiplicado a si mesmo, fez o G, ao passo que, tendo multiplicado o G, fez o B. E como o C, tendo multiplicado cada um dos C, D, fez cada um dos E, F, portanto, como o C está para o D, assim o E para o F. Pelas mesmas coisas, então, também como o C para o D, assim o F para o G. De novo, como o C, tendo multiplicado cada um dos E, F, fez cada um dos A, H, portanto, como o E para o F, assim o A para o H. Mas, como o E para o F, assim o C para o D; portanto, também como o C para o D, assim o A para o H. De novo, como cada um dos C, D, tendo multiplicado o F, fez cada um dos H, I, portanto, como o C está para o D, assim o H para o I. De novo, como o D, tendo multiplicado cada um dos F, G, fez cada um dos I, B, portanto, como o F está para o G, assim o I para o B. Mas, como o F para o G, assim o C para o D; portanto, também como o C para o D, assim tanto o A para o H quanto o H para o I e o I para o B. Portanto, os H, I são dois médios em proporção entre A, B.

Digo, então, que também o A tem para o B uma razão tripla da que o C para o D. Pois como os quatro números A, H, I, B estão em proporção, portanto, o A tem para o B uma razão tripla da que o A para o H. Mas, como o A para o H, assim o C para o D; [portanto], também o A tem para o B uma razão tripla da que o C para o D; o que era preciso provar.

13.

Caso números, quantos quer que sejam, estejam em proporção continuada, e cada um, tendo multiplicado a si mesmo, faça algum, os produzidos deles estarão em proporção; e, caso os do princípio, tendo multiplicado os produzidos, façam alguns, também eles estarão em proporção [e isso sempre acontece acerca dos extremos].

Estejam os números A, B, C, quantos quer que sejam, em proporção continuada, como o A para o B, assim o B para o C, e os A, B, C, por um lado, tendo multiplicado a si mesmos, façam os D, E, F, e, por outro lado, tendo multiplicado os D, E, F, façam os G, H, I; digo que, tanto os D, E, F quanto os G, H, I estão em proporção continuada.

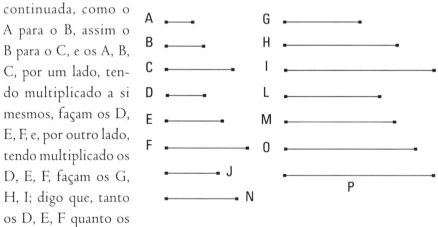

Pois, por um lado, o A, tendo multiplicado o B, faça o J, e, por outro lado, cada um dos A, B, tendo multiplicado o J faça cada um dos L, M. E, de novo, por um lado, o B, tendo multiplicado o C, faça o N, e, por outro lado, cada um dos B, C, tendo multiplicado o N, faça cada um dos O, P.

Os elementos

Do mesmo modo, então, que nos acima, provaremos que os D, J, E e os G, L, M, H estão em proporção continuada na razão do A para o B, e ainda os E, N, F e os H, O, P, I estão em proporção continuada na razão do B para o C. E, como o A está para o B, assim o B para o C; portanto, também os D, J, E estão na mesma razão com os E, N, F, e ainda os G, L, M, H com os H, O, P, I. E, por um lado, a quantidade dos D, J, E é igual à quantidade dos E, N, F, e, por outro lado, a dos G, L, M, H, à dos H, O, P, I; portanto, por igual posto, por um lado, como o D está para o E, assim o E para o F, e, por outro lado, como o G para o H, assim o H para o I; o que era preciso provar.

14.

Caso um quadrado meça um quadrado, também o lado medirá o lado; e caso o lado meça o lado, também o quadrado medirá o quadrado.

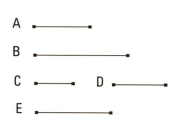

Sejam os números quadrados A, B, e sejam os C, D lados deles, e o A meça o B; digo que também o C mede o D.

Pois, o C, tendo multiplicado o D, faça o E; portanto, os A, E, B estão em proporção continuada na razão do C para o D. E como os A, E, B estão em proporção continuada, e o A mede o B, portanto também o A mede o E. E como o A está para o E, assim o C para o D; portanto, também o C mede o D.

De novo, então, o C meça o D; digo que também o A mede o B.

Pois, do mesmo modo, tendo sido construídas as mesmas coisas, provaremos que os A, E, B estão em proporção continuada na razão do C para o D, e como o C está para o D, assim o A para o E, mas o C mede o D, portanto também o A mede o E. E os A, E, B estão em proporção continuada; portanto, o A mede o B.

Portanto, caso um quadrado meça um quadrado, também o lado medirá o lado; e caso o lado meça o lado, também o quadrado medirá o quadrado; o que era preciso provar.

15.

Caso um número cubo meça um número cubo, também o lado medirá o lado; e, caso o lado meça o lado, também o cubo medirá o cubo.

Meça, pois, o número cubo A o número cubo B, e seja o C um lado do A, enquanto o D, um do B; digo que o C mede o D.

Pois o C, tendo multiplicado a si mesmo, faça o E, e o D, tendo multiplicado a si mesmo faça o G, e ainda o C, tendo multiplicado o D, [faça] o F, e cada um dos C, D, tendo multiplicado o F, faça cada um dos H, I. É evidente, então, que os E, F, G e os A, H, I, B estão em proporção continuada na razão do C para o D. E como os A, H, I, B estão em proporção continuada, e o A mede o B, portanto também mede o H. E como o A está para H, assim o C para o D; portanto, o C mede o D.

Mas, então, o C meça o D; digo que também o A medirá o B.

Pois, do mesmo modo, então, tendo sido construídas as mesmas coisas, provaremos que os A, H, I, B estão em proporção continuada na razão do C para o D. E como o C mede o D, e como o C está para o D, assim o A para o H, portanto também o A mede o H; de modo que também o A mede o B; o que era preciso provar.

16.

Caso um número quadrado não meça um número quadrado, nem o lado medirá o lado; e, caso o lado não meça o lado, nem o quadrado medirá o quadrado.

Sejam os números quadrados A, B e sejam os C, D lados deles, e o A não meça o B; digo que nem o C mede o D.

Pois, se o C mede o D, também o A medirá o B; mas o A não mede o B; portanto, nem o C medirá o D.

314

Os elementos

De novo, [então], o C não meça o D; digo que nem o A medirá o B.

Pois, se o A mede o B, também o C medirá o D. Mas o C não mede o D; portanto, o A não medirá o B; o que era preciso provar.

17.

Caso um número cubo não meça um número cubo, nem o lado medirá o lado; e, caso o lado não meça o lado, nem o cubo medirá o cubo.

Pois, o número cubo A não meça o número cubo B, e seja o C um lado do A, enquanto o D, um do B; digo que o C não medirá o D.

Pois, se o C mede o D, também o A medirá o B; mas o A não mede o B; portanto, nem o C mede o D.

Mas, então, o C não meça o D; digo que nem o A medirá o B.

Pois, se o A mede o B, também o C medirá o D. Mas o C não mede o D; portanto, nem o A medirá o B; o que era preciso provar.

18.

Existe um número médio em proporção entre dois números planos semelhantes; e o plano tem para o plano uma razão dupla da que o lado homólogo para o lado homólogo.

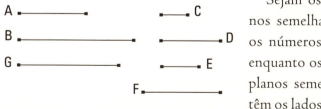

Sejam os dois números planos semelhantes A, B, e sejam os números C, D lados do A, enquanto os E, F, do B. E como planos semelhantes são os que têm os lados em proporção, portanto, como o C está para o D, assim o E para o F. Digo, de fato, que existe um número médio em proporção entre os A, B, e o A tem para B uma razão dupla da que o C para o E ou o D para o F, isto é, da que o lado homólogo para o [lado] homólogo.

E, como o C está para o D, assim o E para o F, portanto, alternadamente, como o C está para o E, o D para o F. E como A é plano, e os C, D são lados dele, portanto, o D, tendo multiplicado o C, fez o A. Pelas mesmas coisas, então, também o E, tendo multiplicado o F, fez o B. Então o D, tendo multiplicado o E, faça o G. E, como o D, tendo multiplicado o C, fez o A, ao passo que, tendo multiplicado o E, fez o G, portanto, como o C está para o E, assim o A para o G. Mas, como o C para o E, [assim] o D para o F; portanto, também como o D para o F, assim o A para o G. De novo, como o E, tendo multiplicado o D, fez o G, ao passo que, tendo multiplicado o F, fez o B, portanto, como o D está para o F, assim o G para o B. E foi também provado como o D para o F, assim o A para o G; portanto, também como o A para o G, assim o G para o B. Portanto, os A, G, B estão em proporção continuada. Portanto, existe um número médio em proporção entre os A, B.

Digo, então, que também o A tem para o B uma razão dupla da que o lado homólogo para o lado homólogo, isto é, da que o C, para o E, ou o D, para o F. Pois, como os A, G, B estão em proporção continuada, o A tem para o B uma razão dupla da que para o G. E, como o A está para o G, assim tanto o C para o E quanto o D para o F. Portanto, o A tem para o B uma razão dupla da que o C, para o E ou o D, para o F; o que era preciso provar.

19.

Dois números médios em proporção caem entre dois números sólidos semelhantes; e o sólido tem para o sólido semelhante uma razão tripla da que o lado homólogo para o lado homólogo.

Sejam, pois, os sólidos semelhantes A, B, e sejam os C, D, E lados do A, enquanto os F, G, H, do B. E como sólidos semelhantes são os que têm os lados em proporção, portanto, como o C está para o D, assim o F para o G, ao passo que, como o D para o E, assim o G para o H. Digo que dois números médios em proporção caem entre os A, B, e o A tem para o B uma razão tripla da que o C para o F, e o D para o G, e ainda o E para o H.

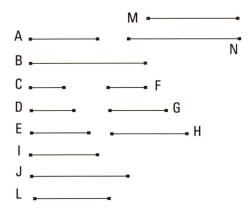

Pois, o C, tendo multiplicado o D, faça o I, e o F, tendo multiplicado o G, faça o J. E, como os C, D estão na mesma razão com os F, G, e o I é dos C, D, enquanto o J é dos F, G, [portanto] os I, J são números planos semelhantes; portanto, existe um número médio em proporção entre os I, J. Seja o L. Portanto, o L é o dos D, F como foi demonstrado no teorema antes deste. E, como o D, tendo multiplicado o C, fez o I, ao passo que, tendo multiplicado o F, fez o L, portanto, como o C está para o F, assim o I para o L. Mas, como o I para o L, o L para o J. Portanto, os I, L, J estão em proporção continuada na razão do C para o F. E, como o C está para o D, assim o F para o G, portanto, alternadamente, como o C está para o F, assim o D para o G. Pelas mesmas coisas, então, também como o D para o G, assim o E para o H. Portanto, os I, L, J estão em proporção continuada na razão do C para o F, e na do D para o G, e ainda na do E para o H. Então, cada um dos E, H, tendo multiplicado o L, faça cada um dos M, N. E como o A é sólido, e os C, D, E lados dele, portanto, o E, tendo multiplicado o dos C, D, fez o A. E o dos C, D é o I; portanto, o E, tendo multiplicado o I, fez o A. Pelas mesmas coisas então, também o H, tendo multiplicado o J, fez o B. E, como o E, tendo multiplicado o I, fez o A, mas, de fato, também, tendo multiplicado o L, fez o M, portanto, como o I está para o L, assim o A para o M. E, como o I para o L, assim, tanto o C para o F quanto o D para o G e ainda o E para o H; portanto, também como o C para o F, e o D para o G, e o E para o H, assim o A para o M. De novo, como cada um dos E, H, tendo multiplicado o L, fez cada um dos M, N, portanto, como o E está para o H, assim o M para o N. Mas, como o E para o H assim, tanto o C para o F, quanto o D para o G; portanto, como o C para o F, e o D para o G, e o E para o H, assim tanto o A para o M quanto o M para o N. De novo, o H, tendo multiplicado o L, fez o N, mas, de fato, também, tendo multiplicado o J, fez o B, portanto, como o L está para o J, assim o N para o B. Mas, como o L para o J, assim tanto o C para o F quanto o D para o G e o E para o H. Portanto, também como o C para o F, e o D para o G, e o E para o H, assim, não somente o N para o B, mas também o A para o M, e o M para o N. Portanto, os A, M, N, B estão em proporção continuada nas razões ditas dos lados.

Digo que também o A tem para o B uma razão tripla da que o lado homólogo para o lado homólogo, isto é, da que o número C, para o F ou o D, para o G e ainda o E, para o H. Pois, como os quatro números A, M, N, B estão em proporção continuada, portanto, o A tem para o B uma razão tripla da que o A, para o M. Mas, como o A para o M, assim, foi provado, tanto o C para o F quanto o D para o G e ainda o E para o G. Portanto, também o A tem para o B uma razão tripla da que o lado homólogo, para o lado homólogo, isto é, da que o número C, para o F, e o D, para o G, e ainda o E, para o H; o que era preciso provar.

20.

Caso um número médio em proporção caia entre dois números, os números serão planos semelhantes.

Caia um número médio em proporção, o C, entre os dois números A, B; digo que os A, B são números planos semelhantes.

Fiquem, [pois], tomados os menores números D, E dos que têm a mesma razão com os A, C; portanto, o D mede o A o mesmo número de vezes que o E, o D. Então, tantas vezes o D mede o A quantas unidades estejam no F; portanto, o F, tendo multiplicado o D, fez o A. Desse modo, o A

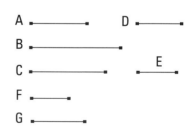

é plano, e os D, F, lados dele. De novo, como os D, E são os menores dos que têm a mesma razão com os C, B, portanto, o D mede o C o mesmo número de vezes que o E, o B. Então, tantas vezes o E mede o B, quantas unidades estejam no G. Portanto, o E mede o B segundo as unidades no G; portanto, o G, tendo multiplicado o E, fez o B. Portanto, o B é plano,

Os elementos

e os E, G, lados dele. Portanto, os A, B são números planos. Digo, então, que são também semelhantes. Pois, como o F, tendo multiplicado o D, fez o A, ao passo que, tendo multiplicado o E, fez o C, portanto, como o D está para o E, assim o A para o C, isto é, o C para o B. De novo, como o E, tendo multiplicado cada um dos F, G, fez os C, B, portanto, como o F está para o G, assim o C para o B. Mas, como o C para o B, assim o D para o E; portanto, também como o D para o E, assim o F para o G. E, alternadamente, como o D para o F, assim o E para o G. Portanto, os A, B são números planos semelhantes; pois os lados deles estão em proporção; o que era preciso provar.

21.

Caso dois números médios em proporção caiam entre dois números, os números serão sólidos semelhantes.

Caiam, pois, os números C, D médios em proporção entre os dois números A, B; digo que os A, B são sólidos semelhantes.

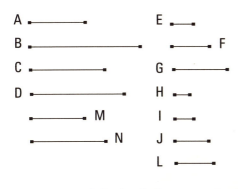

Fiquem, pois, tomados os três menores números E, F, G dos que têm a mesma razão com os A, C, D; portanto, os extremos deles, os E, G, são primos entre si. E, como um número, o F, médio em proporção, caiu entre os E, G, portanto, os E, G são números planos semelhantes. Sejam, de fato, os H, I lados do E, enquanto os J, L, do G. Portanto, é evidente do antes deste, que os E, F, G estão em proporção continuada na razão do H para o J e na do I para o L. E, como os E, F, G são os menores dos que têm a mesma razão com os A, C, D, e a quantidade dos E, F, G é igual à quantidade dos A, C, D, portanto, por igual posto, como o E está para o G, assim o A para o D. Mas os E, G são primos, e os primos também são os menores, e os menores medem os que têm a mesma razão com eles, o mesmo número de vezes, tanto o maior, o maior quanto o menor, o menor, isto é, tanto o antecedente, o antecedente quanto o consequente, o consequente; portanto, o E mede o A o mesmo número de vezes que o G, o D. Então, tantas vezes o E mede o A quantas unidades estejam no M. Portanto, o M, tendo multiplicado o E, fez o A. Mas o E é o dos H, I; portanto, o M, tendo multiplicado o dos H, I, fez o A. Portanto, o A é sólido, e os H, I, M, lados dele. De novo, como os E, F, G são os menores dos que têm a mesma razão com os C, D, B, portanto, o E mede o C o mesmo número de vezes que o G, o B. Então, tantas vezes o E mede o C quantas unidades estejam no N. Portanto, o G mede o B, segundo as unidades no N; portanto, o N, tendo multiplicado o G, fez o B. Mas o G é o dos J, L; portanto, o N, tendo multiplicado o dos J, L, fez o B. Portanto, o B é sólido, e os J, L, N, lados dele; portanto, os A, B são sólidos.

Digo, [então], que também são semelhantes. Pois, como os M, N, tendo multiplicado o E, fez os A, C, portanto, como o M está para o N, o A para o C, isto é, o E para o F. Mas, como o E para o F, o H para o J e o I para o L; portanto, também como o H para o J, assim o I para o L, e o M para o N. E os H, I, M são lados do A, enquanto os N, J, L, lados do B. Portanto, os A, B são números sólidos semelhantes; o que era preciso provar.

22.

Caso três números estejam em proporção continuada, e o primeiro seja um quadrado, também o terceiro será um quadrado.

Sejam os três números A, B, C em proporção continuada, e seja o primeiro, o A, um quadrado; digo que também o terceiro, o C, é um quadrado.

Pois, como o número B é médio em proporção entre os A, C, portanto, os A, C são planos semelhantes. Mas o A é um quadrado; portanto, também o C é um quadrado; o que era preciso provar.

23.

Caso quatro números estejam em proporção continuada, e o primeiro seja um cubo, também o quarto será um cubo.

Estejam os quatro números A, B, C, D em proporção continuada, e seja o A um cubo; digo que também o D é um cubo.

Pois, como os dois números B, C são médios em proporção entre os A, D, portanto, os A, D são números sólidos semelhantes. Mas o A é um cubo; portanto, também o B é um cubo; o que era preciso provar.

24.

Caso dois números tenham uma razão entre si, a qual um número quadrado, para um número quadrado, e o primeiro seja um quadrado, também o segundo será um quadrado.

Tenham, pois, os dois números A, B uma razão entre si, a qual o número quadrado C, para o número quadrado D, e seja o A um quadrado; digo que também o B é um quadrado.

Pois, como os C, D são quadrados, portanto, os C, D são planos semelhantes. Portanto, um número médio em proporção cai entre os C, D. E, como o C está para o D, o A para o B; portanto, um número médio em proporção cai entre os A, B. E o A é um quadrado; portanto, também o B é um quadrado; o que era preciso provar.

25.

Caso dois números tenham uma razão entre si, a qual um número cubo, para um número cubo, e o primeiro seja um cubo, também o segundo será um cubo.

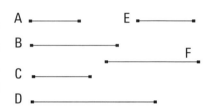

Tenham, pois, os dois números A, B uma razão entre si, a qual o número cubo C, para o número cubo D, e seja o A um cubo; digo, [então], que também o B é um cubo.

Pois, como os C, D são cubos, os C, D são sólidos semelhantes; portanto, dois números médios em proporção caem entre os C, D. Mas quantos caiam entre C, D na proporção continuada, tantos também entre os que têm a mesma razão com eles. De modo que, dois números médios, em proporção, caem também entre os A, B. Caiam os E, F. Como, de fato, os quatro números A, E, F, B estão em proporção continuada, e o A é um cubo, portanto também o B é um cubo; o que era preciso provar.

26.

Os números planos semelhantes têm uma razão entre si, a qual um número quadrado, para um número quadrado.

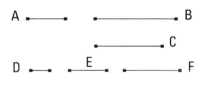

Sejam os números planos semelhantes A, B; digo que o A tem para o B uma razão, a qual um número quadrado, para um número quadrado.

Pois, como os A, B são planos semelhantes, portanto, um número médio em proporção cai entre os A, B. Caia e seja o C, e fiquem tomados os menores números D, E, F dos que têm a mesma razão com os A, C, B. Portanto, os extremos deles, os D, F, são quadrados. E como o D está para o F, assim o A para o B, e os D, F são quadrados, portanto, o A tem para o B uma razão, a qual um número quadrado, para um número quadrado; o que era preciso provar.

27.

Os números sólidos semelhantes têm uma razão entre si, a qual um número cubo, para um número cubo.

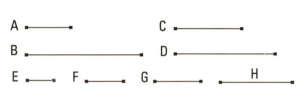

Sejam os números sólidos semelhantes A, B; digo que o A tem para o B uma razão, a qual um número cubo para um número cubo.

Pois, como os A, B são sólidos semelhantes, portanto, dois números médios em proporção caem entre os A, B. Caiam os C, D, e fiquem tomados os menores números E, F, G, H dos que têm a mesma razão com os A, C, D, B, iguais a eles em quantidade. Portanto, os extremos deles, os E, H, são cubos. E, como o E está para o H, assim o A para o B; portanto, o A tem para o B uma razão, a qual um número cubo, para um número cubo; o que era preciso provar.

Livro IX

1.

Caso dois números planos semelhantes, tendo um multiplicado o outro, façam algum, o produzido será um quadrado.

Sejam os dois números planos semelhantes A, B, e o A, tendo multiplicado o B, faça o C; digo que o C é um quadrado.

Pois, o A, tendo multiplicado a si mesmo, faça o D. Portanto, o D é um quadrado. Como, de fato, o A, por um lado, tendo multiplicado a si mesmo, fez o D, e, por outro lado, tendo multiplicado o B, fez o C, portanto, como o A está para o B, assim o D para o C. E, como os A, B são números planos semelhantes, um número médio em proporção cai entre os A, B. Mas, caso números caiam, segundo a proporção continuada, entre dois números, quantos caem entre eles, tantos também entre os que têm a mesma razão; desse modo, também um número médio em proporção cai entre os D, C. E o D é um quadrado; portanto, também o C é um quadrado; o que era preciso provar.

2.

Caso dois números, tendo um multiplicado o outro, façam um quadrado, são números planos semelhantes.

Sejam os dois números A, B, e o A, tendo multiplicado o B, faça o quadrado C; digo que os A, B são números planos semelhantes.

Pois, o A, tendo multiplicado a si mesmo, faça o D; portanto, o D é um quadrado. E, como o A, por um lado, tendo multiplicado a si mesmo, fez o D, e, por outro lado, tendo multiplicado o B, fez o C, portanto, como o A está para o B, o D para o C. E, como o D é um quadrado, mas também o C, portanto, os D, C são planos semelhantes. Portanto, um médio em proporção cai entre os D, C. E, como o D está para o C, assim o A para o B; portanto, um médio em proporção cai entre os A, B. Mas, caso um médio em proporção caia entre dois números, [os] números são planos semelhantes; portanto, os A, B são planos semelhantes; o que era preciso provar.

3.

Caso um número cubo, tendo multiplicado a si mesmo, faça algum, o produzido será um cubo.

Pois, o número cubo A, tendo multiplicado a si mesmo, faça o B; digo que o B é um cubo.

Fique, pois, tomado o lado C do A, e o C, tendo multiplicado a si mesmo, faça o D. É evidente, então, que o C, tendo multiplicado o D, fez o A. E, como o C, tendo multiplicado a si mesmo, fez o D, portanto, o C mede o D, segundo as unidades nele. Mas, de fato, também a unidade mede o C, segundo as unidades nele; portanto, como a unidade está para o C, o C para o D. De novo, como o C, tendo multiplicado o D, fez o A, portanto, o D mede o A, segundo as unidades no C. Mas também a unidade mede o C, segundo as unidades nele; portanto, como a unidade está para o C, o D para o A. Mas, como a unidade para o C, o C para o D; portanto, também como a unidade para o C, assim o C para o D, e o D para o A. Portanto, os dois números C, D médios segundo a proporção continuada caíram entre a unidade e o A. De novo, como o A, tendo multiplicado a si mesmo, fez o B, portanto o A mede o B, segundo as unidades nele. Mas também a unidade mede o A, segundo as unidades nele; portanto, como a unidade está para o A, o A para o B. E dois números médios em proporção caíram entre a unidade e o A; portanto, dois números médios em proporção cairão entre os A, B. Mas, caso dois médios em proporção caiam entre dois números, e o primeiro seja um cubo, também o segundo será um cubo. E o A é um cubo; portanto, também o B é um cubo; o que era preciso provar.

4.

Caso um número cubo, tendo multiplicado um número cubo, faça algum, o produzido será um cubo.

Pois, o número cubo A, tendo multiplicado o número cubo B, faça o C; digo que o C é um cubo.

Pois, o A, tendo multiplicado a si mesmo, faça o D; portanto, o D é um cubo. E, como o A, por um lado, tendo multiplicado a si mesmo, fez o D, e, por outro lado, tendo multiplicado o B, fez o C, portanto, como o A está para o B, assim o D para o C. E, como os A, B são cubos, os A, B são sólidos similares. Portanto, dois números médios em proporção caem entre os A, B; desse modo, também dois números médios em proporção cairão entre os D, C. E o D é um cubo; portanto, também o C é um cubo; o que era preciso provar.

5.

Caso um número cubo, tendo multiplicado algum número, faça um cubo, também o que foi multiplicado será um cubo.

Pois, o número cubo A, tendo multiplicado algum número B, faça o cubo C; digo que o B é um cubo.

Pois, o A, tendo multiplicado a si mesmo, faça o D; portanto, o D é um cubo. E, como o A, por um lado, tendo multiplicado a si mesmo, fez o D, e, por outro lado, tendo multiplicado o B, fez o C, portanto, como o A está para o B, o D para o C. E, como os D, C são cubos, são sólidos semelhantes. Portanto, dois números médios em proporção caem entre os C, D. E como o D está para o C, assim o A para o B; portanto, dois números médios em proporção caem entre os A, B. E o A é um cubo; portanto, também o B é um cubo; o que era preciso provar.

6.

Caso um número, tendo multiplicado a si mesmo, faça um cubo, também ele será um cubo.

Pois, o número A, tendo multiplicado a si mesmo, faça o cubo B; digo que também o A é um cubo.

Pois, o A, tendo multiplicado o B, faça o C. Como, de fato, o A, por um lado, tendo multiplicado a si mesmo, fez o B, e, por outro lado, tendo multiplicado o B, fez o C, portanto, o C é um cubo. E, como o A, tendo multiplicado a si mesmo, fez o B, portanto, o A mede o B, segundo as unidades nele. Mas também a unidade mede o A, segundo as unidades nele. Portanto, como a unidade está para o A, assim o A para o B. E, como o A, tendo multiplicado o B, fez o C, portanto, o B mede o C, segundo as unidades no A. Mas também a unidade mede o A, segundo as unidades nele. Portanto, como a unidade está para o A, assim o B para o C. Mas, como a unidade para o A, assim o A para o B; portanto, como o A para o B, o B para o C. E, como os B, C são cubos, são sólidos semelhantes. Portanto, existem dois números médios em proporção entre os B, C. E, como o B está para o C, o A para o B. Portanto, existem também dois números médios em proporção entre os A, B. E o B é um cubo; portanto, também o A é um cubo; o que era preciso provar.

7.

Caso um número composto, tendo multiplicado algum número, faça algum, o produzido será um sólido.

Pois, o número composto A, tendo multiplicado algum número B, faça o C; digo que o C é sólido.

Pois, como o A é composto, será medido por algum número. Seja medido pelo D, e quantas vezes o D mede o A, tantas unidades estejam no E. Como, de fato, o D mede o A, segundo as unidades no E, portanto, o E, tendo multiplicado o D, fez o A. E como o A, tendo multiplicado o B, fez o C, e o A é o dos D, E, portanto, o dos D, E, tendo multiplicado o B, fez o C. Portanto, o C é sólido, e os D, E, B são lados dele; o que era preciso provar.

8.

Caso números, quantos quer que sejam, a partir da unidade, estejam em proporção continuada, por um lado, o terceiro a partir da unidade será um quadrado, e os que deixam um no intervalo entre, e, por outro lado, o quarto, um cubo, e todos os que deixam dois no intervalo entre, enquanto o sétimo, ao mesmo tempo, um cubo e um quadrado, e todos os que deixam cinco no intervalo entre.

Estejam os números A, B, C, D, E, F, quantos quer que sejam, a partir da unidade, em proporção continuada; digo que, por um lado, o terceiro, B, a partir da unidade, é um quadrado e todos os que deixam um no intervalo entre, e, por outro lado, o quarto C é um cubo, e todos os que deixam dois no intervalo entre, enquanto que o sétimo F é, ao mesmo tempo, um cubo e um quadrado, e todos os que deixam cinco no intervalo entre.

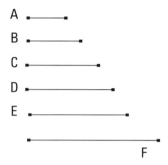

Pois, como a unidade está para o A, assim o A para o B, portanto, a unidade mede o A o mesmo número de vezes que o A, o B. Mas a unidade mede o número A segundo as unidades nele; portanto, o A mede o B, segundo as unidades no A. Portanto, o A, tendo multiplicado a si mesmo, fez o B; portanto, o B é um quadrado. E, como os B, C, D estão em proporção continuada, e o B é um quadrado, portanto, também o D é um quadrado. Pelas mesmas coisas, então, também o F é um quadrado. Do mesmo modo, então, provaremos que todos os que deixam um no intervalo entre são quadrados. Digo, então, que também o quarto C, a partir da unidade, é um cubo e todos os que deixam dois no intervalo entre. Pois, como a unidade está para o A, assim o B para o C, portanto, a unidade mede o A o mesmo número de vezes que o B, o C. Mas a unidade mede o número A, segundo as unidades no A; portanto, o B mede o C, segundo as unidades no A; portanto o A, tendo multiplicado o B, fez o C. Como, de fato, o A, por um lado, tendo multiplicado a si mesmo, fez o B, e, por outro lado, tendo multiplicado o B, fez o C, portanto o C é um cubo. E, como os C, D, E, F estão em proporção continuada, e o C é um cubo, também o F é um cubo. E foi também provado um quadrado; portanto, o sétimo, a partir da unidade, é tanto um cubo quanto um quadrado. Do mesmo modo, então, provaremos que também todos os que deixam cinco no intervalo entre são tanto cubos quanto quadrados; o que era preciso provar.

Os elementos

9.

Caso números, quantos quer que sejam, a partir da unidade, estejam, sucessivamente, em proporção continuada, e o depois da unidade seja um quadrado, também todos os restantes serão quadrados. E, caso o depois da unidade seja um cubo, também todos os restantes serão cubos.

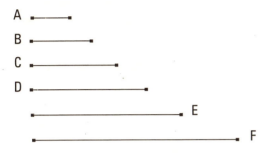

Estejam os números A, B, C, D, E, F, quantos quer que sejam, a partir da unidade, em proporção continuada, e o depois da unidade, o A, seja um quadrado; digo que todos os restantes serão quadrados.

Que, de fato, o terceiro B, a partir da unidade, é um quadrado, e todos os que deixem um no intervalo entre, foi provado; digo, [então], que também todos os restantes são quadrados. Pois, como os A, B, C estão em proporção continuada, também o A é um quadrado, [portanto], também o C é um quadrado. De novo, como [também] os B, C, D estão em proporção continuada, também o B é um quadrado, [portanto], também o D é um quadrado. Do mesmo modo, então, provaremos que também todos os restantes são quadrados.

Mas, então, seja o A um cubo; digo que também todos os restantes são cubos.

Que, de fato, o quarto C, a partir da unidade é um cubo e todos os que deixam dois no intervalo entre, foi provado; digo, [então], que também todos os restantes são cubos. Pois, como a unidade está para o A, assim o A para o B, portanto, a unidade mede o A o mesmo número de vezes que o A, o B. Mas a unidade mede o A, segundo as unidades nele; portanto, também o A mede o B, segundo as unidades nele. Portanto, o A, tendo multiplicado a si mesmo, fez o B. E o A é um cubo. Mas, caso um número cubo, tendo multiplicado a si mesmo, faça algum, o produzido é um cubo; portanto, também o B é um cubo. E, como os quatro números A, B, C, D estão em proporção continuada, e o A é um cubo, portanto, também o D é um cubo.

Pelas mesmas coisas, então, também o E é um cubo, e, do mesmo modo, todos os restantes são cubos; o que era preciso provar.

10.

Caso números, quantos quer que sejam, a partir da unidade, estejam em proporção [continuada], e o depois da unidade não seja um quadrado, nem nenhum outro será um quadrado, exceto o terceiro a partir da unidade e todos os que deixam um no intervalo entre. E, caso o depois da unidade não seja um cubo, nem nenhum outro será um cubo, exceto o quarto a partir da unidade e todos os que deixam dois no intervalo entre.

Estejam os números A, B, C, D, E, F, quantos quer que sejam, a partir da unidade em proporção continuada, e o depois da unidade, o A, não seja um quadrado; digo que nem nenhum outro será um quadrado, exceto o terceiro a partir da unidade [e os que deixam um no intervalo entre].

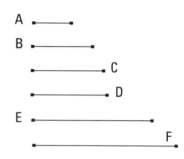

Pois, se possível, seja o C um quadrado. Mas também o B é um quadrado; portanto, os B, C têm, um para o outro, uma razão, a qual um número quadrado, para um número quadrado. E, como o B está para o C, o A para o B; portanto, os A, B têm, um para o outro, uma razão, a qual um número quadrado, para um número quadrado; desse modo, os A, B são planos semelhantes. E o B é um quadrado; portanto, também o A é um quadrado; o que não era suposto. Portanto, o C não é um quadrado. Do mesmo modo, então, provaremos que nem nenhum outro é um quadrado, exceto o terceiro a partir da unidade e os que deixam um no intervalo entre.

Mas, então, o A não seja um cubo. Digo que nem nenhum outro será um cubo, exceto o quarto a partir da unidade e os que deixam dois no intervalo entre.

Pois, se possível, seja o D um cubo. Mas também o C é um cubo; pois, é o quarto a partir da unidade. E, como o C está para o D, o B para o C; portanto, o B tem para o C uma razão, a qual um cubo, para um cubo. E

Os elementos

o C é um cubo; portanto, também o B é um cubo. E, como a unidade está para o A, o A para o B, e a unidade mede o A, segundo as unidades nele, portanto, também o A mede o B, segundo as unidades nele; portanto, o A, tendo multiplicado a si mesmo, fez o cubo B. Mas, caso um número, tendo multiplicado a si mesmo, faça um cubo, também ele será um cubo. Portanto, também o A é um cubo; o que não foi suposto. Portanto, o D não é um cubo. Do mesmo modo, então provaremos que nem nenhum outro é um cubo, exceto o quarto a partir da unidade e os que deixam dois no intervalo entre; o que era preciso provar.

11.

Caso números, quantos quer que sejam, a partir da unidade, estejam em proporção continuada, o menor mede o maior, segundo algum dos existentes realmente nos números em proporção.

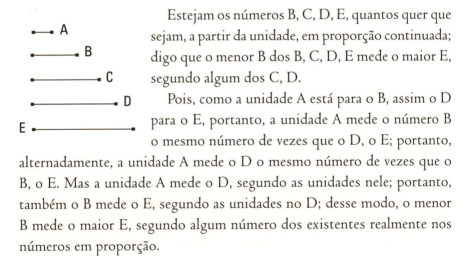

Estejam os números B, C, D, E, quantos quer que sejam, a partir da unidade, em proporção continuada; digo que o menor B dos B, C, D, E mede o maior E, segundo algum dos C, D.

Pois, como a unidade A está para o B, assim o D para o E, portanto, a unidade A mede o número B o mesmo número de vezes que o D, o E; portanto, alternadamente, a unidade A mede o D o mesmo número de vezes que o B, o E. Mas a unidade A mede o D, segundo as unidades nele; portanto, também o B mede o E, segundo as unidades no D; desse modo, o menor B mede o maior E, segundo algum número dos existentes realmente nos números em proporção.

Corolário

E é evidente que o que mede tem, a partir da unidade, um posto que é o mesmo que tem também o segundo o qual mede a partir do medido até o antes dele; o que era preciso provar.

333

12.

Caso números, quantos quer que sejam, a partir da unidade, estejam em proporção continuada, por quantos números primos o último seja medido, pelos mesmos também o próximo à unidade será medido.

Estejam os números A, B, C, D, quantos quer que sejam, a partir da unidade, em proporção continuada; digo que, por quantos números primos o D seja medido, pelos mesmos também o A será medido.

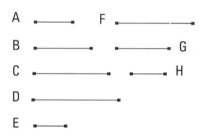

Seja, pois, medido o D por algum número primo, o E; digo que o E mede o A. Pois, não; e o E é primo, e todo primo é primo com todo que não mede; portanto, os E, A são primos entre si. E, como o E mede o D, meça-o segundo o F; portanto, o E, tendo multiplicado o F, fez o D. De novo, como o A mede o D, segundo as unidades no C, portanto, o A, tendo multiplicado o C, fez o D. Mas, de fato, também o E, tendo multiplicado o F, fez o D; portanto, o dos A, C é igual ao dos E, F. Portanto, como o A está para o E, o F para o C. Mas os A, E são primos, e os primos são também os menores, e os menores medem os que têm a mesma razão o mesmo número de vezes, tanto o antecedente, o antecedente quanto o consequente, o consequente; portanto, o E mede o C. Meça-o, segundo o G; portanto, o E, tendo multiplicado o G, fez o C. Mas, de fato, pelo antes deste, também o A, tendo multiplicado o B, fez o C. Portanto, o dos A, B é igual ao dos E, G. Portanto, como o A está para o E, o G para o B. Mas os A, E são primos, e os primos são também os menores, e os números menores medem os que têm a mesma razão com eles o mesmo número de vezes, tanto o antecedente, o antecedente quanto o consequente, o consequente; portanto, o E mede o B. Meça-o, segundo o H; portanto, o E, tendo multiplicado o H, fez o B. Mas, de fato, também o A, tendo multiplicado a si mesmo, fez o B; portanto, o dos E, H é igual a o a partir de A. Portanto, como o E está para o A, o A para o H. Mas os A, E são primos, e os primos são também os menores, e os menores medem os que têm a mesma razão o mesmo número de vezes, tanto o antecedente, o antecedente quanto o consequente, o consequente; portanto, o E mede o A, como um antecedente, um antecedente. Mas, de fato, também não mede; o que é impossível. Portanto, os A, E não são primos entre si. Portanto, são compostos. Mas os compostos são medidos por algum número [primo]. E, como o E foi suposto primo, e o primo não é medido por outro número senão por si mesmo, portanto, o E mede os A, E; desse modo, o E mede o A. Mas mede também o D; portanto, o E mede os A, D. Do mesmo modo, então, provaremos que, por quantos números primos o D seja medido, pelos mesmos também o A será medido; o que era preciso provar.

13.

Caso números, quantos quer que sejam, a partir da unidade, estejam em proporção continuada, e o depois da unidade seja primo, o maior por nenhum [outro] será medido, além dos existentes realmente nos números em proporção.

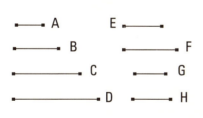

Estejam os números A, B, C, D, quantos quer que sejam, a partir da unidade, em proporção continuada, e o depois da unidade, o A, seja primo; digo que o maior deles, o D, por nenhum outro será medido além dos A, B, C.

Pois, se possível, seja medido pelo E, e o E não seja o mesmo que algum dos A, B, C. É evidente, então, que o E não é primo. Pois, se o E é primo e mede o D, também medirá o A, que é primo, não sendo o mesmo que ele; o que é impossível. Portanto, o E não é primo. Portanto, é composto. Mas todo número composto é medido por algum número primo; portanto, o E é medido por algum número primo; digo, então, que será medido por nenhum outro primo, exceto o A. Pois, se o E é medido por um outro, e o E mede o D, portanto, também aquele medirá o D; desse modo, também medirá o A, que é primo, não sendo o mesmo que ele; o que é impossível. Portanto, o A mede o E. E, como o E mede o D, meça-o, segundo o F. Digo que o F não é o mesmo que algum dos A, B, C. Pois, se o F é o mesmo que um dos A, B, C, e mede o D, segundo o E, portanto, também um dos A, B, C mede o D, segundo o E. Mas um dos A, B, C mede o D, segundo algum dos A, B, C; portanto, o E é o mesmo que um dos A, B, C; o que não foi suposto. Portanto, o F não é o mesmo que um dos A, B, C. Do mesmo modo, então, provaremos que o F é medido pelo A, mostrando de novo que o F não é primo. Pois, se também mede o D, também medirá o A, que é primo, não sendo o mesmo que ele; o que é impossível; portanto, o F não é primo; portanto, é composto. Mas todo número composto é medido por algum número primo; portanto, o F é medido por algum número primo. Digo, então, que não será medido por um outro primo, exceto o A. Pois, se algum outro primo mede o F, e o F mede o D, portanto, também aquele medirá o D; desse modo, também medirá o A, que é primo, não sendo o mesmo que ele; o que é impossível. Portanto, o A mede o F, e como o E mede o D, segundo o F, portanto, o E, tendo multiplicado o F, fez o D. Mas, de fato, também o A, tendo multiplicado o C, fez o D; portanto, o dos A, C é igual ao dos E, F; portanto, em proporção, como o A está para o E, assim o F para o C. Mas o A mede o E; portanto, também o F mede o C. Meça-o, segundo o G. Do mesmo modo, então, provaremos que o G não é o mesmo que algum dos A, B, e que é medido pelo A. E, como o F mede o C, segundo o G, portanto, o F, tendo multiplicado o G, fez o C. Mas, de fato, também o A, tendo multiplicado o B, fez o C; portanto, o dos A, B é igual ao dos F, G. Portanto, em proporção, como o A para o F, o G para o B. Mas A mede o F; portanto, também o G mede o B. Meça-o, segundo o H. Do mesmo modo, então, provaremos que o H não é o mesmo que o A. E, como o G mede o B, segundo o H, portanto, o G, tendo multiplicado o H, fez o B. Mas, de fato, também o A, tendo multiplicado a si mesmo, fez o B; portanto, o por H, G é igual ao quadrado sobre o A. Portanto, como o H está para o A, o A para o G. Mas o A mede o G; portanto, também o H mede o A, que é primo, não sendo o mesmo que ele; o que é absurdo. Portanto, o maior, D, não será medido por um outro número além dos A, B, C; o que era preciso provar.

14.

Caso um número seja o menor medido por números primos, será medido por nenhum outro número primo além dos que medem no princípio.

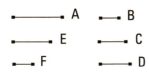

Seja, pois, o A o menor número medido pelos números primos B, C, D; digo que o A não será medido por nenhum outro número primo além dos B, C, D.

Pois, se possível, seja medido pelo primo E, e o E não seja o mesmo que algum dos B, C, D. E, como o E mede o A, meça-o segundo o F; portanto, o E, tendo multiplicado o F, fez o A. E o A é medido pelos números primos B, C, D. Mas, caso dois números, tendo um multiplicado o outro, façam algum, e algum número primo meça o produzido deles, também medirá um dos do princípio; portanto, os B, C, D medirão um dos E, F. Então, de fato, não medirão o E; pois, o E é primo e não é o mesmo que algum dos B, C, D. Portanto, medem o F, que é menor do que o A; o que é impossível. Pois, o A foi suposto o menor medido pelos B, C, D. Portanto, não medirá o A um número primo além dos B, C, D; o que era preciso provar.

15.

Caso três números, em proporção continuada, sejam os menores dos que têm a mesma razão com eles, dois, quaisquer que sejam, tendo sido compostos, são primos com o restante.

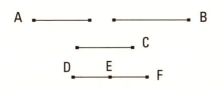

Sejam os A, B, C três números em proporção continuada, os menores dos que têm a mesma razão com eles; digo que dois, quaisquer que sejam, dos A, B, C, tendo sido compostos, são primos com o restante, por um lado, os A, B com o C; por outro lado, os B, C com o A, e ainda os A, C com o B.

Fiquem, pois, tomados os menores números DE, EF dos que têm a mesma razão com os A, B, C. É evidente, então, que, por um lado, o DE, tendo multiplicado a si mesmo, fez o A, e, por outro lado, tendo multiplicado o EF, fez o B, e ainda o EF, tendo multiplicado a si mesmo, fez o C. E, como os DE, EF são os menores, são primos entre si. Mas, caso dois números sejam primos entre si, também um, junto com o outro, é primo com cada um; portanto, também o DF é primo com cada um dos DE, EF. Mas, de fato, também o DE é primo com o EF; portanto, os DF, DE são primos com o EF. Mas, caso dois números sejam primos com algum número, também o produzido deles é primo com o restante; desse modo, o dos FD, DE é primo com o EF; desse modo, também o dos FD, DE é primo com o sobre o EF. [Pois, caso dois números sejam primos entre si, o produzido de um deles é primo com o restante.] Mas o dos FD, DE é o sobre o DE junto com o dos DE, EF; portanto, o sobre o DE junto com o dos DE, EF é primo com o sobre o EF. E, por um lado, o A é o sobre o DE, e, por outro lado, o B é o dos DE, EF, e o C é o sobre o EF; portanto, os A, B, tendo sido compostos, são primos com o C. Do mesmo modo, então, provaremos que os B, C são primos com o A. Digo, então, que também os A, C são primos com o B. Pois, como o DF é primo com cada um dos DE, EF, também o sobre o DF é primo com o dos DE, EF. Mas os sobre os DE, EF junto com duas vezes o dos DE, EF são iguais ao sobre DF; portanto, também os sobre os DE, EF junto com duas vezes o dos DE, EF [são] primos com o pelos DE, EF. Por separação, os sobre os DE, EF junto com uma vez somente do dos DE, EF, são primos com o dos DE, EF. Portanto, ainda por separação, os sobre os DE, EF são primos com o dos DE, EF. E, por um lado, o A é o sobre o DE, e, por outro lado, o B é o dos DE, EF, e o C é o sobre o EF. Portanto, os A, C, tendo sido compostos, são primos com o B; o que era preciso provar.

16.

Caso dois números sejam primos entre si, como o primeiro para o segundo, assim o segundo não estará para algum outro.

Sejam, pois, os dois números A, B primos entre si; digo que como o A para o B, assim o B não está para algum outro.

Pois, se possível, como o A para o B, o B esteja para o C. Os A, B são primos entre si, e os primos também são os menores, e os menores medem os que têm a mesma razão o mesmo número de vezes, tanto o antecedente, o antecedente quanto o consequente, o consequente; portanto, o A mede o B, como o antecedente, o antecedente. E também mede a si mesmo; portanto, o A mede os A, B que são primos entre si; o que é absurdo. Portanto, como o A para o B assim o B não estará para o C; o que era preciso provar.

17.

Caso números, quantos quer que sejam, estejam em proporção continuada, e os extremos deles sejam primos entre si, como o primeiro para o segundo, assim o último não estará para algum outro.

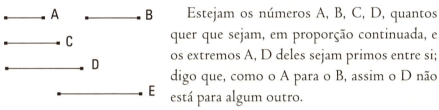

Estejam os números A, B, C, D, quantos quer que sejam, em proporção continuada, e os extremos A, D deles sejam primos entre si; digo que, como o A para o B, assim o D não está para algum outro.

Pois, se possível, como o A para o B, assim o D esteja para o E; portanto, alternadamente, como o A para o D, o B para o E. Mas os A, D são primos, e os primos são também os menores, e os menores números medem os que têm a mesma razão o mesmo número de vezes, tanto o antecedente, o antecedente quanto o consequente, o consequente. Portanto, o A mede o B. E, como o A está para o B, o B para o C. Portanto, também o B mede o C; desse modo, também o A mede o C. E, como o B está para o C, o C para o D, e o B mede o C, portanto, também o C mede o D. Mas o A media o C; desse modo, também o A mede o D. E também mede a si mesmo. Portanto, o A mede os A, D que são primos entre si; o que é impossível. Portanto, como o A para o B, assim o D não estará para algum outro; o que era preciso provar.

18.

Dados dois números, examinar se é possível achar a mais um terceiro em proporção com eles.

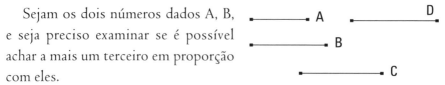

Sejam os dois números dados A, B, e seja preciso examinar se é possível achar a mais um terceiro em proporção com eles.

Então, os A, B ou são primos entre si, ou não. E, se são primos entre si, foi mostrado que é impossível achar a mais um terceiro em proporção com eles.

Mas, então, não sejam os A, B primos entre si, e o B, tendo multiplicado a si mesmo, faça o C; então, o A ou mede o C ou não mede. Primeiramente meça, segundo o D; portanto, o A, tendo multiplicado o D, fez o C. Mas, de fato, também o B, tendo multiplicado a si mesmo, fez o C; portanto, o dos A, D é igual ao sobre o B. Portanto, como o A está para o B, assim o B para o D; portanto, foi achado a mais um terceiro número, o D, em proporção com os A, B.

Mas, então, o A não meça o C; digo que é impossível achar a mais um terceiro número em proporção com os A, B. Pois, se possível, fique achado a mais o D. Portanto, o dos A, D é igual ao sobre o B. Mas o C é o sobre o B; portanto, o dos A, D é igual ao C. Desse modo, o A, tendo multiplicado o D, fez o C; portanto, o A mede o C, segundo o D. Mas foi suposto, de fato, também que não mede; o que é absurdo. Portanto, não é possível achar a mais um terceiro número em proporção com os A, B, quando o A não meça o C; o que era preciso provar.

19.

Dados três números, examinar quando é possível achar a mais um quarto em proporção com eles.

Sejam os três números dados A, B, C, e seja preciso examinar quando é possível achar a mais um quarto em proporção com eles.

Os elementos

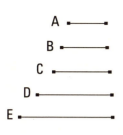

Ou, de fato, não estão em proporção continuada, e os extremos deles são primos entre si, ou estão em proporção continuada, e os extremos não são primos entre si, ou nem estão em proporção continuada nem os extremos deles são primos entre si, ou também estão em proporção continuada, e os extremos deles são primos entre si.

Se, de fato, os A, B, C estão em proporção continuada, e os extremos A, C deles são primos entre si, foi mostrado que é impossível achar a mais um quarto número em proporção com eles. Não estejam, então, os A, B, C em proporção continuada, sendo os extremos, de novo, primos entre si. Digo que também assim é impossível achar a mais um quarto em proporção com eles. Pois, se possível, fique achado a mais o D, de modo a estar como o A para o B, o C para o D, e fique produzido, como o B para o C, o D para o E. E, por um lado, como o A está para o B, o C para o D, e, por outro lado, como o B para o C, o D para o E, portanto, por igual posto, como o A para o C, o C para o E. Mas os A, C são primos, e os primos também são os menores, e os menores medem os que têm a mesma razão, tanto o antecedente, o antecedente quanto o consequente, o consequente. Portanto, o A mede o C, como um antecedente, um antecedente. E também mede a si mesmo; portanto, o A mede os A, C, que são primos entre si; o que é impossível. Portanto, não é possível achar a mais um quarto em proporção com os A, B, C.

Mas, então, estejam de novo os A, B, C em proporção continuada, e os A, C não sejam primos entre si. Digo que é possível achar a mais um quarto em proporção com eles. Pois, o B, tendo multiplicado o C, faça o D; portanto, o A ou mede o D ou não mede. Primeiramente, meça-o, segundo o E; portanto, o A, tendo multiplicado o E, fez o D. Mas, de fato, também o B, tendo multiplicado o C, fez o D; portanto, o dos A, E é igual ao dos B, C. Portanto, em proporção, como o A [está] para o B, o C para o E; portanto, foi achado a mais um quarto, o E, em proporção com os A, B, C.

Mas, então, o A não meça o D. Digo que é impossível achar a mais um quarto número em proporção com os A, B, C. Pois, se possível, fique achado a mais o E; portanto, o dos A, E é igual ao dos B, C. Mas o dos B,

C é o D; portanto, também o dos A, E é igual ao D. Portanto, o A, tendo multiplicado o E, fez o D; portanto, o A mede o D, segundo o E; desse modo, o A mede o D. Mas também não mede; o que é absurdo. Portanto, não é possível achar a mais um quarto número em proporção com os A, B, C, quando o A não meça o D. Mas, então, os A, B, C nem estejam em proporção continuada nem os extremos sejam primos entre si. E o B, tendo multiplicado o C, faça o D. Do mesmo modo, então, será provado que, se o A mede o D, é possível achar a mais em proporção com eles, ao passo que, se não mede, é impossível; o que era preciso provar.

20.

Os números primos são mais numerosos do que toda quantidade que tenha sido proposta de números primos.

Sejam os números primos que tenham sido propostos A, B, C; digo que os números primos são mais numerosos do que os A, B, C.

Fique, pois, tomado o menor medido pelos A, B, C e seja o DE, e fique acrescida a unidade DF ao DE. Então, o EF ou é primo ou não. Primeiramente, seja primo; portanto, os números primos A, B, C, EF achados são mais numerosos do que os A, B, C.

Mas, então, não seja primo o EF; portanto, é medido por algum número primo. Seja medido pelo primo G; digo que o G não é o mesmo que algum dos A, B, C. Pois, se possível, seja. Mas os A, B, C medem o DE; portanto, o G também medirá o DE. E também mede o EF; e o G, sendo um número, medirá a unidade DF restante; o que é absurdo. Portanto, o G não é o mesmo que algum dos A, B, C. E foi suposto primo. Portanto, os números primos achados, A, B, C, G são mais numerosos do que a quantidade que tenha sido proposta dos A, B, C; o que era preciso provar.

21.

Caso números pares, quantos quer que sejam, sejam compostos, o todo é par.

Fiquem, pois, compostos os números pares AB, BC, CD, DE, quantos quer que sejam; digo que o todo AE é par.

Pois, como cada um dos AB, BC, CD, DE é par, tem uma meia parte; desse modo, também o todo AE tem uma meia parte. Mas um número par é o dividido em dois; portanto, o AE é par; o que era preciso provar.

22.

Caso números ímpares, quantos quer que sejam, sejam compostos, e a quantidade deles seja par, o todo será par.

Fiquem, pois, compostos os números ímpares AB, BC, CD, DE, quantos quer que sejam, pares em quantidade; digo que o todo AE é par.

Pois, como cada um dos AB, BC, CD, DE é ímpar, tendo sido subtraída uma unidade de cada um, cada um dos restantes é par; desse modo, o composto deles será par. Mas também a quantidade das unidades é par. Portanto, também o todo AE é par; o que era preciso provar.

23.

Caso números ímpares, quantos quer que sejam, sejam compostos, e a quantidade deles seja ímpar, também o todo será ímpar.

Fiquem, pois, compostos os números ímpares AB, BC, CD, quantos quer que sejam, a quantidade dos quais seja ímpar; digo que também o todo AD é ímpar.

Fique subtraída do CD a unidade DE; portanto, o CE restante é par. Mas também o CA é par; portanto, também o todo AE é par. E a DE é uma unidade. Portanto, o AD é ímpar; o que era preciso provar.

24.

Caso de um número par um par seja subtraído, o restante será par.

Fique, pois, subtraído o par BC do par AB; digo que o restante CA é par.

Pois, como o AB é par, tem uma meia parte. Pelas mesmas coisas, então, também o BC tem uma meia parte; desse modo, também o restante [o CA tem uma meia parte], [portanto], o AC é par; o que era preciso provar.

25.

Caso de um número par um ímpar seja subtraído, o restante será ímpar.

Fique, pois, subtraído o ímpar BC do par AB; digo que o restante CA é ímpar.

Fique, pois, subtraída do BC a unidade CD; portanto, o DB é par. Mas também o AB é par; portanto, também o restante AD é par. E a CD é uma unidade; portanto, o CA é ímpar; o que era preciso provar.

26.

Caso de um número ímpar um ímpar seja subtraído, o restante será par.

Fique, pois, subtraído do ímpar AB o ímpar BC; digo que o restante CA é par.

Pois, como o AB é ímpar, fique subtraída a unidade BD; portanto, o restante AD é par. Pelas mesmas coisas, então, também o DC é par; desse modo, também o restante CA é par; o que era preciso provar.

27.

Caso de um número ímpar um par seja subtraído, o restante será ímpar.

Fique, pois, subtraído do ímpar AB o par BC; digo que o restante CA é ímpar.

Fique, [pois], subtraída a unidade AD; portanto, o DB é par. Mas também o BC é par; portanto, o restante CD é par. Portanto, o CA é ímpar; o que era preciso provar.

28.

Caso um número ímpar, tendo multiplicado um par, faça algum, o produzido será par.

Pois, o número ímpar A, tendo multiplicado o par B, faça o C; digo que o C é par.

Pois, como o A, tendo multiplicado o B, fez o C, portanto o C é composto de tantos iguais ao B quantas são as unidades no A. E o B é par; portanto, o C é composto de pares. Mas, caso números pares, quantos quer que sejam, sejam compostos, o todo é par. Portanto, o C é par; o que era preciso provar.

29.

Caso um número ímpar, tendo multiplicado um número ímpar, faça algum, o produzido será ímpar.

Pois, o número ímpar A, tendo multiplicado o número ímpar B, faça o C; digo que o C é ímpar.

Pois, como o A, tendo multiplicado o B, fez o C, portanto, o C é composto de tantos iguais ao B quantas são as unidades no A. E, cada um dos A, B é ímpar; portanto, o C é composto de números ímpares, a quantidade dos quais é ímpar. Desse modo, o C é ímpar; o que era preciso provar.

30.

Caso um número ímpar meça um número par, também medirá a metade dele.

Pois, o número ímpar A meça o número par B; digo que também medirá a metade dele.

Pois, como o A mede o B, meça-o segundo o C; digo que o C não é ímpar. Pois, se possível, seja. E, como o A mede o B, segundo o C, portanto, o A, tendo multiplicado o C, fez o B. Portanto, o B é composto de números ímpares, a quantidade dos quais é ímpar. Portanto, o B é ímpar; o que é absurdo; pois, foi suposto par. Portanto, o C não é ímpar; portanto, o C é par. Desse modo, o A mede o B um número par de vezes. Por isso, então, também medirá a metade dele; o que era preciso provar.

31.

Caso um número ímpar seja primo com algum número, também será primo com o dobro dele.

Pois, o número ímpar A seja primo com algum número, o B, e seja o C o dobro do B; digo que o A [também] é primo com o C.

Pois, se [os A, C] não são primos, algum número os medirá. Meça, e seja o D. E o A é ímpar; portanto, também o D é ímpar. E, como o D, sendo ímpar, mede o C, e o C é par, portanto, [o D] medirá também a metade do C. Mas a metade do C é o B; portanto, o D mede o B. Mas também mede o A. Portanto, o D mede os A, B que são primos entre si; o que é impossível. Portanto, não é o caso de o A não ser primo com o C. Portanto, os A, C são primos entre si; o que era preciso provar.

32.

Cada um dos números que são dobrados a partir de uma díade é um número par de vezes par somente.

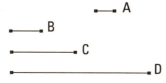

Fiquem, pois, dobrados, a partir da díade A, os números B, C, D, quantos quer que sejam; digo que os B, C, D são um número par de vezes pares somente.

Que, então, de fato, cada um [dos B, C, D] é um número par de vezes par, é evidente; pois que foi dobrado a partir de uma díade. Digo que também somente. Fique, pois, exposta uma unidade. Como, de fato, a partir da unidade, números, quantos quer que sejam, estão em proporção continuada, e o depois da unidade, o A, é primo, o maior dos A, B, C, D, o D, será medido por nenhum outro, além dos A, B, C. E cada um dos A, B, C é par; portanto, o D é um número par de vezes par somente. Do mesmo modo, então, provaremos que [também] cada um dos B, C é um número par de vezes par somente; o que era preciso provar.

33.

Caso um número tenha a metade ímpar, é um número par de vezes ímpar somente.

Tenha, pois, o número A a metade ímpar; digo que o A é um número par de vezes ímpar somente.

Que, então, de fato, é um número par de vezes ímpar, é evidente; pois a metade dele, sendo ímpar, mede-o um número par de vezes. Digo que também somente. Pois, se o A for também um número par de vezes par, será medido por um par, segundo um número par; desse modo, também a metade dele será medida por um número par, sendo ímpar; o que é absurdo. Portanto, o A é um número par de vezes ímpar somente; o que era preciso provar.

34.

Caso um número nem seja dos que são dobrados a partir de uma díade nem tenha a metade ímpar, é tanto um número par de vezes par quanto um número par de vezes ímpar.

Pois, o número A nem seja dos que são dobrados a partir de uma díade nem tenha a metade ímpar; digo que o A é tanto um número par de vezes par quanto um número par de vezes ímpar.

Que, então, de fato, o A é um número par de vezes par, é evidente; pois não tem a metade ímpar. Digo, então, que também é um número par de vezes ímpar. Pois, caso cortemos o A em dois, e a metade dele em duas, e façamos isso sempre, chegaremos a algum número ímpar que medirá o A, segundo um número par. Pois, se não, chegaremos na díade, e o A será dos que são dobrados a partir da díade; o que não foi suposto. Desse modo, o A é um número par de vezes ímpar. Mas foi provado também um número par de vezes par. Portanto, o A é tanto um número par de vezes par quanto um número par de vezes ímpar; o que era preciso provar.

35.

Caso números, quantos quer que sejam, estejam em proporção continuada, e sejam subtraídos tanto do segundo quanto do último iguais ao primeiro, como o excesso do segundo estará para o primeiro, assim o excesso do último para todos os antes dele mesmo.

Estejam os números A, BC, D, EF, quantos quer que sejam, em proporção continuada, começando a partir do menor A, e fique subtraído do BC e do EF cada um dos BG, FH igual ao A; digo que como o GC está para o A, assim o EH para os A, BC, D.

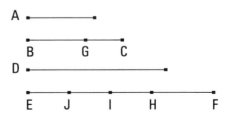

Fique, pois, posto, por um lado, o FI igual ao BC, e, por outro lado, o FJ igual ao D. E, como o FI é igual ao BC, dos quais o FH é igual ao BG, portanto, o HI restante é igual ao GC restante. E, como o EF está para o D, assim o D para o BC, e o BC para o A, mas, por um lado, o D é igual ao FJ, e, por outro lado, o BC, ao FI, e o A, ao FH, portanto, como o EF está para o FJ, assim o JF para o FI, e o FI para o FH. Por separação, como o EJ para o JF, assim o JI para o FI e o IH para o FH. Portanto, também como um dos antecedentes está para um dos consequentes, assim todos os antecedentes para todos os consequentes; portanto, como o IH está para o FH, assim os EJ, JI, IH para os JF, FI, HF. Mas, por um lado, o IH é igual ao CG, e, por outro lado, o FH, ao A, e os JF, FI, HF, aos D, BC, A; portanto, como o CG está para o A, assim o EH para os D, BC, A. Portanto, como o excesso do segundo está para o primeiro, assim o excesso do último para todos os antes dele mesmo; o que era preciso provar.

36.

Caso números, quantos quer que sejam, a partir da unidade, sejam expostos, continuadamente, na proporção duplicada, até que o que foi composto todo junto se torne primo, e o todo junto, tendo sido multiplicado pelo último, faça algum, o produzido será perfeito.

Fiquem, pois, expostos os números A, B, C, D, quantos quer que sejam, a partir da unidade, na proporção duplicada, até que o que foi composto todo junto se torne primo, e o E seja igual ao todo junto, e o E, tendo multiplicado o D, faça o FG. Digo que o FG é perfeito.

Pois, quantos são os A, B, C, D, em quantidade, tantos fiquem tomados, os E, HI, J, L, a partir do E, na proporção duplicada; portanto, por igual posto, como o A está para o D, assim o E para o L. Portanto, o dos E, D é igual ao dos A, L. E o dos E, D é o FG; portanto, também o dos A, L é o FG. Portanto, o A, tendo multiplicado o L, fez o FG; portanto, o L mede o FG, segundo as unidades no A. E o A é uma díade; portanto, o FG é o dobro do L. Mas também os L, J, HI, E são, continuadamente, o dobro, um do outro;

Euclides

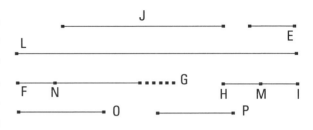

portanto, os E, HI, J, L, FG estão em proporção continuada, na proporção duplicada. Fique, então, subtraído, do segundo HI e do último FG, cada um dos HM, FN, igual ao primeiro E; portanto, como o excesso do segundo está para o primeiro, assim o excesso do último para todos os antes dele mesmo. Portanto, como o MI está para o E, assim o NG para os L, J, IH, E. E o MI é igual ao E; portanto, também o NG é igual aos L, J, HI, E. E, também o FN é igual ao E, e o E, aos A, B, C, D, e à unidade. Portanto, o todo FG é igual tanto aos E, HI, J, L quanto aos A, B, C, D, e à unidade; e é medido por eles. Digo que também o FG não será medido por nenhum outro, além dos A, B, C, D, E, HI, J, L, e da unidade. Pois, se possível, algum, o O, meça o FG, e o O não seja o mesmo que algum dos A, B, C, D, E, HI, J, L. E, o O mede o FG o mesmo número de vezes quantas unidades estejam no P; portanto, o P, tendo multiplicado o O, fez o FG. Mas, de fato, também o E, tendo multiplicado o D, fez o FG; portanto, como o E está para o P, o O para o D. E, como os A, B, C, D estão, a partir da unidade, em proporção continuada, portanto, o D será medido por nenhum outro número, além dos A, B, C. E o O foi suposto o mesmo que nenhum dos A, B, C; portanto, o O não medirá o D. Mas, como o O para o D, o E para o P; portanto, nem o E mede o P. E o E é primo; e todo número primo [é] primo com todos que não mede. Portanto, os E, P são primos entre si. E os primos são também os menores, e os menores medem os que têm a mesma razão o mesmo número de vezes, tanto o antecedente, o antecedente quanto o consequente, o consequente; e, como o E está para o P, o O para o D; portanto, o E mede o O o mesmo número de vezes que o P, o D. Mas o D é medido por nenhum outro, além dos A, B, C; portanto, o P é o mesmo que um dos A, B, C. Seja o mesmo que B. E quantos são os B, C, D em quantidade tantos fiquem tomados, os E, HI, J, a partir do E. E os E, HI estão na mesma razão com os B, C, D; portanto, por igual posto, como o B está para o D, o E para o J. Portanto, o dos B, J é igual ao dos D, E; mas o dos D, E é igual ao dos P, O; portanto, também o dos P,

350

O é igual ao dos B, J. Portanto, como o P está para o B, o J para o O. E o P é o mesmo que o B; portanto, também o J é o mesmo que o O; o que é impossível; pois o O foi suposto não o mesmo que algum dos expostos. Portanto, nenhum número medirá o FG, além dos A, B, C, D, E, HI, J, L, e da unidade. E foi provado o FG igual aos A, B, C, D, E, HI, J, L, e à unidade. Mas um número perfeito é o que é igual às partes de si mesmo; portanto, o FG é perfeito; o que era preciso provar.

Livro X

Definições

1. Magnitudes são ditas comensuráveis as que são medidas pela mesma medida, e incomensuráveis, aquelas das quais nenhuma medida comum é possível produzir-se.
2. Retas são comensuráveis em potência, quando os quadrados sobre elas sejam medidos pela mesma área, e incomensuráveis, quando para os quadrados sobre elas nenhuma área comum seja possível produzir-se.
3. Sendo supostas essas coisas, é provado que existem realmente retas, ilimitadas em quantidade, tanto comensuráveis quanto também incomensuráveis com a reta proposta, umas somente em comprimento, outras também em potência. Seja chamada, de fato, por um lado, a reta proposta racional, e as comensuráveis com essa, quer em comprimento e em potência quer em potência somente, racionais, e, por outro lado, as incomensuráveis com essa sejam chamadas irracionais.
4. E, por um lado, o quadrado sobre a reta proposta, racional, e os comensuráveis com esse, racionais, e, por outro lado, os incomensuráveis com esse sejam chamados irracionais, e as que servem para produzi-los, irracionais, se forem quadrados, os próprios lados, ao passo que se alguma outra retilínea, as que descrevem quadrados iguais a elas.

I.

Sendo expostas duas magnitudes desiguais, caso da maior seja subtraída uma maior do que a metade e, da que é deixada, uma maior do que a metade, e isso aconteça sempre, alguma magnitude será deixada, a qual será menor do que a menor magnitude exposta.

Sejam as duas magnitudes AB,C desiguais, das quais a AB é maior; digo que, caso da AB seja subtraída uma maior do que a metade e, da que é deixada, uma maior do que a metade, e isso aconteça sempre, será deixada alguma magnitude que será menor do que a magnitude C.

Pois, a C, sendo multiplicada, será, alguma vez, maior do que a AB. Fique multiplicada, e seja a DE, por um lado, um múltiplo de C, e, por outro lado, maior do que a AB, e fique dividida a DE nas DF, FG, GE iguais à C, e fique subtraída, por um lado, da AB a BH, maior do que a metade, e, por outro lado, da AH, a HI, maior do que a metade, e isso aconteça sempre, até que as divisões no AB se tornem iguais em quantidade às divisões no DE.

Sejam, de fato, as AI, IH, HB divisões que são iguais em quantidade às DF, FG, GE; e, como a DE é maior que a AB, e foi subtraída da DE a EG, menor do que a metade, ao passo que da AB, a BH, maior do que a metade, portanto, a GD restante é maior que a HA restante. E, como a GD é maior do que a HA, e foi subtraída da GD a metade GF, ao passo que da HA, a HI, maior do que a metade, portanto, a DF restante é maior do que a AI restante. Mas a DF é igual à C; portanto, também a C é maior do que a AI. Portanto, a AI é menor do que a C.

Portanto, foi deixada da magnitude AB a magnitude AI que é menor do que a menor magnitude exposta C; o que era preciso provar. E do mesmo modo, será provado também, caso as coisas subtraídas sejam a metade.

2.

Caso sendo subtraída, de duas magnitudes [expostas] desiguais, sempre por sua vez a menor da maior, a que é deixada nunca meça exatamente a antes de si mesma, as magnitudes serão incomensuráveis.

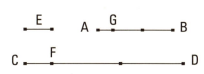

Pois, sendo as duas magnitudes desiguais AB, CD, e AB a menor, sendo subtraída sempre, por sua vez, a menor da maior, a restante nunca meça exatamente a antes de si mesma; digo que as magnitudes AB, CD são incomensuráveis.

Pois, se são comensuráveis, alguma magnitude as medirá. Meça, se possível, e seja a E. E a AB, medindo exatamente a FD, reste a CF, menor do que aquela mesma, ao passo que a CF, medindo exatamente a BG, reste a AG, menor do que aquela mesma, e isso sempre aconteça, até que alguma magnitude seja deixada, a qual é menor do que E. Aconteça, e fique deixada a AG menor do que a E. Como, de fato, a E mede a AB, mas a AB mede a DF, portanto, também a E medirá a FD. Mas também mede a CD toda; portanto, também medirá a CF restante. Mas a CF mede a BG; portanto, também a E mede a BG. Mas também mede a AB toda; portanto, também medirá a AG restante, a maior, a menor; o que é impossível. Portanto, nenhuma magnitude medirá as magnitudes AB, CD; portanto, as magnitudes AB, CD são incomensuráveis.

Portanto, caso de duas magnitudes desiguais, e as coisas seguintes.

3.

Dadas duas magnitudes comensuráveis, achar a maior medida comum delas.

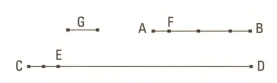

Sejam as duas magnitudes comensuráveis dadas AB, CD, das quais a AB é a menor; é preciso, então, achar a maior medida comum das AB, CD.

Pois, a magnitude AB ou mede a CD ou não. Se, de fato, mede, e mede também a si mesma, portanto, a AB é uma medida comum das AB, CD; e é evidente que é também a maior. Pois, uma maior do que a magnitude AB não medirá a AB.

A AB não meça, então, a CD. E, sendo subtraída sempre por sua vez a menor da maior, a restante medirá, alguma vez, a antes de si mesma pelo não serem incomensuráveis as AB, CD; e, por um lado, a AB, medindo exatamente a ED, reste a EC, menor do que aquela mesma, e, por outro lado, a EC, medindo exatamente a FB, reste a AF, menor do que aquela mesma, e a AF meça a CE.

Como, de fato, a AF mede a CE, mas a CE mede a FB, portanto, também a AF medirá a FB. Mas também mede a si mesma; portanto, a AF também medirá a AB toda. Mas a AB mede a DE; portanto, também a AF medirá a ED. Mas também mede a CE; portanto, também mede a CD toda; portanto, a AF é uma medida comum das AB, CD. Digo, então, que é também a maior. Pois se não, existirá alguma magnitude maior do que a AF que medirá as AB, CD. Seja a G. Como, de fato, a G mede a AB, mas a AB mede a ED, portanto, também a G medirá a ED. E também mede a CD toda; portanto, a G também medirá a CE restante. Mas a CE mede a FB; portanto, também a G medirá a FB. Mas mede também a AB toda, e medirá a restante AF, a maior, a menor; o que é impossível. Portanto, nenhuma magnitude maior do que a AF medirá as AB, CD; portanto, a AF é a maior medida comum das AB, CD.

Portanto, dadas as duas magnitudes comensuráveis AB, CD, foi achada a maior medida comum; o que era preciso provar.

Corolário

Disso, então, é evidente que, caso uma magnitude meça duas magnitudes, também medirá a maior medida comum delas.

4.

Dadas três magnitudes comensuráveis, achar a maior medida comum delas.

Sejam as três magnitudes comensuráveis dadas A, B, C; é preciso, então, achar a maior medida comum das A, B, C.

Fique, pois, tomada a maior medida comum das A, B, e seja a D; a D, então, ou mede a C ou não [mede]. Primeiramente, meça. Como, de fato, a D mede a C, e mede também as A, B, portanto, a D mede as A, B, C; portanto, a D é uma medida comum das A, B, C. E é evidente que também é a maior; pois, uma maior do que a D não mede as magnitudes A, B.

A D não meça, então, a C. Digo, em primeiro lugar, que as C, D são comensuráveis. Pois, como as A, B, C são comensuráveis, alguma magnitude as medirá, a qual, claramente, também medirá as A, B; desse modo, também medirá a maior medida comum D das A, B. Mas também mede a C; desse modo, a dita magnitude medirá as C, D; portanto, as C, D são comensuráveis. Fique tomada, de fato, a maior medida comum delas, e seja a E. Como, de fato, a E mede a D, mas a D mede as A, B, portanto, também a E medirá as A, B. E mede também a C. Portanto, a E mede as A, B, C; portanto, a E é uma medida comum das A, B, C. Digo, então, que é também a maior. Pois, se possível, seja a F alguma magnitude maior do que a E, e meça as A, B, C. E, como a F mede as A, B, C, portanto, também medirá as A, B e medirá a maior medida comum das A, B. Mas a maior medida comum das A, B é a D; portanto, a F mede a D. E também mede a C; portanto, a F mede as C, D; portanto, a F também medirá a maior medida comum das C, D. Mas é a E; portanto, a F medirá a E, a maior, a menor; o que é impossível. Portanto, nenhuma [magnitude] maior do que a E mede as magnitudes A, B, C; portanto, a E é a maior medida comum das A, B, C, caso a D não meça a C, e, caso meça, a própria D.

Portanto, dadas as três magnitudes comensuráveis, foi achada a maior medida comum [o que era preciso provar].

Corolário

Disso, então, é evidente que, caso uma magnitude meça três magnitudes, também medirá a maior medida comum delas.

Do mesmo modo, então, também nas mais numerosas a maior medida comum será tomada, e o corolário terá lugar. O que era preciso provar.

5.

As magnitudes comensuráveis têm entre si uma razão que um número, para um número.

Sejam as magnitudes comensuráveis A, B; digo que a A tem para B uma razão que um número, para um número.

Pois, como as A, B são comensuráveis, alguma magnitude as medirá. Meça, e seja a C. E tantas vezes a C mede a A quantas unidades existam no D, e, tantas vezes quantas a C mede a B tantas unidades existam no E.

Como, de fato, a C mede a A, segundo as unidades no D, e também a unidade mede o D, segundo as unidades nele mesmo, portanto, a unidade mede o número D o mesmo número de vezes que a magnitude C, a A; portanto, como a C está para a A, assim a unidade para o D; portanto, inversamente, como a A para a C, assim o D para a unidade. De novo, como a C mede a B, segundo as unidades no E, e também a unidade mede o E, segundo as unidades nele mesmo, portanto, tantas vezes a unidade mede o E quantas a C, a B; portanto, como a C está para a B, assim a unidade para o E. Mas foi provado também como a A para a C, o D para a unidade; portanto, por igual posto, como a A está para a B, assim o número D para o E.

Portanto, as magnitudes comensuráveis A, B têm entre si uma razão que o número D, para o número E; o que era preciso provar.

6.

Caso duas magnitudes tenham entre si uma razão que um número, para um número, as magnitudes serão comensuráveis.

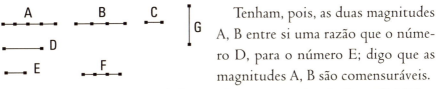

Tenham, pois, as duas magnitudes A, B entre si uma razão que o número D, para o número E; digo que as magnitudes A, B são comensuráveis.

Pois, quantas são as unidades no D, em tantas iguais fique dividida a A, e seja a C igual a uma delas; e quantas são as unidades no E, de tantas magnitudes iguais à C fique composta a F.

Como, de fato, quantas são as unidades no D tantas são também as magnitudes iguais à C na A, portanto, aquela parte que a unidade é do D, a mesma parte também a C é da A; portanto, como a C está para a A, assim a unidade para o D. E a unidade mede o número D; portanto, também a C mede a A. E, como a C está para a A, assim a unidade para o [número] D, portanto, inversamente, como a A para a C, assim o número D para a unidade. De novo, como quantas são as unidades no E tantas são também iguais à C na F, portanto, como a C está para a F, assim a unidade para o [número] E. Mas foi provado também como a A para a C, assim o D para a unidade; portanto, por igual posto, como a A está para a F, assim o D para o E. Mas, como o D para o E, assim a A para a B; portanto, também como a A para a B, assim também para a F. Portanto, a A tem para cada uma das B, F a mesma razão; portanto, a B é igual à F. Mas a C mede a F; portanto, também mede a B. Mas, de fato, também a A; portanto, a C mede as A, B. Portanto, a A é comensurável com a B.

Portanto, caso duas magnitudes entre si, e as coisas seguintes.

Corolário

Disso, então, é evidente que, caso existam dois números, como os D, E, e uma reta, como a A, é possível fazer como o número D para o número E, assim a reta para uma reta. E caso também seja tomada uma média em proporção entre as A, F, como a B, como a A estará para a F, assim o sobre a A para o sobre a B, isto é, como a primeira para a terceira, assim o sobre a primeira para o sobre a segunda, o semelhante e semelhantemente descrito. Mas, como a A para a F, assim o número D está para o número E; portanto, produziu-se também como o número D para o número E, assim o sobre a reta A para o sobre a reta B; o que era preciso provar.

7.

As magnitudes incomensuráveis não têm entre si uma razão que um número, para um número.

Sejam as magnitudes incomensuráveis A, B; digo que a A não tem para a B uma razão que um número, para um número.
Pois, se a A tem para a B uma razão que um número, para um número, a A será comensurável com a B. E não é; portanto, a A não tem para a B uma razão que um número, para um número.
Portanto, as magnitudes incomensuráveis não têm entre si uma razão, e as coisas seguintes.

8.

Caso duas magnitudes não tenham entre si uma razão que um número para um número, as magnitudes serão incomensuráveis.

Não tenham, pois, as duas magnitudes A, B entre si uma razão que um número, para um número; digo que as magnitudes A, B são incomensuráveis.
Pois, se forem comensuráveis, a A terá para a B uma razão que um número, para um número. E não tem. Portanto, as magnitudes A, B são incomensuráveis.
Portanto, caso duas magnitudes entre si, e as coisas seguintes.

Os elementos

9.

Os quadrados sobre as retas comensuráveis em comprimento têm entre si uma razão que um número quadrado, para um número quadrado; e os quadrados que têm entre si uma razão que um número quadrado, para um número quadrado, também terão os lados comensuráveis em comprimento. E os quadrados sobre as retas incomensuráveis em comprimento não têm entre si uma razão que um número quadrado, para um número quadrado; e os quadrados que não têm entre si uma razão que um número quadrado, para um número quadrado, nem terão os lados comensuráveis em comprimento.

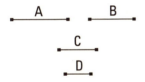

Sejam, pois, as A, B comensuráveis em comprimento; digo que o quadrado sobre a A tem para o quadrado sobre a B uma razão que um número quadrado, para um número quadrado.

Pois, como a A é comensurável com a B em comprimento, portanto, a A tem para a B uma razão que um número, para um número. Tenha a que o C, para o D. Como, de fato, a A está para a B, assim o C para o D, mas a do quadrado sobre a A para o quadrado sobre a B é o dobro da razão da A para a B; pois as figuras semelhantes estão na razão dupla da dos lados homólogos; enquanto a do quadrado sobre o C para o quadrado sobre o D é o dobro da razão do [número] C para o [número] D; pois, existe um número médio, em proporção, entre dois números quadrados, e o quadrado para o [número] quadrado tem uma razão dupla da que o lado para o lado; portanto, também como o quadrado sobre a A está para o quadrado sobre a B, assim o [número] quadrado sobre o C para o [número] quadrado sobre o [número] D.

Mas, então, como o quadrado sobre a A esteja para o sobre a B, assim o quadrado sobre o C para o [quadrado] sobre o D; digo que a A é comensurável com a B em comprimento.

Pois, como o quadrado sobre a A está para o [quadrado] sobre a B, assim o quadrado sobre o C para o quadrado sobre o D, mas a razão do quadrado sobre a A para o [quadrado] sobre a B é o dobro da razão da A para a B, ao passo que a razão do [número] quadrado sobre o [número] C para o [número] quadrado sobre o [número] D é o dobro da razão do [número] C para o [número] D, portanto, também como a A está para a B, assim o [número] C para o [número] D. Portanto, a A tem para a B uma razão que o número C, para o número D; portanto, a A é comensurável com a B em comprimento.

Mas, então, seja a A incomensurável com a B em comprimento; digo que o quadrado sobre a A para o [quadrado] sobre a B não tem uma razão que o número quadrado, para o número quadrado.

Pois, se o quadrado sobre a A tem para o [quadrado] sobre a B uma razão que um número quadrado, para um número quadrado, a A será comensurável com a B. E não é; portanto, o quadrado sobre a A não tem para o quadrado sobre a B uma razão que um número quadrado, para um número quadrado.

De novo, então, o quadrado sobre a A não tenha para o [quadrado] sobre a B uma razão que um número quadrado, para um número quadrado; digo que a A é incomensurável com a B em comprimento.

Pois se, se a A é comensurável com a B, o sobre a A terá para o sobre a B uma razão que um número quadrado, para um número quadrado. E não tem; portanto, a A não é comensurável com a B em comprimento.

Portanto, os sobre as comensuráveis em comprimento, e as coisas seguintes.

Corolário

E, das coisas provadas, será evidente que as comensuráveis em comprimento também são, em todos os casos, em potência, mas as em potência não são também, em todos os casos, em comprimento. [Se realmente os quadrados sobre as retas comensuráveis em comprimento têm uma razão que um número quadrado, para um número quadrado, e os que têm uma razão que um número, para um número, são comensuráveis. Desse modo, as retas comensuráveis em comprimento não [são] somente comensuráveis em comprimento, mas também em potência.

De novo, como quantos quadrados têm entre si uma razão que um número quadrado, para um número quadrado, foram provados comensuráveis em comprimento, sendo também comensuráveis em potência, pelo terem os quadrados uma razão que um número, para um número, portanto, quantos quadrados não têm uma razão que um número quadrado, para um número quadrado, mas simplesmente que um número, para um número, os mesmos quadrados serão, por um lado, comensuráveis em potência e, por outro lado, não mais também em comprimento; desse modo, por um lado, os comensuráveis em comprimento são também, em todos os casos, em potência, e, por outro lado, os em potência não são também, em todos os casos, em comprimento, se não tiverem também uma razão que os números quadrados, para os números quadrados.

Digo, então, que [também] as incomensuráveis em comprimento não são, em todos os casos, também em potência, porque as comensuráveis em potência não podem ter uma razão que um número quadrado, para um número quadrado, e por isso, sendo comensuráveis em potência, são incomensuráveis em comprimento. Desse modo, as incomensuráveis em comprimento não são, em todos os casos, também em potência, mas podem, sendo incomensuráveis em comprimento, ser tanto incomensuráveis quanto comensuráveis em potência.

E as incomensuráveis em potência são, em todos os casos, também incomensuráveis em comprimento; pois, se [são] comensuráveis em comprimento, serão também comensuráveis em potência. E foram supostas também incomensuráveis; o que é absurdo. Portanto, as incomensuráveis em potência são, em todos os casos, também em comprimento.]

Lema

Foi provado nos relativos à aritmética, que os números planos semelhantes têm entre si uma razão que um número quadrado, para um número quadrado, e que, caso dois números tenham entre si uma razão que um número quadrado, para um número quadrado, são planos semelhantes. E disso é manifesto que os números planos não semelhantes, isto é, os que não têm os lados em proporção, não têm entre si uma razão que um número quadrado, para um número quadrado. Pois, se tiverem, serão planos semelhantes; o que não foi suposto. Portanto, os planos não semelhantes não têm entre si uma razão que um número quadrado, para um número quadrado.

10.

Achar duas retas incomensuráveis com a reta proposta, uma somente em comprimento, a outra também em potência.

Seja a reta proposta A; é preciso, então, achar duas retas incomensuráveis com a A, uma somente em comprimento, a outra também em potência.

Fiquem, pois, expostos os dois números B, C, não tendo entre si uma razão que um número quadrado, para um número quadrado, isto é, não planos semelhantes, e fique produzido como o B para o C assim o quadrado sobre a A para o quadrado sobre a D; pois aprendemos; portanto, o sobre a A é comensurável com o sobre a D. E como o B não tem para o C uma razão que um número quadrado, para um número quadrado, portanto, nem o sobre a A tem para o sobre a D uma razão que um número quadrado, para um número quadrado; portanto, a A é incomensurável em comprimento com a D. Fique tomada a E, média em proporção, entre as A, D; portanto, como a A está para a D, assim o quadrado sobre a A para o sobre a E. Mas a A é incomensurável em comprimento com a D; portanto, também o quadrado sobre a A é incomensurável com o quadrado sobre a E; portanto, a A é incomensurável em potência com a E.

Portanto, foram achadas as duas retas D, E incomensuráveis com a reta proposta A, a D somente em comprimento, enquanto a E claramente em potência e também em comprimento [o que era preciso provar].

11.

Caso quatro magnitudes estejam em proporção, e a primeira seja comensurável com a segunda, também a terceira será comensurável com a quarta; e, caso a primeira seja incomensurável com a segunda, também a terceira será incomensurável com a quarta.

Sejam as quatro magnitudes em proporção A, B, C, D, como a A para a B, assim a C para a D, e a A seja comensurável com a B; digo que também a C será comensurável com a D.

Pois, como a A é comensurável com a B, portanto, a A tem para a B uma razão que um número, para um número. E, como a A está para a B, assim a C para a D; portanto, também a C tem para a D uma razão que um número, para um número; portanto, a C é comensurável com a D.

Mas, então, seja a A incomensurável com a B; digo que também a C será incomensurável com a D. Pois, como a A é incomensurável com a B, portanto, a A não tem para a B uma razão que um número, para um número. E, como a A está para a B, assim a C para a D; portanto, nem a C tem para a D uma razão que um número, para um número; portanto, a C é incomensurável com a D.

Portanto, caso quatro magnitudes, e as coisas seguintes.

12.

As comensuráveis com uma mesma magnitude também são comensuráveis entre si.

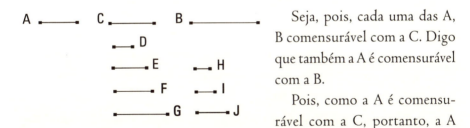

Seja, pois, cada uma das A, B comensurável com a C. Digo que também a A é comensurável com a B.

Pois, como a A é comensurável com a C, portanto, a A tem para a C uma razão que um número, para um número. Tenha a que o D, para o E. De novo, como a C é comensurável com a B, portanto, a C tem para a B uma razão que um número, para um número. Tenha a que o F, para o G. E, tendo sido dadas razões, quantas quer que sejam, tanto a que o D tem para o E quanto a que o F, para o G, fiquem tomados os números H, I, J, em sequência, nas razões dadas; de modo a, por um lado, como o D estar para o E, assim o H para o I, e, por outro lado, como o F para o G, assim o I para o J.

365

Como, de fato, a A está para a C, assim o D para o E, mas, como o D para o E, assim o H para o I, portanto, também como a A para a C, assim o H para o I. De novo, como a C está para a B, assim o F para o G, mas como o F para o G, [assim] o I para o J, portanto, também como a C para a B, assim o I para o J. Mas também como a A está para a C, assim o H para o I; portanto, por igual posto, como a A está para a B, assim o H para o J. Portanto, a A tem para a B uma razão que o número H, para o número J; portanto, a A é comensurável com a B.

Portanto, as comensuráveis com a mesma magnitude também são comensuráveis entre si; o que era preciso provar.

13.

Caso duas magnitudes sejam comensuráveis, e uma delas seja incomensurável com alguma magnitude, também a restante será incomensurável com a mesma.

Sejam as duas magnitudes comensuráveis A, B, e uma delas, a A, seja incomensurável com alguma outra, a C; digo que também a restante B é incomensurável com a C.

Pois, se a B é comensurável com a C, mas também a A é comensurável com a B, portanto, também a A é comensurável com a C. Mas também é incomensurável; o que é impossível. Portanto, a B não é comensurável com a C; portanto, é incomensurável.

Portanto, caso duas magnitudes sejam comensuráveis, e as coisas seguintes.

Lema

Tendo sido dadas duas retas desiguais, achar por qual a maior é maior em potência do que a menor.

Sejam as duas retas desiguais dadas AB, C das quais a AB é a maior; é preciso, então, achar por qual a AB é maior em potência do que a C.

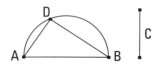

Fique descrito o semicírculo ADC na AB, e fique ajustada nele a AD igual à C, e fique ligada a DB. É evidente, então, que o ângulo sob ADB é reto, e que a AB é maior em potência do que a AD, isto é, a C pela DB.

E do mesmo modo, também, tendo sido dadas duas retas, a capaz de produzi-las é achada assim.

Sejam as duas retas dadas AD, DB, e seja preciso achar a capaz de produzi-las. Fiquem, pois, postas de modo a conterem o ângulo sob AD, DB, reto, e fique ligada a AB; de novo, é evidente que a capaz de produzir as AD, DB, é a AB; o que era preciso provar.

14.

Caso quatro retas estejam em proporção, e a primeira seja maior em potência do que a segunda pelo sobre uma comensurável com aquela mesma [em comprimento], também a terceira será maior em potência do que a quarta pelo sobre uma comensurável com aquela mesma [em comprimento]. E, caso a primeira seja maior em potência do que a segunda pelo sobre uma incomensurável com aquela mesma [em comprimento], também a terceira será maior em potência do que a quarta pelo sobre uma incomensurável com aquela mesma [em comprimento].

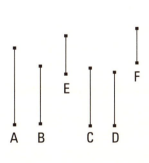

Estejam as quatro retas A, B, C, D em proporção, como a A para a B, assim a C para a D, e seja, por um lado, a A maior em potência do que a B pelo sobre a E, e seja, por outro lado, a C maior em potência do que a D pelo sobre a F; digo que tanto se a A é comensurável com a E, também a C é comensurável com a F quanto se a A é incomensurável com a E, também a C é incomensurável com a F.

Pois, como a A está para a B, assim a C para a D, portanto, também como o sobre a A está para o sobre a B, assim o sobre a C para o sobre a D. Mas, por um lado, os sobre as E, B são iguais ao sobre a A, e, por outro lado, os sobre as D, F são iguais ao sobre a C. Portanto, como os sobre as E, B estão para o sobre a B, assim os sobres as D, F para o sobre a D; portanto, por separação, como o sobre a E está para o sobre a B, assim o sobre a F para o sobre a D; portanto, também como a E está para a B, assim a F para a D; portanto, inversamente, como a B está para a E, assim a D para a F. Mas também como a A está para a B, assim a C para a D; portanto, por igual posto, como a A está para a E, assim a C para a F. Se, por um lado, de fato, a A é comensurável com a E, também a C é comensurável com a F e, por outro lado, se a A é incomensurável com a E, também a C é incomensurável com a F.

Portanto, caso, e coisas seguintes.

15.

Caso duas magnitudes comensuráveis sejam compostas, também a toda será comensurável com cada uma delas; e, caso a toda seja comensurável com uma delas, também as magnitudes do princípio serão comensuráveis.

Fiquem, pois, compostas as duas magnitudes comensuráveis AB, BC; digo que também a toda AC é comensurável com cada uma das AB, BC.

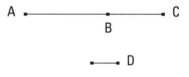

Pois, como as AB, BC são comensuráveis, alguma magnitude as medirá. Meça, e seja a D. Como, de fato, a D mede as AB, BC, também medirá a toda AC. Mas, também mede as AB, BC. Portanto, a D mede as AB, BC, AC; portanto, a AC é comensurável com cada uma das AB, BC.

Mas, então, seja a AC comensurável com a AB; digo, então, que também as AB, BC são comensuráveis.

Pois, como as AC, AB são comensuráveis, alguma magnitude as medirá. Meça, e seja a D. Como, de fato, a D mede as CA, AB, também medirá a restante BC. Mas também mede a AB; portanto, a D medirá as AB, BC; portanto, as AB, BC são comensuráveis.

Portanto, caso duas magnitudes, e as coisas seguintes.

16.

*Caso duas magnitudes incomensuráveis sejam compostas, também
a toda será incomensurável com cada uma delas; e, caso a toda seja
incomensurável com uma delas, também as magnitudes do princípio serão
incomensuráveis.*

Fiquem, pois, compostas as duas magnitudes incomensuráveis AB, BC; digo que a toda AC é incomensurável com cada uma das AB, BC.

Pois, se as CA, AB não são incomensuráveis, alguma magnitude [as] medirá. Meça, se possível, e seja a D. Como, de fato, D mede as CA, AB, portanto, também medirá a restante BC. Mas também mede a AB; portanto, a D mede as AB, BC. Portanto, as AB, BC são comensuráveis; e também eram supostas incomensuráveis; o que não é possível. Portanto, nenhuma magnitude medirá as CA, AB; portanto, as CA, AB são incomensuráveis. Do mesmo modo, então, provaremos que também as AC, CB são incomensuráveis. Portanto, a AC é incomensurável com cada uma das AB, BC.

Mas, então, seja a AC incomensurável com uma das AB, BC. Seja, então, primeiramente, com a AB; digo que também as AB, BC são incomensuráveis. Pois, se forem comensuráveis, alguma magnitude as medirá. Meça, e seja a D. Como, de fato, a D mede as AB, BC, portanto, medirá a toda AC. Mas também mede a AB; portanto, a D mede as CA, AB. Portanto, as CA, AB são comensuráveis; Mas eram supostas também incomensuráveis; o que é impossível. Portanto, nenhuma magnitude medirá as AB, BC; portanto, as AB, BC são incomensuráveis.

Portanto, caso duas magnitudes, e as coisas seguintes.

Lema

Caso um paralelogramo seja aplicado a alguma reta, deficiente por uma figura quadrada, o aplicado é igual ao pelos segmentos da reta produzidos pela aplicação.

Fique, pois, aplicado à reta AB o paralelogramo AD, deficiente pela figura quadrada DB; digo que o AD é igual ao pelas AC, CB.

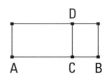

E é evidente por si mesmo. Pois, como o DB é um quadrado, a DC é igual à CB, e o AD é o pelas AC, CD, isto é, o pelas AC, CB.

Portanto, caso alguma reta, e as coisas seguintes.

17.

Caso duas retas sejam desiguais, e à maior seja aplicado um igual à quarta parte do sobre a menor, deficiente por uma figura quadrada, e divida-a em comensuráveis em comprimento, a maior será maior em potência do que a menor pelo sobre uma comensurável com aquela mesma [em comprimento]. E, caso a maior seja maior em potência do que a menor pelo sobre uma comensurável com aquela mesma [em comprimento] e à maior seja aplicado um igual à quarta parte do sobre a menor, deficiente por uma figura quadrada, divide-a em comensuráveis em comprimento.

Sejam as retas desiguais A, BC, das quais a BC é a maior, e fique aplicado à BC um igual à quarta parte do sobre a menor A, isto é, ao sobre a metade da A, deficiente por uma figura quadrada, e seja o pelas BD, DC, e seja a BD comensurável com a DC em comprimento; digo que a BC é maior em potência do que a A pelo sobre uma comensurável com aquela mesma.

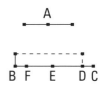

Fique, pois, cortada a BC em duas, no ponto E, e fique posta a EF igual à DE. Portanto, a restante DC é igual à BF. E, como a reta BC foi cortada, por um lado, em iguais, no E, e, por outro lado, em desiguais, no D, portanto, o retângulo contido pelas BD, DC, junto com o quadrado sobre a ED, é igual ao quadrado sobre a EC; também os quádruplos; portanto, quatro vezes o contido pelas BD, DC, junto com o quádruplo do sobre a DE, é igual a quatro vezes o quadrado sobre a EC. Mas, por um lado, o quadrado sobre a A é igual ao quádruplo do pelas BD, DC, e, por outro lado, o quadrado sobre a DF é igual ao quádruplo do sobre a DE; pois, a DF é o dobro da DE. Mas o quadrado sobre a BC é igual ao quádruplo do sobre a EC; pois, de novo, a BC é o dobro da CE. Portanto, os quadrados sobre as A, DF são iguais ao quadrado sobre a BC; desse modo, o sobre a BC é maior do que o sobre a A pelo sobre a DF; portanto, a BC é maior em potência do que a A pela DF. Deve-se provar que também a BC é comensurável com a DF. Pois, como a BD é comensurável com a DC em comprimento, portanto, também a BC é comensurável com a CD em comprimento. Mas a CD é comensurável com as CD, BF em comprimento; pois, a CD é igual a BF. Portanto, também a BC é comensurável com as BF, CD em comprimento; desse modo, também a BC é comensurável com a restante FD em comprimento; portanto, a BC é maior em potência do que a A pelo sobre uma comensurável com aquela mesma.

Mas, então, seja a BC maior em potência do que a A pelo sobre uma comensurável com aquela mesma, e fique aplicado à BC um igual a um quarto do sobre a A, deficiente por uma figura quadrada, e seja o pelas BD, DC. Deve-se provar que a BD é comensurável com a DC em comprimento.

Pois, tendo sido construídas as mesmas coisas, do mesmo modo provaremos que a BC é maior em potência do que a A pelo sobre a FD. Mas a BC é maior em potência do que a A pelo sobre uma comensurável com aquela mesma. Portanto, a BC é comensurável com a FD em comprimento; desse modo, também a BC é comensurável com a restante a BF junto com a DC, em comprimento. Mas a BF junto com a DC é comensurável com a DC, [em comprimento]. Desse modo, também a BC é comensurável com a CD em comprimento. Portanto, por separação, também a BD é comensurável com a DC em comprimento.

Portanto, caso duas retas sejam desiguais, e as coisas seguintes.

18.

Caso duas retas sejam desiguais, e seja aplicado à maior um igual à quarta parte do sobre a menor, deficiente por uma figura quadrada, e divida-a em incomensuráveis [em comprimento], a maior será maior em potência do que a menor pelo sobre uma incomensurável com aquela mesma. E, caso a maior seja maior em potência do que a menor pelo sobre uma incomensurável com aquela mesma, e seja aplicado à maior um igual à quarta parte do sobre a menor, deficiente por uma figura quadrada, divide-a em incomensuráveis [em comprimento].

Sejam as duas retas desiguais A, BC, das quais a BC é a maior, e fique aplicado à BC um igual à quarta [parte] do sobre a A, deficiente por uma figura quadrada, e seja o pelas BDC, e seja a BD incomensurável com a DC em comprimento; digo que a BC é maior em potência do que a A pelo sobre uma incomensurável com aquela mesma.

Pois, tendo sido construídas as mesmas coisas que antes, do mesmo modo provaremos que a BC é maior em potência do que a A pelo sobre a FD. Deve-se provar, [de fato], que a BC é incomensurável com a DF em comprimento. Pois, como a BD é incomensurável com a DC em comprimento, portanto, também a BC é incomensurável com a CD em comprimento. Mas a DC é comensurável com as duas conjuntas BF, DC; portanto, também a BC é incomensurável com as duas conjuntas BF, DC. Desse modo, também a BC é incomensurável com a restante FD em comprimento. E a BC é maior em potência do que a A pelo sobre a FD; portanto, a BC é maior em potência do que a A pelo sobre uma incomensurável com aquela mesma.

Seja, então, de novo, a BC maior em potência do que a A pelo sobre uma incomensurável com aquela mesma, e fique aplicado à BC um igual à quarta parte do sobre a A, deficiente por uma figura quadrada, e seja o pelas BD, DC. Deve-se provar que a BD é incomensurável com a DC em comprimento.

Pois, tendo sido construídas as mesmas coisas, do mesmo modo provaremos que a BC é maior em potência do que a A pelo sobre a FD. Mas a

BC é maior em potência do que a A pelo sobre uma incomensurável com aquela mesma. Portanto, a BC é incomensurável com a FD em comprimento; portanto, também a BC é incomensurável com a DC em comprimento; desse modo, também a BC é incomensurável com a restante, a BF junto com a DC. Mas a BF junto com a DC é comensurável com a DC em comprimento; desse modo, por separação, também a BC é incomensurável com a DC em comprimento.

Portanto, caso duas retas sejam, e as coisas seguintes.

Lema

Como foi provado que as comensuráveis em comprimento, também, em todos os casos, [são comensuráveis] em potência, mas as em potência não são, em todos os casos, também em comprimento, mas, então, podem ser comensuráveis ou incomensuráveis em comprimento, é evidente que, caso alguma seja comensurável em comprimento com a racional exposta, é dita racional e comensurável com ela não somente em comprimento, mas também em potência, visto que as comensuráveis em comprimento são, em todos os casos, também em potência. E, caso alguma seja comensurável em potência com a racional exposta, se, por um lado, também em comprimento, é dita, também assim, racional e comensurável com ela em comprimento e em potência; e se, por um lado, alguma sendo, de novo, comensurável em potência com a racional exposta, seja incomensurável com ela em comprimento, é dita também assim racional comensurável somente em potência.

19.

O retângulo contido por retas racionais comensuráveis em comprimento, segundo algum dos modos preditos, é racional.

Seja, pois, o retângulo AC contido pelas retas racionais comensuráveis em comprimento AB, BC; digo que o AC é racional.

Fique, pois, descrito o quadrado AD sobre a AB; portanto, o AD é racional. E, como a AB é comensurável com a BC em comprimento, e a AB é igual à BD, portanto, a BD é comensurável com a BC em comprimento. E, como a BD está para a BC, assim o DA para o AC. Portanto, o DA é comensurável com o AC. Mas o DA é racional; portanto, também o AC é racional.

Portanto, o pelas racionais comensuráveis em comprimento, e as coisas seguintes.

20.

Caso um racional seja aplicado a uma racional, faz como largura uma racional e comensurável em comprimento com aquela a que foi aplicado.

Fique, pois, aplicado o racional AC à racional AB, segundo, de novo, algum dos modos preditos, fazendo a BC como largura; digo que a BC é racional e comensurável com a BA em comprimento.

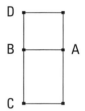

Fique, pois, descrito o quadrado AD sobre a AB; portanto, o AD é racional. Mas também o AC é racional; portanto, o DA é comensurável com o AC. E, como o DA está para o AC, assim a DB para a BC. Portanto, também a DB é comensurável com a BC; Mas a DB é igual à BA; portanto, também a AB é comensurável com a BC. Mas a AB é racional; portanto, também a BC é racional e comensurável com a AB em comprimento.

Portanto, caso um racional seja aplicado a uma racional, e as coisas seguintes.

21.

O retângulo contido por retas racionais, comensuráveis somente em potência, é irracional, e a que serve para produzi-lo é irracional, e seja chamada medial.

Seja, pois, contido o retângulo AC pelas retas AB, BC racionais, comensuráveis somente em potência; digo que o AC é irracional, e a que serve para produzi-lo é irracional, e seja chamada medial.

Os elementos

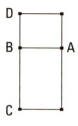

Fique, pois, descrito o quadrado AD sobre a AB; portanto, o AD é racional. E, como a AB é incomensurável com a BC em comprimento; pois, foram supostas comensuráveis somente em potência; mas a AB é igual à BD, portanto, também a DB é incomensurável com a BC em comprimento. E, como a DB está para a BC, assim o AD para o AC; portanto, o DA [é] incomensurável com o AC. Mas o DA é racional; portanto, o AC é irracional; desse modo, também a que serve para produzir o AC [isto é, a que serve para produzir um quadrado igual a ele] é irracional, e seja chamada medial; o que era preciso provar.

Lema

Caso existam duas retas, como a primeira está para a segunda, assim o sobre a primeira para o pelas duas retas.

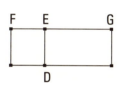

Sejam as duas retas FE, EG. Digo que como a FE está para a EG, assim o sobre a FE para o pelas FE, EG.

Fique, pois, descrito o quadrado DF sobre a FE, e fique completado o GD. Como, de fato, a FE está para a EG, assim o FD para o DG, e, por um lado, o FD é o sobre a FE, e, por outro lado, o DG é o pelas DE, EG, isto é, o pelas FE, EG, portanto, como a FE está para a EG, assim o sobre a FE para o pelas FE, EG. E do mesmo modo, também como o pelas GE, EF para o sobre a EF, isto é, como o GD para o FD, assim a GE para a EF; o que era preciso provar.

22.

O sobre uma medial, aplicado a uma racional, faz como largura uma racional e incomensurável com aquela a que foi aplicado, em comprimento.

Sejam, por um lado, a medial A, e, por outro lado, a racional CB, e fique aplicada à BC a área retangular BD igual ao sobre a A, fazendo a CD como comprimento; digo que a CD é racional e incomensurável com a CB, em comprimento.

Euclides

Pois, como a A é medial, serve para produzir uma área contida por racionais comensuráveis somente em potência. Sirva para produzir o GF. Mas serve para produzir também o BD; portanto, o BD é igual ao GF. Mas é também equiângulo

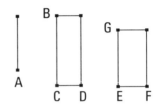

com ele; mas, dos paralelogramos tanto iguais quanto equiângulos, os lados ao redor dos ângulos iguais são reciprocamente proporcionais; portanto, em proporção, como a BC está para a EG, assim a EF para a CD. Portanto, também como o sobre a BC está para o sobre a EG, assim o sobre a EF para o sobre a CD. Mas o sobre a CB é comensurável com o sobre a EG; pois, cada um deles é racional; portanto, também o sobre a EF é comensurável com o sobre a CD. Mas o sobre a EF é racional; portanto, também o sobre a CD é racional; portanto, a CD é racional. E, como a EF é incomensurável com a EG em comprimento; pois são comensuráveis somente em potência; e, como a EF para a EG, assim o sobre a EF para o pelas FE, EG, portanto, o sobre a EF [é] incomensurável com o pelas FE, EG. Mas o sobre a CD é comensurável, por um lado, com o sobre a EF; pois são racionais em potência; e, por outro lado, o pelas AC, CB é comensurável com o pelas FE, EG; pois são iguais ao sobre a A; portanto, também o sobre a CD é incomensurável com o pelas DC, CB. E, como o sobre a CD para o pelas DC, CB, assim a DC está para a CB; portanto, a DC é incomensurável com a CB em comprimento. Portanto, a CD é racional e incomensurável com a CB em comprimento; o que era preciso provar.

23.

A comensurável com a medial é uma medial.

Seja a medial A, e seja a B comensurável com a A; digo que também a B é medial.

Fique, pois, exposta a racional CD, e fique aplicada, por um lado, à CD a área retangular CE igual ao sobre a A, fazendo a ED como largura; portanto, a ED é racional e incomensurável com a CD, em comprimento.

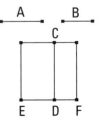

E fique, por outro lado, aplicada à CD a área retangular CF igual ao sobre a B, fazendo a DF como largura. Como, de fato, a A é comensurável com a B, também o sobre a A é comensurável com o sobre a B. Mas, por um lado, o EC é igual ao sobre a A, e, por outro lado, o CF é igual ao sobre a B; portanto, o EC é comensurável com o CF. E, como o EC está para o CF, assim a ED para a DF; portanto, a ED é comensurável com a DF em comprimento. Mas a ED é racional e incomensurável com a DC em comprimento; portanto, também a DF é racional e incomensurável com a DC em comprimento; portanto, as CD, DF são racionais, comensuráveis somente em potência. Mas a que serve para produzir o pelas racionais comensuráveis somente em potência é uma medial. Portanto, a que serve para produzir o pelas CD, DF é uma medial; e a B serve para produzir o pelas CD, DF; portanto, a B é uma medial.

Corolário

Disso, então, é evidente, que o comensurável com a área medial é medial. [Pois, as retas que servem para produzi-los são as comensuráveis em potência, das quais uma é medial; desse modo, também a restante é medial.]

E do mesmo modo que nas coisas ditas sobre as racionais e sobre as mediais, segue a comensurável com a medial em comprimento ser dita medial e comensurável com ela não somente em comprimento, mas também em potência, porque, em geral, as comensuráveis em comprimento são, em todos os casos, também em potência. E, caso alguma seja comensurável com a medial em potência, se, por um lado, também em comprimento, são ditas também assim mediais e comensuráveis em comprimento e em potência, e se, por outro lado, somente em potência, são ditas mediais comensuráveis somente em potência.

24.

O retângulo contido por retas mediais comensuráveis em comprimento, segundo algum dos modos ditos, é medial.

Seja, pois, contido o retângulo AC pelas retas mediais comensuráveis em comprimento AB, BC; digo que o AC é medial.

Fique, pois, descrito o quadrado AD sobre a AB; portanto, o AD é medial. E, como a AB é comensurável com a BC, mas a AB é igual à BD, portanto, também a DB é comensurável com a BC em comprimento; desse modo, também o DA é comensurável com o AC. Mas o DA é medial; portanto, também o AC é medial; o que era preciso provar.

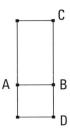

25.

O retângulo contido por retas mediais comensuráveis somente em potência é ou racional ou medial.

Seja, pois, contido o retângulo AC pelas retas mediais AB, BC, comensuráveis somente em potência; digo que o AC é ou racional ou medial.

Fiquem, pois, descritos os quadrados AD, BE sobre as AB, BC; portanto, cada um dos AD, BE é medial. E fique exposta a FG racional, e, por um lado, fique aplicado à FG o paralelogramo retangular GH, igual ao AD, fazendo a FH como largura, e, por outro lado, fique aplicado à HL o paralelogramo retangular LI, igual ao AC, fazendo a HI como largura, e ainda, similarmente, fique aplicado à IM o MJ, igual ao BE, fazendo a IJ como largura; portanto, as FH, HI, IJ estão sobre uma reta. Como, de fato, cada um dos AD, BE é medial, e, por um lado, o AD é igual ao GH, e, por outro lado, o BE, ao MJ, portanto, também cada um dos GH, MJ é medial. E foi aplicado à racional FG; portanto, cada uma das FH, IJ é racional e incomensurável com a FG em comprimento. E, como o AD é comensurável com o BE, portanto, também o GH é comensurável com o MJ. E, como o GH está para o MJ, assim a FH para a IJ; portanto, a FH é comensurável com a IJ em comprimento. Portanto, as FH, IJ são racionais, comensuráveis em comprimento; portanto, o pelas FH, IJ é racional. E, como a DB é igual à BA, enquanto NB, à BC, portanto, como a DB está para a BC, assim a AB para a BN. Mas, por um lado, como a DB para a BC, assim o DA para o AC;

e, por outro lado, como a AB para a BN, assim o AC para o CN; portanto, como o DA está para o AC, assim o AC para o CN. Mas o AD é igual ao GH, ao passo que o AC, ao LI, e o CN, ao MJ; portanto, como o GH está para o LI, assim o LI para o MJ; portanto, também como a FH está para a HI, assim a HI para a IJ; portanto, o pelas FH, IJ é igual ao sobre a HI. Mas o pelas FH, IJ é racional; portanto, também o sobre a HI é racional; portanto, a HI é racional. E, por um lado, se é comensurável com a FG em comprimento, o HM é racional; e, por outro lado, se é incomensurável com a FG em comprimento, as IH, HL são racionais, comensuráveis somente em potência; portanto, o HM é medial. Portanto, o HM é ou racional ou medial. Mas o HM é igual ao AC; portanto, o AC é ou racional ou medial.

Portanto, o por mediais comensuráveis somente em potência, e as coisas seguintes.

26.

Um medial não excede um medial por um racional.

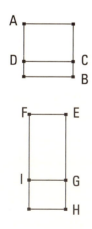

Pois, se possível, o medial AB exceda o medial AC pelo racional DB, e fique exposta a EF racional, e fique aplicado à EF o paralelogramo retangular FH, igual ao AB, fazendo a EH como largura, e fique subtraído o FG igual ao AC; portanto, o restante BD é igual ao restante IH. Mas o DB é racional; portanto, também o IH é racional. Como, de fato, cada um dos AB, AC é medial, e o AB é igual ao FH, enquanto o AC, ao FG, portanto, também cada um dos FH, FG é medial. E foi aplicado à racional EF; portanto, cada uma das HE, EG é racional e incomensurável com a EF em comprimento. E como o DB é racional e é igual ao IH, portanto, também o IH é racional. E foi aplicado à racional EF; portanto, a GH é racional e comensurável com a EF em comprimento. Mas também a EG é racional e incomensurável com a EF em comprimento; portanto, a EG é incomensurável com a GH em comprimento. E, como a EG está para a GH, assim o sobre a EG para o pelas EG, GH; portanto, o

379

sobre a EG é incomensurável com o pelas EG, GH. Mas, por um lado, os quadrados sobre as EG, GH são comensuráveis com o sobre a EG; pois ambos são racionais; e, por outro lado, duas vezes o pelas EG, GH é comensurável com o pelas EG, GH; pois é o dobro dele; portanto, os sobre as EG, GH é incomensurável com duas vezes o pelas EG, GH; portanto, um junto com o outro, tanto os sobre as EG, GH quanto duas vezes o pelas EG, GH, o que é o sobre a EH, é incomensurável com os sobre as EG, GH. Mas os sobre as EG, GH são racionais; portanto, o sobre a EH é irracional. Portanto, a EH é irracional. Mas também é racional; o que é impossível.

Portanto, um medial não excede um medial por um racional; o que era preciso provar.

27.

Achar mediais comensuráveis somente em potência contendo um racional.

Fiquem expostas as duas racionais A, B, comensuráveis somente em potência, e fique tomada a C, média em proporção entre as A, B, e fique produzido como a A para a B, assim a C para a D.

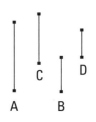

E, como as A, B são racionais comensuráveis somente em potência, portanto, o pelas A, B, isto é, o sobre a C, é medial. Portanto, a C é medial. E, como a A está para a B, [assim] a C para a D, e as A, B [são] comensuráveis somente em potência, portanto, também as C, D são comensuráveis somente em potência. E a C é medial; portanto, também a D é medial. Portanto, as C, D são mediais comensuráveis somente em potência. Digo que também contêm um racional. Pois, como a A está para a B, assim a C para a D, portanto, alternadamente, como a A está para a C, a B para a D. Mas, como a A para a C, a C para a B; portanto, também como a C para a B, assim a B para a D; portanto, o pelas C, D é igual ao sobre a B. Mas o sobre a B é racional; portanto, também o pelas C, D [é] racional.

Portanto, foram achadas mediais comensuráveis somente em potência contendo um racional; o que era preciso provar.

28.

Achar mediais comensuráveis somente em potência contendo um medial.

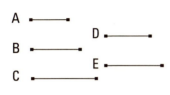

Fiquem expostas as [três] racionais A, B, C, comensuráveis somente em potência, e fique tomada a D, média em proporção entre as A, B, e fique produzido como a B para a C, a D para a E.

Como as A, B são racionais comensuráveis somente em potência, portanto, o pelas A, B, isto é, o sobre a D, é medial. Portanto, a D é medial. E, como as B, C são comensuráveis somente em potência, e como a B está para a C, a D para a E, portanto, também as D, E são comensuráveis somente em potência. Mas a D é medial; portanto, também a E é medial; portanto, as D, E são mediais comensuráveis somente em potência. Digo, então, que também contêm um medial. Pois, como a B está para a C, a D para a E, portanto, alternadamente, como a B para a D, a C para a E. Mas, como a B para a D, a D para a A; portanto, também como a D para a A , a C para a E; portanto, o pelas A, C é igual ao pelas D, E. Mas o pelas A, C é medial; portanto, também o pelas D, E é medial.

Portanto, foram achadas mediais comensuráveis somente em potência contendo um medial; o que era preciso provar.

Lema

Achar dois números quadrados, de modo a também o composto deles ser um quadrado.

Fiquem expostos os dois números AB, BC, e sejam ou pares ou ímpares. E como, tanto caso um par seja subtraído de um par quanto caso tanto um ímpar, de um ímpar, o resto é par, portanto, o resto AC é par. Fique cortado o AC em dois no D. E sejam também os AB, BC ou planos semelhantes ou quadrados, que são também, eles mesmos, planos semelhantes; portanto, o dos AB, BC, com o quadrado sobre

[o] CD, é igual ao quadrado sobre o BD. E o dos AB, BC é um quadrado, porque foi provado que, caso dois planos semelhantes, tendo sido multiplicados entre si, façam algum, o produzido é um quadrado. Portanto, foram achados dois números quadrados, tanto o dos AB, BC quanto o sobre o CD, que tendo sido compostos, fazem o quadrado sobre o BD.

E é evidente que foram achados de novo dois quadrados, tanto o sobre o BD quanto o sobre o CD, de modo que o excesso deles, o pelos AB, BC, ser um quadrado, quando os AB, BC sejam planos semelhantes. Mas, quando não sejam planos semelhantes, foram achados dois quadrados, tanto o sobre o BD quanto o sobre o DC, dos quais o excesso, o pelos AB, BC, não é um quadrado; o que era preciso provar.

Lema

Achar dois números quadrados, de modo a não ser o composto deles um quadrado.

Sejam, pois, o dos AB, BC, como dizíamos, um quadrado, e o CA par, e fique cortado o CA em dois no D. Então, é evidente que o quadrado do dos AB, BC, com o quadrado sobre [o] CD é igual ao quadrado sobre [o] BD. Fique subtraída a unidade DE; portanto, o dos AB, BC, junto com o sobre [o] CE é menor do que o quadrado sobre [o] BD. Digo, de fato, que o quadrado do dos AB, BC, com o sobre [o] CE não será um quadrado.

Pois, se for um quadrado, ou bem é igual ao sobre [o] BE ou é menor do que o sobre [o] BE, mas também nunca é maior, a fim de que a unidade não seja cortada. Seja, se possível, primeiramente, o dos AB, BC, junto com o sobre CE igual ao sobre BE, e seja o GA o dobro da unidade DE. Como, de fato, o todo AC é o dobro do todo CD, dos quais o AG é o dobro do DE, portanto, o restante GC é o dobro do restante EC; portanto, o GC foi cortado em dois no E. Portanto, o dos GB, BC, com o sobre CE, é igual ao quadrado sobre BE. Mas também o dos AB, BC, com o sobre CE, foi suposto igual ao quadrado sobre [o] BE; portanto, o dos GB, BC, com o sobre CE, é igual ao dos AB, BC, com o sobre CE. E, tendo sido subtraído o sobre CE comum, segue que o AB é igual ao GB; o que é absurdo. Portanto, o dos AB, BC, com o sobre [o] CE não é igual ao sobre o BE. Digo, então, que nem menor do que o sobre BE. Pois, se possível, seja igual ao sobre BF, e o HA, o dobro do DF. E, de novo, seguirá que o HC é o dobro do CF; de modo a, também o CH ser cortado em dois no F, e por isso o dos HB, BC, com o sobre FC, tornar-se igual ao sobre BF. Mas também o dos AB, BC, com o sobre CE, foi suposto igual ao sobre BF. Desse modo, também o dos HB, BC, com o sobre CF será igual ao dos AB, BC, com o sobre CE; o que é absurdo. Portanto, o dos AB, BC, com o sobre CE não é igual [ao] menor do que o sobre BE. Mas foi provado que nem a ele mesmo, o sobre BE. Portanto, o dos AB, BC, com o sobre CE não é um quadrado.

[Mas, sendo possível, também exibir, segundo os numerosos modos, os ditos números, sejam-nos suficientes os ditos, a fim de que não prolonguemos mais, sendo mais longo o assunto.] O que era preciso provar.

29.

Achar duas racionais comensuráveis somente em potência, de modo a ser a maior maior em potência do que a menor pelo sobre uma comensurável em comprimento com aquela mesma.

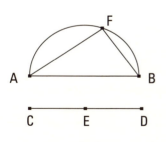

Fiquem, pois, expostos alguma racional, a AB, e os dois números quadrados CD, DE, de modo a o excesso CE deles não ser um quadrado, e fique descrito o semicírculo AFB sobre a AB, e fique feito como o DC para o CE, assim o quadrado sobre a BA para o quadrado sobre a AF, e fique ligada a FB.

Como, [de fato] o sobre a BA está para o sobre a AF, assim o DC para o CE, portanto, o sobre a BA tem para o sobre a AF uma razão, que o número DC, para o número CE; portanto, o sobre a BA é comensurável com o sobre a AF. Mas o sobre a AB é racional; portanto, também o sobre a AF é racional; portanto, também a AF é racional. E, como o DC não tem para o CE uma razão que um número quadrado, para um número quadrado, portanto, nem o sobre a BA tem para o sobre a AF uma razão que um número quadrado, para um número quadrado; portanto, a AB é incomensurável com a AF em comprimento; portanto, as BA, AF são racionais comensuráveis somente em potência. E, como o DC [está] para o CE, assim o sobre a BA para o sobre a AF, portanto, por conversão, como o CD para o DE, assim o sobre a AB para o sobre a BF. Mas o CD tem para o DE uma razão que um número quadrado, para um número quadrado; portanto, também o sobre a AB tem para o sobre a BF uma razão que um número quadrado, para um número quadrado; portanto, a AB é comensurável com a BF em comprimento. E o sobre a AB é igual aos sobre as AF, FB; portanto, a AB é maior em potência do que a AF pela BF, comensurável com aquela mesma.

Portanto, foram achadas as duas racionais BA, AF, comensuráveis somente em potência, de modo a ser a maior AB maior em potência do que a menor AF pelo sobre a BF, comensurável com aquela mesma em comprimento; o que era preciso provar.

30.

Achar duas racionais comensuráveis somente em potência, de modo a ser a maior maior em potência do que a menor pelo sobre uma incomensurável com aquela mesma em comprimento.

Fiquem expostos a racional AB e os dois números quadrados CE, ED, de modo a não ser o composto CD deles um quadrado, e fique descrito o semicírculo AFB sobre a AB, e fique feito como o DC para o CE, assim o sobre a BA para o sobre a AF, e fique ligada a FB.

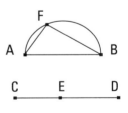

Do mesmo modo, então, provaremos, pelo antes deste, que as BA, AF são racionais comensuráveis somente em potência. E, como o DC está para o CE, assim o sobre a BA para o sobre a AF, portanto, por conversão, como o CD para o DE, assim o sobre a AB para o sobre a BF. Mas o CD não tem para o DE uma razão que um número quadrado, para um número quadrado; portanto, nem o sobre a AB tem para o sobre a BF uma razão que um número quadrado, para um número quadrado; portanto, a AB é incomensurável com a BF em comprimento. E a AB é maior em potência do que a AF pelo sobre a FB, incomensurável com aquela mesma.

Portanto, as AB, AF são racionais comensuráveis somente em potência, e a AB é maior em potência do que a AF pelo sobre a FB, incomensurável com aquela mesma em comprimento; o que era preciso provar.

31.

Achar duas mediais comensuráveis somente em potência, contendo um racional, de modo a ser a maior maior em potência do que a menor pelo sobre uma comensurável com aquela mesma em comprimento.

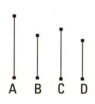

Fiquem expostas as duas racionais A, B, comensuráveis somente em potência, de modo a ser a A, que é a maior, maior em potência do que a menor B pelo sobre uma comensurável com aquela mesma em comprimento. E seja o sobre a C igual ao pelas A, B. Mas o pelas A, B é medial; portanto, também o sobre a C é medial; portanto, também a C é medial. E seja o pelas C, D igual ao sobre a B. Mas o sobre a B é racional; portanto, também o pelas C, D é racional. E, como a A está para a B, assim o pelas A, B para o sobre a B, mas, por um lado, o sobre a C é igual ao pelas A, B, e, por outro lado, o pelas C, D é igual ao sobre a B, portanto, como a A para a B, assim o sobre a C para o pelas C, D. Mas, como o sobre a C para o pelas C, D, assim a C para a D; portanto, também como a A para a B, assim a C para a D. Mas a A é comensurável com a B somente em potência; portanto, também a C é comensurável com a D somente em potência. E a C é medial; portanto, também a D é medial. E, como a A está para a B, a C para a D, e a A é maior em potência do que a B pelo sobre uma comensurável com aquela mesma, portanto, também a C é maior em potência do que a D pelo sobre uma comensurável com aquela mesma.

Portanto, foram achadas as duas mediais C, D, comensuráveis somente em potência, contendo um racional, e a C é maior em potência do que a D pelo sobre uma comensurável com aquela mesma em comprimento.

32.

Achar duas mediais comensuráveis somente em potência, contendo um medial, de modo a ser a maior maior em potência do que a menor pelo sobre uma comensurável com aquela mesma.

Fiquem expostas as três racionais A, B, C, comensuráveis somente em potência, de modo a ser a A maior em potência do que a C pelo sobre uma comensurável com aquela mesma, e seja, por um lado, o sobre a D igual ao pelas A, B. Portanto, o sobre a D é medial; portanto, também a D é medial. E seja, por outro lado, o pelas D, E igual ao pelas B, C. E, como o pelas A, B está para o pelas B, C, assim a A para a C, mas, por um lado, o sobre a D é igual ao pelas A, B, e, por outro lado, o pelas D, E é igual ao pelas B, C, portanto, como a A está para a C, assim o sobre a D para o pelas D, E. Mas, como o sobre a D para o pelas D, E, assim a D para a E; portanto, também como a A para a C, assim a D para a E; mas a A é comensurável com a C [somente] em potência. Portanto, também a D é comensurável com a E somente em potência. Mas a D é medial; portanto, também a E é medial. E, como a A está para a C, a D para a E, e a A é maior em potência do que a C pelo sobre uma comensurável com aquela mesma, portanto a D será maior em potência do que a E pelo sobre uma comensurável com aquela mesma. Digo, então, que também o pelas D, E é medial. Pois, como o pelas B, C é igual ao pelas D, E, mas o pelas B, C é medial [pois as B, C são racionais comensuráveis somente em potência], portanto, também o pelas D, E é medial.

Portanto, foram achadas as duas mediais D, E, comensuráveis somente em potência, contendo um medial, de modo a ser a maior maior em potência do que a menor pelo sobre uma comensurável com aquela mesma.

Do mesmo modo, então, de novo, será provado também pelo sobre uma incomensurável, quando a A é maior em potência do que a C pelo sobre uma incomensurável com aquela mesma.

Lema

Seja o triângulo retângulo ABC, tendo o A reto, e fique traçada a perpendicular AD; digo que, por um lado, o pelas CBD é igual ao sobre a BA, e, por outro lado, o pelas BCD é igual ao sobre a CA, e o pelas BD, DC é igual ao sobre a AD, e ainda o pelas BC, AD [é] igual ao pelas BA, AC.

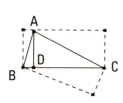

E, primeiro, que o pelas CBA [é] igual ao sobre a BA. Pois, como em um triângulo retângulo do ângulo reto até a base foi traçada a perpendicular AD, portanto, os triângulos ABD, ADC são semelhantes tanto ao todo ABC quanto entre si. E, como o triângulo ABC é semelhante ao triângulo ABD, portanto, como a CB está para a BA, assim a BA para a BD; portanto, o pelas CBA é igual ao sobre a AB. Pelas mesmas coisas, então, também o pelas BCD é igual ao sobre a AC.

E como, caso em um triângulo retângulo do ângulo reto até a base seja traçada uma perpendicular, a que foi traçada é média em proporção entre os segmentos da base, portanto, como a BD está para a DA, assim a AD para a DC; portanto, o pelas BD, DC é igual ao sobre a DA.

Digo que também o pelas BC, AD é igual ao pelas BA, AC. Pois, como, conforme falamos, o ABC é semelhante ao ABD, portanto, como a BC está para a CA, assim a BA para a AD. [Mas, caso quatro retas estejam em proporção, o pelos extremos é igual ao pelos meios.] Portanto, o pelas BC, AD é igual ao pelas BA, AC; o que era preciso provar.

33.

Achar duas retas incomensuráveis em potência fazendo, por um lado, o composto dos quadrados sobre elas racional, e, por outro lado, o por elas medial.

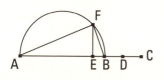

Fiquem expostas as duas racionais AB, BC, comensuráveis somente em potência, de modo a ser a maior AB maior em potência do que a menor BC pelo sobre uma incomensurável com aquela mesma, e fique cortada a BC em duas no D, e fique aplicado à AB um paralelogramo igual ao sobre uma ou outra das BD, DC, deficiente por uma figura quadrada, e seja o pelas AEB, e fique descrito sobre a AB o semicírculo AFB, e fique traçada a EF em retos com a AB, e fiquem ligadas as AF, FB.

E, como as [duas] retas AB, BC são desiguais, e a AB é maior em potência do que a BC pelo sobre uma incomensurável com aquela mesma, e foi aplicado à AB um paralelogramo igual à quarta do sobre a BC, isto é, ao sobre a metade dela, deficiente por uma figura quadrada e faz o pelas AEB, portanto, a AE é incomensurável com a EB. E, como a AE está para a EB, assim o pelas BA, AE para o pelas AB, BE, mas, por um lado, o pelas BA, AE é igual ao sobre a AF, e, por outro lado, o pelas AB, BE, ao sobre a BF; portanto, o sobre a AF é incomensurável com o sobre a FB; portanto, as AF, FB são incomensuráveis em potência. E, como a AB é racional, portanto, também o sobre a AB é racional; desse modo, também o composto dos sobre as AF, FB é racional. E como, de novo, o pelas AE, EB é igual ao sobre a EF, mas o pelas AE, EB foi suposto também igual ao sobre a BD, portanto, a FE é igual à BD; portanto, a BC é o dobro da FE; desse modo, também o pelas AB, BC é comensurável com o pelas AB, EF. Mas o pelas AB, BC é medial; portanto, também o pelas AB, EF é medial. Mas o pelas AB, EF é igual ao pelas AF, FB; portanto, também o pelas AF, FB é medial. E foi provado também racional o composto dos quadrados sobre elas.

Portanto, foram achadas as duas retas AF, FB, incomensuráveis em potência, fazendo, por um lado, o composto dos quadrados sobre elas racional, e, por outro lado, o por elas medial; o que era preciso provar.

34.

Achar duas retas incomensuráveis em potência, fazendo, por um lado, o composto dos quadrados sobre elas medial, e, por outro lado, o por elas racional.

Fiquem expostas as duas mediais AB, BC, comensuráveis somente em potência, contendo o por elas um racional, de modo

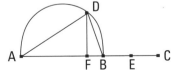

a ser a AB maior em potência do que a BC pelo sobre uma incomensurável com aquela mesma, e fique traçado sobre a AB o semicírculo ADB, e fique cortada a BC em duas no E, e fique aplicado à AB um paralelogramo, o pelas AFB, igual ao sobre a BE, deficiente por uma figura quadrada; portanto, a AF [é] incomensurável com a FB em comprimento. E fique traçada a partir do F a FD em retos com a AB, e fiquem ligadas as AD, DB.

Como a AF é incomensurável com a FB, portanto, também o pelas BA, AF é incomensurável com o pelas AB, BF. Mas, por um lado, o pelas BA, AF é igual ao sobre a AD, e, por outro lado, o pelas AB, BF, ao sobre a DB; portanto, também o sobre a AD é incomensurável com o sobre a DB. E, como o sobre a AB é medial, portanto, também o composto dos sobre as AD, DB é medial. E, como a BC é o dobro da DF, portanto, também o pelas AB, BC é o dobro do pelas AB, FD. Mas o pelas AB, BC é racional; portanto, também o pelas AB, FD é racional. Mas o pelas AB, FD é igual ao pelas AD, DB; desse modo, também o pelas AD, DB é racional.

Portanto, foram achadas as duas retas AD, DB, incomensuráveis em potência, fazendo, [por um lado] o composto dos quadrados sobre elas medial, e, por outro lado, o por elas racional; o que era preciso provar.

35.

Achar duas retas incomensuráveis em potência, fazendo tanto o composto dos quadrados sobre elas medial quanto o por elas medial e ainda incomensurável com o composto dos quadrados sobre elas.

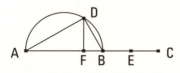

Fiquem expostas as duas mediais AB, BC, comensuráveis somente em potência, contendo um medial, de modo a ser a AB maior em potência do que a BC pelo sobre uma incomensurável com aquela mesma, e fique descrito sobre a AB o semicírculo ADB, e fiquem produzidas as restantes coisas de modo semelhante às acima.

E, como a AF é incomensurável com a FB em comprimento, também a AD é incomensurável com a DB em potência. E, como o sobre a AB é medial, portanto, também o composto dos sobre as AD, DB é medial. E, como o pelas AF, FB é igual ao sobre cada uma das BE, DF, portanto, a BE é igual à DF; portanto, a BC é o dobro da FD; desse modo, também o pelas AB, BC é o dobro do pelas AB, FD. Mas o pelas AB, BC é medial; portanto, também o pelas AB, FD é medial. E é igual ao pelas AD, DB; portanto, também o pelas AD, DB é medial. E, como a AB é incomensurável com a BC em comprimento, mas a CB é comensurável com a BE, portanto, também a AB é incomensurável com a BE em comprimento; desse modo, também o sobre a AB é incomensurável com o pelas AB, BE. Mas, por um lado, os sobre as AD, DB são iguais ao sobre a AB, e, por outro lado, o pelas AB, FD, isto é, o pelas AD, DB é igual ao pelas AB, BE; portanto, o composto dos sobre as AD, DB é incomensurável com o pelas AD, DB.

Portanto, foram achadas as duas retas AD, DB incomensuráveis em potência, fazendo tanto o composto dos sobre elas medial quanto o por elas medial e ainda incomensurável com o composto dos quadrados sobre elas; o que era preciso provar.

36.

Caso duas racionais comensuráveis somente em potência sejam compostas, a toda é irracional, e seja chamada binomial.

Fiquem compostas as duas racionais AB, BC, comensuráveis somente em potência; digo que a toda AC é irracional.

Pois, como a AB é incomensurável com a BC em comprimento; pois são comensuráveis somente em potência; mas, como a AB para a BC, assim o pelas ABC para o sobre a BC, portanto, o pelas AB, BC é incomensurável com o sobre a BC. Mas, por um lado, duas vezes o pelas AB, BC é comensurável com o pelas AB, BC, e, por outro lado, os sobre as AB, BC são comensuráveis com o sobre a BC; pois as AB, BC são racionais comensuráveis somente em potência; portanto, duas vezes o pelas AB, BC é incomensurável com os sobre as AB, BC. E, por composição, duas vezes o pelas AB, BC, com os sobre as AB, BC, isto é, o sobre a AC, é incomensurável com o composto dos sobre as AB, BC. Mas o composto dos sobre as AB, BC é racional; portanto, o sobre a AC [é] irracional; desse modo, também a AC é irracional, e seja chamada binomial; o que era preciso provar.

37.

Caso duas mediais comensuráveis somente em potência, contendo um racional, sejam compostas, a toda é irracional, e seja chamada primeira bimedial.

A   B   C

Fiquem, pois, compostas as duas mediais AB, BC, comensuráveis somente em potência, contendo um racional; digo que a toda AC é irracional.

Pois, como a AB é incomensurável com a BC em comprimento, portanto, também os sobre as AB, BC são incomensuráveis com duas vezes o pelas AB, BC; e, por composição, os sobre as AB, BC, com duas vezes o pelas AB, BC, o que é o sobre a AC, é incomensurável com o pelas AB, BC. Mas o pelas AB, BC é racional; pois as AB, BC foram supostas contendo um racional; portanto, o sobre a AC é irracional; portanto, a AC é irracional, e seja chamada primeira bimedial; o que era preciso provar.

38.

Caso duas mediais comensuráveis somente em potência, contendo um medial, sejam compostas, a toda é irracional, e seja chamada segunda bimedial.

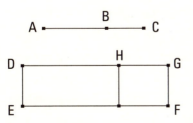

Fiquem, pois, compostas as duas mediais AB, BC, comensuráveis somente em potência, contendo um medial; digo que a AC é irracional.

Fique, pois, exposta a DE racional, e fique aplicado à DE o paralelogramo DF igual ao sobre a AC, fazendo a DG como largura. E, como o sobre a AC é igual tanto aos sobre as AB, BC quanto a duas vezes o pelas AB, BC, fique, então, aplicado à DE o EH igual aos sobre as AB, BC; portanto, o

HF restante é igual a duas vezes o pelas AB, BC. E, como cada uma das AB, BC é medial, portanto, também os sobre as AB, BC são mediais. Mas também duas vezes o pelas AB, BC foi suposto medial. E, por um lado, o EH é igual aos sobre as AB, BC, e, por outro lado, o FH é igual a duas vezes o pelas AB, BC; portanto, cada um dos EH, HF é medial. E foi aplicado à DE; portanto, cada uma das DH, HG é racional e incomensurável com a DE em comprimento. Como, de fato, a AB é incomensurável com a BC em comprimento, e como a AB está para a BC, assim o sobre a AB para o pelas AB, BC, portanto, o sobre a AB é incomensurável com o pelas AB, BC. Mas, por um lado, o composto dos quadrados sobre as AB, BC é comensurável com o sobre a AB, e, por outro lado, duas vezes o pelas AB, BC é comensurável com o pelas AB, BC; portanto, o composto dos sobre as AB, BC é incomensurável com duas vezes o pelas AB, BC. Mas, por um lado, o EH é igual aos sobre as AB, BC, e, por outro lado, o HF é igual a duas vezes o pelas AB, BC. Portanto, o EH é incomensurável com o HF; desse modo, também a DH é incomensurável com a HG em comprimento. Portanto, as DH, HG são racionais comensuráveis somente em potência. Desse modo, a DG é irracional. Mas a DE é racional; Mas o retângulo contido por uma irracional e uma racional é irracional; portanto, a área DF é irracional, e a que serve para produzi[-la] é irracional. Mas a AC serve para produzir a DF; portanto, a AC é irracional, e seja chamada a segunda bimedial; o que era preciso provar.

39.

Caso duas retas incomensuráveis em potência, fazendo, por um lado, o composto dos quadrados sobre elas racional, e, por outro lado, o por elas medial, sejam compostas, a reta toda é irracional, e seja chamada maior.

Fiquem, pois, compostas as duas retas AB, BC, incomensuráveis em potência, fazendo as coisas propostas; digo que a AC é irracional.

Pois, como o pelas AB, BC é medial, [portanto,] também duas vezes o pelas AB, BC é medial. Mas o composto dos sobre as AB, BC é racional;

portanto, duas vezes o pelas AB, BC é incomensurável com o composto dos sobre as AB, BC; desse modo, também os sobre as AB, BC com duas vezes o pelas AB, BC, o que é o sobre a AC, é incomensurável com o composto dos sobre as AB, BC [mas o composto dos sobre as AB, BC é racional]; portanto, o sobre a AC é irracional. Desse modo, também a AC é irracional, e seja chamada maior; o que era preciso provar.

40.

Caso duas retas incomensuráveis em potência, fazendo, por um lado, o composto dos quadrados sobre elas medial, e, por outro lado, o por elas racional, sejam compostas, a reta toda é irracional, e seja chamada a que serve para produzir um racional e um medial.

Fiquem, pois, compostas as duas retas AB, BC, incomensuráveis em potência, fazendo as coisas propostas; digo que a AC é irracional. Pois, como o composto dos sobre as AB, BC é medial, e duas vezes o pelas AB, BC é racional, portanto, o composto dos sobre as AB, BC é incomensurável com duas vezes o pelas AB, BC; desse modo, também o sobre a AC é incomensurável com duas vezes o pelas AB, BC. Mas duas vezes o pelas AB, BC é racional; portanto, o sobre a AC é irracional. Portanto, a AC é irracional, e seja chamada a que serve para produzir um racional e um medial; o que era preciso provar.

41.

Caso duas retas incomensuráveis em potência, fazendo tanto o composto dos quadrados sobre elas medial quanto o por elas medial e ainda incomensurável com o composto dos quadrados sobre elas, sejam compostas, a reta toda é irracional, e seja chamada a que serve para produzir dois mediais.

Fiquem, pois, compostas as duas retas AB, BC, incomensuráveis em potência, fazendo as coisas propostas; digo que a AC é irracional.

Euclides

Fique exposta a DE racional, e fique aplicado à DE, por um lado, o DF igual aos sobre as AB, BC, e, por outro lado, o GH igual a duas vezes o pelas AB, BC; portanto, o todo DH é igual ao quadrado sobre a AC. E, como o composto dos sobres as AB, BC é medial, e é igual ao DF, portanto, também o DF é medial. E foi aplicado à racional DE; portanto, a DG é racional e incomensurável com a DE em comprimento. Pelas mesmas coisas, então, também a GI é racional e incomensurável com a GF, isto é, a DE em comprimento. E, como os sobre as AB, BC são incomensuráveis com duas vezes o pelas AB, BC, o DF é incomensurável com o GH; desse modo, também a DG é incomensurável com a GI. E são racionais; portanto, as DG, GI são racionais comensuráveis somente em potência; portanto, a DI é irracional, a chamada binomial. Mas a DE é racional; portanto, o DH é irracional e a que serve para produzi-lo é irracional. Mas a AC serve para produzir o HD; portanto, a AC é irracional, e seja chamada a que serve para produzir dois mediais; o que era preciso provar.

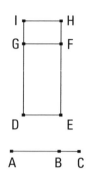

Lema

E que as ditas irracionais são divididas, de uma única maneira, nas retas das quais são compostas, fazendo as espécies propostas, provaremos imediatamente, expondo antes este pequeno lema:

Fique exposta a reta AB e fique cortada a toda em desiguais em cada um dos C, D, e fique suposta a AC maior do que DB; digo que os sobre as AC, CB são maiores do que os sobre as AD, DB.

Fique, pois, cortada a AB em duas no E. E, como a AC é maior do que a DB, fique subtraída a DC comum; portanto, a AD restante é maior do que a CB restante. Mas a AE é igual à EB; portanto, a DE é menor do que a EC; portanto, os pontos C, D não estão igualmente afastados do ponto da bissecção. E, como o pelas AC, CB, com o sobre a EC, é igual ao sobre a EB, mas, de fato, também o pelas AD, DB, com o sobre a DE é igual ao sobre a EB, portanto, o pelas AC, CB, com o sobre a EC, é igual ao pelas

394

AD, DB, com o sobre a DE; dos quais, o sobre a DE é menor do que o sobre a EC; portanto, também o pelas AC, CB restante é menor do que o pelas AD, DB. Desse modo, também duas vezes o pelas AC, CB é menor do que duas vezes o pelas AD, DB. Portanto, também o composto dos sobres as AC, CB restante é maior do que o composto dos sobres as AD, DB; o que era preciso provar.

42.

A binomial é dividida, em um só ponto, nas componentes.

Seja a binomial AB dividida nas componentes no C; portanto, as AC, CB são racionais comensuráveis somente em potência. Digo que a AB em um outro ponto não é dividida em duas racionais comensuráveis somente em potência.

Pois, se possível, fique dividida também no D, de modo a serem também as AD, DB racionais comensuráveis somente em potência. É evidente, então, que a AC não é a mesma que a DB. Pois, se possível, seja. Então, também a AD será a mesma que a CB; e, como a AC estará para a CB, assim a BD para a DA, e a AB será do mesmo modo pela divisão no C e tendo sido dividida no D; o que não foi suposto. Portanto, a AC não é a mesma que a DB. Por isso, então, também os pontos C, D não se afastam igualmente do ponto de bissecção. Portanto, pelo que os sobre as AC, CB diferem dos sobre as AD, DB, por isso também duas vezes o pelas AD, DB difere de duas vezes o pelas AC, CB, pelo serem tanto os sobre as AC, CB, com duas vezes o pelas AC, CB quanto os sobre as AD, DB, com duas vezes o pelas AD, DB iguais ao sobre a AB. Mas os sobre as AC, CB diferem dos sobre as AD, DB por um racional; pois, ambos são racionais; portanto, também duas vezes o pelas AD, DB difere de duas vezes o pelas AC, CB por um racional, sendo mediais; o que é absurdo; pois um medial não excede um medial por um racional.

Portanto, a binomial não é dividida em um e outro ponto; portanto, em um só; o que era preciso provar.

43.

A primeira bimedial é dividida em um só ponto.

Seja a primeira bimedial AB dividida no C, de modo a serem as AC, CB mediais comensuráveis somente em potência, contendo um racional; digo que a AB não é dividida em um outro ponto.

Pois, se possível, fique dividida também no D, de modo também a serem as AD, DB mediais comensuráveis somente em potência, contendo um racional. Como, de fato, pelo que duas vezes o pelas AD, DB difere de duas vezes o pelas AC, CB, por isso os sobre as AC, CB diferem dos sobre as AD, DB, mas duas vezes o pelas AD, DB difere de duas vezes o pelas AC, CB por um racional; pois, ambos são racionais; portanto, também os sobre as AC, CB diferem dos sobre as AD, DB por um racional, sendo mediais; o que é absurdo.

Portanto, a primeira bimedial não é dividida, em um e outro ponto, nas componentes; portanto, em um só; o que era preciso provar.

44.

A segunda bimedial é dividida em um só ponto.

Seja a segunda bimedial AB dividida no C, de modo a serem as AC, CB mediais comensuráveis somente em potência, contendo um medial; é evidente, então, que o C não está no ponto de bissecção, porque

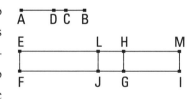

não são comensuráveis em comprimento. Digo que a AB não é dividida em um outro ponto.

Pois, se possível, fique dividida também no D, de modo a não ser a AC a mesma que a DB, mas a AC maior, por hipótese; é claro, então, que também os sobre as AD, DB, como demonstramos acima, são menores do que os sobre as AC, CB; e serem as AD, DB mediais comensuráveis somente em potência, contendo um medial. E fique exposta a EF racional, e, por um lado, fique aplicado à EF o paralelogramo retangular EI igual ao sobre a AB, e, por outro lado, fique subtraído o EG igual aos sobre as AC, CB; portanto, o HI restante é igual a duas vezes o pelas AC, CB. De novo, então, fique subtraído o EJ igual aos sobre as AD, DB, os que foram provados menores do que os sobre as AC, CB; portanto, também o LI restante é igual a duas vezes o pelas AD, DB. E, como os sobre as AC, CB são mediais, portanto, [também] o EG é medial. E foi aplicado à racional EF; portanto, a EH é racional e incomensurável com a EF em comprimento. Pelas mesmas coisas, então, também a HM é racional e incomensurável com a EF em comprimento. E, como as AC, CB são mediais comensuráveis somente em potência, portanto, a AC é incomensurável com a CB em comprimento. Mas, como a AC para a CB, assim o sobre a AC para o pelas AC, CB; portanto, o sobre a AC é incomensurável com o pelas AC, CB. Mas, por um lado, os sobre as AC, CB são comensuráveis com o sobre a AC; pois, as AC, CB são comensuráveis em potência. E, por outro lado, duas vezes o pelas AC, CB é comensurável com o pelas AC, CB. Portanto, também os sobre as AC, CB são incomensuráveis com duas vezes o pelas AC, CB. Mas, por um lado, o EG é igual aos sobre as AC, CB, e, por outro lado, o HI é igual a duas vezes o pelas AC, CB; portanto, o EG é incomensurável com o HI; desse modo, também a EH é incomensurável com a HM em comprimento. E são racionais; portanto, as EH, HM são racionais comensuráveis somente em potência. Mas, caso duas racionais comensuráveis somente em potência sejam compostas, a toda é irracional, a chamada binomial; portanto, a EM é uma binomial dividida no H. Segundo as mesmas coisas, então, também as EL, LM serão provadas racionais comensuráveis somente em potência; e a EM será uma binomial dividida em um e outro, tanto o H quanto o L, e a EH não é a mesma que a LM, porque os sobre as AC, CB são maiores do que os sobre as AD, DB. Mas os sobre as AD, DB são maiores do que duas vezes o pelas AD, DB; portanto, também os sobre as AC, CB, isto é, o EG é, por muito, maior do que duas vezes o pelas AD, DB, isto é, o LI; desse modo, também a EH é maior do que a LM. Portanto, a EH não é a mesma que a LM; o que era preciso provar.

45.

A maior é dividida no mesmo ponto só.

Seja a maior AB dividida no C, de modo a serem as AC, CB incomensuráveis em potência, fazendo, por um lado, o composto dos quadrados sobre as AC, CB racional, e, por outro lado, o pelas AC, CB medial; digo que a AB não é dividida em um outro ponto.

Pois, se possível, fique dividida também no D, de modo a serem também as AD, DB incomensuráveis em potência, fazendo, por um lado, o composto dos sobre as AD, DB racional, e, por outro lado, o por elas medial. E, como, pelo que diferem os sobre as AC, CB dos sobre as AD, DB, por isso difere também duas vezes o pelas AD, DB de duas vezes o pelas AC, CB, mas os sobre as AC, CB excedem os sobre as AD, DB por um racional; pois ambos são racionais; portanto, duas vezes o pelas AD, DB excede duas vezes o pelas AC, CB por um racional, sendo mediais; o que é impossível. Portanto, a maior não é dividida em um e outro ponto; portanto, no mesmo somente; o que era preciso provar.

46.

A que serve para produzir um racional e um medial é dividida em um só ponto.

Seja a AB, a que serve para produzir um racional e um medial, dividida no C, de modo a serem as AC, CB incomensuráveis em potência, fazendo, por um lado, o composto dos sobre as AC, CB medial, e, por outro lado, duas vezes o pelas AC, CB racional; digo que a AB não é dividida em um outro ponto.

Pois, se possível, fique dividida também no D, de modo a serem as AD, DB incomensuráveis em potência, fazendo, por um lado, o composto dos sobre as AD, DB medial, e, por outro lado, duas vezes o pelas AD, DB racional. Como, de fato, pelo que difere duas vezes o pelas AC, CB de duas vezes o pelas AD, DB, por isso diferem também os sobre as

AD, DB dos sobre as AC, CB, mas duas vezes o pelas AC, CB excede duas vezes o pelas AD, DB por um racional, portanto, também os sobre as AD, DB excedem os sobre as AC, CB por um racional, sendo mediais; o que é impossível. Portanto, a que serve para produzir um racional e um medial não é dividida em um e outro ponto; portanto, é dividida em um ponto; o que era preciso provar.

47.

A que serve para produzir dois mediais é dividida em um só ponto.

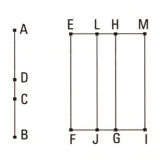

Seja a AB, [a que serve para produzir dois mediais], dividida no C, de modo a serem as AC, CB incomensuráveis em potência, fazendo, tanto o composto dos sobre as AC, CB medial quanto o pelas AC, CB medial e ainda incomensurável com o composto dos sobre elas. Digo que a AB não é dividida em um outro ponto, fazendo as coisas propostas.

Pois, se possível, fique dividida no D, de modo a, de novo, evidentemente, a AC não ser a mesma que a DB, mas a AC ser maior por hipótese, e fique exposta a EF racional, e fique aplicado, por um lado, à EF o EG igual aos sobre AC, CB, e, por outro lado, o HI igual a duas vezes o pelas AC, CB; portanto, o EI todo é igual ao quadrado sobre a AB. De novo, então, fique aplicado à EF o EJ igual aos sobre os AD, DB; portanto, o restante, duas vezes o pelas AD, DB, é igual ao LI restante. E, como o composto dos sobre as AC, CB foi suposto medial, portanto, também o EG é medial. E foi aplicado à racional EF; portanto, a HE é racional e incomensurável com a EF em comprimento. Pelas mesmas coisas, então, também a HM é racional e incomensurável com a EF em comprimento. E, como o composto dos sobre as AC, CB é incomensurável com duas vezes o pelas AC, CB, portanto, também o EG é incomensurável com o GM; desse modo, também a EH é incomensurável com a HM. E são racionais; portanto, as EH, HM são racionais comensuráveis somente em potência; portanto, a

Euclides

EM é uma binomial dividida no H. Do mesmo modo, então, provaremos que foi dividida no L. E a EH não é a mesma que a LM; portanto, a binomial foi dividida em um e outro ponto; o que é absurdo. Portanto, a que serve para produzir dois mediais não é dividida em um e outro ponto; portanto, é dividida em um [ponto] só.

Segundas definições

1. Sendo supostas uma racional e a binomial dividida nas componentes, da qual a maior componente é maior em potência do que a menor pelo sobre uma comensurável com aquela mesma em comprimento, caso a maior componente seja comensurável em comprimento com a exposta racional, seja chamada [a toda] primeira binomial.
2. E, caso a menor componente seja comensurável em comprimento com a exposta racional, seja chamada segunda binomial.
3. E, caso nenhuma das componentes seja comensurável em comprimento com a exposta racional, seja chamada terceira binomial.
4. De novo, então, caso a maior componente seja maior em potência [do que a menor] pelo sobre uma incomensurável em comprimento com aquela mesma, caso a maior componente seja comensurável em comprimento com a exposta racional, seja chamada quarta binomial.
5. Enquanto, caso a menor, quinta.
6. Mas, caso nenhuma, sexta.

48.

Achar a primeira binomial.

Fiquem expostos os dois números AC, CD, de modo a, por um lado, ter o composto AB deles para o BC uma razão que um número quadrado, para um número quadrado, e, por outro lado, não ter para o CA uma razão que um número

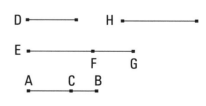

quadrado, para um número quadrado, e fique exposta alguma racional, a D, e seja a EF comensurável com a D em comprimento. Portanto, também a EF é racional. E fique produzido como o número BA para o AC, assim o sobre a EF para o sobre a FG. Mas o AB tem para o AC uma razão que um número, para um número; portanto, também o sobre a EF tem para o sobre a FG uma razão que um número, para um número; desse modo, o sobre a EF é comensurável com o sobre a FG. E a EF é racional; portanto, também a FG é racional. E, como o BA não tem para o AC uma razão que um número quadrado, para um número quadrado, portanto, nem o sobre a EF tem para o sobre a FG uma razão que um número quadrado, para um número quadrado; portanto, a EF é incomensurável com a FG em comprimento; portanto, as EF, FG são racionais comensuráveis somente em potência; portanto, a EG é uma binomial.

Digo que é uma primeira.

Pois, como o número BA está para o AC, assim o sobre a EF para o sobre a FG, mas o BA é maior do que o AC, portanto, também o sobre a EF, do que o sobre a FG. Sejam, de fato, os sobre as FG, H iguais ao sobre a EF. E, como o BA está para o AC, assim o sobre a EF para o sobre a FG, portanto, por conversão, como o AB está para o BC, assim o sobre a EF para o sobre a H. Mas o AB tem para o BC uma razão que um número quadrado, para um número quadrado; portanto, também o sobre a EF tem para o sobre a H uma razão que um número quadrado, para um número quadrado. Portanto, a EF é comensurável com a H em comprimento; portanto, a EF é maior em potência do que a FG pelo sobre uma comensurável com aquela mesma. E as EF, FG são racionais, e a EF é comensurável com a D em comprimento.

Portanto, a EG é uma primeira binomial; o que era preciso provar.

49.

Achar a segunda binomial.

Fiquem expostos os números AC, CB, de modo a, por um lado, o composto AB deles ter para o BC uma razão que um número quadrado, para um número quadrado, e, por outro lado, não ter para o AC uma razão que um número quadrado, para um número quadrado, e fique exposta a D racional, e seja a EF comensurável com a D em comprimento; portanto, a EF é racional. Fique produzido, então, também como o número CA para o AB, assim o sobre a EF para o sobre a FG; portanto, o sobre a EF é comensurável com o sobre a FG. Portanto, também a FG é racional. E, como o número CA não tem para o AB uma razão que um número quadrado, para um número quadrado, nem o sobre a EF tem para o sobre a FG uma razão que um número quadrado, para um número quadrado. Portanto, a EF é incomensurável com a FG em comprimento; portanto, as EF, FG são racionais comensuráveis somente em potência; portanto, a EG é uma binomial.

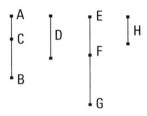

Deve-se provar, então, que também é uma segunda.

Pois, por inversão, como o número BA está para o AC, assim o sobre a GF para o sobre a FE, mas o BA é maior do que o AC, portanto, [também] o sobre a GF é maior do que o sobre a FE. Sejam os sobre as EF, H iguais ao sobre GF; portanto, por conversão, como o AB está para o BC, assim o sobre a FG para o sobre a H. Mas o AB tem para o BC uma razão que um número quadrado, para um número quadrado; portanto, também o sobre a FG tem para o sobre a H uma razão que um número quadrado, para um número quadrado. Portanto, a FG é comensurável com a H em comprimento; desse modo, a FG é maior em potência do que a FE pelo sobre uma comensurável com aquela mesma. E as FG, FE são racionais comensuráveis somente em potência, e o componente menor EF é comensurável com a exposta racional D em comprimento.

Portanto, a EG é uma segunda binomial; o que era preciso provar.

50.

Achar a terceira binomial.

Fiquem expostos os dois números AC, CB, de modo a, por um lado, o composto AB deles ter para o BC uma razão que um número quadrado, para um número quadrado, e, por outro lado, não ter para o AC uma razão que

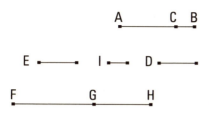

um número quadrado, para um número quadrado. E fique exposto também algum outro número não quadrado D, e não tenha para cada um dos BA, AC uma razão que um número quadrado, para um número quadrado; e fique exposta alguma reta racional, a E, e fique produzido como o D para o AB, assim o sobre a E para o sobre a FG; portanto, o sobre a E é comensurável com o sobre a FG. E a E é racional; portanto, também a FG é racional. E, como o D não tem para o AB uma razão que um número quadrado, para um número quadrado, nem o sobre a E tem para o sobre a FG uma razão que um número quadrado, para um número quadrado; portanto, a E é incomensurável com a FG em comprimento. Fique produzido, então, de novo, como o número BA para o AC, assim o sobre a FG para o sobre a GH; portanto, o sobre a FG é comensurável com o sobre a GH. Mas a FG é racional; portanto, também a GH é racional. E, como o BA não tem para o AC uma razão que um número quadrado, para um número quadrado, nem o sobre a FG tem para o sobre a HG uma razão que um número quadrado, para um número quadrado; portanto, a FG é incomensurável com a GH em comprimento. Portanto, as FG, GH são racionais comensuráveis somente em potência; portanto, a FH é uma binomial.

Digo, então, que é também uma terceira.

Pois, como o D está para o AB, assim o sobre a E para o sobre a FG, e, como o BA para o AC, assim o sobre a FG para o sobre a GH, portanto, por igual posto, como o D está para o AC, assim o sobre a E para o sobre a GH. Mas o D não tem para o AC uma razão que um número quadrado, para um número quadrado; portanto, nem o sobre a E tem para o sobre a GH uma razão que um número quadrado, para um número quadrado; portanto, a E é incomensurável com a GH em comprimento. E, como o BA está para o AC, assim o sobre a FG para o sobre a GH, portanto, o sobre a FG é maior do que o sobre a GH. Sejam, de fato, os sobre as GH, I iguais ao sobre a FG; portanto, por conversão, como o AB [está] para o BC, assim o sobre a FG para o sobre a I. Mas o AB tem para o BC uma razão que um número quadrado, para um número quadrado; portanto, também o sobre a FG tem para o sobre a I uma razão que um número quadrado, para um número quadrado; portanto, a FG [é] comensurável com a I em comprimento. Portanto, a FG é maior em potência do que a GH pelo sobre uma comensurável com aquela mesma. E as FG, GH são racionais comensuráveis somente em potência, e nenhuma delas é comensurável com a E em comprimento.

Portanto, a FH é uma terceira binomial; o que era preciso provar.

51.

Achar a quarta binomial.

Fiquem expostos os dois números AC, CB, de modo a não ter o AB para o BC, nem, por certo, para o AC uma razão que um número quadrado, para um número quadrado. E fique exposta a D racional, e seja a EF comensurável com a D em comprimento; portanto, também a EF é racional. E fique produzido como o número BA para o AC, assim o sobre a EF para o sobre a FG; portanto, o sobre a EF é comensurável com o 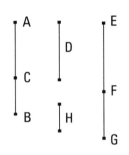 sobre a FG; portanto, também a FG é racional. E, como o BA não tem para o AC uma razão que um número quadrado, para um número quadrado, nem o sobre a EF tem para o sobre a FG uma razão que um número quadrado, para um número quadrado; portanto, a EF é incomensurável com a FG em comprimento. Portanto, as EF, FG são racionais comensuráveis somente em potência; desse modo, a EG é uma binomial.

Digo, então, que é também uma quarta.

Pois, como o BA está para o AC, assim o sobre a EF para o sobre a FG [mas, o BA é maior do que o AC], portanto, o sobre a EF é maior do que o sobre a FG. Sejam, de fato, os sobre as FG, H iguais ao sobre a EF; portanto, por conversão, como o número AB para o BC, assim o sobre a EF para o sobre a H. Mas o AB não tem para o BC uma razão que um número quadrado, para um número quadrado; portanto, nem o sobre a EF tem para o sobre a H uma razão que um número quadrado, para um número quadrado. Portanto, a EF é incomensurável com a H em comprimento; portanto, a EF é maior em potência do que a GF pelo sobre uma incomensurável com aquela mesma. E as EF, FG são racionais comensuráveis somente em potência, e a EF é comensurável com a D em comprimento.

Portanto, a EG é uma quarta binomial; o que era preciso provar.

52.

Achar a quinta binomial.

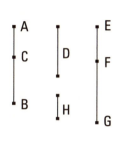

Fiquem expostos os dois números AC, CB, de modo a não ter o AB para cada um deles uma razão que um número quadrado, para um número quadrado, e fique exposta alguma reta racional, a D, e seja a EF comensurável com a D [em comprimento]; portanto, a EF é racional. E fique produzido como o CA para o AB, assim o sobre a EF para o sobre a FG. Mas o CA não tem para o AB uma razão que um número quadrado, para um número quadrado; portanto, nem o sobre a EF tem para o sobre a FG uma razão que um número quadrado, para um número quadrado. Portanto, as EF, FG são racionais comensuráveis somente em potência; portanto, a EG é uma binomial.

Digo, então, que é também uma quinta.

Pois, como o CA está para o AB, assim o sobre a EF para o sobre a FG, por inversão, como o BA para o AC, assim o sobre a FG para o sobre a FE; portanto, o sobre a GF é maior do que o sobre a FE. Sejam, de fato, os sobre as EF, H iguais ao sobre a GF; portanto, por conversão, como o número AB está para o BC, assim o sobre a GF para o sobre a H. Mas o AB não tem para o BC uma razão que um número quadrado, para um número quadrado; portanto, nem o sobre a FG tem para o sobre a H uma razão que um número quadrado, para um número quadrado. Portanto, a FG é incomensurável com a H em comprimento; desse modo, a FG é maior em potência do que a FE pelo sobre uma incomensurável com aquela mesma. E as GF, FE são racionais comensuráveis somente em potência e a menor componente EF é comensurável com a exposta racional D em comprimento.

Portanto, a EG é uma quinta binomial; o que era preciso provar.

53.

Achar a sexta binomial.

Fiquem expostos os dois números AC, CB, de modo a não ter o AB para cada um deles uma razão que um número quadrado, para um número quadrado; e seja também um outro número, o D, não sendo quadrado nem tendo para cada um dos BA, AC uma razão que um número quadrado, para um número quadrado; e fique exposta alguma reta racional, a E, e fique produzido como o D para o AB, assim o sobre a E para o sobre a FG; portanto, o sobre a E é comensurável com o sobre

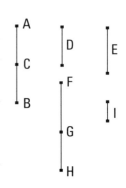

a FG. E a E é racional; portanto, também a FG é racional. E, como o D não tem para o AB uma razão que um número quadrado, para um número quadrado, portanto, nem o sobre a E tem para o sobre a FG uma razão que um número quadrado, para um número quadrado; portanto, a E é incomensurável com a FG em comprimento. Fique produzido, então, de novo, como o BA para o AC, assim o sobre a FG para o sobre a GH. Portanto, o sobre a FG é comensurável com o sobre HG. Portanto, o sobre a HG é racional; portanto, a HG é racional. E, como o BA não tem para o AC uma razão que um número quadrado, para um número quadrado, nem o sobre a FG tem para o sobre a GH uma razão que um número quadrado, para um número quadrado; portanto, a FG é incomensurável com a GH em comprimento. Portanto, as FG, GH são racionais comensuráveis somente em potência; portanto, a FH é uma binomial.

Deve-se, então, provar que é também uma sexta.

Pois, como o D está para o AB, assim o sobre a E para o sobre a FG, mas, também como o BA para o AC, assim o sobre a FG para o sobre a GH, portanto, por igual posto, como o D está para o AC, assim o sobre a E para o sobre a GH. Mas o D não tem para o AC uma razão que um número quadrado, para um número quadrado; portanto, nem o sobre a E tem para o sobre a GH uma razão que um número quadrado, para um número quadrado; portanto, a E é incomensurável com a GH em comprimento. Mas foi provada também incomensurável com a FG; portanto, cada uma das FG, GH é incomensurável com a E em comprimento. E, como o BA está para o AC, assim o sobre a FG para o sobre a GH, portanto, o sobre a FG é maior do que o sobre a GH. Sejam, de fato, os sobre as GH, I iguais ao sobre [a] FG; portanto, por conversão, como o AB para o BC, assim o sobre FG para o sobre a I. Mas o AB não tem para o BC uma razão que um número quadrado, para um número quadrado; desse modo, nem o sobre a FG tem para o sobre a I uma razão que um número quadrado, para um número quadrado. Portanto, a FG é incomensurável com a I em comprimento; portanto, a FG é maior em potência do que a GH pelo sobre uma incomensurável com aquela mesma. E as FG, GH são racionais comensuráveis somente em potência, e nenhuma delas é comensurável em comprimento com a exposta racional E.

Portanto, a FH é uma sexta binomial; o que era preciso provar.

Lema

Sejam os dois quadrados AB, BC e fiquem expostos de modo a estar a DB sobre uma reta com a BE; portanto, também a FB está sobre uma reta com a BG. E fique completado o paralelogramo AC. Digo que o AC é um quadrado, e que o DG é médio, em proporção, entre os AB, BC, e ainda o DC é médio, em proporção, entre os AC, CB.

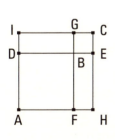

Pois, como, por um lado, a DB é igual à BF, e, por outro lado, a BE, à BG, portanto, a DE toda é igual à FG toda. Mas a DE é igual a cada uma das AH, IC, enquanto a FG é igual a cada uma das AI, HC; portanto, também cada uma das AH, IC é igual a cada uma das AI, HC. Portanto, o paralelogramo AC é equilátero; mas também é equiângulo; portanto, o AC é um quadrado.

E, como a FB está para a BG, assim a DB para a BE, mas, por um lado, como a FB para a BG, assim o AB para o DG, e, por outro lado, como a DB para a BE, assim o DG para o BC, portanto, também como o AB para o DG, assim o DG para o BC. Portanto, o DG é médio, em proporção, entre os AB, BC.

Digo, então, que também o DC [é] médio, em proporção, entre os AC, CB.

Pois, como a AD está para a DI, assim a IG para a GC; pois, cada uma [é] igual a cada uma; e, por composição, como a AI para a ID, assim a IC para a CG, mas, por um lado, como a AI para a ID, assim o AC para o CD, e, por outro lado, como a IC para CG, assim o DC para CB, portanto, também como o AC para DC, assim o DC para o BC. Portanto, o DC é médio, em proporção, entre os AC, CB; as quais coisas era proposto provar.

54.

Caso uma área seja contida por uma racional e a primeira binomial, a que serve para produzir a área é irracional, a chamada binomial.

Seja, pois, a área AC contida pelas racionais AB e primeira binomial AD; digo que a que serve para produzir a área AC é irracional, a chamada binomial.

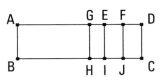

Pois, como a AD é uma primeira binomial, fique dividida nas componentes no E, e seja a AE a componente maior. É evidente, então, que as AE, ED são racionais comensuráveis somente em potência, e a AE é maior em potência do que a ED pelo sobre uma comensurável com aquela mesma, e a AE é comensurável

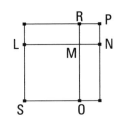

com a racional exposta AB em comprimento. Fique, então, cortada a ED em duas no ponto F. E, como a AE é maior em potência do que a ED pelo sobre uma comensurável com aquela mesma, portanto, caso seja aplicado à maior AE um igual à quarta parte do sobre a menor, isto é, ao sobre a EF, deficiente por uma figura quadrada, divide-a em comensuráveis. Fique, de fato, aplicado à AE o pelas AG, GE igual ao sobre a EF; portanto, a AG é comensurável com a EG em comprimento. E fiquem traçadas, a partir dos G, E, F, as GH, EI, FJ paralelas a qualquer uma das AB, CD; e, por um lado, fique construído o quadrado SM igual ao paralelogramo AH, e, por outro lado, o MP igual ao GI, e fiquem postos de modo a estar a LM sobre uma reta com a MN; portanto, também a RM está sobre um reta com a MO. E fique completado o paralelogramo SP; portanto, o SP é um quadrado. E, como o pelas AG, GE é igual ao sobre a EF, portanto, como a AG está para EF, assim a FE para EG; portanto, também como o AH para EJ, o EJ para IG; portanto, o EJ é médio, em proporção, entre os AH, GI. Mas, por um lado, o AH é igual ao SM, e, por outro lado, o GI é igual ao MP; portanto, o EJ é médio, em proporção, entre os SM, MP. Mas também o LR é médio, em proporção, entre os SM, MP; portanto, o EJ é igual ao LR; desse modo, também é igual ao ON. Mas também os AH, GI são iguais aos SM, MP; portanto, o AC todo é igual ao SP todo, isto é, ao quadrado sobre a LN; portanto, a LN serve para produzir o AC.

Digo que a LN é uma binomial.

Pois, como a AG é comensurável com a GE, também a AE é comensurável com cada uma das AG, GE. Mas também a AE foi suposta comensurável com a AB; portanto, as AG, GE são comensuráveis com a AB. E a AB é racional; portanto, também cada uma das AG, GE é racional; portanto, cada um dos AH, GI é racional, e o AH é comensurável com o GI. Mas, por um lado, o AH é igual ao SM, e, por outro lado, o GI, ao MP; portanto, também os SM, MP, isto é, os sobre as LM, MN são racionais e comensuráveis. E, como a AE é incomensurável com a ED em comprimento, mas, por um lado, a AE é comensurável com a AG, e, por outro lado, a DE é comensurável com a EF, portanto, também a AG é incomensurável com a EF; desse modo, também o AH é incomensurável com o EJ. Mas, por um lado, o AH é igual ao SM, e, por outro lado, o EJ, ao LR; portanto, o SM é incomensurável com o LR. Mas, como o SM para LR, a OM para a MR; portanto, a OM é incomensurável com a MR. Mas, por um lado, a OM é igual à LM, e, por outro lado, a MR, à MN; portanto, a LM é incomensurável com a MN. E o sobre a LM é comensurável com o sobre a MN, e cada um é racional; portanto, as LM, MN são racionais comensuráveis em potência.

Portanto, a LN é uma binomial e serve para produzir o AC; o que era preciso provar.

55.

Caso uma área seja contida por uma racional e a segunda binomial, a que serve para produzir a área é irracional, a chamada primeira bimedial.

Seja, pois, a área ABCD contida pelas racional AB e segunda binomial AD; digo que a que serve para produzir a área AC é uma primeira bimedial.

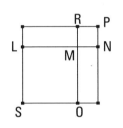

Pois, como a AD é uma segunda binomial, fique dividida nas componentes no E, de modo a ser a AE a maior componente; portanto, as AE, ED são racionais comensuráveis somente em potência, e a AE é maior em potência do que a ED pelo sobre uma comensurável com aquela mesma, e a menor componente ED é comensurável com a AB em comprimento. Fique cortada a ED em duas no F, e fique aplicado à AE o pelas AGE igual ao sobre a EF, deficiente por uma figura quadrada. Portanto, a AG é comensurável com a GE em comprimento. E pelos G, E, F fiquem traçadas as GH, EI, FJ paralelas às AB, CD, e fiquem construídos, por um lado, o quadrado SM igual ao paralelogramo AH, e, por outro lado, o quadrado MP igual ao GI, e fiquem postos de modo a estar a LM sobre uma reta com a MN; portanto, também a RM [está] sobre uma reta com a MO. E fique completado o quadrado SP; é evidente, então, do que foi antes provado, que o LR é um médio, em proporção entre os SM, MP, e é igual ao EJ, e ainda a LN serve para produzir a área AC. Deve-se, então, provar que a LN é uma primeira bimedial. Como a AE é incomensurável com a ED em comprimento, e a ED é comensurável com a AB, portanto, a AE é incomensurável com a AB. E, como a AG é comensurável com a EG, também a AE é comensurável com cada uma das AG, GE. Mas a AE é incomensurável com a AB em comprimento; portanto, também as AG, GE são incomensuráveis com a AB. Portanto, as BA, AG, GE são racionais comensuráveis somente em potência; desse modo, cada um dos AH, GI é medial. Desse modo, também cada um dos SM, MP é medial.

410

Portanto, também as LM, MN são mediais. E, como a AG é comensurável com a GE em comprimento, também o AH é comensurável com o GI, isto é, o SM, com o MP, isto é, o sobre a LM com o sobre a MN [porque as LM, MN são comensuráveis em potência]. E, como a AE é incomensurável com a ED em comprimento, mas, por um lado, a AE é comensurável com a AG, e, por outro lado, a ED é comensurável com a EF, portanto, a AG é incomensurável com a EF; desse modo, também o AH é incomensurável com o EJ, isto é, o SM, com o LR, isto é, a OM, com a MR, isto é, a LM é incomensurável com a MN em comprimento. E as LM, MN foram provadas também mediais, sendo também comensuráveis em potência; portanto, as LM. MN são mediais comensuráveis somente em potência. Digo, então, que também contêm um racional. Pois, como a DE foi suposta comensurável com cada uma das AB, EF, portanto, também a EF é comensurável com a EI. E cada uma delas é racional; portanto, o EJ, isto é, o LR é racional; mas, o LR é o pelas LMN. E, caso duas mediais, comensuráveis somente em potência, contendo um racional sejam compostas, a toda é irracional, e foi chamada primeira bimedial.

Portanto, a LN é uma primeira bimedial; o que era preciso provar.

56.

Caso uma área seja contida por uma racional e a terceira binomial, a que serve para produzir a área é irracional, a chamada segunda bimedial.

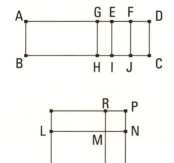

Seja, pois, contida a área ABCD pela racional AB e a terceira binomial AD, dividida nas componentes no E, das quais a AE é a maior; digo que a que serve para produzir a área AC é irracional, a chamada segunda bimedial.

Fiquem, pois, construídas as mesmas coisas que nos anteriores. E, como a AD é uma terceira binomial, portanto, as AE, ED são racionais comensuráveis somente em potência, e a AE é maior em potência do que a ED pelo sobre uma comensurável com aquela mesma, e nenhuma das AE, ED [é] comensurável com a AB em comprimento. Do mesmo modo, então, que nas coisas provadas antes, provaremos que a LN é a que serve para produzir a área AC, e as LM, MN são mediais comensuráveis somente em potência; desse modo, a LN é bimedial.

Deve-se, então, provar que é também uma segunda.

[E] como a DE é incomensurável com a AB em comprimento, isto é, com a EJ, mas a DE é comensurável com a EF, portanto, a EF é incomensurável com a EI em comprimento. E são racionais; portanto, as FE, EI são racionais comensuráveis somente em potência. Portanto, o EJ, isto é, o LR é medial; e está contido pelas LMN; portanto, o pelas LMN é medial.

Portanto, a LN é uma segunda bimedial; o que era preciso provar.

57.

Caso uma área seja contida por uma racional e a quarta binomial, a que serve para produzir a área é irracional, a chamada maior.

Seja, pois, contida a área AC pela racional AB e a quarta binomial AD, dividida nas componentes no E, das quais a maior seja a AE; digo que a que serve para produzir a área AC é irracional, a chamada maior.

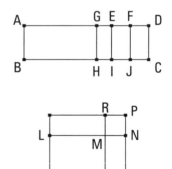

Pois, como a AD é uma quarta binomial, portanto, as AE, ED são racionais comensuráveis somente em potência, e a AE é maior em potência do que a ED pelo sobre uma incomensurável com aquela mesma, e a AE [é] comensurável com a AB em comprimento. Fique cortada a DE em duas no F, e fique aplicado à AE o paralelogramo pelas AG, GE igual ao sobre a EF; portanto, a AG é incomensurável com a GE em comprimento. Fiquem traçadas as GH, EI, FJ paralelas à AB, e as restantes coisas fiquem produzidas as mesmas que as nos antes deste; é evidente, então, que a que serve para produzir a área AC é a LN. Deve-se, então, provar que a LN é uma irracional, a chamada maior. Como a AG é incomensurável com a EG em comprimento, e o AH é incomensurável com o GI, isto é, o SM com o MP; portanto, as LM, MN são incomensuráveis em potência. E, como a AE é comensurável com a AB em comprimento, o AI é racional; e é igual aos sobre as LM, MN; portanto, também o composto dos sobre as LM, MN [é] racional. E, como a DE [é] incomensurável com a AB, isto é, com a EI em comprimento, mas a DE é comensurável com a EF, portanto, a EF é incomensurável com a EI em comprimento. Portanto, as EI, EF são racionais comensuráveis somente em potência; portanto, o JE, isto é, o LR é medial. E está contido pelas LM, MN; portanto, o pelas LM, MN é medial. E o [composto] dos sobre as LM, MN é racional, e as LM, MN são incomensuráveis em potência. Mas, caso duas retas incomensuráveis em potência, fazendo, por um lado, o composto dos quadrados sobre elas racional, e, por outro lado, o por elas medial, sejam compostas, a toda é irracional, e é chamada maior.

Portanto, a LN é irracional, a chamada maior, e serve para produzir a área AC; o que era preciso provar.

58.

Caso uma área seja contida por uma racional e a quinta binomial, a que serve para produzir a área é irracional, a chamada a que serve para produzir um racional e um medial.

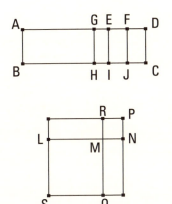

Seja, pois, contida a área AC pela racional AB e a quinta binomial AD, dividida nas componentes no E, de modo a ser a AE a maior componente; digo, [então], que a que serve para produzir a área AC é irracional, a chamada a que serve para produzir um racional e um medial.

Fiquem, pois, construídas as mesmas coisas que nos provados antes; é evidente, então, que a que serve para produzir a área AC é a LN. Deve-se, então, provar que a LN é a que serve para produzir um racional e um medial. Pois, como a AG é incomensurável com a GE, portanto, também o AH é incomensurável com o HE, isto é, o sobre a LM com o sobre a MN; portanto, as LM, MN são incomensuráveis em potência. E, como a AD é uma quinta binomial, e o ED [é] o menor segmento dela, portanto, a ED é comensurável com a AB em comprimento. Mas a AE é incomensurável com a ED; portanto, também a AB é incomensurável com a AE em comprimento. [As BA, AE são racionais comensuráveis somente em potência.] Portanto, o AI, isto é, o composto dos sobre as LM, MN é medial. E, como a ED é comensurável com a AB em comprimento, isto é, com a EI, mas a DE é comensurável com a EF, portanto, também a EF é comensurável com a EI. E a EI é racional; portanto, também o EJ é racional, isto é, o LR, isto é, o pelas LMN; portanto, as LM, MN são incomensuráveis em potência, fazendo, por um lado, o composto dos quadrados sobre elas medial, e, por outro lado, o por elas racional.

Portanto, a LN é a que serve para produzir um racional e um medial e serve para produzir a área AC; o que era preciso provar.

59.

Caso uma área seja contida por uma racional e a sexta binomial, a que serve para produzir a área é irracional, a chamada a que serve para produzir dois mediais.

Seja, pois, contida a área ABCD pela racional AB e a sexta binomial AD, dividida nas componentes no E, de modo a ser a AE a maior componente; digo que a que serve para produzir o AC é a que serve para produzir dois mediais.

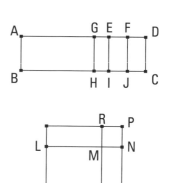

Fiquem, [pois], construídas as mesmas coisas que nos provados antes. É evidente, então, que a que serve para produzir o AC é a LN, e que a LM é incomensurável com a MN em potência. E, como a EA é incomensurável com a AB em comprimento, portanto, as EA, AB são racionais comensuráveis somente em potência. Portanto o AI, isto é, o composto dos sobre as LM, MN é medial. De novo, como a ED é incomensurável com a AB em comprimento, portanto, também a FE é incomensurável com a EI; portanto, as FE, EI são racionais comensuráveis somente em potência; portanto, o EJ é medial, isto é, o LR, isto é, o pelas LMN. E, como a AE é incomensurável com a EF, também o AI é incomensurável com o EJ. Mas, por um lado, o AI é o composto dos sobre as LM, MN, e, por outro lado, o EJ é o pelas LMN; portanto, o composto dos sobre as LMN é incomensurável com o pelas LMN. E, cada um deles é medial, e as LM, MN são incomensuráveis em potência.

Portanto, a LN é a que serve para produzir dois mediais e serve para produzir o AC; o que era preciso provar.

[LEMA

Caso uma linha reta seja cortada em desiguais, os quadrados sobre as desiguais são maiores do que duas vezes o retângulo contido pelas desiguais.

Seja a reta AB e fique cortada em desiguais no C, e seja a AC a maior; digo que os sobre as AC, CB são maiores do que duas vezes o pelas AC, CB.

Fique, pois, a AB cortada em duas no D. Como, de fato, uma linha reta foi cortada, por um lado, em iguais no D, e, por outro lado, em desiguais no C, portanto, o pelas AC, CB, com o sobre CD é igual ao sobre AD; desse modo, o pelas AC, CB é menor do que o sobre AD; portanto, duas vezes o pelas AC, CB é menor do que o dobro do sobre AD. Mas os sobre as AC, CB [são] o dobro dos sobre as AD, DC; portanto, os sobre as AC, CB são maiores do que duas vezes o pelas AC, CB; o que era preciso provar.]

60.

O sobre a binomial, aplicado a uma racional, faz como largura a primeira binomial.

Seja a binomial AB dividida nas componentes no C, de modo a ser a AC a maior componente, e fique exposta a DE racional, e fique aplicado à DE o DEFG igual ao sobre a AB, fazendo como largura a DG; digo que a DG é uma primeira binomial.

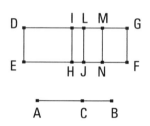

Fiquem, pois, aplicado à DE, por um lado, o DH igual ao sobre a AC, e, por outro lado, o IJ igual ao sobre a BC; portanto, o restante, duas vezes o pelas AC, CB, é igual ao LF. Fique cortada a LG em duas no M, e fique traçada a MN paralela [a cada uma das LJ, GF]. Portanto, cada um dos LN, MF é igual a uma única vez o pelas ACB. E, como a AB é uma binomial dividida nas componentes no C, portanto, as AC, CB são racionais comensuráveis somente em potência; portanto, os sobre as AC, CB são racionais e comensuráveis entre si; desse modo, também o composto dos sobre as AC, CB [é comensurável com os sobre as AC, CB; portanto, o composto dos sobre as AC, CB é racional]. E é igual ao DJ; portanto, o DJ é racional. E foi aplicado à racional DE; portanto, a DL é racional e comensurável com a DE em comprimento. De novo, como as AC, CB são racionais comensuráveis somente em potência, portanto, duas vezes o pelas AC, CB, isto é, o LF é medial. E foi aplicado à racional LJ; portanto, a LG é racional e incomensurável com a LJ, isto é, com a DE em comprimento. Mas também a LD é racional e comensurável com a DE em comprimento; portanto, a DL é incomensurável com a LG em comprimento. E são racionais; portanto, as DL, LG são racionais comensuráveis somente em potência; portanto, a DG é uma binomial.

Deve-se, então, provar que é também uma primeira.

Como o pelas ACB é médio, em proporção, entre os sobre as AC, CB, portanto, também o LN é médio, em proporção, entre os DH, IJ. Portanto, como o DH está para o LN, assim o LN para o IJ, isto é, como a DI para a LM, a LM para a LI; portanto, o pelas DI, IL é igual ao sobre a LM. E, como o sobre a AC é comensurável com o sobre a CB, também o DH é comensurável com o IJ; desse modo, também a DI é comensurável com a IL. E, como os sobre as AC, CB são maiores do que duas vezes o pelas AC, CB, portanto, também o DJ é maior do que o LF; desse modo, também a DL é maior do que a LG. E o pelas DI, IL é igual ao sobre a LM, isto é, a um quarto do sobre a LG, e a DI é comensurável com a IL. Mas, caso duas retas sejam desiguais, e seja aplicado à maior um igual à quarta parte do sobre a menor, deficiente por uma figura quadrada e divida-a em comensuráveis, a maior é maior em potência do que a menor pelo sobre uma comensurável com aquela mesma; portanto, a DL é maior em potência do que a LG pelo sobre uma comensurável com aquela mesma. E as DL, LG são racionais, e a maior componente DL é comensurável com a exposta racional DE em comprimento.

Portanto, a DG é uma primeira binomial; o que era preciso provar.

61.

O sobre a primeira bimedial, aplicado a uma racional, faz como largura a segunda binomial.

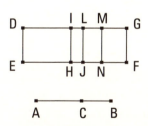

Seja a primeira bimedial AB dividida nas mediais no C, das quais a AC é a maior, e fique exposta a racional DE, e fique aplicado à DE o paralelogramo DF, igual ao sobre a AB, fazendo como largura a DG; digo que a DG é uma segunda binomial.

Fiquem, pois, construídas as mesmas coisas que nos antes deste. E, como a primeira bimedial AB foi dividida no C, as AC, CB são mediais comensuráveis somente em potência, contendo um racional; desse modo, também os sobre as AC, CB são mediais. Portanto, o DJ é medial. E foi aplicado à racional DE; portanto, a LD é racional e incomensurável com a DE em comprimento. De novo, como duas vezes o pelas AC, CB é racional, também o LF é racional. E foi justaposto à racional LJ; portanto, também a LG é racional e comensurável em comprimento com a LJ, isto é, com a DE; portanto, a DL é incomensurável com a LG em comprimento. E são racionais; portanto, as DL, LG são racionais comensuráveis somente em potência; portanto, a DG é uma binomial.

Deve-se, então, provar que é também uma segunda.

Pois, como os sobre as AC, CB são maiores do que duas vezes o pelas AC, CB, portanto, também o DJ é maior do que o LF; desse modo, também a DL, do que a LG. E, como o sobre a AC é comensurável com o sobre a CB, também o DH é comensurável com o IJ; desse modo, também a DI é comensurável com a IL. E o pelas DIL é igual ao sobre a LM; portanto, a DL é maior em potência do que a LG pelo sobre uma comensurável com aquela mesma. E a LG é comensurável com a DE em comprimento.

Portanto, a DG é uma segunda binomial.

62.

O sobre a segunda bimedial, aplicado a uma racional, faz como largura a terceira binomial.

Seja a segunda bimedial AB dividida nas mediais no C, de modo a ser o AC o maior segmento, e seja a DE alguma racional, e fique aplicado à DE o paralelogramo DF igual ao sobre a AB, fazendo como largura a DG; digo que a DG é uma terceira binomial.

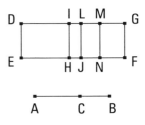

Fiquem construídas as mesmas coisas que nos provados anteriormente. E, como a AB é uma segunda bimedial dividida no C, portanto, as AC, CB são mediais comensuráveis somente em potência, contendo um medial; desse modo, também o composto dos sobre as AC, CB é medial. E é igual ao DJ; portanto, também o DJ é medial. E foi justaposto à racional DE; portanto, também a LD é racional e incomensurável com a DE em comprimento. Pelas mesmas coisas, então, também a LG é racional e incomensurável com a LJ, isto é, com a DE, em comprimento; portanto, cada uma das DL, LG é racional e incomensurável com a DE em comprimento. E, como a AC é incomensurável com a CB em comprimento, e como a AC para a CB, assim o sobre a AC para o pelas ACB, portanto, também o sobre a

AC é incomensurável com o pelas ACB. Desse modo, também o composto dos sobres as AC, CB é incomensurável com duas vezes o pelas ACB, isto é, o DJ com o LF; desse modo, também a DL é incomensurável com a LG. E são racionais; portanto, a DG é uma binomial.

Deve-se, [então], provar que é também uma terceira.

Do mesmo modo, então, que nos anteriores, concluiremos que a DL é maior do que a LG, e a DI é comensurável com a IL. E o pelas DIL é igual ao sobre a LM; portanto, a DL é maior em potência do que a LG, pelo sobre um comensurável com aquela mesma. E nenhuma das DL, LG é comensurável com a DE em comprimento.

Portanto, a DG é uma terceira binomial; o que era preciso provar.

63.

O sobre a maior, aplicado a uma racional, faz como largura a quarta binomial.

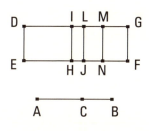

Sejam a maior AB dividida no C, de modo a ser a AC maior do que CB, e a DE uma racional, e fique aplicado à DE o paralelogramo DF igual ao sobre a AB, fazendo como largura a DG; digo que a DG é uma quarta binomial.

Fiquem construídas as mesmas coisas que nos provados anteriormente. E, como a AB é uma maior, dividida no C, as AC, CB são incomensuráveis em potência, fazendo, por um lado, o composto dos quadrados sobre elas racional, e, por outro lado, o por elas medial. Como, de fato, o composto dos sobre as AC, CB é racional, portanto, também o DJ é racional; portanto, também a DL é racional e comensurável com a DE em comprimento. De novo, como duas vezes o pelas AC, CB, isto é, o LF é medial, e está junto à racional LJ, portanto, também a LG é racional e incomensurável com a DE em comprimento; portanto, também a DL é incomensurável com a LG em comprimento. Portanto, as DL, LG são racionais comensuráveis somente em potência. Portanto, a DG é uma binomial.

Deve-se, [então], provar que também é uma quarta.

Do mesmo modo, então, que nos anteriores, provaremos que a DL é maior do que a LG, e que o pelas DIL é igual ao sobre a LM. Como, de fato, o sobre a AC é incomensurável com o sobre a CB, portanto, também o DH é incomensurável com o IJ; desse modo, também a DI é incomensurável com a IL. Mas, caso duas retas sejam desiguais, e seja aplicado à maior um paralelogramo igual à quarta parte do sobre a menor, deficiente por uma figura quadrada, e divida-a em incomensuráveis, a maior será maior em potência do que a menor pelo sobre uma incomensurável com aquela mesma em comprimento; portanto, a DL é maior em potência do que a LG pelo sobre uma incomensurável com aquela mesma. E as DL, LG são racionais comensuráveis somente em potência, e a DL é comensurável com a exposta racional DE.

Portanto, a DG é uma quarta binomial; o que era preciso provar.

64.

O sobre a que serve para produzir um racional e um medial, aplicado a uma racional, faz como largura a quinta binomial.

Seja a que serve para produzir um racional e um medial, a AB, dividida nas retas no C, de modo a ser a AC a maior, e fique exposta a racional DE, e fique aplicado à DE o DF igual ao sobre a AB, fazendo como largura a DG; digo que a DG é uma quinta binomial.

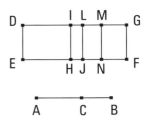

Fiquem construídas as mesmas coisas que nos antes deste. Como, de fato, a AB, a que serve para produzir um racional e um medial, foi dividida no C, portanto, as AC, CB são incomensuráveis em potência, fazendo, por um lado, o composto dos quadrados sobre elas medial, e, por outro lado, o por elas racional. Como, de fato, o composto dos sobre as AC, CB é medial, portanto, o DJ é medial; desse modo, a DL é racional e incomensurável com a DE em comprimento. De novo, como duas vezes o pelas ACB, isto é, o LF é racional, portanto, a LG é racional e comensurável com a DE.

Portanto, a DL é incomensurável com a LG; portanto, as DL, LG são racionais comensuráveis somente em potência; portanto, a DG é uma binomial.

Digo, então, que é também uma quinta.

Pois, do mesmo modo será provado que o pelas DIL é igual ao sobre a LM, e a DI é incomensurável com a IL em comprimento; portanto, a DL é maior em potência do que a LG pelo sobre uma incomensurável com aquela mesma. E as DL, LG são [racionais] comensuráveis somente em potência, e a menor LG é comensurável com a DE em comprimento.

Portanto, a DG é uma quinta binomial; o que era preciso provar.

65.

O sobre a que serve para produzir dois mediais, aplicado a uma racional, faz como largura a sexta binomial.

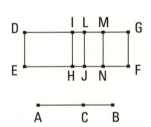

Seja a que serve para produzir dois mediais, a AB, dividida no C, e seja a DE uma racional. E fique aplicado à DE o DF igual ao sobre a AB, fazendo como largura a DG; digo que a DG é uma sexta binomial.

Fiquem, pois, construídas as mesmas coisas que nos anteriores. E, como a AB, a que serve para produzir dois mediais, é dividida no C, portanto, as AC, CB são incomensuráveis em potência, fazendo tanto o composto dos quadrados sobre elas medial quanto o por elas medial, e ainda o composto dos quadrados sobre elas incomensurável com o por elas; desse modo, segundo as coisas provadas antes, cada um dos DJ, LF é medial. E foi justaposto à racional DE; portanto, cada uma das DL, LG é racional e incomensurável com a DE em comprimento. E, como o composto dos sobre as AC, CB é incomensurável com duas vezes o pelas AC, CB, portanto, o DJ é incomensurável com o LF. Portanto, também a DL é incomensurável com a LG; portanto, as DL, LG são racionais comensuráveis somente em potência; portanto, a DG é uma binomial.

Digo, então, que é também uma sexta.

Do mesmo modo, então, de novo, provaremos que o pelas DIL é igual ao sobre a LM, e que a DI é incomensurável com a IL em comprimento; e, pelas mesmas coisas, então, a DL é maior em potência do que a LG pelo sobre uma incomensurável com aquela mesma em comprimento. E, nenhuma das DL, LG é comensurável com a exposta racional DE em comprimento.

Portanto, a DG é uma sexta binomial; o que era preciso provar.

66.

A comensurável com a binomial em comprimento, tanto é ela uma binomial quanto a mesma na ordem.

Seja a binomial AB, e seja a CD comensurável com a AB em comprimento; digo que a CD é uma binomial e é a mesma que a AB, na ordem.

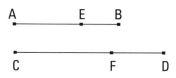

Pois, com a AB é uma binomial, fique dividida nas componentes no E, e seja a AE a componente maior; portanto, as AE, EB são racionais comensuráveis somente em potência. Fique produzido como a AB para a CD, assim a AE para a CF; portanto, também a EB restante está para a FD restante, como a AB para a CD. Mas a AB é comensurável com a CD em comprimento. Portanto, também a AE é comensurável com a CF, enquanto a EB, com a FD. E as AE, EB são racionais; portanto, também as CF, FD são racionais. E [como] a AE está para a CF, a EB para FD. Portanto, alternadamente, como a AE está para a EB, a CF para a FD. Mas as AE, EB [são] comensuráveis somente em potência; portanto, também as CF, FD são comensuráveis somente em potência. E são racionais; portanto, a CD é uma binomial.

Digo, então, que é a mesma que a AB, na ordem.

Pois, a AE é maior em potência do que a EB ou pelo sobre uma comensurável com aquela mesma ou pelo sobre uma incomensurável. Se, por um lado, de fato, a AE é maior em potência do que a EB pelo sobre uma comensurável com aquela mesma, também a CF será maior em potência do que a FD pelo sobre uma comensurável com aquela mesma. E, se a AE é comensurável com a exposta racional, também a CF será comensurável com ela, e, por isso, cada uma das AB, CD é uma primeira binomial, isto é, são a mesma, na ordem. Enquanto que, se a EB é comensurável com a exposta racional, também a FD é comensurável com ela, e, por isso, de novo, será a mesma que a AB, na ordem; pois, cada uma delas será uma segunda binomial. Enquanto que, se, por sua vez, nenhuma das AE, EB é comensurável com a exposta racional, nenhuma das CF, FD será comensurável com ela, e cada uma é uma terceira. Se, por outro lado, a AE é maior em potência do que a EB pelo sobre uma incomensurável com aquela mesma, também a CF é maior em potência do que a FD pelo sobre uma incomensurável com aquela mesma. E, se a AE é comensurável com a exposta racional, também a CF é comensurável com ela, e cada uma é uma quarta. Enquanto que, se EB, também a FD, e cada uma será uma quinta. Ao passo que, se, por sua vez, nenhuma das AE, EB, também nenhuma das CF, FD é comensurável com a exposta racional, e cada uma será uma sexta.

Desse modo, a comensurável com a binomial em comprimento é uma binomial e a mesma, na ordem; o que era preciso provar.

67.

A comensurável com a bimedial em comprimento ela é tanto uma bimedial quanto a mesma, na ordem.

Seja a bimedial AB, e seja a CD comensurável com a AB em comprimento; digo que a CD é bimedial e a mesma que a AB, na ordem.

Pois, como a AB é uma bimedial, fique dividida nas mediais no E; portanto, as AE, EB são mediais comensuráveis somente em potência. E fique produzido como a AB para a CD, a AE para CF; portanto, a EB restante está para a FD restante, como AB para CD. Mas a AB é comensurável com a CD em comprimento; portanto, também cada uma das AE, EB é comensurável com cada uma das CF, FD. Mas as AE, EB são mediais; portanto, também as CF, FD são mediais. E, como a AE está para EB, a CF para FD, mas as AE, EB são comensuráveis somente em potência, [portanto] também as CF, FD são comensuráveis somente em potência. E foram também provadas mediais; portanto, a CD é uma bimedial.

Digo, então, que também é a mesma que a AB, na ordem.

Pois, como a AE está para a EB, a CF para FD, portanto, como o sobre a AE para o pelas AEB, assim o sobre a CF para o pelas CFD; alternadamente, como o sobre a AE para o sobre a CF, assim o pelas AEB para o pelas CFD. Mas o sobre a AE é comensurável com o sobre a CF; portanto, também o pelas AEB é comensurável com o pelas CFD. Se, de fato, o pelas AEB é racional, também o pelas CFD é racional [e, por isso, é uma primeira bimedial]. Ao passo que, se medial, medial, e cada uma é uma segunda.

E, por isso, a CD será a mesma que a AB, na ordem; o que era preciso provar.

68.

A comensurável com a maior também ela é maior.

Seja a AB uma maior e seja a CD comensurável com a AB; digo que a CD é uma maior.

Fique dividida a AB no E; portanto, as AE, EB são incomensuráveis em potência, fazendo, por um lado, o composto dos quadrados sobre elas racional, e, por outro lado, o por elas medial; e fiquem produzidas as mesmas coisas que nos anteriores. E, como a AB está para a CD, assim tanto a AE para a CF quanto a EB para FD, portanto, como a AE para a CF, assim a EB para a FD. Mas a AB é comensurável com a CD. Portanto, também cada uma das AE, EB é comensurável com cada uma das CF, FD. E, como a AE está para a CF, assim a EB para a FD, e, alternadamente, como a AE para a EB, assim a CF para a FD, e, portanto, por composição, como a AB está para a BE, assim a CD para a DF; portanto, também como o sobre a AB para o sobre a BE, assim o sobre a CD para o sobre a DF. Do mesmo modo, então, provaremos que também como o sobre a AB para o sobre a AE, assim o sobre a CD para o sobre a CF. Portanto, também como o sobre a AB para os sobre as AE, EB, assim o sobre a CD para os sobre as CF, FD; portanto, alternadamente, também como o sobre a AB está para o sobre a CD, assim os sobre as AE, EB para os sobre as CF, FD. Mas o sobre a AB é comensurável com o sobre a CD; portanto, também os sobre as AE, EB são comensuráveis com os sobre as CF, FD. E os sobre as AE, EB são, juntos, um racional, também os sobre as CF, FD são, juntos, um racional. E do mesmo modo também duas vezes o pelas AE, EB é comensurável com duas vezes o pelas CF, FD. E duas vezes o pelas AE, EB é medial; portanto, também duas vezes o pelas CF, FD é medial. Portanto, as CF, FD são incomensuráveis em potência, fazendo, por um lado, o composto dos quadrados sobre elas juntas racional, e, por outro lado, duas vezes o por elas medial; portanto, a CD toda é irracional, a chamada maior.

Portanto, a comensurável com a maior é uma maior; o que era preciso provar.

69.

A comensurável com a que serve para produzir um racional e um medial é [também ela] uma que serve para produzir um racional e um medial.

Seja a que serve para produzir um racional e um medial a AB e seja a CD comensurável com a AB; deve-se provar que também a CD é uma que serve para produzir um racional e um medial.

Fique dividida a AB nas retas no E. Portanto, as AE, EB são incomensuráveis em potência, fazendo, por um lado, o composto dos quadrados sobre elas medial, e, por outro lado, o por elas racional; e fiquem construídas as mesmas coisas que nos anteriores. Do mesmo modo, então, provaremos que também as CF, FD são incomensuráveis em potência, e, por um lado, o composto dos sobre as AE, EB é comensurável com o composto dos sobre as CF, FD, e, por outro lado, o pelas AE, EB, com o pelas CF, FD; desse modo, também [por um lado] o composto dos quadrados sobre as CF, FD é medial, e, por outro lado, o pelas CF, FD é racional.

Portanto, a CD é uma que serve para produzir um racional e um medial; o que era preciso provar.

70.

A comensurável com a que serve para produzir dois mediais é uma que serve para produzir dois mediais.

Sejam a AB a que serve para produzir dois mediais e a CD comensurável com a AB; deve-se provar que também a CD é uma que serve para produzir dois mediais.

Pois, como a AB é a que serve para produzir dois mediais, fique dividida nas retas no E; portanto, as AE, EB são incomensuráveis em potência, fazendo tanto o composto dos [quadrados] sobre elas medial quanto o por elas medial e ainda o composto dos quadrados sobre as AE, EB incomensurável com o pelas AE, EB; e fiquem construídas as mesmas coisas que nos anteriores. Do mesmo modo, então, provaremos que também as CF, FD são incomensuráveis em potência e, por um lado, o composto dos sobre as AE, EB é comensurável com o composto dos sobre as CF, FD, e, por outro lado, o pelas AE, EB, com o pelas CF, FD; desse modo, também o composto dos quadrados sobre as CF, FD é medial e o pelas CF, FD é medial e ainda o composto dos quadrados sobre as CF, FD é incomensurável com o pelas CF, FD.

Portanto, a CD é uma que serve para produzir dois mediais; o que era preciso provar.

71.

Sendo compostos um racional e um medial, quatro irracionais são produzidas, ou uma binomial ou uma primeira bimedial ou uma maior ou uma que serve para produzir um racional e um medial.

Sejam, por um lado, o racional AB, e, por outro lado, o medial CD; digo que a que serve para produzir a área AD ou é uma binomial ou uma primeira bimedial ou uma maior ou uma que serve para produzir um racional e um medial.

Pois, o AB ou é maior do que CD ou menor. Seja, primeiramente, maior; e fique exposta a racional EF e fique aplicado à EF o EG igual ao AB, fazendo

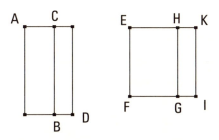

como largura a EH; e fique aplicado à EF o HI igual ao DC, fazendo como largura o HK. E, como o AB é racional e é igual ao EG, portanto, também o EG é racional. E foi aplicado à [racional] EF, fazendo como largura a EH; portanto, a EH é racional e comensurável com a EF em comprimento. De novo, como o CD é medial e é igual ao HI, portanto, também o HI é medial. E foi justaposto à racional EF, fazendo como largura a HK; portanto, a HK é racional e incomensurável com a EF em comprimento. E, como o CD é medial, e o AB é racional, portanto, o AB é incomensurável com o CD; desse modo, também o EG é incomensurável com o HI. Mas, como o EG para o HI, assim a EH está para a HK; portanto, também a EH é incomensurável com a HK em comprimento. E ambas são racionais; portanto, as EH, HK são racionais comensuráveis somente em potência; portanto, a EK é uma binomial dividida no H. E, como o AB é maior do que o CD, e, por um lado, o AB é igual ao EG, e, por outro lado, o CD, ao HI, portanto, também o EG é maior do que o HI; portanto, também a EH é maior do que a HK. Ou, de fato, a EH é maior em potência do que a HK pelo sobre uma comensurável com aquela mesma em comprimento ou pelo sobre uma incomensurável. Seja, primeiramente, maior em potência pelo sobre uma comensurável com aquela mesma. E, a maior HE é comensurável com a exposta racional EF; portanto, a EK é uma primeira binomial. Mas a EF é racional; e, caso uma área seja contida por uma racional e a primeira binomial, a que serve para produzir a área é uma binomial. Portanto, a que serve para produzir o EI é uma binomial; desse modo, também a que serve para produzir o AD é uma binomial. Mas, então, seja a EH maior em potência do que a HK pelo sobre uma incomensurável com aquela mesma; e a maior EH é comensurável com a exposta racional EF em comprimento. Portanto, a EK é uma quarta binomial. Mas a EF é racional; e, caso uma área seja contida por uma racional e a quarta binomial, a que serve para produzir a área é uma irracional, a chamada maior. Portanto, a que serve para produzir a área EI é uma maior; desse modo, também a que serve para produzir a AD é uma maior.

Mas, então, seja o AB menor do que o CD; portanto, o EG é menor do que o HI; desse modo, também a EH é menor do que a HK. Mas ou a HK é maior em potência do que a EH pelo sobre uma comensurável com aquela mesma ou pelo sobre uma incomensurável. Seja em potência, primeiro, pelo sobre uma comensurável com aquela mesma em comprimento. E a menor EH é comensurável com a exposta racional EF em comprimento; portanto, a EK é uma segunda binomial. Mas a EF é racional; e, caso uma área seja contida por uma racional e a segunda binomial, a que seve para produzir a área é uma primeira bimedial. Portanto, a que serve para produzir a área EI é uma primeira bimedial; desse modo, também a que serve para produzir a AD é uma primeira bimedial. Mas, então, seja a HK maior em potência do que a HE pelo sobre uma incomensurável com aquela mesma. E a menor EH é comensurável com a exposta racional EF; portanto, a EK é uma quinta binomial. Mas a EF é racional; e, caso uma área seja contida por uma racional e a quinta binomial, a que serve para produzir a área é uma que serve para produzir um racional e um medial. Portanto, a que serve para produzir a área EI é uma que serve para produzir um racional e um medial. Desse modo, também a que serve para produzir a AD é uma que serve para produzir um racional e um medial.

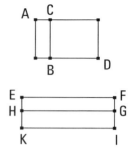

Portanto, sendo compostos um racional e um medial, quatro irracionais são produzidas, ou uma binomial ou uma primeira bimedial ou uma maior ou uma que serve para produzir um racional e um medial; o que era preciso provar.

72.

Sendo compostos dois mediais incomensuráveis entre si, as duas irracionais restantes são produzidas, ou uma segunda bimedial ou [a] que serve para produzir dois mediais.

Fiquem, pois, compostos os dois mediais AB, CD incomensuráveis entre si; digo que a que serve para produzir a área AD ou é uma segunda bimedial ou uma que serve para produzir dois mediais.

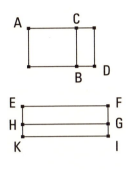

Pois o AB ou é maior do que o CD ou menor. Seja, se por acaso, primeiramente, o AB maior do que o CD; e fique exposta a racional EF e fiquem aplicados à EF, por um lado, o EG igual ao AB, fazendo como largura a EH, e, por outro lado, o HI igual ao CD, fazendo como largura a HK. E, como cada um dos AB, CD é medial, portanto, também cada um dos EG, HI é medial. E foram justapostos à racional EF, fazendo como largura as EH, HK; portanto, cada uma das EH, HK é racional e incomensurável com a EF em comprimento. E, como o AB é incomensurável com o CD, e, por um lado, o AB é igual ao EG, e, por outro lado, o CD, ao HI, portanto, também o EG é incomensurável com o HI. Mas, como o EG para o HI, assim a EH está para a HK; portanto, a EH é incomensurável com a HK em comprimento. Portanto, as EH, HK são racionais comensuráveis somente em potência. Portanto, a EK é uma binomial. Mas ou a EH é maior em potência do que a HK pelo sobre uma comensurável com aquela mesma ou pelo sobre uma incomensurável. Seja em potência, primeiro, pelo sobre uma comensurável com aquela mesma em comprimento. E nenhuma das EH, HK é comensurável com a exposta racional EF em comprimento; portanto, a EK é uma terceira binomial. E a EF é racional; mas, caso uma área seja contida por uma racional e a terceira binomial, a que serve para produzir a área é uma segunda bimedial; portanto, a que serve para produzir a EI, isto é, a AD é uma segunda bimedial. Mas, então, seja a EH maior em potência do que a HK pelo sobre uma incomensurável com aquela mesma em comprimento. E cada uma das EH, HK é incomensurável com a EF em comprimento; portanto, a EK é uma sexta binomial. Mas, caso uma área seja contida por uma racional e a sexta binomial, a que serve para produzir a área é uma que serve para produzir dois mediais; desse modo, também a que serve para produzir a área AD é a que serve para produzir dois mediais.

[Do mesmo modo, então, provaremos que, caso o AB seja menor do que o CD, a que serve para produzir a área AD ou é uma segunda bimedial ou uma que serve para produzir dois mediais.]

Portanto, sendo compostos dois mediais incomensuráveis entre si, as duas irracionais restantes são produzidas, ou uma segunda bimedial ou uma que serve para produzir dois mediais.

A binomial e as irracionais depois dela nem são as mesmas que a medial nem entre si. Pois, por um lado, o sobre uma medial, aplicado a uma racional, faz como largura uma racional e incomensurável com aquela à qual foi justaposta em comprimento. E, por outro lado, o sobre a binomial, aplicado a uma racional, faz como largura a primeira binomial. Ao passo que o sobre a primeira bimedial, aplicado a uma racional, faz como largura a segunda binomial. Ao passo que o sobre a segunda bimedial, aplicado a uma racional, faz como largura a terceira binomial. E o sobre a maior, aplicado a uma racional, faz como largura a quarta binomial. Ao passo que o sobre a que serve para produzir um racional e um medial, aplicado a uma racional, faz como largura, a quinta binomial. Mas o sobre a que serve para produzir dois mediais, aplicado a uma racional, faz como largura a sexta binomial. E as ditas larguras diferem tanto da primeira quanto entre si, por um lado, da primeira que é racional, e, por outro lado, entre si, que não são as mesmas, na ordem; desse modo, também as irracionais mesmas diferem entre si.

73.

Caso de uma racional seja subtraída uma racional, sendo comensurável somente em potência com a toda, a restante é irracional; e seja chamado apótomo.

Pois, da racional AB fique subtraída a racional BC, sendo comensurável somente em potência com a toda; digo que a restante AC é irracional, o chamado apótomo.

Pois, como a AB é incomensurável com a BC em comprimento, e como a AB está para a BC, assim o sobre a AB para o pelas AB, BC, portanto, o sobre a AB é incomensurável com o pelas AB, BC. Mas, por um lado, os quadrados sobre as AB, BC são comensuráveis com os sobre a AB e, por outro lado, duas vezes o pelas AB, BC é comensurável com o pelas AB, BC.

E, visto que os sobre as AB, BC são iguais a duas vezes o pelas AB, BC, com o sobre CA, portanto, também os sobre as AB, BC são incomensuráveis com o restante, o sobre a AC. Mas os sobre as AB, BC são racionais; portanto, a AC é irracional; e seja chamado apótomo; o que era preciso provar.

74.

Caso de uma medial seja subtraída uma medial, sendo comensurável somente em potência com a toda, e contendo com a toda um racional, a restante é irracional; e seja chamada primeiro apótomo de uma medial.

Pois, da medial AB fique subtraída a medial BC, sendo comensurável somente em potência com a AB, e fazendo com a AB um racional, o pelas AB, BC; digo que a restante AC é irracional; e seja chamada primeiro apótomo de uma medial.

Pois, como as AB, BC são mediais, também os sobre as AB, BC são mediais. Mas duas vezes o pelas AB, BC é racional; portanto, os sobre as AB, BC são incomensuráveis com duas vezes o pelas AB, BC; portanto, também duas vezes o pelas AB, BC é incomensurável com o sobre a AC restante, visto que, caso o todo seja incomensurável com um deles, também as magnitudes do princípio serão incomensuráveis. Mas duas vezes o pelas AB, BC é racional; portanto, o sobre a AC é irracional; portanto, a AC é irracional; e seja chamada primeiro apótomo de uma medial.

75.

Caso de uma medial seja subtraída uma medial, sendo comensurável somente em potência com a toda, e contendo com a toda um medial, a restante é irracional; e seja chamada segundo apótomo de uma medial.

Pois, da medial AB fique subtraída a medial CB, sendo comensurável somente em potência com a toda AB, e contendo com a toda AB um medial, o pelas AB, BC; digo que a restante AC é irracional; e seja chamada segundo apótomo de uma medial.

Fique, pois, exposta a racional DI e, por um lado, fique aplicado à DI o DE, igual aos sobre as AB, BC, fazendo como largura a DG, e, por outro lado, fique aplicado à DI o DH, igual a duas vezes o pelas AB, BC, fazendo como largura DF; portanto, o FE restante é igual ao sobre a AC. E, como também os sobre as AB, BC são mediais e comensuráveis, portanto, também o DE é medial. E foi justaposto à racional DI, fazendo como largura a DG; portanto, a DG é racional e incomensurável com a DI em comprimento. De novo, como o pelas AB, BC é medial, portanto, também duas vezes o pelas AB, BC é medial. E é igual ao DH; portanto, também o DH é medial. E foi aplicado à racional DI, fazendo como largura a DF; portanto, a DF é racional e incomensurável com a DI em comprimento. E, como as AB, BC são comensuráveis somente em potência, portanto, a AB é incomensurável com a BC em comprimento; portanto, também o quadrado sobre a AB é incomensurável com o pelas AB, BC. Mas, por um lado, os sobre as AB, BC é comensurável com o sobre a AB, e, por outro lado, duas vezes o pelas AB, BC é comensurável com o pelas AB, BC; portanto, duas vezes o pelas AB, BC é incomensurável com os sobre as AB, BC. Mas, por um lado, o DE é igual aos sobre as AB, BC, e, por outro lado, o DH, a duas vezes o pelas AB, BC; portanto, o DE [é] incomensurável com o DH. Mas, como o DE para o DH, assim a GD para a DF; portanto, a GD é incomensurável com a DF. E ambas são racionais; portanto, as GD, DF são racionais comensuráveis somente em potência; portanto, a FG é um apótomo. Mas a DI é racional; mas o contido por uma racional e uma irracional é irracional, e a que serve para produzi-lo é irracional. E a AC serve para produzir o FE; portanto, a AC é irracional; e seja chamada segundo apótomo de uma medial; O que era preciso provar.

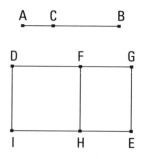

76.

Caso de uma reta seja subtraída uma reta, sendo incomensurável em potência com a toda, fazendo com a toda, por um lado, os sobre elas juntos racional, e, por outro lado, o por elas medial, a restante é irracional; e seja chamada menor.

Pois, da reta AB fique subtraída a reta CB, sendo incomensurável em potência com a toda, fazendo as coisas propostas. Digo que a restante AC é irracional, a chamada menor.

Pois como, por um lado, o composto dos quadrados sobre as AB, BC é racional, e, por outro lado, duas vezes o pelas AB, BC é medial, portanto, os sobre as AB, BC são incomensuráveis com duas vezes o pelas AB, BC; e por conversão, os sobre as AB, BC são incomensuráveis com o sobre a AC restante. Mas os sobre as AB, BC são racionais. Portanto, o sobre a AC é irracional; portanto, a AC é irracional; e seja chamada menor; o que era preciso provar.

77.

Caso de uma reta seja subtraída uma reta, sendo incomensurável em potência com a toda, e fazendo com a toda, por um lado, o composto dos quadrados sobre elas medial, e, por outro lado, duas vezes o por elas racional, a restante é irracional; e seja chamada a que faz com um racional o todo medial.

Pois, da reta AB fique subtraída a reta BC, sendo incomensurável em potência com a AB, fazendo as coisas propostas; digo que a restante AC é a irracional dita anteriormente.

Pois como, por um lado, o composto dos quadrados sobre as AB, BC é medial, e, por outro lado, duas vezes o pelas AB, BC é racional, portanto, os sobre as AB, BC são incomensuráveis com duas vezes o pelas AB, BC; portanto, o sobre a AC restante é incomensurável com duas vezes o pelas AB, BC. E duas vezes o pelas AB, BC é racional; portanto, o sobre a AC é irracional; portanto, a AC é irracional; e seja chamada a que faz com um racional o todo medial; o que era preciso provar.

78.

Caso de uma reta seja subtraída uma reta, sendo incomensurável em potência com a toda, fazendo com a toda tanto o composto dos quadrados sobre elas medial quanto duas vezes o por elas medial, e ainda, os quadrados sobre elas incomensurável com duas vezes o por elas, a restante é irracional; e seja chamada a que faz com um medial o todo medial.

Pois, da reta AB fique subtraída a reta BC, sendo incomensurável em potência com a AB, fazendo as coisas propostas; digo que a restante AC é irracional, a chamada a que faz com um medial o todo medial.

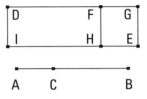

Fique, pois, exposta a racional DI e, por um lado, fique aplicado à DI o DE igual aos sobre as AB, BC, fazendo como largura a DG, e, por outro lado, fique subtraído o DH igual a duas vezes o pelas AB, BC [fazendo como largura a DF]. Portanto, o restante FE é igual ao sobre a AC; desse modo, a AC serve para produzir o FE. E, como o composto dos quadrados sobre as AB, BC é medial e é igual ao DE, portanto o DE [é] medial. E foi justaposto à racional DI, fazendo como largura a DG; portanto, a DG é racional e incomensurável com a DI em comprimento. De novo, como duas vezes o pelas AB, BC é medial e é igual ao DH, portanto, o DH é medial. E foi justaposto à racional DI, fazendo como largura a DF; portanto, também a DF é racional e incomensurável com a DI em comprimento. E, como os sobre as AB, BC são incomensuráveis com duas vezes o pelas AB, BC, portanto, também o DE é incomensurável com o DH. Mas, como o DE para o DH, assim também a DG está para a DF; portanto, a DG é incomensurável com a DF. E ambas são racionais; portanto, as GD, DF são racionais comensuráveis somente em potência. Portanto, a FG é um apótomo; mas a FH é racional. E o [retângulo] contido por uma racional e um apótomo é irracional, e a que serve para produzi-lo é irracional. E a

AC serve para produzir o FE; portanto, a AC é irracional; e seja chamada a que faz com um medial o todo medial; o que era preciso provar.

79.

Uma [só] reta racional ajusta-se ao apótomo, sendo comensurável somente em potência com a toda.

Sejam o apótomo AB e a BC ajustando-se a ele; portanto, as AC, CB são racionais comensuráveis somente em potência; digo que uma outra racional não se ajusta à AB, sendo comensurável somente em potência com a toda.

Pois, se possível, ajuste-se a BD; portanto, também as AD, DB são racionais comensuráveis somente em potência. E como, pelo que os sobre as AD, DB excedem duas vezes o pelas AD, DB, por isso também os sobre as AC, CB excedem duas vezes o pelas AC, CB; pois ambos excedem pelo mesmo, o sobre a AB; portanto, alternadamente, pelo que os sobre as AD, DB excedem os sobre as AC, CB, pelo mesmo [também] duas vezes o pelas AD, DB excede duas vezes o pelas AC, CB. Mas os sobre as AD, DB excedem os sobre as AC, CB por um racional; pois ambos são racionais. Portanto, também duas vezes o pelas AD, DB excede duas vezes o pelas AC, CB por um racional; o que é impossível; pois ambos são mediais, e um medial não excede um medial por um racional; portanto, uma outra racional não se ajusta à AB, sendo comensurável somente em potência com a toda.

Portanto, uma só racional ajusta-se ao apótomo, sendo comensurável somente em potência com a toda; o que era preciso provar.

80.

Uma só reta medial ajusta-se ao primeiro apótomo de uma medial, sendo comensurável somente em potência com a toda, contendo com a toda um racional.

Seja, pois, a AB um primeiro apótomo de uma medial, e seja ajustada à AB a BC; portanto, as AC, CB são mediais comensuráveis somente em potência, contendo o pelas AC, BC racional; digo que uma outra medial não se ajusta à AB, sendo comensurável somente em potência com a toda e contendo com a toda um racional.

Pois, se possível, ajuste-se também a DB. Portanto, as AD, DB são mediais comensuráveis somente em potência, contendo o pelas AD, DB racional. E como, pelo que os sobre as AD, DB excedem duas vezes o pelas AD, DB, por isso também os sobre as AC, CB excedem duas vezes o pelas AC, CB; pois, [de novo] excedem pelo mesmo, o sobre a AB; portanto, alternadamente, pelo que os sobre as AD, DB excedem os sobre as AC, CB, por isso também duas vezes o pelas AD, DB excede duas vezes o pelas AC, CB. Mas duas vezes o pelas AD, DB excede duas vezes o pelas AC, CB por um racional; pois ambos são racionais. Portanto, também os sobre as AD, DB excedem os [quadrados] sobre as AC, CB por um racional; o que é impossível; pois ambos são mediais, e um medial não excede um medial por um racional.

Portanto, uma só reta medial ajusta-se ao primeiro apótomo de uma medial, sendo comensurável somente em comprimento com a toda, e contendo com a toda um racional; o que era preciso provar.

81.

Uma só reta medial ajusta-se ao segundo apótomo de uma medial, comensurável somente em potência com a toda, e contendo com a toda um medial.

Sejam o segundo apótomo de uma medial AB, e a BC ajustando-se à AB; portanto, as AC, CB são mediais comensuráveis somente em potência, contendo o pelas AC, CB medial; digo que uma outra reta medial não se ajustará à AB, sendo comensurável somente em potência com a toda, e contendo com a toda um medial.

Pois, se possível, ajuste-se a BD; portanto, também as AD, DB são mediais comensuráveis

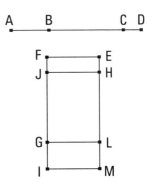

somente em potência, contendo o pelas AD, DB medial. E fique exposta a EF racional, e, por um lado, fique aplicado à EF o EG igual aos sobre as AC, CB, fazendo como largura a EL; e, por outro lado, fique subtraído o HG igual a duas vezes o pelas AC, CB, fazendo como largura a HL; portanto, o EJ restante é igual ao sobre a AB; desse modo, a AB serve para produzir o EJ. De novo, então, fique aplicado à EF o EI igual aos sobre as AD, DB, fazendo como largura a EM. Mas também o EJ é igual ao quadrado sobre a AB; portanto, o HI restante é igual a duas vezes o pelas AD, DB. E, como as AC, CB são mediais, portanto, também os sobre as AC, CB são mediais. E são iguais ao EG; portanto, também o EG é medial. E foi justaposto à racional EF, fazendo como largura a EL; portanto, a EL é racional e incomensurável com a EF em comprimento. De novo, como o pelas AC, CB é medial, também duas vezes o pelas AC, BC é medial. E é igual ao HG; portanto, também o HG é medial. E foi justaposto à racional EF, fazendo como largura a HL; portanto, também a HL é racional e incomensurável com a EF em comprimento. E, como as AC, CB são comensuráveis somente em potência, portanto a AC é incomensurável com a CB em comprimento. Mas, como a AC para a CB, assim o sobre a AC está para o pelas AC, CB; portanto, o sobre a AC é incomensurável com o pelas AC, CB. Mas, por um lado, os sobre as AC, CB são comensuráveis com o sobre a AC, e, por outro lado, duas vezes o pelas AC, CB é comensurável com o pelas AC, CB; portanto, os sobre as AC, CB são incomensuráveis com duas vezes o pelas AC, CB. E, por um lado, o EG é igual aos sobre as AC, CB, e, por outro lado, o GH é igual a duas vezes o pelas AC, CB; portanto, o EG é incomensurável com o GH. Mas, como o EG para o HG, assim a EL está para a HL; portanto, a EL é incomensurável com a LH em comprimento. E ambas são racionais; portanto, as EL, LH são racionais comensuráveis somente em potência; portanto, a EH é um apótomo, e a HL é a que se ajusta a ela. Do mesmo modo, então, provaremos que também a HM se ajusta a ela; portanto, uma e outra reta se ajustam ao apótomo, sendo comensuráveis somente em potência com a toda; o que é impossível.

Portanto, uma só reta medial ajusta-se ao segundo apótomo de uma medial, sendo comensurável somente em potência com a toda, e contendo com a toda um medial; o que era preciso provar.

82.

Uma só reta ajusta-se à menor, sendo incomensurável em potência com a toda, fazendo com a toda, por um lado, o dos quadrados sobre elas racional, e, por outro lado, duas vezes o por elas medial.

Seja a menor AB, e seja a BC a que se ajusta à AB; portanto, as AC, CB são incomensuráveis em potência, fazendo, por um lado, o composto dos quadrados sobre elas racional, e, por outro lado, duas vezes o por elas medial; digo que uma outra reta não se ajustará à AB, fazendo as mesmas coisas.

Pois, se possível, ajuste-se a BD; portanto, também as AD, DB são incomensuráveis em potência, fazendo as coisas ditas antes. E como, pelo que os sobre as AD, DB excedem os sobre as AC, CB, por isso também duas vezes o pelas AD, DB excede duas vezes o pelas AC, CB, mas os quadrados sobre as AD, DB excedem os quadrados sobre as AC, CB por um racional; pois ambos são racionais; portanto, também duas vezes o pelas AD, DB excede duas vezes o pelas AC, CB por um racional; o que é impossível; pois ambos são mediais.

Portanto, uma só reta ajusta-se à menor, sendo incomensurável em potência com a toda e fazendo, por um lado, os quadrados sobre ela juntos racional, e, por outro lado, duas vezes o por elas medial; o que era preciso fazer.

83.

Uma só reta ajusta-se à que faz com um racional o todo medial, sendo incomensurável em potência com a toda, e fazendo com a toda, por um lado, o composto dos quadrados sobre elas medial, e, por outro lado, duas vezes o por elas racional.

Seja a AB a que faz com um racional o todo medial, e ajuste-se a BC à AB; portanto, as AC, CB são incomensuráveis em potência, fazendo

as coisas propostas; digo que uma outra não se ajustará à AB fazendo as mesmas coisas.

Pois, se possível, ajuste-se a BD; portanto, também as retas AD, DB são incomensuráveis em potência, fazendo as coisas propostas. Como, de fato, pelo que os sobre as AD, DB excedem os sobre as AC, CD, por isso também duas vezes o pelas AD, DB excede duas vezes o pelas AC, CB, em concordância com os antes deste, mas duas vezes o pelas AD, DB excede duas vezes o pelas AC, CB por um racional; pois ambos são racionais; portanto, também os sobre as AD, DB excedem os sobre as AC, CB por um racional; o que é impossível; pois ambos são mediais. Portanto, uma outra reta não se ajustará à AB, sendo incomensurável em potência com a toda, e fazendo com a toda as coisas ditas antes; portanto, uma só se ajustará; o que era preciso provar.

84.

Uma só reta ajusta-se à que faz com um medial o todo medial, sendo incomensurável em potência com a toda, e fazendo com a toda tanto o composto dos quadrados sobre elas medial quanto duas vezes o por elas medial e ainda incomensurável com o composto dos sobre elas.

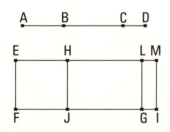

Sejam a AB a que faz com um medial o todo medial, e a BC a que se ajusta a ela; portanto, as AC, CB são incomensuráveis em potência, fazendo as coisas ditas antes. Digo que uma outra não se ajustará à AB, fazendo as coisas ditas antes.

Pois, se possível, ajuste-se a BD, de modo a serem as AD, DB incomensuráveis em potência, fazendo tanto os quadrados sobre as AD, DB juntos medial quanto duas vezes o pelas AD, DB medial, e, ainda, os sobre as AD, DB incomensuráveis com duas vezes o pelas AD, DB; e fique exposta a racional EF e, por um lado, fique aplicado à EF o EG igual aos sobre as AC, CB, fazendo como largura a EL, e, por outro lado, fique aplicado à EF o HG igual a duas vezes o pelas AC, CB, fazendo como largura a HL; portanto, o sobre a AB restante é igual ao EJ; portanto, a AB serve para produzir o EJ. De novo, fique aplicado à EF o EI igual aos sobre as AD, DB, fazendo como largura a EM. Mas também o sobre a AB é igual ao EJ; portanto, o restante duas vezes o pelas AD, DB [é] igual ao HI. E, como o composto dos sobre as AC, CB é medial e é igual ao EG, portanto, também o EG é medial. E foi justaposto à racional EF, fazendo como largura a EL; portanto, a EL é racional e incomensurável com a EF em comprimento. De novo, como duas vezes o pelas AC, CB é medial e é igual ao HG, portanto, também o HG é medial. E foi justaposto à racional EF, fazendo como largura a HL; portanto, a HL é racional e incomensurável com a EF em comprimento. E, como os sobre as AC, CB são incomensuráveis com duas vezes o pelas AC, CB, também o EG é incomensurável com o HG; portanto, também a EL é incomensurável com a LH em comprimento. E ambas são racionais; portanto, as EL, LH são racionais comensuráveis somente em potência; portanto, a EH é um apótomo, e a HL é a que se ajusta a ela. Do mesmo modo, então, provaremos que a EH, de novo, é um apótomo, e a HM, a que se ajusta a ela. Portanto, uma e outra racionais ajustam-se ao apótomo, sendo comensuráveis somente em potência com a toda; o que foi provado impossível. Portanto, uma outra reta não se ajustará à AB.

Portanto, uma só reta ajusta-se à AB, sendo incomensurável em potência com a toda, e fazendo com a toda tanto os quadrados sobre elas juntos medial quanto duas vezes o por elas medial, e, ainda os quadrados sobre elas incomensuráveis com duas vezes o por elas; o que era preciso provar.

Terceiras definições

1. Sendo supostas uma racional e um apótomo, caso a toda seja maior em potência do que a que é ajustada pelo sobre uma comensurável com aquela mesma em comprimento, e a toda seja comensurável com a exposta racional em comprimento, seja chamada primeiro apótomo.
2. E, caso a que se ajusta seja comensurável com a exposta racional em comprimento, e a toda seja maior em potência do que a que se ajusta pelo sobre uma comensurável com aquela mesma, seja chamada segundo apótomo.

Os elementos

3. E, caso nenhuma seja comensurável com a exposta racional em comprimento, e a toda seja maior em potência do que a que se ajusta pelo sobre uma comensurável com aquela mesma, seja chamada terceiro apótomo.
4. De novo, caso a toda seja maior em potência do que a que se ajusta pelo sobre uma incomensurável com aquela mesma [em comprimento], e caso a toda seja comensurável com a exposta racional, em comprimento, seja chamada quarto apótomo.
5. E, caso a que se ajusta, quinto.
6. E, caso nenhuma, sexto.

85.

Achar o primeiro apótomo.

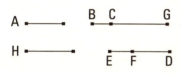

Fique exposta a racional A e seja a BG comensurável com a A em comprimento; portanto, também a BG é racional. E fiquem expostos os dois números quadrados DE, EF, dos quais o excesso FD não seja um quadrado; portanto, nem o ED tem para o DF uma razão que um número quadrado, para um número quadrado. E fique feito como o ED para o DF, assim o quadrado sobre a BG para o quadrado sobre a GC; portanto, o sobre a BG é comensurável com o sobre a GC. Mas o sobre a BG é racional; portanto, também o sobre a GC é racional; portanto, também a GC é racional. E, como o ED não tem para o DF uma razão que um número quadrado, para um número quadrado, portanto, nem o sobre a BG tem para o sobre a GC uma razão que um número quadrado, para um número quadrado; portanto, a BG é incomensurável com a GC em comprimento. E ambas são racionais; portanto, as BG, GC são racionais comensuráveis somente em potência; portanto, a BC é um apótomo.

Digo, então, que também é um primeiro.

Pois, pelo que o sobre a BG é maior do que o sobre a GC seja o sobre a H. E, como o ED está para o FD, assim o sobre a BG para o sobre a GC, portanto, também, por conversão, como o DE está para o EF, assim o sobre a GB para o sobre a H. Mas o DE tem para o EF uma razão que um número quadrado, para um número quadrado; pois cada um é um quadrado; portanto, o sobre a GB tem para o sobre a H uma razão que um número quadrado, para um número quadrado; portanto, a BG é comensurável com a H em comprimento. E a BG é maior em potência do que a GC pelo sobre a H; portanto, a BG é maior em potência do que a GC pelo sobre uma comensurável com aquela mesma em comprimento. E a toda BG é comensurável com a exposta racional A em comprimento. Portanto, a BC é um primeiro apótomo.

Portanto, foi achado o primeiro apótomo BC; o que era preciso provar.

86.

Achar o segundo apótomo.

Fiquem expostas a racional A e a GC comensurável com a A em comprimento. Portanto, a GC é racional. E fiquem expostos os dois números quadrados DE, EF, dos quais o excesso DF não seja um quadrado. E fique feito como o FD para o DE, assim o quadrado sobre a CG para o quadrado sobre a GB. Portanto, o quadrado sobre a CG é 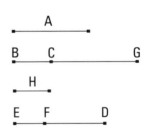 comensurável com o quadrado sobre a GB. Mas o sobre a GC é racional. Portanto, também o sobre a GB [é] racional; portanto, a BG é racional. E, como o quadrado sobre a GC não tem para o sobre a GB uma razão que um número quadrado, para um número quadrado, a CG é incomensurável com a GB em comprimento. E ambas são racionais; portanto, as CG, GB são racionais comensuráveis somente em potência; portanto, a BC é um apótomo.

Digo, então, que também é um segundo.

Pois, pelo que o sobre a BG é maior do que o sobre a GC seja o sobre a H. Como, de fato, o sobre a BG está para o sobre a GC, assim o número ED para o número DF, portanto, por conversão, como o sobre a BG está para o sobre a H, assim o DE para o EF. E cada um dos DE, EF é um quadrado; portanto, o sobre a BG tem para o sobre a H uma razão que um número quadrado, para um número quadrado; portanto, a BG é comensurável com a H em comprimento. E a BG é maior em potência do que a GC pelo sobre a H; portanto, a BG é maior em potência do que a GC pelo sobre uma comensurável com aquela mesma em comprimento. E a que é ajustada, a CG, é comensurável com a exposta racional A. Portanto, a BC é um segundo apótomo.

Portanto, foi encontrado o segundo apótomo BC; o que era preciso provar.

87.

Achar o terceiro apótomo.

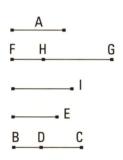

Fique exposta a racional A e fiquem expostos os três números E, BC, CD, não tendo entre si uma razão que um número quadrado, para um número quadrado, mas o CB tenha para o BD uma razão que um número quadrado, para um número quadrado, e fique feito, por um lado, como o E para o BC, assim o quadrado sobre a A para o quadrado sobre a FG, e, por outro lado, como o BC para o CD, assim o quadrado sobre a FG para o sobre a GH. Como, de fato, o E está para o BC, assim o quadrado sobre a A para o quadrado sobre a FG, portanto, o quadrado sobre a A é comensurável com o quadrado sobre a FG. Mas o quadrado sobre a A é racional. Portanto, também o sobre a FG é racional; portanto, a FG é racional. E, como o E não tem para o BC uma razão que um número quadrado, para um número quadrado, portanto, nem o quadrado sobre a A tem para o [quadrado] sobre a FG uma razão que um número quadrado, para um número quadrado; portanto, a A é incomensurável com a FG em comprimento. De novo, como o BC está para o CD, assim o quadrado sobre a FG para o sobre a GH, portanto, o sobre a FG é comensurável com o sobre a GH. Mas o sobre a FG é racional; portanto, também o sobre a GH é racional; portanto, a GH é racional. E, como o BC não tem para o CD uma razão que um número quadrado, para um número quadrado, portanto, nem o sobre a FG tem para o sobre a GH uma razão que um número quadrado, para um número quadrado; portanto, a FG é incomensurável com a GH em comprimento. E ambas são racionais; portanto, as FG, GH são racionais comensuráveis somente em potência; portanto, a FH é um apótomo.

Digo, então, que também é um terceiro.

Pois, por um lado, como o E está para o BC, assim o quadrado sobre a A para o sobre a FG, e, por outro lado, como o BC para o CD, assim o sobre a FG para o sobre a HG, portanto, por igual posto, como o E está para o CD, assim o sobre a A para o sobre a HG. Mas o E não tem para o CD uma razão que um número quadrado, para um número quadrado; portanto, nem o sobre a A tem para o sobre a GH uma razão que um número quadrado, para um número quadrado; portanto, a A é incomensurável com a GH em comprimento. Portanto, nenhuma das FG, GH é comensurável com a exposta racional A em comprimento. Pelo que, de fato, o sobre a FG é maior do que o sobre a GH seja o sobre a I. Como, de fato, o BC está para o CD, assim o sobre a FG para o sobre a GH, portanto, por conversão, como o BC está para o BD, assim o quadrado sobre a FG para o sobre a I. Mas o BC tem para o BD uma razão que um número quadrado, para um número quadrado; portanto, também o sobre a FG tem para o sobre a I uma razão que um número quadrado, para um número quadrado. Portanto, a FG é comensurável com a I em comprimento, e a FG é maior em potência do que a GH pelo sobre uma comensurável com aquela mesma. E nenhuma das FG, GH é comensurável com a exposta racional A em comprimento. Portanto, a FH é um terceiro apótomo.

Portanto, foi encontrado o terceiro apótomo FH; o que era preciso provar.

88.

Achar o quarto apótomo.

Fiquem expostas a racional A e a BG comensurável com a A em comprimento; portanto, também a BG é racional. E fiquem expostos os dois números DF, FE, de modo a não ter o todo DE para cada um dos DF, EF

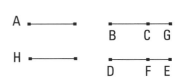

uma razão que um número quadrado, para um número quadrado. E fique feito como o DE para o EF, assim o quadrado sobre a BG para o sobre a GC. Portanto, o sobre a BG é comensurável com o sobre a GC. Mas o sobre a BG é racional; portanto, também o sobre a GC é racional; portanto, a GC é racional. E, como o DE não tem para o EF uma razão que um número quadrado, para um número quadrado, portanto, nem o sobre a BG tem para o sobre a GC uma razão que um número quadrado, para um número quadrado; portanto, a BG é incomensurável com a GC em comprimento. E ambas são racionais. Portanto, as BG, GC são racionais comensuráveis somente em potência; portanto, a BC é um apótomo.

[Digo, então, que também é um quarto.]

Pelo que o sobre a BG é maior do que o sobre a GC seja o sobre a H. Como, de fato, o DE está para o EF, assim o sobre a BG para o sobre a GC, portanto, também, por conversão, como o ED está para o DF, assim o sobre a GB para o sobre a H. Mas o ED não tem para o DF uma razão que um número quadrado, para um número quadrado; portanto, nem o sobre a GB tem para o sobre a H uma razão que um número quadrado, para um número quadrado; portanto, a BG é incomensurável com a H em comprimento. E a BG é maior em potência do que a GC pelo sobre a H; portanto, a BG é maior em potência do que a GC pelo sobre uma incomensurável com aquela mesma. E a toda BG é comensurável em comprimento com a exposta racional A. Portanto, a BC é um quarto apótomo.

Portanto, foi achado o quarto apótomo; o que era preciso provar.

89.

Achar o quinto apótomo.

Fique exposta a racional A, e seja a CG comensurável com a A em comprimento; portanto, a CG [é] racional. E fiquem expostos os dois números DF, FE, de modo a, de novo, não ter o DE para cada um dos DF, FE uma razão que um número quadrado, para um número quadrado; e fique feito como o FE para o ED, assim o sobre a CG para o sobre a GB. Portanto, também o sobre a GB é racional; portanto, a BG é racional. E, como o DE está para o EF, assim o sobre a BG para o sobre a GC, mas o DE não tem para o EF uma razão que um número quadrado, para um número quadrado, portanto, nem o sobre a BG tem para o sobre a GC uma razão que um número quadrado, para um número quadrado; portanto, a BG é incomensurável com a GC em comprimento. E ambas são racionais; portanto, as BG, GC são racionais comensuráveis somente em potência. Portanto, a BC é um apótomo.

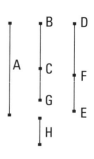

Digo, então, que também é um quinto.

Pois, pelo que o sobre a BG é maior do que o sobre a GC seja o sobre a H. Como, de fato, o sobre a BG está para o sobre a GC, assim o DE para o EF, portanto, por conversão, como o ED está para o DF, assim o sobre a BG para o sobre a H. Mas o ED não tem para o DF uma razão que um número quadrado, para um número quadrado; portanto, nem o sobre a BG tem para o sobre a H uma razão que um número quadrado, para um número quadrado; portanto, a BG é incomensurável com a H em comprimento. E a BG é maior em potência do que a GC pelo sobre a H; portanto, a GB é maior em potência do que a GC pelo sobre uma incomensurável com aquela mesma. E a que se ajusta, a CG, é comensurável com a exposta racional A em comprimento; portanto, a BC é um quinto apótomo.

Portanto, foi achado o quinto apótomo BC; o que era preciso provar.

90.

Achar o sexto apótomo.

Fiquem expostos a racional A e os três números E, BC, CD, não tendo entre si uma razão que um número quadrado, para um número quadrado; e, ainda, também o CB não tenha para o BD uma razão que um número quadrado, para um número quadrado; e fique feito, por um lado, como o E para o BC, assim o sobre a A para o sobre a FG, e, por outro lado, como o BC para o CD, assim o sobre a FG para o sobre a GH.

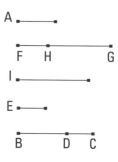

Como, de fato, o E está para o BC, assim o sobre a A para o sobre a FG, portanto o sobre a A é comensurável com o sobre a FG. Mas o sobre a A é racional; portanto, também o sobre a FG é racional; portanto, também a FG é racional. E, como o E não tem para o BC uma razão que um número quadrado, para um número quadrado, portanto, nem o sobre a A tem para o sobre a FG uma razão que um número quadrado, para um número quadrado; portanto, a A é incomensurável com a FG em comprimento. De novo, como o BC está para o CD, assim o sobre a FG para o sobre a GH, portanto, o sobre a FG é comensurável com o sobre a GH. Mas o sobre a FG é racional; portanto, também o sobre a GH é racional; portanto, também a GH é racional. E, como o BC não tem para o CD uma razão que um número quadrado, para um número quadrado, portanto, nem o sobre a FG tem para o sobre a GH uma razão que um número quadrado, para um número quadrado; portanto, a FG é incomensurável com a GH em comprimento. E ambas são racionais; portanto, as FG, GH são racionais comensuráveis somente em potência; portanto, a FH é um apótomo.

Digo, então, que também é um sexto.

Pois, por um lado, como o E está para o BC, assim o sobre a A para o sobre a FG, e, por outro lado, como o BC para o CD, assim o sobre a FG para o sobre a GH, portanto, por igual posto, como o E está para o CD, assim o sobre a A para o sobre a GH. Mas o E não tem para o CD uma razão que um número quadrado, para um número quadrado; portanto, nem o sobre a A tem para o sobre a GH uma razão que um número quadrado, para um número quadrado; portanto, a A é incomensurável com a GH em comprimento; portanto, nenhuma das FG, GH é comensurável com a racional A em comprimento. Pelo que, de fato, o sobre a FG é maior do que o sobre a HG seja o sobre a I. Como, de fato, o BC está para o CD, assim o sobre a FG para o sobre a GH, portanto, por conversão, como o CB está para o BD, assim o sobre a FG para o sobre a I. Mas o CB não tem para o BD uma razão que um número quadrado, para um número quadrado; portanto, nem o sobre a FG tem para o sobre a I uma razão que um número quadrado, para um número quadrado; portanto a FG é incomensurável com a I em comprimento. E a FG é maior em potência do que a GH pelo sobre a I; portanto, a FG é maior em potência do que a GH pelo sobre uma incomensurável com aquela mesma em comprimento. E nenhuma das FG, GH é comensurável com a exposta racional A em comprimento. Portanto, a FH é um sexto apótomo.

Portanto, foi achado o sexto apótomo FH; o que era preciso provar.

91.

Caso uma área seja contida por uma racional e um primeiro apótomo, a que serve para produzir a área é um apótomo.

Seja, pois, contida a área AB pela racional AC e pelo primeiro apótomo AD; digo que a que serve para produzir a área AB é um apótomo.

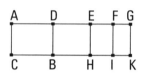

Pois, como a AD é um primeiro apótomo, seja a DG a que é ajustada a ela; portanto, as AG, GD são racionais comensuráveis somente em potência. E a toda AG é comensurável com a exposta racional AC, e a AG é maior em potência do que a GD pelo sobre uma comensurável em comprimento com aquela mesma; portanto, caso seja aplicado à AG

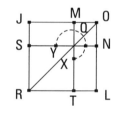

um igual à quarta parte do sobre a DG, deficiente por uma figura quadrada, divide-a em comensuráveis. Fique cortada a DG em duas no E, e fique aplicado à AG um igual ao sobre a EG, deficiente por uma figura quadrada, e seja o pelas AF, FG; portanto, a AF é comensurável com a FG. E fiquem traçadas pelos pontos E, F, G as EH, FI, GK paralelas à AC.

E, como a AF é comensurável com a FG em comprimento, também a AG é comensurável com cada uma das AF, FG em comprimento. Mas a AG é comensurável com a AC; portanto, cada uma das AF, FG é comensurável com a AC em comprimento. E a AC é racional; portanto, também cada uma das AF, FG é racional; desse modo, também cada um dos AI, FK é racional. E, como a DE é comensurável com a EG em comprimento, portanto, também a DG é comensurável com cada uma das DE, EG em comprimento. Mas a DG é racional e incomensurável com a AC em comprimento; portanto, também cada uma das DE, EG é racional e incomensurável com a AC em comprimento; portanto, cada um dos DH, EK é medial.

Fique posto, então, por um lado, o quadrado JL igual ao AI, e, por outro lado, fique subtraído o quadrado MN, igual ao FK, tendo em comum com ele o ângulo sob JOL; portanto, os quadrados JL, MN estão à volta da mesma diagonal. Seja a diagonal OR deles, e fique descrita completamente a figura. Como, de fato, o retângulo contido pelas AF, FG é igual ao quadrado sobre a EG, portanto, como a AF está para a EG, assim a EG para a FG. Mas, por um lado, como a AF para a EG, assim o AI para o EK, e, por outro lado, como a EG para a FG, assim o EK para o KF; portanto, o EK é médio, em proporção, entre os AI, KF. Mas, também o LM é médio, em proporção entre os JL, MN, como foi provado nos anteriores, e o AI é igual ao quadrado JL, enquanto o KF, ao MN; portanto, também o LM é igual ao EK. Mas, por um lado, o EK é igual ao DH, e, por outro lado, o LM, ao JN; portanto, o DK é igual ao gnômon YQX e ao MN. Mas também o AK é igual aos quadrados JL, MN; portanto, o AB restante é igual ao ST. Mas o ST é o quadrado sobre a JM; portanto, o quadrado sobre a JM é igual ao AB; portanto, a JM serve para produzir o AB.

Digo, então, que a JM é um apótomo.

Pois, como cada um dos AI, FK é racional, e é igual aos JL, MN, portanto, também cada um dos JL, MN é racional, isto é, o sobre cada uma das JO, OM; portanto, também cada uma das JO, OM é racional. De novo, como o DH é medial e é igual ao JN, portanto, também o JN é medial. Como, de fato, o JN é medial, enquanto o MN é racional, portanto, o JN é incomensurável com o MN; mas, como o JN para o MN, assim a JO está para a OM; portanto, a JO é incomensurável com a OM em comprimento. E ambas são racionais; portanto, as JO, OM são racionais comensuráveis somente em potência; portanto, a JM é um apótomo. E serve para produzir a área AB; portanto, a que serve para produzir a área AB é um apótomo.

Portanto, caso uma área seja contida por uma racional, e as coisas seguintes.

92.

Caso uma área seja contida por uma racional e um segundo apótomo, a que serve para produzir a área é um primeiro apótomo de uma medial.

Fique, pois, contida a área AB pela racional AC e o segundo apótomo AD; digo que a que serve para produzir a área AB é um primeiro apótomo de uma medial.

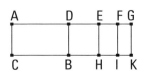

Seja, pois, a DG a que se ajusta à AD; portanto, as AG, GD são racionais comensuráveis somente em potência, e a que se ajusta, a DG, é comensurável com a exposta racional AC, e a toda AG é maior em potência do que a que se ajusta GD pelo sobre uma comensurável com aquela mesma em compri-

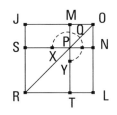

mento. Como, de fato, a AG é maior em potência do que a GD pelo sobre uma comensurável com aquela mesma, portanto, caso seja aplicado à AG um igual à quarta parte do sobre a GD, deficiente por uma figura quadrada, divide-a em comensuráveis. Fique, de fato, cortada a DG em duas no E; e fique aplicado à AG um igual ao sobre a EG, deficiente por uma figura quadrada, e seja o pelas AF, FG; portanto, a AF é comensurável com a FG em comprimento. Portanto, também a AG é comensurável com cada uma das AF, FG em comprimento. Mas a AG é racional e incomensurável com a AC em comprimento. Portanto, também cada uma das AF, FG é racional e incomensurável com a AC em comprimento; portanto, cada um dos AI, FK é medial. De novo, como a DE é comensurável com a DG, portanto, também a DG é comensurável com cada uma das DE, EG. Mas a DG é comensurável com a AC em comprimento. [Portanto, também cada uma das DE, EG é racional e comensurável com a AC em comprimento.] Portanto, cada um dos DH, EK é racional.

Fique construído, de fato, por um lado, o quadrado JL igual ao AI, e, por outro lado, fique subtraído o MN igual ao FK, estando à volta do mesmo ângulo com o JL, o sob as JOL; portanto, os quadrados JL, MN estão à volta da mesma diagonal. Seja a diagonal OR deles, e fique descrita

450

completamente a figura. Como, de fato, os AI, FK são mediais e são iguais aos sobre as JO, OM, [portanto] também os sobre as JO, OM são mediais; portanto, também as JO, OM são mediais comensuráveis somente em potência. E, como o pelas AF, FG é igual ao sobre a EG, portanto, como a AF está para a EG, assim a EG para a FG; mas, por um lado, como a AF para a EG, assim o AI para o EK; e, por outro lado, como a EG para a FG, assim [está] o EK para o FK; portanto, o EK é médio, em proporção, entre os AI, FK. Mas também o LM é médio, em proporção, entre os quadrados JL, MN; e, por um lado, o AI é igual ao JL, e, por outro lado, o FK, ao MN; portanto, também o LM é igual ao EK. Mas, por um lado, o DH [é] igual ao EK, e, por outro lado, o JN é igual ao LM; portanto, o todo DK é igual ao gnômon YQX e ao MN. Como, de fato, o todo AK é igual aos JL, MN, dos quais o DK é igual ao gnômon YQX e ao MN, portanto, o AB restante é igual ao TS. Mas o TS é o sobre a JM; portanto, o sobre a JM é igual à área AB; portanto, a JM serve para produzir a área AB.

Digo, [então] que a JM é um primeiro apótomo de uma medial.

Pois, como o EK é racional e é igual ao JN, portanto, o JN, isto é, o pelas JO, OM é racional. E o MN foi provado medial; portanto, o JN é incomensurável com o MN; e, como o JN para o MN, assim a JO está para a OM; portanto, as JO, OM são incomensuráveis em comprimento. Portanto, as JO, OM são mediais comensuráveis somente em potência, contendo um racional; portanto, a JM é um primeiro apótomo de uma medial; e serve para produzir a área AB.

Portanto, a que serve para produzir a área AB é um primeiro apótomo de uma medial; o que era preciso provar.

93.

Caso uma área seja contida por uma racional e um terceiro apótomo, a que serve para produzir a área é um segundo apótomo de uma medial.

Seja, pois, contida a área AB pelas racional AC e terceiro apótomo AD; digo que a que serve para produzir a área AB é um segundo apótomo de uma medial.

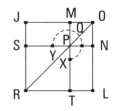

Seja, pois, a DG a que se ajusta à AD; portanto, as AG, GD são racionais comensuráveis somente em potência, e nenhuma das AG, GD é comensurável com a exposta racional AC em comprimento, e a toda AG é maior em potência do que a que se ajusta DG pelo sobre uma comensurável com aquela mesma. Como, de fato, a AG é maior em potência do que a GD pelo sobre uma comensurável com aquela mesma, caso seja aplicado à AG um igual à quarta parte do sobre a DG, deficiente por uma figura quadrada, dividi-la-á em comensuráveis. Fique, de fato, cortada a DG em duas no E, e fique aplicado à AG um igual ao sobre a EG, deficiente por uma figura quadrada, e seja o pelas AF, FG. E fiquem traçadas pelos pontos E, F, G as EH, FI, GK paralelas à AC; portanto, as AF, FG são comensuráveis; portanto, também o AI é comensurável com o FK. E, como as AF, FG são comensuráveis em comprimento, portanto, também a AG é comensurável com cada uma das AF, FG em comprimento. Mas a AG é racional e incomensurável com a AC em comprimento; desse modo, também as AF, FG. Portanto, cada um dos AI, FK é medial. De novo, como a DE é comensurável com a EG em comprimento, portanto, a DG é comensurável com cada uma das DE, EG em comprimento. Mas a GD é racional e incomensurável com a AC em comprimento; portanto, também cada uma das DE, EG é racional e incomensurável com a AC em comprimento. Portanto, cada um dos DH, EK é medial. E, como as AG, GD são comensuráveis somente em potência, portanto, a AG é incomensurável com a GD em comprimento. Mas, por um lado, a AG é comensurável com a AF em comprimento, e, por outro lado, a DG, com a EG; portanto, a AF é incomensurável com a EG em comprimento. E, como a AF para a EG, assim o AI está para o EK; portanto, o AI é incomensurável com o EK.

Fique, de fato, por um lado, construído o quadrado JL igual ao AI, e, por outro lado, fique subtraído o MN igual ao FK, estando à volta do mesmo ângulo com o JL; portanto, os JL, MN estão à volta da mesma diagonal. Seja a diagonal OR deles, e fique descrita completamente a figura. Como, de fato, o pelas AF, FG é igual ao sobre a EG, portanto, como a AF está para a

EG, assim a EG para a FG. Mas, por um lado, como a AF para a EG, assim o AI está para o EK; e, por outro lado, como a EG para a FG, assim o EK está para o FK; portanto, também como o AI para o EK, assim o EK para o FK; portanto, o EK é médio, em proporção, entre os AI, FK. Mas também o LM é médio, em proporção, entre os quadrados JL, MN; e o AI é igual ao JL, ao passo que o FK, ao MN; portanto, também o EK é igual ao LM. Mas o LM é igual ao JN, ao passo que o EK [é] igual ao DH; portanto, também o todo DK é igual ao gnômon YQX e ao MN. Mas também o AK é igual aos JL, MN; portanto, o AB restante é igual ao ST, isto é, ao quadrado sobre a JM; portanto, a JM serve para produzir a área AB.

Digo que a JM é um segundo apótomo de uma medial.

Pois, como os AI, FK foram provados mediais, e são iguais aos sobre as JO, OM, portanto, também cada um dos sobre as JO, OM é medial; portanto, cada uma das JO, OM é medial. E, como o AI é comensurável com o FK, portanto, também o sobre a JO é comensurável com o sobre a OM. De novo, como o AI foi provado incomensurável com o EK, portanto, também o JL é incomensurável com o LM, isto é, o sobre a JO com o pelas JO, OM; desse modo, também a JO é incomensurável com a OM; portanto, as JO, OM são mediais comensuráveis somente em potência.

Digo, então, que também contêm um medial.

Pois, como o EK foi provado medial e igual ao pelas JO, OM, portanto, também o pelas JO, OM é medial; desse modo, as JO, OM são mediais comensuráveis somente em potência, contendo um medial. Portanto, a JM é um segundo apótomo de uma medial; e serve para produzir a área AB.

Portanto, a que serve para produzir a área AB é um segundo apótomo de uma medial; o que era preciso provar.

94.

Caso uma área seja contida por uma racional e um quarto apótomo, a que serve para produzir a área é uma menor.

Seja, pois, contida a área AB pela racional AC e o quarto apótomo AD; digo que a que serve para produzir a área AB é uma menor.

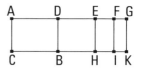

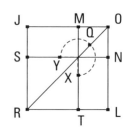

Seja, pois, a DG a que se ajusta à AD; portanto, as AG, GD são racionais comensuráveis somente em potência, e a AG é comensurável com a exposta racional AC em comprimento, e a toda AG é maior em potência do que a que é ajustada, a DG, pelo sobre uma incomensurável com aquela mesma em comprimento. Como, de fato, a AG é maior em potência do que a GD pelo sobre uma incomensurável em comprimento com aquela mesma, portanto, caso seja aplicado à AG um igual à quarta parte do sobre a DG, deficiente por uma figura quadrada, dividi-la-á em incomensuráveis. Fique, de fato, cortada a DG em duas no E, e fique aplicado à AG um igual ao sobre a EG, deficiente por uma figura quadrada, e seja o pelas AF, FG; portanto, a AF é incomensurável com a FG em comprimento. Fiquem, de fato, traçadas pelos E, F, G as EH, FI, GK paralelas às AC, BD. Como, de fato, a AG é racional e comensurável com a AC em comprimento, portanto, o todo AK é racional. De novo, como a DG é incomensurável com a AC em comprimento, e ambas são racionais, portanto, o DK é medial. De novo, como a AF é incomensurável com a FG em comprimento, portanto, também o AI é incomensurável com o FK. Por um lado, fique, de fato, construído o quadrado JL igual ao AI, e, por outro lado, fique subtraído o MN igual ao FK, à volta do mesmo ângulo, o sob as JOL. Portanto, os quadrados JL, MN estão à volta da mesma diagonal. Seja a diagonal OR deles, e fique descrita completamente a figura. Como, de fato, o pelas AF, FG é igual ao sobre a EG, portanto, em proporção, como a AF está para a EG, assim a EG para a FG. Mas, por um lado, como a AF para a EG, assim o AI está para o EK, e, por outro lado, como a EG para a FG, assim o EK está para o FK; portanto, o EK é médio, em proporção, entre os AI, FK. Mas também o LM é médio, em proporção, entre os quadrados JL, MN, e o AI é igual ao JL, ao passo que o FK, ao MN; portanto, também o EK é igual ao LM. Mas o DH é igual ao EK, ao passo que o JN é igual ao LM; portanto, o todo DK é igual ao gnômon YQX e ao MN. Como, de fato, o todo AK é igual aos quadrados JL, MN, dos quais o DK é igual ao gnômon YQX e ao quadrado MN, portanto, o AB restante é igual ao ST, isto é, ao quadrado sobre a JM; portanto, a JM serve para produzir a área AB.

Digo que a JM é uma irracional, a chamada menor.

Pois, como o AK é racional e igual aos quadrados sobre as JO, OM, portanto, o composto dos sobre as JO, OM é racional. De novo, como o DK é medial, e o DK é igual a duas vezes o pelas JO, OM, portanto, duas vezes o pelas JO, OM é medial. E, como o AI foi provado incomensurável com o FK, portanto, também o quadrado sobre a JO é incomensurável com o quadrado sobre a OM. Portanto, as JO, OM são incomensuráveis em potência, fazendo, por um lado, o composto dos quadrados sobre elas racional, e, por outro lado, duas vezes o por elas medial. Portanto, a JM é irracional, a chamada menor; e serve para produzir a área AB.

Portanto, a que serve para produzir a área AB é uma menor; o que era preciso provar.

95.

Caso uma área seja contida por uma racional e um quinto apótomo, a que serve para produzir a área é a que faz, com um racional, o todo medial.

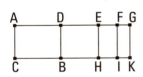

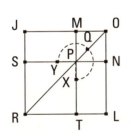

Seja, pois, contida a área AB pela racional AC e o quinto apótomo AD; digo que a que serve para produzir a área AB é a que faz, com um racional, o todo medial.

Seja, pois, a DG a que se ajusta à AD; portanto, as AG, GD são racionais comensuráveis somente em potência, e a que se ajusta, a GD, é comensurável com a exposta racional AC em comprimento, e a toda AG é maior em potência do que a que se ajusta DG pelo sobre uma incomensurável com aquela mesma. Portanto, caso seja aplicado à AG um igual à quarta parte do sobre a DG, deficiente por uma figura quadrada, dividi-la-á em incomensuráveis. Fique, de fato, cortada a DG em duas no ponto E, e fique aplicado à AG um igual ao sobre a EG, deficiente por uma figura quadrada, e seja o pelas AF, FG; portanto, a AF é incomensurável com a FG em comprimento. E, como a AG é incomensurável com a CA em comprimento, e ambas são racionais, portanto, o AK é medial. De novo, como a DG é racional e comensurável com a AC em comprimento, o DK é racional. Por um lado, fique construído o quadrado JL igual ao AI, e, por outro lado, fique subtraído o quadrado MN igual ao FK, à volta do mesmo ângulo, o sob JOL; portanto, os quadrados JL, MN estão à volta da mesma diagonal. Seja a diagonal OR deles, e fique descrita completamente a figura. Do mesmo modo, então, provaremos que a JM serve para produzir a área AB.

Digo que a JM é a que faz, com um racional, o todo medial.

Pois, como o AK foi provado medial, e é igual aos sobre as JO, OM, portanto, o composto dos sobre as JO, OM é medial. De novo, como o DK é racional e é igual a duas vezes o pelas JO, OM, também ele é racional. E, como o AI é incomensurável com o FK, portanto, também o sobre a JO é incomensurável com o sobre a OM; portanto, as JO, OM são incomensuráveis em potência, fazendo, por um lado, o composto dos quadrados sobre elas medial, e, por outro lado, duas vezes o por elas racional. Portanto, a restante JM é irracional, a chamada a que faz, com um racional, o todo medial; e serve para produzir a área AB.

Portanto, a que serve para produzir a área AB é a que faz, com um racional, o todo medial; o que era preciso provar.

96.

Caso uma área seja contida por uma racional e um sexto apótomo, a que serve para produzir a área é a que faz, com um medial, o todo medial.

Seja, pois, a área AB contida pela racional AC e o sexto apótomo AD; digo que a que serve para produzir a área AB é a que faz, com um medial, o todo medial.

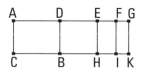

Seja, pois, a DG a que se ajusta à AD; portanto, as AG, GD são racionais comensuráveis somente em potência, e nenhuma delas é comensurável com a exposta racional AC em comprimento, e a toda AG é maior em potência do que a que se ajusta DG pelo sobre uma incomensurável com aquela

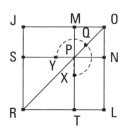

mesma em comprimento. Como, de fato, a AG é maior em potência do que a GD pelo sobre uma incomensurável com aquela mesma em comprimento, portanto, caso seja aplicado à AG um igual à quarta parte do sobre a DG, deficiente por uma figura quadrada, dividi-la-á em incomensuráveis. Fique, de fato, cortada a DG em duas no [ponto] E, e fique aplicado à AG um igual ao sobre a EG, deficiente por uma figura quadrada, e seja o pelas AF, FG; portanto, a AF é incomensurável com a FG em comprimento. E, como a AF para a FG, assim o AI está para o FK; portanto, o AI é incomensurável com o FK. E, como as AG, AC são racionais comensuráveis somente em potência, o AK é medial. De novo, como as AC, DG são racionais e incomensuráveis em comprimento, também o DK é medial. Como, de fato, as AG, GD são comensuráveis somente em potência, portanto a AG é incomensurável com a GD em comprimento. Mas, como a AG para a GD, assim o AK está para o KD; portanto, o AK é incomensurável com o KD. Por um lado, fique, de fato, construído o quadrado JL igual ao AI, e, por outro lado, fique subtraído o MN igual ao FK, à volta do mesmo ângulo; portanto, os quadrados JL, MN estão à volta da mesma diagonal. Seja a diagonal OR deles e fique descrita completamente a figura. Do mesmo modo, então, que nos acima, provaremos que a JM serve para produzir a área AB.

Digo que a JM é a que faz, com um medial, o todo medial.

Pois, como o AK foi provado medial e igual aos sobre as JO, OM, portanto, o composto dos sobre as JO, OM é medial. De novo, como o DK foi provado medial e igual a duas vezes o pelas JO, OM, também duas vezes o pelas JO, OM é medial. E, como o AK foi provado incomensurável com o DK, [portanto], também os quadrados sobre as JO, OM são incomensuráveis com duas vezes o pelas JO, OM. E, como o AI é incomensurável com o FK, portanto, também o sobre a JO é incomensurável com o sobre a OM; portanto, as JO, OM são incomensuráveis em potência, fazendo tanto o composto dos quadrados sobre elas medial quanto duas vezes o por elas medial e, ainda, os quadrados sobre elas incomensuráveis com duas vezes o por elas. Portanto, a JM é irracional, a chamada a que faz, com um medial, o todo medial; e serve para produzir a área AB.

Portanto, a que serve para produzir a área é a que faz, com um medial, o todo medial; o que era preciso provar.

97.

O sobre um apótomo, aplicado a uma racional, faz como largura um primeiro apótomo.

Sejam o apótomo AB, e a racional CD, e fique aplicado à CD o CE igual ao sobre a AB, fazendo como largura a CF; digo que a CF é um primeiro apótomo.

Seja, pois, a BG a que se ajusta à AB; portanto, as AG, GB são racionais comensuráveis somente em potência. E, por um lado, fique aplicado à CD o CH igual ao sobre a AG, e, por outro lado, o IJ, ao sobre a BG. Portanto, o todo CJ é igual aos sobre as AG, GB; dos quais o CE é igual ao sobre a AB; portanto, o restante FJ é igual a duas vezes o pelas AG, GB. Fique cortada a FL em duas no ponto M, e fique traçada pelo M a MN paralela à CD; portanto, cada um dos FN, JM é igual ao pelas AG, GB. E, como os sobre as AG, GB são racionais, e o DL é igual aos sobre as AG, GB, portanto, o DL é racional. E foi aplicado à racional CD, fazendo como largura a CL; portanto, a CL é racional e comensurável com a CD em comprimento. De novo, como duas vezes o pelas AG, GB é medial, e o FJ é igual a duas vezes o pelas AG, GB, portanto, o FJ é medial. E foi aplicado à racional CD, fazendo como largura a FL; portanto, a FL é racional e incomensurável com a CD em comprimento. E, por um lado, como os sobre as AG, GB são racionais, e, por outro lado, duas vezes o pelas AG, GB é medial, portanto, os sobre as AG, GB são incomensuráveis com duas vezes o pelas AG, GB. E, por um lado, o CJ é igual aos sobre as AG, GB, e, por outro, o FJ, ao duas vezes o pelas AG, GB; portanto, o DL é incomensurável com o FJ. Mas, como o DL para o FJ, assim a CL está para a FL. Portanto, a CL é incomensurável com a FL em comprimento. E ambas são racionais; portanto, as CL, LF são racionais comensuráveis somente em potência; portanto, a CF é um apótomo.

Digo, então, que é um primeiro.

Pois, como o pelas AG, GB é médio, em proporção, entre os sobre as AG, GB, e, por um lado, o CH é igual ao sobre a AG, e, por outro lado, o

IJ é igual ao sobre a BG, e o MJ, ao pelas AG, GB, portanto, também o MJ é médio, em proporção, entre os CH, IJ; portanto, como o CH está para o MJ, assim o MJ para o IJ. Mas, por um lado, como o CH para o MJ, assim a CI está para a ML; e, por outro lado, como o MJ para o IJ, assim a ML está para a IL; portanto, o pelas CI, IL é igual ao sobre a ML, isto é, à quarta parte do sobre a FL. E, como o sobre a AG é comensurável com o sobre a GB, também o CH [é] comensurável com o IJ. Mas, como o CH para o IJ, assim a CI para a IL; portanto, a CI é comensurável com a IL. Como, de fato, as duas retas CL, LF são desiguais, e foi aplicado à CL o pelas CI, IL igual à quarta parte do sobre a FL, deficiente por uma figura quadrada, e a CI é comensurável com a IL, portanto, a CL é maior em potência do que a LF pelo sobre uma comensurável em comprimento com aquela mesma. E a CL é comensurável com a exposta racional CD em comprimento. Portanto, a CF é um primeiro apótomo.

Portanto, o sobre um apótomo, aplicado a uma racional, faz como largura um primeiro apótomo; o que era preciso provar.

98.

O sobre um primeiro apótomo de uma medial, aplicado a uma racional, faz como largura um segundo apótomo.

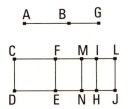

Sejam a AB um primeiro apótomo de uma medial e a CD uma racional, e fique aplicado à CD o CE igual ao sobre a AB, fazendo como largura a CF; digo que a CF é um segundo apótomo.

Seja, pois, a BG a que se ajusta à AB; portanto, as AG, GB são mediais comensuráveis somente em potência, contendo um racional. E, por um lado, fique aplicado à CD o CH igual ao sobre a AG, fazendo como largura a CI, e, por outro lado, o IJ igual ao sobre a GB, fazendo como largura a IL; portanto, o todo CJ é igual aos sobre as AG, GB; portanto, também o CJ é medial. E foi justaposto à racional CD, fazendo como largura a CL; portanto, a CL é racional e incomensurável com a CD em comprimento. E, como o CJ é igual aos sobre as

AG, GB, dos quais o sobre a AB é igual ao CE, portanto, duas vezes o pelas AG, GB restante é igual ao FJ. Mas duas vezes o pelas AG, GB [é] racional; portanto, o FJ é racional. E foi justaposto à racional FE, fazendo como comprimento a FL; portanto, também a FL é racional e comensurável com a CD em comprimento. Como, de fato, por um lado, os sobre as AG, GB, isto é, o CJ, é medial, e, por outro lado, duas vezes o pelas AG, GB, isto é, o FJ é racional, portanto, o CJ é incomensurável com o FJ. E, como o CJ para o FJ, assim a CL está para a FL; portanto, a CL é incomensurável com a FL em comprimento. E ambas são racionais; portanto, as CL, LF são racionais comensuráveis somente em potência; portanto, a CF é um apótomo.

Digo, então, que também é um segundo.

Fique, pois, cortada a FL em duas no M, e seja traçada pelo M a MN paralela à CD; portanto, cada um dos FN, MJ é igual ao pelas AG, GB. E, como o pelas AG, GB é médio, em proporção, entre os quadrados sobre as AG, GB, e, por um lado, o sobre a AG é igual ao CH, e, por outro lado, o pelas AG, GB, ao MJ, e o sobre a BG ao IJ, portanto, também o MJ é médio, em proporção, entre os CH, IJ; portanto, como o CH está para o MJ, assim o MJ para o IJ. Mas, por um lado, como o CH para o MJ, assim a CI está para a ML, e, por outro lado, como o MJ para o IJ, assim a ML está para LI; portanto, como a CI para a ML, assim a ML está para a IL; portanto, o pelas CI, IL é igual ao sobre a ML, isto é, à quarta parte do sobre a FL. [E, como o sobre a AG é comensurável com o sobre a BG, também o CH é comensurável com o IJ, isto é, a CI, com a IL.] Como, de fato, as duas retas CL, LF são desiguais, e foi aplicado à maior CL o pelas CI, IL, igual à quarta parte do sobre a LF, deficiente por uma figura quadrada, também divide-a em comensuráveis, portanto a CL é maior em potência do que a LF pelo sobre uma comensurável com aquela mesma em comprimento. E a que se ajusta FL é comensurável com a exposta racional CD em comprimento; portanto, a CF é um segundo apótomo.

Portanto, o sobre um primeiro apótomo de uma medial, aplicado a uma racional, faz como largura um segundo apótomo; o que era preciso provar.

99.

O sobre um segundo apótomo de uma medial, aplicado a uma racional, faz como largura um terceiro apótomo.

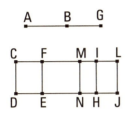

Sejam a AB um segundo apótomo de uma medial e a CD uma racional, e fique aplicado à CD o CE igual ao sobre a AB, fazendo como largura a CF; digo que a CF é um terceiro apótomo.

Seja, pois, a BG a que se ajusta à AB; portanto, as AG, GB são mediais comensuráveis somente em potência, contendo um medial. E, por um lado, fique aplicado à CD o CH igual ao sobre a AG, fazendo como largura a CI, e, por outro lado, fique aplicado à IH o IJ igual ao sobre a BG, fazendo como largura a IL; portanto, o todo CJ é igual aos sobre as AG, GB [e os sobre as AG, GB são mediais.] Portanto, também o CJ é medial. E foi aplicado à racional CD, fazendo como largura a CL; portanto, a CL é racional e incomensurável com a CD em comprimento. E, como o todo CJ é igual aos sobre as AG, GB, dos quais o CE é igual ao sobre a AB, portanto, o restante JF é igual a duas vezes o pelas AG, GB. Fique, de fato, cortada a FL em duas no ponto M, e fique traçada a MN paralela à CD; portanto, cada um dos FN, MJ é igual ao pelas AG, GB. Mas o pelas AG, GB é medial; portanto, também o FJ é medial. E foi justaposto à racional EF, fazendo como largura a FL; portanto, também a FL é racional e incomensurável com a CD em comprimento. E, como as AG, GB são comensuráveis somente em potência, portanto, a AG [é] incomensurável com a GB em comprimento; portanto, também o sobre a AG é incomensurável com o pelas AG, GB. Mas, por um lado, os sobre os AG, GB são comensuráveis com o sobre a AG, e, por outro lado, duas vezes o pelas AG, GB, com o pelas AG, GB; portanto, os sobre as AG, GB são incomensuráveis com duas vezes o pelas AG, GB. Mas o CJ é igual aos sobre os AG, GB, enquanto o FJ é igual a duas vezes o pelas AG, GB; portanto, o CJ é incomensurável com o FJ. Mas, como o CJ para o FJ, assim a CL está para a FL; portanto, a CL é incomensurável com a FL em comprimento. E ambas são racionais; portanto, as CL, LF são racionais comensuráveis somente em potência; portanto, a CF é um apótomo.

Digo, então, que também é um terceiro.

Pois, como o sobre a AG é comensurável com o sobre a GB, portanto, também o CH é comensurável com o IJ; desse modo, também a CI, com a IL. E, como o pelas AG, GB é médio, em proporção, entre os sobres AG, GB, e o CH é igual ao sobre a AG, enquanto o IJ é igual ao sobre a GB, e o MJ é igual ao pelas AG, GB, portanto, o ML é médio, em proporção, entre os CH, IJ; portanto, como o CH está para o MJ, assim o MJ para o IJ; mas, por um lado, como o CH para o MJ, assim a CI está para a ML, e, por outro lado, como o MJ para o IJ, assim a ML está para a IL; portanto, como a CI para a LM, assim a LM está para a IL; portanto, o pelas CI, IL é igual [ao sobre a LM, isto é] à quarta parte do sobre a FL. Como, de fato, as duas retas CL, LF são desiguais, e foi aplicado à CL um igual à quarta parte do sobre a FL, deficiente por uma figura quadrada, também a divide em comensuráveis, portanto, a CL é maior em potência do que a LF pelo sobre uma comensurável com aquela mesma. E nenhuma das CL, LF é comensurável com a exposta racional CD em comprimento. Portanto, a CF é um terceiro apótomo.

Portanto, o sobre um segundo apótomo de uma medial, aplicado a uma racional, faz como largura um terceiro apótomo; o que era preciso provar.

100.

O sobre uma menor, aplicado a uma racional, faz como largura um quarto apótomo.

Sejam a AB uma menor e a CD uma racional, e fique aplicado à racional CD o CE igual ao sobre a AB, fazendo como largura a CF; digo que a CF é um quarto apótomo.

Seja, pois, a BG a que se ajusta à AB; portanto, as AG, GB são incomensuráveis em potência, fazendo, por um lado, o composto dos quadrados sobre as AG,

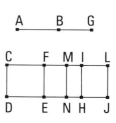

GB racional, e, por outro lado, duas vezes o pelas AG, GB medial. E, por um lado, fique aplicado à CD o CH igual ao sobre a AG, fazendo como largura a CI, e, por outro lado, o IJ igual ao sobre a BG, fazendo como largura a IL; portanto, o todo CJ é igual aos sobre as AG, GB. E o composto dos sobre as AG, GB é racional; portanto, também o CJ é racional. E foi justaposto à racional CD, fazendo como largura a CL; portanto, a CL é racional e comensurável com a CD em comprimento. E, como o todo CJ é igual aos sobre as AG, GB, dos quais o CE é igual ao sobre a AB, portanto, o restante FJ é igual a duas vezes o pelas AG, GB. Fique, de fato, cortada a FL em duas no ponto M, e fique traçada pelo M a MN paralela a qualquer uma das CD, LJ; portanto, cada um dos FN, MJ é igual ao pelas AG, GB. E, como duas vezes o pelas AG, GB é medial e é igual ao FJ, portanto, o FJ é medial, e foi justaposto à racional FE, fazendo como largura a FL; portanto, a FL é racional e incomensurável com a CD em comprimento. E, como, por um lado, o composto dos sobre as AG, GB é racional, e, por outro lado, duas vezes o pelas AG, GB é medial, [portanto], os sobre as AG, GB são incomensuráveis com duas vezes o pelas AG, GB. Mas o CJ [é] igual aos sobre as AG, GB, e o FJ é igual a duas vezes o pelas AG, GB; portanto, o CJ é incomensurável com o FJ. Mas como o CJ para o FJ, assim a CL está para a LF; portanto, a CL é incomensurável com a LF em comprimento. E ambas são racionais; portanto, as CL, LF são racionais comensuráveis somente em potência; portanto, a CF é um apótomo.

Digo, então, que também é um quarto.

Pois, como as AG, GB são incomensuráveis em potência, portanto, também o sobre a AG é incomensurável com o sobre a GB. E o CH é igual ao sobre a AG, enquanto o IJ é igual ao sobre a GB; portanto, o CH é incomensurável com o IJ. Mas, como o CH para o IJ, assim a CI está para a IL; portanto, a CI é incomensurável com a IL em comprimento. E, como o pelas AG, GB é médio, em proporção, entre os sobre as AG, GB, e o sobre a AG é igual ao CH, enquanto o sobre a GB, ao IJ e o pelas AG, GB, ao MJ, portanto, o MJ é médio, em proporção, entre os CH, IJ; portanto, como o CH está para o MJ, assim o MJ para o IJ. Mas, por um lado, como o CH para o MJ, assim a CI está para a ML, e, por outro lado, como o MJ para o IJ, assim a ML está para a IL; portanto, como a CI para a LM, assim a LM está para a IL; portanto, o pelas CI, IL é igual ao sobre a LM, isto é, à quarta parte do sobre a FL. Como, de fato, as duas retas CL, LF são desiguais, e foi aplicado à CL o pelas CI, IL igual à quarta parte do sobre a LF, deficiente por uma figura quadrada, também a divide em incomensuráveis, portanto, a CL é maior em potência do que a LF, pelo sobre uma incomensurável com aquela mesma. E, a toda CL é comensurável com a exposta racional CD em comprimento; portanto, a CF é um quarto apótomo.

Portanto, o sobre uma menor, e as coisas seguintes.

101.

O sobre a que faz, com um racional, o todo medial, aplicado a uma racional, faz como largura um quinto apótomo.

Sejam a AB a que faz, com um racional, o todo medial e a CD uma racional, e fique aplicado à CD o CE igual ao sobre a AB, fazendo como largura a CF; digo que a CF é um quinto apótomo.

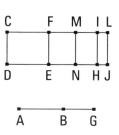

Seja, pois, a BG a que se ajusta à AB; portanto, as retas AG, GB são incomensuráveis em potência, fazendo, por um lado, o composto dos quadrados sobre elas medial, e, por outro lado, duas vezes o por elas racional. E fique aplicado à CD, por um lado, o CH igual ao sobre a AG, e, por outro lado, o IJ igual ao sobre a GB; portanto, o todo CJ é igual aos sobre as AG, GB. E o composto dos sobre as AG, GB juntos é medial; portanto, o CJ é medial. E foi justaposto à racional CD, fazendo como largura a CL; portanto, a CL é racional e incomensurável com a CD. E, como o todo CJ é igual aos sobre as AG, GB, dos quais o CE é igual ao sobre a AB, portanto, o restante FJ é igual a duas vezes o pelas AG, GB. Fique, de fato, cortada a FL em duas no M, e fique traçada pelo M a MN paralela a qualquer uma das CD, LJ; portanto, cada um dos FN, MJ é igual ao pelas AG, GB. E, como duas vezes o pelas AG, GB é racional e [é] igual ao FJ, portanto, o FJ é racional. E foi justaposto à racional EF, fazendo como largura a FL; portanto, a FL é racional e comensurável com a CD em comprimento. E como, por um lado, o CJ é medial, e, por outro lado, o FJ é racional, portanto, o CJ é incomensurável com o FJ. Mas, como o CJ para o FJ, assim a CL para a LF; portanto, a CL é incomensurável com a LF em comprimento. E ambas são racionais; portanto, as CL, LF são racionais comensuráveis somente em potência; portanto, a CF é um apótomo.

Digo, então, que também é um quinto.

Pois, do mesmo modo, provaremos que o pelas CIL é igual ao sobre a ML, isto é, à quarta parte do sobre a FL. E, como o sobre a AG é incomensurável com o sobre a GB, mas o sobre a AG é igual ao CH, enquanto o sobre a GB ao IJ, portanto, o CH é incomensurável com o IJ. Mas, como o CH para o IJ, assim a CI para a IL; portanto, a CI é incomensurável com a IL em comprimento. Como, de fato, as duas retas CL, LF são desiguais, e foi aplicado à CL um igual à quarta parte do sobre a FL, deficiente por uma figura quadrada, também a divide em incomensuráveis, portanto, a CL é maior em potência do que a LF pelo sobre uma incomensurável com aquela mesma. E a FL, a que se ajusta, é comensurável com a exposta racional CD; portanto, a CF é um quinto apótomo; o que era preciso provar.

102.

O sobre a que faz, com um medial, o todo medial, aplicado a uma racional, faz como largura um sexto apótomo.

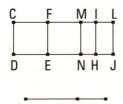

Sejam a AB a que faz, com um medial, o todo medial, e a CD uma racional, e fique aplicado à CD o CE igual ao sobre a AB, fazendo como largura a CF; digo que a CF é um sexto apótomo.

Seja, pois, a BG a que se ajusta à AB; portanto, as AG, GB são incomensuráveis em potência, fazendo tanto o composto dos quadrados sobre elas medial quanto duas vezes o pelas AG, GB medial e os sobre as AG, GB incomensuráveis com duas vezes o pelas AG, GB. Fique, de fato, aplicado à CD, por um lado, o CH igual ao sobre a AG, fazendo como largura a CI, e, por outro lado, o IJ, ao sobre a BG; portanto, o todo CJ é igual aos sobre as AG, GB;

portanto, também o CJ [é] medial. E foi justaposto à CD, fazendo como largura a CL; portanto, a CL é racional e incomensurável com a CD em comprimento. Como, de fato, o CJ é igual aos sobre as AG, GB, dos quais o CE é igual ao sobre a AB, portanto, o restante FJ é igual a duas vezes o pelas AG, GB. E duas vezes o pelas AG, GB é medial; portanto, também o FJ é medial. E foi justaposto à racional FE, fazendo como largura a FL; portanto, a FL é racional e incomensurável com a CD em comprimento. E, como os sobre as AG, GB são incomensuráveis com duas vezes o pelas AG, GB, e o CJ é igual aos sobre os AG, GB, enquanto o FJ é igual a duas vezes o pelas AG, GB, portanto, o CJ [é] incomensurável com o FJ. Mas, como o CJ para o FJ, assim a CL está para a LF; portanto, a CL é incomensurável com a LF em comprimento. E ambas são racionais. Portanto, as CL, LF são racionais comensuráveis somente em potência; portanto, a CF é um apótomo.

Digo, então, que também é um sexto.

Pois, como o FJ é igual a duas vezes o pelas AG, GB, fique cortada a FL em duas no M, e fique traçada pelo M a MN paralela à CD; portanto, cada um dos FN, MJ é igual ao pelas AG, GB. E, como as AG, GB são incomensuráveis em potência, portanto, o sobre a AG é incomensurável com o sobre a GB. Mas o CH é igual ao sobre a AG, ao passo que o IJ é igual ao sobre a GB; portanto, o CH é incomensurável com o IJ. Mas, como o CH para o IJ, assim a CI está para a IL; portanto, a CI é incomensurável com a IL. E, como o pelas AG, GB é médio, em proporção, entre os sobre as AG, GB, e o CH é igual ao sobre a AG, ao passo que o IJ é igual ao sobre a GB, e o MJ é igual ao pelas AG, GB, portanto, também o MJ é médio, em proporção, entre os CH, IJ; portanto, como o CH para o MJ, assim o MJ para o IJ. E, pelas mesmas coisas, a CL é maior em potência do que a LF pelo sobre uma incomensurável com aquela mesma. E nenhuma delas é comensurável com a exposta racional CD; portanto, a CF é um sexto apótomo; o que era preciso provar.

Os elementos

103.

*A comensurável com o apótomo, em comprimento, é um apótomo,
e o mesmo, na ordem.*

Seja o apótomo AB, e seja a CD comensurável com a AB em comprimento; digo que também a CD é um apótomo e o mesmo que a AB, na ordem.

Pois, como a AB é um apótomo, seja a BE a que se ajusta à AB; portanto, as AE, EB são racionais comensuráveis somente em potência. E pela razão da AB para a CD, fique produzida a da BE para a DF; portanto, também como um para um, todos [estão] para todos; portanto, também como a toda AE está para a toda CF, assim a AB para a CD. Mas a AB é comensurável com a CD em comprimento. Portanto, também, por um lado, a AE é comensurável com a CF, e, por outro lado, a BE, com a DF. E as AE, EB são racionais comensuráveis somente em potência; portanto, as CF, FD são racionais comensuráveis somente em potência. [Portanto a CD é um apótomo.

Digo, então, que também é o mesmo que a AB, na ordem.]

Como, de fato, a AE está para a CF, assim a BE para a DF, portanto, alternadamente, como a AE está para a EB, assim a CF para a FD. Então, ou a AE é maior em potência do que a EB pelo sobre uma comensurável com aquela mesma ou pelo sobre uma incomensurável. Se, por um lado, a AE é maior em potência do que a EB pelo sobre uma comensurável com aquela mesma, também a CF será maior em potência do que a FD pelo sobre uma comensurável com aquela mesma. E, se a AE é comensurável com a exposta racional em comprimento, também a CF, ao passo que, se a BE, também a DF, e, se nenhuma das AE, EB, também nenhuma das CF, DF. Se, por outro lado, a AE é maior em potência [do que a EB] pelo sobre uma incomensurável com aquela mesma, também a CF será maior em potência do que a FD pelo sobre uma incomensurável com aquela mesma. E, se a AE é comensurável em comprimento com a exposta racional, também a CF, ao passo que, se a BE, também a DF, e se nenhuma das AE, EB, nenhuma das CF, FD.

Portanto, a CD é um apótomo e o mesmo que a AB, na ordem; o que era preciso provar.

104.

A comensurável com o apótomo de uma medial é um apótomo de uma medial, e o mesmo, na ordem.

Seja o AB apótomo de uma medial, e seja a CD comensurável com a AB em comprimento; digo que a CD é apótomo de uma medial e o mesmo que a AB, na ordem.

Pois, como o AB é apótomo de uma medial, seja a EB a que se ajusta a ela. Portanto, as AE, EB são mediais comensuráveis somente em potência. E fique produzido como a AB para a CD, assim a BE para a DF; portanto, também a AE [é] comensurável com a CF, e a BE com a DF. Mas as AE, EB são mediais comensuráveis somente em potência; portanto, também as CF, FD são mediais comensuráveis somente em potência; portanto, a CD é apótomo de uma medial.

Digo, então, que também é o mesmo que a AB, na ordem.

[Pois,] como a AE está para a EB, assim a CF para a FD [mas, por um lado, como a AE para a EB, assim o sobre a AE para o pelas AE, EB, e, por outro lado, como a CF para a FD, assim o sobre a CF para o pelas CF, FD], portanto, também como o sobre a AE está para o pelas AE, EB, assim o sobre a CF para o pelas CF, FD [e, alternadamente, como o sobre a AE para o sobre a CF, assim o pelas AE, EB para o pelas CF, FD]. Mas o sobre a AE é comensurável com o sobre a CF; portanto, também o pelas AE, EB é comensurável com o pelas CF, FD. Se, de fato, o pelas AE, EB é racional, também o pelas CF, FD será racional, ao passo que se o pelas AE, EB [é] medial, também o pelas CF, FD [é] medial.

Portanto, a CD é um apótomo de uma medial e o mesmo que a AB, na ordem; o que era preciso provar.

105.

A comensurável com a menor é uma menor.

Sejam, pois, a menor AB e a CD comensurável com a AB; digo que a CD também é uma menor.

Fiquem, pois, produzidas as mesmas coisas. E, como as AE, EB são incomensuráveis em potência, portanto, também as CF, FD são incomensuráveis em potência. Como, de fato, a AE está para a EB, assim a CF para a FD, portanto, também como o sobre a AE está para o sobre a EB, assim o sobre a CF para o sobre a FD. Portanto, por composição, como os sobre as AE, EB estão para o sobre a EB, assim os sobre as CF, FD para o sobre a FD [e alternadamente]; mas o sobre a BE é comensurável com o sobre DF; portanto, também o composto dos quadrados sobre as AE, EB é comensurável com o composto dos quadrados sobre as CF, FD. Mas o composto dos quadrados sobre as AE, EB é racional; portanto, também o composto dos quadrados sobre as CF, FD é racional. De novo, como o sobre a AE está para o pelas AE, EB, assim o sobre CF para o pelas CF, FD, e o quadrado sobre a AE é comensurável com o quadrado sobre a CF, portanto, também o pelas AE, EB é comensurável com o pelas CF, FD. Mas o pelas AE, EB é medial; portanto, também o pelas CF, FD é medial; portanto, as CF, FD são incomensuráveis em potência, fazendo, por um lado, o composto dos quadrados sobre elas racional, e, por outro lado, o por elas medial.

Portanto, a CD é uma menor; o que era preciso provar.

106.

A comensurável com a que faz, com um racional, o todo medial é uma que faz, com um racional, o todo medial.

Sejam a AB a que faz, com um racional, o todo medial e a CD comensurável com a AB; digo que também a CD é a que faz, com um racional, o todo medial.

Seja, pois, a BE a que se ajusta à AB; portanto, as AE, EB são incomensuráveis em potência, fazendo, por um lado, o composto dos quadrados sobre as AE, EB medial, e, por outro lado, o por elas racional. E fiquem construídas as mesmas coisas. Do mesmo modo, então, que nos anteriores, provaremos que as CF, FD estão na mesma razão que as AE, EB, e o composto dos quadrados sobre as AE, EB é comensurável com o composto dos quadrados sobre as CF, FD, e o pelas AE, EB, com o pelas CF, FD; desse modo, também as CF, FD são incomensuráveis em potência, fazendo, por um lado, o composto dos quadrados sobre as CF, FD medial, e, por outro lado, o por elas racional.

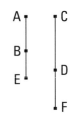

Portanto, a CD é a que faz, com um racional, o todo medial; o que era preciso provar.

107.

A comensurável com a que faz, com um medial, o todo medial é também ela a que faz, com um medial, o todo medial.

Seja a AB a que faz, com um medial, o todo medial e seja a CD comensurável com a AB; digo que também a CD é a que faz, com um medial, o todo medial.

Seja, pois, a BE a que se ajusta à AB, e fiquem construídas as mesmas coisas; portanto, as AE, EB são incomensuráveis em potência, fazendo tanto o composto dos quadrados sobre elas medial quanto o por elas medial, e ainda o composto dos quadrados sobre elas incomensurável com o por elas. E as AE, EB são, como foi provado, comensuráveis com as CF, FD, e o composto dos quadrados sobre as AE, EB, com o composto dos sobre as CF, FD, e o pelas AE, EB, com o pelas CF, FD; portanto, também as CF, FD são incomensuráveis em potência, fazendo tanto o composto dos quadrados sobre elas medial quanto o por elas medial, e ainda o composto dos [quadrados] sobre elas incomensurável com o por elas.

Portanto, a CD é a que faz, com um medial, o todo medial; o que era preciso provar.

108.

Sendo subtraído um medial de um racional, a que serve para produzir a área restante torna-se uma das duas irracionais, ou um apótomo ou uma menor.

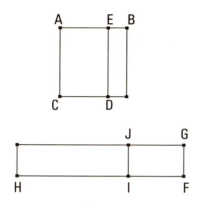

Fique, pois, subtraído do racional BC o medial BD; digo que a que serve para produzir o restante EC torna-se uma das duas irracionais, ou um apótomo ou uma menor.

Fique, pois, exposta a FG racional, e, por um lado, fique aplicado à FG o paralelogramo retangular GH igual ao BC, e, por outro lado, fique subtraído o GI igual ao DB; portanto, o restante EC é igual ao JH. Como, de fato, por um lado, o BC é racional, e, por outro lado, o BD é medial, e o BC é igual ao GH, enquanto o BD, ao GI, portanto, por um lado, o GH é racional e, por outro lado, o GI é medial. E foi justaposto à racional FG; portanto, por um lado, a FH é racional e comensurável com a FG em comprimento, e, por outro lado, a FI é racional e incomensurável com a FG em comprimento; portanto, a FH é incomensurável com a FI em comprimento. Portanto, as FH, FI são racionais comensuráveis somente em potência; portanto, a IH é um apótomo, e a IF a que se ajusta a ela. Então, ou a HF é maior em potência do que a FI pelo sobre uma comensurável com aquela mesma ou não.

Seja, primeiramente, maior em potência pelo sobre uma comensurável. E a toda HF é comensurável com a exposta racional FG em comprimento; portanto, a IH é um primeiro apótomo. Mas a que serve para produzir o contido por uma racional e um primeiro apótomo é um apótomo. Portanto, a que serve para produzir o JH, isto é, o EC é um apótomo.

E, se a HF é maior em potência do que a FI pelo sobre uma incomensurável com aquela mesma, e a toda FH é comensurável com a exposta racional FG em comprimento, a IH é um quarto apótomo. Mas a que serve para produzir o contido por uma racional e um quarto apótomo é um menor; o que era preciso provar.

109.

Sendo subtraído um racional de um medial, outras duas irracionais têm lugar, ou um primeiro apótomo de uma medial ou a que faz, com um racional, o todo medial.

Fique, pois, do medial BC subtraído o racional BD. Digo que a que serve para produzir o restante EC torna-se uma das duas irracionais, ou um primeiro apótomo de uma medial ou a que faz, com um racional, o todo medial.

Fique, pois, exposta a racional FG e fiquem aplicadas do mesmo modo as áreas. Por conseguinte, então, por um lado a FH é racional e incomensurável com a FG em comprimento, e, por outro lado, a IF é racional e comensurável com a FG em comprimento; portanto, as FH, FI são racionais comensuráveis somente em potência; portanto, a IH é um apótomo, e a FI a que se ajusta a ela. Então, ou a HF é maior em potência do que a FI pelo sobre uma comensurável com aquela mesma ou pelo sobre uma incomensurável.

Se, por um lado, de fato, a HF é maior em potência do que a FI pelo sobre uma comensurável com aquela mesma, e a que se ajusta, a FI, é comensurável com a exposta racional FG em comprimento, a IH é um segundo apótomo. Mas a FG é racional; desse modo, a que serve para produzir o JH, isto é, o EC é um primeiro apótomo de uma medial.

E, se a HF é maior em potência do que a FI pelo sobre uma incomensurável, e a que se ajusta, a FI, é comensurável com a exposta racional FG em comprimento, a IH é um quinto apótomo; desse modo, a que serve para produzir o EC é a que faz, com um racional, o todo medial; o que era preciso provar.

110.

Sendo subtraído de um medial um medial incomensurável com o todo, as duas restantes irracionais têm lugar, ou um segundo apótomo de uma medial ou a que faz, com um medial, o todo medial.

Fique, pois, subtraído, como nas propostas descritas, do medial BC o medial BD incomensurável com o todo; digo que a que serve para produzir o EC é uma das duas irracionais, ou um segundo apótomo de uma medial ou a que faz, com um medial, o todo medial.

Pois, como cada um dos BC, BD é medial, e o BC é incomensurável com o BD, por conseguinte, cada uma das FH, FI será racional e incomensurável com a FG em comprimento. E, como o BC é incomensurável com o BD, isto é, o GH com o GI, também a HF é incomensurável com a FI; portanto, as FH, FI são racionais comensuráveis somente em potência; portanto, a IH é um apótomo [e a FI a que se ajusta. Então, ou a FH é maior em potência do que a FI pelo sobre uma comensurável ou pelo sobre uma incomensurável com aquela mesma].

Se, por um lado, então, a FH é maior em potência do que a FI pelo sobre uma comensurável com aquela mesma, e nenhuma das FH, FI é comensurável com a exposta racional FG em comprimento, a IH é um terceiro apótomo. Mas a IJ é racional, e o retângulo contido por uma racional e um terceiro apótomo é irracional, e a que serve para produzi-lo é irracional, e é chamada segundo apótomo de uma medial; desse modo, a que serve para produzir o JH, isto é, o EC é um segundo apótomo de uma medial.

Se, por outro lado, a FH é maior em potência do que a FI pelo sobre uma incomensurável com aquela mesma [em comprimento], e nenhuma das HF, FI é comensurável com a FG em comprimento, a IH é um sexto apótomo. Mas a que serve para produzir o por uma racional e um sexto apótomo é a que faz, com um medial, o todo medial. Portanto, a que serve para produzir o JH, isto é, o EC é a que faz, com um medial, o todo medial; o que era preciso provar.

III.

O apótomo não é o mesmo que a binomial.

Seja o apótomo AB; digo que a AB não é o mesmo que uma binomial.

Pois, se possível, seja; e fique exposta a racional DC e fique aplicado à CD o retângulo CE igual ao sobre a AB, fazendo como largura a DE. Como, de fato, a AB é um apótomo, a DE é um primeiro apótomo. Seja a EF a que se ajusta a ela; portanto, as DF, FE são racionais comensuráveis somente em potência, e a DF é maior em potência do que a FE

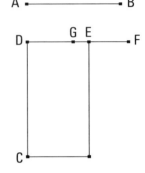

pelo sobre uma comensurável com aquela mesma, e a DF é comensurável com a exposta racional DC em comprimento. De novo, como a AB é uma binomial, portanto, a DE é uma primeira binomial. Fique dividida nas componentes no G, e seja a DG a componente maior; portanto, as DG, GE são racionais comensuráveis somente em potência, e a DG é maior em potência do que a GE pelo sobre uma comensurável com aquela mesma, e a maior DG é comensurável com a exposta racional DC em comprimento. Portanto, também a DF é comensurável com a DG em comprimento; portanto, a restante GF é comensurável com a DF em comprimento. [Como, de fato, a DF é comensurável com a GF, e a DF é racional, portanto, também a GF é racional. Como, de fato, a DF é comensurável com a GF em comprimento] mas a DF é incomensurável com a EF em comprimento; portanto, também a FG é incomensurável com a EF em comprimento. Portanto, as GF, FE [são] racionais comensuráveis somente em potência; portanto, a EG é um apótomo. Mas também é racional; o que é impossível.

Portanto, o apótomo não é o mesmo que a binomial; o que era preciso provar.

Corolário

O apótomo e as irracionais depois dele nem são os mesmos que a medial nem entre si.

Pois, por um lado, o sobre uma medial, aplicado a uma racional, faz como largura uma racional e incomensurável em comprimento com aquela, à qual foi justaposto e, por outro lado, o sobre um apótomo, aplicado a uma racional, faz como largura um primeiro apótomo, e o sobre um primeiro apótomo de uma medial, aplicado a uma racional, faz como largura um segundo apótomo, e o sobre um segundo apótomo de uma medial, aplicado a uma racional, faz como largura um terceiro apótomo, e o sobre uma menor, aplicado a uma racional, faz como largura um quarto apótomo, e o sobre a que faz, com um racional, o todo medial, aplicado a uma racional, faz como largura um quinto apótomo, enquanto o sobre a que faz, com um medial, o todo medial, aplicado a uma racional, faz como largura um sexto apótomo. Como, de fato, as ditas larguras diferem tanto da primeira quanto entre si, por um lado, da primeira, porque é racional, e, por outro lado, entre si, porque não são as mesmas na ordem, é claro que assim também as irracionais mesmas diferem entre si. E como foi provado, o apótomo não sendo a mesma que a binomial, e as depois do apótomo, sendo aplicadas a uma racional, fazem como larguras apótomos, cada uma de acordo com a sua própria ordem, e as depois da binomial, as binomiais, também elas mesmas de acordo com a ordem, portanto, as depois do apótomo são diferentes e as depois da binomial são diferentes de modo a serem, na ordem, todas as irracionais treze,

Medial,
Binomial,
Primeira binomial,
Segunda binomial,
Maior,
A que serve para produzir um racional e um medial,
A que serve para produzir dois mediais,
Apótomo,
Primeiro apótomo de uma medial,
Segundo apótomo de uma medial,
Menor,
A que faz, com um racional, o todo medial,
A que faz, com um medial, o todo medial.

112.

O sobre uma racional, aplicado à binomial, faz como largura um apótomo, do qual as componentes são comensuráveis com as componentes da binomial e ainda na mesma razão, e, ainda, o apótomo que tem lugar terá a mesma ordem que a binomial.

Sejam, por um lado, a racional A, e, por outro lado, a binomial BC, da qual seja a DC a maior componente, e seja o pelas BC, EF igual ao sobre a A; digo que a EF é um

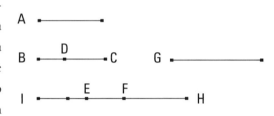

apótomo, do qual as componentes são comensuráveis com as CD, DB, e na mesma razão, e ainda a EF terá a mesma ordem que a BC.

Seja, pois, de novo, o pelas BD, G igual ao sobre a A. Como, de fato, o pelas BC, EF é igual ao pelas BD, G, portanto, como a CB está para a BD, assim a G para a EF. Mas a CB é maior do que a BD; portanto, também a G é maior do que a EF. Seja a EH igual à G; portanto, como a CB está para a BD, assim a HE para a EF; portanto, por separação, como a CD está para a BD, assim a HF para a FE. Fique produzido como a HF para a FE, assim a FI para a IE; portanto, também a toda HI está para a IF, como a FI para a IE; pois, como um dos antecedentes para um dos consequentes, assim todos os antecedentes para todos consequentes. Mas, como a FI para a IE, assim a CD está para a DB; portanto, também como a HI para a IF, assim a CD para a DB. Mas o sobre a CD é comensurável com o sobre a DB; portanto, também o sobre a HI é comensurável com o sobre a IF. E, como o sobre a HI está para o sobre a IF, assim a HI para a IE, porque as três HI, IF, IE estão em proporção. Portanto, a HI é comensurável com a IE em comprimento; desse modo, também a HE é comensurável com a EI em comprimento. E, como o sobre a A é igual ao pelas EH, BD, e o sobre a A é racional, portanto, também o pelas EH, BD é racional. E foi justaposto à BD; portanto, a EH é racional e comensurável com a BD em comprimento; desse modo, também a EI, comensurável com ela, é racional e comensurável com BD em comprimento. Como, de fato, a CD está para a DB, assim a FI para a IE, e as CD, DB são comensuráveis somente em potência, também as FI, IE são comensuráveis somente em potência. Mas a IE é racional; portanto, também a FI é racional. Portanto, as FI, IE são racionais comensuráveis somente em potência; portanto, a EF é um apótomo.

E, ou a CD é maior em potência do que a DB pelo sobre uma comensurável com aquela mesma ou pelo sobre uma incomensurável.

Se, por um lado, de fato, a CD é maior em potência do que a DB pelo sobre uma comensurável [com aquela mesma], também a FI será maior em potência do que a IE pelo sobre uma comensurável com aquela mesma. E, se a CD é comensurável com a exposta racional em comprimento, também a FI; enquanto que, se a BD, também a IE; mas, se nenhuma das CD, DB, também nenhuma das FI, IE.

Se, por outro lado, a CD é maior em potência do que a DB pelo sobre uma incomensurável com aquela mesma, também a FI será maior em potência do que a IE pelo sobre uma incomensurável com aquela mesma. E, se a CD é comensurável em comprimento com a exposta racional, também a FI; enquanto, se a BD, também a IE; mas, se nenhuma das CD, DB, também nenhuma das FI, IE; desse modo, a FE é um apótomo, do qual as componentes FI, IE são comensuráveis com as componentes CD, DB da binomial, e na mesma razão, e tem a mesma ordem que a BC; o que era preciso provar.

113.

O sobre uma racional, aplicado a um apótomo faz como largura a binomial, da qual as componentes são comensuráveis com as componentes do apótomo, e na mesma razão, e ainda a binomial que tem lugar tem a mesma ordem que o apótomo.

Sejam, por um lado, a racional A, e, por outro lado, o apótomo BD, e seja o pelas BD, IH igual ao sobre a A, de modo que o sobre a racional A, aplicado ao apótomo BD, faz como largura a IH; digo que a IH é uma binomial da qual as componentes são comensuráveis com as componentes da BD, e na mesma razão, e ainda a IH tem a mesma ordem que a BD.

Euclides

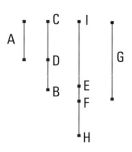

Seja, pois, a DC a que se ajusta à BD; portanto, as BC, CD são racionais comensuráveis somente em potência. E seja também o pelas BC, G igual ao sobre a A. Mas o sobre a A é racional; portanto, também o pelas BC, G é racional. E foi aplicado à racional BC; portanto, a G é racional e comensurável com a BC em comprimento. Como, de fato, o pelas BC, G é igual ao pelas BD, IH, portanto, em proporção, como a CB está para a BD, assim a IH para a G. Mas a BC é maior do que a BD; portanto, também a IH é maior do que a G. Fique posta a IE igual à G; portanto, a IE é comensurável com a BC em comprimento. E, como a CB está para a BD, assim a HI para a IE, portanto, por conversão, como a BC está para a CD, assim a IH para a HE. Fique produzido como a IH para a HE, assim a HF para a FE; portanto, também a IF restante está para a FH, como a IH para a HE, isto é, [como] a BC para a CD. Mas as BC, CD [são] comensuráveis somente em potência; portanto, também as IF, FH são comensuráveis somente em potência. E, como a IH está para a HE, a IF para a FH, mas, como a IH para a HE, a HF para a FE, portanto, também como a IF para a FH, a HF para a FE; desse modo, também como a primeira para a terceira, o sobre a primeira para o sobre a segunda; portanto, também como a IF para a FE, assim o sobre a IF para o sobre a FH. Mas o sobre a IF é comensurável com o sobre a FH; pois, as IF, FH são comensuráveis em potência; portanto, também a IF é comensurável com a FE em comprimento; desse modo, também a IF [é] comensurável com a IE, em comprimento. Mas a IE é racional e comensurável com a BC em comprimento; portanto, também a IF é racional e comensurável com a BC em comprimento. E, como a BC está para CD, assim a IF para a FH, alternadamente, como a BC para IF, assim a DC para a FH. Mas a BC é comensurável com a IF; portanto, também a FH é comensurável com a CD em comprimento. Mas as BC, CD são racionais comensuráveis somente em potência; portanto, também as IF, FH são racionais comensuráveis somente em potência; portanto a IH é uma binomial.

Se, por um lado, de fato, a BC é maior em potência do que a CD pelo sobre uma comensurável com aquela mesma, também a IF será maior em potência do que a FH pelo sobre uma comensurável com aquela mesma. E se a BC é comensurável com a exposta racional em comprimento, também a IF, ao passo que, se a CD é comensurável com a exposta racional em comprimento, também a FH. Mas, se nenhuma das BC, CD, nenhuma das IF, FH.

Se, por outro lado, a BC é maior em potência do que a CD pelo sobre uma incomensurável com aquela mesma, também a IF será maior em potência do que a FH pelo sobrepelo número sobre uma incomensurável com aquela mesma. E, se a BC é comensurável com a exposta racional em comprimento, também a IF, ao passo que, se a CD, também a FH, mas se nenhuma das BC, CD, nenhuma das IF, FH.

Portanto, a IH é uma binomial, da qual as componentes IF, FH [são] comensuráveis com as componentes BC, CD do apótomo, e na mesma razão, e ainda a IH terá a mesma ordem que a BC; o que era preciso provar.

114.

Caso uma área seja contida por um apótomo e a binomial, da qual as componentes são tanto comensuráveis com as componentes do apótomo quanto na mesma razão, a que serve para produzir a área é racional.

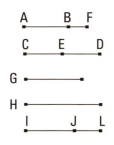

Fique, pois, contida uma área, a pelas AB, CD, pelo apótomo AB e a binomial CD, da qual a maior componente seja a CE, e sejam as componentes CE, ED da binomial tanto comensuráveis com as componentes AF, FB do apótomo quanto na mesma razão, e seja a G a que serve para produzir a pelas AB, CD; digo que a G é racional.

Fique, pois, exposta a H racional, e fique aplicado à CD um igual ao sobre H, fazendo como largura a IJ; portanto, a IJ é um apótomo, da qual sejam as componentes IL, LJ comensuráveis com as componentes CE, ED da binomial, e na mesma razão. Mas também as CE, ED são tanto comensuráveis com as AF, FB quanto na mesma razão; portanto, como a AF está para a FB, assim a IL para a LJ. Portanto, alternadamente, como a AF está para a IL, assim a BF para a JL; portanto, também a restante AB está para a restante IJ, assim a AF para a IL. Mas a AF é comensurável com a IL;

portanto, também a AB é comensurável com a IJ. E, como a AB está para a IJ, assim o pelas CD, AB para o pelas CD, IJ; portanto, também o pelas CD, AB é comensurável com o pelas CD, IJ. Mas o pelas CD, IJ é igual ao sobre a H; portanto, o pelas CD, AB é comensurável com o sobre a H. Mas o sobre a G é igual ao pelas CD, AB; portanto, o sobre a G é comensurável com o sobre a H. Mas o sobre a H é racional; portanto, a G é racional. E serve para produzir o pelas CD, AB.

Portanto, caso uma área seja contida por um apótomo e a binomial, da qual as componentes são comensuráveis com as componentes do apótomo, e na mesma razão, a que serve para produzir a área é racional.

Colorário

E tornou-se-nos também evidente por isso que é possível uma área racional ser contida por retas irracionais; o que era preciso provar.

115.

A partir de uma medial têm lugar ilimitadas irracionais, e nenhuma é a mesma que nenhuma das anteriores.

Seja a medial A; digo que a partir da A ilimitadas irracionais têm lugar, e nenhuma é a mesma que nenhuma das anteriores.

Fique exposta a racional B e seja o sobre a C igual ao pelas B, A; portanto, a C é irracional; pois, o por uma irracional e uma racional é irracional. E a mesma que nenhuma das anteriores; pois, o sobre nenhuma das anteriores, aplicado a uma racional, faz como largura uma medial. De novo, então, seja o sobre a D igual ao pelas B, C; portanto, o sobre a D é irracional. Portanto, a D é irracional; e a mesma que nenhuma das anteriores; pois, o sobre nenhuma das anteriores, aplicado a uma racional, faz como largura a C. Do mesmo modo, então, promovendo essa ordem ilimitadamente, é evidente que a partir da medial ilimitadas irracionais têm lugar, e nenhuma é a mesma que nenhuma das anteriores; o que era preciso provar.

Livro XI

Definições

1. Sólido é o que tem comprimento e largura e profundidade.
2. E uma extremidade de um sólido é uma superfície.
3. E uma reta está em ângulos retos relativamente a um plano, quando faça ângulos retos com todas as retas que a tocam e que estão no plano [suposto].
4. Um plano está em ângulos retos relativamente a um plano, quando as retas traçadas, em um dos planos, em ângulos retos com a seção comum dos planos, estejam em ângulos retos com o plano restante.
5. Inclinação de uma reta relativamente a um plano é, quando a partir da extremidade elevada da reta até o plano seja traçada uma perpendicular, e do ponto produzido até a extremidade da reta no plano seja ligada uma reta, o ângulo contido pela que foi traçada e a alteada.
6. Inclinação de um plano relativamente a um plano é o ângulo agudo contido pelas traçadas, em cada um dos planos, em ângulos retos com a seção comum, no mesmo ponto.
7. Um plano é dito ter-se inclinado em relação a um plano semelhantemente a um outro relativamente a um outro, quando os ditos ângulos das inclinações sejam iguais entre si.
8. Planos paralelos são os que não se encontram.
9. Figuras sólidas semelhantes são as contidas por planos semelhantes iguais em quantidade.

10. E figuras sólidas iguais e semelhantes são as contidas por planos semelhantes, iguais em quantidade e em magnitude.
11. Ângulo sólido é a inclinação por mais de duas retas que se tocam e que não estão na mesma superfície, relativamente a todas as retas. De outro modo: o ângulo sólido é o contido por mais de dois ângulos planos, que não estão no mesmo plano, construídos em um ponto.
12. Pirâmide é uma figura sólida contida por planos, construída a partir de um plano até um ponto.
13. Prisma é uma figura sólida contida por planos, dos quais os dois opostos são tanto iguais quanto também semelhantes e paralelos, e os restantes são paralelogramos.
14. Esfera é a figura compreendida quando, o diâmetro do semicírculo permanecendo fixo, o semicírculo, tendo sido levado à volta, tenha retornado, de novo, ao mesmo lugar de onde começou a ser levado.
15. E eixo da esfera é a reta que permanece fixa, à volta da qual o semicírculo é girado.
16. E centro da esfera é o mesmo que também o do semicírculo.
17. E diâmetro da esfera é alguma reta traçada pelo centro e sendo limitada em cada um dos lados pela superfície da esfera.
18. Cone é a figura compreendida, quando um lado, dos à volta do ângulo reto, de um triângulo retângulo, permanecendo fixo, o triângulo, tendo sido levado à volta, tenha retornado ao mesmo lugar de onde começou a ser levado. E, caso, por um lado, a reta que permanece fixa seja igual à restante, [a] levada à volta do ângulo reto, o cone será retângulo, caso, por outro lado, menor, obtusângulo, e caso maior, acutângulo.
19. E eixo do cone é a reta que permanece fixa, à volta da qual o triângulo é girado.
20. E base é o círculo descrito pela reta levada à volta.
21. Cilindro é a figura compreendida, quando um lado, dos à volta do ângulo reto, de um paralelogramo retângulo, permanecendo fixo, o paralelogramo, tendo sido levado à volta, tenha retornado ao mesmo lugar de onde começou a ser levado.
22. E eixo do cilindro é a reta que permanece fixa, à volta da qual o paralelogramo é girado.

Os elementos

23. E bases são os círculos descritos pelos dois lados opostos conduzidos à volta.
24. Cones e cilindros semelhantes são aqueles dos quais tanto os eixos quanto os diâmetros das bases estão em proporção.
25. Cubo é uma figura sólida contida por seis quadrados iguais.
26. Octaedro é uma figura sólida contida por oito triângulos iguais e equiláteros.
27. Icosaedro é uma figura sólida contida por vinte triângulos iguais e equiláteros.
28. Dodecaedro é uma figura sólida contida por doze pentágonos iguais e equiláteros e equiângulos.

1.

Não está uma parte de uma linha reta no plano suposto e uma outra parte, em um mais elevado.

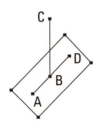

Pois, se possível, esteja uma parte, a AB, da linha reta ABC no plano suposto[1] e alguma parte, a BC, no mais elevado.

Então, uma reta contínua estará sobre uma reta com a AB no plano suposto. Seja a BD; portanto, a AB é um segmento comum das retas ABC, ABD; o que é impossível, visto que, caso com o centro B e o raio AB seja descrito um círculo, os diâmetros cortarão circunferências desiguais do círculo.

Portanto, não está uma parte de uma linha reta no plano suposto e a outra, em um mais elevado; o que era preciso provar.

---

[1] *Suposto* significa, aqui, posto por baixo, subjacente, sub-posto (aliás, sub-posto dá, pela assimilação do *b* ao *p*, *supposto*, e pela redução do fonema geminado a *p* simples, *suposto*).

2.

Caso duas retas cortem-se, estão em um plano, e todo triângulo está em um plano.

Cortem-se, pois, as duas retas AB, CD no ponto E; digo que as AB, CD estão em um plano, e todo triângulo está em um plano.

Fiquem, pois, tomados os pontos F, G nas EC, EB, encontrados ao acaso, e fiquem ligadas as CB, FG, e fiquem traçadas através as FH, GI; digo, primeiramente, que o triângulo ECB está em um plano. Pois, se uma parte do triângulo ECB, ou a FHC ou a GBI, está no [plano] suposto, e a restante em um outro, também, alguma parte de uma das retas EC, EB estará no plano suposto, e a outra em um outro. E se a parte FCBG do triângulo ECB esteja no plano suposto, e a restante em um outro, alguma parte também de ambas as retas EC, EB estará no plano suposto, e a outra em um outro; o que foi provado absurdo. Portanto, o triângulo ECB está em um plano. Mas, no qual está o triângulo ECB, nesse também, cada uma das EC, EB, e no qual cada uma das EC, EB, nesse também, as AB, CD. Portanto, as retas AB, CD estão em um plano, e todo triângulo está em um plano; o que era preciso provar.

3.

Caso dois planos cortem-se, a seção comum deles é uma reta.

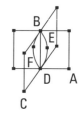

Cortem-se, pois, os dois planos AB, BC, e seja a linha DB a seção comum deles; digo que a linha DB é uma reta.

Pois, se não, fiquem ligadas do D até o B, por um lado, a reta DEB no plano AB, e, por outro lado, a reta DFB no plano BC. Então, as extremidades das duas retas DEB, DFB serão as mesmas e, muito evidentemente, conterão uma área; o que é absurdo. Portanto, as DEB, DFB não são retas. Do mesmo modo, então, provaremos que nem alguma outra sendo ligada do D até o B existirá, exceto a seção comum DB dos planos AB, BC.

Portanto, caso dois planos cortem-se, a seção comum deles é uma reta; o que era preciso provar.

4.

Caso uma reta seja alçada em ângulos retos, na seção comum, com duas retas que se cortam, também estará em ângulos retos com o plano por elas.

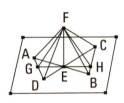

Fique, pois, alteada alguma reta, a EF, em ângulos retos a partir do E com as duas retas AB, CD que se cortam no ponto E; digo que a EF também está em ângulos retos com o plano pelas AB, CD.

Fiquem, pois, cortadas as AE, EB, CE, ED iguais entre si, e fique traçada através alguma pelo E, ao acaso, a GEH, e fiquem ligadas as AD, CB, e ainda, a partir do F, encontrado ao acaso, fiquem ligadas as FA, FG, FD, FC, FH, FB. E, como as duas AE, ED são iguais às duas CE, EB, e contêm ângulos iguais, portanto, a base AD é igual à base CB, e o triângulo AED será igual ao triângulo CEB; desse modo, também o ângulo sob DAE [é] igual ao sob EBC. Mas também o ângulo sob AEG é igual ao sob BEH. Então, os AGE, BEH são dois triângulos tendo os dois ângulos iguais aos dois ângulos, cada um a cada um, e um lado, o AE, igual a um lado, o EB, o junto aos ângulos iguais; portanto, terão os lados restantes iguais aos lados restantes. Portanto, por um lado, a GE é igual à EH, e, por outro lado, a AG, à BH. E, como a AE é igual à EB, e a FE é comum e em ângulos retos, portanto, a base FA é igual à base FB. Pelas mesmas coisas, então, também a FC é igual à FD. E, como a AD é igual à CB, e também a FA é igual à FB, então, as duas FA, AD são iguais às duas FB, BC, cada uma a cada uma; e a base FD foi provada igual à base FC; portanto, também o ângulo sob FAD é igual ao ângulo sob FBC. E como, de novo, a AG foi provada igual à BH, mas, certamente, também a FA é igual à FB, então, as duas FA, AG são iguais às duas FB, BH. E o ângulo sob FAG foi provado igual ao sob FBH; portanto, a base FG é igual à base FH. E como, de novo, a GE foi provada igual à EH, e a EF é comum, então as duas GE, EF são iguais às duas HE, EF; e a base FG é igual à base FH;

portanto, o ângulo sob GEF é igual ao ângulo sob HEF. Portanto, cada um dos ângulos sob GEF, HEF é um reto. Portanto, a FE está em ângulos retos com a GH que foi traçado, casualmente, pelo E. Do mesmo modo, então, provaremos que a FE fará ângulos retos relativamente a todas as retas que a tocam e que estão no plano suposto. Mas, uma reta está em ângulos retos relativamente a um plano, quando faça ângulos retos relativamente a todas as retas que a tocam e que estão no mesmo plano; portanto, a FE está em ângulos retos com o plano suposto. Mas, o plano suposto é o pelas retas AB, CD. Portanto, a FE está em ângulos retos com o plano pelas AB, CB.

Portanto, caso uma reta seja alçada em ângulos retos, na seção comum, com duas retas que se cortam, também estará em ângulos retos com o plano por elas; o que era preciso provar.

5.

Caso uma reta seja alteada em ângulos retos, na seção comum, com três retas que se tocam, as três retas estão em um plano.

Fique, pois, alteada alguma reta, a AB, em ângulos retos, no ponto de contato B, com as três retas BC, BD, BE; digo que as BC, BD, BE estão em um plano.

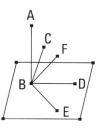

Pois, não, mas se possível estejam, por um lado, as BD, BE no plano suposto, e, por outro lado, a BC no mais elevado, e fique prolongado o plano pelas AB, BC; fará, então, como seção comum, uma reta no plano suposto. Faça a BF. Portanto, as três retas AB, BC, BF estão em um plano, o traçado pelas AB, BC. E, como a AB está em ângulos retos relativamente a cada uma das BD, BE, portanto, a AB está em ângulos retos com o plano pelas BD, BE. Mas o plano pelas BD, BE é o suposto; portanto, a AB está em ângulos retos relativamente ao plano suposto. Desse modo, também a AB fará ângulos retos com todas as retas que a tocam e que estão no plano suposto. Mas a BF, que está no plano suposto, toca-a; portanto, o ângulo sob ABF é reto. Mas o sob ABC também foi suposto reto; portanto, o ângulo sob ABF é igual ao sob ABC. E estão em um plano; o que é impossível.

Portanto, a reta BC não está no plano mais elevado; portanto, as três retas BC, BD, BE estão em um plano.

Portanto, caso uma reta seja alteada em ângulos retos, no ponto de contato, com três retas que se tocam, as três retas estão em um plano; o que era preciso provar.

6.

Caso duas retas estejam em ângulos retos com o mesmo plano, as retas serão paralelas.

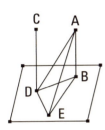

Estejam as duas retas AB, CD em ângulos retos com o plano suposto; digo que a AB é paralela à CD.

Encontrem, pois, o plano suposto nos pontos B, D, e fique ligada a reta BD, e fique traçada a DE em ângulos retos com a BD, no plano suposto, e fique posta a DE igual à AB, e fiquem ligadas as BE, AE, AD.

E, como a AB está em ângulos retos relativamente ao plano suposto, [portanto] também fará ângulos retos com todas as retas que a tocam e que estão no plano suposto. Mas cada uma das BD, BE toca a AB, estando no plano suposto; portanto, cada um dos ângulos sob ABD, ABE é reto. Pelas mesmas coisas, então, também cada um dos sob CDB, CDE é reto. E, como a AB é igual a DE, e a BD é comum, então as duas AB, BD são iguais às duas ED, DB; e contêm ângulos retos; portanto, a base AD é igual à base BE. E, como a AB é igual à DE, mas também a AD, à BE, então as duas AB, BE são iguais às duas ED, DA; e a AE é uma base comum deles; portanto, o ângulo sob ABE é igual ao ângulo sob EDA. Mas o sob ABE é reto; portanto, também o sob EDA é reto; portanto, a ED está em ângulos retos relativamente à DA. Mas também está em ângulos retos relativamente a cada uma das BD, DC. Portanto, a ED alteou-se em ângulos retos, no ponto de contato, com as três retas BD, DA, DC; portanto, as três retas BD, DA, DC estão em um plano. Mas no qual as DB, DA, nesse também a AB; pois, todo triângulo está em um plano; portanto, as retas AB, BD, DC estão em um plano. E cada um dos ângulos sob ABD, BDC é reto; portanto, a AB é paralela à CD.

Portanto, caso duas retas estejam em ângulos retos com o mesmo plano, as retas serão paralelas; o que era preciso provar.

7.

Caso duas retas sejam paralelas, e sejam tomados pontos, encontrados ao acaso, em cada uma delas, a reta sendo ligada nos pontos está no mesmo plano que as paralelas.

Sejam as duas retas paralelas AB, CD, e fiquem tomados em cada uma delas os pontos E, F, encontrados ao acaso; digo que a reta sendo ligada nos pontos E, F está no mesmo plano que as paralelas.

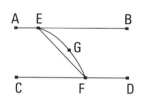

Pois, não, mas, se possível, esteja no mais elevado como a EGF, e fique traçado através da EGF um plano; fará, então, como seção no plano suposto, uma reta. Faça como a EF; portanto, as duas retas EGF, EF contêm uma área; o que é impossível. Portanto, a reta sendo ligada do E até o F não está no plano mais elevado; portanto, a reta sendo ligada do E até o F está no plano pelas paralelas AB, CD.

Portanto, caso duas retas sejam paralelas, e sejam tomados pontos, encontrados ao acaso, em cada uma, a reta sendo ligada nos pontos está no mesmo plano que as paralelas; o que era preciso provar.

8.

Caso duas retas sejam paralelas, e uma delas esteja em ângulos retos com algum plano, também a restante estará em ângulos retos com o mesmo plano.

Sejam as duas retas paralelas AB, CD, e esteja uma delas, a AB, em ângulos retos com o plano suposto; digo que também a restante CD estará em ângulos retos com o mesmo plano.

Encontrem, pois, as AB, CD o plano suposto nos pontos B, D, e fique ligada a BD; portanto, as AB, CD, BD estão em um plano. Fique traçada

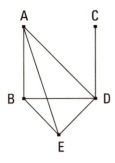

a DE em ângulos retos com a BD no plano suposto, e fique posta a DE igual à AB, e fiquem ligadas as BE, AE, AD. E, como a AB está em ângulos retos relativamente ao plano suposto, portanto, também a AB está em ângulos retos relativamente a todas as retas que a tocam e que estão no plano suposto; portanto, cada um dos ângulos sob ABD, ABE [é] reto. E, como a reta BD encontrou as paralelas AB, CD, portanto, os ângulos sob ABD, CDB são iguais a dois retos. Mas o sob ABD é reto; portanto, também o sob CDB é reto; portanto, a CD está em ângulos retos relativamente à BD. E, como a AB é igual à DE, e a BD é comum, então as duas AB, BD são iguais às duas ED, DB; e o ângulo sob ABD é igual ao ângulo sob EDB; pois, cada um é reto; portanto, a base AD é igual à base BE. E, como, por um lado, a AB é igual à DE, e, por outro lado, a BE, à AD, então as duas AB, BE são iguais às duas ED, DA, cada uma a cada uma. E a AE é uma base comum deles; portanto, o ângulo sob ABE é igual ao ângulo sob EDA. Mas o sob ABE é reto; portanto, também o sob EDA é reto; portanto, a ED está em ângulos retos relativamente à AD. E também está em ângulos retos relativamente à DB; portanto, a ED também está em ângulos retos com o plano pelas BD, DA. Portanto, a ED também fará ângulos retos relativamente a todas as retas que a tocam e que estão no plano pelas BDA. Mas a DC está no plano pelas BDA, visto que as AB, BD estão no plano pelas BDA, e, no qual as AB, BD, nesse também está a DC. Portanto, a ED está em ângulos retos com a DC; desse modo, também a CD está em ângulos retos com a DE. Mas também a CD está em ângulos retos com a BD. Portanto, a CD alçou-se em ângulos retos, a partir da seção comum, o D, com as duas retas DE, DB que se cortam; desse modo, a CD também está em ângulos retos com o plano pelas DE, DB. Mas o plano pelas DE, DB é o suposto; portanto, a CD está em ângulos retos com o plano suposto.

Portanto, caso duas retas sejam paralelas, e uma delas esteja em ângulos retos com algum plano, também a restante estará em ângulos retos com o mesmo plano; o que era preciso provar.

9.

As paralelas à mesma reta e que não estão no mesmo plano que ela, também são paralelas entre si.

Seja, pois, cada uma das AB, CD paralela à EF, não estando no mesmo plano que ela; digo que a AB é paralela à CD.

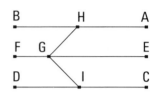

Fique, pois, tomado o ponto G, encontrado ao acaso, na EF, e, a partir dele, fiquem traçadas, por um lado, a GH em ângulos retos com a EF no plano pelas EF, AB, e, por outro lado, a GI de novo em ângulos retos com a EF no pelas FE, CD. E, como a EF está em ângulos retos relativamente a cada uma das GH, GI, portanto, também a EF está em ângulos retos com o plano pelas GH, GI. E a EF é paralela à AB; portanto, também a AB está em ângulos retos com o plano pelas HGI. Pelas mesmas coisas, então, também a CD está em ângulos retos com o plano pelas HGI; portanto, cada uma das AB, CD está em ângulos retos com o plano pelas HGI. Mas, caso duas retas estejam em ângulos retos com o mesmo plano, as retas são paralelas; portanto, a AB é paralela à CD; o que era preciso provar.

10.

Caso duas retas que se tocam sejam paralelas a duas retas que se tocam, não no mesmo plano, conterão ângulos iguais.

Sejam, pois, as duas retas que se tocam AB, BC paralelas às duas retas que se tocam DE, EF, não no mesmo plano; digo que o ângulo sob ABC é igual ao sob DEF.

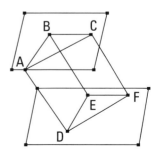

Fiquem, pois, cortadas iguais entre si as BA, BC, ED, EF, e fiquem ligadas as AD, CF, BE, AC, DF. E, como a BA é igual e paralela à ED, portanto, também a AD é igual e paralela à BE.

Pelas mesmas coisas, então, também a CF é igual e paralela à BE; portanto, cada uma das AD, CF é igual e paralela à BE. Mas as paralelas à mesma reta e que não estão no mesmo plano que ela são também paralelas entre si; portanto, a AD é paralela e igual à CF. E as AC, DF ligam-nas; portanto, a AC é igual e paralela à DF. E, como as duas AB, BC são iguais às duas DE, EF, e a base AC é igual à base DF, portanto, o ângulo sob ABC é igual ao ângulo sob DEF.

Portanto, caso duas retas que se tocam sejam paralelas a duas retas que se tocam, não no mesmo plano, conterão ângulos iguais; o que era preciso provar.

11.

Do ponto elevado dado até o plano dado traçar uma linha reta perpendicular.

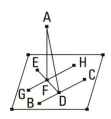

Sejam, por um lado, o ponto elevado dado A, e, por outro lado, o plano dado o suposto; é preciso, então, do ponto A até o plano suposto traçar uma linha reta perpendicular.

Fique, pois, traçada através alguma reta, a BC, ao acaso, no plano suposto, e fique traçada do ponto A até a BC a perpendicular AD. Se, por um lado, de fato, a AD é perpendicular também ao plano suposto, estaria sendo produzido o que foi prescrito. Se, por outro lado, não, fique traçada do ponto D a DE em ângulos retos com a BC no plano suposto, e fique traçada do A até a DE a perpendicular AF, e fique traçada pelo ponto F a GH paralela à BC.

E, como a BC está em ângulos retos com cada uma das DA, DE, portanto, a BC também está em ângulos retos com o plano pelas EDA. E a GH é paralela a ela; mas, caso duas retas sejam paralelas, e uma delas esteja em ângulos retos com algum plano, também a restante estará em ângulos retos com o mesmo plano; portanto, a GH está em ângulos retos com o plano pelas ED, DA. Portanto, também a GH está em ângulos retos relativamente a todas as retas que a tocam e que estão no plano pelas ED, DA. Mas a AF toca-a, estando no plano pelas ED, DA; portanto, a GH está em ângulos retos relativamente à FA; desse modo, também a FA está em ângulos retos relativamente à HG. Mas a AF também está em ângulos retos relativamente à DE; portanto, a AF está em ângulos retos relativamente a cada uma das GH, DE. Mas, caso uma reta seja alteada em ângulos retos, na seção, relativamente a duas retas que se cortam, também estará em ângulos retos com o plano por elas; portanto, a FA está em ângulos retos com o plano pelas ED, GH. Mas o plano pelas ED, GH é o suposto; portanto, a AF está em ângulos retos com o plano suposto.

Portanto, do ponto elevado dado A até o plano suposto foi traçada a linha reta perpendicular AF; o que era preciso fazer.

12.

Levantar uma linha reta em ângulos retos com o plano dado a partir do ponto dado sobre ele.

Sejam, por um lado, o plano dado o suposto, e, por outro lado, A o ponto sobre ele; é preciso, então, a partir do ponto A, levantar uma linha reta em ângulos retos com o plano suposto.

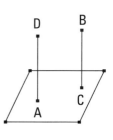

Fique concebido algum ponto elevado, o B, e, a partir do B até o plano suposto fique traçada a perpendicular BC, e pelo ponto A fique traçada a AD paralela à BC.

Como, de fato, as duas retas AD, CB são paralelas, e uma delas, a BC, está em ângulos retos com o plano suposto, portanto, também a restante AD está em ângulos retos com o plano suposto.

Portanto, foi levantada a AD em ângulos retos com o plano dado a partir do ponto A sobre ele; o que era preciso fazer.

13.

A partir do mesmo ponto não serão levantadas, do mesmo lado, duas retas em ângulos retos com o mesmo plano.

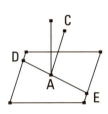

Pois, se possível, a partir do mesmo ponto A fiquem levantadas, do mesmo lado, as duas retas AB, AC em ângulos retos com o plano suposto, e fique traçado através o plano pelas BA, AC; fará, então, como seção, uma reta pelo A no plano suposto. Faça a DAE; portanto, as retas AB, AC, DAE estão em um plano. E, como a CA está em ângulos retos com o plano suposto, também fará ângulos retos relativamente a todas as retas que a tocam e que estão no plano suposto. Mas a DAE toca-a, estando no plano suposto; portanto, o ângulo sob CAE é reto. Pelas mesmas coisas, então, também o sob BAE é reto; portanto, o sob CAE é igual ao sob BAE. E estão em um plano; o que é impossível.

Portanto, a partir do mesmo ponto não serão levantadas, do mesmo lado, duas retas em ângulos retos com o mesmo plano; o que era preciso provar.

14.

Os planos serão paralelos, aqueles planos relativamente aos quais a mesma reta está em ângulos retos.

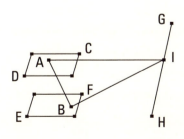

Esteja, pois, alguma reta, a AB, em ângulos retos relativamente a cada um dos planos CD, EF; digo que os planos são paralelos.

Pois, se não, sendo prolongados, encontrar-se-ão. Encontrem-se; farão, então, uma reta como seção comum. Façam a GH e fique tomado, na GH, o ponto I, encontrado ao acaso, e fiquem ligadas as AI, BI. E, como a AB está em ângulos retos relativamente ao plano EF, portanto, também a AB está em ângulos retos relativamente à reta BI que está no plano que foi prolongado EF; portanto, o ângulo ABI é reto. Pelas mesmas coisas, então, também o sob BAI é reto. Então, os dois ângulos, os sob ABI, BAI, do triângulo ABI são iguais a dois retos; o que é impossível. Portanto, os planos CD, EF, sendo prolongados, não se encontrarão; portanto, os planos CD, EF são paralelos.

Portanto, os planos são paralelos, aqueles planos relativamente aos quais a mesma reta está em ângulos retos; o que era preciso provar.

15.

Caso duas retas que se tocam sejam paralelas a duas retas que se tocam, não estando no mesmo plano, os planos por elas são paralelos.

Sejam, pois, as duas retas que se tocam AB, BC paralelas às duas retas que se tocam DE, EF, não estando no mesmo plano; digo que, sendo prolongados, os planos pelas AB, BC, DE, EF não se encontrarão.

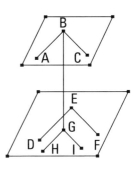

Fique, pois, traçada a partir do ponto B até ao plano pelas DE, EF a perpendicular BG, e encontre com o plano no ponto G, e fiquem traçadas pelo G, por um lado, a GH paralela à ED, e, por outro lado, a GI, à EF. E, como a BG está em ângulos retos relativamente ao plano pelas DE, EF, portanto, fará ângulos retos com todas as retas que a tocam e que estão no plano pelas DE, EF. Mas cada uma das GH, GI toca-a, estando no plano pelas DE, EF; portanto, cada um dos ângulos sob BGH, BGI é reto. E, como a BA é paralela à GH, portanto, os ângulos sob GBA, BGH são iguais a dois retos. Mas o sob BGH é reto; portanto, também o sob GBA é reto; portanto, a GB está em ângulos retos com a BA. Pelas mesmas coisas, então, também a GB está em ângulos retos com a BC. Como, de fato, a reta GB foi alteada em ângulos retos com as duas retas que se cortam BA, BC, portanto, também a GB está em ângulos retos com o plano pelas BA, BC. [Pelas mesmas coisas, então, também a BG está em ângulos retos com o plano pelas GH, GI. Mas o plano pelas GH, GI é o pelas DE, EF; portanto, a BG está em ângulos retos com o plano pelas DE, EF. E também a GB foi provada em ângulos retos com o plano pelas AB, BC.] Mas os planos são paralelos, aqueles planos relativamente aos quais a mesma reta está em ângulos retos; portanto, o plano pelas AB, BC é paralelo ao pelas DE, EF.

Portanto, caso duas retas que se tocam sejam paralelas a duas retas que se tocam, não no mesmo plano, os planos por elas são paralelos; o que era preciso provar.

16.

Caso dois planos paralelos sejam cortados por algum plano, as seções comuns deles são paralelas.

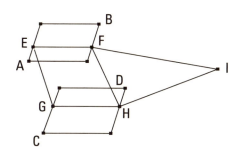

Sejam, pois, cortados os dois planos paralelos AB, CD pelo plano EFGH, e sejam as EF, GH as seções comuns deles; digo que a EF é paralela à GH.

Pois, se não, sendo prolongadas, as EF, GH encontrar-se-ão, ou no lado dos F, H ou no dos E, G. Fiquem prolongadas como no lado dos F, H, e encontrem-se primeiramente no I. E, como a EFI está no plano AB, portanto, também todos os pontos sobre a EFI estão no plano AB. Mas o I é um dos pontos na reta EFI; portanto, o I está no plano AB. Pelas mesmas coisas, então, também o I está no plano CD; portanto, os planos AB, CD, sendo prolongados, encontrar-se-ão. E não se encontram, pelo terem sido supostos paralelos; portanto, as retas EF, GH, sendo prolongadas no lado dos F, H, não se encontrarão. Do mesmo modo, então, provaremos que as retas EF, GH, nem sendo prolongadas no lado dos E, G, se encontrarão. Mas as que não se encontram em nenhum dos lados são paralelas. Portanto, a EF é paralela à GH.

Portanto, caso dois planos paralelos sejam cortados por algum plano, as seções comuns deles são paralelas; o que era preciso provar.

17.

Caso duas retas sejam cortadas por planos paralelos, serão cortadas nas mesmas razões.

Sejam, pois, cortadas as duas retas AB, CD pelos planos paralelos GH, IJ, LM nos pontos A, E, B, C, F, D; digo que como a reta AE está para a EB, assim a CF para a FD.

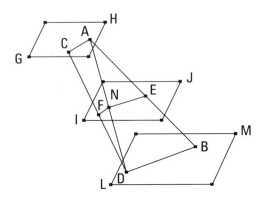

Fiquem, pois, ligadas as AC, BD, AD, e encontre a AD com o plano IJ no ponto N, e fiquem ligadas as EN, NF. E, como os dois planos paralelos IJ, LM são cortados pelo plano EBDN, as seções comuns deles EN, BD são paralelas. Pelas mesmas coisas, então, como os dois planos paralelos GH, IJ são cortados pelo plano ANFC, as seções comuns deles AC, NF são paralelas. E, como a reta EN foi traçada paralela a um dos lados, o BD, do triângulo ABD, portanto, em proporção, como a AE está para EB, assim a AN para ND. De novo, como a NF foi traçada paralela a um dos lados, o AC, do triângulo ADC, em proporção, como a AN está para ND, assim a CF para FD. Mas foi provado também como a AN para a ND, assim a AE para EB; portanto, também como a AE para EB, assim a CF para FD.

Portanto, caso duas retas sejam cortadas por planos paralelos, serão cortadas nas mesmas razões; o que era preciso provar.

18.

Caso uma reta esteja em ângulos retos com algum plano, também estarão em ângulos retos com o mesmo plano todos os planos por ela.

Esteja, pois, alguma reta, a AB, em ângulos retos com o plano suposto; digo que também estão em ângulos retos com o plano suposto todos os planos pela AB.

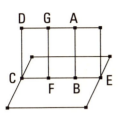

Fique, pois, prolongado o plano DE pela AB, e seja a CE a seção comum do plano DE e do suposto, e fique tomado sobre a CE o ponto F, encontrado ao acaso, e a partir de F fique traçada a FG, no plano DE, em ângulos retos com a CE. E, como a AB está em ângulos retos com o plano suposto, também a AB está em ângulos retos relativamente a todas as retas que a tocam e que estão no plano suposto; desse modo, também está em ângulos retos relativamente à CE; portanto, o ângulo sob ABF é reto. Mas também o sob GFB é reto; portanto, a AB é paralela à FG. Mas a AB está em ângulos retos com o plano suposto; portanto, também a FG está em ângulos retos com o plano suposto. E um plano está em ângulos retos relativamente a um plano, quando as retas traçadas, em um dos planos, em ângulos retos com a seção comum dos planos estejam em ângulos retos com o plano restante. E a FG, tendo sido traçada em um dos planos, o DE, em ângulos retos com a seção comum CE dos planos, foi provada em ângulos retos com o plano suposto. Portanto, o plano DE está em ângulos retos relativamente ao suposto. Do mesmo modo, então, serão provados também todos os planos pela AB, encontrados ao acaso, em ângulos retos com o plano suposto.

Portanto, caso uma reta esteja em ângulos retos com algum plano, também estarão em ângulos retos com o mesmo plano todos os planos por ela; o que era preciso provar.

19.

Caso dois planos que se cortam estejam em ângulos retos com algum plano, também a seção comum deles estará em ângulos retos com o mesmo plano.

Estejam, pois, os dois planos AB, BC em ângulos retos com o plano suposto, e seja a seção comum deles BD; digo que a BD está em ângulos retos com o plano suposto.

Pois, não, e fiquem traçadas, a partir do ponto D, por um lado, no plano AB, a DE em ângulos retos com a reta AD, e, por outro lado, no plano BC, a DF em ângulos retos com a CD. E, como o plano AB está em ângulos retos relativamente ao suposto, e a DE foi traçada, no plano AB, em ângulos retos com a seção comum deles, portanto, a DE está em ângulos retos relativamente ao plano suposto. Do mesmo modo, então, provaremos que também a DF está em ângulos retos relativamente ao plano suposto. Portanto, a partir do mesmo ponto D, duas retas levantadas no mesmo lado estão em

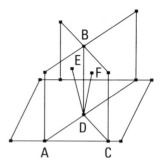

ângulos retos com o plano suposto; o que é impossível. Portanto, a partir do ponto D não será levantada em ângulos retos com o plano suposto, exceto a seção comum DB dos planos AB, BC.

Portanto, caso dois planos que se cortam estejam em ângulos retos com algum plano, também a seção comum deles estará em ângulos retos com o mesmo plano; o que era preciso provar.

20.

Caso um ângulo sólido seja contido por três ângulos planos, dois quaisquer, tomados juntos de toda maneira, são maiores do que o restante.

Seja, pois, o ângulo sólido junto ao A contido por três ângulos planos, os sob BAC, CAD, DAB; digo que dois quaisquer dos ângulos sob BAC, CAD, DAB, tomados juntos de toda maneira, são maiores do que o restante.

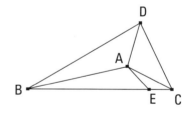

Se, por um lado, de fato, os ângulos sob BAC, CAD, DAB são iguais entre si, é evidente que dois quaisquer são maiores do que o restante. Se, por outro lado, não, seja maior o sob BAC, e fique construído, sobre a reta AB e no ponto A sobre ela, o sob BAE, no plano pelas BAC, igual ao ângulo sob DAB, e fique posta a AE igual à AD, e, tendo sido traçada pelo ponto E, a BEC corte as retas AB, AC nos pontos B, C, e fiquem ligadas as DB, DC. E, como a DA é igual à AE, e a AB é comum, duas são iguais a duas. E o ângulo sob DAB é igual ao ângulo sob BAE; portanto, a base DB é igual à base BE. E, como as duas BD, DC são maiores do que a BC, das quais a DB foi provada igual à BE, portanto, a restante DC é maior do que a restante EC. E, como a DA é igual à AE, e a AC é comum, e a base DC é maior do que a base EC, portanto o ângulo sob DAC é maior do que o ângulo sob EAC. Mas também o sob DAB foi provado igual ao sob BAE; portanto, os sob DAB, DAC são maiores do que o sob BAC. Do mesmo modo, então, provaremos que também os restantes tomados dois a dois são maiores do que o restante.

Portanto, caso um ângulo sólido seja contido por três ângulos planos, dois quaisquer, tomados juntos de toda maneira, são maiores do que o restante; o que era preciso provar.

21.

Todo ângulo sólido é contido por ângulos planos menores do que quatro retos.

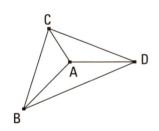

Seja o ângulo sólido junto ao A contido pelos ângulos planos sob BAC, CAD, DAB; digo que os sob BAC, CAD, DAB são menores do que quatro retos.

Fiquem, pois, tomados sobre cada uma das AB, AC, AD os pontos B, C, D, encontrados ao acaso, e fiquem ligadas as BC, CD, DB. E, como o ângulo sólido junto ao B é contido por três ângulos planos, os sob CBA, ABD, CBD, dois quaisquer são maiores do que o restante; portanto, os sob CBA, ABD são maiores do que o sob CBD. Pelas mesmas coisas, então, também, por um lado, os sob BCA, ACD são maiores do que o sob BCD, e, por outro lado, os sob CDA, ADB, são maiores do que o CDB; portanto, os seis ângulos, os sob CBA, ABD, BCA, ACD, CDA, ADB, são maiores do que os três CBD, BCD, CDB. Mas os três sob CBD, BDC, BCD são iguais a dois retos; portanto, os seis, os sob CBA, ABD, BCA, ACD, CDA, ADB, são maiores do que dois retos. E, como os três ângulos de cada um dos triângulos ABC, ACD, ADB são iguais a dois retos, portanto, os nove ângulos, os sob CBA, ACB, BAC, ACD, CDA, CAD, ADB, DBA, BAD, dos três triângulos, são iguais a seis retos, dos quais os seis ângulos, os sob ABC, BCA, ACD, CDA, ADB, DBA, são maiores do que dois retos; portanto, os três [ângulos] restantes, os sob BAC, CAD, DAB, contendo o ângulo sólido, são menores do que quatro retos.

Portanto, todo ângulo sólido é contido por ângulos planos menores do que quatro retos; o que era preciso provar.

22.

Caso existam três ângulos planos, dos quais os dois, tomados juntos de toda maneira, são maiores do que o restante, e retas iguais os contenham, é possível construir um triângulo das que ligam as retas iguais.

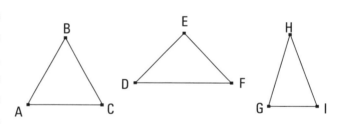

Sejam os três ângulos planos os sob ABC, DEF, GHI, dos quais os dois, tomados juntos de toda maneira, são maiores do que o restante, por um lado, os sob ABC, DEF, do que o sob GHI, e, por outro lado, os sob DEF, GHI, do que o sob ABC, e ainda os sob GHI, ABC, do que o sob DEF, e sejam iguais as retas AB, BC, DE, EF, GH, HI, e fiquem ligadas as AC, DF, GI; digo que é possível construir um triângulo das iguais às AC, DF, GI, isto é, duas quaisquer das AC, DF, GI são maiores do que a restante.

Se, por um lado, de fato, os ângulos sob ABC, DEF, GHI são iguais entre si, é evidente que, também tornando-se iguais as AC, DF, GI, é possível construir um triângulo das iguais às AC, DF, GI. Se, por outro lado, não, sejam desiguais, e fique construído sobre a reta HI e no ponto H sobre ela o sob IHJ igual ao ângulo sob ABC; e fique posta a HJ igual a uma das AB, BC, DE, EF, GH, HI, e fiquem ligadas as

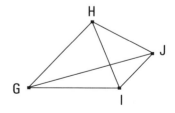

IJ, GJ. E, como as duas AB, BC são iguais às duas IH, HJ, e o ângulo junto ao B é igual ao ângulo sob IHJ, portanto, a base AC é igual à base IJ. E, como os sob ABC, GHI são maiores do que o sob DEF, mas o sob ABC é igual ao sob IHJ, portanto, o sob GHJ é maior do que o sob DEF. E, como as duas GH, HJ são iguais às duas DE, EF, e o ângulo sob GHJ é maior do que o ângulo sob DEF, portanto, a base GJ é maior do que a base DF. Mas a GI, IJ são maiores do que a GJ. Portanto, as GI, IJ são, por muito, maiores do que a DF. Mas, a IJ é igual à AC; portanto, as AC, GI são maiores do que a restante DF. Do mesmo modo, então, provaremos que também as AC, DF são maiores do que a GI, e ainda as DF, GI são maiores do que a AC. Portanto, é possível construir um triângulo das iguais às AC, DF, GI; o que era preciso provar.

23.

De três ângulos planos, dos quais os dois, tomados juntos de toda maneira, são maiores do que o restante, construir um ângulo sólido; é preciso então serem os três menores do que quatro retos.

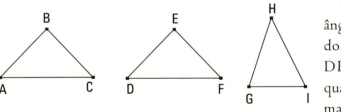

Sejam os três ângulos planos dados os sob ABC, DEF, GHI, dos quais os dois, tomados juntos de toda maneira, sejam maiores do que o restante, e ainda os três sejam menores do que quatro retos; é preciso, então, dos iguais aos sob ABC, DEF, GHI construir um ângulo sólido.

Fiquem cortadas iguais as AB, BC, DE, EF, GH, HI, e fiquem ligadas as AC, DF, GI; portanto, é possível, das iguais às AC, DF, GI, construir um triângulo.

Fique construído o JLM, de modo a serem, por um lado, a AC igual à JL, e, por outro lado, a DF, à LM, e ainda a GI, à MJ, e fique descrito o círculo JLM à volta do triângulo JLM, e fique tomado o centro dele, e seja

Euclides

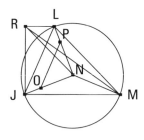

o N, e fiquem ligadas as JN, LN, MN; digo que a AB é maior do que a JN. Pois, se não, ou a AB é igual à JN, ou menor. Seja, primeiramente, igual. E, como a AB é igual à JN, mas, por um lado, a AB é igual à BC, e, por outro lado, a NJ, à NL, então as duas AB, BC são iguais às duas JN, NL, cada uma a cada uma; e a base AC foi suposta igual à base JL; portanto, o ângulo sob ABC é igual ao ângulo sob JNL. Pelas mesmas coisas, então, também o sob DEF é igual ao sob LNM, e ainda o sob GHI, ao sob MNJ; portanto, os três ângulos sob ABC, DEF, GHI são iguais aos três sob JNL, LNM, MNJ. Mas os três sob JNL, LNM, MNJ são iguais a quatro retos; portanto, também os três sob ABC, DEF, GHI são iguais a quatro retos. Mas foram também supostos menores do que quatro retos; o que é absurdo. Portanto, a AB não é igual à JN. Digo que nem a AB é menor do que JN. Pois, se possível, seja. E fiquem postas, por um lado, a NO igual à AB, e, por outro lado, a NP igual à BC, e fique ligada a OP. E, como a AB é igual à BC, também a NO é igual à NP; desse modo, também a restante JO é igual à PL. Portanto, a JL é paralela à OP, e o JLN é equiângulo com o OPN; portanto, como a NJ está para a JL, assim a NO para a OP; alternadamente, como a JN para a NO, assim a JL para a OP. Mas a JN é maior do que a NO; portanto, também a JL é maior do que a OP. Mas a JL foi posta igual à AC; portanto, também a AC é maior do que a OP. Como, de fato, as duas AB, BC são iguais às duas ON, NP, e a base AC é maior do que a base OP, portanto, o ângulo sob ABC é maior do que o ângulo sob ONP. Do mesmo modo, então, provaremos que também, por um lado, o sob DEF é maior do que o sob LNM, e, por outro lado, o sob GHI, do que o sob MNJ. Portanto, os três ângulos sob ABC, DEF, GHI são maiores do que os três sob JNL, LNM, MNJ. Mas os sob ABC, DEF, GHI foram supostos menores do que quatro retos; portanto, os sob JNL, LNM, MNJ são, por muito, menores do que quatro retos. Mas são iguais; o que é absurdo. Portanto, a AB não é menor do que a JN. Mas foi provado que nem igual; portanto, a AB é maior do que a JN. Fique, então, levantada, a partir do ponto N, a NR em ângulos retos com o plano do círculo JLM, e, pelo que o quadrado sobre a AB é maior do que o sobre a JN, àquele seja igual o sobre a NR, e fiquem ligadas as RJ, RL, RM. E, como a RN está em ângulos retos relativamente ao plano do círculo JLM, portanto, também a RN está em ângulos retos relativamente a cada uma das JN, LN, MN. E, como a JN é igual à NL, mas a NR é comum e em ângulos retos, portanto, a base RJ é igual à base RL. Pelas mesmas coisas, então, também a RM é igual a cada uma das RJ, RL; portanto, as três RJ, RL, RM são iguais entre si. E como, pelo que o sobre a AB é maior do que o sobre a JN, àquele o sobre a NR foi suposto igual, portanto, o sobre a AB é igual aos sobre as JN, NR. Mas o sobre a JR é igual aos sobre as JN, NR; pois, o sob JNR é reto; portanto, o sobre a AB é igual ao sobre a RJ; portanto, a AB é igual à RJ. Mas, por um lado, cada uma das BC, DE, EF, GH, HI é igual à AB, e, por outro lado, cada uma das RL, RM é igual à RJ; portanto, cada uma das AB, BC, DE, EF, GH, HI é igual a cada uma das RJ, RL, RM. E, como as duas JR, RL são iguais às duas AB, BC, e a base JL foi suposta igual à base AC, portanto, o ângulo sob JRL é igual ao ângulo ABC. Pelas mesmas coisas, então, também, por um lado, o sob LRM é igual ao sob DEF, e, por outro lado, o sob JRM, ao sob GHI.

Portanto, de três ângulos planos, os sob JRL, LRM, JRM, os iguais aos três dados, os sob ABC, DEF, GHI, foi construído o ângulo sólido junto ao R, contido pelos ângulos sob JRL, LRM, JRM; o que era preciso fazer.

Lema

E do qual modo, pelo que o sobre a AB é maior do que o sobre a JN, é tomar igual àquele o sobre a NR, provaremos assim. Fiquem expostas as retas AB, JN, e seja maior a AB, e fique descrito sobre ela o semicírculo ABC, e fique ajustada no semicírculo ABC a AC igual à reta JN, que não é maior do que o diâmetro AB, e fique ligada a CB. Como, de fato, o ângulo sob ACB está no semicírculo ACB, portanto, o sob ACB é reto. Portanto, o sobre a AB é igual aos sobre as AC, CB. Desse modo, o sobre a AB é maior do que o sobre a AC pelo sobre a CB. Mas a AC é igual à JN. Portanto, o sobre a AB é maior do que o sobre a JN pelo sobre a CB. Caso, de fato, cortemos a NR igual à BC, o sobre a AB será maior do que o sobre a JN pelo sobre a NR; o que era proposto fazer.

24.

Caso um sólido seja contido por planos paralelos, os planos opostos dele são iguais e também paralelogramos.

Seja, pois, o sólido CDHG contido pelos planos paralelos AC, GF, AH, DF, BF, AE; digo que os planos opostos dele são iguais e também paralelogramos.

Pois, como os dois planos paralelos BG, CE são cortados pelo plano AC, as seções comuns deles são paralelas.

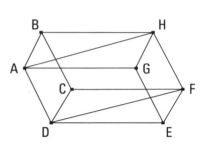

Portanto, a AB é paralela à DC. De novo, como os dois planos paralelos BF, AE são cortados pelo plano AC, as seções comuns deles são paralelas. Portanto, a BC é paralela à AD. Mas também a AB foi provada paralela à DC; portanto, o AC é um paralelogramo. Do mesmo modo, então, provaremos que também cada um dos DF, FG, GB, BF, AE é um paralelogramo.

Fiquem ligadas as AH, DF. E, como, por um lado, a AB é paralela à DC, e, por outro lado, a BH, à CF, então, as duas AB, BH, que se tocam, são paralelas às duas DC, CF, que se tocam, não no mesmo plano; portanto, conterão ângulos iguais; portanto, o ângulo sob ABH é igual ao sob DCF. E, como as duas AB, BH são iguais às duas DC, CF, e o ângulo sob ABH é igual ao ângulo DCF, portanto, a base AH é igual à base DF, e o triângulo ABH é igual ao triângulo DCF. E, por um lado, o paralelogramo BG é o dobro do ABH, e, por outro lado, o paralelogramo CE é o dobro do DCF; portanto, o paralelogramo BG é igual ao paralelogramo CE. Do mesmo modo, então, provaremos que também, por um lado, o AC é igual ao GF, e, por outro lado, o AE, ao BF.

Portanto, caso um sólido seja contido por planos paralelos, os planos opostos dele são iguais e também paralelogramos; o que era preciso provar.

25.

Caso um sólido paralelepípedo seja cortado por um plano que é paralelo aos planos opostos, como a base estará para a base, assim o sólido para o sólido.

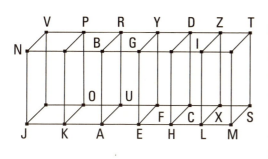

Fique, pois, cortado o sólido paralelepípedo ABCD pelo plano FG que é paralelo aos planos opostos RA, DH; digo que como a base AEFU está para a base EHCF, assim o sólido ABFY para o sólido EGCD.

Fique, pois, prolongada a AH sobre cada um dos lados, e fiquem postas, quantas quer que sejam, por um lado, as AK, KJ iguais à AE, e, por outro lado, as HL, LM iguais à EH, e fiquem completados os paralelogramos JO, KU, HX, LS, e os sólidos JP, KR, DL, LT. E, como as retas JK, KA, AE são iguais entre si, também, por um lado, os paralelogramos JO, KU, AF são iguais entre si, e, por outro lado, os KN, KB, AG, entre si, e ainda os JV, KP, AR, entre si; pois são opostos. Pelas mesmas coisas, então, também, por um lado, os paralelogramos EC, HX, LS são iguais entre si, e, por outro lado, os HG, HI, IM são iguais entre si, e ainda os DH, LZ, MT; portanto, três planos dos sólidos JP, KR, AY são iguais a três planos. Mas os três são iguais aos três opostos; portanto, os três sólidos JP, KR, AY são iguais entre si. Pelas mesmas coisas, então, também os três sólidos ED, DL, LT são iguais entre si; portanto, quantas vezes a base JF é da base AF, tantas vezes também o sólido JY é do sólido AY. Pelas mesmas coisas, então, quantas vezes a base MF é da base FH, tantas vezes também o sólido MY é do sólido HY. E, se a base JF é igual à base MF, também o sólido JY é igual ao sólido MY, e se a base JF excede a base MF, também o sólido JY excede o sólido MY, e se é inferior, inferior. Então, existindo quatro magnitudes, por um lado, as duas bases AF, FH, e, por outro lado, os dois sólidos AY, YH, foram tomados, por um lado, os mesmos múltiplos da base AF e do sólido AY tanto a base JF quanto o sólido JY, e, por outro lado, da base HF e do sólido HY tanto a base MF quanto o sólido MY, e foi provado que, se a base JF excede a base FM, também o sólido JY excede o [sólido] MY, e se igual, igual, e se inferior, inferior. Portanto, como a base AF está para a base FH, assim o sólido AY para o sólido YH; o que era preciso provar.

26.

Sobre a reta dada e no ponto sobre ela, construir um ângulo sólido igual ao ângulo sólido dado.

Sejam, por um lado, a reta dada AB, e, por outro lado, o ponto dado A sobre ela, e o ângulo sólido dado, o junto ao D, contido pelos ângulos planos sob EDC, EDF, FDC; é preciso, então, sobre a reta AB e no ponto A sobre ela, construir um ângulo sólido igual ao ângulo sólido junto ao D.

Fique, pois, tomado sobre a DF o ponto F, ao acaso, e fique traçada, a partir de F até o plano pelas ED, DC, a perpendicular FG, e encontre com o plano no G, e fique ligada a DG, e fiquem construídos, sobre a reta AB e no ponto A sobre ela, por um lado, o sob

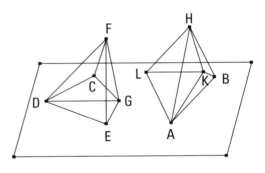

BAL igual ao ângulo sob EDC, e, por outro lado, o sob BAK igual ao sob EDG, e fique posta a AK igual à DG, e fique levantada, a partir do ponto K, a KH em ângulos retos com o plano pelas BAL, e fique posta a KH igual à GF, e fique ligada a HA; digo que o ângulo sólido junto ao A, contido pelos ângulos BAL, BAH, HAL é igual ao ângulo sólido junto ao D, contido pelos ângulos EDC, EDF, FDC.

Fiquem, pois, cortadas iguais as AB, DE, e fiquem ligadas as HB, KB, FE, GE. E, como a FG está em ângulos retos relativamente ao plano suposto, também fará ângulos retos com todas as retas que a tocam e que estão no plano suposto; portanto, cada um dos ângulos sob FGD, FGE é reto. Pelas mesmas coisas, então, também cada um dos ângulos sob HKA, HKB é reto. E, como as duas KA, AB são iguais às duas GD, DE, cada uma a cada uma, e contêm ângulos iguais, portanto a base KB é igual à base GE. Mas também a KH é igual à GF; e contêm ângulos retos; portanto, também a HB é igual à FE. De novo, como as duas AK, KH são iguais às duas DG, GF, e contêm ângulos retos, portanto, a base AH é igual à base FD. Mas também a AB é igual à DE; então, as duas HA, AB são iguais às duas DF, DE. E a base HB é igual à base FE; portanto, o ângulo sob BAH é igual ao ângulo sob EDF. Pelas mesmas coisas, então, também o sob HAL é igual ao sob FDC [visto que, caso cortemos iguais as AL, DC e liguemos as KL, HL, GC, FC, como o sob BAL todo é igual ao sob EDC todo, dos quais o sob BAK foi suposto igual ao sob EDG, portanto, o sob KAL restante é igual ao sob GDC restante. E, como as duas KA, AL são iguais às duas GD, DC, e contêm ângulos iguais, portanto, a base KL é igual à base GC. Mas também a KH é igual à GF; então, as duas LK, KH são iguais às duas CG, GF; e contêm ângulos retos; portanto, a base HL é igual à base FC. E, como as duas HA, AL são iguais às duas FD, DC, e a base HL é igual à base FC, portanto, o ângulo sob HAL é igual ao ângulo FDC]. Mas também o sob BAL é igual ao sob EDC.

Portanto, sobre a reta dada AB e no ponto A sobre ela, foi construído um igual ao ângulo sólido dado junto ao D; o que era preciso fazer.

27.

Sobre a reta dada, descrever um sólido paralelepípedo semelhante, e também semelhantemente posto, ao sólido paralelepípedo dado.

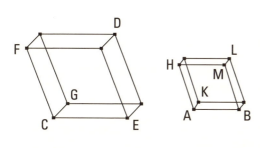

Sejam, por um lado, a reta dada AB, e, por outro lado, o sólido paralelepípedo dado CD; é preciso, então, sobre a reta dada AB, descrever um sólido paralelepípedo semelhante e também semelhantemente posto ao sólido paralelepípedo dado CD.

Fique, pois, construído, sobre a reta AB e no ponto A sobre ela, o contido pelos BAH, HAK, KAB igual ao ângulo sólido junto ao C, de modo a serem iguais, por um lado, o ângulo sob BAH ao sob ECF, e, por outro lado, o sob BAK, ao sob ECG, e o sob KAH, ao sob GCF; e fique produzido, por um lado, como a EC para a CG, assim a BA para a AK, e, por outro lado, como a GC para a CF, assim a KA para a AH. Portanto, por igual posto, também como a EC está para a CF, assim a BA para a AH. E, fiquem completados o paralelogramo HB e o sólido AL.

E, como a EC está para a CG, assim a BA para a AK, e os lados à volta dos ângulos iguais, os sob ECG, BAK, estão em proporção, portanto, o paralelogramo GE é semelhante ao paralelogramo KB. Pelas mesmas coisas, também, por um lado, o paralelogramo KH é semelhante ao paralelogramo GF, e, ainda, o FE, ao HB; portanto, três paralelogramos do sólido CD são semelhantes a três paralelogramos do sólido AL. Mas, por um lado, os três são tanto iguais quanto semelhantes aos três opostos, e, por outro lado, os três são tanto iguais quanto semelhantes aos três opostos; portanto, o sólido CD todo é semelhante ao sólido AL todo.

Portanto, sobre a reta dada AB, foi descrito o AL semelhante, e também semelhantemente posto, ao sólido paralelepípedo dado CD; o que era preciso fazer.

28.

Caso um sólido paralelepípedo seja cortado por um plano segundo as diagonais dos planos opostos, o sólido será cortado em dois pelo plano.

Fique, pois, cortado o sólido paralelepípedo AB pelo plano CDEF segundo as diagonais CF, DE dos planos opostos; digo que o sólido AB será cortado em dois pelo plano CDEF.

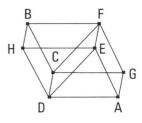

Pois, como, por um lado, o triângulo CGF é igual ao triângulo CFB, e, por outro lado, o ADE, ao DEH, e também, por um lado, o paralelogramo CA é igual ao EB; pois, são opostos; e, por outro lado, o GE, ao CH, portanto, também o prisma contido, por um lado, pelos dois triângulos CGF, ADE, e, por outro lado, pelos três paralelogramos GE, AC, CE é igual ao prisma contido, por um lado, pelos dois triângulos CFB, DEH, e, por outro lado, pelos três paralelogramos CH, BE, CE; pois, são contidos por planos iguais tanto na quantidade quanto na magnitude. Desse modo, o sólido todo AB foi cortado em dois pelo plano CDEF; o que era preciso provar.

29.

Os sólidos paralelepípedos que estão sobre a mesma base e sob a mesma altura, dos quais as alteadas estão sobre as mesmas retas, são iguais entre si.

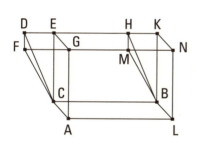

Estejam os sólidos paralelepípedos CM, CN sobre a mesma base AB, sob a mesma altura, dos quais as alteadas AG, AF, LM, LN, CD, CE, BH, BK estejam sobre as mesmas retas FN, DK; digo que o sólido CM é igual ao sólido CN.

Pois, como cada um dos CH, CK é um paralelogramo, a CB é igual a cada uma das DH, EK; desse modo, também a DH é igual à EK. Fique subtraída a EH comum; portanto, a DE restante é igual à HK restante. Desse modo, também, por um lado, o triângulo DCE é igual ao triângulo HBK, e, por outro lado, o paralelogramo DG, ao paralelogramo HN. Pelas mesmas coisas, então, também o triângulo AFG é igual ao triângulo MLN. Mas também, por um lado, o paralelogramo CF é igual ao paralelogramo BM, e, por outro lado, o CG, ao BN; pois, são opostos; portanto, o prisma contido, por um lado, pelos dois triângulos AFG, DCE, e, por outro lado, pelos três paralelogramos AD, DG, CG é igual ao prisma contido, por um lado, pelos dois triângulos MLN, HBK, e, por outro lado, pelos três paralelogramos BM, HN, BN. Fique composto o sólido comum, do qual uma base é paralelogramo AB, enquanto que o GEHM é a oposta; portanto, o sólido paralelepípedo CM todo é igual ao sólido paralelepípedo CN todo.

Portanto, os sólidos paralelepípedos que estão sobre a mesma base e sob a mesma altura, dos quais as alteadas estão nas mesmas retas, são iguais entre si; o que era preciso provar.

30.

Os sólidos paralelepípedos que estão sobre a mesma base e sob a mesma altura, dos quais as alteadas não estão sobre as mesmas retas, são iguais entre si.

Estejam sobre a mesma base AB, sob a mesma altura, os sólidos paralelepípedos CM, CN, dos quais as alteadas AF, AG, LM, LN, CD, CE, BH, BK não estejam sobre as mesmas retas; digo que o sólido CM é igual ao sólido CN.

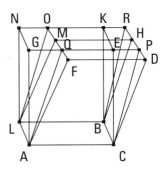

Fiquem, pois, prolongadas as NK, DH, e encontrem-se no R, e ainda fiquem prolongadas as FM, GE até os O, P, e fiquem ligadas as AQ, LO, CP, BR. Então, o sólido CM, do qual uma base é o paralelogramo ACBL, enquanto que a oposta é o FDHM, é igual ao sólido CO, do qual uma base é o paralelogramo ACBL, enquanto que a oposta é o QPRO; pois, tanto sobre a mesma base ACBL quanto sob a mesma altura, dos quais as alteadas AF, AQ, LM, LO, CD, CP, BH, BR estão sobre as mesmas retas FO, DR. Mas o sólido CO, do qual uma base é o paralelogramo ACBL, enquanto que a oposta é o QPRO, é igual ao sólido CN, do qual uma base é o paralelogramo ACBL, enquanto que a oposta é o GEKN; pois, de novo, estão tanto sobre a mesma base ACBL quanto sob a mesma altura, dos quais as alteadas AG, AQ, CE, CP, LN, LO, BK, BR estão sobre as mesmas retas GP, NR. Desse modo, também o sólido CM é igual ao sólido CN.

Portanto, os sólidos paralelepípedos sobre a mesma base e sob a mesma altura, dos quais as alteadas não estão sobre as mesmas retas, são iguais entre si; o que era preciso provar.

31.

Os sólidos paralelepípedos que estão sobre bases iguais e sob a mesma altura são iguais entre si.

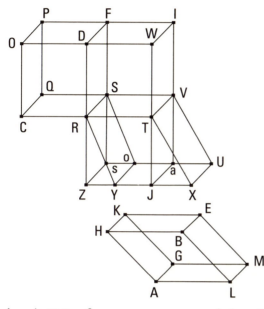

Estejam os sólidos paralelepípedos AE, CF sobre as bases iguais AB, CD, sob a mesma altura; digo que o sólido AE é igual ao sólido CF.

Estejam, primeiramente, então, as alteadas HK, BE, AG, LM, OP, DF, CQ, RS em ângulos retos com as bases AB, CD, e fique prolongada a RT sobre uma reta com a CR, e fique construído, sobre a reta RT e no ponto R sobre ela, o sob TRY igual ao ângulo sob ALB, e fiquem postas, por um lado, a RT igual à AL, e, por outro lado, a RY igual à LB, e fiquem completados tanto a base RX quanto o sólido VY. E, como as duas TR, RY são iguais às duas AL, LB, e contêm ângulos iguais, portanto, o paralelogramo RX é igual e semelhante ao paralelogramo HL. E como, de novo, por um lado, a AL é igual à RT, e, por outro lado, a LM, à RS, e contêm ângulos retos, portanto, o paralelogramo RV é igual e semelhante ao paralelogramo AM. Pelas mesmas coisas, então, também o LE é tanto igual quanto semelhante ao SY; portanto, três paralelogramos do sólido AE são tanto iguais quanto semelhantes a três paralelogramos do sólido VY. Mas, por um lado, os três são tanto iguais quanto semelhantes aos três opostos, e, por outro lado, os três, aos três opostos; portanto, o sólido paralelepípedo AE todo é igual ao sólido paralelepípedo VY todo. Fiquem traçadas através as DR, XY, e encontrem-se no Z, e pelo T fique traçada a WTJ paralela à DZ, e fique prolongada a OD relativamente a W, e fiquem completados os sólidos ZV, RI. Então, o sólido VZ, do qual uma base é o paralelogramo RV, enquanto que a oposta é o Za, é igual ao sólido VY, do qual uma base é o paralelogramo RV, enquanto que a oposta é o YU; pois, estão tanto sobre a mesma base RV quanto sob a mesma altura, dos quais as alteadas RZ, RY, TJ, TX, Ss, So, Va, VU estão sobre as mesmas retas ZX, sU. Mas o sólido VY é igual ao AE; portanto, também o sólido VZ é igual ao sólido AE. E, como o paralelogramo RYXT é igual ao paralelogramo ZT; pois, estão tanto sobre a mesma base RT quanto nas mesmas paralelas RT, ZX; mas, o RYXT é igual ao CD, porque também, ao AB, portanto, também o paralelogramo ZT é igual ao CD. Mas o DT é um outro; portanto, como a base CD está para a DT, assim a ZT para a DT. E, como o sólido paralelepípedo CI foi cortado pelo plano RF, que é paralelo aos planos opostos, como a base CD está para a base DT, assim o sólido CF para o sólido RI. Pelas mesmas coisas, então, como o sólido paralelepípedo ZI foi cortado pelo plano RV, que é paralelo aos planos opostos, como a base ZT está para a base TD, assim o sólido ZV para o RI. Mas, como a base CD para a DT, assim a ZT para a DT; portanto, também como o sólido CF para o sólido RI, assim o sólido ZV para o RI. Portanto, cada um dos sólidos CF, ZV tem para o RI a mesma razão; portanto, o sólido CF é igual ao sólido ZV. Mas o ZV foi provado igual ao AE; portanto, também o AE é igual ao CF.

Não estejam, então, as alteadas AG, HK, BE, LM, CN, OP, DF, RS em ângulos retos com as bases AB, CD; digo, de novo, que o sólido AE é igual ao sólido CF. Fiquem, pois,

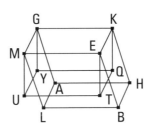 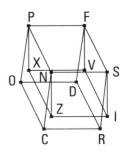

traçadas, a partir dos pontos K, E, G, M, P, F, N, S até o plano suposto as perpendiculares KQ, ET, GY, MU, PX, FV, NZ, SI, e encontrem com o plano nos pontos Q, T, Y, U, X, V, Z, I, e fiquem ligadas as QT, QY, YU, TU, XV, XZ, ZI, IV. Então, o sólido KU é igual ao sólido PI; pois, estão tanto sobre as bases iguais KM, PS quanto sob a mesma altura, dos quais as alteadas estão em ângulos retos com as bases. Mas, por um lado, o sólido

KU é igual ao sólido AE, e, por outro lado, o PI, ao CF; pois, estão tanto sobre a mesma base quanto sob a mesma altura, dos quais as alteadas não estão sobre as mesmas retas. Portanto, também o sólido AE é igual ao sólido CF.

Portanto, os sólidos paralelepípedos, que estão sobre bases iguais e sob a mesma altura, são iguais entre si; o que era preciso provar.

32.

Os sólidos paralelepípedos que estão sob a mesma altura estão entre si como as bases.

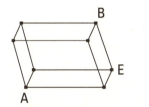 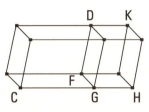

Estejam os sólidos paralelepípedos AB, CD sob a mesma altura; digo que os sólidos paralelepípedos AB, CD estão entre si como as bases, isto é, que como a base AE está para a base CF, assim o sólido AB para o sólido CD.

Fique, pois, aplicado à FG o FH igual ao AE, e, por um lado, sobre a base FH, e, por outro lado, da mesma altura que o CD, fique completado o sólido paralelepípedo GK. Então, o sólido AB é igual ao sólido GK; pois, estão tanto sobre as bases iguais AE, FH quanto sob a mesma altura. E, como o sólido paralelepípedo CK foi cortado pelo plano DG que é paralelo aos planos opostos, portanto, como a base CF está para a base FH, assim o sólido CD para o sólido DH. Mas, por um lado, a base FH é igual à base AE, e, por outro lado, o sólido GK, ao sólido AB; portanto, como a base AE está para a base CF, assim o sólido AB para o sólido CD.

Portanto, os sólidos paralelepípedos que estão sob a mesma altura estão entre si como as bases; o que era preciso provar.

33.

Os sólidos paralelepípedos semelhantes estão entre si na tripla razão dos lados homólogos.

Sejam os sólidos paralelepípedos semelhantes AB, CD, e seja a AE homóloga à CF; digo que o sólido AB tem para o sólido CD uma razão tripla do que a AE, para a CF.

Fiquem, pois, prolongadas as EK, EL, EM sobre uma reta com as AE, GE, HE, e fiquem postas, por um lado, a EK igual à CF, e por outro lado, a EL igual à FN, e ainda a EM, à FR, e fiquem completados o paralelogramo KL e o sólido KO.

E, como as duas KE, EL são iguais às duas CF, FN, mas também o ângulo sob KEL é igual ao ângulo sob CFN, visto que também o sob AEG é igual ao sob CFN, pela semelhança dos sólidos AB, CD, portanto, o paralelogramo KL é igual [e semelhante] ao paralelogramo CN. Pelas mesmas coisas, então, também, por um lado, o paralelogramo KM é igual e semelhante ao [paralelo-

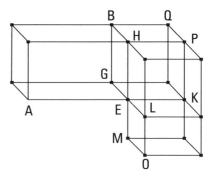

gramo] CR, e ainda o EO, ao DF; portanto, três paralelogramos do sólido KO são iguais e semelhantes a três paralelogramos do sólido CD. Mas, por um lado, os três são iguais e semelhantes aos três opostos, e, por outro lado, os três são iguais e semelhantes aos três opostos; portanto, o sólido KO todo é igual e semelhante ao sólido CD todo. Fique completado o paralelogramo GK, e, por um lado, sobre as bases dos paralelogramos GK, KL, e, por outro lado, da mesma altura que o AB, fiquem completados os sólidos EQ, LP. E, pela semelhança dos sólidos AB, CD, como a AE está para a CF, assim a EG para a FN, e a EH para a FR, mas, por um lado, a CF é igual à EK, e, por outro lado, a FN, à EL e a FR, à EM, portanto, como a AE está para a EK, assim a GE para a EL e a HE para a EM. Mas, por um lado, como a AE para a EK, assim o [paralelogramo] AG para o paralelogramo GK, e, por outro lado, como a GE para a EL, assim o GK para o KL, e como a HE para EM, assim o PE para o KM; portanto, também como o paralelogramo AG para o GK, assim o GK para o KL e o PE para o KM. Mas, por um lado, como o AG para o GK, assim o sólido AB para o sólido EQ, e como o GK para o KL, assim o sólido QE para o sólido PL, e como o PE para o KM, assim o sólido PL para o sólido KO; portanto, também como o sólido AB para o EQ, assim EQ para o PL e o PL para o KO. Mas, caso quatro magnitudes estejam em proporção continuada, a primeira tem para a quarta uma razão tripla da que para a segunda; portanto, o sólido AB tem para o KO uma razão tripla da que o AB para o EQ. Mas, como o AB para o EQ, assim o paralelogramo AG para o GK, e a reta AE para a EK; desse modo, também o sólido AB tem para o KO uma razão tripla da que a AE, para a EK. Mas, [por um lado], o sólido KO é igual ao sólido CD, e, por outro lado, a reta EK, à reta CF; portanto, também o sólido AB tem para o sólido CD uma razão tripla da que o lado homólogo dele AE, para o lado homólogo CF.

Portanto, os sólidos paralelepípedos semelhantes estão em tripla razão dos lados homólogos; o que era preciso provar.

Corolário

Disso, então, é evidente que, caso quatro retas estejam em proporção, como a primeira estará para a quarta, assim o sólido paralelepípedo sobre a primeira para o descrito semelhante e semelhantemente sobre a segunda, visto que também a primeira tem para a quarta uma razão tripla da que, para a segunda.

34.

Dos sólidos paralelepípedos iguais, as bases são inversamente proporcionais às alturas; e são iguais aqueles sólidos paralelepípedos, dos quais as bases são inversamente proporcionais às alturas.

Sejam os sólidos paralelepípedos iguais AB, CD; digo que, dos sólidos paralelepípedos AB, CD, as bases são inversamente proporcionais às alturas, e, como a base EH está para a base NP, assim a altura do sólido CD para a altura do sólido AB.

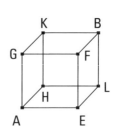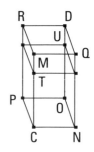

Estejam, pois, primeiramente, as alteadas AG, EF, LB, HK, CM, NQ, OD, PR em ângulos retos com as bases deles; digo que como a base EH está para a base NP, assim a CM para a AG.

Se, por um lado, de fato, a base EH é igual à base NP, e também o sólido AB é igual ao sólido CD, também a CM será igual à AG. Pois, os sólidos paralelepípedos sob a mesma altura estão entre si como as bases [pois, se, sendo iguais as bases EH, NP, as alturas AG, CM não fossem iguais, portanto nem o sólido AB seria igual ao CD. Mas foi suposto igual; portanto, a altura CM não é desigual à altura AG; portanto, igual]. E, como a base EH para a NP, assim a CM estará para a AG, e é evidente que dos sólidos paralelepípedos AB, CD, as bases são inversamente proporcionais às alturas.

Não seja, então, a base EH igual à base NP, mas seja maior a EH. Mas também o sólido AB é igual ao sólido CD; portanto, também a CM é maior do que a AG [pois, se não, portanto, de novo, nem os sólidos AB, CD serão iguais; mas, foram supostos iguais]. Fique posta, de fato, a CT igual à AG, e fique completado, por um lado, sobre a base NP, e, por outro lado, de altura CT, o sólido paralelepípedo UC. E, como o sólido AB é igual ao sólido CD, e o CU é exterior, e os iguais têm para o mesmo a mesma razão, portanto, como o sólido AB está para o sólido CU, assim o sólido CD para o sólido CU. Mas, por um lado, como o sólido AB para o sólido CU, assim a base EH para a base NP; pois, os sólidos AB, CU são de igual altura; e, por outro lado, como o sólido CD para o sólido CU, assim a base MP para a base TP, e a CM para a CT; portanto, também como a base EH para a base NP, assim a MC para a CT. Mas a CT é igual à AG; portanto, também como a base EH para a base NP, assim a MC para a AG. Portanto, dos sólidos paralelepípedos AB, CD, as bases são inversamente proporcionais às alturas.

De novo, então, dos sólidos paralelepípedos AB, CD, as bases são inversamente proporcionais às alturas, e como a base EH esteja para a base NP, assim a altura do sólido CD para a altura do sólido AB; digo que o sólido AB é igual ao sólido CD.

Estejam [pois], de novo, as alteadas em ângulos retos com as bases, e, por um lado, se a base EH é igual à base NP, e como a base EH está para a base NP, assim a altura do sólido CD para a altura do sólido AB, portanto, também a altura do sólido CD é igual à altura do sólido AB. Mas os sólidos paralelepípedos sobre bases iguais e sob a mesma altura são iguais entre si; portanto, o sólido AB é igual ao sólido CD.

Não seja, então, a base EH igual à [base] NP, mas seja maior a EH; portanto, também a altura do sólido CD é maior do que a altura do AB, isto é, a CM, do que a AG. Fique posta, de novo, a CT igual à AG, e fique completado o sólido CU do mesmo modo. Como a base EH está para a base NP, assim a MT para a AG, mas a AG é igual à CT, portanto, como a base EH está para a base NP, assim a CM para a CT. Mas, como, por um lado, a [base] EH para a base NP, assim o sólido AB para o sólido CU; pois, os sólidos AB, CU são de iguais alturas; e, por outro lado, como a CM para a CT, assim tanto a base MP para a base PT quanto o sólido CD para o sólido CU. Portanto, também como o sólido AB para o sólido CU, assim o sólido CD para o sólido CU; portanto, cada um dos AB, CD tem para o CU a mesma razão. Portanto, o sólido AB é igual ao sólido CD [o que era preciso provar].

Não estejam, então, as alteadas, FE, BL, GA, HK, QN, DO, MC, RP, em ângulos retos com as bases deles, e fiquem traçadas, a partir dos pontos F, G, B, K, Q, M, D, R até os planos pelas EH, NP, perpendiculares e encontrem com os planos nos S, T, Y, U, X, V, Z, J, e fiquem completados os sólidos FU, QZ; digo que também assim, dos sólidos AB, CD que são iguais, as bases são inversamente proporcionais às alturas, também como a base EH está para a base NP, assim a altura do sólido CD para a altura do sólido AB.

Como, o sólido AB é igual ao sólido CD, mas, por um lado, o AB é igual ao BT; pois, estão tanto sobre a mesma base FK quanto sob a mesma altura [dos quais, as alteadas não estão sobre as mesmas retas]; e, por outro lado, o sólido CD é igual ao DV; pois, de novo, estão tanto sobre a mesma base RQ quanto sob a mesma altura [dos quais, as alteadas não estão sobre as mesmas retas]; portanto, também o sólido BT é igual ao sólido DV [e, dos sólidos paralelepípedos iguais, dos quais as alturas estão em ângulos retos com as bases deles, as bases são inversamente proporcionais às alturas]. Portanto, como a base FK está para a base QR, assim a altura do sólido DV para a altura do sólido BT. Mas, por um lado, a base FK é igual à base EH, e, por outro lado, a base QR, à base NP; portanto, como a base EH está para a base NP, assim a altura do sólido DV para a altura do sólido BT. Mas as alturas dos sólidos DV, BT e dos sólidos DC, BA são as mesmas; portanto, como a base BH está para a base NP, assim a altura do sólido DC

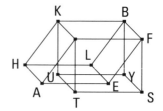

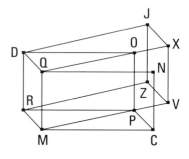

para a altura do sólido AB. Portanto, dos sólidos paralelepípedos AB, CD as bases são inversamente proporcionais às alturas.

De novo, então, dos sólidos paralelepípedos AB, CD, as bases são inversamente proporcionais às alturas, e como a base EH esteja para a base NP, assim a altura do sólido CD para a altura do sólido AB; digo que o sólido AB é igual ao sólido CD.

Pois, tendo sido construídas as mesmas coisas, como a base EH está para a base NP, assim a altura do sólido CD para a altura do sólido AB, e, por um lado, a base EH é igual à base FK, e, por outro lado, a NP, à QR, portanto, como a base FK está para a base QR, assim a altura do sólido CD para a altura do sólido AB. Mas as alturas dos sólidos AB, CD e dos BT, DV são as mesmas; portanto, como a base FK está para a base QR, assim a altura do sólido DV para a altura do sólido BT. Portanto, dos sólidos paralelepípedos BT, DV, as bases são inversamente proporcionais às alturas [mas, aqueles sólidos paralelepípedos, dos quais as alturas estão em ângulos retos com as suas bases, e as bases são inversamente proporcionais às alturas, são iguais]; portanto, o sólido BT é igual ao sólido DV. Mas, por um lado, o BT é igual ao BA; pois, [estão] tanto sobre a mesma base FK quanto sob a mesma altura [dos quais, as alteadas não estão sobre as mesmas retas]. E, por outro lado, o sólido DV é igual ao sólido DC [pois, de novo, estão sobre a mesma base QR e sob a mesma altura e não nas mesmas retas]. Portanto, também o sólido AB é igual ao sólido CD; o que era preciso provar.

35.

Caso dois ângulos planos sejam iguais, e sobre os vértices deles sejam alteadas retas elevadas contendo ângulos iguais com as retas do começo, cada um a cada um, e sobre as elevadas sejam tomados pontos, encontrados ao acaso, e a partir deles até os planos, nos quais estão os ângulos do começo, sejam traçadas perpendiculares, e a partir dos pontos produzidos nos planos até os ângulos do começo sejam ligadas retas, conterão ângulos iguais com as elevadas.

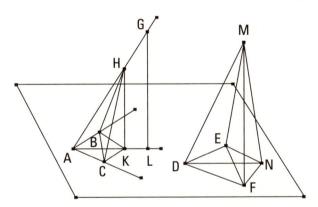

Sejam os ângulos retilíneos iguais os sob BAC, EDF e, a partir dos pontos A, D sejam alteadas as retas elevadas AG, DM, contendo ângulos iguais com as retas do começo, cada um a cada um, por um lado, o sob MDE, ao sob GAB, e, por outro lado, o sob MDF, ao GAC, e fiquem tomados sobre as AG, DM os pontos G, M, encontrados ao acaso, e fiquem traçadas, a partir dos pontos G, M até os planos pelas BAC, EDF, as perpendiculares GL, MN, e encontrem com os planos nos N, L, e fiquem ligadas as LA, ND; digo que o ângulo sob GAL é igual ao ângulo sob MDN.

Fique tomada a AH igual à DM, e fique traçada pelo ponto H a HK paralela à GL. Mas a GL é perpendicular ao plano pelas BAC; portanto, a HK também é perpendicular ao plano pelas BAC. Fiquem traçadas, a partir dos pontos K, N até as retas AB, AC, DF, DE, as perpendiculares KC, NF, KB, NE, e fiquem ligadas as HC, CB, MF, FE. Como o sobre a HA é igual aos sobre as HK, KA, e os sobre as KC, CA são iguais ao sobre a KA, portanto, também o sobre a HA é igual aos sobre as HK, KC, CA. Mas o sobre a HC é igual aos sobre as HK, KC; portanto, o sobre a HA é igual aos sobre as HC, CA. Portanto, o ângulo sob HCA é reto. Pelas mesmas coisas, então, também o ângulo sob DFM é reto. Portanto, o ângulo sob ACH é igual ao sob DFM. Mas também o sob HAC é igual ao sob MDF. Então, os MDF, HAC são dois triângulos, tendo dois ângulos iguais a dois ângulos, cada um a cada um, e um lado igual a um lado, o que se estende sob um dos ângulos iguais, o HA, ao MD; portanto, também terão os lados restantes iguais aos lados restantes, cada um a cada um. Portanto, a AC é igual à DF. Do mesmo modo, então, provaremos que também a AB é igual à DE [assim: fiquem ligadas as HB, ME. E, como o sobre a AH é igual aos sobre as AK, KH, e os sobre as AB, BK são iguais ao sobre a AK, portanto, os sobre as AB, BK, KH são iguais ao sobre AH. Mas o sobre a BH é igual aos sobre as BK, KH; pois o ângulo sob HKB é reto, pelo ser também a HK perpendicular ao plano suposto; portanto, o sobre a AH é igual aos sobre as AB, BH; portanto, o ângulo sob ABH é reto. Pelas mesmas coisas, então, também o ângulo sob DEM é reto. Mas também o ângulo sob BAH é igual ao sob EDM; pois, foram supostos; e a AH é igual à DM; portanto, também a AB é igual à DE]. Como, de fato, por um lado, a AC é igual à DF, e, por outro lado, a AB, à DE, então as duas CA, AB são iguais às duas FD, DE. Mas também o ângulo sob CAB é igual ao ângulo sob FDE; portanto, a base BC é igual à base EF, e o triângulo, ao triângulo e os ângulos restantes, aos ângulos restantes; portanto, o ângulo sob ACB é igual ao sob DFE. Mas também o sob ACK, reto, é igual ao sob DFN, reto; portanto, o sob BCK restante é igual ao sob EFN restante. Pelas mesmas coisas, então, também o sob CBK é igual ao sob FEN. Então, os BCK, EFN são dois triângulos, tendo [os] dois ângulos iguais a dois ângulos, cada um a cada um, e um lado igual a um lado, o junto aos ângulos iguais, o BC, ao EF; portanto, também terão os lados restantes iguais aos lados restantes. Portanto, a CK é igual à FN. Mas também a AC é igual à DF; então, as duas AC, CK são iguais às duas DF, FN; e contêm ângulos retos. Portanto, a base AK é igual à base DN. E, como a AH é igual à DM, também o sobre a AH é igual ao sobre a DM. Mas, por um lado, os sobre as AK, KH são iguais ao sobre a

AH; pois, o sob AKH é reto; e, por outro lado, os sobre as DN, NM são iguais ao sobre a DM; pois, o sob DNM é reto; portanto, os sobre as AK, KH são iguais aos sobre as DN, NM, dos quais o sobre a AK é igual ao sobre a DN; portanto, o sobre a KH restante é igual ao sobre a NM; portanto, a HK é igual à MN. E, como as duas HA, AK são iguais às duas MD, DN, cada uma a cada uma, e a base HK foi provada igual à base MN, portanto, o ângulo sob HAK é igual ao ângulo sob MDN.

Portanto, caso dois ângulos planos sejam iguais e as coisas seguintes do enunciado [o que era preciso provar].

Corolário

Disso, então, é evidente que, caso dois ângulos planos sejam iguais, e sejam alteadas sobre eles retas elevadas iguais, contendo ângulos iguais com as retas do começo, cada um a cada um, as perpendiculares traçadas a partir delas até os planos, nos quais estão os ângulos do começo, são iguais entre si; o que era preciso provar.

36.

Caso três retas estejam em proporção, o sólido paralelepípedo das três é igual ao sólido paralelepípedo sobre a média, por um lado, equilátero, e, por outro lado, equiângulo com o predito.

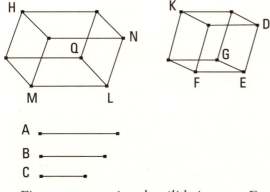

Estejam as três retas A, B, C em proporção, como a A para a B, assim a B para a C; digo que o sólido das A, B, C é igual ao sólido sobre a B, por um lado, equilátero, e, por outro lado, equiângulo com o predito.

Fique exposto o ângulo sólido junto ao E, contido pelos sob DEG, GEF, FED, e fique posta cada uma das DE, GE, EF igual à B, e fique completado o sólido paralelepípedo EK, e a LM igual à A, e fique construído, sobre a reta LM e no ponto L sobre ela, o ângulo sólido contido pelos NLQ, QLM, MLN, igual ao ângulo sólido junto ao E, e fiquem postas, por um lado, a LQ igual à B, e, por outro lado, a LN igual à C. E, como a A está para a B, assim a B para a C, e, por um lado, a A é igual à LM, e, por outro lado, a B, a cada uma das LQ, ED, e a C, à LN, portanto, como a LM está para a EF, assim a DE para a LN. E os lados, à volta dos ângulos iguais, os sob NLM, DEZ, são inversamente proporcionais; portanto, o paralelogramo MN é igual ao paralelogramo DF. E, como os sob DEF, NLM são dois ângulos retilíneos planos iguais, e sobre eles foram alteadas as retas elevadas LQ, EG, tanto iguais entre si quanto contendo ângulos iguais com as retas do começo, cada um a cada um, portanto, as perpendiculares traçadas a partir dos pontos G, Q até os planos das NLM, DEF são iguais entre si; desse modo, os sólidos LH, EK estão sob a mesma altura. Mas os sólidos paralelepípedos sobre bases iguais e sob a mesma altura são iguais entre si; portanto, o sólido HL é igual ao sólido EK. E, por um lado, o LH é o sólido das A, B, C, e, por outro lado, o EK é o sólido sobre a B; portanto, o sólido paralelepípedo das A, B, C é igual ao sólido sobre a B, por um lado, equilátero, e, pelo outro lado, equiângulo com o predito; o que era preciso provar.

37.

Caso quatro retas estejam em proporção, também os sólidos paralelepípedos semelhantes e também semelhantemente descritos sobre elas estarão em proporção; e, caso os sólidos paralelepípedos semelhantes e também semelhantemente descritos sobre elas estejam em proporção, as retas mesmas estarão em proporção.

Estejam as quatro retas AB, CD, EF, GH em proporção, como a AB para a CD, assim a EF para a GH, e fiquem descritos sobre as AB, CD, EF, GH sólidos paralelepípedos semelhantes e também semelhantemente postos KA, LC, ME, NG; digo que, como o KA está para o LC, assim o ME para o NG.

Pois, como o sólido paralelepípedo KA é semelhante ao LC, portanto, o KA tem para o LC uma tripla razão da que a AB, para a CD. Pelas mesmas

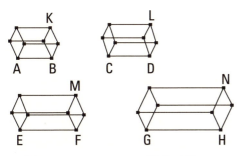

coisas, então, também o ME tem para o NG uma tripla razão da que a EF, para a GH. E, como a AB está para a CD, assim a EF para a GH. Portanto, também como o AK para o LC, assim o ME para o NG.

Mas, então, como o sólido AK para o sólido LC, assim o sólido ME esteja para o NG; digo que, como a reta AB está para a CD, assim a EF para a GH.

Pois como, de novo, o KA tem para o LC uma tripla razão da que a AB, para a CD, mas, também o ME tem para o NG uma tripla razão da que a EF, para a GH, e, como o KA está para o LC, assim o ME para o NG, portanto, também como a AB para a CD, assim a EF para a GH.

Portanto, caso quatro retas estejam em proporção, e as coisas seguintes do enunciado; o que era preciso provar.

38.

Caso os lados dos planos opostos de um cubo sejam cortados em dois, e pelas seções sejam prolongados planos, a seção comum dos planos e a diagonal do cubo cortam-se em duas.

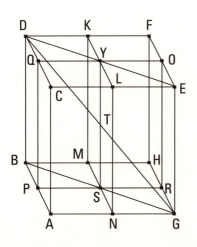

Fiquem, pois, cortados os lados dos planos opostos CF, AH do cubo AF em dois nos pontos K, L, M, N, Q, P, O, R, e pelas seções fiquem prolongados os planos KN, QR, e sejam a YS a seção comum dos planos, e a DG a diagonal do cubo AF. Digo que, por um lado, a YT é igual à TS, e, por outro lado, a DT, à TG.

Fiquem, pois, ligadas as DY, YE, BS, SG. E, como a DQ é paralela à OE, os ângulos alternos, os sob DQY, YOE, são iguais entre si. E, como, por um lado, a

DQ é igual à OE, e, por outro lado, a QY, à YO, e contêm ângulos iguais, portanto, a base DY é igual à YE, e o triângulo DQY é igual ao triângulo OYE, e os ângulos restantes são iguais aos ângulos restantes; portanto, o ângulo sob QYD é igual ao ângulo sob OYE. Então, por isso, a DYE é uma reta. Pelas mesmas coisas, então, também a BSG é uma reta, e a BS é igual à SG. E, como a CA é igual e paralela à DB, mas a CA é tanto igual quanto paralela à EG, portanto, também a DB é tanto igual quanto paralela à EG. E as retas DE, BG são ligadas a elas; portanto, a DE é paralela à BG. Portanto, por um lado, o ângulo sob EDT é igual ao sob BGT; pois, são alternos; e, por outro lado, o sob DTY, ao sob GTS. Então, os DTY, GTS são dois triângulos, tendo os dois ângulos iguais aos dois ângulos e um lado igual a um lado, o que se estende sob um dos ângulos iguais, o DY, ao GS; pois, são metades das DE, BG; e terão os lados restantes iguais aos lados restantes. Portanto, a DT é igual à TG, enquanto a YT, à TS.

Portanto, caso os lados dos planos opostos de um cubo sejam cortados em dois, e pelas seções sejam prolongados planos, a seção comum dos planos e a diagonal do cubo cortam-se em duas; o que era preciso provar.

39.

Caso dois prismas sejam de alturas iguais, e um tenha um paralelogramo como base, e o outro, um triângulo, e o paralelogramo seja o dobro do triângulo, os prismas serão iguais.

Sejam os dois prismas de alturas iguais ABCDEF, GHKLMN, e um tenha como base o paralelogramo AF, e o outro, o triângulo GHK, e seja o paralelogramo AF o dobro do 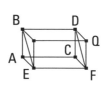 triângulo GHK; digo que o prisma ABCDEF é igual ao prisma GHKLMN.

Fiquem, pois, completados os sólidos AQ, GO. Como o paralelogramo AF é o dobro do triângulo GHK, mas também o paralelogramo HK é o dobro do triângulo GHK, portanto, o paralelogramo AF é igual ao paralelogramo HK. Mas os sólidos paralelepípedos que estão sobre bases iguais e sob a mesma altura são iguais entre si; portanto, o sólido AQ é igual ao sólido GO. E, por um lado, o prisma ABCDEF é metade do sólido AQ, e, por outro lado, o prisma GHKLMN é metade do sólido GO; portanto, o prisma ABCDEF é igual ao prisma GHKLMN.

Portanto, caso dois prismas sejam de alturas iguais, e um tenha um paralelogramo como base, e o outro, um triângulo, e o paralelogramo seja o dobro do triângulo, os prismas são iguais; o que era preciso provar.

Livro XII

I.

Os polígonos semelhantes nos círculos estão entre si como os quadrados sobre os diâmetros.

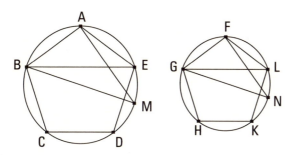

Sejam os círculos ABC, FGH, e neles estejam os polígonos semelhantes ABCDE, FGHKL, e sejam os diâmetros dos círculos BM, GN; digo que, como o quadrado sobre a BM está para o quadrado sobre a GN, assim o polígono ABCDE para o polígono FGHKL.

Fiquem, pois, ligadas as BE, AM, GL, FN. E, como o polígono ABCDE é semelhante ao polígono FGHKL, também o ângulo sob BAE é igual ao sob GFL, e como a BA está para a AE, assim a GF para a FL. Então, os BAE, GFL são dois triângulos, tendo um ângulo igual a um ângulo, o sob BAE, ao sob GFL, e os lados, à volta dos ângulos iguais, em proporção; portanto, o triângulo AEB é equiângulo com o triângulo FGL. Portanto, o ângulo sob AEB é igual ao sob FLG. Mas, por um lado, o sob AEB é igual ao sob AMB; pois, foram situados sobre a mesma circunferência; e, por outro lado, o sob FLG, ao sob FNG; portanto, o sob AMB é igual ao sob FNG. Mas também o sob BAM, reto, é igual ao sob GFN, reto; portanto, também o restante é igual ao restante. Portanto, o triângulo ABM é equiângulo ao triângulo FGN. Portanto, em proporção, como a BM está para a GN, assim a BA para a GF. Mas, por um lado, a do quadrado sobre a BM para o quadrado sobre a GN é o dobro da razão da BM para a GN, e, por outro lado, a do polígono ABCDE para o polígono FGHKL é o dobro da da BA para a GF; portanto, também como o quadrado sobre a BM para o quadrado sobre a GN, assim o polígono ABCDE para o polígono FGHKL.

Portanto, os polígonos semelhantes nos círculos estão entre si como os quadrados sobre os diâmetros; o que era preciso provar.

2.

Os círculos estão entre si como os quadrados sobre os diâmetros.

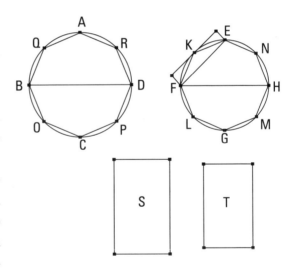

Sejam os círculos ABCD, EFGH, e [sejam] os diâmetros deles BD, FH; digo que, como o círculo ABCD está para o círculo EFGH, assim o quadrado sobre a BD para o quadrado sobre a FH.

Pois, se não como o círculo ABCD está para o círculo EFGH, assim o quadrado sobre a BD para o sobre a FH, como o sobre a BD para o sobre a FH, assim o círculo ABCD estará ou para alguma área menor do que o círculo EFGH ou para uma maior. Esteja, primeiramente, para uma menor, a S. E fique inscrito no círculo EFGH o quadrado EFGH; então, o quadrado inscrito é maior do que a metade do círculo EFGH, visto que, caso pelos pontos E, F, G, H tracemos [retas] que tocam o círculo, o quadrado EFGH é metade do quadrado sendo circunscrito ao círculo, e o círculo é menor do que o quadrado circunscrito; desse modo, o quadrado inscrito EFGH é maior do que a metade do círculo EFGH. Fiquem cortadas em duas as circunferências EF, FG, GH, HE nos pontos K, L, M, N, e fiquem ligadas as EK, KF, FL, LG, GM, MH, HN, NE; portanto, cada um dos triângulos EKF, FLG, GMH, HNE é maior do que a metade do segmento do círculo correspondente a ele mesmo, visto que, caso pelos pontos K, L, M, N tracemos as que tocam o círculo e completemos os paralelogramos sobre as retas EF, FG, GH, HE, cada um dos triângulos EKF, FLG, GMH, HNE será metade do paralelogramo correspondente a ele mesmo, mas o segmento correspondente a ele mesmo é menor do que o paralelogramo; desse modo, cada um dos triângulos EKF, FLG, GMH, HNE é maior do que a metade do segmento do círculo correspondente a ele mesmo. Então, cortando as circunferências restantes em duas, e ligando as retas e fazendo isso sempre, deixaremos alguns segmentos do círculo que serão menores do que o excesso pelo qual o círculo EFGH excede a área S. Pois, foi provado, no primeiro teorema do décimo livro, que, tendo expostas duas magnitudes desiguais, caso seja subtraída da maior uma maior do que a metade, e da deixada, uma maior do que a metade, e isso aconteça sempre, será deixada alguma magnitude que será menor do que a menor magnitude exposta. Fiquem deixadas, de fato, e sejam os segmentos do círculo EFGH sobre as EK, KF, FL, LG, GM, MH, HN, NE menores do que o excesso pelo qual o círculo EFGH excede a área S. Portanto, o polígono restante EKFLGMHN é maior do que a área S. Fique inscrito também no círculo ABCD o polígono AQBOCPDR semelhante ao polígono EKFLGMHN; portanto, como o quadrado sobre a BD está para o quadrado sobre a FH, assim o polígono AQBOCPDR para o polígono EKFLGMHN. Mas também como o quadrado sobre a BD para o sobre a FH, assim o círculo ABCD para a área S; portanto, também como o círculo ABCD para a área S, assim o polígono AQBOCPDR para o polígono EKFLGMHN; portanto, alternadamente, como o círculo ABCD para o polígono nele, assim a área S para o polígono EKFLGMHN. Mas o círculo ABCD é maior do que o polígono nele; portanto, também a área S é maior do que o polígono EKFLGMHN. Mas também é menor; o que é impossível. Portanto, não como o quadrado sobre a BD está para o sobre a FH, assim o círculo ABCD para alguma área menor do que o círculo EFGH. Do mesmo modo, então, provaremos que nem como o sobre a FH para o sobre a BD, assim o círculo EFGH para alguma área menor do que o círculo ABCD.

Digo, então, que nem como o sobre a BD para o sobre a ZH, assim o círculo ABCD para alguma área maior do que o círculo EFGH.

Pois, se possível, seja para uma maior, a S. Portanto, em proporção, como o quadrado sobre a FH está para o sobre a DB, assim a área S para o círculo ABCD. Mas, como a área S para o círculo ABCD, assim o círculo EFGH para alguma área menor do que o círculo ABCD; portanto, também como o sobre a FH para o sobre a BD, assim o círculo EFGH para alguma área menor do que o círculo ABCD; o que foi provado impossível. Portanto, não como o quadrado sobre a BD está para o sobre a FH, assim o círculo ABCD para alguma área maior do que o círculo EFGH. Mas foi provado que nem para uma menor; portanto, como o quadrado sobre a BD está para o sobre a FH, assim o círculo ABCD para o círculo EFGH.

Portanto, os círculos estão entre si como os quadrados sobre os diâmetros; o que era preciso provar.

LEMA

Digo, então, que, sendo a área S maior do que o círculo EFGH, como a área S está para o círculo ABCD, assim o círculo EFGH para alguma área menor do que o círculo ABCD.

Fique, pois, produzido como a área S para o círculo ABCD, assim o círculo EFGH para a área T. Digo que a área T é menor do que o círculo ABCD. Pois, como a área S está para o círculo ABCD, assim o círculo EFGH para a área T, alternadamente, como a área S está para o círculo EFGH, assim o círculo ABCD para a área T. Mas a área S é maior do que o círculo EFGH; portanto, também o círculo ABCD é maior do que a área T. Desse modo, como a área S está para o círculo ABCD, assim o círculo EFGH para alguma área menor do que o círculo ABCD; o que era preciso provar.

3.

Toda pirâmide, tendo um triângulo como base, é dividida em duas pirâmides iguais e também semelhantes entre si e [semelhantes] à toda, tendo triângulos como bases, e em dois prismas iguais; e os dois prismas são maiores do que a metade da pirâmide toda.

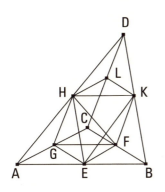

Seja uma pirâmide, da qual, por um lado, o triângulo ABC é base, e, por outro lado, o ponto D é vértice; digo que a pirâmide ABCD é dividida em duas pirâmides iguais entre si, tendo triângulos como base e semelhantes à toda, e em dois prismas iguais; e os dois prismas são maiores do que a metade da pirâmide toda.

Fiquem, pois, cortadas as AB, BC, CA, AD, DB, DC em duas nos pontos E, F, G, H, K, L, e fiquem ligadas as HE, EG, GH, HK, KL, LH, KF, FG. Como, por um lado, a AE é igual à EB, e, por outro lado, a AH, à DH, portanto, a EH é paralela à DB. Pelas mesmas coisas, então, também a HK é paralela à AB. Portanto, o HEBK é um paralelogramo; portanto, a HK é igual à EB. Mas a EB é igual à EA; portanto, também a AE é igual à HK. Mas também a AH é igual à HD; então, as duas EA, AH são iguais às duas HK, HD, cada uma a cada uma; e o ângulo sob EAH é igual ao ângulo sob KHD; portanto, a base EH é igual à base KD. Portanto, o triângulo AEH é igual e semelhante ao triângulo HKD. Pelas mesmas coisas, então, também o triângulo AHG é tanto igual quanto semelhante ao triângulo HLD. E, como as duas retas que se tocam EH, HG são paralelas às duas retas que se tocam KD, DL, não estando no mesmo plano, conterão ângulos iguais. Portanto, o ângulo sob EHG é igual ao ângulo sob KDL. E, como as duas retas EH, HG são iguais às duas retas KD, DL, cada uma a cada uma, e o ângulo sob EHG é igual ao ângulo sob KDL, portanto, a base EG [é] igual à base KL; portanto, o triângulo EHG é igual e semelhante ao triângulo KDL. Pelas mesmas coisas, então, também o triângulo AEG é tanto igual quanto semelhante ao triângulo HKL. Portanto, a pirâmide, da qual, por um lado, o triângulo

AEG é base, e, por outro lado, o ponto H é vértice, é igual e semelhante à pirâmide, da qual, por um lado, o triângulo HKL é base, e, por outro lado, o ponto D é vértice. E, como a HK foi traçada paralela a um dos lados, o AB, do triângulo ADB, o triângulo ADB é equiângulo com o triângulo DHK, e têm os lados em proporção; portanto, o triângulo ADB é semelhante ao triângulo DHK. Pelas mesmas coisas, então, também, por um lado, o triângulo DBC é semelhante ao triângulo DKL, e, por outro lado, o ADC, ao DLH. E, como as duas retas que se tocam BA, AC são paralelas às duas retas que se tocam KH, HL, não no mesmo plano, conterão ângulos iguais. Portanto, o ângulo sob BAC é igual ao sob KHL. E, como a BA está para a AC, assim a KH para a HL; portanto, o triângulo ABC é semelhante ao triângulo HKL. Portanto, também a pirâmide, da qual, por um lado, o triângulo ABC é base, e, por outro lado, o ponto D é vértice, é semelhante à pirâmide, da qual, por um lado, o triângulo HKL é base, e, por outro lado, o ponto D é vértice. Mas a pirâmide, da qual, por um lado, o triângulo HKL [é] base, e, por outro lado, o ponto D é vértice, foi provada semelhante à pirâmide, da qual, por um lado, o triângulo AEG é base, e, por outro lado, o ponto H é vértice [desse modo, também a pirâmide, da qual, por um lado, o triângulo ABC é base, e, por outro lado, o ponto D é vértice, é semelhante à pirâmide, da qual, por um lado, o triângulo AEG é base, e, por outro lado, o ponto H é vértice]. Portanto, cada uma das pirâmides AEGH, HKLD é semelhante à pirâmide ABCD toda. – E, como a BF é igual à FC, o paralelogramo EBFG é o dobro do triângulo GFC. E como, caso dois prismas sejam de iguais alturas, e um tenha um paralelogramo como base, o outro, um triângulo, e o paralelogramo seja o dobro do triângulo, os prismas são iguais, portanto, o prisma contido, por um lado, pelos dois triângulos BKF, EHG, e, por outro lado, pelos três paralelogramos EBFG, EBKH, HKFG é igual ao prisma contido, por um lado, pelos dois triângulos GFC, HKL, e, por outro lado, pelos três paralelogramos KFCL, LCGH, HKFG. E, é evidente que cada um dos prismas, tanto aquele do qual o paralelogramo EBFG é base, e a reta HK, oposta, quanto aquele do qual o triângulo GFC é base, e o triângulo HKL, oposto, é maior do que cada uma das pirâmides, das quais, por um lado, os triângulos AEG, HKL são bases, e, por outro lado, os pontos H, D são vértices, visto que [também], caso liguemos as retas EF, EK, por um lado, o prisma, do qual o paralelogramo EBFG é base, e a reta HK é oposta, é maior do que a pirâmide, da qual o triângulo EBF é base, e o ponto K é vértice. Mas a pirâmide, da qual o triângulo EBF é base, e o ponto K é vértice, é igual à pirâmide, da qual o triângulo AEG é base, e o ponto H é vértice; pois, são contidas por planos iguais e semelhantes. Desse modo, também o prisma, do qual, por um lado, o paralelogramo EBFG é base, e, por outro lado, a reta HK é oposta, é maior do que a pirâmide, da qual, por um lado, o triângulo AEG é base, e, por outro lado, o ponto H é vértice. E, por um lado, o prisma, do qual o paralelogramo EBFG é base, e a reta HK é oposta, é igual ao prisma, do qual, por um lado, o triângulo GFC é base, e, por outro lado, o triângulo HKL é oposto; e, por outro lado, a pirâmide, da qual o triângulo AEG é base, e o ponto H é vértice, é igual à pirâmide, da qual o triângulo HKL é base, e o ponto D é vértice. Portanto, os ditos dois prismas são maiores do que as ditas duas pirâmides, das quais, por um lado, os triângulos AEG, HKL são bases, e, por outro lado, os pontos H, D são vértices.

Portanto, a pirâmide toda, da qual o triângulo ABC é base, e o ponto D é vértice, foi dividida tanto em duas pirâmides iguais entre si [e semelhantes à toda] quanto em dois prismas iguais, e os dois prismas são maiores do que a metade da pirâmide toda; o que era preciso provar.

4.

Caso duas pirâmides estejam sob a mesma altura, tendo triângulos como bases, e seja dividida cada uma delas tanto em duas pirâmides, iguais entre si e semelhantes à toda quanto em dois prismas iguais, como a base de uma pirâmide estará para a base da outra pirâmide, assim todos os prismas em uma pirâmide para todos os prismas, iguais em quantidade, na outra pirâmide.

Sejam duas pirâmides sob a mesma altura, tendo os triângulos ABC, DEF como bases, e os pontos G, H como vértices, e fique cada uma delas dividida tanto em duas pirâmides iguais entre si e semelhantes à toda quanto em dois prismas iguais; digo que, como a base ABC está para a base DEF, assim todos os prismas na pirâmide ABCG para os prismas, iguais em quantidade, na pirâmide DEFH.

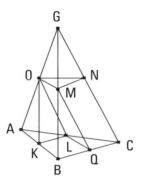 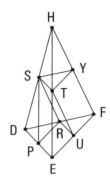

Pois, como, por um lado, a BQ é igual à QC, e, por outro lado, a AL, à LC, portanto, a LQ é paralela à AB e o triângulo ABC é semelhante ao triângulo LQC. Pelas mesmas coisas, então, também o triângulo DEF é semelhante ao triângulo RUF. E, como, por um lado, a BC é o dobro da CQ, e, por outro lado, a EF, da FU, portanto, como a BC está para a CQ, assim a EF para a FU. E foram descritas, por um lado, sobre as BC, CQ as retilíneas ABC, LQC semelhantes e também semelhantemente postas, e, por outro lado, sobre as EF, FU as [retilíneas] DEF, RUF semelhantes e também semelhantemente postas. Portanto, como o triângulo ABC está para o triângulo LQC, assim o triângulo DEF para o triângulo RUF; portanto, alternadamente, como o triângulo ABC está para o [triângulo] DEF, assim o [triângulo] LQC para o triângulo RUF. Mas, como o triângulo LQC para o triângulo RUF, assim o prisma, do qual, por um lado, o triângulo LQC [é] base, e, por outro lado, o OMN é oposto, para o prisma, do qual, por um lado, o triângulo RUF é base, e, por outro lado, o STY é oposto; portanto, também como o triângulo ABC para o triângulo DEF, assim o prisma, do qual, por um lado, o triângulo LQC é base, e, por outro lado, o OMN é oposto, para o prisma, do qual, por um lado, o triângulo RUF é base, e, por outro lado, o STY é oposto. Mas, como os ditos prismas entre si, assim o prisma, do qual, por um lado, o paralelogramo KBQL é base, e, por outro lado, a reta OM é oposta, para o prisma, do qual, por um lado, o paralelogramo PEUR é base, e, por outro lado, a reta ST é oposta. Portanto, também os dois prismas, tanto aquele do qual, por um lado, o paralelogramo KBQL é base, e, por outro lado, a OM é oposta quanto aquele, do qual, por um lado, o LQC é base, e, por outro lado, o OMN é oposto, para os prismas, tanto aquele do qual, por um lado, o PEUR é base, e, por outro lado, a reta ST é oposta quanto aquele, do qual, por um lado, o triângulo RUF é base, e, por outro lado, o STY é oposto. Portanto, também como a base ABC está para a base DEF, assim os dois ditos prismas para os dois ditos prismas.

E, do mesmo modo, caso estejam divididas as pirâmides OMNG, STYH tanto em dois prismas quanto em duas pirâmides, como a base OMN estará para a base STY, assim os dois prismas na pirâmide OMNG para os dois prismas na pirâmide STYH. Mas, como a base OMN para a base STY, assim a base ABC para a base DEF; pois, cada um dos triângulos OMN, STY é igual a cada um dos triângulos LQC, RUF. Portanto, também como a base ABC para a base DEF, assim os quatro prismas para os quatro prismas. E, do mesmo modo, caso dividamos as restantes pirâmides tanto em duas pirâmides quanto em dois prismas, como a base ABC estará para a base DEF, assim todos os prismas na pirâmide ABCG para todos os prismas, iguais em quantidade, na pirâmide DEFH; o que era preciso provar.

Lema

E que, como o triângulo LQC para o triângulo RUF, assim o prisma, do qual o triângulo LQC é base, e o OMN é oposto, para o prisma, do qual, por um lado, o [triângulo] RUF é base, e, por outro lado, o STY é oposto, assim deve ser demonstrado.

Pois, na mesma figura, fiquem concebidas a partir dos G, H até os planos ABC, DEF, perpendiculares, muito evidentemente obtendo-as iguais pelo serem as pirâmides supostas de alturas iguais. E como duas retas, tanto a GC quanto a perpendicular a partir do G são cortadas pelos planos paralelos ABC, OMN, serão cortadas nas mesmas razões. E a GC foi cortada em duas pelo plano OMN no N; portanto, também a perpendicular a partir do G até o plano ABC será cortada em duas pelo plano OMN. Pelas mesmas coisas, então, também a perpendicular a partir do H até o plano DEF será cortada em duas pelo plano STY. E, as perpendiculares a partir dos G, H aos planos ABC, DEF são iguais; portanto, também são iguais as perpendiculares a partir dos triângulos OMN, STY até os ABC, DEF. Portanto, os prismas, dos quais, por um lado, os triângulos LQC, RUF são bases, e, por outro lado, os OMN, STY são opostos, [são] de iguais alturas. Desse modo, também os sólidos paralelepípedos, os descritos sobre os ditos prismas [são] de alturas iguais e estão entre si como as bases; portanto, também as metades, como a base LQC está para a base RUF, assim os ditos prismas entre si; o que era preciso provar.

5.

As pirâmides, que estão sob a mesma altura e que têm triângulos como bases, estão entre si como as bases.

Estejam pirâmides sob a mesma altura, das quais, por um lado, os triângulos ABC, DEF são bases, e, por outro lado, os pontos G, H são vértices; digo que, como a base ABC está para a base DEF, assim a pirâmide ABCG para a pirâmide DEFH.

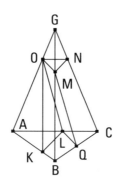
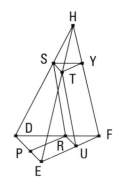

Pois, se não como a base ABC está para a base DEF, assim a pirâmide ABCG para a pirâmide DEFH, como a base ABC para a base DEF, assim a pirâmide ABCG estará ou para algum sólido menor do que a pirâmide DEFH ou para um maior. Esteja, primeiramente, para um menor, o X, e fique dividida a pirâmide DEFH tanto nas duas pirâmides iguais entre si e semelhantes à toda quanto nos dois prismas iguais; então, os dois prismas são maiores do que a metade da pirâmide toda. E, de novo, as pirâmides produzidas na divisão fiquem semelhantemente divididas, e isso sempre aconteça, até que sejam deixadas algumas pirâmides a partir da pirâmide DEFH, as quais são menores do que o excesso, pelo qual a pirâmide DEFH excede o sólido X. Fiquem deixadas e sejam, para efeito do argumento,

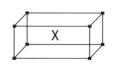

as DPRS, STYH; portanto, os prismas restantes na pirâmide DEFH são maiores do que o sólido X. Fique dividida, também a pirâmide ABCG do mesmo modo e em igual quantidade que a pirâmide DEFH; portanto, como a base ABC está para a base DEF, assim os prismas na pirâmide ABCG para os prismas na pirâmide DEFH. Mas também como a base ABC para a base DEF, assim a pirâmide ABCG para o sólido X. Portanto, também como a pirâmide ABCG para o sólido X, assim os prismas na pirâmide ABCG para os prismas na pirâmide DEFH; portanto, alternadamente, como a pirâmide ABCG para os prismas nela, assim o sólido X para os prismas na pirâmide DEFH. Mas a pirâmide ABCG é maior do que os prismas nela; portanto, também o sólido X é maior do que os prismas na pirâmide DEFH. Mas também é menor; o que é impossível. Portanto, não como a base ABC está para a base DEF, assim a pirâmide ABCG para algum sólido menor do que a pirâmide DEFH. Do mesmo modo, então, provaremos que nem como a base DEF para a base ABC, assim a pirâmide DEFH para algum sólido menor do que a pirâmide ABCG.

Digo, então, que não está nem como a base ABC para a base DEF, assim a pirâmide ABCG para algum sólido maior do que a pirâmide DEFH.

Pois, se possível, esteja para um maior, o X; portanto, inversamente, como a base DEF está para a base ABC, assim o sólido X para a pirâmide ABCG. Mas, como o sólido X para a pirâmide ABCG, assim a pirâmide DEFH para algo menor do que a pirâmide ABCG, como foi provado antes; portanto, também como a base DEF para a base ABC, assim a pirâmide DEFH para algo menor do que a pirâmide ABCG; o que foi provado absurdo. Portanto, não como a base ABC está para a base DEF, assim a pirâmide ABCG para algum sólido maior do que a pirâmide DEFH. E, foi provado que nem para um menor. Portanto, como a base ABC está para a base DEF, assim a pirâmide ABCG para a pirâmide DEFH; o que era preciso provar.

6.

As pirâmides, que estão sob a mesma altura e têm polígonos como bases, estão entre si como as bases.

Estejam pirâmides sob a mesma altura, das quais, por um lado, os polígonos ABCDE, FGHKL são [as] bases, e, por outro lado, os pontos

M, N são os vértices; digo que, como a base ABCDE está para a base FGHKL, assim a pirâmide ABCDEM para a pirâmide FGHKLN.

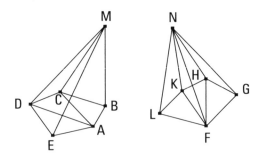

Fiquem, pois, ligadas as AC, AD, FH, FK. Como, de fato, as ABCM, ACDM são duas pirâmides, tendo triângulos como bases e igual altura, estão entre si como as bases; portanto, como a base ABC está para a base ACD, assim a pirâmide ABCM para a pirâmide ACDM. E, por composição, como a base ABCD para a base ACD, assim a pirâmide ABCDM para a pirâmide ACDM. Mas também como a base ACD para a base ADE, assim a pirâmide ACDM para a pirâmide ADEM. Portanto, por igual posto, como a base ABCD para a base ADE, assim a pirâmide ABCDM para a pirâmide ADEM. E, de novo, por composição, como a base ABCDE para a base ADE, assim a pirâmide ABCDEM para a pirâmide ADEM. Do mesmo modo, então, será provado que também como a base FGHKL para a base FGH, assim também a pirâmide FGHKLN para a pirâmide FGHN. E, como as ADEM, FGHN são duas pirâmides, tendo triângulos como bases e mesma altura, portanto, como a base ADE está para a base FGH, assim a pirâmide ADEM para a pirâmide FGHN. Mas, como a base ADE para a base ABCDE, assim a pirâmide ADEM estava para a pirâmide ABCDEM. Portanto, por igual posto, também como a base ABCDE para a base FGH, assim a pirâmide ABCDEM para a pirâmide FGHN. Mas, por certo, também como a base FGH para a base FGHKL, assim também a pirâmide FGHN estava para a pirâmide FGHKLN. Portanto, por igual posto, também como a base ABCDE para a base FGHKL, assim a pirâmide ABCDEM para a pirâmide EFGHKLN; o que era preciso provar.

7.

Todo prisma, tendo um triângulo como base, é dividido em três pirâmides iguais entre si, tendo triângulos como bases.

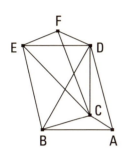

Seja um prisma, do qual, por um lado, o triângulo ABC é base, e, por outro lado, o DEF é oposto; digo que o prisma ABCDEF é dividido em três pirâmides iguais entre si, tendo triângulos como bases.

Fiquem, pois, ligadas as BD, EC, CD. Como o ABED é um paralelogramo, e a BD uma diagonal dele, portanto, o triângulo ABD é igual ao triângulo EBD; portanto, também a pirâmide, da qual, por um lado, o triângulo ABD é base, e, por outro lado, o ponto C é vértice, é igual à pirâmide, da qual, por um lado, o triângulo DEB é base, e, por outro lado, o ponto C é vértice. Mas a pirâmide, da qual, por um lado, o triângulo DEB é base, e, por outro lado, o ponto C é vértice, é a mesma que a pirâmide, da qual, por um lado, o triângulo EBC é base, e, por outro lado, o ponto D é vértice; pois, são contidas pelos mesmos planos. Portanto, também a pirâmide, da qual, por um lado, o triângulo ABD é base, e, por outro lado, o ponto C é vértice, é igual à pirâmide, da qual, por um lado, o triângulo EBC é base, e, por outro lado, o ponto D é vértice. De novo, como o FCBE é um paralelogramo, e a CE é uma diagonal dele, o triângulo CEF é igual ao triângulo CBE. Portanto, também a pirâmide, da qual, por um lado, o triângulo BCE é base, e, por outro lado, o ponto D é vértice, é igual à pirâmide, da qual, por um lado, o triângulo ECF é base, e, por outro lado, o ponto D é vértice. Mas a pirâmide, da qual, por um lado, o triângulo BCE é base, e, por outro lado, o ponto D é vértice, foi provada igual à pirâmide, da qual, por um lado, o triângulo ABD é base, e, por outro lado, o ponto C é vértice; portanto, também a pirâmide, da qual, por um lado, o triângulo CEF é base, e, por outro lado, o ponto D é vértice, é igual à pirâmide, da qual, por um lado, o triângulo ABD [é] base, e, por outro lado, o ponto C é vértice; portanto o prisma ABCDEF foi dividido em três pirâmides iguais entre si, tendo triângulos como bases.

E, como a pirâmide, da qual, por um lado, o triângulo ABD é base, e, por outro lado, o ponto C é vértice, é a mesma que a pirâmide, da qual o triângulo CAB é base e o ponto D, vértice; pois, são contidas pelos mesmos planos; mas a pirâmide, da qual o triângulo ABD é base e o ponto C, vértice, foi provada um terço do prisma, do qual o triângulo ABC é base e o DEF, oposto, portanto, também a pirâmide, da qual o triângulo ABC é base e o ponto D, vértice, é um terço do prisma tendo a mesma base, o triângulo ABC, e o DEF, oposto.

Corolário

Disso, então, é evidente que toda pirâmide é uma terça parte do prisma que tem a mesma base com ela e igual altura [visto que, caso a base do prisma tenha alguma outra figura retilínea, uma que tal, também a oposta, também é dividido em prismas, tendo triângulos como bases e como as opostas, e como a base toda para cada um]; o que era preciso provar.

8.

As pirâmides semelhantes e que têm triângulos como bases estão em uma razão tripla da dos lados homólogos.

Sejam as pirâmides semelhantes e semelhantemente postas, das quais, por um lado, os triângulos ABC, DEF são bases, e, por outro lado, os pontos G, H são vértices; digo que a pirâmide ABCG tem para a pirâmide DEFH uma razão tripla da que a BC para a EF.

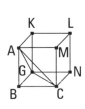 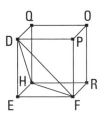

Fiquem, pois, completados os sólidos paralelepípedos BGML, EHPO. E, como a pirâmide ABCG é semelhante à pirâmide DEFH, portanto, por um lado, o ângulo sob ABC é igual ao ângulo sob DEF, e, por outro lado, o sob GBC, ao sob HEF, e o sob ABG, ao sob DEH, e, como a AB está para a DE, assim a BC para a EF, e a BG para a EH. E, como a AB está para a DE, assim a BC para a EF, e os lados à volta dos ângulos iguais estão em proporção, portanto, o paralelogramo BM é semelhante ao paralelogramo EP. Pelas mesmas coisas, então, também, por um lado, o BN é semelhante ao ER, e, por outro lado, o BK, ao EQ; portanto, os três MB, BK, BN são semelhantes aos três EP, EQ, ER. Mas, por um lado, os três MB, BK, BN são iguais e também semelhantes aos três opostos, e, por outro lado, os três EP, EQ, ER são iguais e também semelhantes aos três opostos. Portanto, os sólidos BGML, EHPO são contidos por planos semelhantes, iguais em quantidade. Portanto, o sólido BGML é semelhante ao sólido EHPO. Mas os sólidos paralelepípedos semelhantes estão em uma razão tripla da dos lados homólogos. Portanto, o sólido BGML tem para o sólido EHPO uma razão tripla da que o lado homólogo BC, para o lado homólogo EF. Mas, como o sólido BGML para o sólido EHPO, assim a pirâmide ABCG para a pirâmide DEFH, visto que a pirâmide é uma sexta parte do sólido, pelo ser também o prisma o triplo da pirâmide, sendo a metade do sólido paralelepípedo. Portanto, também a pirâmide ABCG tem para a pirâmide DEFH uma razão tripla da que a BC para a EF; o que era preciso provar.

Corolário

Disso, é evidente que também as pirâmides semelhantes que têm polígonos como bases estão entre si em uma razão tripla da dos lados homólogos. Pois, tendo elas sido divididas nas pirâmides nelas, tendo triângulos como bases, pelo serem divididos também os polígonos semelhantes das bases em triângulos semelhantes e iguais em quantidade, e homólogos aos todos, como uma pirâmide, tendo um triângulo como base, em uma estará para uma pirâmide, tendo um triângulo como base, na outra, assim também todas as pirâmides, tendo triângulos como bases, em uma pirâmide para as pirâmides, tendo triângulos como bases, na outra pirâmide, isto é, a própria pirâmide que tem um polígono como base para a pirâmide que tem um polígono como base. Mas a pirâmide que tem um triângulo como base está para a que tem um triângulo como base em uma razão tripla da dos lados homólogos; portanto, também a que tem um polígono como base tem para a que tem a base semelhante uma razão tripla da que o lado, para o lado.

9.

Das pirâmides iguais e que têm triângulos como bases, as bases são inversamente proporcionais às alturas; e são iguais aquelas pirâmides que têm triângulos como bases, das quais as bases são inversamente proporcionais às alturas.

Sejam, pois, pirâmides iguais, tendo os triângulos ABC, DEF como bases, e os pontos G, H como vértices; digo que, das pirâmides ABCG, DEFH as bases são inversamente proporcionais às alturas, e como a base ABC está para a base DEF, assim a altura da pirâmide DEFH para a altura da pirâmide ABCG.

Fiquem, pois, completados os sólidos paralelepípedos BGML, EHPO. E, como a pirâmide ABCG é igual à pirâmide DEFH, e, por um lado, o sólido BGML é seis vezes a pirâmide ABCG, e, por outro lado, o sólido EHPO é seis vezes a pirâmide DEFH, portanto, o sólido BGML é

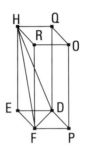 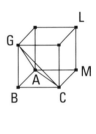

igual ao sólido EHPO. Mas dos sólidos paralelepípedos iguais, as bases são inversamente proporcionais às alturas; portanto, como a base BM está para a base EP, assim a altura do sólido EHPO para a altura do sólido BGML. Mas, como a base BM para a EP, assim o triângulo ABC para o triângulo DEF. Portanto, também como o triângulo ABC para o triângulo DEF, assim a altura do sólido EHPO para a altura do sólido BGML. Mas, por um lado, a altura do sólido EHPO é a mesma que a altura da pirâmide DEFH, e, por outro lado, a altura do sólido BGML é a mesma que a altura da pirâmide ABCG; portanto, como a base ABC está para a base DEF, assim a altura da pirâmide DEFH para a altura da pirâmide ABCG. Portanto, das pirâmides ABCG, DEFH, as bases são inversamente proporcionais às alturas.

Mas, então, das pirâmides ABCG, DEFH, sejam as bases inversamente proporcionais às alturas, e como a base ABC esteja para a base DEF, assim a altura da pirâmide DEFH para a altura da pirâmide ABCG; digo que a pirâmide ABCG é igual à pirâmide DEFH.

Tendo sido, pois, construídas as mesmas coisas, como a base ABC está para a base DEF, assim a altura da pirâmide DEFH para a altura da pirâmide ABCG, mas, como a base ABC para a base DEF, assim o paralelogramo BM para o paralelogramo EP, portanto, também como o paralelogramo BM para o paralelogramo EP, assim a altura da pirâmide DEFH para a altura da pirâmide ABCG. Mas [por um lado] a altura da pirâmide DEFH é a mesma que a altura do paralelepípedo EHPO, e, por outro lado, a altura da pirâmide ABCG é a mesma que a altura do paralelepípedo BGML; portanto, como a base BM está para a base EP, assim a altura do paralelepípedo EHPO para a altura do paralelepípedo BGML. Mas são iguais aqueles sólidos paralelepípedos, dos quais as bases são inversamente proporcionais às alturas; portanto, o sólido paralelepípedo BGML é igual ao sólido paralelepípedo EHPO. E, por um lado, a pirâmide ABCG é uma sexta parte do BGML, e, por outro lado, a pirâmide DEFH é uma sexta parte do paralelepípedo EHPO; portanto, a pirâmide ABCG é igual à pirâmide DEFH.

Portanto, das pirâmides iguais e que têm triângulos como bases, as bases são inversamente proporcionais às alturas; e são iguais aquelas pirâmides que têm triângulos como bases, das quais as bases são inversamente proporcionais às alturas; o que era preciso provar.

10.

Todo cone é uma terça parte do cilindro que tem a mesma base que ele e altura igual.

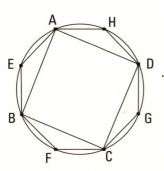

Tenha, pois, um cone tanto a mesma base que um cilindro, o círculo ABCD, quanto altura igual; digo que o cone é uma terça parte do cilindro, isto é, o cilindro é o triplo do cone.

Pois, se o cilindro não é o triplo do cone, o cilindro será ou maior do que o triplo ou menor do que o triplo. Seja, primeiramente, maior do que o triplo, e fique inscrito no círculo ABCD o quadrado ABCD; então, o quadrado ABCD é maior do que a metade do círculo ABCD. E fique alteado sobre o quadrado ABCD um prisma de igual altura que o cilindro. Então, o prisma alteado é maior do que a metade do cilindro, visto que, caso circunscrevamos um quadrado ao círculo ABCD, o quadrado inscrito no círculo ABCD é metade do circunscrito; e os sólidos paralelepípedos alteados sobre eles são prismas de alturas iguais; mas os sólidos paralelepípedos que estão sob a mesma altura estão entre si como as bases; portanto, o prisma que foi alteado sobre o quadrado ABCD é metade do prisma que foi alteado sobre o quadrado circunscrevendo o círculo ABCD; e o cilindro é menor do que o prisma que foi alteado sobre o quadrado circunscrevendo o círculo ABCD; portanto, o prisma que foi alteado sobre o quadrado ABCD, de altura igual à do cilindro, é maior do que a metade do cilindro. Fiquem cortadas as circunferências AB, BC, CD, DA em duas nos pontos E, F, G, H, e fiquem ligadas as AE, EB, BF, FC, CG, GD, DH, HA; portanto, cada um dos triângulos AEB, BFC, CGD, DHA é maior do que a metade do segmento, correspondente a ele mesmo, do círculo ABCD, como provamos antes. Fiquem alteados sobre cada um dos triângulos AEB, BFC, CGD, DHA prismas de alturas iguais à do cilindro; portanto, cada um dos prismas que foram alteados é maior do que a meia parte do segmento do cilindro correspondente a ele mesmo, visto que, caso pelos pontos E, F, G, H tracemos paralelas às AB, BC, CD, DA, e completemos os paralelogramos AB, BC, CD, DA, e sobre eles alteemos sólidos paralelepípedos de alturas iguais à do cilindro, cada um dos que foram alteados é metade dos prismas sobre os triângulos AEB, BFC, CGD, DHA; e os segmentos do cilindro são menores do que os sólidos paralelepípedos que foram alteados; desse modo, também os prismas sobre os triângulos AEB, BFC, CGD, DHA são maiores do que a metade dos segmentos do cilindro correspondentes a eles mesmos. Então, cortando as circunferências deixadas em duas e ligando retas e alteando, sobre cada um dos triângulos, prismas de alturas iguais à do cilindro, e fazendo isso sempre, deixaremos alguns segmentos do cilindro, que serão menores do que o excesso pelo qual o cilindro excede o triplo do cone. Fiquem deixados, e sejam os AE, EB, BF, FC, CG, GD, DH, HA; portanto, o prisma restante, do qual, por um lado, o polígono AEBFCGDH é base, e, por outro lado, a altura é a mesma que a do cilindro, é maior do que o triplo do cone. Mas o prisma, do qual por um lado, o polígono AEBFCGDH é base, e, por outro lado, a altura é a mesma que a do cilindro, é o triplo da pirâmide, da qual, por um lado, o polígono AEBFCGDH é base, e, por outro lado, o vértice é o mesmo que o do cone. Portanto, também a pirâmide, da qual, por um lado, o polígono AEBFCGDH [é] base, e, por outro lado, o vértice é o mesmo que o do cone, é maior do que o cone que tem o círculo ABCD como base. Mas também é menor; pois, é contido por ele; o que é impossível. Portanto, o cilindro não é maior do que o triplo do cone.

Digo, então, que nem o cilindro é menor do que o triplo do cone.

Pois, se possível, seja o cilindro menor do que o triplo do cone; portanto, inversamente, o cone é maior do que a terça parte do cilindro. Fique, então, inscrito no círculo ABCD o quadrado ABCD; portanto, o quadrado ABCD é maior do que a metade do círculo ABCD. E, fique alteada sobre o quadrado ABCD uma pirâmide, tendo o mesmo vértice que o cone; portanto, a pirâmide que foi alteada é maior do que a meia parte do cone, visto que, como demonstramos antes, caso circunscrevamos um quadrado ao círculo, o quadrado ABCD será metade do quadrado circunscrito ao círculo; e, caso, sobre os quadrados alteemos sólidos paralelepípedos de alturas iguais à do cone, os quais também são chamados prismas, o que foi alteado sobre o quadrado ABCD será metade do que foi alteado sobre o quadrado circunscrevendo o círculo; pois, estão entre si como as bases. Desse modo, também os terços; portanto, também uma pirâmide, da qual o quadrado ABCD é base, é metade da pirâmide que foi alteada sobre o quadrado circunscrevendo o círculo. E a pirâmide que foi alteada sobre o quadrado à volta do círculo é maior do que o cone; pois, contém-no. Portanto, a pirâmide, da qual o quadrado ABCD é base, e o vértice é o mesmo que o do cone, é maior do que a metade do cone. Fiquem, pois, cortadas as circunferências AB, BC, CD, DA em duas nos pontos E, F, G, H e fiquem ligadas as AE, EB, BF, FC, CG, GD, DH, HA; portanto, também cada um dos triângulos AEB, BFC, CGD, DHA é maior do que a meia parte do segmento do círculo ABCD correspondente a ele mesmo. E, têm alteadas, sobre cada um dos triângulos AEB, BFC, CGD, DHA, pirâmides, tendo o mesmo vértice que o cone; portanto, também cada uma das pirâmides que foram alteadas, segundo o mesmo modo, é maior do que a meia parte do segmento do cone correspondente a ela mesma. Cortando, então, as circunferências deixadas em duas, e ligando as retas, e alteando sobre cada um dos triângulos uma pirâmide, tendo o mesmo vértice que o cone, e fazendo isso sempre, deixaremos alguns segmentos do cone, que serão menores do que o excesso, pelo qual o cone excede a terça parte do cilindro. Fiquem deixados, e sejam os sobre as AE, EB, BF, FC, CG, GD, DH, HA; portanto, a pirâmide restante, da qual, por um lado, o polígono AEBFCGDH é base, e, por outro lado, o vértice é o mesmo que o do cone, é maior do que a terça parte do cilindro. Mas a pirâmide, da qual, por um lado, o polígono AEBFCGDH é base, e, por outro lado, o vértice é o mesmo que o do cone, é uma terça parte do prisma, do qual, por um lado, o polígono AEBFCGDH é base, e, por outro lado, a altura é a mesma que a do cilindro. Portanto, o prisma, do qual, por um lado, o polígono AEBFCGDH é base, e, por outro lado, a altura é a mesma que a do cilindro, é maior do que o cilindro, do qual o círculo ABCD é base. Mas também é menor; pois, é contido por ele; o que é impossível. Portanto, o cilindro não é menor do que o triplo do cone. Mas foi provado que nem maior do que o triplo; portanto, o cilindro é o triplo do cone; desse modo, o cone é uma terça parte do cilindro.

Portanto, todo cone é uma terça parte de um cilindro que tem a mesma base que ele e altura igual; o que era preciso provar.

11.

Os cones e cilindros que estão sob a mesma altura estão entre si como as bases.

Estejam sob a mesma altura cones e cilindros, dos quais, por um lado, os círculos ABCD, EFGH [são] bases, e, por outro lado, os KL, MN são eixos, e os AC, EG, diâmetros das bases; digo que, como o círculo ABCD está para o círculo EFGH, assim o cone AL para o cone EN.

Pois, se não, como o círculo ABCD para o círculo EFGH, assim o cone AL estará ou para algum sólido menor do que o cone EN ou para um maior. Esteja, primeiramente, para um menor, o Q, e, pelo que o sólido Q é menor do que o cone EN, seja o sólido V igual àquilo; portanto, o

Os elementos

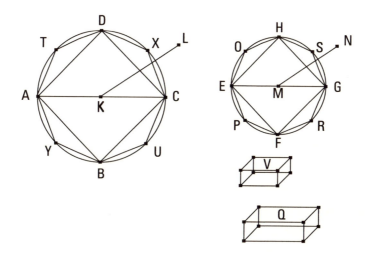

cone EN é igual aos sólidos Q, V. Fique, pois, inscrito no círculo EFGH o quadrado EFGH. Portanto, o quadrado é maior do que a metade do círculo. Fique alteada sobre o quadrado EFGH uma pirâmide de altura igual à do cone; portanto, a pirâmide que foi alteada é maior do que a metade do cone, visto que, caso circunscrevamos um quadrado ao círculo, e sobre ele alteemos uma pirâmide de altura igual à do cone, a pirâmide que foi inscrita é metade da que foi circunscrita; pois, estão entre si, como as bases; mas o cone é menor do que a pirâmide que foi circunscrita. Fiquem cortadas as circunferências EF, FG, GH, HE em duas nos pontos O, P, R, S e fiquem ligadas as HO, OE, EP, PF, FR, RG, GS, SH. Portanto, cada um dos triângulos HOE, EPF, FRG, GSH é maior do que a metade do segmento do círculo correspondente a ele mesmo. Fique alteada sobre cada um dos triângulos HOE, EPF, FRG, GSH uma pirâmide de altura igual à do cone; portanto, também cada uma das pirâmides que foram alteadas é maior do que a metade do segmento do cone correspondente a ela mesma. Cortando, então, as circunferências deixadas em duas, e ligando as retas, e alteando sobre cada um dos triângulos pirâmides de alturas iguais à do cone, e fazendo isso sempre, deixaremos alguns segmentos do cone que serão menores do que o sólido V. Fiquem deixados e sejam os sobre os HOE, EPF, FRG, GSH; portanto, a pirâmide restante, da qual o polígono HOEPFRGS é base, e a altura é a mesma que a do cone, é maior do que o sólido Q. Fique inscrito também no círculo ABCD o polígono DTAYBUCX semelhante, e semelhantemente posto, ao polígono HOEPFRGS, e fique alteada sobre ele uma pirâmide de altura igual à do cone AL. Como, de fato, o sobre a AC está para o sobre a EG, assim o polígono DTAYBUCX para o polígono HOEPFRGS, mas como o sobre a AC para o sobre a EG, assim o círculo ABCD para o círculo EFGH, portanto, também como o círculo ABCD para o círculo EFGH, assim o polígono DTAYBUCX para o polígono HOEPFRGS. Mas o círculo ABCD para o círculo EFGH, assim o cone AL para o sólido Q, e como o polígono DTAYBUCX para o polígono HOEPFRGS, assim a pirâmide, da qual, por um lado, o polígono DTAYBUCX é base, e, por outro lado, o ponto L é vértice para a pirâmide, da qual, por um lado, o polígono HOEPFRGS é base, e, por outro lado, o ponto N é vértice. Portanto, também como o cone AL para o sólido Q, assim a pirâmide, da qual, por um lado, o polígono DTAYBUCX é base, e, por outro lado, o ponto L é vértice para a pirâmide, da qual, por um lado, o polígono HOEPFRGS é base, e, por outro lado, o ponto N é vértice; portanto, alternadamente, como o cone AL está para a pirâmide nele, assim o sólido Q para a pirâmide no cone EN. Mas o cone AL é maior do que a pirâmide nele; portanto, também o sólido Q é maior do que a pirâmide no cone EN. Mas também é menor; o que é absurdo. Portanto, não como o círculo ABCD está para o círculo EFGH, assim o cone AL para algum sólido menor do que o cone EN. Do mesmo modo, então, provaremos que nem como o círculo EFGH está para o círculo ABCD, assim o cone EN para algum sólido menor do que o cone AL.

Digo, então, que nem como o círculo ABCD para o círculo EFGH, assim o cone AL para algum sólido maior do que o cone EN.

Pois, se possível, esteja para um maior, o Q; portanto, inversamente, como o círculo EFGH está para o círculo ABCD, assim o sólido Q para o cone AL. Mas, como o sólido Q para o cone AL, assim o cone EN para algum sólido menor do que o cone AL; portanto, também como o círculo EFGH para o círculo ABCD, assim o cone EN para algum sólido menor do que o cone AL; o que foi provado impossível. Portanto, não como o círculo ABCD para o círculo EFGH, assim o cone AL para algum sólido maior do que o cone EN. Mas foi provado que nem para um menor; portanto, como o círculo ABCD está para o círculo EFGH, assim o cone AL para o cone EN.

Mas, como o cone para o cone, o cilindro para o cilindro; pois, cada um é o triplo de cada um. Portanto, também como o círculo ABCD para o círculo EFGH, assim os cilindros sobre eles de alturas iguais [às dos cones].

Portanto, os cones e cilindros que estão sob a mesma altura estão entre si como as bases; o que era preciso provar.

12.

Os cones e cilindros semelhantes estão entre si em uma razão tripla da dos diâmetros nas bases.

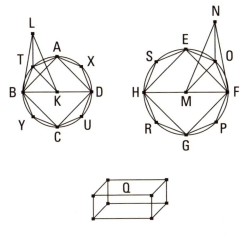

Sejam cones e cilindros semelhantes, dos quais, por um lado, os círculos ABCD, EFGH são bases, e as BD, FH, os diâmetros das bases, e, por outro lado, os KL, MN, eixos dos cones e cilindros; digo que o cone, do qual, por um lado, o círculo ABCD [é] base, e, por outro lado, o ponto L é vértice, tem para o cone, do qual, por um lado, o círculo EFGH [é] base, e, por outro lado, o ponto N é vértice, uma razão tripla da que a BD, para a FH.

Pois, se o cone ABCDL não tem para o cone EFGHN uma razão tripla da que a BD, para a FH, o cone ABCDL terá ou para algum sólido menor do que o cone EFGHN uma razão tripla ou para um maior. Tenha, primeiramente, para um menor, o Q, e fique inscrito no círculo EFGH o quadrado EFGH; portanto, o quadrado EFGH é maior do que a metade do círculo EFGH. E, fique alteada, sobre o quadrado EFGH, uma pirâmide tendo o mesmo vértice que o cone; portanto, a pirâmide que foi alteada é maior do que a meia parte do cone. Fiquem, então, cortadas as circunferências EF, FG, GH, HE em duas nos pontos O, P, R, S e fiquem ligadas as EO, OF, FP, PG, GR, RH, HS, SE. Portanto, cada um dos triângulos EOF, FPG,

GRH, HSE é maior do que a meia parte do segmento do círculo EFGH correspondente a ele mesmo. E, fique alteada sobre cada um dos triângulos EOF, FPG, GRH, HSE uma pirâmide, tendo o mesmo vértice que o cone; portanto, também cada uma das pirâmides que foram alteadas é maior do que a meia parte do segmento do cone correspondente a ela mesma. Então, cortando as circunferências deixadas em duas, e ligando as retas, e alteando, sobre cada um dos triângulos, pirâmides, tendo o mesmo vértice que o cone, e fazendo isso sempre, deixaremos alguns segmentos do cone que serão menores do que o excesso pelo qual o cone EFGHN excede o sólido Q. Fiquem deixados, e sejam os sobre as EO, OF, FP, PG, GR, RH, HS, SE; portanto, a pirâmide restante, da qual, por um lado, o polígono EOFPGRHS é base, e, por outro lado, o ponto N é vértice, é maior do que o sólido Q. Fique, também, inscrito no círculo ABCD o polígono ATBYCUDX semelhante e semelhantemente posto ao polígono EOFPGRHS, e fique alteada sobre o polígono ATBYCUDX uma pirâmide, tendo o mesmo vértice que o cone, e, por um lado, dos que contêm a pirâmide, da qual, por um lado, o polígono ATBYCUDX é base, e, por outro lado, o ponto L é vértice, seja o LBT um triângulo, e, por outro lado, dos que contêm a pirâmide, da qual, por um lado, o polígono EOFPGRHS é base, e, por outro lado, o ponto N é vértice, seja o NFO um triângulo, e fiquem ligadas as KT, MO. E, como o cone ABCDL é semelhante ao cone EFGHN, portanto, como a BD está para a FH, assim o eixo KL para o eixo MN. Mas, como a BD para a FH, assim a BK para FM; portanto, também como a BK para a FM, assim a KL para a MN. E, alternadamente, como a BK para a KL, assim a FM para a MN. E os lados à volta dos ângulos iguais, os sob BKL, FMN, estão em proporção; portanto, o triângulo BKL é semelhante ao triângulo FMN. De novo, como a BK está para a KT, assim a FM para a MO, e à volta dos ângulos iguais, os sob BKT, FMO, visto que, aquela parte que o ângulo sob BKT é dos quatro retos junto ao centro K, a mesma parte também o ângulo sob FMO é dos quatro retos junto ao centro M; como, de fato, os lados à volta dos ângulos iguais estão em proporção, portanto o triângulo BKT é semelhante ao triângulo FMO. De novo, como foi provado, como a BK para a KL, assim a FM para a MN, mas, por um lado, a BK é igual à KT, e, por outro lado, a FM, à OM, portanto, como a TK está para a KL, assim a OM para a MN. E, à volta dos ângulos iguais, os sob TKL, OMN; pois, são retos; os lados estão em proporção; portanto, o triângulo LKT é semelhante ao triângulo NMO. E como, pela semelhança dos triângulos LKB, NMF, como a LB está para a BK, assim a NF para a FM, mas, pela semelhança dos triângulos BKT, FMO, como a KB está para a BT, assim a MF para a FO, portanto, por igual posto, como a LB para a BT, assim a NF para a FO. De novo, como, pela semelhança dos triângulos LTK, NOM, como a LT está para a TK, assim a NO para a OM, mas, pela semelhança dos triângulos TKB, OMF, como a KT está para a TB, assim a MO para a OF, portanto, por igual posto, como a LT para a TB, assim a NO para a OF. Mas foi provado também como a TB para a BL, assim a OF para a FN. Portanto, por igual posto, como a TL para a LB, assim a ON para a NF. Portanto, os lados dos triângulos LTB, NOF estão em proporção; portanto, os triângulos LTB, NOF são equiângulos; desse modo, também são semelhantes. Portanto, também uma pirâmide, da qual, o triângulo BKT é base, e, por outro lado, o ponto L é vértice, é semelhante a uma pirâmide, da qual, por um lado, o triângulo FMO é base, e, por outro lado, o ponto N é vértice; pois, são contidos por planos semelhantes, iguais em quantidade. Mas as pirâmides semelhantes e que têm triângulos como bases estão em uma razão tripla da dos lados homólogos. Portanto, a pirâmide BKTL tem para a pirâmide FMON uma razão tripla da que a BK, para a FM. Do mesmo modo, então, ligando retas a partir dos A, X, D, U, C, Y até o K e a partir dos E, S, H, R, G, P até o M, e alteando, sobre cada um dos triângulos, pirâmides, tendo o mesmo vértice que os cones, provaremos que também cada uma das pirâmides, semelhantemente arranjada, terá para cada pirâmide, semelhantemente arranjada, uma razão tripla da que o lado homólogo BK, para o lado homólogo FM, isto é, da que a BD, para a FH. E, como um dos antecedentes para um dos consequentes, assim todos os antecedentes para todos os consequentes; portanto, também como a pirâmide BKTL está para a pirâmide FMON, assim a pirâmide toda, da qual o polígono ATBYCUDX é base e o ponto L é vértice, para a pirâmide toda, da qual, por um lado, o polígono EOFPGRHS é base, e, por outro lado, o ponto N é vértice; desse modo, também uma pirâmide, da qual, por um lado, o ATBYCUDX é base, e, por outro lado, o L é vértice, tem para a pirâmide, da qual, [por um lado], o polígono EOFPGRHS é base, e, por outro lado, o ponto N é vértice, uma razão tripla da que a BD, para a FH. Mas também foi suposto o cone, do qual, [por um lado], o círculo ABCD é base, e, por outro lado, o ponto L é vértice, tendo para o sólido Q uma razão tripla da que a BD, para a FH; portanto, como o cone, do qual, por um lado, o círculo ABCD é base, e, por outro lado, o L é vértice, está para o sólido Q, assim a pirâmide, da qual, por um lado, o [polígono] ATBYCUDX é base, e, por outro lado, o L é vértice, para a pirâmide, da qual, por um lado, o polígono EOFPGRHS é base, e, por outro lado, o N é vértice; portanto, alternadamente, como o cone, do qual, por um lado, o círculo ABCD é base, e, por outro lado, o L é vértice, para a pirâmide nele, da qual, por um lado, o polígono ATBYCUDX é base, e, por outro lado, o L é vértice, assim o [sólido] Q para a pirâmide, da qual, por um lado, o polígono EOFPGRHS é base, e, por outro lado, o N é vértice. Mas o dito cone é maior do que a pirâmide nele; pois, contém-na. Portanto, também o sólido Q é maior do que a pirâmide, da qual, por um lado, o polígono EOFPGRHS é base, e, por outro lado, o N é vértice. Mas também é menor; o que é impossível. Portanto, o cone, do qual o círculo ABCD é base, e o [ponto] L, vértice, não tem para algum sólido menor do que o cone, do qual, por um lado, o círculo EFGH é base, e, por outro lado, o ponto N é vértice, uma razão tripla da que a BD, para a FH. Do mesmo modo, então, provaremos que nem o cone EFGHN tem para algum sólido menor do que o cone ABCDL uma razão tripla da que a FH, para a BD.

Digo, então, que nem o cone ABCDL tem para algum sólido maior do que o cone EFGHN uma razão tripla da que a BD, para a FH.

Pois, se possível, tenha para um maior, o Q. Portanto, inversamente, o sólido Q tem para o cone ABCDL uma razão tripla da que a FH, para a BD. Mas o sólido Q para o cone ABCDL, assim o cone EFGHN para algum sólido menor do que o cone ABCDL. Portanto, também o cone EFGHN tem para algum sólido menor do que o cone ABCDL uma razão tripla da que a FH, para a BD; o que foi provado impossível. Portanto, o cone ABCDL não tem para algum sólido maior do que o cone EFGHN uma razão tripla da que a BD, para a FH. Mas foi provado que nem para um menor. Portanto, o cone ABCDL tem para o cone EFGHN uma razão tripla da que a BD, para a FH.

Mas, como o cone para o cone, o cilindro para o cilindro; pois, o cilindro é o triplo do cone, o sobre a mesma base que o cone e de altura igual à dele. Portanto, também o cilindro tem para o cilindro uma razão tripla da que a BD, para a FH.

Portanto, os cones e cilindros semelhantes estão entre si em uma razão tripla da dos diâmetros nas bases; o que era preciso provar.

13.

Caso um cilindro seja cortado por um plano que é paralelo aos planos opostos, como o cilindro estará para o cilindro, assim o eixo para o eixo.

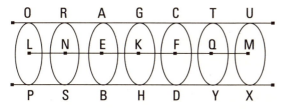

Fique, pois, cortado o cilindro AD pelo plano GH que é paralelo aos planos opostos AB, CD, e encontre o plano GH o eixo no ponto K; digo que, como o cilindro BG está para o cilindro GD, assim o eixo EK para o eixo KF.

Fique, pois, prolongado o eixo EF em cada um dos lados até os pontos L, M, e fiquem expostos os EN, NL, quantos quer que sejam, iguais ao eixo EK, e os FQ, QM, quantos quer que sejam, iguais ao FK, e seja concebido sobre o eixo LM o cilindro OX, do qual os círculos OP, UX são bases. E fiquem prolongados pelos pontos N, Q planos paralelos aos AB, CD e às bases do cilindro OX e façam os círculos RS, TY à volta dos centros N, Q. E, como os eixos LN, NE, EK são iguais entre si, portanto, os cilindros PR, RB, BG estão entre si como as bases. Mas as bases são iguais; portanto, também os cilindros PR, RB, BG são iguais entre si. Como, de fato, os eixos LN, NE, EK são iguais entre si, e também os cilindros PR, RB, BG são iguais entre si, e a quantidade é igual à quantidade, portanto, quantas vezes o eixo KL é do eixo EK, tantas vezes também o cilindro PG será do cilindro GB. Pelas mesmas coisas, então, também quantas vezes o eixo MK é do eixo KF, tantas vezes também o cilindro XG é do cilindro GD. E, por um lado, se o eixo KL é igual ao eixo KM, também o cilindro PG será igual ao cilindro GX, e, por outro lado, se o eixo é maior do que o eixo, também o cilindro é maior do que o cilindro, e se menor, menor. Então, existindo quatro magnitudes, por um lado, os eixos EK, KF, e, por outro lado, os cilindros BG, GD, foram tomados os mesmos múltiplos, por um lado, do eixo EK e do cilindro BG, tanto o eixo LK quanto o cilindro PG, e, por outro lado, do eixo KF e do cilindro GD, tanto o eixo KM quanto o cilindro GX, e foi provado que, se o eixo KL excede o eixo KM, também o cilindro PG excede o cilindro GX, e se igual, igual, e se menor, menor. Portanto, como o eixo EK está para o eixo KF, assim o cilindro BG para o cilindro GD; o que era preciso provar.

14.

Os cones e cilindros que estão sobre bases iguais estão entre si como as alturas.

Sejam, pois, os cilindros EB, FD sobre as bases iguais, os círculos AB, CD; digo que, como o cilindro EB está para o cilindro FD, assim o eixo GH para o eixo KL.

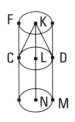

Fique, pois, prolongado o eixo KL até o ponto N, e fique posto o LN igual ao eixo GH, e fique concebido o cilindro CM à volta do eixo LN. Como, de fato, os cilindros EB, CM estão sob a mesma altura, estão entre si como as bases; mas as bases são iguais entre si; portanto, também os cilindros EB, CM são iguais. E, como o cilindro FM foi cortado pelo plano CD que é paralelo aos planos opostos, portanto, como o cilindro CM está para o cilindro FD, assim o eixo LN para o eixo KL. Mas, por um lado, o cilindro CM é igual ao cilindro EB, e, por outro lado, o eixo LN, ao eixo GH; portanto, como o cilindro EB está para o cilindro FD, assim o eixo GH para o eixo KL. Mas, como o cilindro EB para o cilindro FD, assim o cone ABG para o cone CDK. Portanto, também como o eixo GH para o eixo KL, assim o cone ABG para o cone CDK, e o cilindro EB para o cilindro FD; o que era preciso provar.

15.

Dos cones e cilindros iguais, as bases são inversamente proporcionais às alturas; e são iguais aqueles cones e cilindros, dos quais as bases são inversamente proporcionais às alturas.

 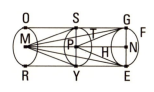

Sejam os cones e cilindros iguais, dos quais, por um lado, os círculos ABCD, EFGH são bases, e as AC, EG, os diâmetros deles, e, por outro lado, os KL, MN são os eixos, aqueles que são também alturas dos cones ou dos cilindros, e fiquem completados os cilindros AQ, EO; digo que, dos cilindros AQ, EO, as bases são inversamente proporcionais às alturas, e, como a base ABCD está para a base EFGH, assim a altura MN para a altura KL.

Pois, a altura LK ou é igual à altura MN ou não. Seja, primeiramente, igual. Mas também o cilindro AQ é igual ao cilindro EO. Mas os cones e cilindros que estão sob a mesma altura estão entre si como as bases; portanto, também a base ABCD é igual à base EFGH. Desse modo, também são inversamente proporcionais, como a base ABCD para a base EFGH, assim a altura MN para a altura KL. Mas, então, não seja a altura KL igual à MN, mas seja maior a MN, e fique subtraída da altura MN a PN igual à KL, e fique cortado o cilindro EO pelo plano TYS, paralelo, pelo ponto P, aos planos dos círculos EFGH, RO, e fique concebido o cilindro ES, por um lado, sobre o círculo EFGH, base, e, por outro lado, da altura NP. E, como o cilindro AQ é igual ao cilindro EO, portanto, como o cilindro AQ está para o cilindro ES, assim o cilindro EO para o cilindro ES. Mas, por um lado, como o cilindro AQ para o cilindro ES, assim a base ABCD para a EFGH; pois, os cilindros AQ, ES estão sob a mesma altura; mas, como o cilindro EO para o ES, assim a altura MN para a altura PN; pois, o cilindro EO foi cortado por um plano que é paralelo aos planos opostos. Portanto, também, como a base ABCD para a base EFGH, assim a altura MN para a altura PN. Mas a altura PN é igual à altura KL; portanto, como a base ABCD está para a base EFGH, assim a altura MN para a altura KL.

Portanto, dos cilindros AQ, EO, as bases são inversamente proporcionais às alturas.

Mas, então, dos cilindros AQ, EO, as bases são inversamente proporcionais às alturas, e como a base ABCD esteja para a base EGH, assim a altura MN para a altura KL; digo que o cilindro AQ é igual ao cilindro EO.

Pois, tendo sido construídas as mesmas coisas, como a base ABCD está para a base EFGH, assim a altura MN para a altura KL, e a altura KL é igual à altura PN, portanto, como a base ABCD está para a base EFGH, assim a altura MN para a altura PN. Mas, por um lado, como a base ABCD para a base EFGH, assim o cilindro AQ para o cilindro ES; pois estão sob a mesma altura; e, por outro lado, como a altura MN para a [altura] PN, assim o cilindro EO para o cilindro ES; portanto, como o cilindro AQ está para o cilindro ES, assim o cilindro EO para o cilindro ES. Portanto, o cilindro AQ é igual ao cilindro EO. E assim mesmo também para os cones; o que era preciso provar.

16.

Estando dois círculos à volta do mesmo centro, inscrever no círculo maior um polígono tanto equilátero quanto com um número par de lados, não tocando o círculo menor.

Estejam os dois círculos dados ABCD, EFGH à volta do mesmo centro K; é preciso, então, inscrever no círculo maior ABCD um polígono tanto equilátero quanto com um número par de lados, não tocando o círculo EFGH.

Fique, pois, traçada pelo centro K a reta BKD, e, a partir do ponto G, fique traçada a GA em ângulos retos com a reta BD, e fique traçada através até o C; portanto, a AC toca o círculo EFGH. Cortando, então, a circunferência BAD em duas, e a metade dela em duas, e fazendo isso sempre, deixaremos uma circunferência menor do que a AD. Fique deixada, e seja a LD, e a partir do ponto L fique traçada a perpendicular LM à BD, e fique traçada através até o N, e fiquem ligadas as LD, DN; portanto, a LD é igual à DN. E, como a LN é paralela à AC, e a AC toca o círculo EFGH, portanto, a LN não toca o círculo EFGH; portanto, por muito, as LD, DN não tocam o círculo EFGH. Caso, então, ajustemos continuamente ao círculo ABCD iguais à reta LD, inscreveremos no círculo ABCD um polígono tanto equilátero quanto com um número par de lados, não tocando o círculo menor EFGH; o que era preciso fazer.

17.

Estando duas esferas à volta do mesmo centro, inscrever na esfera maior um sólido poliedro, não tocando a esfera menor na superfície.

Fiquem concebidas duas esferas à volta do mesmo centro A; é preciso, então, inscrever na esfera maior um sólido poliedro, não tocando a esfera menor na superfície.

Fiquem cortadas as esferas por algum plano pelo centro; então, as seções serão círculos, visto que a esfera era produzida pelo diâmetro que permanece fixo e pelo semicírculo que é levado à volta; desse modo, também segundo quais posições concebamos o semicírculo sobre, o plano prolongado através dele fará um círculo na superfície da esfera. E é evidente, que também é o maior, visto que o diâmetro da esfera, o qual é tanto um diâmetro do semicírculo quanto, muito evidentemente, do círculo, é maior de todas as [retas] traçadas através do círculo ou da esfera. Sejam, de fato, por um lado, o círculo BCDE na esfera maior, e, por outro lado, o círculo FGH na esfera menor, e fiquem traçados os dois diâmetros BD, CE deles em ângulos retos entre si, e, estando os dois círculos BCDE, FGH à volta do mesmo centro, fique inscrito no círculo maior BCDE um polígono equilátero e com um número par de lados, que não toca o círculo menor FGH, do qual os lados BK, KL, LM, ME estejam na quarta parte BE, e, tendo sido ligada a KA, fique traçada através até o N, e fique alteada, a partir do ponto A, a AQ em ângulos retos com o plano do círculo BCDE e encontre com a superfície da esfera no Q, e pelas AQ e cada uma das BD, KN fiquem prolongados planos; farão, então, pelas coisas ditas, círculos maiores na superfície da esfera. Façam, dos quais os semicírculos BQD, KQN estejam sobre os diâmetros BD, KN. E, como a QA está em ângulos retos relativamente ao plano do círculo BCDE, portanto, também todos os planos

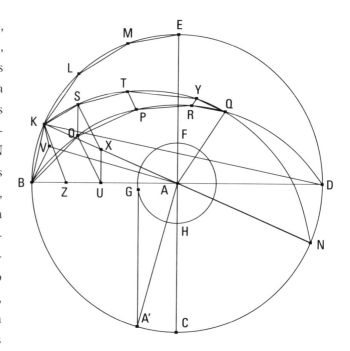

pela QA estão em ângulos retos relativamente ao plano do círculo BCDE; desse modo, também os semicírculos BQD, KQN estão em ângulos retos relativamente ao plano do círculo BCDE. E, como os semicírculos BED, BQD, KQN são iguais; pois, estão sobre os diâmetros iguais BD, KN; também as quartas partes BE, BQ, KQ são iguais entre si. Portanto, quantos são os lados do polígono na quarta parte BE tantos são também nas BQ, KQ iguais às retas BK, KL, LM, ME. Fiquem inscritos e sejam as BO, OP, PR, RQ, KS, ST, TY,YQ, e fiquem ligadas as SO, TP,YR, e a partir dos O, S fiquem traçadas perpendiculares ao plano do círculo BCDE; então, cairão sobre as seções comuns BD, KN dos planos, visto que também os planos dos BQD, KQN estão em ângulos retos relativamente ao plano do círculo BCDE. Caiam, e sejam as OU, SX, e fique ligada a XU. E, como nos semicírculos iguais BQD, KQN, as BO, KS são cortadas iguais, e são traçadas as perpendiculares OU, SX, [portanto], por um lado, a OU é igual à SX, e, por outro lado, a BU, à KX. Mas também a BA toda é igual à KA toda; portanto, também a restante UA é igual à restante XA; portanto, como a BU está para a UA, assim a KX para a XA; portanto, a XU é paralela à KB. E, como cada uma das OU, SX está em ângulos retos relativamente ao plano do círculo BCDE, portanto, a OU é paralela à SX. Mas também foi provada igual a ela; portanto, também as XU, SO são iguais e paralelas. E, como a XU é paralela à SO, mas a XU é paralela à KB, portanto, também a SO é paralela à KB. E as BO, KS ligam-nas. Portanto, o quadrilátero KBOS está em um plano, visto que, caso duas retas sejam paralelas, e sobre cada uma delas sejam tomados pontos, encontrados ao acaso, a reta sendo ligada nos pontos está no mesmo plano com as paralelas. Pelas mesmas coisas, então, também cada um dos quadriláteros SOPT, TPRY está em um plano. E, também o triângulo YRQ está em um plano. Caso, então, concebamos retas sendo ligadas dos pontos O, S, P, T, R, Y até o A, será construída alguma figura sólida poliédrica entre as circunferências BQ, KQ, composta de pirâmides, das quais, por um lado, os quadriláteros KBOS, SOPT, TPRY e o triângulo YRQ são bases, e, por outro lado, o ponto A é vértice. Mas, caso também construamos, sobre cada um dos lados KL, LM, ME do mesmo modo que sobre a BK, as mesmas coisas, e ainda sobre as três restantes quartas partes, será construída alguma figura poliédrica inscrita na esfera, contida por pirâmides, das quais, [por um lado], os ditos quadriláteros e o triângulo YRQ e as coisas coordenadas com eles são bases, e, por outro lado, o ponto A é vértice.

Digo que o dito poliedro não tocará a esfera menor na superfície, sobre a qual está o círculo FGH.

Fique traçada, a partir do ponto A, a perpendicular AV ao plano do quadrilátero KBOS e encontre com o plano no ponto V, e fiquem ligadas as VB, VK. E, como a AV está em ângulos retos relativamente ao plano do quadrilátero KBOS, portanto, também está em ângulos retos relativamente a todas as retas que a tocam e que estão no mesmo plano do quadrilátero. Portanto, a AV está em ângulos retos relativamente a cada uma das BV, VK. E, como a AB é igual à AK, também o sobre a AB é igual ao sobre a AK. E, por um lado, os sobre as AV, VB são iguais ao sobre a AB; pois o junto ao V é reto; e, por outro lado, os sobre as AV, VK são iguais ao sobre a AK. Portanto, os sobre as AV, VB são iguais aos sobre as AV, VK. Fique subtraído o sobre a AV comum; portanto, o sobre a BV restante é igual ao sobre a VK restante; portanto, a BV é igual à VK. Do mesmo modo, então, provaremos que também as retas sendo ligadas do V até os O, S são iguais a cada uma das BV, VK. Portanto, o círculo descrito com o centro V e com raio uma das VB, VK passará também pelos O, S, e o quadrilátero KBOS estará no círculo.

E, como a KB é maior do que a XU, mas a XU é igual à SO, portanto, a KB é maior do que a SO. Mas a KB é igual a cada uma das KS, BO; portanto, também cada uma das KS, BO é maior do que a SO. E, como o KBOS é um quadrilátero no círculo, e as KB, BO, KS são iguais, e a OS é menor, e a BV é o raio do círculo, portanto, o sobre a KB é maior do que o dobro do sobre a BV. Fique traçada, a partir do K a perpendicular KZ à BU. E, como a BD é menor do que o dobro da DZ, e como a BD está para a DZ, assim o pelas DB, BZ para o pelas DZ, ZB, sendo traçado o quadrado sobre a BZ e sendo completado o paralelogramo sobre a ZD, portanto, também o pelas DB, BZ é menor do que o dobro do pelas DZ, ZB. E, sendo ligada a KD, por um lado, o pelas DB, BZ é igual ao sobre a BK, e, por outro lado, o pelas DZ, ZB é igual ao sobre a KZ; portanto, o sobre a KB é menor do que o dobro do sobre a KZ. Mas o sobre a KB é maior do que o dobro do sobre a BV; portanto, o sobre a KZ é maior do que o sobre a BV. E, como a BA é igual à KA, o sobre a BA é igual ao sobre a AK. E, por um lado, os sobre as BV, VA são iguais ao sobre a BA, e, por outro lado, os sobre as KZ, ZA são iguais ao sobre a KA; portanto, os sobre as BV, VA são iguais aos sobre as KZ, ZA, dos quais o sobre a KZ é maior do que o sobre a BV; portanto, o sobre a ZA restante é menor do que o sobre a VA. Portanto, a AV é maior do que a AZ; portanto, por muito, a AV é maior do que a AG. E, por um lado, a AV está sobre uma base do poliedro, e, por outro lado, a AG, sobre a superfície da esfera menor; desse modo, o poliedro não tocará a esfera menor na superfície.

Portanto, estando duas esferas à volta do mesmo centro, foi inscrito na esfera maior um sólido poliedro, não tocando a esfera menor na superfície; o que era preciso fazer.

Corolário

E, caso também seja inscrito em outra esfera um sólido poliedro semelhante ao sólido poliedro na esfera BCDE, o sólido poliedro na esfera BCDE tem para o sólido poliedro na outra esfera uma razão tripla da que o diâmetro da esfera BCDE, para o diâmetro da outra esfera. Pois, tendo sido divididas as esferas nas pirâmides em semelhantes quantidades e semelhantes arranjos, as pirâmides serão semelhantes. Mas as pirâmides semelhantes estão entre si em uma razão tripla da dos lados homólogos; portanto, a pirâmide, da qual, por um lado, o quadrilátero KBOS é base, e, por outro lado, o ponto A é vértice, tem para a pirâmide, semelhantemente arranjada na outra esfera, uma razão tripla da que o lado homólogo, para o lado homólogo, isto é, da que o raio AB da esfera à volta do centro A para o raio da outra esfera. Do mesmo modo, também cada pirâmide das na esfera à volta do centro A terá para cada pirâmide semelhantemente arranjada das na outra esfera uma razão tripla da que a AB para o raio da outra esfera. E, como um dos antecedentes para um dos consequentes, assim todos os antecedentes para todos os consequentes; desse modo, o sólido poliedro todo na esfera à volta do centro A terá para o sólido poliedro todo na outra [esfera] uma razão tripla da que a AB para o raio da outra esfera, isto é, da que o diâmetro BD para o diâmetro da outra esfera; o que era preciso provar.

18.

As esferas estão entre si em uma razão tripla da dos próprios diâmetros.

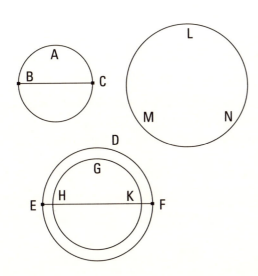

Fiquem concebidos as esferas ABC, DEF, e os diâmetros BC, EF delas; digo que a esfera ABC tem para a esfera DEF uma razão tripla da que a BC, para a EF.

Pois, se a esfera ABC não tem para a esfera DEF uma tripla razão da que a BC, para a EF, portanto, a esfera ABC terá para alguma menor do que a esfera DEF ou para uma maior uma razão tripla da que a BC para a EF. Tenha, primeiramente, para a menor GHK, e fique concebida a DEF à volta do mesmo centro que a GHK, e fique inscrito na esfera maior DEF um sólido poliedro não tocando a esfera menor GHK na superfície, e fique inscrito também na esfera ABC um sólido poliedro semelhante ao sólido poliedro na esfera DEF; portanto, o sólido poliedro na esfera ABC tem para o sólido poliedro na DEF uma razão tripla da que a BC para a EF. Mas também a esfera ABC tem para a esfera GHK uma razão tripla da que a BC, para a EF; portanto, como a esfera ABC está para a esfera GHK, assim o sólido poliedro na esfera ABC para o sólido poliedro na esfera DEF; [portanto], alternadamente, como a esfera ABC para o poliedro nela, assim a esfera GHK para o sólido poliedro na esfera DEF. Mas a esfera ABC é maior do que o poliedro nela; portanto, também a esfera GHK é maior do que o poliedro na esfera DEF. Mas é também menor; pois, é contida por ele. Portanto, a esfera ABC não tem para uma menor do que a esfera DEF uma razão tripla da que o diâmetro BC, para o EF. Do mesmo modo, então, provaremos que nem a esfera DEF tem para uma menor do que a esfera ABC uma razão tripla da que a EF, para a BC.

Digo, então, que nem a esfera ABC tem para alguma maior do que a esfera DEF uma razão tripla da que a BC, para a EF.

Pois, se possível, tenha para a maior LMN; portanto, inversamente, a esfera LMN tem para a esfera ABC uma razão tripla da que o diâmetro EF, para o diâmetro BC. Mas, como a esfera LMN para a esfera ABC, assim a esfera DEF para alguma menor do que a esfera ABC, visto que a LMN é maior do que a DEF, como foi provado antes. Portanto, também a esfera DEF tem para alguma menor do que a esfera ABC uma razão tripla da que a EF, para a BC; o que foi provado impossível. Portanto, a esfera ABC não tem para alguma maior do que a esfera DEF uma razão tripla da que a BC, para a EF. Mas foi provado que nem para uma menor. Portanto, a esfera ABC tem para a esfera DEF uma razão tripla da que a BC, para a EF; o que era preciso provar.

Livro XIII

I.

Caso uma linha reta seja cortada em extrema e média razão, o segmento maior, tendo recebido antes a metade da toda, serve para produzir o quíntuplo do quadrado sobre a metade.

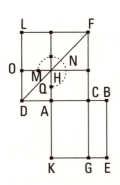

Fique, pois, dividida a linha reta AB em extrema e média razão no ponto C, e seja o segmento maior AC e fique prolongada a reta AD sobre uma reta com a CA, e fique posta a AD metade da AB; digo que o sobre a CD é o quíntuplo do sobre a DA.

Fiquem, pois, descritos os quadrados AE, DF sobre as AB, DC, e fique descrita completamente a figura no DF, e fique traçada através a FC até o G. E, como a AB foi dividida em extrema e média razão no C, portanto, o pelas ABC é igual ao sobre a AC. E, por um lado, o pelas ABC é o CE, e, por outro lado, o sobre a AC é o FH; portanto, o CE é igual ao FH. E, como a BA é o dobro da AD, e, por um lado, a BA é igual à KA, e, por outro lado, a AD, à AH, portanto, também a KA é o dobro da AH. Mas, como a KA para a AH, assim o CK para o CH; portanto, o CK é o dobro do CH. Mas os LH, HC são o dobro do CH. Portanto, o KC é igual aos LH, HC. Mas foi provado também o CE igual ao HF; portanto, o quadrado todo AE é igual ao gnômon MNQ. E, como a BA é o dobro da AD, o sobre a BA é o quádruplo do sobre a AD, isto é, o AE, do DH. Mas o AE é igual

563

ao gnômon MNQ; portanto, também o gnômon MNQ é o quádruplo do AO. Portanto, o DF todo é o quíntuplo do AO. E, por um lado, o DF é o sobre a DC, e, por outro lado, o AO é o sobre a DA; portanto, o sobre a CD é o quíntuplo do sobre a DA.

Portanto, caso uma reta seja cortada em extrema e média razão, o segmento maior, tendo recebido antes a metade da toda, serve para produzir o quíntuplo do quadrado sobre a metade; o que era preciso provar.

2.

Caso uma linha reta seja em potência o quíntuplo de um segmento dela mesma, sendo cortado o dobro do dito segmento em extrema e média razão, o segmento maior é a parte restante da reta do começo.

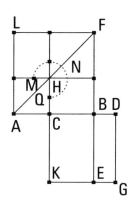

Seja, pois, em potência a linha reta AB o quíntuplo do segmento AC dela mesma, e seja a CD o dobro da AC; digo que, sendo cortada a CD em extrema e média razão, o segmento maior é a CB.

Fiquem, pois, descritos sobre cada uma das AB, CD os quadrados AF, CG, e fique descrita completamente a figura no AF, e fique traçada através a BE. E, como o sobre a BA é o quíntuplo do sobre a AC, o AF é o quíntuplo do AH. Portanto, o gnômon MNQ é o quádruplo do AH. E, como a DC é o dobro da CA, portanto, o sobre a DC é o quádruplo do sobre a CA, isto é, o CG, do AH. Mas foi provado também o gnômon MNQ o quádruplo do AH; portanto, o gnômon MNQ é igual ao CG. E, como a DC é o dobro da CA, e, por um lado, a DC é igual à CK, e, por outro lado, a AC, à CH [portanto, também a KC é o dobro da CH], portanto, também o KB é o dobro do BH. Mas também os LH, HB são o dobro do HB; portanto, o KB é igual aos LH, HB. Mas também foi provado o gnômon MNQ todo igual ao CG todo; portanto, também o HF restante é igual ao BG. E, por um lado, o BG é o pelas CDB; pois, a CD é igual à DG; e, por outro lado, o HF é o sobre a CB; portanto, o pelas CDB é igual ao sobre a CB. Portanto, como a DC está para a CB, assim a CB para a DB. E a DC é maior do que a CB; portanto, também a CB é maior do que a BD. Portanto, sendo cortada a reta CD em extrema e média razão, o segmento maior é a CB.

Portanto, caso uma linha reta seja em potência o quíntuplo de um segmento dela mesma, sendo cortado o dobro do dito segmento em extrema e média razão, o segmento maior é a parte restante da reta do começo; o que era preciso provar.

Lema

E que o dobro da AC é maior do que a BC, assim deve ser provado.

Pois, se não, seja, se possível, a BC o dobro da CA. Portanto, o sobre a BC é o quádruplo do sobre a CA; portanto, os sobre as BC, CA são o quíntuplo do sobre a CA. Mas também foi suposto o sobre a BA o quíntuplo do sobre a CA; portanto, o sobre a BA é igual aos sobre as BC, CA; o que é impossível. Portanto, a CB não é o dobro da AC. Do mesmo modo, então, provaremos que nem a menor do que a CB é o dobro da CA; pois, por muito [maior] o absurdo.

Portanto, o dobro da AC é maior do que a CB; o que era preciso provar.

3.

Caso uma reta seja cortada em extrema e média razão, o segmento menor, tendo recebido antes a metade do segmento maior, serve para produzir o quíntuplo do quadrado sobre a metade do segmento maior.

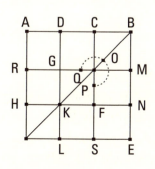

Fique, pois, cortada alguma reta, a AB, em extrema e média razão no ponto C, e seja o segmento maior AC, e fique cortada a AC em duas no D; digo que o sobre a BD é o quíntuplo do sobre a DC.

Fique, pois, descrito o quadrado AE sobre a AB, e fique descrita completamente dupla a figura. Como a AC é o dobro da DC, portanto, o sobre a AC é o quádruplo do sobre a DC, isto é, o RS, do FG. E, como o pelas ABC é igual ao sobre a AC, e o pelas ABC é o CE, portanto, o CE é igual ao RS. Mas o RS é o quádruplo do FG; portanto, também o CE é o quádruplo do FG. De novo, como a AD é igual à DC, também a HK é igual à KF. Desse modo, também o quadrado GF é igual ao quadrado HL. Portanto, a GK é igual à KL, isto é, a MN, à NE; desse modo, também, o MF é igual ao FE. Mas o MF é igual ao CG; portanto, também o CG é igual ao FE. Fique adicionado o CN comum; portanto, o gnômon QOP é igual ao CE. Mas o CE foi provado o quádruplo do GF; portanto, também o gnômon QOP é o quádruplo do quadrado FG. Portanto, o gnômon QOP e o quadrado FG são o quíntuplo do FG. Mas o gnômon QOP e o quadrado FG são o DN. E, por um lado, o DN é o sobre a DB, e, por outro lado, o GF é o sobre a DC. Portanto, o sobre a DB é o quíntuplo do sobre a DC; o que era preciso provar.

4.

Caso uma linha reta seja cortada em extrema e média razão, os quadrados ambos juntos, o sobre a toda e o sobre o segmento menor, são o triplo do quadrado sobre o segmento maior.

Seja a reta AB, e fique cortada em extrema e média razão no C, e seja o segmento maior AC; digo que os sobre as AB, BC são o triplo do sobre a CA.

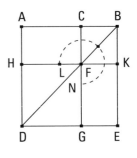

Fique, pois, descrito o quadrado ADEB sobre a AB e fique descrita completamente a figura. Como, de fato, a AB foi cortada em extrema e média razão no C, e a AC é o segmento maior, portanto, o pelas ABC é igual ao sobre a AC. E, por um lado, o pelas ABC é o AK, e, por outro lado, o sobre a AC é o HG; portanto, o AK é igual ao HG. E, como o AF é igual ao FE, fique adicionado o CK comum; portanto, o AK todo é igual ao CE todo; portanto, os AK, CE são o dobro do AK. Mas os AK, CE são o gnômon LMN e o quadrado CK; portanto, o gnômon LMN e o quadrado CK são o dobro do AK. Mas, por certo, também o AK foi provado igual ao HG; portanto, o gnômon LMN e [o quadrado CK são o dobro do HG; desse modo, o gnômon LMN e] os quadrados CK, HG são o triplo do quadrado HG. E, [por um lado], o gnômon LMN e os quadrados CK, HG são o AE todo e o CK, os quais são os quadrados sobre as AB, BC, e, por outro lado, o GH é o quadrado sobre a AC. Portanto, os quadrados sobre as AB, BC são o triplo do quadrado sobre a AC; o que era preciso provar.

5.

Caso uma linha reta seja cortada em extrema e média razão, e seja adicionada a ela uma igual ao segmento maior, a reta toda foi cortada em extrema e média razão, e o segmento maior é a reta do começo.

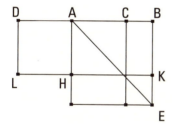

Fique, pois, cortada a linha reta AB em extrema e média razão no ponto C, e seja o maior segmento AC, e [fique posta] a AD igual à AC. Digo que a reta DB foi cortada em extrema e média razão no A, e o segmento maior é a reta AB do começo.

Fique, pois, descrito o quadrado AE sobre a AB, e fique descrita completamente a figura. Como a AB foi cortada em extrema e média razão no C, portanto, o pelas ABC é igual ao sobre a AC. E, por um lado, o pelas ABC é o CE, e, por outro lado, o sobre a AC é o CH; portanto, o CE é igual ao HC. Mas, por um lado, o HE é igual ao CE, e, por outro lado, o DH é igual ao HC; portanto, também o DH é igual ao HE [fique adicionado o HB comum]. Portanto, o DK todo é igual ao AE todo. E, por um lado, o DK é o pelas BD, DA; pois, a AD é igual à DL; e, por outro lado, o AE é o sobre a AB; portanto, o pelas BDA é igual ao sobre a AB. Portanto, como a DB está para a BA, assim a BA para a AD. Mas a DB é maior do que a BA; portanto, também a BA é maior do que a AD.

Portanto, a DB foi cortada em extrema e média razão no A, e a AB é o segmento maior; o que era preciso provar.

6.

Caso uma reta racional seja cortada em extrema e média razão, cada um dos segmentos é uma irracional, o chamado apótomo.

Seja a reta racional AB, e fique cortada em extrema e média razão no C, e seja o segmento maior AC; digo que cada uma das AC, CB é uma irracional, o chamado apótomo.

Fique, pois, prolongada a BA, e fique posta a AD igual à metade da BA. Como, de fato, a reta AB foi cortada em extrema e média razão no C, e a AD, que é metade da AB, foi adicionada ao segmento maior AC, portanto, o sobre CD é o quíntuplo do sobre DA. Portanto, o sobre CD tem para o sobre DA uma razão que um número, para um número; portanto, o sobre CD é comensurável com o sobre DA. Mas o sobre DA é racional; pois, a DA, sendo metade da AB, que é racional, [é] racional; portanto, também o sobre a CD é racional; portanto, também a CD é racional. E, como o sobre CD não tem para o sobre DA uma razão que um número quadrado, para um número quadrado, portanto, a CD é incomensurável em comprimento com a DA; portanto, as CD, DA são racionais comensuráveis somente em potência; portanto, a AC é um apótomo. De novo, como a AB foi cortada em extrema e média razão, e a AC é o segmento maior, portanto, o pelas AB, BC é igual ao sobre a AC. Portanto, o sobre o apótomo AC, tendo sido aplicado à racional AB, faz a BC como largura. Mas o sobre um apótomo sendo aplicado a uma racional faz como largura um primeiro apótomo; portanto, a CB é um primeiro apótomo. Mas a CA foi também provado um apótomo.

Portanto, caso uma reta racional seja cortada em extrema e média razão, cada um dos segmentos é uma irracional, o chamado apótomo; o que era preciso provar.

7.

Caso os três ângulos de um pentágono equilátero, ou os consecutivos ou os não consecutivos, sejam iguais, o pentágono será equiângulo.

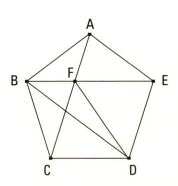

Sejam, pois, primeiramente, os três ângulos consecutivos, os junto aos A, B, C, do pentágono equilátero ABCDE iguais entre si; digo que o pentágono ABCDE é equiângulo.

Fiquem, pois, ligadas as AC, BE, FD. E, como as duas CB, BA são iguais às duas BA, AE, cada uma a cada uma, e o ângulo sob CBA é igual ao ângulo sob BAE, portanto, a base AC é igual à base BE, e o triângulo ABC é igual ao triângulo ABE, e os ângulos restantes serão iguais aos ângulos restantes, sob os quais se estendem os lados iguais, o sob BCA, ao sob BEA, ao passo que o sob ABE, ao sob CAB; desse modo, também o lado AF é igual ao lado BF. Mas também a AC toda foi provada igual à BE toda; portanto, também a FC restante é igual à FE restante. Mas também a CD é igual à DE. Então, as duas FC, CD são iguais às duas FE, ED; e a FD é uma base comum deles; portanto, o ângulo sob FCD é igual ao ângulo sob FED. Mas também foi provado o sob BCA igual ao sob AEB; portanto, o sob BCD todo é igual ao sob AED todo. Mas o sob BCD foi suposto igual aos ângulos junto aos A, B; portanto, também o sob AED é igual aos ângulos junto aos A, B. Do mesmo modo, então, provaremos que também o ângulo sob CDE é igual aos ângulos junto aos A, B, C; portanto, o pentágono ABCDE é equiângulo.

Mas, então, não sejam consecutivos os ângulos iguais, mas sejam iguais os junto aos pontos A, C, D; digo que também assim o pentágono ABCDE é equiângulo.

Fique, pois, ligada a BD. E, como as duas BA, AE são iguais às duas BC, CD, e contêm ângulos iguais, portanto, a base BE é igual à base BD, e o triângulo ABE é igual ao triângulo BCD, e os ângulos restantes serão iguais aos ângulos restantes, sob os quais se estendem os lados iguais; portanto, o ângulo sob AEB é igual ao sob CDB. Mas também o ângulo sob BED é igual ao sob BDE, visto que o lado BE é igual ao lado BD. Portanto, também o ângulo sob AED todo é igual ao sob CDE todo. Mas o sob CDE foi suposto igual aos ângulos junto aos A, C; portanto, também o ângulo sob AED é igual aos junto aos A, C. Pelas mesmas coisas, então, também o sob ABC é igual aos ângulos junto aos A, C, D. Portanto, o pentágono ABCDE é equiângulo; o que era preciso provar.

8.

Caso retas estendam-se sob dois ângulos consecutivos de um pentágono equilátero e equiângulo, cortam-se em extrema e média razão, e os segmentos maiores delas são iguais ao lado do pentágono.

Fiquem, pois, as retas AC, BE estendidas sob os dois ângulos consecutivos, os junto aos A, B do pentágono equilátero e equiângulo ABCDE, cortando-se no ponto H; digo que cada uma delas foi cortada em extrema e média razão no H, e os segmentos maiores delas são iguais ao lado do pentágono.

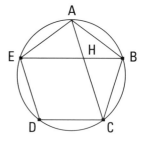

Fique, pois, circunscrito ao pentágono ABCDE o círculo ABCDE. E, como as duas retas EA, AB são iguais às duas AB, BC e contêm ângulos iguais, portanto, a base BE é igual à base AC, e o triângulo ABE é igual ao triângulo ABC, e os ângulos restantes serão iguais aos ângulos restantes, cada um a cada um, sob os quais se estendem os lados iguais. Portanto, o ângulo sob BAC é igual ao sob ABE; portanto, o sob AHE é o dobro do sob BAH. Mas também o sob EAC é o dobro do sob BAC, visto que também a circunferência EDC é o dobro da circunferência CB; portanto, o ângulo sob HAE é igual ao sob AHE; desse modo, também a reta HE, à EA, isto é, é igual à AB. E, como a reta BA é igual à AE, também o ângulo sob ABE é igual ao sob AEB. Mas o sob ABE foi provado igual ao sob BAH; portanto, também o sob BEA é igual ao sob BAH. E o sob ABE é comum dos dois triângulos, tanto do ABE quanto do ABH; portanto, o ângulo sob BAE restante é igual ao sob AHB restante; portanto, o triângulo ABE é equiângulo com o triângulo ABH; portanto, em proporção, como a EB está para a BA, assim a AB para a BH. Mas a BA é igual à EH; portanto, como a BE para a EH, assim a EH para a HB. Mas a BE é maior do que a EH; portanto, a EH é maior do que a HB. Portanto, a BE foi cortada em extrema e média razão no H, e o segmento maior HE é igual ao lado do pentágono. Do mesmo modo, então, provaremos que também a AC foi cortada em extrema e média razão no H, e o segmento maior CH dela é igual ao lado do pentágono; o que era preciso provar.

9.

Caso o lado do hexágono e o do decágono, dos inscritos no mesmo círculo, sejam compostos, a reta toda foi cortada em extrema e média razão, e o segmento maior dela é o lado do hexágono.

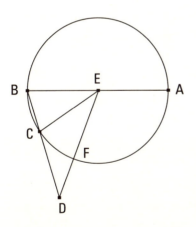

Seja o círculo ABC, e das figuras inscritas no círculo ABC, sejam, por um lado, a BC o lado do decágono, e, por outro lado, a CD o do hexágono, e estejam sobre uma reta; digo que a reta toda BD foi cortada em extrema e média razão, e a CD é o segmento maior dela.

Fique, pois, tomado o ponto E, centro do círculo, e fiquem ligadas as EB, EC, ED, e fique traçada através a BE até o A. Como a BC é lado de um decágono equilátero, portanto, a circunferência ACB é o quíntuplo da circunferência BC; portanto, a circunferência AC é o quádruplo da circunferência CB. Mas, como a circunferência AC para a circunferência CB, assim o ângulo sob AEC para o sob CEB; portanto, o sob AEC é o quádruplo do sob CEB. E, como o ângulo sob EBC é igual ao sob ECB, portanto, o ângulo sob AEC é o dobro do sob ECB. E, como a reta EC é igual à CD; pois, cada uma delas é igual ao lado do hexágono [inscrito] no círculo ABC; também o ângulo sob CED é igual ao ângulo sob CDE; portanto, o ângulo sob ECB é o dobro do sob EDC. Mas o sob AEC foi provado o dobro do sob ECB; portanto, o sob AEC é o quádruplo do sob EDC. Mas também o sob AEC foi provado o quádruplo do sob BEC; portanto, o sob EDC é igual ao sob BEC. Mas o ângulo sob EBD é comum dos dois triângulos, tanto do BEC quanto do BED; portanto, também o sob BED restante é igual ao sob ECB; portanto, o triângulo EBD é equiângulo com o triângulo EBC. Portanto, em proporção, como a DB está para a BE, assim a EB para a BC. Mas a EB é igual à CD. Portanto, como a BD está para a DC, assim a DC para a CB. Mas a BD é maior do que a DC; portanto, também a DC é maior do que a CB. Portanto, a reta BD foi cortada em extrema e média razão [no C], e a DC é o segmento maior dela; o que era preciso provar.

10.

Caso um pentágono equilátero seja inscrito em um círculo, o lado do pentágono serve para produzir tanto o do hexágono quanto o do decágono, dos inscritos no mesmo círculo.

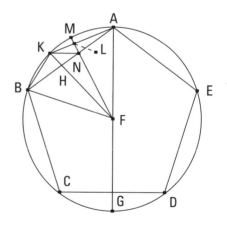

Seja o círculo ABCDE, e fique inscrito no círculo ABCDE o pentágono equilátero ABCDE. Digo que o lado do pentágono ABCDE serve para produzir tanto o lado do hexágono quanto o do decágono, dos inscritos no círculo ABCDE.

Fique, pois, tomado o ponto F, centro do círculo, e, tendo sido ligada a AF, fique traçada através até o ponto G, e fique ligada a FB, e, a partir do F, fique traçada a perpendicular FH à AB, e fique traçada através até o K, e fiquem ligadas as AK, KB, e, de novo, a partir do F, fique traçada a perpendicular FL à AK, e fique traçada através até o M, e fique ligada a KN. Como a circunferência ABCG é igual à circunferência AEDG, das quais a ABC é igual à AED, portanto, a circunferência restante CG é igual à circunferência restante GD. Mas a CD é de um pentágono; portanto, a CG é de um decágono. E, como a FA é igual à FB, e a FH é perpendicular, portanto, também o ângulo sob AFK é igual ao sob KFB. Desse modo, também a circunferência AK é igual à KB; portanto, a circunferência AB é o dobro da circunferência BK; portanto, a reta AK é lado de um decágono. Pelas mesmas coisas, então, também a AK é o dobro da KM. E, como a circunferência AB é o dobro da circunferência BK, mas a circunferência CD é igual à circunferência AB, portanto, também a circunferência CD é o dobro da circunferência BK. Mas a circunferência CD também é o dobro da CG; portanto, a circunferência CG é igual à circunferência BK. Mas, a BK é o dobro da KM, porque também a KA; portanto, também a CG é o dobro da KM. Mas, por certo, também a circunferência CB é o dobro da circunferência BK; pois, a circunferência CB é igual à BA. Portanto, também a circunferência toda GB é o dobro da BM; desse modo, também o ângulo sob GFB [é] o dobro do ângulo sob BFM. Mas o sob GFB também é o dobro do sob FAB; portanto, o sob FAB é igual ao sob ABF. Portanto, também o sob BFN é igual ao sob FAB. Mas o ângulo sob ABF é comum dos dois triângulos, tanto do ABF quanto do BFN; portanto, o sob AFB restante é igual ao sob BNF restante; portanto, o triângulo ABF é equiângulo com o triângulo BFN. Portanto, em proporção, como a reta AB está para a BF, assim a BF para a BN; portanto, o pelas ABN é igual ao sobre BF. De novo, como a AL é igual à LK, mas a LN é comum e em ângulos retos, portanto, a base KN é igual à base AN; portanto, também o ângulo sob LKN é igual ao ângulo LAN. Mas o sob LAN é igual ao sob KBN; portanto, também o sob LKN é igual ao sob KBN. E o junto ao A é comum dos dois triângulos, tanto do AKB quanto do AKN. Portanto, o sob AKB restante é igual ao sob KNA restante; portanto, o triângulo KBA é equiângulo com o triângulo KNA. Portanto, em proporção, como a reta BA está para a AK, assim a KA para a AN; portanto, o pelas BAN é igual ao sobre a AK. Mas foi provado também o pelas ABN igual ao sobre a BF; portanto, o pelas ABN junto com o pelas BAN, o que é o sobre a BA, é igual ao sobre a BF junto com o sobre a AK. E, por um lado, a BA é lado de um pentágono, e, por outro lado, a BF, de um hexágono, e a AK, de um decágono.

Portanto, o lado do pentágono serve para produzir tanto o do hexágono quanto o do decágono, dos inscritos no mesmo círculo; o que era preciso provar.

11.

Caso seja inscrito, em um círculo que tem o diâmetro racional, um pentágono equilátero, o lado do pentágono é uma irracional, a chamada menor.

Fique, pois, inscrito, no círculo ABCDE que tem o diâmetro racional, o pentágono equilátero ABCDE; digo que o lado do pentágono [ABCDE] é uma irracional, a chamada menor.

Fique, pois, tomado o ponto F, o centro do círculo, e fiquem ligadas as AF, FB, e fiquem traçadas através até os

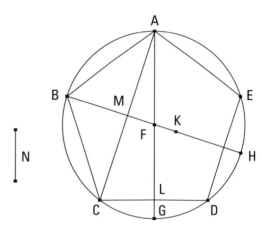

pontos G, H, e fique ligada a AC, e fique posta a FK como a quarta parte da AF. Mas a AF é racional; portanto, também a FK é racional. Mas também a BF é racional; portanto, a BK toda é racional. E, como a circunferência ACG é igual à circunferência ADG, das quais a ABC é igual à AED, portanto, a restante CG é igual à restante GD. E caso liguemos a AD, os ângulos junto ao L são concluídos retos, e a CD, o dobro da CL. Pelas mesmas coisas, então, também os junto ao M são retos, e a AC, o dobro da CM. Como, de fato, o ângulo sob ALC é igual ao sob AMF, e o sob LAC é comum dos dois triângulos, tanto do ACL quanto do AMF, portanto, o sob ACL restante é igual ao sob MFA restante; portanto, o triângulo ACL é equiângulo como o triângulo AMF; em proporção, como a LC está para a CA, assim a MF para a FA; e o dobro dos antecedentes; portanto, como o dobro da LC para a CA, assim o dobro da MF para a FA. Mas, como o dobro da MF para a

FA, assim a MF para a metade da FA; portanto, também como o dobro da LC para a CA, assim a MF para a metade da FA. E as metades dos consequentes; portanto, como o dobro da LC para a metade da CA, assim a MF para o quarto da FA. E, por um lado, a DC é o dobro da LC, e, por outro lado, a CM é a metade da CA, e a FK é a quarta parte da FA; portanto, como a DC está para a CM, assim a MF para FK. Por composição, como ambas juntas, a DCM, para a CM, assim a MK para KF; portanto, também como o sobre ambas juntas a DCM para o sobre a CM, assim o sobre a MK para o sobre a KF. E, como a que se estende sob dois lados do pentágono, por exemplo, a AC, sendo dividida em extrema e média razão, o segmento maior é igual ao lado do pentágono, isto é, à DC, e o segmento menor, tendo recebido antes a metade da toda, serve para produzir o quíntuplo do sobre a metade da toda, e a CM é a metade da toda AC, portanto, o sobre a DCM, como uma, é o quíntuplo do sobre a CM. Mas, como o sobre a DCM, como uma, para o sobre a CM, assim, foi provado, o sobre a MK para o sobre a KF; portanto, o sobre a MK é o quíntuplo do sobre a KF. Mas o sobre a KF é racional; pois o diâmetro é racional; portanto, também o sobre a MK é racional; portanto, a MK é racional [somente em potência]. E, como a BF é o quádruplo da FK, portanto, a BK é o quíntuplo da KF; portanto, o sobre a BK é vinte e cinco vezes o sobre a KF. Mas o sobre a MK é o quíntuplo do sobre a KF; portanto, o sobre a BK é o quíntuplo do sobre a KM; portanto, o sobre a BK não tem para o sobre KM uma razão que um número quadrado, para um número quadrado; portanto, a BK é incomensurável com a KM em comprimento. E cada uma delas é racional. Portanto, as BK, KM são racionais comensuráveis somente em potência. Mas, caso seja subtraída de uma racional uma racional, que é comensurável com a toda somente em potência, a irracional restante é um apótomo; portanto, a MB é um apótomo, e a que se ajusta a ela é a MK. Digo, então, que também é um quarto. Então, pelo que o sobre a BK é maior do que o sobre a KM, àquilo seja igual o sobre a N; portanto, a BK é maior em potência do que o N. E, como a KF é comensurável com a FB, também, por composição, a KB é comensurável com a FB. Mas a BF é comensurável com a BH; portanto, também a BK é comensurável com a BH. E, como o sobre a BK é o quíntuplo do sobre a KM, portanto, o sobre a BK tem para o sobre a KM uma razão que cinco, para um. Portanto, por conversão, o sobre a BK tem para o sobre a N uma razão que cinco, para quatro, não a que um quadrado, para um quadrado; portanto, a BK é incomensurável com a N; portanto, a BK é maior em potência do que a KM pelo sobre uma incomensurável com aquela mesma. Como, de fato, a BK toda é maior em potência do que a que se ajusta KM pelo sobre uma incomensurável com aquela mesma, e a BK toda é comensurável com a exposta racional BH, portanto, a MB é um quarto apótomo. Mas o retângulo contido por uma racional e um quarto apótomo é irracional, e a que serve para produzi-lo é irracional, a chamada menor. Mas a AB serve para produzir o pelas HBM, pelo produzir, sendo ligada a AH, o triângulo ABH equiângulo com o triângulo ABM e pelo estar como a HB para a BA, assim a AB para a BM.

Portanto, o lado AB do pentágono é uma irracional, a chamada menor; o que era preciso provar.

12.

Caso um triângulo equilátero seja inscrito em um círculo, o lado do triângulo é, em potência, o triplo do raio do círculo.

Seja o círculo ABC, e fique inscrito nele o triângulo equilátero ABC; digo que um lado do triângulo ABC é, em potência, o triplo do raio do círculo ABC.

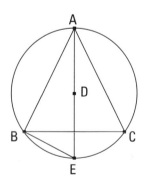

Fique, pois, tomado o centro D do círculo ABC, e, tendo sido ligada a AD, fique traçada através até o E, e fique ligada a BE. E, como o triângulo ABC é equilátero, portanto, a circunferência BEC é a terça parte da circunferência do círculo ABC. Portanto, a circunferência BE é a sexta parte da circunferência do círculo; portanto, a reta BE é de um hexágono; portanto, é igual ao raio DE. E, como a AE é o dobro da DE, o sobre a AE é o quádruplo do sobre a ED, isto é, do sobre a BE. Mas o sobre a AE é igual aos sobre as AB, BE; portanto, os sobre as AB, BE são o quádruplo do sobre a BE. Portanto, por separação, o sobre a AB é o triplo do sobre a BE. Mas a BE é igual à DE; portanto, o sobre a AB é o triplo do sobre a DE.

Portanto, o lado do triângulo equilátero é, em potência, o triplo do raio [do círculo]; o que era preciso provar.

13.

Construir uma pirâmide e contê-la pela esfera dada e provar que o diâmetro da esfera é, em potência, uma vez e meia o lado da pirâmide.

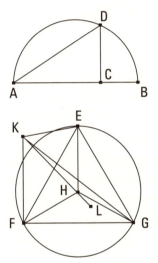

Fique exposto o diâmetro AB da esfera dada, e fique cortado no ponto C, de modo a ser a AC o dobro da CB; e fique descrito, sobre a AB, o semicírculo ADB, e fique traçada, a partir do ponto C, a CD em ângulos retos com a AB, e fique ligada a DA; e fique exposto o círculo EFG, tendo o raio igual à CD, e fique inscrito no círculo EFG o triângulo equilátero EFG; e fique tomado o ponto H, o centro do círculo, e fiquem ligadas as EH, HF, HG. E fique alteada, a partir do ponto H, a HK em ângulos retos com o plano do círculo EFG, e fique cortada da HK a HK igual à reta AC, e fiquem ligadas as KE, KF, KG. E, como a KH é em ângulos retos relativamente ao plano do círculo EFG, portanto, também fará ângulos retos relativamente a todas as retas que a tocam e que estão no plano do círculo EFG. Mas cada uma das HE, HF, HG toca-a; portanto, a HK é em ângulos retos relativamente a cada uma das HE, HF, HG. E como, por um lado, a AC é igual à HK, e, por outro lado, a CD, à HE, e contêm ângulos retos, portanto, a base DA é igual à base KE. Pelas mesmas coisas, então, também cada uma das KF, KG, é igual à DA; portanto, as três KE, KF, KG são iguais entre si. E, como a AC é o dobro da CB, portanto, a AB é o triplo da BC. Mas, como a AB para a BC, assim o sobre a AD para o sobre a DC, como será provado na sequência. Portanto, o sobre a AD é o triplo do sobre a DC. Mas também o sobre a FE é o triplo do sobre a EH, e a DC é igual à EH; portanto, também a DA é igual à EF. Mas a DA foi provada igual a cada uma das KE, KF, KG; portanto, também cada uma das EF, FG, GE é igual a cada uma das KE, KF, KG; portanto, os quatro triângulos EFG, KEF, KFG, KEG são equiláteros. Portanto, uma pirâmide foi construída de quatro triângulos equiláteros, da qual, por um lado, o triângulo EFG é base, e, por outro lado, o ponto K é vértice.

É preciso, então, tanto contê-la pela esfera dada quanto provar que o diâmetro da esfera é, em potência, uma vez e meia o lado da pirâmide.

Fique, pois, prolongada a reta HL sobre uma reta com a KH, e fique posta a HL igual à CB. E, como a AC está para a CD, assim a CD para a CB, mas, por um lado, a AC é igual à KH, e, por outro lado, a CD, à HE, e a CB, à HL, portanto, como a KH está para a HE, assim a EH para a HL; portanto, o pelas KH, HL é igual ao sobre a EH. E cada um dos ângulos sob KHE, EHL é reto; portanto, o semicírculo descrito sobre a KL passará também pelo E [visto que, caso liguemos a EL, produz-se o ângulo sob LEK reto, pelo produzir-se o triângulo ELK equiângulo com cada um dos triângulos ELH, EHK]. Então, caso o semicírculo, tendo sido levado à volta da KL, que permanece fixa, retorne, de novo, ao mesmo, de onde começou a ser levado, passará também pelos pontos F, G, as FL, LG sendo ligadas e produzindo, semelhantemente, os ângulos retos junto aos F, G; e a pirâmide será contida pela esfera dada. Pois, o diâmetro KL da esfera é igual ao diâmetro AB da esfera dada, visto que, por um lado, a KH foi posta igual à AC, e, por outro lado, a HL, à CB.

Digo, então, que o diâmetro da esfera é, em potência, uma vez e meia o lado da pirâmide.

Pois, como a AC é o dobro da CB, portanto, a AB é o triplo da BC; portanto, por conversão, a BA é uma vez e meia a AC. Mas, como a BA para a AC, assim o sobre a BA para o sobre a AD [visto que, sendo ligada a DB, como a BA está para a AD, assim a DA para a AC, pela semelhança dos triângulos DAB, DAC, e pelo estar como a primeira para a terceira, assim o sobre a primeira para o sobre a segunda]. Portanto, também o sobre a BA é uma vez e meia o sobre a AD. E, por um lado, a BA é o diâmetro da esfera dada, e, por outro lado, a AD é igual ao lado da pirâmide.

Portanto, o diâmetro da esfera é uma vez e meia o lado da pirâmide; o que era preciso provar.

LEMA

Deve-se provar que, como a AB está para a BC, assim o sobre a AD para o sobre a DC.

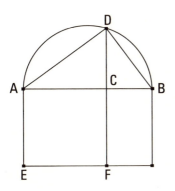

Fique, pois, exposta a completamente descrita do semicírculo, e fique ligada a DB, e fique descrito o quadrado EC sobre a AC, e fique completado o paralelogramo FB. Como, de fato, pelo ser o triângulo DAB equiângulo com o triângulo DAC, como a BA está para a AD, assim a DA para a AC, portanto, o pelas BA, AC é igual ao sobre a AD. E, como a AB está para a BC, assim o EB para o BF, e, por um lado, o EB é o pelas BA, AC; pois, a EA é igual à AC; e, por outro lado, o BF é o pelas AC, CB, portanto, como a AB para a BC, assim o pelas BA, AC para o pelas AC, CB. E, por um lado, o pelas BA, AC é igual ao sobre a AD, e, por outro lado, o pelas ACB é igual ao sobre a DC; pois, a perpendicular DC é média, em proporção, entre os segmentos AC, CB da base, pelo ser o sob ADB reto. Portanto, como a AB para a BC, assim o sobre a AD para o sobre a DC; o que era preciso provar.

14.

Construir um octaedro e contê-lo por uma esfera, como nas coisas anteriores, e provar que o diâmetro da esfera é, em potência, o dobro do lado do octaedro.

Fique exposta a AB, o diâmetro da esfera dada, e fique cortada em duas no C, e fique descrito sobre a AB o semicírculo ADB, e fique traçada, a partir do C, a CD em ângulos retos com a AB, e fique ligada a DB, e fique exposto o quadrado EFGH, tendo cada um dos lados igual à DB, e fiquem

ligadas as HF, EG, e fique alteada, a partir do
ponto K, a reta KL em ângulos retos com o plano
do quadrado EFGH, e fique traçada através até
o outro lado do plano, como a KM, e fique cortada de cada uma das KL, KM cada uma das KL,
KM igual a uma das EK, FK, GK, HK, e fiquem
ligadas as LE, LF, LG, LH, ME, MF, MG, MH.
E, como a KE é igual à KH, e o ângulo sob EKH
é reto, portanto, o sobre a HE é o dobro do sobre a EK. De novo, como a LK é igual à KE, e o
ângulo sob LKE é reto, portanto, o sobre a EL
é o dobro do sobre a EK. Mas também foi provado o sobre a HE o dobro do sobre a EK. Portanto, o sobre a LE é igual ao sobre a EH; portanto,
a LE é igual à EH. Pelas mesmas coisas, então,
também a LH é igual à HE; portanto, o triângulo

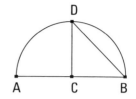

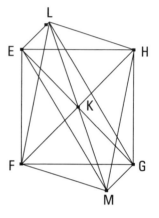

LEH é equilátero. Do mesmo modo, então, provaremos que cada um dos
restantes triângulos, dos quais, por um lado, os lados do quadrado EFGH
são bases, e, por outro lado, os pontos L, M são vértices, é equilátero; portanto, foi construído um octaedro contido por oito triângulos equiláteros.

É preciso, então, também contê-lo pela esfera dada e provar que o diâmetro da esfera é, em potência, o dobro do lado do octaedro.

Pois, como as três LK, KM, KE são iguais entre si, portanto, o semicírculo sobre a LM passará também pelo E. E, pelas mesmas coisas, caso o
semicírculo, tendo sido levado à volta da LM, que permanece fixa, retorne
ao mesmo de onde começou a ser levado, passará também pelos pontos F,
G, H, e o octaedro será contido por uma esfera. Digo, então, que também
pela dada. Pois, como a LK é igual à KM, e a KE é comum, e contêm ângulos
retos, portanto, a base LE é igual à base EM. E, como o ângulo sob LEM
é reto; pois, em um semicírculo; portanto, o sobre a LM é o dobro do sobre
a LE. De novo, como a AC é igual à CB, a AB é o dobro da BC. Mas, como a
AB para BC, assim o sobre a AB para o sobre a BD; portanto, o sobre
a AB é o dobro do sobre a BD. Mas foi provado também o sobre a LM o
dobro do sobre a LE. E o sobre a DB é igual ao sobre a LE; pois, a EH foi

posta igual à DB. Portanto, também o sobre a AB é igual ao sobre a LM; portanto, a AB é igual à LM. E a AB é o diâmetro da esfera dada; portanto, a LM é igual ao diâmetro da esfera dada.

Portanto, o octaedro foi contido pela esfera dada. E foi demonstrado junto que o diâmetro da esfera é, em potência, o dobro do lado do octaedro; o que era preciso provar.

15.

Construir um cubo e contê-lo por uma esfera, como a pirâmide, e provar que o diâmetro da esfera é, em potência, o triplo do lado do cubo.

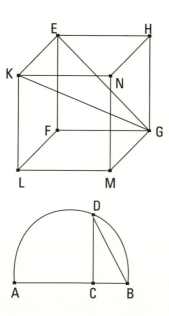

Fique posto o diâmetro AB da esfera e fique cortado no C de modo a ser a AC o dobro da CB, e fique descrito sobre a AB o semicírculo ADB, e fique traçada a partir do C a CD em ângulos retos com a AB, e fique ligada a DB, e fique posto o quadrado EFGH tendo o lado igual à DB, e a partir dos E, F, G, H fiquem traçadas as EK, FL, GM, HN em ângulos retos com o plano do quadrado EFGH, e fique cortada sobre cada uma das EK, FL, GM, HN cada uma das EK, FL, GM, HN igual a uma das EF, FG, GH, HE, e fiquem ligadas as KL, LM, MN, NK; portanto, o cubo FN foi construído contido por seis quadrados iguais. É preciso, então, tanto contê-lo pela esfera dada quanto provar que o diâmetro da esfera é, em potência, o triplo do lado do cubo.

Fiquem, pois, ligadas as KG, EG. E, como o ângulo sob KEG é reto, pelo ser também a KE em ângulos retos relativamente ao plano EG e, muito evidentemente, relativamente à reta EG, portanto, o semicírculo descrito sobre a KG passará também pelo ponto E. De novo, como a GF é em ângulos retos relativamente a cada uma das FL, FE, portanto, também é em ângulos retos relativamente ao plano FK; desse modo, também, caso liguemos a FK, a GF será também em ângulos retos relativamente a FK; e, por isso, de novo, o semicírculo descrito sobre a GK passará também pelo F. Do mesmo modo, também passará pelos restantes pontos do cubo. Então, caso o semicírculo, tendo sido levado à volta da KG, que permanece fixa, retorne ao mesmo, de onde começou a ser levado, o cubo será contido por uma esfera. Digo, então, que pela dada. Pois, como a GF é igual à FE, e o ângulo junto ao F é reto, portanto, o sobre a EG é o dobro do sobre a EF. Mas a EF é igual à EK; portanto, o sobre a EG é o dobro do sobre a EK; desse modo, os sobre as GE, EK, isto é, o sobre a GK é o triplo do sobre a EK. E, como a AB é o triplo da BC, e, como a AB para a BC, assim o sobre a AB para o sobre a BD, portanto, o sobre a AB é o triplo do sobre a BD. Mas foi provado também o sobre a GK o triplo do sobre a KE. E a KE foi suposta igual à DB; portanto, também a KG é igual à AB. E a AB é o diâmetro da esfera dada; portanto, também a KG é igual ao diâmetro da esfera dada.

Portanto, o cubo foi contido pela esfera dada; e foi provado junto que o diâmetro da esfera é, em potência, o triplo do lado do cubo; o que era preciso provar.

16.

Construir um icosaedro e contê-lo por uma esfera, como as figuras anteriormente ditas, e provar que o lado do icosaedro é uma irracional, a chamada menor.

Fique exposto o diâmetro AB da esfera dada, e fique cortado no C, de modo a ser a AC o quádruplo da CB, e fique descrito sobre a AB o semicírculo ADB, e fique traçada a partir do C a linha reta CD em ângulos retos com a AB, e fique ligada a DB, e fique exposto o círculo EFGHK, do qual o raio seja igual à DB, e fique inscrito no círculo EFGHK o pentágono EFGHK, tanto equilátero quanto equiângulo, e sejam cortadas as circunferências EF, FG, GH, HK, KE em duas nos pontos L, M, N, J, O, e fiquem ligadas as LM, MN, NJ, JO, OL, EO. Portanto, também o pentágono LMNJO é equi-

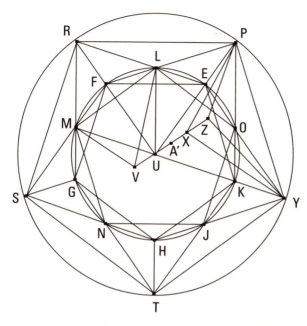

látero, e a reta EO é do decágono. E, fiquem alteadas a partir dos pontos E, F, G, H, K as retas EP, FR, GS, HT, KY em ângulos retos com o plano do círculo, sendo iguais ao raio do círculo EFGHK, e fiquem ligadas as PR, RS, ST, TY, YP, PL, LR, RM, MS, SN, NT, TJ, JY, YO, OP. E, como cada uma das EP, KY é em ângulos retos com o mesmo plano, portanto, a EP é paralela à KY. Mas também é igual a ela; mas as que ligam as tanto iguais quanto paralelas do mesmo lado são retas tanto iguais quanto paralelas. Portanto, a PY é tanto igual quanto paralela à EK. Mas a EK é do pentágono equilátero; portanto, também a PY é do pentágono equilátero inscrito no círculo EFGHK. Pelas mesmas coisas, então, também cada uma das PR, RS, ST, TY é do pentágono equilátero inscrito no círculo EFGHK; portanto, o pentágono PRSTY é equilátero. E como, por um lado, a PE é de um hexágono, e, por outro lado, a EO é de um decágono, e o sob PEO é reto, portanto, a PO é de um pentágono; pois, o lado do pentágono serve para produzir tanto o do hexágono quanto o do decágono, dos inscritos no mesmo círculo. Pelas mesmas coisas, então, também a OY é lado de um pentágono. Mas a PY também é de um pentágono; portanto, o triângulo POY é equilátero. Pelas mesmas coisas, então, também cada um PLR, RMS, SNT, TJY é equilátero. E, como foi provada cada uma das PL, PO do pentágono, e também a LO é do pentágono, portanto, o triângulo PLO é equilátero. Pelas mesmas coisas, então, também cada um dos triângulos LRM, MSN, NTJ, JYO é equilátero. Fique tomado o ponto U, centro do círculo EFGHK; e, a partir do U, fique alteada a UZ em ângulos retos com o plano do círculo, e fique prolongada sobre o outro lado, como a UV, e lhe fiquem subtraídas, por um lado, a UX do hexágono, e, por outro lado, cada uma das UV, XZ do decágono, e fiquem ligadas as PZ, PX, YZ, EU, LU, LV, VM. E, como cada uma das UX, PE é em ângulos retos com o plano do círculo, portanto, a UX é paralela à PE. Mas também são iguais; portanto, também as EU, PX são tanto iguais quanto paralelas. Mas a EU é do hexágono; portanto, também a PX é do hexágono. E como, por um lado, a PX é do hexágono, e, por outro lado, a XZ é do decágono, e o ângulo sob PXZ é reto, portanto, a PZ é do pentágono. Pelas mesmas coisas, então, também a YZ é do pentágono, visto que, caso liguemos as UK, XY, serão iguais e opostas, e a UK, sendo raio, é do hexágono; portanto, também a XY é do hexágono. Mas a XZ é do decágono, e o sob YXZ é reto; portanto, a YZ é do pentágono. Mas também a PY é do pentágono; portanto, o triângulo PYZ é equilátero. Pelas mesmas coisas, então, também cada um dos restantes triângulos, dos quais, por um lado, as retas PR, RS, ST, TY são bases, e, por outro lado, o ponto Z é vértice, é equilátero. De novo, como, por um lado, a UL é do hexágono, e, por outro lado, a UV é do decágono, e o ângulo sob LUV é reto, portanto, a LV é do pentágono. Pelas mesmas coisas, então, caso liguemos a MU que é do hexágono, também a MV é inferida do pentágono. Mas também a LM é do pentágono; portanto, o triângulo LMV é equilátero. Do mesmo modo, então, será provado que cada um dos restantes triângulos, dos quais, por um lado, as MN, NJ, JO, OL são bases, e, por outro lado, o ponto V é vértice, é equilátero. Portanto, um icosaedro foi construído, contido por vinte triângulos equiláteros.

É preciso, então, tanto contê-lo pela esfera dada quanto provar que o lado do icosaedro é uma irracional, a chamada menor.

Pois, como a UX é do hexágono, e a XZ é do decágono, portanto, a UZ foi cortada em extrema e média razão no X, e a UX é o segmento maior dela; portanto, a ZU está para a UX, assim como a UX para a XZ. Mas, por um lado, a UX é igual à UE, e, por outro lado, a XZ, à UV; portanto, como a ZU está para a UE, assim a EU para a UV. E os ângulos sob ZUE, EUV são retos; portanto, caso liguemos a reta EZ, o ângulo sob VEZ será reto, pela semelhança dos triângulos VEZ, UEZ. Pelas mesmas coisas, então, como a ZU está para a UX, assim a UX para a XZ, mas, por um lado, a

ZU é igual à VX, e, por outro lado, a UX, à XP, portanto, como a VX está para a XP, assim a PX para a XZ. E, por isso, de novo, caso liguemos a PV, o ângulo junto ao P será reto; portanto, o semicírculo descrito sobre a VZ passará também pelo P. E, caso o semicírculo, tendo sido levado à volta da VZ, que permanece fixa, retorne de novo ao mesmo, de onde começou a ser levado, passará também pelo P e pelos pontos restantes do icosaedro, e o icosaedro será contido por uma esfera. Digo, então, que também pela dada. Fique, pois, cortada a UX em duas no A'. E, como a linha reta UZ foi cortada em extrema e média razão no X, e a ZX é o menor segmento dela, portanto, a ZX, tendo recebido a metade XA' do segmento maior, serve para produzir o quíntuplo do sobre a metade do segmento maior; portanto, o sobre a ZA' é o quíntuplo do sobre A'X. E, por um lado, a ZV é o dobro da ZA', e, por outro lado, a UX, o dobro da A'X; portanto, o sobre a ZV é o quíntuplo do sobre a XU. E, como a AC é o quádruplo da CB, portanto, a AB é o quíntuplo da BC. Mas, como a AB para a BC, assim o sobre a AB para o sobre a BD; portanto, o sobre a AB é o quíntuplo do sobre a BD. Mas foi provado também o sobre a ZV o quíntuplo do sobre a UX. E a DB é igual à UX; pois, cada uma delas é igual ao raio do círculo EFGHK; portanto, também a AB é igual à VZ. E, a AB é o diâmetro da esfera dada; portanto, também a VZ é igual ao diâmetro da esfera dada. Portanto, o icosaedro foi contido pela esfera dada.

Digo, então, que o lado do icosaedro é uma irracional, a chamada menor. Pois, como o diâmetro da esfera é racional, e é, em potência, o quíntuplo do raio do círculo EFGHK, portanto, também o raio do círculo EFGHK é racional; desse modo, também o diâmetro dele é racional. Mas, caso um pentágono equilátero seja inscrito em um círculo que tem o diâmetro racional, o lado do pentágono é uma irracional, a chamada menor. Mas o lado do pentágono EFGHK é o do icosaedro. Portanto, o lado do icosaedro é uma irracional, a chamada menor.

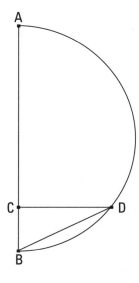

Corolário

Disso, então, é evidente que o diâmetro da esfera é, em potência, o quíntuplo do raio do círculo, a partir do qual o icosaedro foi descrito, e que o diâmetro da esfera foi composto tanto do do hexágono quanto de dois dos do decágono, dos inscritos no mesmo círculo; o que era preciso provar.

17.

Construir um dodecaedro e contê-lo por uma esfera, como as figuras anteriormente ditas, e provar que o lado do dodecaedro é uma irracional, o chamado apótomo.

Fiquem expostos os dois planos ABCD, CBEF do cubo dito anteriormente, em ângulos retos entre si, e fique cortado cada um dos lados AB, BC, CD, DA, EF, EB, FC em dois nos G, H, K, L, M, N, J e fiquem ligadas as GK, HL, MH, NJ, e fique cortada cada uma das NO, OJ, HP em extrema e média razão nos pontos R, S, T, e sejam os RO, OS, TP os segmentos maiores delas, e fiquem alteadas, a partir dos pontos R, S, T, as RY, SU, TX, em ângulos retos como os planos do cubo, no lado exterior do 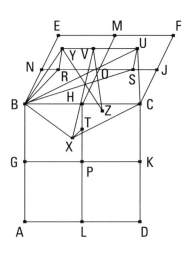 cubo, e fiquem postas iguais às RO, OS, TP, e fiquem ligadas as YB, BX, XC, CU, UY. Digo que o pentágono YBXCU é tanto equilátero quanto em um plano, e ainda equiângulo. Fiquem, pois, ligadas as RB, SB, UB. E, como a reta NO foi cortada em extrema e média razão no R, e a RO é o segmento maior, portanto, os sobre as ON, NR são o triplo do sobre a RO. Mas, por um lado, a ON é igual à NB, e, por outro lado, a OR à RY; portanto, os sobre as BN, NR são o triplo do sobre a RY. Mas o sobre a BR é igual aos sobre as BN, NR; portanto, o sobre a BR é o triplo do sobre a RY; desse modo, os sobre as BR, RY é o quádruplo do sobre a RY. Mas o sobre a BY é igual aos sobre as BR, RY; portanto, o sobre a BY é o quádruplo do sobre a YR; portanto, a BY é o dobro da RY. Mas também a UY é o dobro da YR, visto que também a SR é o dobro da OR, isto é, da RY; portanto, a BY é igual à YU. Do mesmo modo, então, será provado que cada uma das BX, XC, CU é igual a cada uma das BY, YU. Portanto, o pentágono BYUCX é equilátero. Digo, então, que também está em um plano. Fique, pois, traçada, a partir do O, a OV paralela a cada uma das RY, SU, no lado exterior do cubo, e fiquem ligadas as VH, HX; digo que a VHX é uma reta. Pois, como a HP foi cortada em extrema e média razão no T, e a PT é o segmento maior dela, portanto, como a HP está para a PT, assim a PT para a TH. Mas, por um lado, a HP é igual à HO, e, por outro lado, a PT, a cada uma das TX, OV; portanto, como a HO está para a OV, assim a XT para a TH. E, por um lado, a HO é paralela à TX; pois, cada uma delas é em ângulos retos com o plano BD; e, por outro lado, a TH, à OV; pois, cada uma delas é em ângulos retos com o plano BF. Mas, caso dois triângulos, como os VOH, HTX, tendo os dois lados em proporção com os dois lados, sejam compostos segundo um ângulo, de modo a os lados homólogos deles serem paralelos, as retas restantes estarão sobre uma reta; portanto, a VH está sobre uma reta com a HX. Mas toda reta está em um plano; portanto, o pentágono YBXCU está em um plano.

Digo, então, que também é equiângulo.

Pois, como a linha reta NO foi dividida em extrema e média razão no R, e a OR é o segmento maior [portanto, como as NO, OR, ambas juntas, estão para a ON, assim a NO para a OR], e a OR é igual à OS [portanto, como a SN está para a NO, assim a NO para a OS], portanto, a NS foi dividida em extrema e média razão no O, e a NO é o segmento maior; portanto, os sobre as NS, SO são o triplo do sobre a NO. Mas, por um lado, a NO é igual à NB, e, por outro lado, a OS, à SU; portanto, os quadrados sobre as NS, SU são o triplo do sobre a NB; desse modo, os sobre as US, SN, NB são o quádruplo do sobre a NB. Mas o sobre a SB é igual aos sobre as SN, NB; portanto, os sobre as BS, SU, isto é, o sobre a BU (pois o ângulo sob USB é reto) é o quádruplo do sobre a NB; portanto, a UB é o dobro da BN. Mas também a BC é o dobro da BN; portanto, a BU é igual à BC. E, como as duas BY, YU são iguais às duas BX, XC, e a base BU é igual à base BC, portanto, o ângulo sob BYU é igual ao ângulo sob BXC. Do mesmo modo, então, provaremos que também o ângulo sob YUC é igual ao sob BXC; portanto, os três ângulos sob BXC, BYU, YUC são iguais entre si. Mas, caso os três ângulos de um pentágono equilátero sejam iguais entre si, o pentágono será equiângulo; portanto, o pentágono BYUCX é equiângulo. Mas foi demonstrado também equilátero; portanto, o pentágono BYUCX é equilátero e equiângulo, e está sobre um lado, o BC, do cubo. Portanto, caso sobre cada um dos doze lados do cubo construamos as mesmas coisas, será construída alguma figura sólida contida por doze pentágonos tanto equiláteros quanto equiângulos, a qual é chamada dodecaedro.

É preciso, então, contê-lo pela esfera dada e provar que o lado do dodecaedro é uma irracional, o chamado apótomo.

Fique, pois, prolongada a VO, e seja a VZ; portanto, a OZ encontra o diâmetro do cubo, e cortam-se em duas; pois, isso foi provado no penúltimo teorema do livro onze. Cortem-se no Z; portanto, o Z é centro da esfera que contém o cubo, e a ZO é metade do lado do cubo. Fique, então, ligada a YZ. E, como a linha reta NS foi cortada em extrema e média razão no O, e a NO é o segmento maior dela, portanto, os sobre as NS, SO são o triplo do sobre a NO. Mas, por um lado, a NS é igual à VZ, visto que também a NO é igual à OZ, e, por outro lado, a VO, à OS. Mas, por certo, também a OS, à VY, porque também, à RO; portanto, os sobre as ZV, VY são o triplo do sobre a NO. Mas o sobre a YZ é igual aos sobre as ZV, VY; portanto, o sobre a YZ é o triplo do sobre a NO. Mas também o raio da esfera que contém o cubo é, em potência, o triplo da metade do lado do cubo; pois, foi provado anteriormente construir um cubo e contê-lo por uma esfera e provar que o diâmetro da esfera é, em potência, o triplo do lado do cubo. Mas se o todo, do todo, também [a] metade, da metade; e a NO é a metade do lado do cubo; portanto, a YZ é igual ao raio da esfera que contém o cubo. E o Z é centro da esfera que contém o cubo; portanto, o ponto Y está na superfície da esfera. Do mesmo modo, então, provaremos que também cada um dos ângulos restantes do dodecaedro é junto à superfície da esfera; portanto, o dodecaedro foi contido pela esfera dada.

Digo, então, que o lado do dodecaedro é uma irracional, o chamado apótomo.

Pois como, sendo cortada a NO em extrema e média razão, a RO é o segmento maior, e, sendo cortada a OJ em extrema e média razão, a OS é o segmento maior, portanto, cortada a NJ toda em extrema e média razão, a RS é o segmento maior. Como, por exemplo, a NO está para a OR, a OR para a RN, e os dobros; pois as partes têm a mesma razão que os mesmos múltiplos, portanto, como a NJ para a RS, assim a RS para as NR, SJ, ambas juntas. Mas a NJ é maior do que a RS; portanto, também a RS é maior do que ambas juntas, as NR, SJ; portanto, a NJ foi cortada em extrema e média razão, e a RS é o segmento maior dela. Mas a RS é igual à YU; portanto, sendo cortada a NJ em extrema e média razão, a YU é o segmento maior. E, como o diâmetro da esfera é racional e é, em potência, o triplo do lado do cubo, portanto, a NJ, sendo lado do cubo, é racional. Mas, caso uma linha racional seja cortada em extrema e média razão, cada um dos segmentos é uma irracional, um apótomo. Portanto, a YU, sendo lado do dodecaedro, é uma irracional, apótomo.

Corolário

Disso, é evidente que, sendo cortado o lado do cubo em extrema e média razão, o segmento maior é o lado do dodecaedro; o que era preciso provar.

18.

Expor os lados das cinco figuras e compará-los entre si.

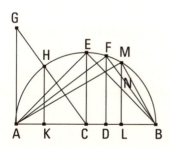

Fique exposto o diâmetro AB da esfera dada, e fique cortado no C, de modo a ser a AC igual à CB, e no D, de modo a ser a AD o dobro da DB, e fique descrito sobre a AB o semicírculo AEB, e, a partir dos C, D, fiquem traçadas as CE, DF em ângulos retos com a AB, e fiquem ligadas as AF, FB, EB. E, como a AD é o dobro da DB, portanto, a AB é o triplo da BD. Portanto, por conversão, a BA é uma vez e meia a AD. Mas, como a BA para a AD, assim o sobre a BA para o sobre a AF; pois, o triângulo AFB é equiângulo com o triângulo AFD; portanto, o sobre a BA é uma vez e meia o sobre a AF. Mas também o diâmetro da esfera é, em potência, uma vez e meia o lado da pirâmide. E a AB é o diâmetro da esfera; portanto, a AF é igual ao lado da pirâmide.

De novo, como a AD é o dobro da DB, portanto, a AB é o triplo da BD. Mas, como a AB para a BD, assim o sobre a AB para o sobre a BF; portanto, o sobre a AB é o triplo do sobre a BF. Mas também o diâmetro da esfera é, em potência, o triplo do lado do cubo. E, a AB é o diâmetro da esfera; portanto, a BF é lado do cubo.

E, como a AC é igual à CB, portanto, a AB é o dobro da BC. Mas, como a AB para a BC, assim o sobre a AB para o sobre a BE; portanto, o sobre a AB é o dobro do sobre a BE. Mas também o diâmetro da esfera é, em potência, o dobro do lado do octaedro. E a AB é o diâmetro da esfera dada; portanto, a BE é lado do octaedro.

Fique, então, traçada, a partir do ponto A, a AG em ângulos retos com a AB, e fique posta a AG igual à AB, e fique ligada a GC, e, a partir do H, fique traçada a perpendicular HK à AB. E, como a GA é o dobro da AC; pois a GA é igual à AB; mas, como a GA para a AC, assim a HK para a KC, portanto, também a HK é o dobro da KC. Portanto, o sobre a HK é o quádruplo do sobre a KC; portanto, os sobre as HK, KC, o que é o sobre a HC, são o quíntuplo do sobre a KC. Mas a HC é igual à CB; portanto, o sobre a BC é o quíntuplo do sobre a CK. E, como a AB é o dobro da CB, das quais a AD é o dobro da DB, portanto, a restante BD é o dobro da restante DC. Portanto, a BC é o triplo da CD; portanto, o sobre a BC é nove vezes o sobre a CD. Mas o sobre a BC é o quíntuplo do sobre a CK; portanto, o sobre a CK é maior do que o sobre a CD. Portanto, a CK é maior do que a CD. Fique posta a CL igual à CK, e, a partir do L, fique traçada a LM em ângulos retos com a AB, e fique ligada a MB. E, como o sobre a BC é o quíntuplo do sobre a CK, também, por um lado, a AB é o dobro da BC, e, por outro lado, a KL é o dobro da CK, portanto, o sobre a AB é o quíntuplo do sobre a KL. Mas também o diâmetro da esfera é, em potência, o quíntuplo do raio do círculo, sobre o qual o icosaedro foi descrito. E a AB é o diâmetro da esfera. Portanto, a KL é o raio do círculo, sobre o qual o icosaedro foi descrito. Portanto, a KL é lado de um hexágono do dito círculo. E, como o diâmetro da esfera foi composto tanto do do hexágono quanto de dois dos do decágono, dos inscritos no dito círculo, e, por um lado, a AB é o diâmetro da esfera, e, por outro lado, a KL é lado do hexágono, e a AK é igual à LB, portanto, cada uma das AK, LB é lado do decágono inscrito no círculo, sobre o qual o icosaedro foi descrito. E como, por um lado, a LB é do decágono, e, por outro lado, a ML é do hexágono; pois é igual à KL, porque também, à HK, pois estão igualmente afastadas do centro; e cada uma das HK, KL é o dobro da KC; portanto, a MB é do pentágono. Mas o do pentágono é o do icosaedro; portanto, a MB é do icosaedro.

E, como a FB é lado do cubo, fique cortada em extrema e média razão no N, e seja o segmento maior NB; portanto, a NB é lado do dodecaedro.

E, como o diâmetro da esfera foi provado, por um lado, em potência, uma vez e meia o lado AF da pirâmide, e, por outro lado, em potência, o dobro do BE do octaedro, e, em potência, o triplo do FB do cubo, portanto, de quantas coisas o diâmetro da esfera é, em potência, seis, dessas coisas, por um lado, o da pirâmide é quatro, e, por outro lado, o do octaedro é três, e o do cubo, duas. Portanto, por um lado, o lado da pirâmide é, por um lado, em potência, quatro terços do lado do octaedro, e, por outro lado, em potência, o dobro do do cubo, e, por outro lado, o do octaedro é, em potência, uma vez e meia o do cubo. De fato, os ditos lados das três figuras, digo, então, da pirâmide e do octaedro e do cubo, estão entre si em razões racionais. Mas os dois restantes, digo, então, tanto o do icosaedro quanto o do dodecaedro não estão, nem entre si nem relativamente aos ditos anteriormente, em razões racionais; pois são irracionais, um, uma menor, o outro, um apótomo.

Que o lado MB do icosaedro é maior do que o NB do dodecaedro, demonstraremos assim.

Pois, como o triângulo FDB é equiângulo com o triângulo FAB, em proporção, como a DB está para a BF, assim a BF para a BA. E, como três retas estão em proporção, como a primeira está para a terceira, assim o sobre a primeira para o sobre a segunda; portanto, como a DB está para a BA, assim o sobre a DB para o sobre a BF; portanto, inversamente, como a AB para a BD, assim o sobre a FB para o sobre a BD. Mas a AB é o triplo da BD; portanto, o sobre a FB é o triplo do sobre a BD. Mas também o sobre a AD é o quádruplo do sobre a DB; pois a AD é o dobro da DB; portanto, o sobre a AD é maior do que o sobre a FB; portanto, a AD é maior do que a FB; portanto, a AL é, por muito, maior do que a FB. E, por um lado, sendo cortada a AL em extrema e média razão, o KL é o segmento maior, visto que, por um lado, a LK é do hexágono, e, por outro lado, a KA é do decágono;

e, por outro lado, sendo cortada a FB em extrema e média razão, a NB é o segmento maior; portanto, a KL é maior do que a NB. Mas a KL é igual à LM; portanto, a LM é maior do que a NB [e a MB é maior do que a LM]. Portanto, a MB, que é lado do icosaedro, é, por muito, maior do que a NB, que é lado do dodecaedro; o que era preciso provar.

Digo, então, que exceto as cinco ditas figuras não será construída outra figura, contida por equiláteras e também equiângulas iguais entre si.

Pois, um ângulo sólido não é construído, certamente, por dois triângulos ou, em geral, planos. Mas por três triângulos, o da pirâmide, e por quatro, o do octaedro, e por cinco, o do icosaedro; mas por seis triângulos tanto equiláteros quanto equiângulos, construídos junto a um ponto, não existirá um ângulo sólido; pois, sendo o ângulo de um triângulo equilátero dois terços de um reto, os seis serão iguais a quatro retos; o que é impossível; pois todo ângulo sólido é contido por um menor do que quatro retos. Pelas mesmas coisas, então, nem um ângulo sólido é construído por mais do que seis ângulos planos. Mas o ângulo do cubo é contido por três quadrados; e por quatro, é impossível; pois, de novo, será quatro retos. Mas por pentágonos equiláteros e equiângulos, certamente por três, o do dodecaedro; e por quatro, é impossível; pois, sendo o ângulo do pentágono equilátero um reto e um quinto, os quatro ângulos serão maiores do que quatro retos; o que é impossível. Nem, por certo, por outras figuras poligonais será contido um ângulo sólido, pelo mesmo absurdo.

Portanto, exceto as cinco ditas figuras, uma outra figura sólida não será construída, contida por equiláteras e também equiângulas; o que era preciso provar.

Lema

E que o ângulo do pentágono equilátero e equiângulo é um reto e um quinto, assim deve ser provado.

Seja, pois, o pentágono equilátero e equiângulo ABCDE, e fique circunscrito a ele o círculo ABCDE, e fique tomado o centro F dele, e fiquem ligadas as FA, FB, FC, FD, FE. Portanto, cortam em dois os ângulos do

Os elementos

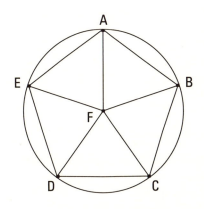

pentágono, os junto aos A, B, C, D, E. E, como os cinco ângulos junto ao F são iguais a quatro retos, e são iguais, portanto, um deles, como o sob AFB, é um reto, exceto por um quinto; portanto, os sob FAB, ABF restantes são um reto e um quinto. Mas o sob FAB é igual ao sob FBC; portanto, também o ângulo sob ABC todo do pentágono é um reto e um quinto; o que era preciso provar.

SOBRE O LIVRO

Formato: 16 x 23 cm
Mancha: 27,8 x 48 paicas
Tipologia: Venetian 301 BT 12,5/16
Papel: Pólen soft 80g/m² (miolo)
Couché fosco encartonado 120 g/m² (capa)
1ª *edição*: 2009

EQUIPE DE REALIZAÇÃO

Edição de texto
Paulo Cesar Mello (Copidesque)
Cássia Pires, Regina Machado e Eduardo Guindo (Revisão)
Alberto Bononi (Assistência editorial)
Editoração Eletrônica
Eduardo Seiji Seki (Diagramação)

Impressão e Acabamento:

EXPRESSÃO & ARTE
EDITORA E GRÁFICA
www.graficaexpressaoearte.com.br